普通高等教育“十三五”规划教材
“双一流”本科教育教学用书
本教材第二版2015年获上海普通高校优秀教材奖

化工原理(少学时)

(第三版)

陈敏恒　潘鹤林　齐鸣斋　主编

華東理工大學出版社
EAST CHINA UNIVERSITY OF SCIENCE AND TECHNOLOGY PRESS
·上海·

图书在版编目(CIP)数据

化工原理：少学时/陈敏恒，潘鹤林，齐鸣斋主编.
—3 版.—上海：华东理工大学出版社，2019.3(2024.1 重印)
普通高等教育“十三五”规划教材
ISBN 978-7-5628-5778-5

Ⅰ.①化… Ⅱ.①陈… ②潘… ③齐… Ⅲ.①化工原理—高等学校—教材 Ⅳ.①TQ02

中国版本图书馆 CIP 数据核字(2019)第 037503 号

内容提要

本教材介绍了各主要化工单元操作的基本原理、典型设备及相关计算方法，涉及学科内动量传递、热量传递和质量传递的基本内容。全书分为七章，内容包括流体流动与输送机械、传热、非均相机械分离过程、吸收、精馏、其他传质分离方法、固体干燥等，每章选编适量的例题、习题和思考题，并且每章的习题均附有答案。

本教材注重基本概念和基本原理的阐述，结合工程实践，用工程观点分析问题，并适当兼顾某些新的化工单元操作过程，力求由浅入深、主次分明、重点突出，可作为高等院校少学时化工原理课程教材，也可作为高职高专化工及相关专业的教材。

项目统筹 / 吴蒙蒙
责任编辑 / 赵子艳
出版发行 / 华东理工大学出版社有限公司
地址：上海市梅陇路 130 号，200237
电话：021-64250306
网址：www.ecustpress.cn
邮箱：zongbianban@ecustpress.cn
印　　刷 / 上海展强印刷有限公司
开　　本 / 787 mm×1092 mm　1/16
印　　张 / 21.25
字　　数 / 565 千字
版　　次 / 2008 年 8 月第 1 版
2019 年 3 月第 3 版
印　　次 / 2024 年 1 月第 5 次
定　　价 / 48.00 元

第三版前言

《化工原理(少学时)》是根据高等院校少学时“化工原理”课程教学需要编写的，自2008年第一版出版后，2013年再版至今，已有10余年，教材应用中得到各高等院校同行的大力支持，并且一些院校教师提出了许多建设性建议。本教材第二版2015年获得上海普通高校优秀教材奖。

本教材经过各高校的教学实践，教材章节体系和内容能够满足少学时教学需要。这次修订基本保持第二版的原有框架，对部分内容做了删除、修改或增补。修订的原则是化繁为简、精益求精，文字叙述与公式推导力求简洁，体现“少而精，学到手”的指导思想，注重基础概念与理论的科学性、系统性、实用性。

为适应现代教育技术的发展，并满足课堂教学的需要，本版首次尝试电子教学课件，供读者使用。十分感谢参与视频拍摄的黄婕老师、叶启亮老师、曹正芳老师、丛梅老师和宗原老师。

本教材第三版编者为陈敏恒、潘鹤林和齐鸣斋，十分感谢华东理工大学化工原理教研组的同事给予的支持和帮助。

编　者

2019年1月

第二版前言

本教材第一版出版后，一些院校教师在使用过程中提出了许多建设性的宝贵意见。鉴于单元操作的不断发展与教学改革的深入，不同院校不同专业对本课程的要求各异，为适应少学时化工原理课程的教学需要，有必要对本教材加以修订。本教材第二版内容仍以单元操作基础知识和基本设备原理为主，力求少而精和简明扼要。在上述前提下，第二版删除了一些不适合少学时教学需要的内容，增补了必要的新内容。

本教材第二版章节安排仍沿用第一版，但对某些章节做了删改和增补。如流体流动章节增加了质量流速的概念；传热章节删除了传热基本方程的推导过程；吸收章节则删除了气液两相在填料层内的流动和填料塔的传质部分内容；精馏章节删除了恒沸精馏和萃取精馏法的简介，增补了汽相回流比的概念。这些删改和增补体现了少学时教材内容少而精、简明扼要的要求。

本教材第二版承方图南先生百忙之中审阅，并提出了许多宝贵的修正意见，特此致谢。

限于编者水平，不足之处在所难免，敬请教师和读者予以指正。

编　者

2013 年 3 月

第一版前言

本书是为适应高等院校少学时化工原理课程教学的要求，以少学时相关专业、高职高专化工技术类专业高技能、应用型人才培养目标为依据编写而成的。

本书尊重学科，但不恪守学科，从应用需要出发，以应用能力培养为主线组织教学内容，贯彻“少而精，学到手”的教学理念，了解与各专业相关的工程概念，从技术应用角度去介绍必要的原理、概念，侧重运用概念和理论解决工程实际问题。

本书每章从基本概念开始，介绍各单元操作的原理、计算方法及相应设备；每章后配有适量的思考题，以期读者思考并提高学习兴趣；同时配有习题，方便读者学以致用，复习提高。

本书淡化了过程的推导，以物料平衡、能量守恒为侧重点，致力于解决实际工程问题。将工程观点的培养作为重点，努力将培养读者的以工程观念观察、分析和解决实际工程技术问题的能力落到实处。

本书根据当前教学与学生就业的实际情况，力求深浅适中，简单明了，层次分明，便于读者学习。

本书主要介绍了各主要化工单元操作的基本原理、典型设备及相关计算方法，内容依次包括绪论、流体流动与输送机械、传热、非均相机械分离过程、吸收、精馏、其他传质分离方法、干燥等。流体流动是传热的基础，流体流动和传热是各分离过程的基础，分离过程涉及化工生产过程常见的分离操作，也涉及新型单元操作。各院校可根据各专业实际选择教学内容。

全书由华东理工大学陈敏恒、潘鹤林、齐鸣斋编写。陈敏恒审定全书。本书的编写还得到了华东理工大学校领导的支持关心，校内外化工原理全体同仁的无私支持帮助，在此一并表示诚挚的谢意。同时，十分感谢方图南教授为本书的出版审稿并提出了许多宝贵意见。

限于教学时数，时间仓促，欠妥及未完善之处在所难免，敬请同仁和读者指正。

编　者

2008.4

目　　录

绪论 ……………………………………………………………… 1

第1章　流体流动与输送机械 ……………………………………… 7

1.1　概述 ……………………………………………………………… 7

1.1.1　流体流动的实例 ……………………………………………… 7

1.1.2　流体流动的基础概念 ………………………………………… 7

1.1.3　牛顿黏性定律 ………………………………………………… 9

1.1.4　流体流动中的机械能 ………………………………………… 11

1.2　流体静力学 ……………………………………………………… 11

1.2.1　静力学方程 …………………………………………………… 11

1.2.2　压强能和位能 ………………………………………………… 12

1.2.3　压强的静力学测量方法 ……………………………………… 12

1.3　流体流动中的守恒原理 ………………………………………… 14

1.3.1　管流质量守恒 ………………………………………………… 14

1.3.2　机械能守恒 …………………………………………………… 14

1.4　流体流动阻力 …………………………………………………… 17

1.4.1　流动的类型与雷诺数、边界层 ……………………………… 17

1.4.2　流动阻力损失 ………………………………………………… 19

1.5　流体输送管路的计算 …………………………………………… 24

1.5.1　阻力对管内流动的影响 ……………………………………… 24

1.5.2　管路计算 ……………………………………………………… 25

1.6　流速和流量的测量 ……………………………………………… 29

1.6.1　皮托管 ………………………………………………………… 29

1.6.2　孔板流量计 …………………………………………………… 30

1.6.3　转子流量计 …………………………………………………… 31

1.7　液体输送机械 …………………………………………………… 33

1.7.1　管路特性曲线 ………………………………………………… 34

1.7.2　离心泵构造及原理 …………………………………………… 35

1.7.3　离心泵参数及特性曲线 ……………………………………… 36

1.7.4　离心泵的安装高度 …………………………………………… 37

1.7.5　离心泵的选用 ………………………………………………… 39

1.8　*往复泵 ………………………………………………………… 40

1.8.1　往复泵的作用原理和类型 …………………………………… 40

1.8.2　往复泵的流量调节 …………………………………………… 40

1.8.3　其他化工用泵及性能比较 …………………………………… 41

1.9　*气体输送机械 ………………………………………………… 44

1.9.1　离心式通风机 ………………………………………………… 44

1.9.2 鼓风机 …… 46
1.9.3 真空泵 …… 46
习题 …… 47
思考题 …… 52
本章主要符号说明 …… 53
参考文献 …… 54

第2章 传热 …… 56
2.1 概述 …… 56
2.1.1 热量传递方式 …… 56
2.1.2 传热基本概念 …… 56
2.1.3 传热应解决的问题 …… 57
2.2 热传导 …… 57
2.2.1 傅里叶定律 …… 57
2.2.2 单层平壁定态热传导过程 …… 58
2.2.3 多层平壁热传导 …… 58
2.2.4 单层圆筒壁的定态热传导过程 …… 59
2.2.5 多层圆筒壁的定态热传导过程 …… 60
2.3 对流给热 …… 61
2.3.1 对流给热系数的影响因素分析 …… 62
2.3.2 管内无相变对流给热系数的经验关联式 …… 63
2.3.3 有相变时的对流给热 …… 65
2.4 间壁式传热过程 …… 69
2.4.1 热量衡算和传热系数 …… 69
2.4.2 传热基本方程 …… 74
2.5 传热过程计算 …… 76
2.5.1 换热器的传热面积的计算 …… 76
2.5.2 换热器的操作核算与调节 …… 78
2.6 换热设备 …… 82
2.6.1 间壁式换热器的类型 …… 82
2.6.2 管壳式换热器的设计和选用 …… 85
2.6.3 换热器的强化和其他类型 …… 89
2.6.4 各类换热器的性能比较及其日常维护 …… 93
习题 …… 94
思考题 …… 98
本章主要符号说明 …… 98
参考文献 …… 99

第3章 * 非均相机械分离过程 …… 100
3.1 概述 …… 100
3.2 沉降分离 …… 102
3.2.1 沉降概述 …… 102
3.2.2 沉降过程 …… 102

3.2.3 自由沉降 …… 102
3.2.4 干扰沉降 …… 106
3.2.5 重力沉降设备 …… 106
3.2.6 沉降过程的强化 …… 109
3.2.7 离心沉降设备 …… 109
3.3 过滤 …… 111
3.3.1 过滤概述 …… 111
3.3.2 过滤过程计算 …… 113
3.3.3 间歇过滤的滤液量与过滤时间的关系 …… 115
3.3.4 过滤设备 …… 116
3.3.5 洗涤速率与洗涤时间 …… 121
3.3.6 过滤设备生产能力 …… 123
习题 …… 124
思考题 …… 125
本章主要符号说明 …… 126
参考文献 …… 127

第4章 吸收 …… 128
4.1 概述 …… 128
4.2 吸收和气液相平衡关系 …… 131
4.2.1 平衡溶解度 …… 131
4.2.2 相平衡与吸收过程的关系 …… 134
4.3 吸收速率 …… 135
4.3.1 两种物质传递的方式 …… 135
4.3.2 对流传质速率 …… 136
4.3.3 *对流传质理论 …… 137
4.4 相际传质 …… 137
4.4.1 相际传质速率 …… 137
4.4.2 传质阻力的控制步骤 …… 139
4.5 低含量气体吸收 …… 141
4.5.1 低含量气体吸收的特点 …… 141
4.5.2 低含量气体吸收过程的数学描述和操作线 …… 141
4.5.3 传质单元数的简便计算方法 …… 144
4.5.4 吸收塔塔高的计算 …… 145
4.5.5 吸收塔的核算过程 …… 148
4.6 填料塔 …… 152
4.6.1 填料塔的结构、填料的作用和特性 …… 152
4.6.2 填料塔的附属结构 …… 155
习题 …… 157
思考题 …… 158
本章主要符号说明 …… 158
参考文献 …… 159

第 5 章　精馏 …… 160
5.1　概述 …… 160
5.2　双组分溶液的气液相平衡 …… 161
5.3　精馏 …… 166
5.3.1　精馏过程 …… 166
5.3.2　精馏过程的数学描述及工程简化处理方法 …… 167
5.3.3　精馏塔操作方程 …… 172
5.4　双组分精馏理论塔板数的计算 …… 173
5.4.1　理论板数的计算 …… 173
5.4.2　回流比的选择 …… 176
5.4.3　加料热状态的选择 …… 179
5.5　双组分精馏的核算 …… 180
5.5.1　精馏过程的核算 …… 180
5.5.2　精馏塔的温度分布和灵敏板 …… 182
5.6　*板式塔 …… 184
5.6.1　板式塔简介 …… 184
5.6.2　筛板上的气液接触状态 …… 185
5.6.3　气体通过筛板的阻力损失 …… 186
5.6.4　筛板塔内气液两相的非理想流动 …… 186
5.6.5　板式塔的不正常操作现象 …… 187
5.6.6　全塔效率 …… 188
5.6.7　提高塔板效率的措施 …… 189
5.6.8　塔板型式 …… 191
5.6.9　填料塔与板式塔的比较 …… 196
5.6.10　精馏塔的辅助设备 …… 196
习题 …… 196
思考题 …… 198
本章主要符号说明 …… 198
参考文献 …… 199

第 6 章　*其他传质分离方法 …… 200
6.1　液液萃取 …… 200
6.1.1　液液萃取过程 …… 200
6.1.2　两相的接触方式 …… 202
6.1.3　液液相平衡 …… 202
6.1.4　萃取过程的计算 …… 207
6.1.5　萃取设备 …… 210
6.2　结晶 …… 215
6.2.1　结晶概述 …… 215
6.2.2　溶解度及溶液的过饱和 …… 216
6.2.3　结晶机理与动力学 …… 217
6.2.4　结晶过程的物料和热量衡算 …… 219
6.2.5　结晶设备 …… 220

6.2.6 其他结晶方法 …… 222
6.3 吸附分离 …… 223
6.3.1 吸附概述 …… 223
6.3.2 吸附平衡 …… 225
6.3.3 吸附传质及吸附速率 …… 228
6.3.4 固定床吸附过程分析 …… 229
6.3.5 吸附分离工艺及设备 …… 230
6.4 膜分离 …… 232
6.4.1 膜分离概述 …… 232
6.4.2 反渗透 …… 233
6.4.3 超滤 …… 235
6.4.4 电渗析 …… 237
6.4.5 气体混合物的分离 …… 238
6.4.6 膜分离设备 …… 239
6.5 分离方法的选择 …… 240
习题 …… 243
思考题 …… 244
本章主要符号说明 …… 245
参考文献 …… 248

第7章 固体干燥 …… 249
7.1 固体干燥过程概述 …… 249
7.2 湿空气的性质及湿度图 …… 250
7.2.1 湿空气的状态参数 …… 250
7.2.2 湿度图 …… 252
7.2.3 湿度图的应用 …… 253
7.3 湿物料中水分的性质 …… 256
7.4 干燥过程物料衡算 …… 258
7.5 干燥速率 …… 258
7.5.1 间歇干燥过程的计算 …… 261
7.5.2 连续干燥过程一般特性 …… 263
7.5.3 干燥过程的热量衡算 …… 264
7.6 干燥设备(干燥器) …… 266
7.6.1 干燥器的基本要求 …… 266
7.6.2 常用对流式干燥器 …… 267
7.6.3 非对流式干燥器 …… 271
习题 …… 272
思考题 …… 274
本章主要符号说明 …… 274
参考文献 …… 275

附录 …… 276

绪　论

1. 化工原理课程性质

“化工原理”是一门技术基础课程。它以物理、数学、化学及物理化学的理论为基础，系统介绍化工、轻工、石油、冶金等诸多工业中具有共同特点的各单元操作。每一单元操作基于一定理论基础，其过程都具有定量的数学描述，并配以典型设备来完成单元操作过程。它着重探讨各类操作过程的普遍机理，为学生学习各专业课程做理论和能力的准备。这样一门课程的形成与发展，都是以工业的发展为基础的，人们在长期不断的探索研究中，提出问题，做出假设，并予以不断的实践检验，得到符合客观规律的理论结果。

2. 化学工业的发展提出了各工艺过程的共性问题

最早的化工生产可以追溯到古代，火药、造纸、炼金术等都是古老而简单的化工生产。随着工业革命的兴起，化学工业也逐步发展起来。最初，面对种类繁多的化工产品以及各种各样的化工工艺，人们感到这些过程难以统一起来，因此最早出现的是“化工工艺学”。它是依据各种化工产品的生产工艺过程分类的，例如“硫酸工艺学”“制碱工艺学”等。随着化工产品种类逐渐多样化，“化工工艺学”的体系日渐庞大，几乎每一种产品都可以形成一门“工艺学”。最终人们还是发现，化学工业中任何产品的制造程序无论工艺如何错综复杂，都可以归纳为若干个基本过程，同时这些基本过程与生产的具体要求结合以后，还可以加以串联组合，构成一个新的产品制造工艺。在此基础上，人们提出研究各工艺过程共性的问题。例如乙烯氧氯化法制取聚氯乙烯塑料的生产，它以乙烯和氯为原料进行加成反应，经分离获得二氯乙烷；二氯乙烷再经 550℃、3 MPa 的高温裂解生成氯乙烯；裂解所得氯化氢与空气、乙烯在 200℃、0.5 MPa 下进行氧氯化反应，生成二氯乙烷和水，经分离后二氯乙烷再进行裂解；精制后的氯乙烯单体在 55℃、0.8 MPa 左右进行聚合反应获得聚氯乙烯。在进行加成反应前，必须将乙烯和氯中所含各种杂质除去，以免反应器中的催化剂中毒失效。反应产物又需进行分离，除去副产物四氯化碳、苯、三氯乙烷以及未反应的原料等。分离精制后的氯乙烯单体须经压缩、换热，达到聚合反应所需的纯度和聚集状态。聚合所得的塑料颗粒和水的悬浮液须经脱水、干燥成为产品。生产过程可简要地图示如下。

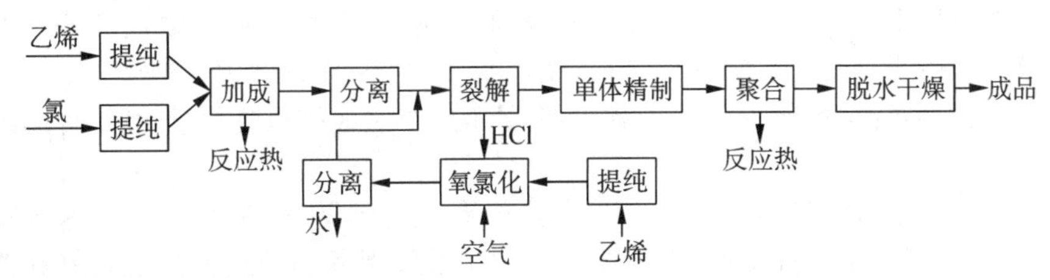

上述生产过程除加成、裂解、氧氯化和聚合属化学反应外，原料和反应物的提纯、精制、分离等工序均属前、后处理过程。前、后处理工序所进行的过程多数是物理过程，但却是化工生产所不可缺少的。

由上述例子及大量的化工工艺过程可以看出，尽管各种产品生产工艺各不相同，但都经过“原料→前处理（预处理）→化学反应→后处理→产品”这一过程。

（扫描二维码观看单元操作及其发展历程视频）

化学工业发展史上，根据物理过程的目的，同时兼顾过程的原理、物质的相态等，将各种前、后处理过程归纳为一系列的单元操作，如表 0-1 所示。

表 0-1 化工常用单元操作

单元操作	目的	物态	原理	传递过程
流体输送	输送	气、液	输入机械能	动量传递
搅拌	混合或分散	气、液、固	输入机械能	动量传递
过滤	非均相混合物分离	气、液、固	不同尺度的截留	动量传递
沉降	非均相混合物分离	气、液、固	密度差引起的沉降	动量传递
加热、冷却	升、降温，改变相态	气、液	利用温度差传入或移出热量	热量传递
蒸发	溶剂与非挥发性物质的分离	液	供热以汽化溶剂	热量传递
吸收	均相混合物的分离	气	各组分在溶剂中溶解度的差异	物质传递
精馏	均相混合物的分离	液	各组分挥发度的差异	物质传递
萃取	均相混合物的分离	液	组分在溶剂中溶解度的差异	物质传递
干燥	去湿	固	供热汽化	热、质同时传递
吸附	均相混合物的分离	气、液	各组分在吸附剂中吸附能力不同	物质传递

单元操作形成于化学工业的发展过程之中，这一发展创造性地把不同体系存在的相似或相同的内容加以归类，并进一步探索其共同的原理，而这些原理正是基于物理、数学、化学及物理化学等基础学科。用这些理论解决实际工程问题，既能使各单元操作具有理论基础，又能使其具有可操作性。在配备各单元操作相应的典型设备后，形成相对完整的独立体系。因此，各单元操作包括两个方面：过程和设备。

就各单元操作的本质而言，不外乎三种，即动量传递、热量传递和质量传递，这样就将各单元操作归纳为三传过程，这种归纳既揭示了单元操作的过程本质，又反映了各种现象，从而使传递过程成为统一的研究对象，这是联系各单元操作的一条主线。同时，各单元操作有着共同的研究方法，这是因为各单元操作既依据不同的原理和操作目的加以分类，又要用一定的设备去实现具体操作目的。各单元操作面对的是真实而复杂的实际工程问题，如实逼真的数学描述几乎是不可能的，必须寻求合理、实用的研究方法。经验法（即实验研究法）和数学模型法（即半经验半理论法）就这样形成了。

研究对象和研究方法的确立，加上具体单元操作的实质内容，形成"化工原理"课程。

3. 化工原理课程的实践检验与发展

如前所述，化工原理课程所包含的各单元操作具有相对独立性与相容性。每一单元操作都基于一定原理，在应用于实际工程问题的分析时，必须确定定量的数学描述，配备适宜的设备来完成。如精馏单元操作，其理论基础是物理化学中的相平衡理论。应用相平衡理论来分析具有不同挥发性的液体物质，给予一定热量和冷量，使各组分在不断达到相平衡的过程中趋向于纯物质。该过程在热量衡算假设的基础上，用气-液两相之间的相平衡与物料衡算来进行数学描述。而为了实现该过程，设计了各种型式的精馏塔，并探索出塔顶液相回流、塔釜气相回流的特殊操作方法。该种设备及其操作完成了液体混合物分离成纯物质这一完整过程。

化工原理课程之所以稳固成为化工类学科的专业基础课程，是因为它以基础理论课为前续课程，并应用了其中的许多原理，使学生懂得了前续课程的用途。除了自然科学严格的理论分析方法（解析法）外，配以解决实际工程问题所用的实验研究法和数学模型法，引导学生解决复杂的实际工程问题，并在课程结束之后安排典型设备的设计，更增添课程的实践性。激发学生从单纯的理论学习模式中跳出来，开始接触实际工程问题，逐渐熟悉分析、解决实际工程问题的渐进方法，这种方法为后继的专业课程打下基础。这恰恰反映了该课程作为专业基础课程的必要性。

化工原理课程是工业发展与科学理论相结合的产物，具有广阔的实践基础和坚实的理论基础，其还将向广度和深度发展。

4. 化工原理重要基本概念

在化工原理的学习中必须掌握以下基本概念，它们是从事化工生产的操作者和管理者所要掌握的重要基本概念。

1）物料衡算

在单元操作中，对于任一系统，凡是向该系统输入的物料量必定等于从该系统输出的物料量与在该系统累积的物料量之和，即

输入系统的物料量 = 输出系统的物料量 + 系统累积物料量

这是物料衡算的通式，它是根据质量守恒定律建立的。因为化工生产贯穿着物料的转化，所以在化工操作中应该进行物料衡算，它是企业进行生产核算的重要内容。据此可以判断操作的优劣、分析经济效益、提供工艺数据等，为严密控制生产的正常运行、减少物料损失打下基础。上述物料衡算的方法既适用于连续操作系统，也适用于间歇操作系统，还适用于对系统任一组分的物料衡算。对于含化学反应的系统，它适用于任一元素的衡算。

物料衡算的步骤可概括为划定物料衡算的范围、确定物料衡算的基准、列出物料衡算的方程和求解方程四个步骤。

① 划定范围　确定物料衡算所包括或涉及的范围，一般可用封闭虚线框（即控制体）将需要衡算的设备的局部，或一个车间、一个工段、一个塔段等划定出来，控制体就是要进行物料衡算的对象。进出控制体的物料均用带箭头的物流线标明，物流线一定与范围线相交（若不相交表示该物流没有进入或者离开体系）。

② 确定基准　对于间歇操作，可以规定以一批物料为基准；对于连续操作，一般以 1 h 作为基准，必要时也可以用 1 天、1 月、1 年作为基准。

③ 列出方程　可以列出整个物料衡算的方程，也可以列出某组分的衡算方程。所列方程应包含已知条件和所求的量，对于有几个未知量的衡算问题，需要列出几个互相独立的衡算方程。

④ 求解方程　从联立方程组解出未知量。列出物料衡算表，并用衡算表验算。

应当注意：物料衡算时，应严格按以上步骤进行；计算时使用的单位要统一；物料衡算实际上是质量守恒，计算时常用质量单位。

2）能量衡算

在化工生产操作中，始终贯穿着能量的使用是否完善的问题。提高输入体系能量的有效利用率和尽量减少能量的损失，在很大程度上关系着产品成本和生产的经济效益。能量衡算是定量计算能量有效利用率和能量损失的一种形式，它是基于能量守恒定律的。在任何一个化工过程中，凡向体系输入的能量必等于从该体系输出的能量和能量损失之和，即

输入能量 = 输出能量 + 能量损失

式中，能量损失是指输入体系能量中未被有效利用的部分。

按照这一规律进行计算，称为能量衡算，其计算步骤除按物料衡算外，还应确定基准温度。习惯上选 0℃为基准温度，并规定 0℃的液体焓为零。

3）平衡关系

化工过程中的每一单元操作或化学反应可称为过程，研究过程的规律，目的是使过程向有利于生产的方向进行。平衡关系，就是研究过程进行的方向和过程进行的极限（过程进行的最大程度）。

平衡关系就是指在一定条件下，过程的变化达到了极限，即达到平衡状态。例如，高温物体自动地向低温物体传热，直至两个物体的温度相等。宏观上热量不再进行传递，即达到了传热的平衡状态。

当条件改变时，原有的平衡状态被破坏并发生转移，直至在新的条件下重新建立平衡。在化工生产中经常采用改变平衡条件的方法，使平衡向有利于生产的方向移动。为有效地控制生产，应掌握生产过程的平衡状态和平衡条件的相互关系，进而判断过程进行的程度，做到心中有数地驾驭生产、完善操作。

4）过程速率

过程速率是指在单位时间内过程的变化，即表明过程进行的快慢。在化工生产中，过程进行的快慢远比过程的平衡更重要。若一个过程可以进行，而速率非常慢，那么这个过程就失去了工业规模生产的意义。

对于一个处于不平衡状态的体系，必然会产生使体系趋于平衡的过程；但过程以怎样的速率趋向平衡，这不仅与平衡关系有关，也与影响过程的诸多因素有关。由理论研究和科学实验证明，过程速率是过程推动力与过程阻力的函数，过程推动力越大，过程阻力越小，则过程速率越大；否则反之，即

$$\text{过程速率} = \frac{\text{过程推动力}}{\text{过程阻力}}$$

式中，过程推动力指的是直接导致过程进行的动力，如水从高处自动流向低处的推动力是位能差。过程阻力因素较多，与体系物性、过程性质、设备结构类型、操作条件都有关系。对过程速率问题的讨论，将在各章中进行介绍。在化工单元操作中，应努力寻求提高过程速率的途径。怎样加大过程推动力和减少过程阻力，是提高设备生产能力的重要问题。

5）经济效益

经济效益也称为经济效果，一般指经济活动中，所取得的成果与劳动消耗之比，即

$$\text{经济效益} = \frac{\text{劳动成果}}{\text{劳动消耗}}$$

式中，劳动成果是指最终的合格产品的价值；劳动消耗包含操作费用（消耗的人力、原材料、水电、维修等）、设备折旧费用（设备的造价和使用年限折算）以及占用的固定资产和流动资金。

可见，在一定的劳动消耗条件下，适合市场需求的合格产品越多，经济效益越好。为了提高经济效益，必须从提高生产操作者的技术素质、提高劳动成果和降低消耗三个方面去开展技术革新，加强生产管理和经济核算，降低操作费用，提高设备的生产能力，以达到优质、高产、低消耗、高效益的目的。

5. 化工常用量和单位

1）化工常用量

量是指物理量，任何物理量都是用数字和单位联合表达的。每种物理量都有规定的符号，这些符号都是国际上认定和国家标准规定的。目前，国际上逐渐统一采用国际单位制单位（SI 单位）；我国采用中华人民共和国法定计量单位。

物理量分为基本量和导出量。一般先选几个独立的物理量，如 SI 单位中，长度、时间、质量、热力学温度、物质的量、电流强度、发光强度确定为基本量。化工单元操作中，用前 5 个基本量就足够了。由基本量导出的量都是导出量，如体积、重力加速度等。

2）单位

用来度量同类量大小的标准量称为计量单位。基本量的主单位称作基本单位。在确定了基本单位后，按照物理量之间的关系，用相乘、相除的形式构成的单位称为导出单位。

我国在 1984 年公布实施的法定计量单位主要以 SI 单位制为基础，它具有统一性、科学性、简明性、实用性、合理性等优点。我国根据实际情况选用了一些非国际单位构成了法定

计量单位，如吨(t)、升(L)等。

3) 化工常用的5个SI基本量及单位

长度：基本单位是米(m)，其倍数单位有千米(km)、毫米(mm)、微米(μm)等。

时间：基本单位是秒(s)，国家选定的SI制外的时间单位有分(min)、小时(h)、天(d)、年(a)。

质量：千克(kg)、克(g)及其部分倍数单位，如毫克(mg)、吨(t)等。

热力学温度：基本单位是开尔文(K)，等于水的三相点热力学温度的1/273.16。

物质的量：基本单位是摩尔(mol)，其倍数单位有kmol，mmol等。

4) 化工常用的4个SI导出单位

力、重力：牛顿(N)及倍数单位，如MN，kN，mN等。

压力、压强：帕斯卡(Pa)及其倍数单位，如kPa，MPa，mPa等。

能量、功、热量：焦耳(J)及其倍数单位，如kJ，MJ以及瓦特秒(W·s)，千瓦时(kW·h)等。

功率：瓦特(W)及其倍数单位，如kW，MW等。

5) 法定计量单位的使用、写法及读的规则

① 使用规则　词头代号用正体，词头代号和单位代号之间不留间隙，如1 km，1 Mm，1 mm等；如带词头的单位代号上有指数，则表明倍数单位的系数值可由词头自乘而得，如 $1\ \mathrm{cm}^3 = 1\times(10^{-2})^3\mathrm{m}^3 = 10^{-6}\ \mathrm{m}^3$，$1\ \mathrm{cm}^{-1} = 1\times(10^{-2})^{-1}\mathrm{m}^{-1} = 10^2\ \mathrm{m}^{-1}$；不允许两个以上国际单位制词头并列而成的组合词头，如 10^6 g，可用1 Mg，不许用1 kkg；选用国际单位制词头时，一般应使单位前系数值在0.1～1 000，如12 000 m可写成12 km，0.003 94 m可写成3.94 mm。

② 写法规则　量的符号用斜体字母，单位的符号用正体字母，单位符号一般为小写，不能写成大写，如m不能写成M；两个以上单位的乘积应最好用圆点作为乘号，当不致与其他单位代号混淆时，圆点可省略，如N·m可以写成Nm，但不应写成mN，因为后者会误认为是毫牛；但导出单位系由一个单位除以另外一个单位构成时，可以用斜线形式书写，分子、分母应同在一水平线上，如 $\mathrm{kg/(m\cdot s^2)}$，不能写成 $\dfrac{\mathrm{kg}}{\mathrm{m\cdot s^2}}$；当词头符号表示的因数小于 10^6 时小写，大于 10^6 时大写，如兆写为M，1 MPa不能写成1 mPa；千写为k，1 kg不能写成1 Kg。

③ 读的规则　可按单位或词头的名称读音读，如"km"读"千米"，"mm"读"毫米"，"℃"读"摄氏度"。读的顺序与序号顺序一致，乘号按顺序读，如"N·m"读"牛顿米"。除号的对应名称是"每"，如速度"m/s"读"米每秒"，不能读"秒分之米"；传热系数"$\mathrm{W/(m^2\cdot K)}$"读"瓦特每平方米开尔文"。

SI还规定一些辅助单位和基本单位并用，如时间采用日(d)、小时(h)、分(min)，质量采用吨(t)，容积采用升(L)等，以上括号中为单位代号。除此之外，在本书中还遇到一些不属于任何单位制的单位，因为它们是由于习惯而保留下来的，故称为惯用单位。

应当提出，在使用物理量方程进行计算时，一开始应选定一种单位制度，并贯彻到底，中途不应改变，本书中未特别提出处均采用SI单位制。在计算之前，如遇到其他单位制的单位，应把它们换算成SI单位。单位换算在书中各章节的计算例题中进行应用训练。化工常用法定计量单位及单位换算见附录一。

6. 学习本课程的主要方法

本课程是理论与实践紧密联系的一门工程课程，学习时既要注意理论的系统性，又要充分重视课程的实践性。由课堂教学讲授基本理论，再通过实验、实习，巩固和加深对基本理论的理解，用掌握了的基本理论去指导单元操作训练，在实践中验证理论的正确性。此外，

还需注意下列几点。

1）理解和掌握基本理论

重视基础理论、基本概念、基本公式的学习，尤其要抓住各单元过程的平衡、速率关系问题，因为这是学好本课程的基础。在此基础上联系实际、逐步深入，才能将理论灵活应用于生产操作中。

2）树立工程观念

学习本课程还需让学生初步树立工程观念，学会从工程角度去分析和处理生产中的技术问题。也就是说必须同时具备四种观念，即理论上的正确性、技术上的可行性、操作上的安全性、经济上的合理性，其中经济是核心。这四种观念是相互联系、相互促进的统一体。所谓工程观念，就是要从这四个方面的要求出发，全面地考虑和决定工程问题的观点。

3）熟悉工程计算，培养基本计算能力

在单元操作计算中，涉及的物理量很多，有些数据计算时较烦琐，常需利用有关图表或手册查取。正确应用和熟练掌握有关图表和手册的使用方法，并将其用于单元操作过程计算也是本课程学习的基本技能之一。

第1章　流体流动与输送机械

1.1 概　　述

化工生产涉及的物料多数是流体，涉及的过程绝大部分是在流动条件下进行的。流体流动的规律是化工原理课程的重要基础，涉及流体流动规律的主要有以下三方面。

第一，流动阻力、流量计量及输送。各种流体的输送，需要进行管路的设计、输送机械的选择以及所需功率的计算。化工管道中流量的常用计量方法也都涉及流体力学的基本原理。输送机械是完成流体输送必不可少的设备。

第二，流动对传热、传质及化学反应的影响。化工设备中的传热、传质以及反应过程在很大程度上受流体在设备内流动状况的影响。例如，各种换热器、塔、流化床和反应器都十分关注流体沿流动截面速度分布的均匀性，流动的不均匀性会严重影响反应器的转化率、塔和流化床的操作性能，最终影响产品的品质和产量。各种化工设备中还常伴有颗粒、液滴、气泡和液膜、气膜的运动，掌握粒、泡、滴、膜的运动状况，对理解化工设备中发生的过程非常重要。

第三，流体的混合。流体与流体、流体与固体颗粒在各类化工设备中的混合效果都受流体流动的基本规律的支配。

1.1.1　流体流动的实例

生活中，每个家庭每天需要用水，江河湖海流水随处可见，工厂生产也离不开水的供应。图1-1是简化后的水塔向居民楼供水示意图。如图1-1所示，利用水泵将水送到高位水塔，再由水塔源源不断地送到处于不同楼层的用户，流量根据不同需要，各为 q_{V1}、q_{V2}、q_{V3}。要完成用户水的输送必须解决以下问题。

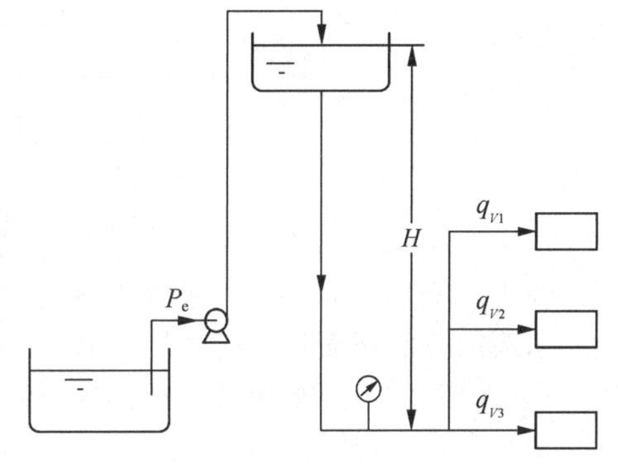

图1-1　水塔供水示意图

第一，为确保各层楼面的水量，输水总管和各支管大小是怎样？

第二，要确保每层楼有水可用，必须维持楼底水管有一定的水压；为维持此水压，水塔的高度 H 为多少？

第三，确定水塔高度 H 后，需要选择何种类型的泵？如何选泵？

本章将系统解决上述问题。

1.1.2　流体流动的基础概念

连续性假定

流体包括液体和气体，超临界物质和离子液体也是流体。流体是由大量的彼此之间有一定间隙的单个分子所组成的，而且各单个分子做随机的、混乱的运动。但是，在流动规律的研究中，人们感兴趣的不是单个分子的微观运动，而是流体宏观的机械运动。因此，可以取流体质点（或微团）而不是单个分子作为最小的考察对象，这和物理学的描述方法有区别。

所谓质点指的是一个含有大量分子的流体微团，其尺寸远小于设备尺寸，但比分子自由程大得多。这样，可以假定流体是由大量质点组成的、彼此间没有间隙、完全充满所占空间的连续介质。流体的物理性质及运动参数在空间呈连续分布，从而可以使用连续函数的数学工具加以描述。

实践证明，这样的连续性假定在绝大多数情况下是适合的，然而，在高真空稀薄气体的情况下，这样的假定将不复成立。

流体在运动时，各质点间可改变其相对位置，这是它与固体运动的重要区别。由此造成对流体运动规律的描述上的种种不同。

系统与控制体

系统(封闭系统)是包含众多流体质点的集合。系统与外界可以有力的作用与能量的交换，但没有质量交换。系统的边界随流体一起运动，因而其形状和大小都随时间而变化。

化工生产中往往在某些固定体积空间来考察问题，该空间称为控制体。构成控制体的空间界面称为控制面。控制面总是封闭的固定界面，流体可以自由地进出控制体，控制面上可以有力的作用与能量的交换。控制体在化工原理课程中较常用。

定态流动与非定态流动

如果运动空间各点的状态不随时间而变化，则该流动称为定态流动。显然，对定态流动，指定点的速度 u_x，u_y，u_z 以及压强 p 等均为常数而与时间无关。反之，则为非定态流动，如图 1-2 所示。

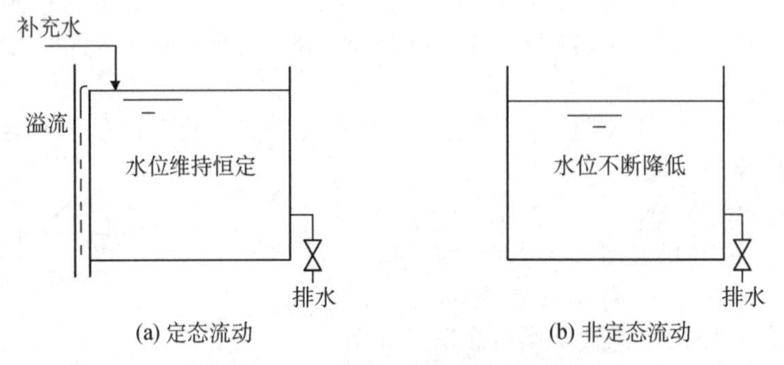

图 1-2 定态流动和非定态流动

图 1-2(a)中，水箱上部不断有水补充，水从下部排水管不断排出，以维持水箱内水位恒定。水箱内任意截面的流速和压强皆不随时间而变化，这种流动是定态流动。图 1-2(b)中，没有外加水补充，水箱内的水仍然不断排出，水位随时间不断下降，各截面上的压强也随时间不断下降，这种流动即为非定态流动。

化工生产中，生产的开工、停车阶段属于非定态流动，而正常连续生产属于定态流动。多数流动是在各式各样的管道内进行的，因此本章只讨论定态管流问题。

流体流动中的作用力

流动中的流体受到的作用力可分为体积力和表面力两种。

体积力 体积力作用于流体的每一个质点上，并与流体的质量成正比，所以也称质量力，对于均质流体也与流体的体积成正比。流体在重力场运动时受到的重力，在离心力场运动时受到的离心力都是典型的体积力。重力与离心力都是一种场力。

表面力——压力与剪力 表面力与表面积成正比。若取流体中任一微小平面，作用于其上的表面力可分为垂直于表面的力和平行于表面的力。前者称为压力，后者称为剪力(或切力)。

压强 单位面积上所受垂直方向的压力称为压强，用 p 表示，其单位为 Pa。压强的单位除直接以 Pa 表示外，工程上还有另外两种表示方法。

(1) 间接地以流体柱高度表示，如米水柱或毫米汞柱等。液柱高度 h 与压强的关系为

$$p = \rho g h \tag{1-1}$$

注意，当以液柱高度 h 表示压强时，必须同时指明为何种流体。

(2) 以大气压作为计量单位。

1 atm(标准大气压)=1.013×10^5 Pa，即0.101 3 MPa，相当于760 mmHg或10.33 mH_2O。

压强的大小常以两种不同的基准来表示：一种是绝对真空；另一种是大气压强。以绝对真空为基准量所得的压强称为绝对压强，以大气压强为基准量所得的压强称为表压或真空度。取名表压，是因为压强表直接测得的读数按其测量原理往往是绝对压强与大气压强之差，即

$$表压 = 绝对压 - 大气压$$

真空度是真空表直接测量的读数，其数值表示绝对压比大气压低多少，即

$$真空度 = 大气压 - 绝对压$$

图1-3表示绝对压、表压或真空度之间的关系。图中 p_1 的压强高于大气压，p_2 的压强低于大气压。

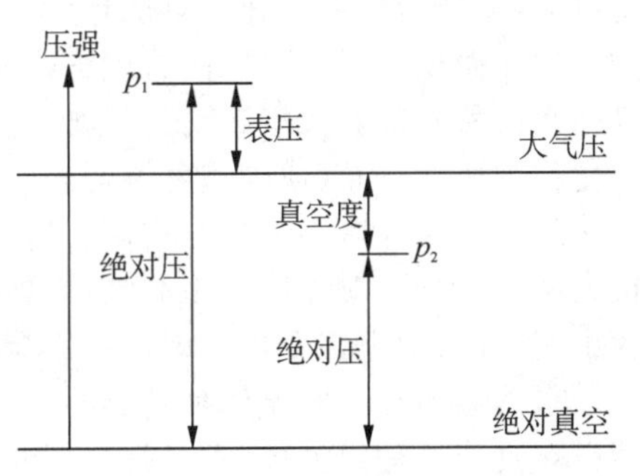

图1-3　压强的基准和度量

流量　单位时间内流过管道某一截面的物质量称为流量。流过的量如以体积表示，称为体积流量，以符号 q_V 表示，常用的单位有 m^3/s 或 m^3/h。如以质量表示，则称为质量流量，以符号 q_m 表示，常用的单位有 kg/s 或 kg/h。

体积流量 q_V 与质量流量 q_m 之间存在下列关系：

$$q_m = q_V \cdot \rho \tag{1-2}$$

式中，ρ 为流体的密度，kg/m^3。

注意，流量是一种瞬时的特性，不是某段时间内累计流过的量，它可以因时而异。当流体做定态流动时，流量不随时间而变。

流速　单位时间内流体质点在流动方向上流经的距离称为流速，以符号 u 表示，单位为 m/s。

流体在管内流动时，由于黏性的存在，流速沿管截面各点的值彼此不等而形成某种分布。在工程计算中，为简便起见，常常希望由一个平均速度来代替这一速度的分布。选取物理量的平均值应当按其目的采用相应的平均方法。在流体流动中通常按流量相等的原则来确定平均流速。

质量流速　单位时间内流体流过单位流动截面积的质量称为质量流速，以符号 G 表示，单位为 $kg/(m^2\cdot s)$，也称为质量通量。G 与 q_m，q_V，u 之间的关系为

$$G=\frac{q_m}{A}=\frac{\rho q_V}{A}=\rho u \tag{1-3}$$

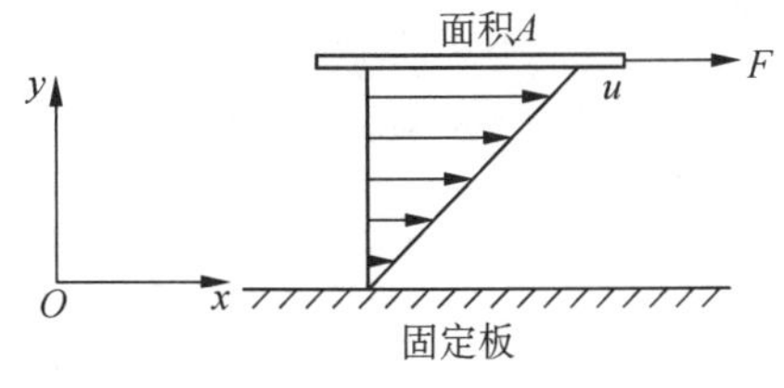

图1-4　剪应力与速度梯度

对于气体，因其体积流量与平均流速随压强和温度而变化，采用质量流速较为方便。

1.1.3　牛顿黏性定律

设有间距很小的两平行平板，其间充满流体(图1-4)。下板固定，上板施加一平行于平板的切向力 F，使此平板以速度 u 做匀速运动。紧贴于运动板下

方的流体层以同一速度 u 流动，而紧贴于固定板上方的流体层则静止不动。两板间各层流体的速度不同，其大小如图 1-4 中箭头所示。单位面积的切向力 F/A 即为流体的剪应力 τ。对大多数流体来说，剪应力 τ 服从下列牛顿黏性定律：

$$\tau = -\mu \frac{du}{dy} \tag{1-4}$$

式中，$\frac{du}{dy}$ 为法向速度梯度，1/s；μ 为流体的黏度，$N \cdot s/m^2$，即 Pa·s；剪应力 τ 的单位是 Pa。

牛顿黏性定律指出，剪应力与法向速度梯度成正比，与法向压力无关。

静止流体是不能承受剪应力抵抗剪切变形的，换言之，流体受到剪应力必定产生运动，这是流体与固体的力学特性的又一不同点。

黏度是黏性大小的度量，因流体而异，是流体的一种物性。黏度愈大，同样的剪应力将造成愈小的速度梯度。剪应力及流体的黏度只是有限值，故速度梯度也只能是有限值。由此可知，相邻流体层的速度只能连续变化。据此可对流体流经圆管时的速度沿半径方向的变化规律做出预示。紧贴圆管壁面的流体因受壁面固体分子力的作用而处于静止状态（即壁面无滑移），随着离壁距离的增加，流体的速度也连续地增大。这种速度沿管截面各点的变化称为速度分布（或称速度侧形）。流体无黏性时称为理想流体。引入理想流体概念在研究实际流体时起着很重要的作用。这是因为黏性的存在给流体流动的数学描述和处理带来很大困难，因此，对黏度较小的流体，如气体等，在某些情况下，往往首先将其视为理想流体，找出规律后，根据需要再考虑黏性影响，对理想流体的分析结果加以修正。

自然界中存在的流体都具有黏性，具有黏性的流体称为黏性流体或实际流体，即自然界不存在真正的理想流体，它只是为了便于处理某些流动问题所做的假设而已。

上述不同速度的流体层在流动方向上具有不同的动量，层间分子的交换也同时构成了动量的交换和传递。动量传递的方向与速度梯度方向相反，即由高速层向低速层传递。因此，无论是气体或液体，剪应力 τ 的大小即代表此项动量传递的速率。式(1-4)中的负号表示动量传递的方向与速度梯度的方向相反。

流体的黏度是影响流体流动的一个重要的物理性质。许多流体的黏度可以从有关手册中查取。本书附录四、附录五中列有常用气体和液体黏度的表格和共线图。通常液体的黏度随温度上升而减小，气体的黏度随温度上升而增大。液体的黏度成百倍地大于气体的黏度。表 1-1 列举了常压、室温下一些熟悉材料的黏度。

表 1-1　一些熟悉材料常压室温下的黏度

材　料	近似黏度/(Pa·s)	材　料	近似黏度/(Pa·s)
玻　璃	10^{40}	甘　油	10^{0}
熔融玻璃(500℃)	10^{12}	橄榄油	10^{-1}
沥　青	10^{8}	自行车油	10^{-2}
高分子熔体	10^{3}	水	10^{-3}
金　浆	10^{2}	空　气	10^{-5}
液体蜂蜜	10^{1}		

黏度的单位是 Pa·s，较早的手册也常用泊（达因·秒/厘米^2）或厘泊（0.01 泊）表示。其相互关系为

$$1\ \text{厘泊(cP)} = \frac{1}{100}\ \text{泊(P)} = \frac{1}{100}\left[\frac{\text{达因}\cdot\text{秒}}{\text{厘米}^2}\right] = \frac{1}{100}\frac{\frac{1}{100\,000}\text{N}\cdot\text{s}}{\left(\frac{1}{100}\right)^2\text{m}^2}$$

$$= 10^{-3}\frac{\text{N}\cdot\text{s}}{\text{m}^2} = 10^{-3}\ \text{Pa}\cdot\text{s} = 1\ \text{m Pa}\cdot\text{s}$$

即 1 Pa·s = 1 000 cP。以后将会发现黏度 μ 和密度 ρ 常以比值的形式出现，为简便起见，定义

$$\nu = \frac{\mu}{\rho} \tag{1-5}$$

称为运动黏度，在 SI 单位中以 m^2/s 表示，物理制单位为厘米^2/秒，称为 Stokes，简称沲(St)，其百分之一为厘沲。为示区别，黏度 μ 又称为动力黏度。

$$1\ \text{St} = 1\ \text{cm}^2/\text{s} = 100\ \text{cSt} = 10^{-4}\ \text{m}^2/\text{s}$$

黏性的物理本质是分子间的引力和分子的运动与碰撞，是分子微观运动的一种宏观表现。

凡是遵循牛顿黏性定律的流体称为牛顿流体，否则称为非牛顿流体，所有气体和大多数低相对分子质量流体均属于牛顿流体，如水、空气等；而某些高分子流体，如油漆、血液等则属于非牛顿流体。本教材涉及的流体多为牛顿流体。

1.1.4 流体流动中的机械能

流体所含的能量包括内能和机械能。

众所熟知，固体质点运动时的机械能有两种形式：位能和动能。而流动流体中除位能、动能外还存在另一种机械能——压强能。流体在重力场中运动时，如自低位向高位对抗重力运动，流体将获得位能。与之相仿，流体自低压向高压对抗压力流动时，流体也将由此而获得能量，这种能量称为压强能。流体流动时将存在着三种机械能的相互转换。

气体在流动过程中因压强变化而发生体积变化，从而在内能与机械能之间也存在相互转换。

此外，流体黏性所造成的剪应力可看作是一种内摩擦力，它将消耗部分机械能使之转化为热能而损失。因此，流体的黏性使流体在流动过程中产生机械能损失。为了实现流体的输送，还常需输送机械提供必需的能量，这是管路计算中的一项重要内容。

1.2 流体静力学

1.2.1 静力学方程

在静止流体中，作用于某一点不同方向上的压强在数值上是相等的，即一点的压强只要说明它的数值即可。当然，流体内部空间各点的静压强数值不同，仅是位置的函数。

设流体不可压缩，即密度 ρ 与压强无关，则该流体中有

$$\frac{p}{\rho} + gz = \text{常数} \tag{1-6}$$

对于同种静止流体中任意两点 1 和 2，如图 1-5 所示。

$$\frac{p_1}{\rho} + gz_1 = \frac{p_2}{\rho} + gz_2 \tag{1-7}$$

或
$$p_1 = p_2 + \rho g(z_2 - z_1) = p_2 + \rho gh \tag{1-8}$$

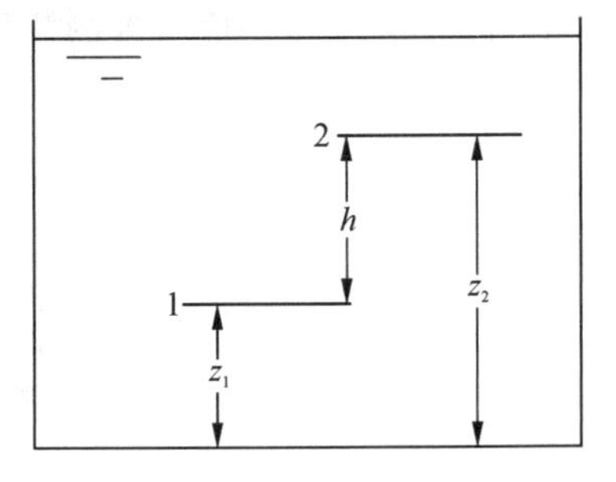

图 1-5 重力场中的静压强分布

必须指出，式(1-6)、式(1-7)和式(1-8)三式仅适用于在重力场中静止的不可压缩流体。上列各式表明静压强仅与垂直位置有关，而与水平位置无关。这正是由于流体仅处于重力场中的缘故。若流体处于离心力场中，静压强分布将遵循着不同的规律。流体中，液体的密度随压强的变化很小，可以认为是不可压缩的流体；气体则不然，具有较大的可压缩性，原则上，式(1-8)不复成立。但是，若压强的变化不大，密度可近似地取其平均值而视为常

数，则式(1－6)、式(1－7)、式(1－8)仍可应用。

1.2.2 压强能和位能

由式(1－6)可知，gz 项实质上是单位质量流体所具有的位能。这样，$\frac{p}{\rho}$ 相应地是单位质量流体所具有的压强能。式(1－6)表明，静止流体存在着两种形式的势能(位能和压强能)，在同一种静止流体中处于不同位置的位能和压强能各不相同，但其和即总势能保持不变。若以符号$\frac{\mathscr{P}}{\rho}$表示单位质量流体的总势能，则

$$\frac{\mathscr{P}}{\rho}=gz+\frac{p}{\rho} \tag{1-9}$$

式中，$\mathscr{P}$具有与压强相同的量纲，可理解为一种虚拟的压强。

$$\mathscr{P}=\rho gz+p \tag{1-10}$$

对不可压缩流体，式(1－9)表示同种静止流体各点的虚拟压强(总势能)处处相等。由于$\mathscr{P}$的大小与密度ρ有关，在使用虚拟压强时，必须注意所指定的流体种类以及高度基准。

1.2.3 压强的静力学测量方法

压强的测量仪表很多，本节仅介绍基于静力学原理的压强测量方法。

简单测压管

最简单的测压管如图1－6所示。储液罐的A点为测压口，测压口与一玻管连接，玻管的另一端与大气相通。由玻管中的液面高度获得读数R，由静力学原理即式(1－8)得

$$p_A=p_a+\rho gR$$

A点的表压为

$$p_A-p_a=\rho gR \tag{1-11}$$

式(1－11)中p_A为A点压强。

显然，这样的简单装置只适用于高于大气压的液体压强的测定，不适用于气体。此外，如被测压强p_A过大，读数R也将过大，测压很不方便。反之，如被测压强与大气压过于接近，读数R将很小，使测量误差增大。

U形测压管

图1－7表示用U形测压管测量容器中的A点压强。在U形玻璃管内放有某种液体作为指示液。指示液不能与被测流体发生化学反应、不互溶，且其密度ρ_i大于被测流体的密度ρ。

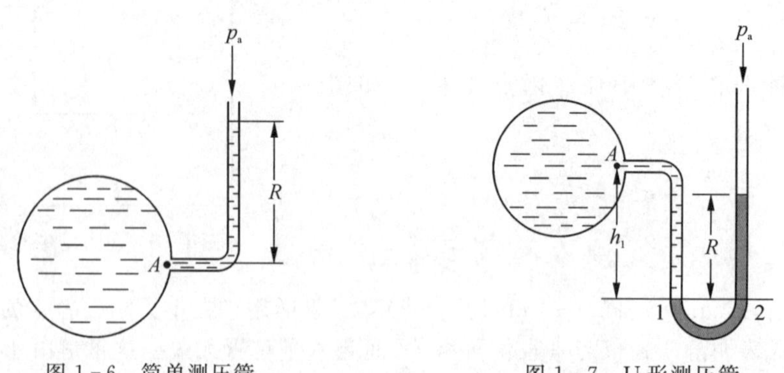

图1－6 简单测压管　　图1－7 U形测压管

由静力学原理可知，在同一种静止流体内部等高面即是等压面。因此，图中点1、点2的压强

$$p_1 = p_A + \rho g h_1$$

与

$$p_2 = p_a + \rho_i g R$$

相等，由此可求得 A 点的压强为

$$p_A = p_a + \rho_i g R - \rho g h_1$$

A 点的表压为

$$p_A - p_a = \rho_i g R - \rho g h_1 \quad (1-12)$$

若容器内为气体，则由气柱 h_1 造成的静压强可以忽略，得

$$p_A - p_a = \rho_i g R \quad (1-13)$$

此时 U 形测压管的指示液读数 R 表示 A 点压强与大气压之差，读数 R 即为 A 点的表压。

U 形压差计

如 U 形测压管的两端分别与两个测压口相连，则可以测得两测压点之间的压差，故称为压差计。图1-8表示 U 形压差计测量均匀管内做定态流动时 A、B 两点的压差。因 U 形管内的指示液处于静止，故位于同一水平面 1、2 两点的压强

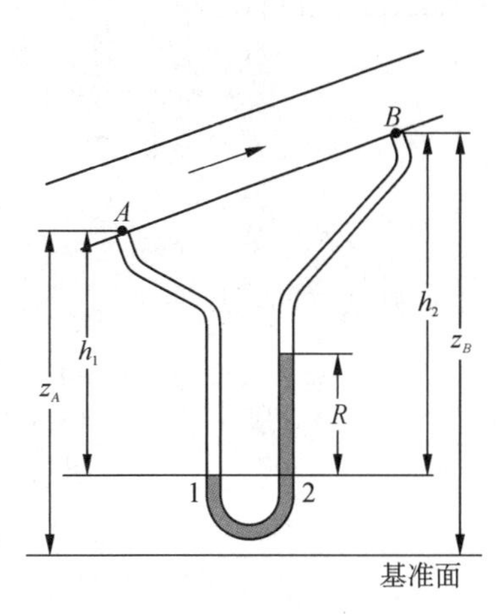

图 1-8　虚拟压强差

$$p_1 = p_A + \rho g h_1$$

与

$$p_2 = p_B + \rho g (h_2 - R) + \rho_i g R$$

相等，故有

$$(p_A + \rho g z_A) - (p_B + \rho g z_B) = R g (\rho_i - \rho)$$

或

$$\mathscr{P}_A - \mathscr{P}_B = R g (\rho_i - \rho) \quad (1-14)$$

式(1-14)表明，当压差计两端的流体相同时，U 形压差计直接测得的读数 R 实际上并不是真正的压差，而是 A、B 两点虚拟压强之差 $\Delta\mathscr{P}$（即总势能之差）。

只有当两测压口处于等高面上，$z_A = z_B$（即被测管道水平放置）时，U 形压差计才能直接测得两点的压差，即

$$\mathscr{P}_A - \mathscr{P}_B = p_A - p_B$$

对于一般情况，压差应由下式计算。

$$p_A - p_B = R(\rho_i - \rho) g - \rho g (z_A - z_B) \quad (1-15)$$

同样的压差下，用 U 形压差计测量的读数 R 与密度差($\rho_i - \rho$)有关，故应妥善选择指示液的密度 ρ_i，使读数 R 在适宜的范围内。

由此可见，对于倾斜管路，U 形压差计读数反映两截面流体的压强能和位能总和之差，因压强能与位能均为流体的势能，因此，U 形压差计的读数实际反映两截面流体的总势能差。当管路水平放置时，U 形压差计仅测得压强能差或压强差。

例 1-1　蒸汽锅炉上装置一复式 U 形水银测压计，如图 1-9 所示，截面 2、4 间充满水。已知对某基准面而言各点的标高为 $z_0 = 2.1\,\text{m}$，$z_2 = 0.9\,\text{m}$，$z_4 = 2.0\,\text{m}$，$z_6 = 0.7\,\text{m}$，$z_7 = 2.5\,\text{m}$。试求锅炉内水面上的蒸汽压强。

解　按静力学原理，同一种静止流体的连通器内、同一水平面上的压强相等，故有

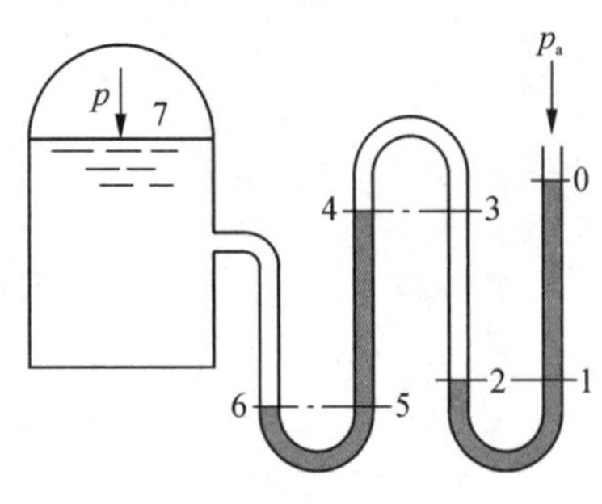

图 1-9　复式 U 形水银测压计

$$p_1 = p_2, p_3 = p_4, p_5 = p_6$$

对水平面 1-2 而言，$p_2 = p_1$，即

$$p_2 = p_a + \rho_i g\ (z_0 - z_1)$$

对水平面 3-4 而言，

$$p_4 = p_3 = p_2 - \rho g\ (z_4 - z_2)$$

对水平面 5-6 有

$$p_6 = p_4 + \rho_i g\ (z_4 - z_5)$$

锅炉蒸汽压强　$p = p_6 - \rho g\ (z_7 - z_6)$

$$p = p_a + \rho_i g\ (z_0 - z_1) + \rho_i g\ (z_4 - z_5) - \rho g\ (z_4 - z_2) - \rho g\ (z_7 - z_6)$$

则蒸汽的表压为

$$\begin{aligned} p - p_a &= \rho_i g\ (z_0 - z_1 + z_4 - z_5) - \rho g\ (z_4 - z_2 + z_7 - z_6) \\ &= 13\,600 \times 9.81 \times (2.1 - 0.9 + 2.0 - 0.7) - 1\,000 \\ &\quad \times 9.81 \times (2.0 - 0.9 + 2.5 - 0.7) \\ &= 3.05 \times 10^5 (\text{Pa}) = 305\ (\text{kPa}) \end{aligned}$$

1.3　流体流动中的守恒原理

流体流动规律的一个重要方面是流速、压强等运动参数在流动过程中的变化规律。流体流动应当服从一般的守恒原理:质量守恒、能量守恒和动量守恒。从这些守恒原理可以得到有关运动参数的变化规律。限于篇幅,本节仅讨论前两者。化工生产中大量遇到的是管流,因此,本节只讨论管流。

1.3.1　管流质量守恒

参照图 1-10,以截面 1、截面 2 为质量衡算范围,在此范围流体没有增加或减少的情况下(定态流动),单位时间流入截面 1 的流体质量与单位时间流出截面 2 的流体质量必然相等,即

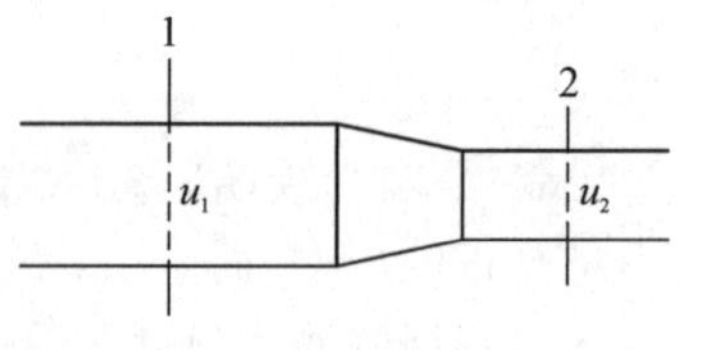

图 1-10　管流系统质量守恒

$$q_{m1} = q_{m2}$$

$$\rho_1\ u_1 A_1 = \rho_2\ u_2 A_2 \tag{1-16}$$

式中,A_1，A_2 分别为管段两端的横截面积,m^2;u_1，u_2 分别为管段两端面的平均流速,m/s;ρ_1，ρ_2 分别为管段两端面处的流体密度,kg/m^3。

式(1-16)称为流体在管道中做定态流动时的质量守恒方程式(连续性方程)。对不可压缩流体,ρ 为常数,则

$$u_1 A_1 = u_2 A_2 \quad 或 \quad \frac{u_2}{u_1} = \frac{A_1}{A_2} \tag{1-17}$$

式(1-17)表明,因受质量守恒原理的约束,不可压缩流体的平均流速其数值只随管截面的变化而变化,即截面增加,流速减小;截面减小,流速增加。流体在均匀直管内做定态流动时,平均流速 u 保持定值,并不因内摩擦而减速,消耗的是静压能,可见静压能在直管流动中的变化。

1.3.2　机械能守恒

对不可压缩的理想流体,在重力场中做定态管流,有

$$gz+\frac{p}{\rho}+\frac{u^2}{2}=\text{常数} \tag{1-18}$$

此式称为伯努利方程(Bernoulli 方程)。

式(1-18)表示在流动的流体中存在着三种形式的机械能,即位能、压强能、动能。伯努利方程表明在流体流动过程中此三种机械能可相互转换,但其和保持不变。

对于不可压缩流体,位能和压强能均属势能,其和以总势能 $\mathscr{P}/\rho$ 表示,因此伯努利方程又可写成

$$\frac{\mathscr{P}}{\rho}+\frac{u^2}{2}=\text{常数} \tag{1-19}$$

上式表明不可压缩的理想流体在定态流动过程中,单位质量流体的总势能和动能可以相互转换,但是其和保持不变。

式(1-18)也可写成

$$gz_1+\frac{p_1}{\rho}+\frac{u_1^2}{2}=gz_2+\frac{p_2}{\rho}+\frac{u_2^2}{2} \tag{1-20}$$

下标 1、2 分别代表管流中的截面 1 和截面 2。

伯努利方程的几何意义 前已说明,理想流体伯努利方程中各项均为单位质量流体的机械能,分别为位能、压强能和动能。式(1-18)两边除以 g 可以获得伯努利方程的另一种以单位重量流体为基准的表达形式。

$$z+\frac{p}{\rho g}+\frac{u^2}{2g}=\text{常数} \tag{1-21}$$

其物理意义:左端各项为单位重量流体所具有的机械能,与高度单位一致,在 SI 制中为每牛顿重量流体具有的能量,即 J/N = m。

图 1-11 清楚地表明了伯努利方程的几何意义。图中 z 为单位重量流体所具有的位能,也是被考察流体距基准面的高度,称为位头;$\frac{p}{\rho g}$ 是单位重量流体所具有的压强能,也是以流体柱高度表示的压强,称为压头;$\frac{u^2}{2g}$ 是单位重量流体所具有的动能,称为速度头。

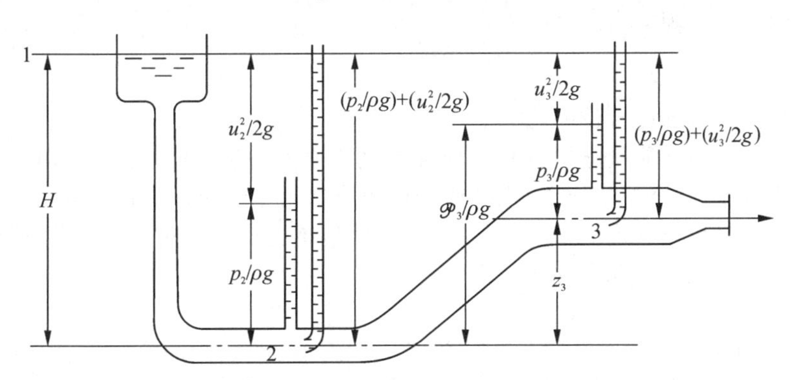

图 1-11 伯努利方程的几何意义

图 1-11 中取截面 2 管中心线为位置基准,$z_2=0$。取大气压为压强基准,$p_1=0$。截面 1 的面积远大于管道截面,故 u_1 可近似取为零。从图中可清楚地看出理想流体在流动过程中三种能量形式的相互转换,但三者之和为一常数。对已铺设的管路,各断面的几何高度和管

径已定，各断面的位能 z 是不可能改变的，各断面的动能 $\frac{u^2}{2g}$ 受管径的约束，唯有势能 $\frac{p}{\rho g}$ 可根据具体情况的变化而改变。因此，从某种意义上讲，伯努利方程就是流体在管道流动时的压强分布的变化规律。

类似地，对有外加机械能的实际流体则有

$$z_1+\frac{p_1}{\rho g}+\frac{u_1^2}{2g}+H_e=z_2+\frac{p_2}{\rho g}+\frac{u_2^2}{2g}+H_f \tag{1-22}$$

式中，H_e 为截面 1 至截面 2 间外界对单位重量流体加入的机械能，J/N(或 m)；H_f 为单位重量流体由截面 1 流至截面 2 的机械能损失(阻力损失)，J/N(或 m)。

式(1-22)为有 H_e 时实际流体流动的机械能衡算式。式中阻力损失产生的原因及计算方法将在第 1.4 节中详述。

使用伯努利方程或实际不可压缩流体的机械能衡算式时，因等式两边的压强项可移项而成为压强差的形式，因此在计算时可取绝对真空作为压强的计算基准，也可以大气压为计算基准。

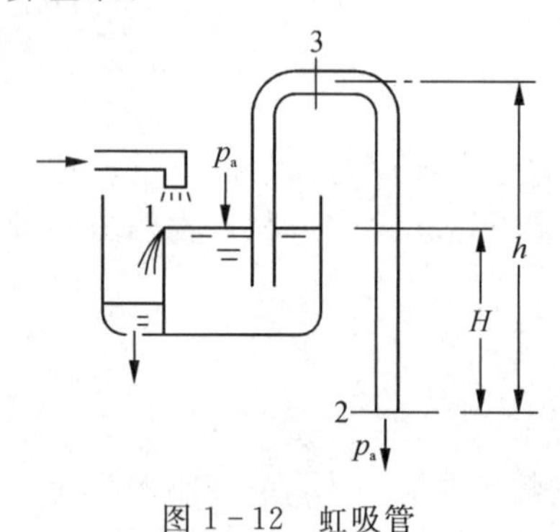

图 1-12　虹吸管

例 1-2　虹吸

图 1-12 表示水从高位槽通过虹吸管流出，其中 $h=8\,m$，$H=6\,m$。设槽中水面保持不变，不计流动阻力损失，试求管出口处水的流速及虹吸管最高处水的压强。

解　在水槽液面 1 及管出口截面 2 间列伯努利方程，忽略截面 1 的速度 u_1 可得

$$u_2=\sqrt{2gH}=\sqrt{2\times 9.81\times 6}=10.8\ (\mathrm{m/s})$$

为求虹吸管最高处(截面 3)水的压强，在截面 3 与截面 2 间列伯努利方程得

$$\frac{p_3}{\rho}+\frac{u_3^2}{2}+hg=\frac{p_a}{\rho}+\frac{u_2^2}{2}$$

因 $u_2=u_3$，则

$$p_3=p_a-\rho gh=1.013\times 10^5-1\,000\times 9.81\times 8=2.28\times 10^4\ (\mathrm{Pa})$$

该截面的真空度为

$$p_a-p_3=\rho gh=1\,000\times 9.81\times 8=7.85\times 10^4\ (\mathrm{Pa})$$

本例可见流体压强能与位能之间的相互转变。

伯努利方程与前述质量守恒方程是流体流动的基本方程，应用广泛。因为伯努利方程是通过定态流动系统中流体流动的机械能守恒为原则而得到的，因而，在应用伯努利方程来解决实际问题时必须先确定能量衡算的范围，标明流体流动的方向，确定计算截面。

解题过程应注意以下几个问题。

① 根据题意，画出流程示意简图。

② 正确选择截面。截面必须与流体流动方向垂直；两截面间流体应为定态流动；截面宜选在已知量尽可能多、方便计算的截面上，除待求的物理量外，其他均为已知量或可通过其他方法求得。

③ 选择合适的基准水平面。基准面的选取是为了确定流体位能的大小，实际上是确定两个截面之间的位能差，因此，基准面可以任意选取，一般以某个截面为基准面，这样较为方便。

④ 单位必须一致。计算中要注意各物理量的单位保持一致，尤其在计算截面上的静压强时，不仅单位要一致，表示方法也应一致，即同为绝对压强或同为表压，不能混合使用。

1.4　流体流动阻力

前文阐述了两个守恒原理，这些原理将有关的运动参数关联起来。应用流体流动守恒原理，可以预测和计算出流动过程中有关运动参数的变化规律。然而，这些守恒原理并未涉及流动的内部结构，即在流体微元尺度上的流动状况。实际上，化工中的许多过程都和流动的内部结构密切相关。例如，实际流体流动时的阻力就与流动结构紧密相关。其他许多过程，如流体的热量传递和质量传递也都如此。因此，流动的内部结构是流体流动规律的一个重要方面。流动的内部结构是个极为复杂的问题，涉及面广，本节只做简要介绍。

1.4.1　流动的类型与雷诺数、边界层

两种流型——层流和湍流

1883 年著名的雷诺(Reynold)实验揭示出流动的两种截然不同的流型。图 1-13 即雷诺实验装置的示意简图。在一个水箱内，水面下安装一个喇叭形进口的玻璃管。管下游装有一个阀门。利用阀门的开度调节流量。在喇叭形进口处中心有一根针形小管，自此小管流出一丝着色水流，其密度与水几乎相同。

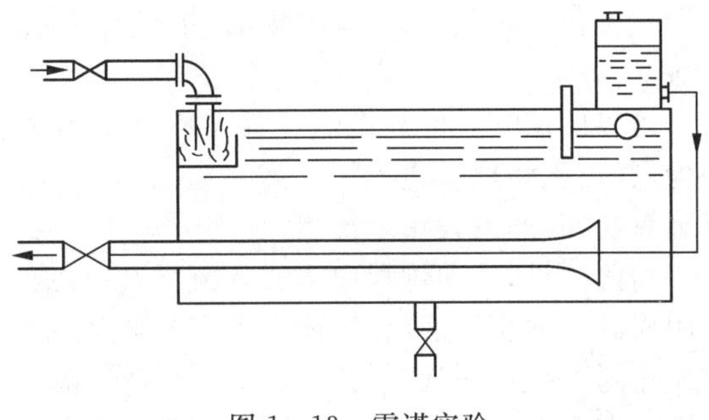

图 1-13　雷诺实验

当水的流量较小时，玻管水流中出现一丝稳定而明显的着色直线。随着流速逐渐增加，起初着色线仍然保持平直光滑；当流量增大到某临界值时，着色线开始抖动、弯曲，继而断裂，最后完全与水流主体混在一起，无法分辨，而整个水流也就染上了颜色。

上述实验虽然非常简单，却揭示出一个极为重要的事实，即流体流动存在着两种截然不同的流型。在前一种流型中，流体质点做直线运动，即流体分层流动，层次分明，彼此互不混杂(此处仅指宏观运动，不是指分子微观运动)，这种流型称为层流。在后一种流型中，流体在总体上沿管道向前运动，同时还在各个方向做随机的脉动，正是这种混乱运动使着色线抖动、弯曲，以至断裂冲散。这种流型称为湍流。

流型的判据——雷诺数 *Re*

两种不同流型对流体流动中发生的热量和质量等的传递将产生不同的影响。为此，工程设计上需要事先判定流型。对管流而言，实验表明流动的几何尺寸(管径 d)、流动的平均速度 u 及流体性质(密度 ρ 和黏度 μ)对流型从层流到湍流的转变有影响。雷诺发现，可以将这些影响因素综合成一个无量纲的数群 $\dfrac{du\rho}{\mu}$ 作为流型的判据，此数群被称为雷诺数，以符号 Re 表示，即 $Re=\dfrac{du\rho}{\mu}$。

雷诺指出：

(1) 当 $Re<2\,000$ 时，必定出现层流，此为层流区。

(2) 当 $2\,000<Re<4\,000$ 时，有时出现层流，有时出现湍流，依赖于环境，此为过渡区。

(3) 当 $Re>4\,000$ 时，一般都出现湍流，此为湍流区。

应该指出，上述以 Re 为判据将流动划分为三个区：层流区、过渡区、湍流区，但是流型只有两种。过渡区并非表示一种过渡的流型，它只是表示在此区内可能出现层流也可能出现湍流。究竟出现何种流型，需视外界扰动而定，但在一般工程计算中 $Re > 2\,000$ 可作湍流处理。

雷诺数的物理意义是它表征了流动流体惯性力与黏性力之比，它在研究动量传递、热量传递和质量传递中尤为重要。

引入质量流速 G 和运动黏度 ν 后，雷诺数可表示为

$$Re = \frac{du\rho}{\mu} = \frac{dG}{\mu} = \frac{du}{\nu} \tag{1-23}$$

边界层　当一个流速均匀的实际流体与一个固体界面接触时，由于壁面的阻滞，与壁面直接接触的流体速度立即降为零（壁面无滑移）。如果流体不存在黏性，那么第二层流体将仍按原速度向前流动。实际上，由于流体黏性的作用，近壁面的流体将相继受阻而降速。随着流体沿壁面向前流动，流速受影响的区域逐渐扩大。通常定义，流速降为未受边壁影响流速（来流速度）的99%以内的区域为边界层。简言之，边界层是边界影响所及的区域。

边界层按其中的流型仍有层流边界层和湍流边界层之分。在近壁面处，边界层内的流型为层流，称为层流边界层。离开壁面前缘若干距离后，边界层内的流型转为湍流，称为湍流边界层，其厚度较快地扩展。

由此可见，流动过程中因实际流体具有黏度，紧贴壁面的流体因受到壁面固体分子力的作用而处于静止状态（即壁面无滑移），随着离壁面距离的增加，流体的流速也连续增大，这种流速随距离壁面远近的变化称为速度分布。本书各章涉及的流体流速皆为平均流速 u，对速度分布不做深入讨论，读者可参阅其他教材。

边界层的划分对许多工程问题具有重要的意义。虽然对管流来说，入口段以后整个管截面都在边界层范围内，没有划分边界层的必要。但是当流体在大空间中对某个物体做绕流时，边界层的划分就显示出它的重要性。

湍流时的层流内层和过渡层　管内湍流时速度脉动的平均振幅随离壁的距离变化，越靠近壁速度脉动越小；在远离壁面的流动核心，其速度脉动较大，流动充分显示其湍流特征。反之，近壁处速度脉动很小，流动仍保持层流特征。因此，即使在高度湍流条件下，近壁面处仍有一薄层保持着层流特征，该薄层就称为层流内层。

在湍流区和层流内层间仍有一过渡层。为简化起见，常忽略过渡层，将湍流流动分为湍流核心和层流内层两个部分。层流内层一般很薄，其厚度随 Re 的增大而减小。无论湍动程度如何激烈，总存在层流内层。在湍流核心内，径向的传递过程因速度的脉动而大大强化。而在层流内层中，径向的传递只能依赖于分子运动。因此，层流内层成为传递过程主要阻力损失的场所。

例 1-3　20℃的水以 35 m^3/h 的流量在 $\phi 76$ mm×3 mm 的管路中流动，试判断水在管内的流动类型。

解　查得水在20℃时的黏度为 1.005 mPa·s，密度为 998.2 kg/m^3，由于

$$u = \frac{q_V}{A} = \frac{35}{\frac{\pi}{4} \times (0.076 - 2 \times 0.003)^2 \times 3\,600} = 2.53\ (\text{m/s})$$

则

$$Re = \frac{\rho u d}{\mu} = \frac{998.2 \times 2.53 \times 0.07}{1.005 \times 10^{-3}} = 175\,902 > 4\,000$$

所以水处于湍流状态。

1.4.2 流动阻力损失

直管阻力损失和局部阻力损失

化工管路主要由两部分组成：一种是直管，另一种是弯头、三通或阀门等各种管件。无论是直管或管件都对流动有一定的阻力，消耗一定的机械能。直管造成的机械能损失称为直管阻力损失（或称沿程阻力损失）；管件造成的机械能损失称为局部阻力损失。对阻力损失做此划分仅因两种不同阻力损失起因于不同的外部条件，也为了工程计算及研究的方便，但这并不意味着两者有质的不同。此外，应注意将直管阻力损失与固体表面间的摩擦损失相区别。固体摩擦仅发生在接触的外表面，而直管阻力损失发生在流体内部，紧贴管壁的流体层与管壁之间并没有相对滑动。

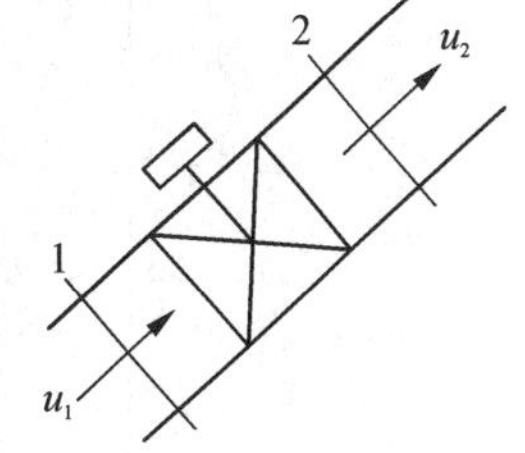

图 1-14　阻力损失

阻力损失表现为流体势能的降低　图 1-14 表示流体在均匀直管中做定态流动，$u_1=u_2$。截面1、2之间未加入机械能，$h_e=0$。由机械能衡算式(1-22)可知：

$$h_f=\left(\frac{p_1}{\rho}+z_1 g\right)-\left(\frac{p_2}{\rho}+z_2 g\right)=\frac{\mathscr{P}_1-\mathscr{P}_2}{\rho} \tag{1-24}$$

由此可知，对于通常的管路，无论是直管阻力或是局部阻力，也不论是层流或湍流，阻力损失均主要表现为流体势能的降低，即 $\Delta\mathscr{P}/\rho$。该式同时表明，只有水平直管，才能以 Δp（即 p_1-p_2）代替 $\Delta\mathscr{P}$ 来表达阻力损失。

层流时直管阻力损失　流体在直管中做层流流动时，因阻力损失造成的势能差可直接按下式计算。

$$\Delta\mathscr{P}=\frac{32\mu l u}{d^2} \tag{1-25}$$

式中，l 为管长，m。此式称为泊谡叶(Poiseuille)方程。层流阻力损失为

$$h_f=\frac{32\mu l u}{\rho d^2} \tag{1-26}$$

湍流时直管阻力损失　对于湍流时直管阻力损失，工程上按下式计算。

$$h_f=\lambda\frac{l}{d}\frac{u^2}{2} \tag{1-27}$$

式中，摩擦因数 λ 为 Re 和相对粗糙度的函数，即

$$\lambda=\varphi\left(Re,\ \frac{\varepsilon}{d}\right) \tag{1-28}$$

摩擦因数 λ　对 $Re<2\,000$ 的层流直管流动，根据理论推导，将式(1-26)改写成式(1-27)的形式后可得

$$\lambda=\frac{64}{Re}\quad (Re<2\,000) \tag{1-29}$$

研究表明，湍流时的摩擦因数 λ 可用下式计算。

$$\frac{1}{\sqrt{\lambda}}=1.74-2\lg\left(\frac{2\varepsilon}{d}+\frac{18.7}{Re\sqrt{\lambda}}\right) \tag{1-30}$$

使用简单的迭代程序不难按已知 Re 和相对粗糙度 ε/d 求出 λ 值，工程上为避免试差迭代，也为了使 λ 与 Re、ε/d 的关系形象化，将式(1-29)、式(1-30)制成图线，见图1-15。

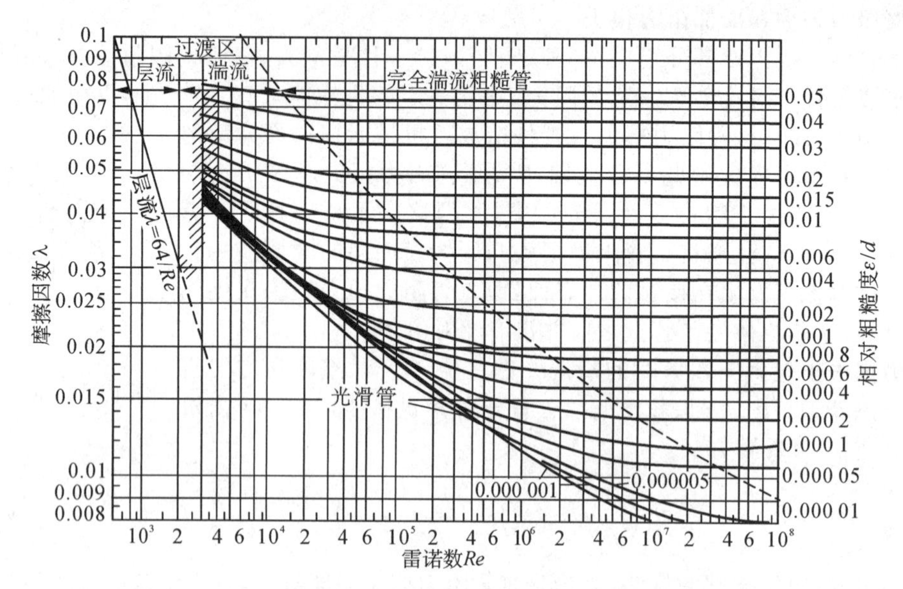

图 1-15　摩擦因数 λ 与雷诺数 Re 及相对粗糙度 ε/d 的关系

该图为双对数坐标。$Re<2\,000$ 为层流，$\lg\lambda$ 随 $\lg Re$ 直线下降，由式(1-29) 可知其斜率为-1。此时阻力损失与流速 u 的一次方成正比。

在 $Re=2\,000\sim4\,000$ 的过渡区内，管内流型因环境而异，摩擦因数波动。工程上为安全计，常作湍流处理。

当 $Re>4\,000$ 时，流动进入湍流区，摩擦因数 λ 随雷诺数 Re 的增大而减小。至足够大的 Re(高度湍流)后，λ 不再随 Re 而变，其值仅取决于相对粗糙度 ε/d。此时式(1-30) 右边括号中第二项可以略去，即

$$\frac{1}{\sqrt{\lambda}}=1.74-2\lg\left(\frac{2\varepsilon}{d}\right) \tag{1-31}$$

高度湍流时，由于 λ 与 Re 无关，由式(1-27)可知，阻力损失 h_f 与流速 u 的平方成正比。此区常称为充分湍流区或阻力平方区。

粗糙度对 λ 的影响　层流时，管壁粗糙度对 λ 无影响。在湍流区，管内壁高低不平的凸出物对 λ 的影响是相继出现的。刚进入湍流区时，只有较高的凸出物才对 λ 值显示其影响，较低的凸出物则毫无影响。随着 Re 的增大，越来越低的凸出物相继发挥作用，影响 λ 的数值。

上述现象可从湍流流动的内部结构予以解释。前已述及，壁面上的流速为零，因此流动的阻力并非直接由于流体与壁面的摩擦产生，阻力损失的主要原因是流体黏性所造成的内摩擦。层流流动时，粗糙度的大小并未改变层流的速度分布和内摩擦的规律，因此并不对阻力损失有较明显的影响。但是在湍流流动时，如果粗糙表面的凸出物突出于湍流核心中，则它将阻挡湍流的流动而造成不可忽略的阻力损失。Re 愈大，层流内层愈薄，越来越小的表面凸出物将相继地暴露于湍流核心之中，而形成额外的阻力。当 Re 大到一定程度，层流内层可薄得足以使表面突起物完全暴露无遗，则管流进入阻力平方区。

实际管的当量粗糙度　管壁粗糙度对摩擦因数 λ 的影响首先是在人工粗糙管中测定的。人工粗糙管是将大小相同的砂粒均匀地黏附在普通管壁上，人为地造成粗糙度，因而其

粗糙度可以精确测定。工业管道内壁的凸出物形状不同，高度也参差不齐，粗糙度无法精确测定。实践上是通过试验测定阻力损失并计算 λ 值，然后由图 1－15 反求出相当的相对粗糙度，称之为实际管道的当量相对粗糙度。由当量相对粗糙度可求出当量绝对粗糙度 ε。

化工上常用管道的当量绝对粗糙度示于表 1－2，计算中相对粗糙度 $\frac{\varepsilon}{d}$ 可由表 1－2 中的绝对粗糙度 ε 与管径 d 求出。

表 1－2　某些工业管道的当量绝对粗糙度

	管道类别	绝对粗糙度 ε/mm		管道类别	绝对粗糙度 ε/mm
金属管	无缝黄铜管、铜管及铅管	0.01～0.05	非金属管	干净玻璃管	0.0015～0.01
	新的无缝钢管、镀锌铁管	0.1～0.2		橡皮软管	0.01～0.03
	新的铸铁管	0.3		木管道	0.25～1.25
	具有轻度腐蚀的无缝钢管	0.2～0.3		陶土排水管	0.45～6.0
	具有显著腐蚀的无缝钢管	0.5 以上		很好整平的水泥管	0.33
	旧的铸铁管	0.85 以上		石棉水泥管	0.03～0.8

局部阻力损失

化工管路中使用的管件种类繁多，常见的管件如表 1－3 所示。

表 1－3　管件和阀件的局部阻力系数 ζ 值

管件和阀件名称	ζ 值										
标准弯头	45°，ζ=0.35					90°，ζ=0.75					
90°方形弯头	1.3										
180°回弯头	1.5										
活管接	0.4										
弯管（R, d, φ）	R/d \ φ	30°	45°	60°	75°	90°	105°	120°			
	1.5	0.08	0.11	0.14	0.16	0.175	0.19	0.20			
	2.0	0.07	0.10	0.12	0.14	0.15	0.16	0.17			
突然扩大（A_1u_1, A_2u_2）	$\zeta=(1-A_1/A_2)^2$　$h_f=\zeta\cdot u_1^2/2$										
	A_1/A_2	0	0.1	0.2	0.3	0.4	0.5	0.6	0.7	0.8	0.9	1.0
	ζ	1	0.81	0.64	0.49	0.36	0.25	0.16	0.09	0.04	0.01	0
突然缩小（u_1A_1, u_2A_2）	$\zeta=0.5(1-A_2/A_1)$　$h_f=\zeta\cdot u_2^2/2$										
	A_2/A_1	0	0.1	0.2	0.3	0.4	0.5	0.6	0.7	0.8	0.9	1.0
	ζ	0.5	0.45	0.40	0.35	0.30	0.25	0.20	0.15	0.10	0.05	0
流入大容器的出口	u　ζ=1（用管中流速）										

续表

<table>
<tr><th>管件和阀件名称</th><th colspan="10">ζ 值</th></tr>
<tr><td>入管口(容器→管)</td><td colspan="10">$\zeta=0.5$</td></tr>
<tr><td rowspan="3">水泵进口</td><td>没有底阀</td><td colspan="9">2～3</td></tr>
<tr><td rowspan="2">有底阀</td><td>d/mm</td><td>40</td><td>50</td><td>75</td><td>100</td><td>150</td><td>200</td><td>250</td><td>300</td></tr>
<tr><td>ζ</td><td>12</td><td>10</td><td>8.5</td><td>7.0</td><td>6.0</td><td>5.2</td><td>4.4</td><td>3.7</td></tr>
<tr><td rowspan="2">闸　阀</td><td colspan="2">全开</td><td colspan="3">3/4 开</td><td colspan="3">1/2 开</td><td colspan="2">1/4 开</td></tr>
<tr><td colspan="2">0.17</td><td colspan="3">0.9</td><td colspan="3">4.5</td><td colspan="2">24</td></tr>
<tr><td>标准截止阀(球心阀)</td><td colspan="5">全开 $\zeta=6.4$</td><td colspan="5">1/2 开 $\zeta=9.5$</td></tr>
<tr><td rowspan="2">蝶阀 (α_1)</td><td>α</td><td>5°</td><td>10°</td><td>20°</td><td>30°</td><td>40°</td><td>45°</td><td>50°</td><td>60°</td><td>70°</td></tr>
<tr><td>ζ</td><td>0.24</td><td>0.52</td><td>1.54</td><td>3.91</td><td>10.8</td><td>18.7</td><td>30.6</td><td>118</td><td>751</td></tr>
<tr><td rowspan="2">旋塞 (θ)</td><td colspan="2">θ</td><td colspan="2">5°</td><td colspan="2">10°</td><td colspan="2">20°</td><td>40°</td><td>60°</td></tr>
<tr><td colspan="2">ζ</td><td colspan="2">0.05</td><td colspan="2">0.29</td><td colspan="2">1.56</td><td>17.3</td><td>206</td></tr>
<tr><td>角阀(90°)</td><td colspan="10">5</td></tr>
<tr><td>单向阀</td><td colspan="5">摇板式 $\zeta=2$</td><td colspan="5">球形式 $\zeta=70$</td></tr>
<tr><td>水表(盘形)</td><td colspan="10">7</td></tr>
</table>

注:其他管件、阀件等的 l_e 或 ζ 值,可参阅有关资料。

各种管件都会产生阻力损失。和直管阻力损失的沿程均匀分布不同,局部阻力损失集中在管件所在处,因而称为局部阻力损失。局部阻力损失是由于流道的急剧变化使流动边界层分离,所产生的大量旋涡消耗了机械能。

局部阻力损失的计算——局部阻力系数与当量长度　局部阻力损失是一个复杂的问题,而且管件种类繁多,规格不一,难以精确计算。通常采用以下两种近似计算方法。

(1) 近似地认为局部阻力损失服从平方定律

$$h_f = \zeta \frac{u^2}{2} \tag{1-32}$$

式中,ζ 为局部阻力系数,由实验测定。

(2) 近似地认为局部阻力损失可以相当于某个长度的直管形成的阻力损失,即

$$h_f = \lambda \frac{l_e}{d} \frac{u^2}{2} \tag{1-33}$$

式中,l_e 为管件的当量长度,由实验测得。

常用管件的 ζ 和 l_e 值可在表 1-3 和图 1-16 中查得。必须注意,对于突然扩大和缩小,式(1-32)和式(1-33)中的 u 用小管截面的平均速度。

显然,式(1-32)、式(1-33)两种计算方法所得结果不会一致,它们都是近似的估算值。实际应用时,长距离输送以直管阻力损失为主;车间管路则往往以局部阻力为主。

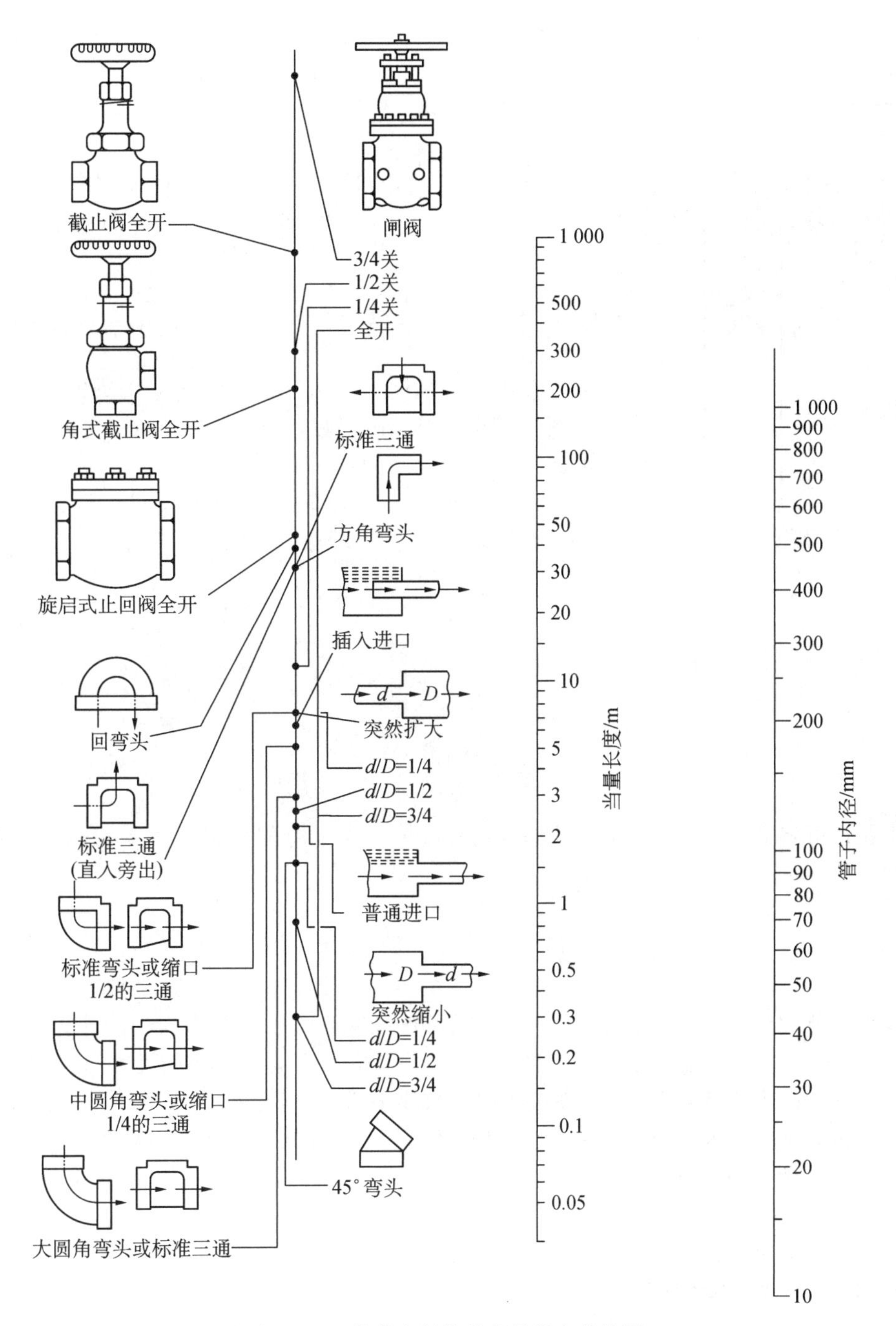

图 1－16　管件和阀件的当量长度共线图

例 1－4　阻力损失的计算

溶剂由敞口的高位槽流入精馏塔(图 1－17)。进液处塔中的压强为 0.02 MPa(表压)，输送管道为 $\phi 38\ \mathrm{mm} \times 3\ \mathrm{mm}$ 无缝钢管，直管长 8 m。管路中装有 90°标准弯头两个、180°回弯头一个、球心阀(全开)一个。为使液体能以 3 $\mathrm{m^3/h}$ 的流量流入塔中，问高位槽应放置的高度，即位差 z 应为多少米？操作温度下溶剂的物性为：密度 $\rho = 861\ \mathrm{kg/m^3}$，黏度 $\mu = 0.643 \times 10^{-3}\ \mathrm{Pa \cdot s}$。

解　取管出口处的水平面作为位能基准，在高位槽液面 1 与管出口截面 2 间列机械能

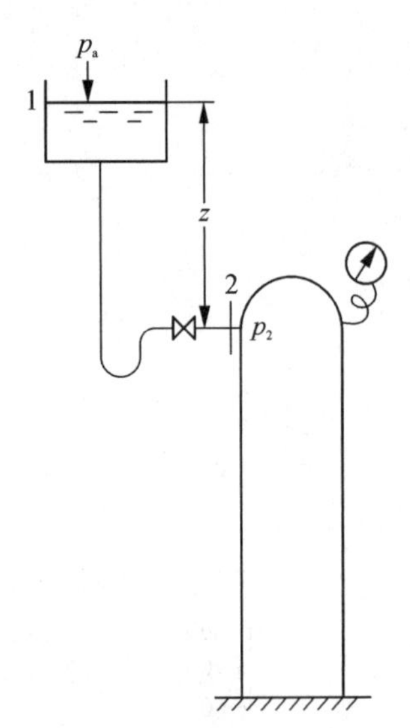

图 1-17　例 1-4 附图

衡算式，得

$$\frac{p_a}{\rho}+zg=\frac{p_2}{\rho}+0+\frac{u_2^2}{2}+h_f$$

溶剂在管中的流速

$$u_2=\frac{q_V}{\frac{\pi}{4}d^2}=\frac{3/3\,600}{0.785\times0.032^2}=1.04\ (\mathrm{m/s})$$

$$Re=\frac{du\rho}{\mu}=\frac{0.032\times1.04\times861}{0.643\times10^{-3}}=4.46\times10^4(\text{湍流})$$

取管壁绝对粗糙度 $\varepsilon=0.3$ mm，$\varepsilon/d=0.009\,38$。

由图 1-16 查得摩擦因数 $\lambda=0.039$。由表 1-3 查得有关管件的局部阻力系数分别为

进口突然收缩 $\zeta=0.5$；90°标准弯头 $\zeta=0.75$；

180°回弯头 $\zeta=1.5$；球心阀(全开) $\zeta=6.4$

$$h_f=\left(\lambda\frac{l}{d}+\sum\zeta\right)\frac{u_2^2}{2}=\left(0.039\times\frac{8}{0.032}+0.5+0.75\times2+1.5+6.4\right)\times\frac{1.04^2}{2}$$
$$=10.6\ (\mathrm{J/kg})$$

所求位差

$$z=\frac{p_1-p_2}{\rho g}+\frac{u_2^2}{2g}+\frac{h_f}{g}=\frac{0.02\times10^6}{861\times9.81}+\frac{1.04^2}{2\times9.81}+\frac{10.6}{9.81}=3.50\ (\mathrm{m})$$

本题也可将截面 2 取在管出口外端，此时流体流入大空间后速度为零。但应计入突然扩大损失 $\zeta=1$，故两种方法的结果相同。

1.5　流体输送管路的计算

在前几节中介绍了管流质量守恒方程式、机械能衡算式以及阻力损失的计算式。据此，可以进行不可压缩流体输送管路的计算。对于可压缩流体输送管路的计算，还须用到表征气体性质的状态方程式，其计算可参考其他教材或手册。

管路按其配置情况可分为简单管路和复杂管路。前者是单一管线，后者则包括较为复杂的管网。复杂管路区别于简单管路的基本点是存在着分流与合流，复杂管路是由简单管路组成的。

本节首先对管内流动做一定性分析，然后介绍管路的计算方法。

1.5.1　阻力对管内流动的影响

图 1-18 为典型的简单管路。设各管段的管径相同，高位槽内液面保持恒定，液体做定态流动。

该管路的阻力损失由三部分组成：h_{f1-A}，h_{fA-B}，h_{fB-2}。其中 h_{fA-B} 是阀门的局部阻力。设起初阀门全开，各点虚拟压强分别为 $\mathscr{P}_1$，$\mathscr{P}_A$，$\mathscr{P}_B$ 和 $\mathscr{P}_2$。因管子串联，各管段内的流量 q_V 相等。

现将阀门由全开转为半开，上述各处的流动参数发生如下变化：

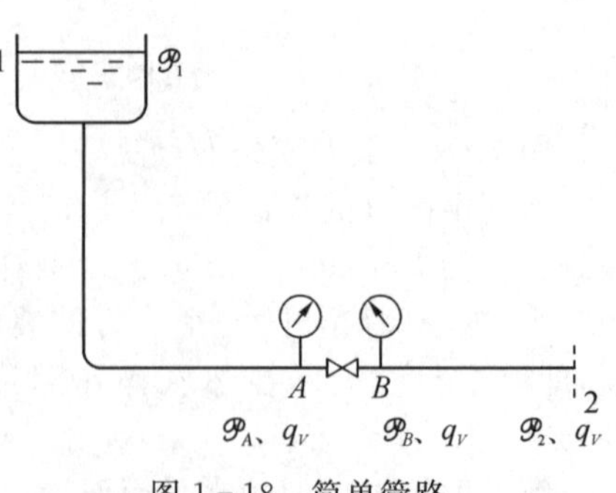

图 1-18　简单管路

(1) 阀关小，阀门的阻力系数 ζ 增大，h_{fA-B} 增大，出口及管内各处的流量 q_V 随之减小。

(2) 在管段 $1-A$ 之间考察，流量降低使 h_{f1-A} 随之减小，A 处虚拟压强 $\mathscr{P}_A$ 将增大。因 A 点高度未变，$\mathscr{P}_A$ 的增大即意味着压强 p_A 的升高。

(3) 在管段 $B-2$ 之间考察，流量降低使 h_{fB-2} 随之减小，虚拟压强 $\mathscr{P}_B$ 将下降。同理，$\mathscr{P}_B$ 的下降即意味着压强 p_B 的减小。

由此可引出如下结论：

（扫描二维码观看简单管路分析视频）

① 任何局部阻力系数的增加将使管内的流量下降；

② 下游阻力增大将使上游压强上升；

③ 上游阻力增大将使下游压强下降；

④ 阻力损失总是表现为流体机械能的降低，在等径管中则为总势能（以虚拟压强 $\mathscr{P}$ 表示）的降低。

其中第②点应予特别注意，下游情况的改变同样影响上游。这充分体现出流体作为连续介质的运动特性，表明管路应作为一个整体加以考察。

1.5.2 管路计算

管路的数学描述 参见图 1-18 所示的管路，表示管路中各参数之间关系的方程只有三个。

质量守恒式
$$q_V = \frac{\pi}{4}d^2 u \tag{1-34a}$$

机械能衡算式
$$\left(\frac{p_1}{\rho}+gz_1\right)=\left(\frac{p_2}{\rho}+gz_2\right)+\left(\lambda\frac{l}{d}+\sum\zeta\right)\frac{u^2}{2} \tag{1-34b}$$

或
$$\frac{\mathscr{P}_1}{\rho}=\frac{\mathscr{P}_2}{\rho}+\left(\lambda\frac{l}{d}+\sum\zeta\right)\frac{u^2}{2}$$

摩擦因数计算式
$$\lambda = \varphi\left(\frac{du\rho}{\mu},\ \frac{\varepsilon}{d}\right) \tag{1-34c}$$

当被输送的流体已定，其物性 μ、ρ 已知，上述方程组共包含 9 个变量（q_V、d、u、$\mathscr{P}_1$、$\mathscr{P}_2$、λ、l、$\sum\zeta$、ε）。若能给定其中独立的 6 个变量，其他 3 个就可求出。

管径计算

管径计算一般是管路尚未存在时给定输送任务，要求经济上合理的管径。典型的命题如下。

计算要求：规定输送量 q_V，确定最经济的管径 d 及须由供液点提供的势能 $\mathscr{P}_1/\rho$。

给定条件：

① 供液与需液点间的距离，即管长 l；

② 管道材料及管件配置，即 ε 及 $\sum\zeta$；

③ 需液点的势能 $\mathscr{P}_2/\rho$。

在以上命题中只给定了 5 个变量，方程组(1-34)仍无定解，计算者必须再补充一个条件才能满足方程求解的需要。例如，对上述命题可指定流速 u，计算管径 d 及供液点所需的势能 $\mathscr{P}_1/\rho$。指定不同的流速 u，可对应地求得一组 d 和 $\mathscr{P}_1/\rho$。计算任务就在于从这一系列计算结果中，选出最经济合理的管径 d_{opt}。由此可见，管径计算问题一般都包含着“选择”或“优化”的问题。

由质量衡算式(1-34a)可知，对一定流量，管径 d 与 $\sqrt{u}$ 成反比。流速 u 越小，管径越大，设备投资费用就越大。反之，流速越大，管路设备费用固然减小，但输送流体所需的能量 $\mathscr{P}_1/\rho$ 则越大，这意味着操作费用的增加。图 1-1 中总管和支管管径的大小可由各自的流量或流速来确定。

原则上，为确定最优管径，可选用不同的流速作为方案计算，从中找出经济、合理的最佳流速(或管径)。对于车间内部的管路，可根据表 1-4 列出的经济流速范围，经验性地选用流速，然后由式(1-34a)计算管径，再根据管道标准进行圆整。

在选择流速时，应考虑流体的性质。黏度较大的流体(如油类)流速应取得低些；含有固体悬浮物的液体，为防止管路的堵塞，流速则不能取得太低。密度较大的液体，流速应取得低，而密度很小的气体，流速则可比液体取得大得多。气体输送中，容易获得压强的气体(如饱和水蒸气)流速可高；而一般气体输送的压强得来不易，流速不宜取得太高。对于真空管路，流速的选择必须保证产生的压降 Δp 低于允许值。有时，最小管径要受到结构上的限制，如支撑在跨距 5 m 以上的普通钢管，管径不应小于 40 mm。

表 1-4　某些流体在管道中的常用流速范围

流体种类及状况	常用流速范围/(m/s)	流体种类及状况	常用流速范围/(m/s)
水及一般液体	1～3	压强较高的气体	15～25
黏度较大的液体	0.5～1	饱和水蒸气：0.8 MPa 以下	40～60
低压气体	8～15	0.3 MPa 以下	20～40
易燃、易爆的低压气体(如乙炔等)	<8	过热水蒸气	30～50

例 1-5　泵送液体所需的机械能

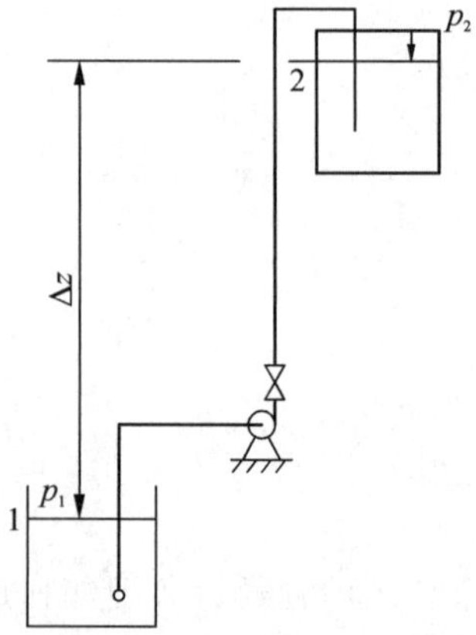

用泵将地面敞口储槽中的溶液送往 10 m 高的容器中，参见图 1-19，容器的压强为0.05 MPa(表压)。经选定，泵的吸入管路为 ϕ57 mm×3.5 mm 的无缝钢管，管长 6 m，管路中设有一个止逆底阀，一个 90°弯头。压出管路为 ϕ48 mm×4 mm 无缝钢管，管长 25 m，其中装有闸阀(全开)一个，90°弯头 10 个。操作温度下溶液的特性为：$\rho = 900\ \mathrm{kg/m^3}$；$\mu = 1.5\ \mathrm{mPa\cdot s}$。求流量为 $4.5\times10^{-3}\ \mathrm{m^3/s}$ 时需向单位重量(每牛顿)液体补加的能量。

图 1-19　例 1-5 附图

解　从截面 1 至截面 2 作机械能衡算式，参见式(1-21)，

$$\frac{p_1}{\rho g}+z_1+H_e=\frac{p_2}{\rho g}+z_2+H_f$$

可得

$$H_e=\frac{p_2-p_1}{\rho g}+(z_2-z_1)+H_f$$

而

$$\frac{p_2-p_1}{\rho g}+(z_2-z_1)=\frac{0.05\times10^6}{900\times9.81}+10=15.7\ (\mathrm{m})$$

吸入管路中的流速

$$u_1=\frac{q_V}{\frac{\pi}{4}d_1^2}=\frac{4.5\times10^{-3}}{0.785\times0.05^2}=2.29\ (\mathrm{m/s})$$

$$Re_1=\frac{d_1u\rho}{\mu}=\frac{0.05\times2.29\times900}{1.5\times10^{-3}}=6.87\times10^4$$

管壁粗糙度 ε 取 0.2 mm，$\varepsilon/d=0.004$，查图 1-16 得 $\lambda_1=0.03$。

吸入管路的局部阻力系数 $\sum\zeta_1=(0.75+10)=10.75$

压出管路中的流速

$$u_2=\frac{q_V}{\frac{\pi}{4}d_2^2}=\frac{4.5\times10^{-3}}{0.785\times0.04^2}=3.58\ (\mathrm{m/s})$$

$$Re_2 = \frac{d_2 u \rho}{\mu} = \frac{0.04 \times 3.58 \times 900}{1.5 \times 10^{-3}} = 8.59 \times 10^4$$

取 $\varepsilon=0.2$ mm，$\varepsilon/d=0.005$，$\lambda_2=0.031$，$\sum\zeta_2=0.17+10\times0.75=7.67$

$$H_f = \left(\lambda_1 \frac{l_1}{d_1}+\sum\zeta_1\right)\frac{u_1^2}{2g}+\left(\lambda_2 \frac{l_2}{d_2}+\sum\zeta_2\right)\frac{u_2^2}{2g}$$

$$= \left(0.03 \times \frac{6}{0.05}+10.75\right)\times\frac{2.29^2}{2\times9.81}+\left(0.031\times\frac{25}{0.04}+7.67\right)\times\frac{3.58^2}{2\times9.81}$$

$$=21.5\ (\mathrm{m})$$

单位重量流体所需补加的能量为

$$H_e = 15.7+21.5 = 37.2\ (\mathrm{m})$$

管路输送能力的核算

管路输送能力计算问题是管路已定，要求核算在某给定条件下管路的输送能力或某项技术指标。这类问题的命题如下所述。

给定条件：d、l、$\sum\zeta$、ε、$\mathscr{P}_1$（即 $p_1+\rho g z_1$）、$\mathscr{P}_2$（即 $p_2+\rho g z_2$）；

计算目的：输送量 q_V；

或给定条件：d、l、$\sum\zeta$、ε、$\mathscr{P}_2$、q_V；

计算目的：所需的 $\mathscr{P}_1$。

计算的目的不同，命题中需给定的条件亦不同。但是，在各种管路输送能力计算问题中，有一点是完全一致的，即都是给定了 6 个变量，方程组有唯一解。在第一种命题中，为求得流量 q_V 必须联立求解方程组(1-34)中的式(1-34b)、式(1-34c)，计算流速 u 和摩擦因数 λ，然后再用方程组中的式(1-34a)求得 q_V。由于式(1-30)

$$\lambda = \varphi\left(\frac{du\rho}{\mu},\ \frac{\varepsilon}{d}\right)$$

或图 1-15 是一个复杂的非线性函数，上述求解过程需试差或迭代。

由于 λ 的变化范围不大，试差计算时，可将摩擦因数 λ 作试差变量。通常可取流动已进入阻力平方区的 λ 作为计算初值，一般可由式(1-31)给出。

由此可见，已知管径 d、管长 l、管件及阀门的布置和机械能损失，确定管路的输送能力问题，在已知条件下，要计算流体的输送量，必须要先知道流速 u，而 u 又受摩擦因数 λ 的影响，λ 值取决于 Re，Re 又受 u 影响，这样，λ 和 u 之间的关系比较复杂，难以直接求出，在计算此类问题时，常常采用试差法进行求解。

由于管路中流体流动多为湍流状态，其摩擦因数 λ 一般为 0.02～0.03，变化不大，因此，试差法求 u，一般先假设 λ 为某一常数，根据伯努利方程得到试差方程，求出 u，然后计算出 Re，根据相对粗糙度 ε/d，从图 1-15 查得 λ。若查得的 λ 与假设的 λ 相等或接近，则假设正确，计算出的 u 有效，进而求出流量。否则，应重新进行 λ 的假设，直至由图 1-15 查出的 λ 和假设值相等或接近。

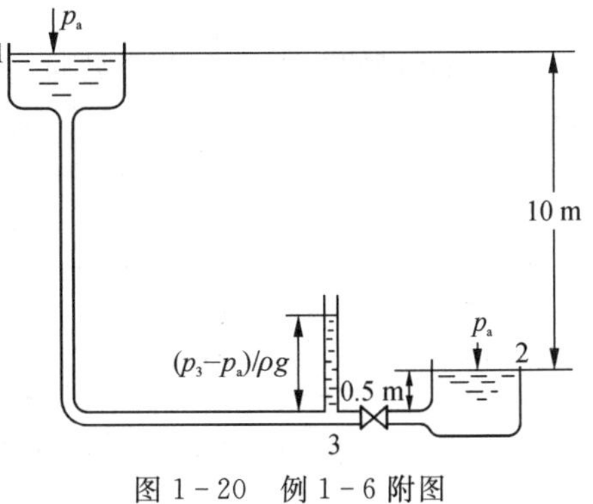

图 1-20　例 1-6 附图

例 1-6　简单管路的流量计算

图 1-20 为一输水管路。液面 1 至截面 3 全长 300 m(包括局部阻力的当量长度)，截面 3 至液

面 2 间有一闸门阀，其间的直管阻力可以忽略。输水管为 $\phi 60\ \mathrm{mm} \times 3.5\ \mathrm{mm}$ 水煤气管，$\varepsilon/d=0.004$，水温 20℃。在阀门全开时，试求：(1)管路的输水量 q_V；(2)截面 3 的表压 p_3，以水柱高度表示。

解 (1) 本题为管路输送能力问题，输送管路的总阻力损失已经给定，即

$$h_{\mathrm{f}} = \frac{\Delta \mathscr{P}}{\rho} = g\Delta z = 9.81 \times 10 = 98.1\ (\mathrm{J/kg})$$

查图 1-15，设流动已进入阻力平方区，取初值 $\lambda_1 = 0.028$。

闸门阀全开时的局部阻力系数 $\zeta = 0.17$

出口突然扩大 $\zeta = 1.0$

在截面 1 与截面 2 间列机械能衡算式，得

$$\frac{\mathscr{P}_1}{\rho}=\frac{\mathscr{P}_2}{\rho}+\left(\lambda\frac{l}{d}+\sum\zeta\right)\frac{u^2}{2}$$

$$u=\sqrt{\frac{2\Delta\mathscr{P}/\rho}{\lambda_1 l/d+\sum\zeta}}=\sqrt{\frac{2\times98.1}{0.028\times300/0.053+0.17+1}}=1.11\ (\mathrm{m/s})$$

由附录二查得 20℃的水 $\rho = 1\,000\ \mathrm{kg/m^3}$，$\mu = 1\ \mathrm{mPa\cdot s}$

$$Re = \frac{du\rho}{\mu} = \frac{0.053\times1.11\times1\,000}{1\times10^{-3}} = 58\,700$$

查图 1-15 得 $\lambda_2 = 0.030$，与假设值 λ_1 有些差别。重新计算速度如下。

$$u=\sqrt{\frac{2\Delta\mathscr{P}/\rho}{\lambda_2 l/d+\sum\zeta}}=\sqrt{\frac{2\times98.1}{0.030\times300/0.053+0.17+1}}=1.07\ (\mathrm{m/s})$$

$$Re = \frac{du\rho}{\mu} = \frac{0.053\times1.07\times1\,000}{1\times10^{-3}} = 56\,800$$

查得 $\lambda_3 = 0.030$，与假设值 λ_2 相同，故所得流速 $u = 1.07\ \mathrm{m/s}$ 正确。

流量 $q_V = \frac{\pi}{4}d^2 u = 0.785\times0.053^2\times1.07 = 2.36\times10^{-3}\ (\mathrm{m^3/s})$

(2) 为求截面 3 处的表压，可取截面 3 与截面 2 列机械能衡算式

$$\frac{p_3}{\rho g}+\frac{u^2}{2g}=\frac{p_{\mathrm{a}}}{\rho g}+z_2+\sum\zeta\frac{u^2}{2g}$$

所求表压以水柱高度表示为

$$\frac{p_3-p_{\mathrm{a}}}{\rho g}=z_2+\left(\sum\zeta-1\right)\frac{u^2}{2g}=0.5+0.17\times\frac{1.07^2}{2\times9.81}=0.51\ (\mathrm{m})$$

本题如将闸阀关小至 1/4 开度，重复上述计算，可将两种情况下的计算结果做一比较：

	ζ	λ	$q_V/(\mathrm{m^3\cdot s^{-1}})$	$\frac{p_3-p_{\mathrm{a}}}{\rho g}/\mathrm{m}$
闸阀全开	0.17	0.030	2.36×10^{-3}	0.51
闸阀 1/4 开	24	0.031	2.18×10^{-3}	1.70

可知阀门关小，阀的阻力系数增大，流量减小。同时，阀上游截面 3 处的压强明显增加。

1.6 流速和流量的测量

在化工生产或实验开发研究中，为控制一个连续过程必须测量流量。各种反应器、搅拌器、燃烧炉中流速分布的测量，更是技术改进、开发新型化工设备的重要途径。迄今，已成功地研制出多种流场显示和测量的方法，如热线测速仪、激光多普勒测速仪以及摄像等。流量测量的方法很多，原理各异。这里仅说明以流体流动的机械能守恒原理为基础的三种测量装置的工作原理。三种测量装置都是利用能量的转化来测量流速或流量的。

1.6.1 皮托管

皮托管(pitot tube)的测速原理

皮托管测速装置的示意图如图 1-21 所示。图中流体从 A 点流到 B 点，由于 B 点处皮托管内已充满被测流体，故流体到达 B 点时速度降为零，根据机械能守恒原理，B 点的总势能应等于 A 点的势能与动能之和。B 点称为驻点，利用驻点与 A 点的势能差可以测得管中的流速。

$$\frac{p_A}{\rho}+gz_A+\frac{u_A^2}{2}=\frac{p_B}{\rho}+gz_B \tag{1-35}$$

于是

$$u_A=\sqrt{\frac{2(\mathscr{P}_B-\mathscr{P}_A)}{\rho}} \tag{1-36}$$

由式(1-14)可知，U 形管测得的压差为 A、B 两点的虚拟压之差($\mathscr{P}_A-\mathscr{P}_B$)，则有

$$u_A=\sqrt{\frac{2R(\rho_i-\rho)g}{\rho}} \tag{1-37}$$

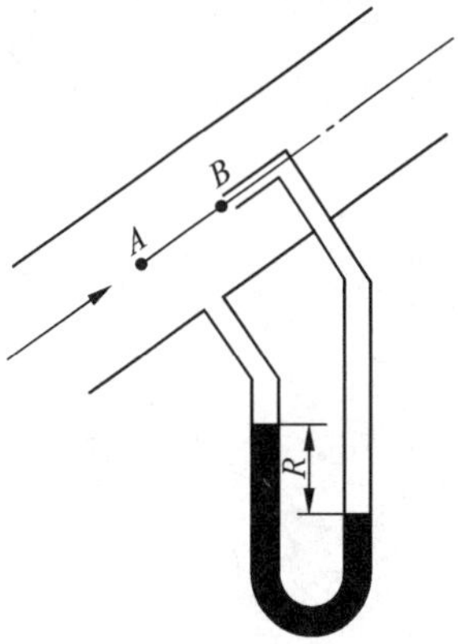

图 1-21 皮托管测速示意图

式中，ρ_i 为 U 形压差计中指示液的密度。

显然，皮托管测得的是点速度。利用皮托管可以测得沿截面的速度分布。为测得流量，必须先测出截面的速度分布，然后进行积分。对于圆管，速度分布规律为已知。因此，常用的方法是测量管中心的最大流速 u_{max}。然后根据最大速度与平均速度 u 的关系，求出截面的平均流速，进而求出流量。

图 1-22 表示了 $\frac{u}{u_{max}}$ 与 Re_{max} 的关系，Re_{max} 是以最大流速 u_{max} 计算的雷诺数。

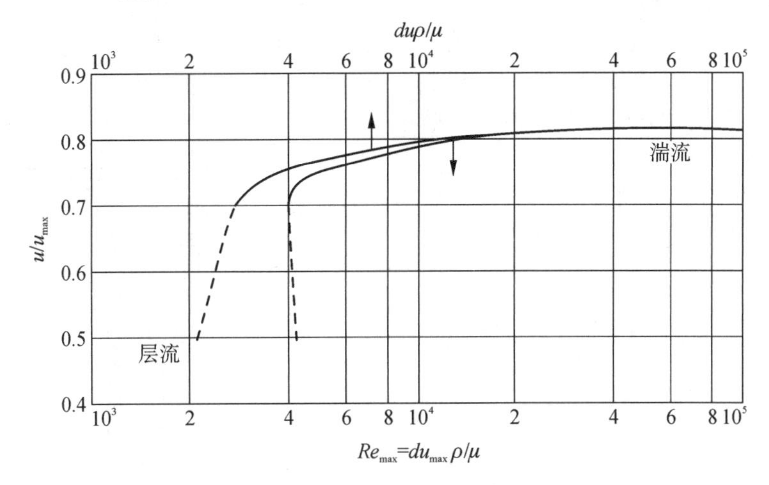

图 1-22 $\frac{u}{u_{max}}$ 与雷诺数的关系

皮托管的安装

皮托管安装时,要注意以下几点。

① 必须保证测量点位于均匀流段。为此,要求测量点的上、下游最好各有 50d 以上长度(d 为管径)的直管距离,至少也应在(8～12)d 以上。

② 必须保证管口截面严格垂直于流动方向。否则,任何偏离都将造成负的偏差。

③ 皮托管直径 d_0 应小于管径 d 的$\frac{1}{50}$,即 $d_0 < \frac{d}{50}$。

例 1-7 50℃的空气流经直径为 300 mm 的管道,管中心放置皮托管以测量其流量。已知压差计读数 R 为 15 mm(指示液为水),测量点表压为 4 kPa。试求管道中空气的质量流量(kg/s)。

解 管道中空气的密度

$$\rho = \frac{29}{22.4} \times \frac{273}{273+50} \times \frac{101.3+4}{101.3} = 1.137\ (\mathrm{kg/m^3})$$

$$\rho_i = 1\,000\ \mathrm{kg/m^3}$$

$$R = 15\ \mathrm{mm} = 0.015\ \mathrm{m}$$

由式(1-36),得

$$u_{\max} = \sqrt{\frac{2gR(\rho_i - \rho)}{\rho}} = \sqrt{\frac{2 \times 9.81 \times 0.015 \times (1\,000 - 1.137)}{1.137}} = 16.1\ (\mathrm{m/s})$$

查 50℃下空气的黏度 $\mu = 1.96 \times 10^{-5}\ \mathrm{Pa \cdot s}$

$$Re_{\max} = \frac{du_{\max}\rho}{\mu} = \frac{0.3 \times 16.1 \times 1.137}{1.96 \times 10^{-5}} = 2.80 \times 10^5$$

由图 1-22 查得 $\frac{u}{u_{\max}} = 0.82$

故 $u = 0.82 \times 16.1 = 13.2\ (\mathrm{m/s})$

管道中的质量流量

$$q_m = \frac{\pi}{4} d^2 u\rho = 0.785 \times 0.3^2 \times 13.2 \times 1.137 = 1.06\ (\mathrm{kg/s})$$

1.6.2 孔板流量计

孔板流量计的测量原理

孔板流量计示意图见图 1-23。当流体通过孔板时,因流道缩小使流速增加,降低了势能。流体流过孔板后,由于惯性,实际流道将继续缩小至截面 2(缩脉)为止。

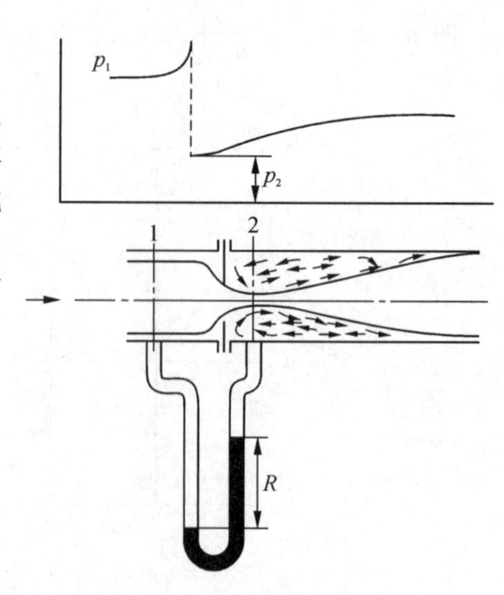

图 1-23 孔板流量计示意图

截面 1 和截面 2 可认为是均匀流。暂时不计阻力损失,在此两截面间列伯努利方程可得

$$\frac{p_1}{\rho} + gz_1 + \frac{u_1^2}{2} = \frac{p_2}{\rho} + gz_2 + \frac{u_2^2}{2}$$

$$\sqrt{u_2^2 - u_1^2} = \sqrt{\frac{2(\mathscr{P}_1 - \mathscr{P}_2)}{\rho}}$$

由于缩脉的面积 A_2 无法知道,工程上以孔口速度 u_0 代替上式中的 u_2。同时,实际流体流过孔口时

有阻力损失，且实际所测势能差不会恰巧是$(\mathscr{P}_1-\mathscr{P}_2)/\rho$，因为缩脉位置将随流动状况而变。由于这些原因，故引入一校正系数C。于是

$$\sqrt{u_0^2-u_1^2}=C\sqrt{\frac{2(\mathscr{P}_1-\mathscr{P}_2)}{\rho}} \tag{1-38}$$

按质量守恒

$$u_1A_1=u_0A_0$$

令

$$m=\frac{A_0}{A_1} \tag{1-39}$$

$$u_1=mu_0 \tag{1-40}$$

根据式(1-14)可得

$$\mathscr{P}_1-\mathscr{P}_2=Rg(\rho_i-\rho)$$

将上式和式(1-40)代入式(1-38)可得

$$u_0=\frac{C}{\sqrt{1-m^2}}\sqrt{\frac{2gR(\rho_i-\rho)}{\rho}} \tag{1-41}$$

或

$$u_0=C_0\sqrt{\frac{2gR(\rho_i-\rho)}{\rho}} \tag{1-42}$$

式中

$$C_0=\frac{C}{\sqrt{1-m^2}} \tag{1-43}$$

称为孔板的流量系数，其值只能由实验测得。C_0主要取决于管道流动的Red(按管道直径计的雷诺数)和面积比m，对测压方式、结构尺寸、加工状况等确定的标准孔板，C_0取决于Red和m。一定m下，Red足够大后C_0为常数。于是，孔板的流量计算式为

$$q_V=C_0A_0\sqrt{\frac{2gR(\rho_i-\rho)}{\rho}} \tag{1-44}$$

孔板流量计的安装和阻力损失

孔板流量计安装时，在上游和下游必须分别有(15～40)d和5d的直管距离。孔板流量计的缺点是阻力损失大。这一阻力损失是由流体与孔板的摩擦阻力以及在缩脉后流道突然扩大形成大量旋涡造成的。

孔板流量计的阻力损失h_f可写成

$$h_f=\zeta\frac{u_0^2}{2}=\zeta C_0^2\frac{Rg(\rho_i-\rho)}{\rho} \tag{1-45}$$

式中，ζ一般在0.8左右。

式(1-45)表明阻力损失正比于压差计读数R，说明读数R是以机械能损失为代价取得的。缩口愈小，孔口速度u_0愈大，读数R愈大，阻力损失也随之增大。因此选用孔板流量计的中心问题是选择适当的面积比m以期兼顾适宜的读数和阻力损失。

1.6.3 转子流量计

转子流量计的工作原理

转子流量计应用很广，其结构如图1-24所示。

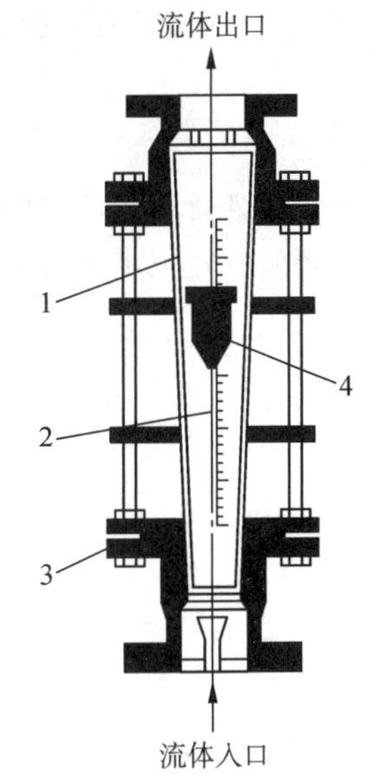

图1-24 转子流量计

1—锥形硬玻璃管；2—刻度；3—突缘填函盖板；4—转子

图中转子流量计的主体是一微锥形的玻管，锥角在4°左右，

下端截面积略小于上端。管内有一直径略小于玻璃管内径的转子(或称浮子),形成一个截面积较小的环隙。转子可由不同材料制成不同形状,但其密度大于被测流体的密度。管中无流体通过时,转子将沉于管底部。当被测流体以一定的流量通过转子流量计时,流体在环隙中的速度较大,压强减小,于是在转子的上、下端面形成一个压差,转子将"浮起"。随转子的上浮,环隙面积逐渐增大,环隙中流速将减小,转子两端的压差随之降低。当转子上浮至某一定高度,转子上、下端压差造成的升力恰等于转子的重量时,转子不再上升,悬浮于该高度上。

当流量增大,转子两端的压差也随之增大,转子在原来位置的力平衡被破坏,转子将上升至另一高度达到新的力平衡。

由此可见,转子的悬浮高度随流量而变,转子的位置一般是上端平面指示流量的大小。

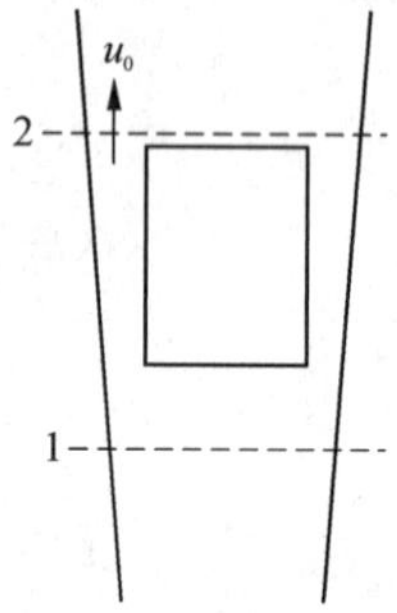

转子流量计的计算式可由转子受力平衡导出,参见图 1-25。

图中将转子简化为一圆柱体。当转子处于平衡位置时,流体作用于转子的力应与转子重力相等,即

$$(p_1 - p_2)A_f = V_f \rho_f g \tag{1-46}$$

式中,V_f 为转子体积;ρ_f 为转子的密度;A_f 为转子截面积;p_2、p_1 为转子上、下两端平面处的流体压强。

为求取 p_1 与 p_2,以图 1-25 中 1, 2 两截面列机械能守恒式

$$\frac{p_1}{\rho} + gz_1 + \frac{u_1^2}{2} = \frac{p_2}{\rho} + gz_2 + \frac{u_0^2}{2} \tag{1-47}$$

图 1-25 转子的受力平衡

仿照孔板流量计的原理,已将缩脉处截面 2 的流速用环隙流速 u_0 代替。该式可写成

$$p_1 - p_2 = (z_2 - z_1)\rho g + \left(\frac{u_0^2}{2} - \frac{u_1^2}{2}\right)\rho \tag{1-48}$$

式(1-48)表明,形成转子上、下两端压差($p_1 - p_2$)有两个原因:一是两截面的位差,因位差形成的压差作用于物体的力即为浮力;另一原因则是由于两端面存在动能差。若将式(1-48)各项乘以转子截面积 A_f,则有

$$(p_1 - p_2)A_f = A_f(z_2 - z_1)\rho g + A_f\left(\frac{u_0^2}{2} - \frac{u_1^2}{2}\right)\rho \tag{1-49}$$

等式左方是流体作用于转子的力,右方第一项即为浮力,可写成一般形式 $V_f \rho g$。

用质量守恒定律将 u_1 用 u_0 表示,即

$$u_1 = u_0 \frac{A_0}{A_1}$$

式(1-49)成为

$$(p_1 - p_2)A_f = V_f \rho g + A_f \rho \left[1 - \left(\frac{A_0}{A_1}\right)^2\right] \cdot \frac{u_0^2}{2} \tag{1-50}$$

将所得之($p_1 - p_2$)A_f 代入力平衡式(1-46)得

$$u_0 = \frac{1}{\sqrt{1 - (A_0/A_1)^2}} \cdot \sqrt{\frac{2V_f(\rho_f - \rho)g}{A_f \rho}} \tag{1-51}$$

或

$$u_0 = C_R \sqrt{\frac{2V_f(\rho_f - \rho)g}{A_f \rho}} \tag{1-52}$$

C_R 为一常数，不同转子形状，其值不同。特定转子形状时，足够大环隙 Re 下 C_R 为常数。转子流量计的体积流量为

$$q_V = C_R A_0 \sqrt{\frac{2V_f(\rho_f - \rho)g}{\rho A_f}} \tag{1-53}$$

转子流量计的特点——恒流速、恒压差

由式(1-52)可知，在转子流量计的结构与被测流体均已确定的情况下，V_f、ρ_f、A_f、ρ 均为常数。如 Re 较高，C_R 也是常数，则不论流量大小，环隙速度 u_0 为一常数。

流量不同时，力平衡式(1-46)并未改变，故转子上、下两端面的压差($p_1 - p_2$)为一常数，所变化的只是不同的平衡高度形成不同的环隙面积。这就是转子流量计恒流速、恒压差的特点。与之相反，孔板流量计则是流动面积不变，压差随流量而变。转子流量计的这一特点导致的后果是

$$h_f = \zeta \frac{u_0^2}{2} = \text{常数}$$

即转子流量计的永久阻力损失不随流量而变，因而转子流量计常用于测量流量范围变化较宽的场合。

转子流量计的刻度换算

和孔板流量计不同，转子流量计出厂前，不是提供流量系数 C_R 而是直接用 20℃的水或 20℃、101.3 kPa 的空气进行标定，将流量值刻于玻管上。当被测流体与上述条件不符时，应作刻度换算。在同一刻度下，A_0 相同，则

$$\frac{q_{V,B}}{q_{V,A}} = \sqrt{\frac{\rho_A(\rho_f - \rho_B)}{\rho_B(\rho_f - \rho_A)}} \tag{1-54}$$

质量流量之比

$$\frac{q_{m,B}}{q_{m,A}} = \sqrt{\frac{\rho_B(\rho_f - \rho_B)}{\rho_A(\rho_f - \rho_A)}} \tag{1-55}$$

式中，$q_{V,A}$、ρ_A 分别为标定流体(水或空气)的流量和密度；$q_{V,B}$、ρ_B 分别为其他液体或气体的流量和密度。

例 1-8 转子流量计刻度换算

某转子流量计，转子为不锈钢($\rho_{钢} = 7\,920\ \text{kg/m}^3$)，流量刻度范围为 250 ~ 2 500 L H_2O/h，如将转子改为硬铅($\rho_{铅} = 10\,670\ \text{kg/m}^3$)，保持形状和大小不变，用来测定某 $\rho = 800\ \text{kg/m}^3$ 的流体，问转子流量计的最大流量约为多少？

解 由式(1-54)得

$$\frac{q_{V,液}}{q_{V,水}} = \sqrt{\frac{(\rho_{铅} - \rho_{液})\rho_{水}}{(\rho_{钢} - \rho_{水})\rho_{液}}} = \sqrt{\frac{(10\,670 - 800) \times 1\,000}{(7\,920 - 1\,000) \times 800}} = 1.34$$

可测液体最大流量

$$q_{V,液} = 1.34 \times 2\,500 = 3\,338\ (\text{L/h})$$

1.7 液体输送机械

为了将流体由低能位向高能位、低压向高压输送，必须使用各种流体输送机械。用以输送液体的机械通称为泵，用以输送气体的机械则按不同的情况分别称为通风机、鼓风机、压

缩机和真空泵等。本节主要介绍常用输送机械的工作原理和特性，以便恰当地选择和使用这些流体输送机械。

流体输送在化工企业应用十分广泛，流体输送机械主要分为以下三类。

(1) 离心式　以离心力作用于流体，向流体提供能量，达到输送目的，这类输送机械包括离心泵、多级离心泵、离心鼓风机、离心通风机、离心压缩机等。

(2) 正位移式　以机械力推动流体，向流体提供能量，达到输送目的。这类输送机械包括往复泵、齿轮泵、螺杆泵、罗茨鼓风机、水环式真空泵、往复真空泵、气动隔膜泵、往复压缩机等。

(3) 离心-正位移式　既有离心力作用，又有机械力的推动作用，同时向流体输送能量，达到输送目的。这类输送机械包括旋涡泵、轴流泵、轴流风机等。

1.7.1 管路特性曲线

输送流体所需的能量

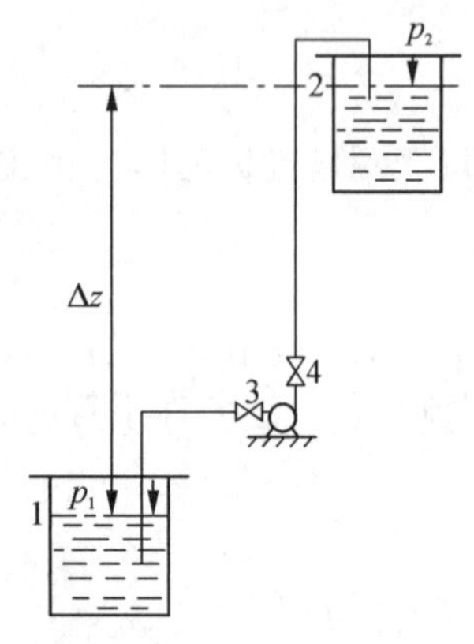

图 1-26　输送系统简图

图 1-26 表示包括输送机械在内的某管路系统。为将流体由低能位 1 处向高能位 2 处输送，单位重量流体需补加的能量为 H，则

$$z_1+\frac{p_1}{\rho g}+\frac{u_1^2}{2g}+H=z_2+\frac{p_2}{\rho g}+\frac{u_2^2}{2g}+\sum H_f$$

移项可得

$$H=\frac{\Delta \mathscr{P}}{\rho g}+\frac{\Delta u^2}{2g}+\sum H_f \tag{1-56}$$

式中

$$\frac{\Delta \mathscr{P}}{\rho g}=\left(z+\frac{p}{\rho g}\right)_2-\left(z+\frac{p}{\rho g}\right)_1$$

为管路两端单位重量流体的势能差。

在一般情况下，如图 1-26 所示的输送系统，式(1-56)中的动能差 $\frac{\Delta u^2}{2g}$ 一项可以略去，阻力损失 $\sum H_f$ 的数值视管路条件及流速大小而定。由前文可知

$$\sum H_f=\sum\left[\left(\lambda\frac{l}{d}+\zeta\right)\frac{u^2}{2g}\right] \tag{1-57}$$

输送管路中的流速为

$$u=\frac{q_V}{\frac{\pi}{4}d^2}$$

$$\sum H_f=\sum\left[\frac{8\left(\lambda\frac{l}{d}+\zeta\right)}{\pi^2 d^4 g}\right]q_V^2$$

或

$$\sum H_f=Kq_V^2 \tag{1-58}$$

式中，管路阻力系数 K 为

$$K=\sum\frac{8\left(\lambda\frac{l}{d}+\zeta\right)}{\pi^2 d^4 g}$$

其数值由管路情况决定。当管内流动已进入阻力平方区，系数 K 是一个与管内流量无关的常数，它仅仅反映管路安排的合理性，其值越大，管路安排越不合理。将式(1-58)代入式(1-56)，

$$H = \frac{\Delta\mathscr{P}}{\rho g} + Kq_V^2 \tag{1-59}$$

式(1-59)称为管路特性方程式，它表明管路中流体的体积流量与所需补加能量的关系。管路特性方程式如图1-27中的曲线所示，图中曲线称为管路特性曲线。

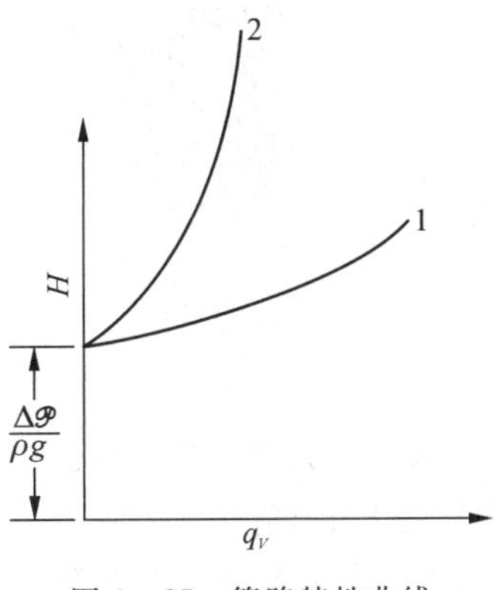

图1-27 管路特性曲线

由式(1-59)可知，需向流体提供的能量被用于提高流体的势能和克服管路的阻力损失；其中阻力损失项与被输送的流体量有关。显然，低阻力管路系统的特性曲线较为平坦(曲线1)，高阻力管路系统的特性曲线较为陡峭(曲线2)。

管路系统设计比较合理时，管路特性曲线较平坦，反之则比较陡峭。这可用于比较管路系统设计的合理性。

压头和流量是流体输送机械的主要技术指标

输送流体，必须达到规定的输送量。为此，需补给单位重量输送流体以足够的能量，其数量应与式(1-59)的 H 相等。通常将输送机械向单位重量流体提供的能量称为该机械的压头或扬程。

许多流体输送机械在不同流量下其压头不同，压头和流量的关系由输送机械本身的特性决定。讨论流体输送机械特性的中心问题即是讨论压头和流量的关系，此亦为本节的主要内容。

化工生产涉及的流体可能是强腐蚀性的、有毒的、易燃易爆的、温度很高和很低的，或含有固体悬浮物的，其性质千差万别。在不同场合下，对输送量和补加能量的要求也相差悬殊。

气体的密度及压缩性与液体有显著区别，从而导致气体与液体输送机械在结构和特性上有不同之处。本节将首先讨论化工常用的几种液体输送机械(泵)，然后扼要叙述各类风机的特性。

1.7.2 离心泵构造及原理

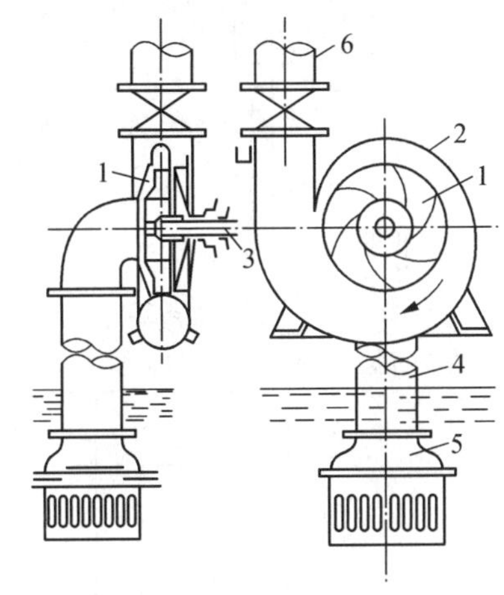

图1-28 离心泵装置简图

1—叶轮；2—泵壳；3—泵轴；4—吸入管；5—底阀；6—压出管

离心泵的主要构件——叶轮和蜗壳 离心泵的种类很多，但因工作原理相同，构造大同小异，其主要工作部件是旋转叶轮和固定的泵壳(图1-28)。叶轮是离心泵直接对液体做功的部件，其上有若干后弯叶片，一般为4～8片。离心泵在工作时，叶轮由电机驱动做高速旋转运动(1 000～3 000 r/min)，迫使叶片间的液体做近于等角速度的旋转运动，同时因离心力的作用，使液体由叶轮中心向外缘做径向运动。在叶轮中心处吸入低势能、低动能的液体，液体在流经叶轮的运动过程中获得能量，在叶轮外缘可获得高势能、高动能的液体。液体进入蜗壳后，由于流道的逐渐扩大而减速，又将部分动能转化为势能，最后沿切向流入压出管道(图1-28)。在液体受迫由叶轮中心流向外缘的同时，在叶轮中心形成低压。液体在吸液口和叶轮中心处的势能差的作用下源源不断地吸入叶轮。

由于叶轮在旋转过程中产生离心力，液体在离心力的作用下产生高动能，动能通过流道改变转化成势能，因而得名离心泵。离心泵的叶轮类型见图1-29。

(a) 敞式

(b) 半蔽式

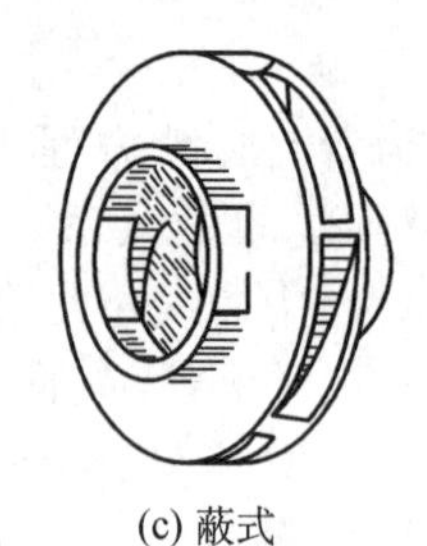

(c) 蔽式

图 1－29　叶轮的类型

离心泵启动之初，因泵进口管路中存在空气，造成泵打不出液体，这种现象称为气缚。因此泵启动前应先灌泵。

1.7.3　离心泵参数及特性曲线

离心泵在运转过程中，由于存在种种原因导致机械能损失，使其实际（有效）压头和流量均比理论值低，而输入泵的功率比理论值高。泵的有效功率可由下式表示。

$$P_e = \rho g q_V H_e \tag{1-60}$$

式中，H_e 为泵的有效压头，即单位重量流体自泵处净获得的能量，m；q_V 为泵的实际流量，m^3/s；ρ 为液体密度，kg/m^3；P_e 为泵的有效功率，即单位时间内液体从泵处获得的机械能，W。

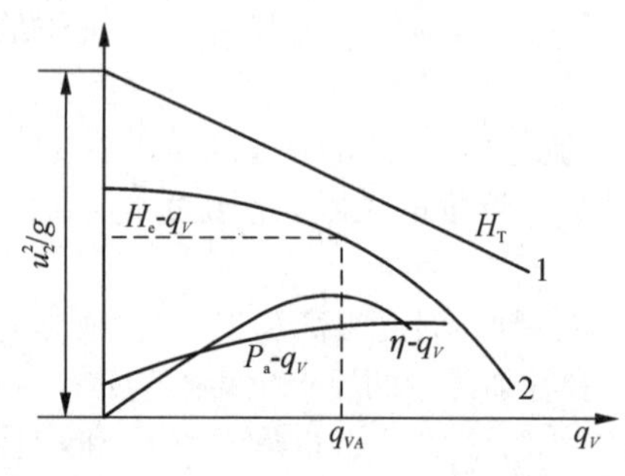

图 1－30　离心泵的特性曲线

由电机输入离心泵的功率称为泵的轴功率，以 P_a 表示。有效功率与轴功率之比值定义为泵的（总）效率 η，即

$$\eta = \frac{P_e}{P_a} \tag{1-61}$$

离心泵的有效压头 H_e（扬程）、效率 η、轴功率 P_a 均与输液量 q_V 有关，其间关系可用泵的特性曲线表示，其中尤以扬程和流量的关系最为重要。图 1－30 为离心泵的特性曲线。

泵的扬程 H_e 与流量 q_V 的关系只能通过实验测定。离心泵出厂前均由泵制造厂测定 H_e-q_V、$\eta-q_V$、P_a-q_V 三条曲线，列于产品样本供用户参考。在额定流量 q_{VA} 下，压头损失最小，效率最高。

例 1－9　离心泵特性参数计算

图 1－31 为测定离心泵特性曲线的实验装置，实验中已测出如下一组数据：泵出口处压强表读数 $p_2 = 0.126\,MPa$；泵进口处真空表读数 $p_1 = 0.031\,MPa$；泵的流量 $q_V = 10\,L/s$；泵轴的扭矩 $M = 9.8\,N \cdot m$；转速 $n = 2\,900\,r/min$；吸入管直径 $d_1 = 80\,mm$；压出管直径 $d_2 = 60\,mm$；两测压点间的垂直距离 $(z_2 - z_1) = 80\,mm$；实验介质为 20℃ 的水。试计算在此流量下泵的压头 H_e、轴功率 P_a 和总效率 η。

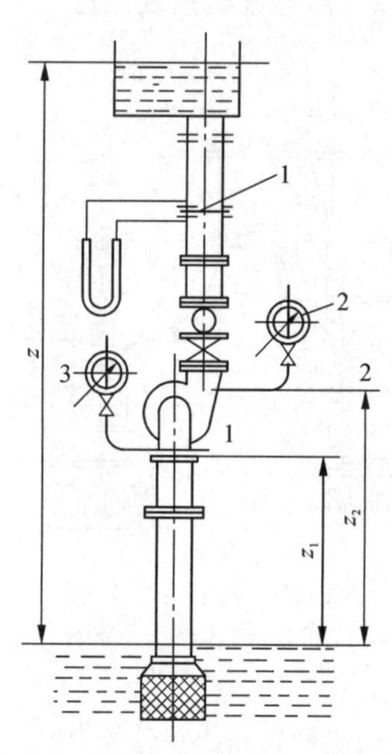

图 1－31　离心泵特性曲线的测定装置

1—流量计；2—压强表；3—真空表

解　在截面 1 与 2 间列机械能衡算式

$$H_e = (z_2 - z_1) + \frac{p_2 - p_1}{\rho g} + \frac{u_2^2 - u_1^2}{2g}$$

$$\frac{p_1}{\rho g} = -3.16 \text{ m} \quad \frac{p_2}{\rho g} = 12.8 \text{ m}$$

$$u_1 = \frac{4q_V}{\pi d_1^2} = \frac{4 \times 10 \times 10^{-3}}{\pi \times 80^2 \times 10^{-6}} = 1.99 \text{ (m/s)}$$

$$u_2 = \frac{4q_V}{\pi d_2^2} = \frac{4 \times 10 \times 10^{-3}}{\pi \times 60^2 \times 10^{-6}} = 3.54 \text{ (m/s)}$$

$$H_e = 0.08 + (12.8 + 3.16) + \frac{3.54^2 - 1.99^2}{2 \times 9.81} = 16.5 \text{ (m)}$$

$$P_a = M\omega = 9.8 \times \frac{2\,900 \times 2\pi}{60} = 2\,976 \text{ (W)}$$

$$P_e = \rho g H_e q_V = 1\,000 \times 9.81 \times 16.5 \times 10 \times 10^{-3} = 1\,619 \text{ (W)}$$

$$\eta = \frac{P_e}{P_a} = \frac{1\,619}{2\,976} = 54\%$$

离心泵的工作点及流量调节

安装在管路中的泵的输液量即为管路的流量，在该流量下泵提供的扬程必恰等于管路所要求的压头。因此，离心泵的实际工作情况（流量、压头）是由泵特性和管路特性共同决定的。

若管路内的流动处于阻力平方区，安装在管路中的离心泵的工作点（扬程和流量）必同时满足：

管路特性方程　$H = f(q_V)$

泵的特性方程　$H_e = \varphi(q_V)$

联立求解此两方程即得管路特性曲线和泵特性曲线的交点，参见图 1-32。此交点为泵的工作点。

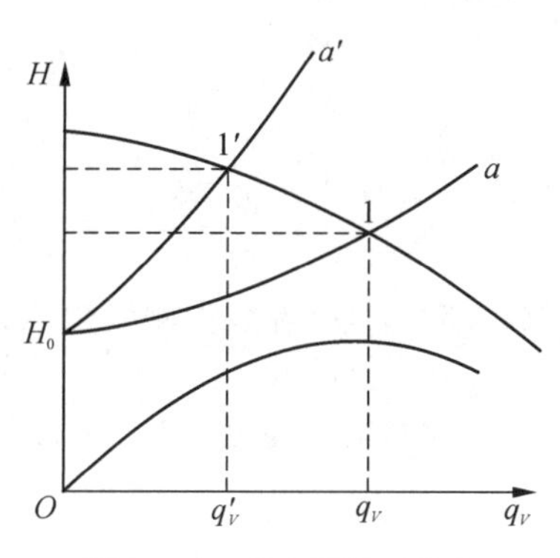

图 1-32　离心泵的工作点

如果工作点的流量大于或小于所需要的输送量，应设法改变工作点的位置，即进行流量调节。

最简单的调节方法是在离心泵出口处的管路上安装调节阀。改变阀门的开度即改变管路阻力系数，式(1-59)中的 K 值，可改变管路特性曲线的位置，使调节后管路特性曲线与泵特性曲线的交点移至适当位置，满足流量调节的要求。如图1-32所示，关小阀门，管路特性曲线由 a 移至 a'，工作点由 1 移至 1'，流量由 q_V 减小为 q_V'。

这种通过管路特性曲线的变化来改变工作点的调节方法，不仅增加了管路阻力损失（在阀门关小时），也使泵在低效率点工作，在经济上很不合理。但用阀门调节流量的操作简便、灵活，故应用很广。对于调节幅度不大而经常需要改变流量时，此法尤为适用。

另一类调节方法是改变泵的特性曲线，如改变转速等。用这种方法调节流量不额外增加管路阻力，而且在一定范围内可保持泵在高效率区工作，能量利用较为经济，但调节不方便，一般只有在调节幅度大，时间又长的季节性调节中才使用。

1.7.4　离心泵的安装高度

汽蚀现象

如图 1-33 所示的管路中，在液面 0 与泵进口附近截面 1 之间无外加机械能，液体藉势能差流动。因此，提高泵的安装位置，叶轮进口处的压强可能降至被输送液体的饱和蒸气

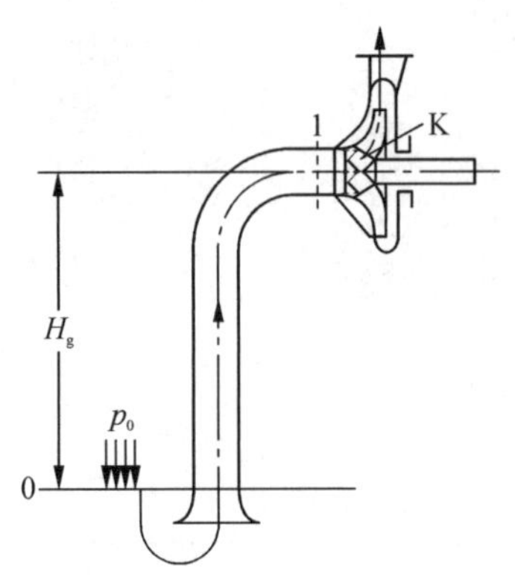

图 1-33　离心泵的安装高度

压，引起液体部分汽化。

实际上，泵中压强最低处位于叶轮内缘叶片的背面（图中K面）。泵的安装位置高至一定距离，首先在该处发生汽化现象。含气泡的液体进入叶轮后，因压强升高，气泡立即凝聚。气泡的消失产生局部真空，周围液体高速涌向气泡中心，造成冲击和振动。尤其当气泡的凝聚发生在叶片表面附近时，众多液体质点犹如细小的高频水锤撞击着叶片；另外气泡中可能带有的氧气等会对金属材料发生化学腐蚀作用。泵在这种状态下长期运转，将导致叶片的过早损坏。这种现象称为泵的汽蚀。

离心泵在产生汽蚀条件下运转，泵体振动并发生噪声，流量、扬程和效率都明显下降，严重时甚至吸不上液体。为避免汽蚀现象，泵的安装位置不能太高或操作流速不宜太大以及操作温度不宜太高，以保证叶轮中各处压强高于液体的饱和蒸气压。

临界汽蚀余量$(NPSH)_c$与必需汽蚀余量$(NPSH)_r$

在正常运转时，泵入口截面1的压强 p_1 和叶轮入口截面K的压强 p_K 密切相关，两者的关系服从截面1和截面K之间的机械能衡算式。

$$\frac{p_1}{\rho g}+\frac{u_1^2}{2g}=\frac{p_K}{\rho g}+\frac{u_K^2}{2g}+\sum H_{f(1-K)} \tag{1-62}$$

由式(1-62)可以看出，在一定流量下，p_1 降低，p_K 也相应地减小。当泵内刚发生汽蚀时，p_K 等于被输送液体输送条件下的饱和蒸气压 p_v，而 p_1 必等于某确定的最小值 $p_{1,\min}$。在此条件下，式(1-62)可写为

$$\frac{p_{1,\min}}{\rho g}+\frac{u_1^2}{2g}=\frac{p_v}{\rho g}+\frac{u_K^2}{2g}+\sum H_{f(1-K)}$$

或

$$\frac{p_{1,\min}}{\rho g}+\frac{u_1^2}{2g}-\frac{p_v}{\rho g}=\frac{u_K^2}{2g}+\sum H_{f(1-K)} \tag{1-63}$$

式(1-63)表明，在泵内刚发生汽蚀的临界条件下，泵入口处液体的机械能$\left(\frac{p_{1,\min}}{\rho g}+\frac{u_1^2}{2g}\right)$比液体汽化时的势能超出$\left(\frac{u_K^2}{2g}+\sum H_{f(1-K)}\right)$。此超出量称为离心泵的临界汽蚀余量，并以符号$(NPSH)_c$表示，即

$$(NPSH)_c=\frac{p_{1,\min}}{\rho g}+\frac{u_1^2}{2g}-\frac{p_v}{\rho g}=\frac{u_K^2}{2g}+\sum H_{f(1-K)} \tag{1-64}$$

为使泵正常运转，泵入口处的压强 p_1 必须高于 $p_{1,\min}$，即实际汽蚀余量（亦称装置汽蚀余量）

$$NPSH=\frac{p_1}{\rho g}+\frac{u_1^2}{2g}-\frac{p_v}{\rho g} \tag{1-65}$$

必须大于临界汽蚀余量$(NPSH)_c$一定的量。

不难看出，当流量一定而且流动已进入阻力平方区（在通常情况下此条件可基本得到满足）时，临界汽蚀余量$(NPSH)_c$只与泵的结构尺寸有关，是泵的一个抗汽蚀性能的参数。

临界汽蚀余量作为泵的一个特性，须由泵制造厂通过实验测定。式(1-64)是实验测

定$(NPSH)_c$的基础。实验时可设法在泵流量不变的条件下逐渐降低p_1(例如关小吸入管路中的阀)，当泵内刚好发生汽蚀(按有关规定，以泵的扬程较正常值下降3%作为发生汽蚀的标志)时测取压强$p_{1,\min}$，然后由式(1-64)算出该流量下离心泵的临界汽蚀余量$(NPSH)_c$。

为确保离心泵工作正常，根据有关标准，将所测定的$(NPSH)_c$加上一定的安全量作为必需汽蚀余量$(NPSH)_r$，并列入泵产品样本。标准还规定实际汽蚀余量$NPSH$要比$(NPSH)_r$大0.5 m以上。

最大安装高度$H_{g,\max}$与最大允许安装高度$[H_g]$

在一定流量下，泵的安装位置越高，泵的入口处压强p_1越低，叶轮入口处的压强p_K更低。当泵的安装位置达到某一极限高度时，$p_1=p_{1,\min}$，$p_K=p_v$，汽蚀现象遂将发生。此极限高度称为泵的最大安装高度$H_{g,\max}$。在吸入液面0和叶轮入口截面K之间(参见图1-34)列机械能衡算式，可求得最大安装高度

$$H_{g,\max}=\frac{p_0}{\rho g}-\frac{p_v}{\rho g}-\sum H_{f(0-1)}-\left[\frac{u_K^2}{2g}+\sum H_{f(1-K)}\right]$$

$$=\frac{p_0}{\rho g}-\frac{p_v}{\rho g}-\sum H_{f(0-1)}-(NPSH)_c \tag{1-66}$$

式(1-66)中$\frac{p_0}{\rho g}$和$\frac{p_v}{\rho g}$为已知量，在一定流量下$\sum H_{f(0-1)}$可根据吸入管的具体情况求出，$(NPSH)_c$由泵制造厂提供，故最大安装高度$H_{g,\max}$可以计算。

为安全起见，通常将最大安装高度$H_{g,\max}$减去一定量作为安全高度的上限，称为最大允许安装高度$[H_g]$。最大允许安装高度$[H_g]$可由下式计算

$$[H_g]=\frac{p_0}{\rho g}-\frac{p_v}{\rho g}-\sum H_{f(0-1)}-[(NPSH)_r+0.5] \tag{1-67}$$

式中，$(NPSH)_r$为泵产品样本提供的必需汽蚀余量。

必须指出，$(NPSH)_r$与流量有关，流量大时$(NPSH)_r$较大。因此在计算泵的最大允许安装高度$[H_g]$时，必须以使用过程中可能达到的最大流量进行计算。

例1-10 安装高度的计算

某水泵，在额定流量$q_V=25\ m^3/h$时，$(NPSH)_r=2.0\ m$。现用此泵输送某种$\rho=900\ kg/m^3$，$p_v=2.67\times10^4$ Pa的有机溶液。假设吸入管路阻力损失$\sum H_{f(0-1)}=3$ m液柱，而供液处液面压强p_0为大气压，试求最大允许安装高度$[H_g]$。

解 由式(1-67)得

$$[H_g]=\frac{p_0}{\rho g}-\frac{p_v}{\rho g}-\sum H_{f(0-1)}-[(NPSH)_r+0.5]$$

$$=\frac{1.013\times10^5}{900\times9.81}-\frac{2.67\times10^4}{900\times9.81}-3-[2+0.5]=2.9\ (m)$$

1.7.5 离心泵的选用

离心泵在选用原则上可分两步进行：

① 根据被输送液体的性质和操作条件，确定泵的类型；

② 根据具体管路对泵提出的流量和压头要求确定泵的型号。

在泵样本中，各种类型的离心泵都附有系列特性曲线(又称型谱图)，以便于泵的选用。离心泵的系列特性曲线可参考有关手册。

1.8 *往 复 泵

1.8.1 往复泵的作用原理和类型

作用原理

图 1 - 34 所示为曲柄连杆机构带动的往复泵，它主要由泵缸、活柱(或活塞)和活门组成。活柱在外力推动下做往复运动，由此改变泵缸内的容积和压强，交替地打开和关闭吸入、压出活门，达到输送液体的目的。由此可见，往复泵是通过活柱的往复运动直接以压强能的形式向液体提供能量的。

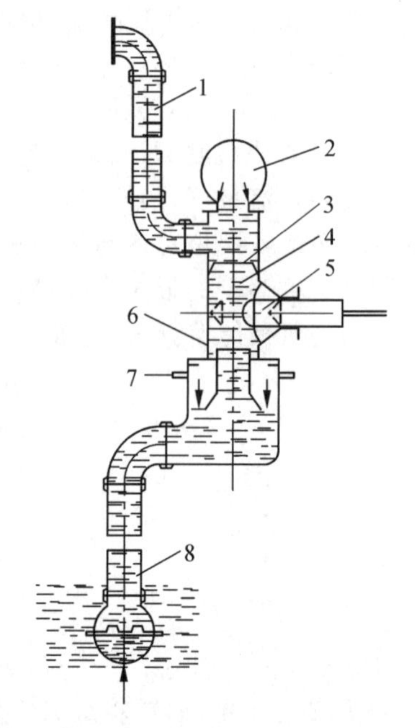

图 1 - 34 往复泵的作用原理

1—压出管路；2—压出空气室；3—压出活门；4—缸体；5—活柱；6—吸入活门；7—吸入空气室；8—吸入管路

往复泵的类型

按照往复泵的动力来源可分类为：

① 电动往复泵 电动往复泵由电动机驱动，是往复泵中最常见的一种。电动机通过减速箱和曲柄连杆机构与泵相连，把旋转运动转变为往复运动。

② 汽动往复泵 汽动往复泵直接由蒸汽机驱动，泵的活塞和蒸汽机的活塞共同连在一根活塞杆上，构成一个总的机组。

按照作用方式可将往复泵分为：

① 单动往复泵 活柱往复一次只吸液一次和排液一次。

② 双动往复泵 活柱两边都在工作，每个行程均在吸液和排液。

1.8.2 往复泵的流量调节

往复泵的流量原则上应等于单位时间内活塞在泵缸中扫过的体积。它与往复频率、活塞面积和行程、泵缸数有关。

活塞的往复运动若由等速旋转的曲柄机构变换而得，则其速度变化服从正弦曲线规律。在一个周期内，泵的流量也必经历同样的变化，如图 1 - 35 所示。

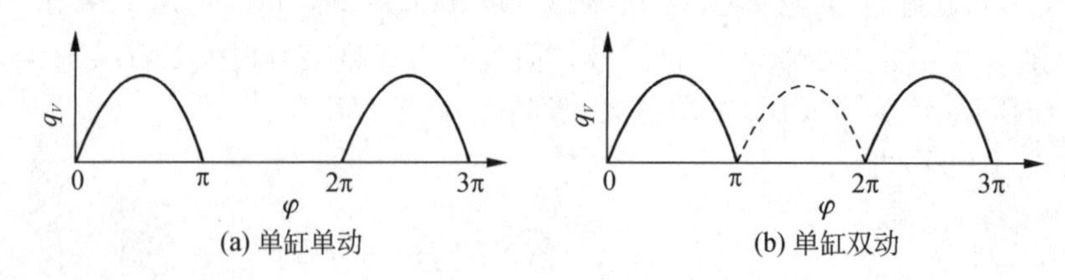

图 1 - 35 往复泵的流量曲线

流量的不均匀是往复泵的严重缺点，它不仅使往复泵不能用于某些对流量均匀性要求较高的场合，而且使整个管路内的液体处于变速运动状态，不但增加了能量损失，且易产生冲击，造成水锤现象，并会降低泵的吸入能力。

提高管路流量均匀性的常用方法有两个。

① 采用多缸往复泵 多缸泵的瞬时流量等于同一瞬时各缸瞬时流量之和。只要各缸曲柄的相对位置适当，就可使流量较为均匀。

② 装置空气室 空气室是利用气体的压缩和膨胀来储存或放出部分液体，以减小管路

中流量的不均匀性。空气室的设置可使流量较为均匀,但不可能完全消除流量的波动。

往复泵的流量调节　往复泵的理论流量由活塞所扫过的体积决定,而与管路特性无关。而往复泵提供的压头则只决定于管路情况。这种特性称为正位移特性,具有这种特性的泵称为正位移泵。实际上,往复泵的流量随压头升高而略微减小,这是由容积损失增大造成的。

离心泵可用出口阀门来调节流量,但往复泵却不能采用此法。因为往复泵属于正位移泵,其流量与管路特性无关(图 1-36),安装调节阀非但不能改变流量,而且还会造成危险,一旦出口阀门完全关闭,泵缸内的压强将急剧上升,导致机件破损或电机烧毁。

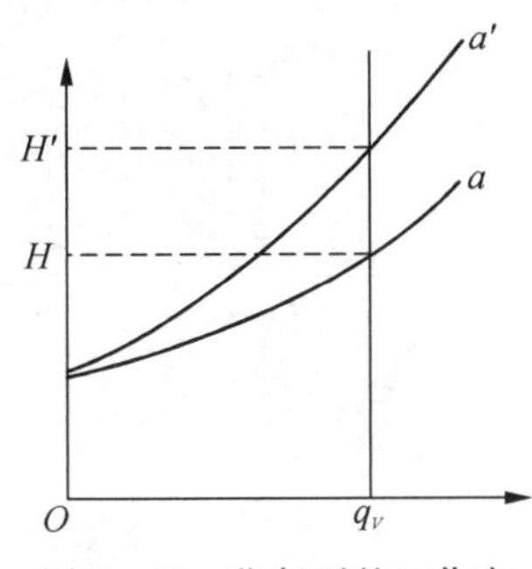

图 1-36　往复泵的工作点

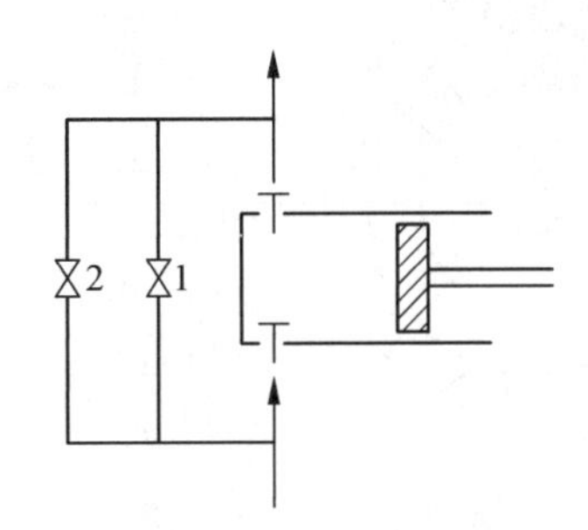

图 1-37　往复泵旁路调节流量
1—旁路阀;2—安全阀

往复泵的流量调节方法是:

① 旁路调节　旁路调节如图 1-37 所示。因往复泵的流量一定,通过阀门调节旁路流量,使一部分压出流体返回吸入管路,便可以达到调节主管流量的目的。显然,这种调节方法很不经济,只适用于变化幅度较小的经常性调节。

② 改变曲柄转速和活塞行程　因电动机是通过减速装置与往复泵相连接的,所以改变减速装置的传动比可以更方便地改变曲柄转速,达到流量调节的目的。因此,改变转速调节法是最常用的经济方法。

对输送易燃、易爆液体由蒸汽推动的往复泵,可以很方便地调节进入蒸汽缸的蒸汽压强实现流量的调节。

1.8.3　其他化工用泵及性能比较

轴流泵

轴流泵的简单构造如图 1-38 所示。转轴带动轴头转动,轴头上装有叶片 2。液体顺箭头方向进入泵壳,经过叶片,然后又经过固定于泵壳的导叶 3 流入压出管路。

轴流泵叶片形状与离心泵叶片形状不同,轴流泵叶片的扭角随半径增大而增大(图 1-38),因而液体的角速度 ω 随半径增大而减小。如适当选择叶片扭角,使 ω 在半径方向按某种规律变化,可以使势能 $\left(\frac{p}{\rho g}+z\right)$ 沿半径基本保持不变,从而消除液体的径向流动。通常把轴流泵叶片制成螺旋桨式,其目的就在于此。

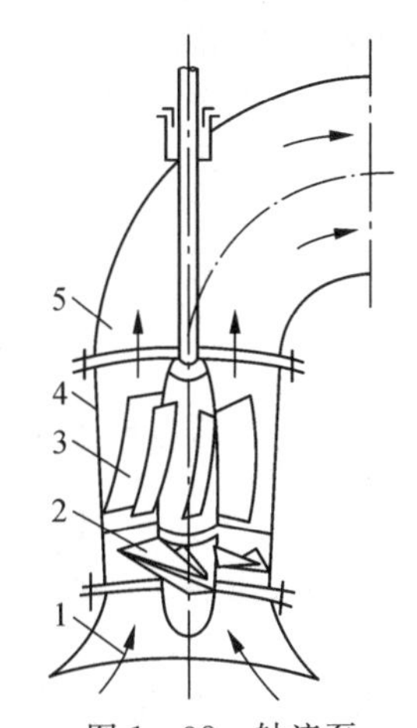

图 1-38　轴流泵
1—吸入室;2—叶片;3—导叶;4—泵体;5—出水弯管

旋涡泵

旋涡泵的构造如图 1-39 所示,其主要工作部分是叶轮及叶轮与泵体组成的流道。流道用隔舌将吸入口和压出口分开。叶轮旋转时,在边缘区形成高压强,因而构成一个与叶轮周围垂直的径向环流。在径向环流的作用下,液体自吸入至排出的过程中可多次进入叶轮并获得能量。旋涡泵的效率相当低,一般为20%～50%。

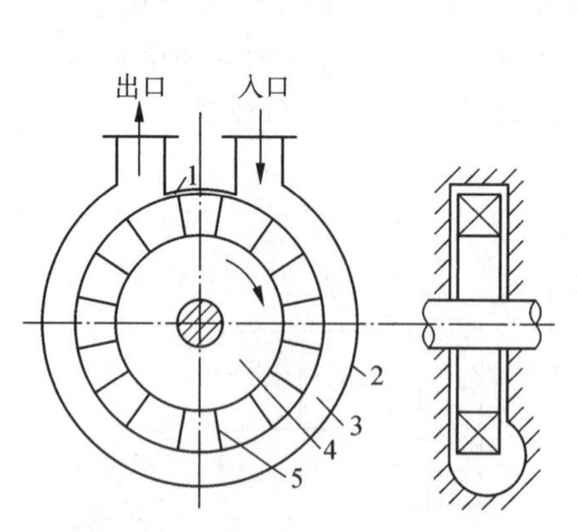

图1-39　旋涡泵的结构示意图

1—隔舌;2—泵壳;3—流道;4—叶轮;5—叶片

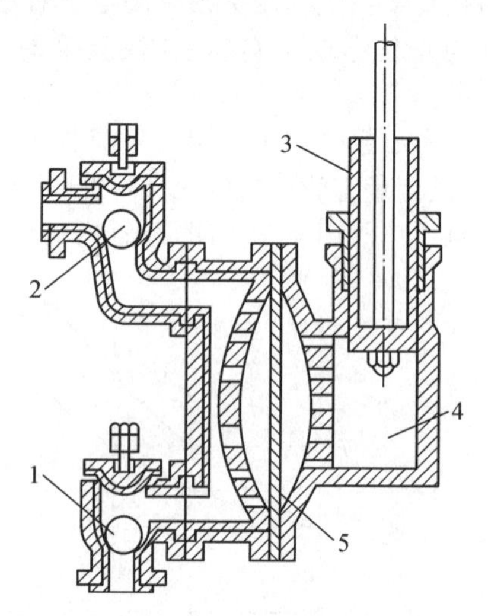

图1-40　隔膜泵

1—吸入活门;2—压出活门;3—活柱;4—水(或油)缸;5—隔膜

隔膜泵

隔膜泵实际上就是活柱往复泵,是借弹性薄膜将活柱与被输送的液体隔开,这样当输送腐蚀性液体或悬浮液时,可不使活柱和缸体受到损伤。隔膜采用耐腐蚀橡皮或弹性金属薄片制成。图1-40中隔膜左侧所有和液体接触的部分均由耐腐蚀材料制成或涂有耐腐蚀物质;隔膜右侧则充满油或水。当活柱做往复运动时,迫使隔膜交替地向两边弯曲,将液体吸入和排出。

齿轮泵

齿轮泵是正位移泵的一种类型,其结构如图1-41所示。其中图1-41(a)为一般的齿轮泵,泵壳中有一对相互啮合的齿轮,将泵内空间分成互不相通的吸入腔和压出腔。齿轮旋转时,封闭在齿穴和泵壳间的液体被强行压出。齿轮脱离啮合时形成真空并吸入液体,压出腔则产生管路需要的压强。此种齿轮泵容易制造,工作可靠,有自吸能力,但流量和压头有些波动,有噪声且振动。为消除后一缺点,近年来已逐步使用内啮合式的齿轮泵,如图1-41(b)所示。它较一般齿轮泵工作平稳,但制造稍复杂。

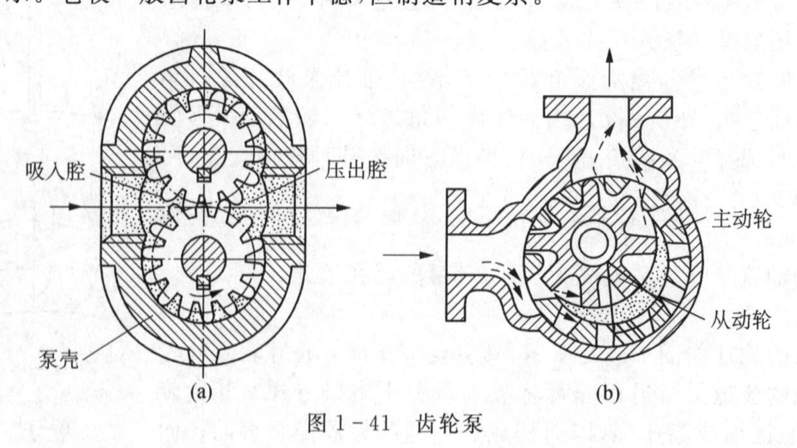

图1-41　齿轮泵

齿轮泵的流量较小，但可产生较高的压头。化工厂中大多用来输送涂料等黏稠液体甚至膏糊状物料，但不宜输送含有粗颗粒的悬浮液。

螺杆泵

螺杆泵是泵类产品中出现较晚的、较为新型的一种。螺杆泵按螺杆的数目可分为单螺杆泵、双螺杆泵、三螺杆泵和五螺杆泵。

单螺杆泵的结构如图1-42所示，此泵的工作原理是靠螺杆在具有内螺纹泵壳中偏心转动，将液体沿轴向推进，最后由排出口排出。多螺杆泵则依靠螺杆间相互啮合的容积变化来输送液体。螺杆泵的效率较齿轮泵高，运转时无噪声、无振动、流量均匀，特别适用于高黏度液体的输送。

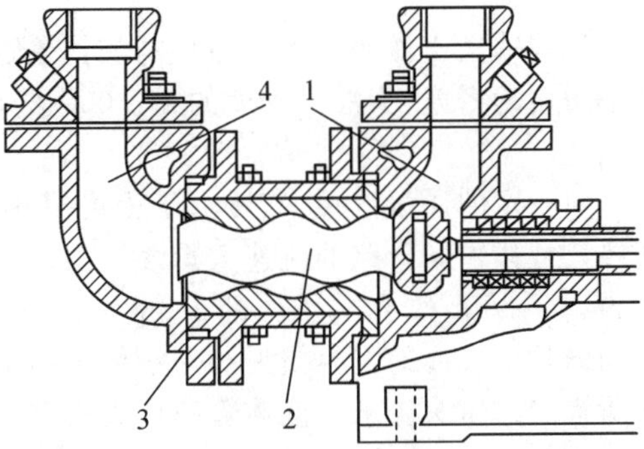

图1-42 螺杆泵

1—吸入口；2—螺杆；3—泵壳；4—压出口

各类化工用泵的性能比较

离心泵由于其适用性广、价格低廉是化工厂中应用最广泛的泵，它依靠高速回转的叶轮完成输送任务，故易于达到大流量，较难产生高压头。往复泵是靠往复运动的柱塞挤压排送液体的，因而易于获得高压头而难以获得大流量。流量较大的往复泵其设备庞大、造价昂贵。旋转泵(齿轮泵、螺杆泵等)也是靠挤压作用产生压头的，但输液腔一般很小，故只适用于流量小而压头较高的场合，对高黏度料液尤其适宜。以上是三类泵对输送任务适应性方面的主要区别，各方面的详细比较见表1-5。

表1-5 各类化工用泵的比较

泵的类型		非正位移泵			正位移泵	
		离心泵	轴流泵	旋涡泵	往复泵	旋转泵
流量	均匀性	均匀	均匀	均匀	不均匀	尚可
	恒定性	随管路特性而变			恒定	恒定
	范围	广，易达大流量	大流量	小流量	较小流量	小流量
压头大小		不易达到高压头	压头低	压头较高	高压头	较高压头
效率		稍低，愈偏离额定值愈小	稍低，高效区窄	低	高	较高
操作	流量调节	小幅度调节用出口阀，很简便，大幅度调节可调节转速或切削叶轮直径	小幅度调节用旁路阀，有些泵可以调节叶片角度	用旁路阀调节	小幅度调节用旁路阀，大幅度调节可调节转速、行程等	用旁路阀调节
	自吸作用	一般没有	没有	部分型号有自吸能力	有	有
	启动	出口阀关闭	出口阀全开	出口阀全开	出口阀全开	出口阀全开
	维修	简便	简便	简便	麻烦	较简便
结构与造价		结构简单，造价低廉		结构紧凑、简单，加工要求稍高	结构复杂，振动大，体积庞大，造价高	结构紧凑，加工要求较高
适用范围		流量和压头适用范围广，尤其适用于较低压头、大流量。除高黏度物料不太合适外，可输送各种物料	特别适宜于大流量、低压头	高压头、小流量的清洁液体	适宜于流量不大的高压头输送任务；输送悬浮液要采用特殊结构的隔膜泵	适宜于小流量、较高压头的输送，对高黏度液体较适合

1.9 *气体输送机械

气体输送机械的结构和原理与液体输送机械大体相同。但是气体具有可压缩性和比液体小得多的密度(为液体密度的1/1 000左右),从而使气体输送具有某些不同于液体输送的特点。

对一定的质量流量,气体由于密度很小,其体积流量很大。因此,气体输送管路中的流速要比液体输送管路的流速大得多。由前可知,液体在管道中的经济流速为1～3 m/s,而气体为15～25 m/s,约为液体的10倍。这样,若利用各自最经济流速输送同样的质量流量,经相同管长后气体的阻力损失约为液体阻力损失的10倍。换句话说,气体输送管路对输送机械所提出的压头要求比液体管路要大得多。

前已述及,流量大、压头高的液体输送是比较困难的。对于气体输送,这一问题尤其突出。

离心式和轴流式的输送机械,流量虽大但经常不能提供管路所需的压头。各种正位移式输送机械虽可提供所需的高压头,但流量大时,设备十分庞大。

气体因具有可压缩性,故在输送机械内部气体压强发生变化的同时,体积和温度也将随之发生变化。这些变化对气体输送机械的结构、形状有很大影响。因此,气体输送机械除按其结构和作用原理进行分类外,还根据它所能产生的进、出口压强差(如进口压强为大气压,则压差即为表压计的出口压强)或压强比(称为压缩比)进行分类。

① 通风机　出口压强不大于14.7 kPa(表压),压缩比为1～1.15;

② 鼓风机　出口压强为14.7 kPa～0.3 MPa(表压),压缩比小于4;

③ 压缩机　出口压强为0.3 MPa(表压)以上,压缩比大于4;

④ 真空泵　用于减压,出口压力为0.1 MPa,其压缩比由真空度决定。

气体输送机械实际应用中,主要用于输送气体、产生高压或真空。

1.9.1 离心式通风机

离心式通风机的工作原理与离心泵完全相同,其构造与离心泵也大同小异。图1-43所示为一低压离心式通风机。对于通风机,习惯上将压头表示成单位体积气体所获得的能量,其量纲为$[ML^{-1}T^{-2}]$,SI单位为N/m^2,与压强相同。所以风机的压头称为全压(又称风压)。根据所产生的全压大小,离心式通风机又可分为低压、中压、高压离心式通风机。

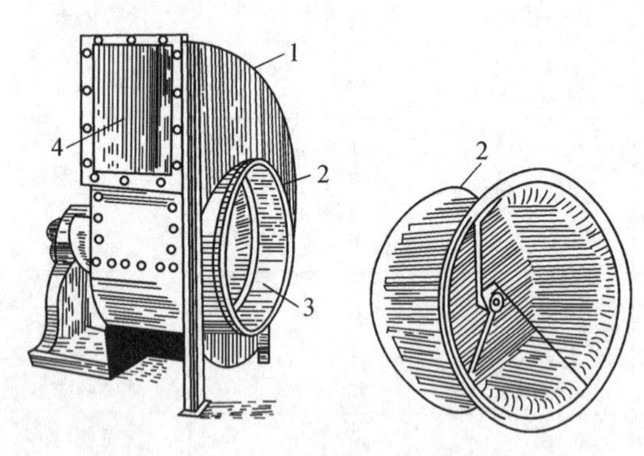

图1-43　离心式通风机

1—机壳;2—叶轮;3—吸入口;4—排出口

为适应输送量大和压头高的要求,通风机的叶轮直径一般是比较大的。通风机的叶片形状并不一定是后弯的,为产生较高压头也有径向或前弯叶片。前弯叶片可使结构紧凑,但效率低,功率曲线陡升,易造成原动机过载。因此,所有高效风机都是后弯叶片。

离心式通风机的主要参数和离心泵相似,主要包括流量(风量)、全压(风压)、功率和效率。但是,关于通风机的全压需做以下说明。

通风机的风压与气体密度成正比。如取1 m^3气体为基准,对通风机进、出口截面(分别以下标1、2表示)作能量衡算,可得通风机的全压

$$p_{\mathrm{T}} = H\rho g = (z_2 - z_1)\rho g + (p_2 - p_1) + \frac{\rho(u_2^2 - u_1^2)}{2} \tag{1-68}$$

式中 $(z_2 - z_1)\rho g$ 可以忽略，当空气直接由大气进入通风机时，u_1 也可以忽略，则上式简化为

$$p_{\mathrm{T}} = (p_2 - p_1) + \frac{\rho u_2^2}{2} = p_{\mathrm{S}} + p_{\mathrm{K}} \tag{1-69}$$

从式(1-69)可以看出，通风机的压头由两部分组成：其中压差 $(p_2 - p_1)$ 习惯上称为静风压 p_{S}；而$\frac{\rho u_2^2}{2}$称为动风压 p_{K}。在离心泵中，泵进、出口处的动能差很小，可以忽略，但在离心通风机中，气体出口速度很大，动能差不能忽略。因此，与离心泵相比，通风机的性能参数多了一个动风压 p_{K}。

和离心泵一样，通风机在出厂前，必须通过试验测定其特性曲线(图 1-44)，试验介质是压强为 101.3 kPa、温度为 20℃的空气($\rho' = 1.2\ \mathrm{kg/m^3}$)。因此，在选用通风机时，如所输送气体的密度与试验介质相差较大，应先将实际所需全压 p_{T} 换算成试验状况下的全压 p'_{T}，然后根据产品样本中的数据确定风机的型号。由式(1-68)可知，全压换算可按下式进行。

$$p'_{\mathrm{T}} = p_{\mathrm{T}}\left(\frac{\rho'}{\rho}\right) = p_{\mathrm{T}}\left(\frac{1.2}{\rho}\right) \tag{1-70}$$

式中，ρ 为实际输送气体的密度。

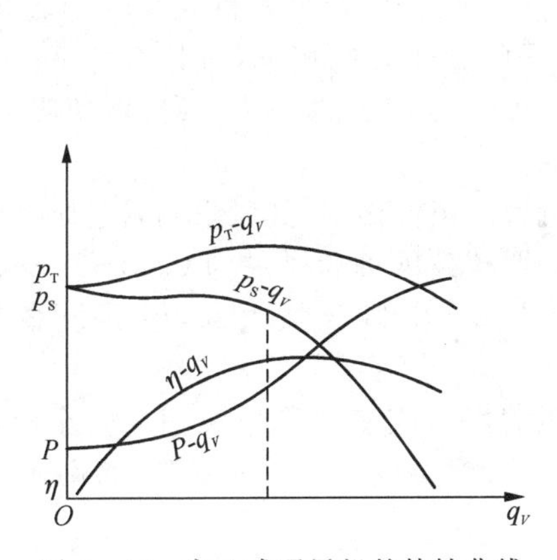

图 1-44　离心式通风机的特性曲线

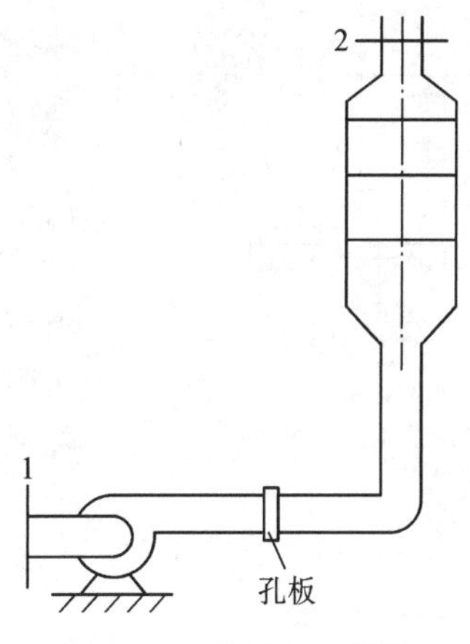

图 1-45　例 1-11 附图

例 1-11　某塔板冷模实验装置如图 1-45 所示。其中有三块塔板，塔径 $D=1.5$ m。管路直径 $d=0.45$ m，要求塔内最大气速为 2.5 m/s，已知在最大气速下，每块塔板的阻力损失约为 1.2 kPa，孔板流量计的阻力损失为 4.0 kPa，整个管路的阻力损失约为 3.0 kPa。设空气温度为 30℃，大气压为 98.6 kPa，试选择一适用的通风机。

解　首先计算管路系统所需要的全压。为此，可对通风机入口截面 1 和塔出口截面2作能量衡算(以 1 m³ 气体为基准)得

$$p_{\mathrm{T}} = (z_2 - z_1)\rho g + (p_2 - p_1) + \frac{\rho(u_2^2 - u_1^2)}{2} + \sum H_{\mathrm{f}}\rho g$$

式中$(z_2 - z_1)\rho g$ 可忽略，$p_1 = p_2$，$u_1 = 0$，u_2 和 ρ 可由如下计算得出。

$$u_2=\frac{0.785\times1.5^2\times2.5}{0.785\times0.45^2}=27.8\,(\mathrm{m/s})$$

$$\rho=1.29\times\frac{273}{303}\times\frac{98.6}{101.3}=1.13\,(\mathrm{kg/m^3})$$

将 u_2，ρ 代入上式，得

$$p_T=\frac{1.13\times27.8^2}{2}+(4+3+1.2\times3)\times1\,000=1.10\times10^4(\mathrm{Pa})=11.0\,(\mathrm{kPa})$$

按式(1－70)将所需 p_T 换算成测定条件下的全压 p'_T，即

$$p'_T=\frac{1.2}{1.13}\times1.1\times10^4=1.17\times10^4(\mathrm{Pa})$$

根据所需全压 $p'_T=11.7$ kPa 和所需流量

$$q_V=0.785\times1.5^2\times2.5\times3\,600=1.59\times10^4(\mathrm{m^3/h})$$

从风机样本中查得 9－27－101No.7($n=2\,900$ r/min) 可满足要求，该机性能为：全压 11.9 kPa，风量 17 100 m^3/h，轴功率 89 kW。

1.9.2 鼓风机

在工厂中常用的鼓风机有旋转式和离心式两种类型。

1）罗茨鼓风机

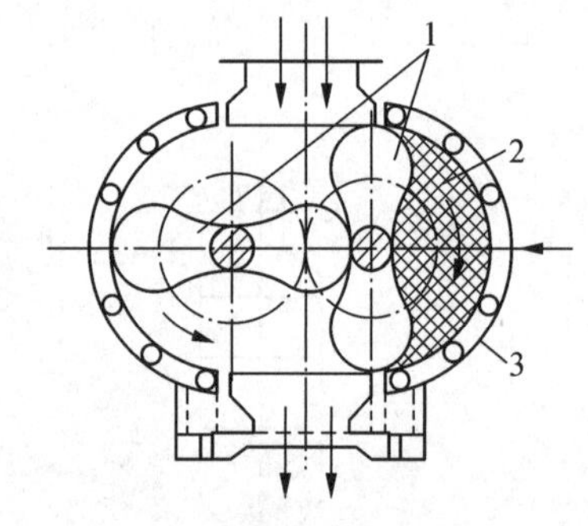

图 1－46 罗茨鼓风机

1—工作转子；
2—所输送的气体体积；
3—机壳

旋转式鼓风机类型很多，罗茨鼓风机是其中应用最广的一种。罗茨鼓风机的结构如图1－46所示，其工作原理与齿轮泵极为相似。因转子端部与机壳、转子与转子之间缝隙很小，当转子做旋转运动时，可将机壳与转子之间的气体强行排出，两转子的旋转方向相反，可将气体从一侧吸入，从另一侧排出。如改变转子的旋转方向，可使吸入口与排出口互换。

罗茨鼓风机属于正位移型，其风量与转速成正比，而与出口压强无关。罗茨鼓风机的风量为 0.03～9 m^3/h，出口压强不超过 80 kPa。出口压强太高，泄漏量增加，效率降低。

罗茨鼓风机的出口应安装稳压气柜与安全阀，流量用旁路调节。出口阀不可完全关闭。罗茨鼓风机工作时，温度不能超过85℃，否则转子受热膨胀易发生卡住现象。

2）离心鼓风机

离心鼓风机又称透平鼓风机，其工作原理与离心通风机相同，但由于单级通风机不可能产生很高风压(一般不超过 50 kPa)，故压头较高的离心鼓风机都是多级的。其结构和多级离心泵类似。

离心鼓风机的出口压强一般不超过 0.3 MPa(表压)，因压缩比不大，不需要冷却装置，各级叶轮尺寸基本相等。

离心鼓风机的选用方法与离心通风机相同。

1.9.3 真空泵

真空泵的类型与结构可参考相关教材或手册。这里仅简单介绍真空泵的主要特性。真空泵的最主要特性是极限真空和抽气速率。

① 极限真空(残余压强)是真空泵所能达到的稳定最低压强，习惯上以绝对压强表示，

单位为 Pa。

② 抽气速率(简称抽率)是单位时间内真空泵吸入口吸进的气体体积。注意,这是在吸入口的温度和压强(极限真空)条件下的体积流量单位,常以 m^3/h 或 L/s 表示。

这两个特性是选择真空泵的依据。

习　题

静力学

1-1　以复式水银压差计测量某密闭容器内的压强 p_5。已知各液面标高分别为 $z_1 = 2.6\ m$, $z_2 = 0.3\ m$, $z_3 = 1.5\ m$, $z_4 = 0.5\ m$, $z_5 = 3.0\ m$。试求 p_5,以 kPa(表压)为单位。[答案:415.7 kPa]

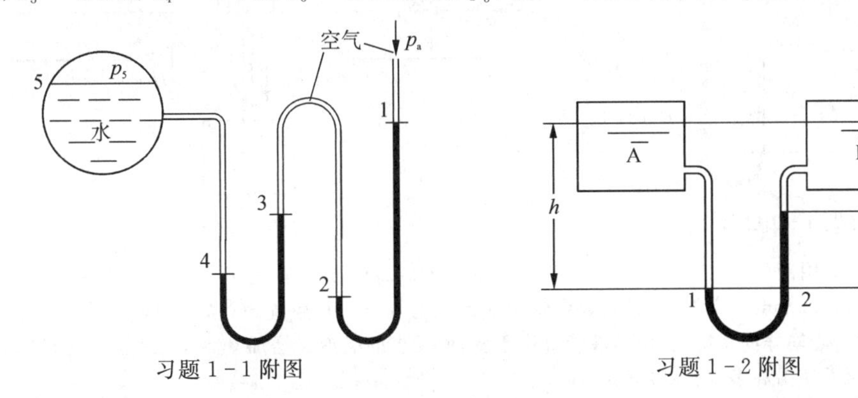

习题 1-1 附图　　　　习题 1-2 附图

1-2　如附图所示的密闭容器 A 与 B 内,分别盛有水和密度为 810 kg/m^3 的某溶液,A、B 之间由一水银 U 形管压差计相连。(1) 当 $p_A = 29$ kPa(表压)时,U 形压差计读数 $R = 0.25$ m,$h = 0.8$ m。试求容器 B 内的压强 p_B。(2) 当容器 A 液面上方的压强减小至 $p'_A = 20$ kPa(表压),而 p_B 不变,此时 U 形压差计的读数为多少?[答案:(1) 真空度 876.4 Pa;(2) 0.178 m]

质量守恒

1-3　硫酸流经由大小管子组成的串联管路,管径分别为 $\phi 68\ mm \times 4\ mm$ 和 $\phi 57\ mm \times 3.5\ mm$。已知硫酸的密度为 1 840 kg/m^3,流量为 9 m^3/h,试分别求硫酸在大小管路中的流速和质量流量。[答案:$u_大 = 0.885\ m/s$;$u_小 = 1.274\ m/s$;$q_m = 4.60\ kg/s$]

机械能守恒

1-4　水在水平管内流动,截面 1 处管内径 d_1 为 0.2 m,截面 2 处管内径 d_2 为 0.1 m。现测得水在某流量下截面 1、2 处产生的水柱高度差 h 为 0.20 m,若忽略水由 1 至 2 处的阻力损失。试求水的流量,m^3/h。[答案:57.76 m^3/h]

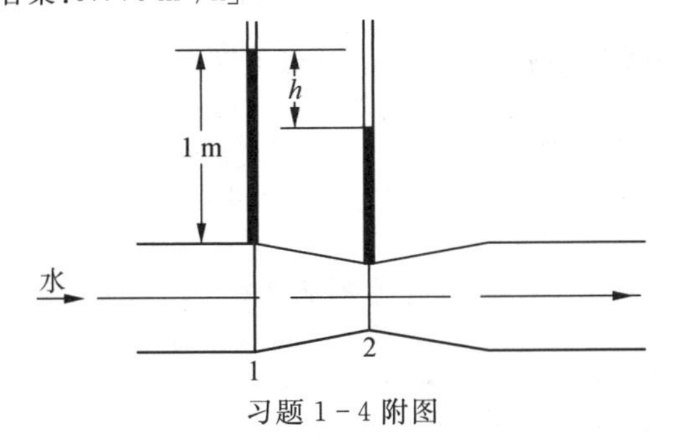

习题 1-4 附图

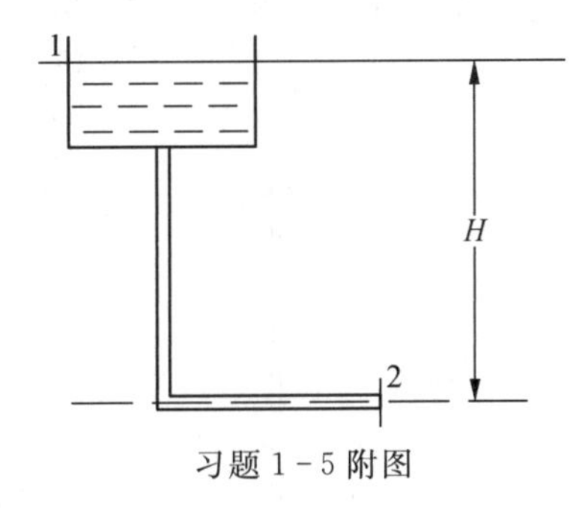

习题 1-5 附图

1-5　水塔供水系统如附图所示。管路总长(包括局部阻力的当量长度在内)共 150 m,水塔内水位高 H 为 10 m,当忽略出口动能,试求:流量 $q_V = 10\ m^3/h$ 时所要求的管道最小内径 d。设摩擦因数 $\lambda = 0.023$。[答案:0.046 6 m]

1-6　有一测量水在管道内流动阻力的实验装置,如附图所示。已知 $D_1 = 2D_2$,$\rho_{Hg} = 13.6 \times 10^3\ kg/m^3$,$u_2 = 1\ m/s$,$R = 10\ mm$,试计算局部阻力 $h_{f,1-2}$ 值,以 J/kg 为单位。[答案:0.767 J/kg]

1-7 如附图所示，$D=100\ \text{mm}$，$d=50\ \text{mm}$，$H=150\ \text{mm}$，$\rho_{气体}=1.2\ \text{kg/m}^3$。当$R=25\ \text{mm}$时，刚好能将水从水池中吸入水平管内，问：此时$q_{V气体}$为多少？以$\text{m}^3/\text{s}$为单位表示。过程阻力损失可略。[答案：$0.181\,4\ \text{m}^3/\text{s}$]

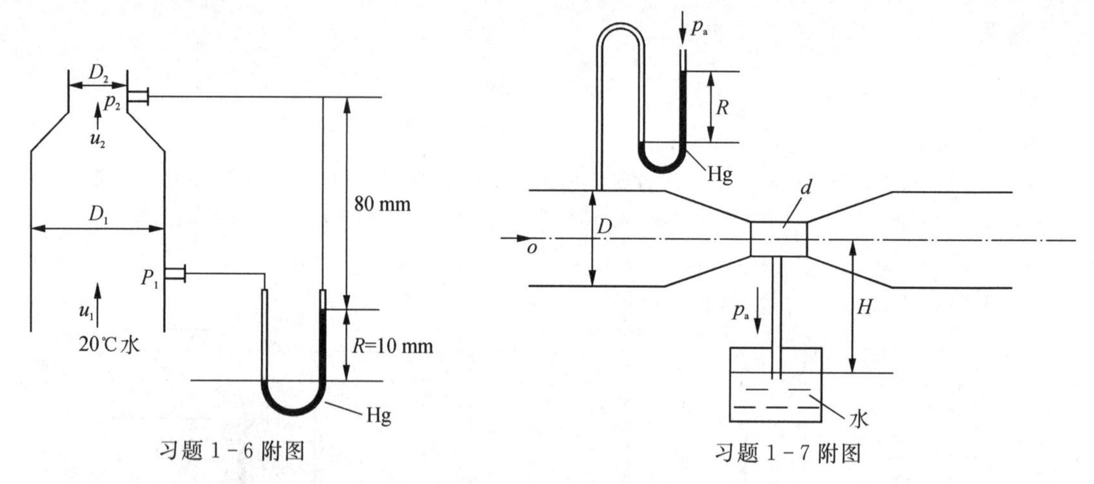

习题1-6附图　　习题1-7附图

1-8 某厂如附图所示的输液系统。将某种料液由敞口高位槽A输送至一敞口搅拌反应槽B中，输液管为$\phi 38\ \text{mm}\times 2.5\ \text{mm}$的铜管，已知料液在管中的流速为$u$(m/s)，系统的$\sum h_f=20.6\ u^2/2$(J/kg)，因扩大生产，需再建一套同样的系统，所用输液管直径不变，而要求的输液量增加30%，问新系统所设的高位槽的液面需要比原系统增高多少？[答案：4.16 m]

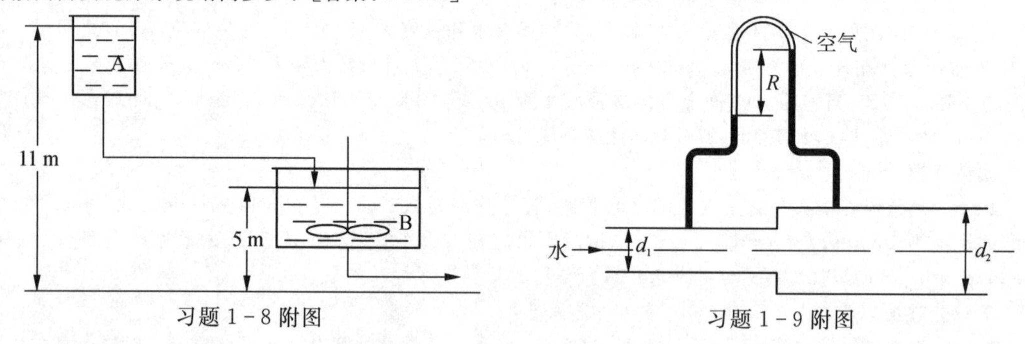

习题1-8附图　　习题1-9附图

1-9 如附图所示，水以3.78 L/s的流量流经一扩大管段，已知$d_1=40\ \text{mm}$，$d_2=80\ \text{mm}$，倒U形压差计读数$R=170\ \text{mm}$，试求：(1) 水流经扩大段的阻力h_f；(2) 如将粗管一端抬高、流量不变，则读数R有何改变？[答案：(1) 2.58 J/kg；(2) 略]

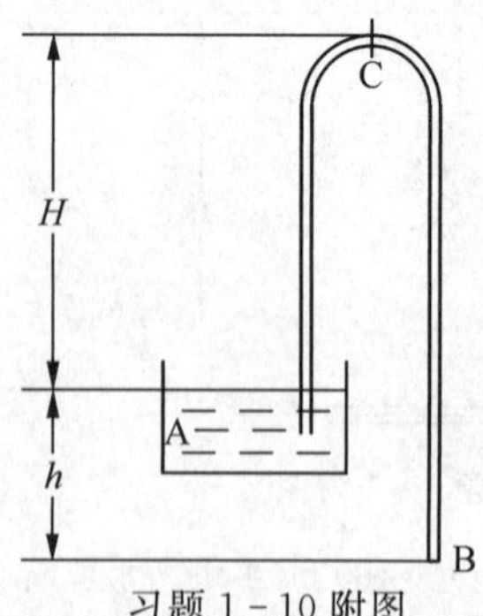

习题1-10附图

1-10 利用虹吸管将池A中的溶液引出。虹吸管出口B与A中液面垂直高度差$h=2\ \text{m}$。操作条件下，溶液的饱和蒸气压$p_v=1.23\times 10^4\ \text{N/m}^2$。试计算虹吸管顶部C的最大允许高度$H$为多少米。计算时可忽略管路系统的流动阻力。溶液的密度$\rho=1\,000\ \text{kg/m}^3$，当地大气压为101.3 kPa。[答案：7.08 m]

流动型式

1-11 15℃水在内径为10 mm的钢管内流动，流速为0.15 m/s，15℃水的密度为999.1 kg/m^3，黏度为1.14 mPa·s。试问：(1) 该流动类型是层流还是湍流？(2) 如上游压强为0.69 MPa，流经多长管子，流体的压强降至0.29 MPa？[答案：(1) 层流；(2) 7 309.9 m]

1-12 黏度为30 mPa·s、密度为900 kg/m^{3}的液体，自A经内径为40 mm的管路进入B，两容器均为敞口，液面视为不变。管路中有一阀门。当阀全关时，阀前后压力表读数分别为88.2 kPa和44.1 kPa。现将阀门打至1/4开度，阀门阻力的当量长度为30 m，阀前管长为50 m，阀后管长为20 m(均包括局部阻力的当量长度)。试求：(1) 管路的流量，m^3/h；(2) 定性说明阀前后压力表读数有何变化？[答案：(1) 3.33 m^3/h；(2) 略]

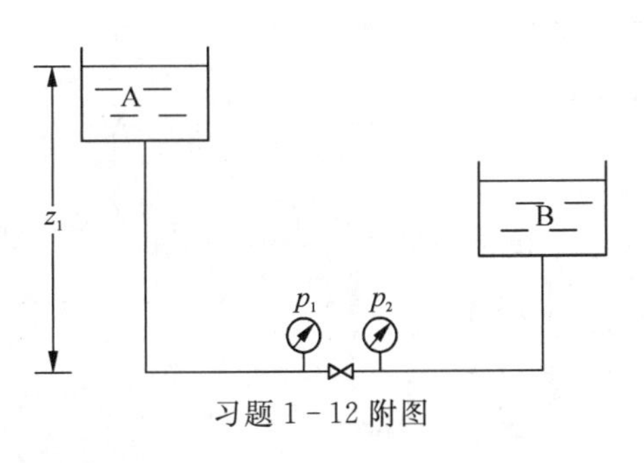

习题 1-12 附图

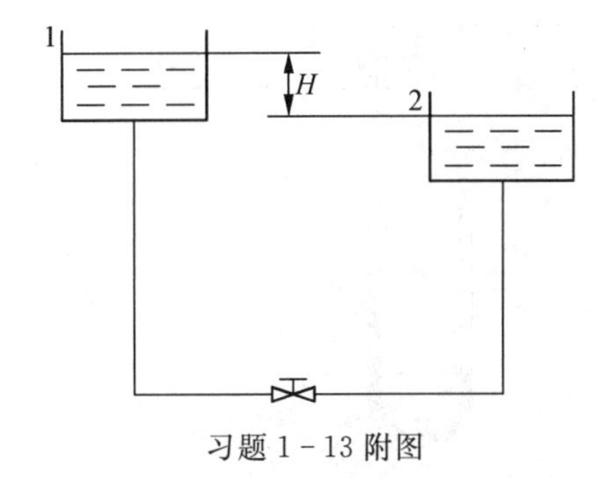

习题 1-13 附图

管路计算

1-13 有两个敞口水槽，其底部用一水管相连，水从一水槽经水管流入另一水槽，水管内径为 0.1 m，管长为 100 m，管路中有两个 90°弯头，一个全开球阀，如将球阀拆除，而管长及液面差 H 等其他条件均保持不变，试问管路中的流量能增加百分之几？（设摩擦因数 λ 为常数，$\lambda = 0.023$，90° 弯头阻力系数 $\zeta = 0.75$，全开球阀阻力系数 $\zeta = 6.4$。）[答案：11.63%]

1-14 如附图所示，槽内水位维持不变。槽底部与内径为 100 mm 钢管相连，管路上装有一个闸阀，阀前离管路入口端 15 m 处安有一个指示液为水银的 U 形管压差计，测压点与管路出口端之间距离为 20 m。(1) 当闸阀关闭时测得 $R = 600$ mm，$h = 1.5$ m；当闸阀部分开启时，测得 $R = 400$ mm，$h = 1.4$ m，管路摩擦因数取 0.02，入口处局部阻力系数取 0.5，问每小时从管中流出水量为多少，m^3？(2) 当阀全开时（取闸阀全开 $l_e = 15$ m，$\lambda = 0.018$），测压点 B 处的静压强为多少，N/m^2（表压）？[答案：(1) 95.52 m^3；(2) 3.92×10^3 N/m^2]

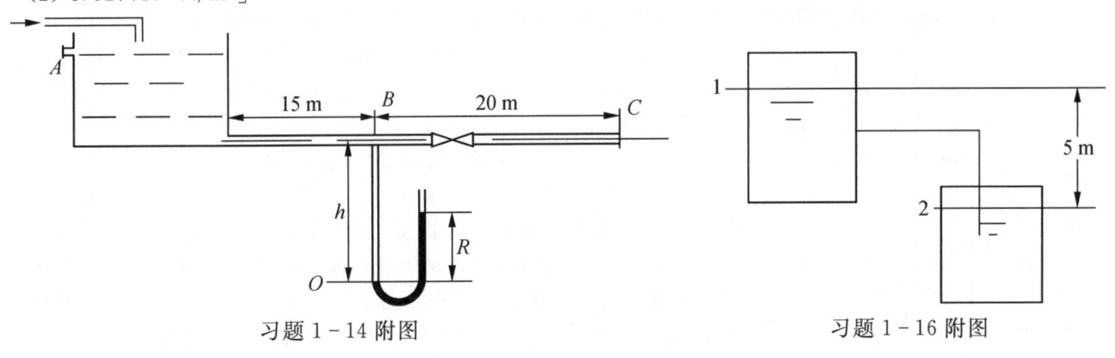

习题 1-14 附图

习题 1-16 附图

1-15 水在内径为 100 mm、长度为 10 m 的水平光滑管内流动，水的密度为 1 000 kg/m^3，黏度为 1 mPa·s，其流速分别控制在 2 m/s、4 m/s、8 m/s 时，试比较因直管阻力所造成的压头损失。[答案：略]

1-16 如附图所示，20℃的苯由高位槽流入储槽中，两槽均为敞口，两槽液面维持恒定为 5 m，输送管路为 ϕ38 mm × 3 mm 的钢管（$\varepsilon = 0.05$ mm），总管长为 100 m（包括所有局部阻力的当量长度），已知 20℃ 下苯的密度为 $\rho = 900$ kg/m^3，黏度为 0.737 mPa·s。求苯的流量。[答案：3.18 m^3/h]

流量测量

1-17 有一内径 $d = 50$ mm 的管子，用孔板流量计测量水的流量，孔板内孔直径 $d_0 = 25$ mm，U 形压差计的指示液为水银，孔流系数 $C_0 = 0.62$。当需测的最大水流量为 18 m^3/h 时，问：U 形压差计最大读数 R_{max} 为多少？[答案：1.092 m]

1-18 如附图所示常温水由高位槽以 1.5 m/s 流速流向低位槽，管路中装有孔板流量计和一个截止阀，已知管道为 ϕ57 mm × 3.5 mm 的钢管，直管与局部阻力的当量长度（不包括截止阀）总和为 60 m，截止阀在某一开度时的局部阻力系数 ζ 为 7.5。设系统为定态湍流，管路摩擦因数 λ 为 0.026。求：(1) 管路中的质量流量及两槽液面的位差 Δz。(2) 阀门前后的压强差及汞柱压差计的读数 R_2。(3) 若将阀门关小，使流速减为原来的 $\frac{4}{5}$，设系统仍为稳定湍流，λ 近似不变。问：截止阀的阻力系数 ζ 变为多少？阀门前的压强 p_a 如何变化？为什么？[答案：(1) 4.44 m；(2) 8.44 kPa，0.068 3 m；(3) ζ=29.3，余略]

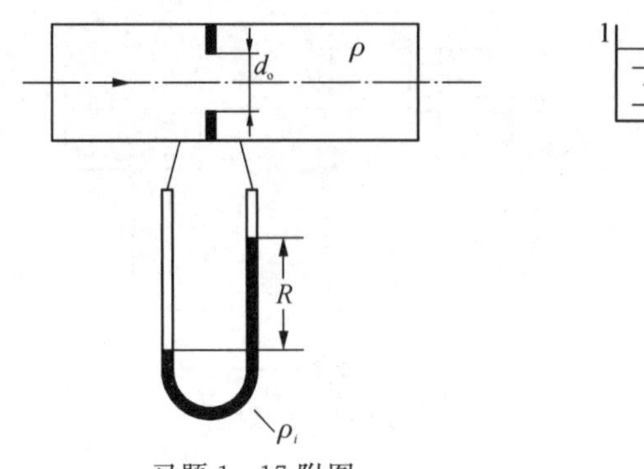

习题 1 - 17 附图

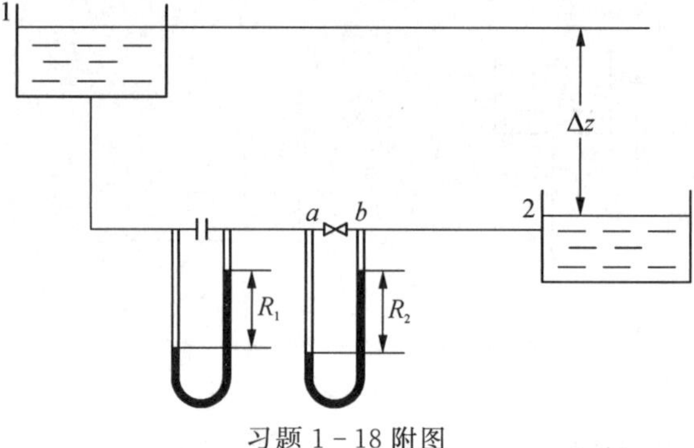

习题 1 - 18 附图

泵的安装高度

1 - 19 想用一台 IS65 - 40 - 250 型离心泵来输送车间的冷凝水供车间循环使用，已知水温为 80℃，储液槽液面压强为 101.5 kPa，设最大流量下吸入管路的阻力损失为 4 m 水柱，已知 80℃ 下水的密度为 971.8 kg/m^3，饱和蒸气压为 47.38 kPa，该泵的必需汽蚀余量为 2.0 m。试求此泵的安装高度。[答案：−0.823 m]

1 - 20 用离心泵将密闭容器内的某有机液体抽出外送，容器液面处的压强为 360 kPa，已知吸入管路阻力损失为 1.8 m 液柱，在输送温度下液体的密度为 580 kg/m^3，饱和蒸气压为 310 kPa，该泵的必需汽蚀余量为 2 m，已知泵吸入口位于容器液面以上最大垂直距离为 6 m。问该泵能否正常操作？[答案：H_g = 4.49 m<6 m，不能]

泵的特性

1 - 21 为测定某离心泵的扬程，用 20℃ 的清水作为流体，测得出口处压强表读数为 470 kPa(表压)，入口处真空表的读数为 19.62 kPa，进出口之间的高度差为 0.4 m，实测泵的流量为 70.37 m^3/h，进出口管路管径相同，试求该泵的扬程。[答案：50.4 m]

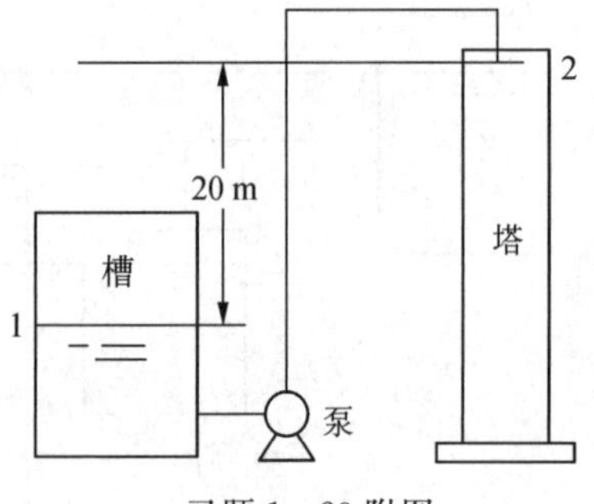

习题 1 - 23 附图

1 - 22 某离心泵输送 20℃ 的清水，其扬程为 19.8 m，测得流量为 10 m^3/h，轴功率为 1.05 kW，水的密度为 998.2 kg/m^3，试求该泵的有效功率和泵的效率。[答案：539 W，51.3%]

1 - 23 某车间用离心泵将原料液送到塔中，如附图所示。塔内压强为 491 kPa(表压)，槽内液面维持恒定，其上方为大气压。槽内液面和塔进料口之间的垂直距离为 20 m，假设输送管路的阻力损失为 5 m 液柱，料液的密度为 900 kg/m^3，管子内径皆为 25 mm，送液量为 2 000 kg/h。试求：(1) 泵的有效功率；(2) 如果泵的效率是 60%，求其轴功率。[答案：(1) 440 W；(2) 733 W]

泵的选用

1 - 24 某厂准备用离心泵将 20℃ 的清水以 40 m^3/h 的流量由敞口的储水池送到某吸收塔的塔顶。已知塔内的表压强为 98.1 kPa，塔顶水入口距水池水面的垂直距离为 6 m，吸入管和排出管的压头损失分别为 1 m 和 3 m，管路内的动压头忽略不计。当地的大气压为 101.3 kPa，水的密度为 1 000 kg/m^3。现仓库内存有三台离心泵，其性能参数如下表所示，从中选一台比较合适的以作上述送水之用。[答案：B]

型　号	流量/(m^3/h)	扬程/m
A	50	38
B	45	32
C	38	20

带泵管路

1 - 25 水泵进水管装置如附图所示。管子尺寸为 ϕ57 mm×3.5 mm，进水管下端装有底阀及滤网，该处局部阻力为 12 $u^2/(2g)$，截面 2 处管内真空度为 39.2 kPa，由截面 1 至截面 2 的沿程阻力为 $9u^2/(2g)$。

试求：(1) 水流量为多少，m^3/h？(2) 进水口截面 1(在底阀、滤网之后)的表压是多少，Pa？[答案：(1) 6.67 m^3/h；(2) 13.8 kPa]

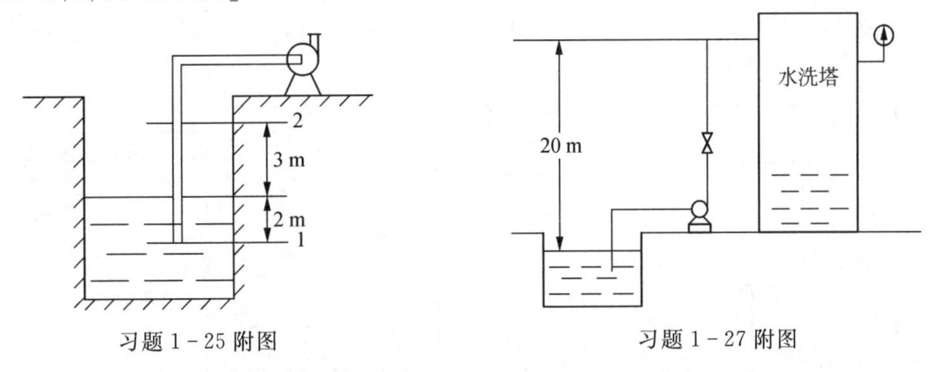

习题 1-25 附图　　习题 1-27 附图

1-26　密度为 1 200 kg/m^3 的盐水，以 25 m^3/h 的流量流过内径为 75 mm 的无缝钢管，用泵由低位槽输至高位槽。两槽皆敞口，两液面高度差为 25 m。钢管总长 120 m，局部阻力为钢管直管阻力的 25%。设摩擦因数 $\lambda=0.03$，泵的效率 $\eta=0.6$，求泵的轴功率。[答案：4.436 kW]

1-27　用离心泵将水由水槽送至水洗塔中，水洗塔内的表压为 9.807×10^4 Pa，水槽液面恒定，其上方通大气，水槽液面与输送管出口端的垂直距离为 20 m，在某送液量下，泵对水做的功为 317.7 J/kg，管内摩擦因数为 0.018，吸入和压出管路总长为 110 m(包括管件及入口的当量长度，但不包括出口的当量长度)。输送管尺寸为 ϕ108 mm×4 mm，水的密度为 1 000 kg/m^3。求输水量为多少，m^3/h。[答案：42.4 m^3/h]

1-28　用离心泵经 ϕ57 mm×3.5 mm 的钢管，将密度为 800 kg/m^3、黏度为 0.02 Pa·s 的有机溶剂由敞口储槽输至反应器。反应器内压强为 392.3 kPa(表压)，钢管总长为 25 m(包括局部阻力)，现测得泵的轴功率为 1.454 kW，泵的效率按 60%计，试计算流量，以 m^3/h 为单位。[答案：6.0 m^3/h]

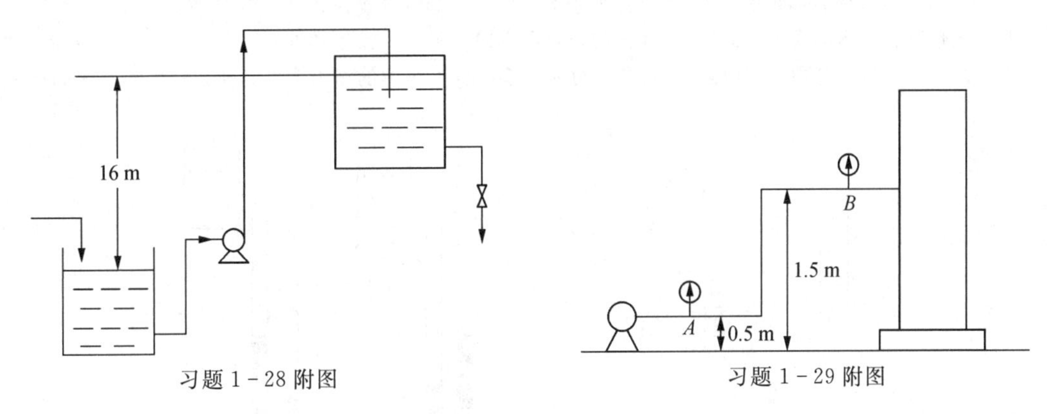

习题 1-28 附图　　习题 1-29 附图

1-29　某油品在 ϕ89 mm×4 mm 的无缝钢管中流动。在 A 和 B 处分别测得压强 $p_A=15.2\times10^5$ Pa，$p_B=14.8\times10^5$ Pa。已知：A、B 间管长为 40 m，其间还有 2 个 90° 弯头(每个弯头的当量长度 $l_e=35d$)，$\rho_{油}=820$ kg/m^3，$\mu_{油}=121$ mPa·s。试计算管路中油品的流量。[答案：22.0 m^3/h]

1-30　用泵将密度为 850 kg/m^3、黏度为 190 m Pa·s 的重油从敞口储油池送至敞口高位槽中，升扬高度为 20 m。输送管路为 ϕ108 mm×4 mm 的钢管，总长为 1 000 m(包括直管长度及所有局部阻力的当量长度)。管路上装有孔径为 80 mm 的孔板以测定流量，其油水压差计的读数 $R=500$ mm。孔流系数 $C_0=0.62$，水的密度为 1 000 kg/m^3。试求：(1) 输油量是多少，m^3/h？(2) 若泵的效率为 0.55，计算泵的轴功率。[答案：(1) 14.76 m^3/h；(2) 3.61 kW]

1-31　如附图所示输水系统。已知：管路总长度(包括所有局部阻力当量长度)为 100 m，压出管路总长为 80 m，管路摩擦因数 $\lambda=0.025$，管子内径为 0.05 m，水的密度 $\rho=1000$ kg/m^3，泵的效率为 0.8，输水量为 10 m^3/h，求：(1) 泵轴功率为多少？(2) 压力表的读数为多少？[答案：(1) 855W；(2) 215.62 kPa]

1-32　如附图所示的输水系统，用泵将水池中的水输送到敞口高位槽，管道直径均为 ϕ83 mm×3.5 mm，泵的进、出管道上分别安装真空表和压力表，真空表安装位置离储水池的水面高度为 4.8 m，压力表安装位置离储水池的水面高度为 5 m。当输水量为 36 m^3/h 时，进水管道的全部阻力损失为 1.96 J/kg，出水管道的全部阻力损失为 4.9 J/kg，压强表的读数为 245.2 kPa，泵的效率为 70%，试求：(1) 真空表的读数为多少，Pa？(2) 泵所需的实际功率为多少，kW？(3) 两液面的高度差 H 为多少，m？[答案：(1) 51.5 kPa；(2) 4.26 kW；(3) 29.7 m]

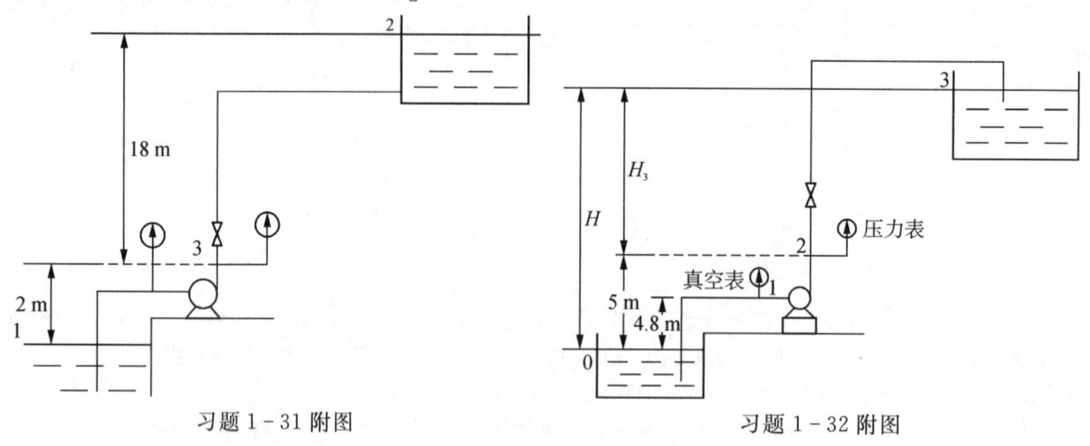

习题 1-31 附图　　习题 1-32 附图

思　考　题

1-1　什么是连续性假定？质点的含义是什么？有什么条件？

1-2　黏性的物理本质是什么？为什么温度上升，气体黏度上升，而液体黏度下降？

1-3　静压强有什么特性？

1-4　图示一玻璃容器内装有水，容器底面积为 8×10^{-3} m^2，水和容器总重为 10 N。

(1) 试画出容器内部受力示意图(用箭头的长短和方向表示受力大小和方向)；

(2) 试估计容器底部内侧、外侧所受的压力分别为多少？哪一侧的压力大？为什么？

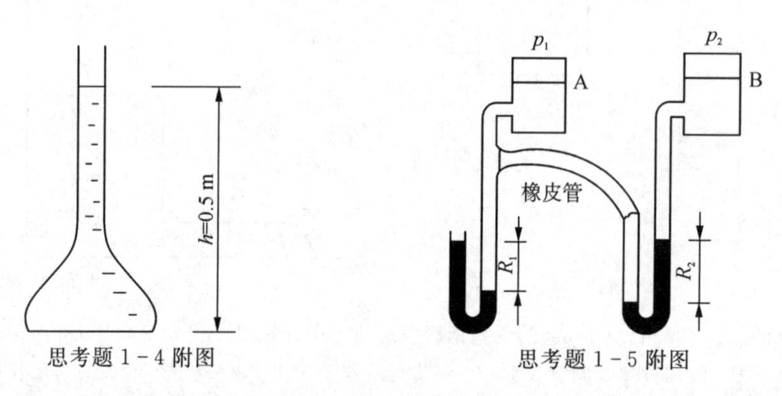

思考题 1-4 附图　　思考题 1-5 附图

1-5　图示两密闭容器内盛有同种液体，各接一 U 形压差计，读数分别为 R_1、R_2，两压差计间用一橡皮管相连接，现将容器 A 连同 U 形压差计一起向下移动一段距离，试问读数 R_1 与 R_2 有何变化？(说明理由)

1-6　伯努利方程的应用条件有哪些？

1-7　如附图所示，水从小管流至大管，当流量 q_V、管径 D、d 及指示剂均相同时，试问水平放置时压差计读数 R 与垂直放置时读数 R' 的大小关系如何？为什么？(可忽略黏性阻力损失)

1-8　如附图，理想液体从高位槽经过等直径管流出。考虑 A 点压强与 B 点压强的关系，在下列三个关系中选择出正确的：

(1) $p_B < p_A$；(2) $p_B = p_A + \rho g H$；(3) $p_B > p_A$

1-9　层流与湍流的本质区别是什么？

1-10　雷诺数的物理意义是什么？

1-11　何谓泊谡叶方程？其应用条件有哪些？

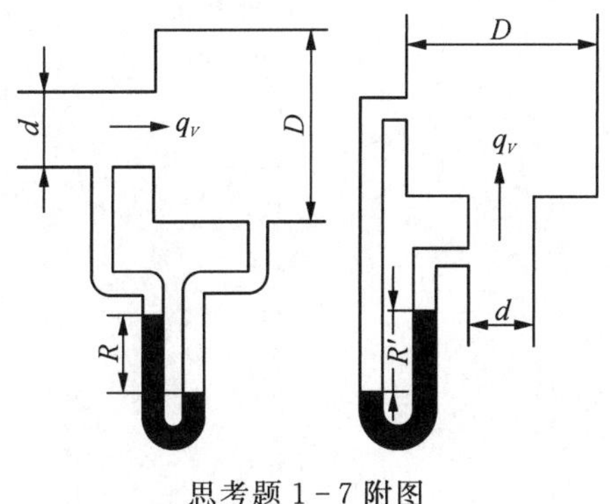

思考题 1－7 附图

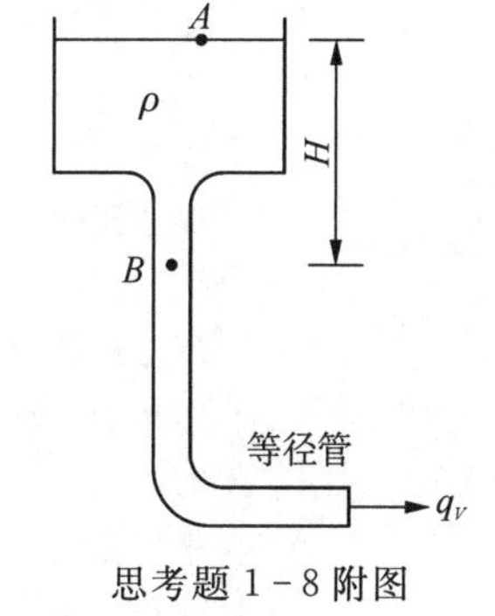

思考题 1－8 附图

1－12　如附图所示管路，试问：

(1) B 阀不动（半开着），A 阀由全开逐渐关小，则 h_1，h_2，(h_1-h_2)如何变化？

(2) A 阀不动（半开着），B 阀由全开逐渐关小，则 h_1，h_2，(h_1-h_2)如何变化？

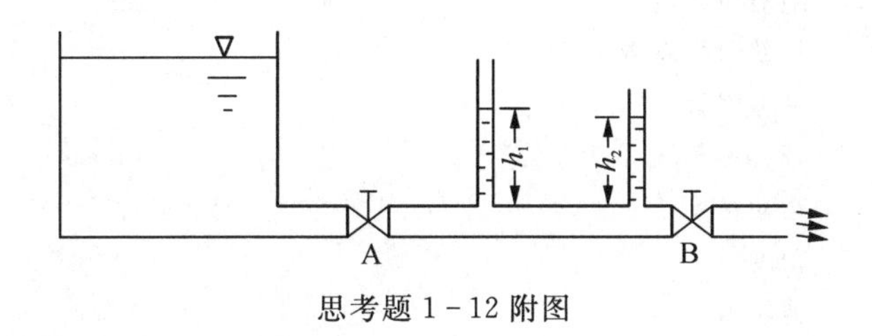

思考题 1－12 附图

1－13　什么是液体输送机械的压头或扬程？

1－14　离心泵特性曲线包括哪些曲线？

1－15　离心泵的工作点是如何确定的？

1－16　一离心泵将江水送至敞口高位槽，若管路条件不变，随着江面的上升，泵的压头 H_e、管路总阻力损失 H_f、泵入口处真空表读数、泵出口处压力表读数将分别作何变化？

1－17　何谓泵的汽蚀？如何避免“汽蚀”？

1－18　什么是正位移特性？

1－19　通风机的全风压、动风压各有什么含义？为什么离心泵的 H 与 ρ 无关，而风机的全风压 p_T 与 ρ 有关？

本章主要符号说明

符　号	意　　义	计量单位
A	面积	m^2
C_0	流量系数	
d	管径	m
d_0	孔径	m
F	力	N
G	质量流速	$kg/(m^2 \cdot s)$
g	重力加速度	m/s^2
H_f	单位重量流体的机械能损失	J/N 或 m
h_f	单位质量流体的机械能损失	J/kg
l	管路长度	m
l_e	局部阻力的当量长度	m

符　号	意　　义	计量单位
M	摩尔质量	kg/mol
m	质量	kg
$\mathscr{P}$	虚拟压强	Pa
p	流体压强	Pa
p_a	大气压	Pa
R	压差计读数	m
Re	雷诺数，$Re = du\rho/\mu$	
t	时间	s
u	平均流速	m/s
V	体积	m^3
q_V	体积流量	m^3/s(m^3/h 或 L/h)
q_m	质量流量	kg/s(kg/h)
z	高度	m
ε	绝对粗糙度	mm
ζ	局部阻力系数	
λ	摩擦因数	
μ	(动力)黏度	Pa · s
ν	运动黏度	m^2/s
ρ	密度	kg/m^3
τ	剪应力	N/m^2
D	叶轮直径	m
H	压头	m
H_e	有效压头	m
H_g	泵的安装高度	m
$H_{g,\max}$	泵的最大安装高度	m
$\sum H_f$	阻力损失	m
K	管路阻力系数	
$NPSH$	汽蚀余量	m
P_a	轴功率	W 或 kW
P_e	有效功率	W 或 kW
p_v	液体的饱和蒸气压	Pa
p_T	全压	Pa
p_S	静风压	Pa
p_K	动风压	Pa
T	绝对温度	K
ω	旋转角速度	弧/s
η	效率	

参　考　文　献

[1] 清华大学水力学研究室. 水力学. 上册. 3 版. 北京：人民教育出版社，1981.

[2] Denn M M. Process fluid mechanics. Prentice-Hall Inc. , 1980.

[3] John J E A, Haberman W L. Introduction to fluid mechanics. 2nd ed. Prentice-Hall Inc. , 1980.

[4] 第一机械工程部. 流体力学//机械工程手册：第 5 篇. 北京：机械工业出版社，1980.

[5] 第一机械工程部. 热工测量控制技术//机械工程手册：第 52 篇. 北京：机械工业出版社，1980.

[6] 普朗特，等. 流体力学概论. 郭永怀，等，译. 北京：科学出版社，1981.

[7] Sisson L E, Pitts D R. Elements of transport phenomena. McGraw Hill Inc., 1972.
[8] McCabe W L, Smith J C. Unit operations of chemical engineering. 4th ed. McGraw-Hill Inc., 1985.
[9] 王凯.非牛顿流体的流动、混合和传热.杭州:浙江大学出版社,1988.
[10] 华绍曾,杨学宁.实用流体阻力手册.北京:国防工业出版社,1985.
[11] 时钧,等.化学工程手册.上卷.北京:化学工业出版社,1996.
[12] Warring R H. Handbook of valves, piping and pipelines. Trade & Technical Press, LTD, 1982.
[13] 戴干策,陈敏恒.化工流体力学.北京:化学工业出版社,1988.
[14] Fried E, Idelchik I E. Flow resistance: A design guide for engineers. Hemisphere Publishing Co., 1989.
[15] 第一机械工业部.泵类产品样本.北京:机械工业出版社,1973.
[16] 第一机械工业部.泵、真空泵//机械工程手册:第77篇.北京:机械工业出版社,1980.
[17] 第一机械工业部.通风机、鼓风机、压缩机//机械工程手册:第76篇.北京:机械工业出版社,1980.
[18] *B. N.* 土尔克.水泵和水泵站.童永春,译.北京:高等教育出版社,1958.
[19] 国家标准局.离心泵、混流泵和轴流泵汽蚀余量.北京:中国标准出版社,1991.

第2章 传　　热

2.1 概　　述

2.1.1 热量传递方式

传热在工业生产技术领域的诸多部门应用非常广泛，化工、能源、冶金、电力、石油、交通等工业部门有许多热交换设备都是以传热为主要目的，生产中的加热或冷却，回收或利用热量以及减少热量损失都是传热过程。

按照传热机理，传热有三种方式，即传导、对流和辐射。本章讨论前两种传热方式。

按照冷、热流体的接触情况，工业上的传热过程有以下三种基本方式。

直接接触式传热

将热流体和冷流体直接混合的一种传热方式，如热气体的直接水冷、热水直接空气冷却等。

间壁式传热

热流体通过间壁将热量传递给冷流体，这种传热方式称为间壁式传热。例如，套管式换热器。工业上应用最多的就是间壁式传热过程。

在冷、热流体之间进行的传热总过程称之为传热（或换热）过程，而将流体与壁面之间的传热过程称之为给热过程，以示区别，但两者无本质区别。

蓄热式传热

预先将热流体的热量储存在热载体上，然后由热载体将热量传递给冷流体，这种传热方式称为蓄热式传热。例如焦炉煤气燃烧系统等。

2.1.2 传热基本概念

输出或得到热量的流体称为载热体。热量传递过程涉及冷、热流体，冷、热流体都是载热体。起加热作用的载热体称为加热剂；起冷却作用的载热体称为冷却剂。

工业上常用的加热剂有热水、饱和蒸汽、矿物油、联苯混合物（俗称道生油）、熔盐和烟道气等，它们所适用的温度范围如表2-1所示。

表2-1　工业上常用加热剂及其适用温度范围

加热剂	热水	饱和蒸汽	矿物油	道生油	熔盐 KNO_3 53%·$NaNO_2$ 40%·$NaNO_3$ 7%	烟道气
适用温度/℃	40～100	100～180	180～250	255～380	142～530	500～1 000

工业上常用的冷却剂有水、空气和各种冷冻剂。典型的冷冻剂有液态氨、液态氮、液态乙烯。

对加热而言，单位热量的价值作用不同，温位越高，价值越大；对冷却而言，温位越低，价值越大。因此，必须根据具体情况选择适当温位的载热体，以期提高传热过程的经济性。

化工生产上连续过程涉及的传热过程是定态传热，对于定态传热过程，所涉及的传热物理量皆不随时间而变化，传热速度也不例外。

传热速率有两种表示方式。

热流量 Q:单位时间内热流体通过整个换热器的传热面传递给冷流体的热量,W;

热流密度(或热通量)q:单位时间、通过单位传热面积所传递的热量,W/m^2。

$$q=\frac{dQ}{dA} \tag{2-1}$$

与热流量 Q 不同,热流密度 q 与传热面积大小无关,完全取决于冷、热流体之间的热量传递过程,是反映具体传热过程速率大小的特征量。

工业上大多涉及定态传热过程。定态传热过程的 Q 和 q 以及有关的物理量都不随时间而变。工业上也有许多传热过程是间歇进行的,流体的温度随时间而变化,是非定态传热过程,例如许多精细化工的反应过程。对于非定态传热过程,通常关心的是某一段时间内所传递的总累积热量。

由于化工生产应用最广的传热设备是间壁式换热器,因此上述讨论仅限于间壁式传热过程。

2.1.3 传热应解决的问题

某液体有机化工产品生产过程中,采用换热器以冷却水冷却该产品,冷却水流量可以调节,物性已知;有机液体的产量和进入换热器的温度一定,物性已知。对此传热过程如何解决下列问题:

(1) 如何根据上述要求设计并选择适合的换热器?

(2) 使用一段时间后,换热效果能否达到要求?

(3) 冷却水流量和液体产品产量对换热效果有何影响?

(4) 季节变化对换热效果有何影响?

本章在讨论传热过程后将系统解决上述问题。

2.2 热传导

2.2.1 傅里叶定律

根据传热机理的不同,热量传递有三种基本方式,即热传导、对流传热和辐射传热。传热过程依靠其中的一种或多种方式进行。不管以何种方式传热,热量传递总是由高温向低温传递。

依靠物体内部分子、原子或自由电子迁移运动,将热量传递即热传导。一般地,热传导起因于物体内部微粒子的微观运动。任何物体,不论其内部有无质点的相对运动,只要存在温度差,就必然发生热传导。

热传导遵循傅里叶定律,即

$$q=-\lambda\frac{\partial t}{\partial n} \tag{2-2}$$

式中,q 为热流密度,W/m^2;$\frac{\partial t}{\partial n}$ 为法向温度梯度,℃/m;λ 为比例系数,称为导热系数,W/(m·℃)。

傅里叶定律指出,热流密度正比于传热面的法向温度梯度,式中的负号表示热量传递的方向和温度梯度的方向相反,即热量从高温传递至低温。式中的比例系数 λ 是表征材料导热性能的参数,称为热导率(导热系数)。其值越大,导热性能越好。它是分子运动的一种宏观表现。例如,冬天,铁凳和木凳温度一样,但人坐在铁凳上要比坐在木凳上感觉冷得多,铸铁的导热系数为 62.8 W/(m·℃),木头的导热系数为 0.05 W/(m·℃),铁的导热速度比木头快得多。

一般地,由于固体物质、液体物质和气体物质分子之间距离差异,因此固体的导热系数比液体的导热系数大,液体的导热系数比气体的导热系数大(气体的导热系数约为液体导热系数的 1/10)。但绝热材料的导热系数比较小,这是例外。

物质的导热系数和材料的组成、结构、温度、湿度以及聚集状态等许多因素有关。固体材料的导热系数随温度升高而减小;在非金属液体中,水的导热系数最大,而且除水和甘油外,常见液体的导热系数随温度升高而略有减小;气体的导热系数随温度升高而增大。

2.2.2 单层平壁定态热传导过程

设有一高度和宽度均很大的平壁,厚度为 δ,其 λ 为常数,两侧表面温度保持均匀,各为 t_1 及 t_2,且 $t_1>t_2$。若 t_1、t_2 不随时间而变,壁内传热系定态一维热传导。此时傅里叶定律可写成

$$q=-\lambda\frac{\mathrm{d}t}{\mathrm{d}x} \tag{2-3}$$

对于平壁定态热传导,热流密度 q 不随 x 变化。将式(2-3)积分得

$$\int_{t_1}^{t_2}\mathrm{d}t=-\frac{q}{\lambda}\int_{x_1}^{x_2}\mathrm{d}x$$

即

$$q=\frac{Q}{A}=\lambda\frac{\Delta t}{\delta} \tag{2-4}$$

式中,$\Delta t=t_1-t_2$,为平壁两侧的温度差,℃;Q 为热流量,即单位时间通过平壁的热量,J/s 或 W;A 为平壁的面积,m^2。

式(2-4)又可写成如下形式:

$$Q=\frac{\Delta t}{\dfrac{\delta}{\lambda A}}=\frac{\Delta t}{R}=\frac{\text{推动力}}{\text{热阻}} \tag{2-5}$$

式(2-5)表明热流量 Q 正比于推动力 Δt,反比于热阻 R,与欧姆定律极为类似。从上式还可以看出,传导层厚度 δ 越大,传热面积和导热系数越小,热阻越大。

若导热系数 λ 随温度而变化,则可用平均温度下的 λ 值。

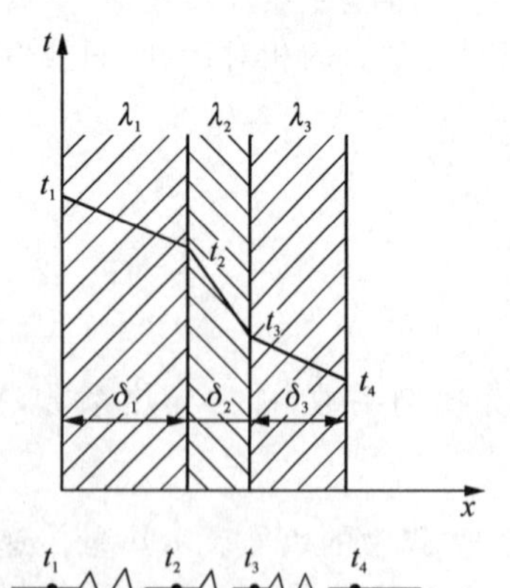

图 2-1 三层平壁的热传导

2.2.3 多层平壁热传导

在化工生产中,通过多层壁的导热过程也是很常见的,下面以图 2-1 所示的三层平壁为例,说明多层壁导热过程的计算。

推动力和阻力的加和性 对于定态一维热传导,热量在平壁内没有积累,因而数量相等的热量依次通过各层平壁,是一典型的串联传递过程。假设各相邻壁面接触紧密,接触面两侧温度相同,各层热导率皆为常量,由式(2-5)可得

$$Q=\frac{t_1-t_2}{\dfrac{\delta_1}{\lambda_1 A}}=\frac{t_2-t_3}{\dfrac{\delta_2}{\lambda_2 A}}=\frac{t_3-t_4}{\dfrac{\delta_3}{\lambda_3 A}} \tag{2-6}$$

或

$$Q=\frac{\sum\Delta t}{\sum\frac{\delta}{\lambda A}}=\frac{总推动力}{总热阻} \tag{2-7}$$

从式(2-7)可以看出，通过多层平壁的定态热传导，传热推动力和热阻是可以加和的；总热阻等于各层热阻之和，总推动力等于各层推动力之和。

各层的温差 由式(2-6)可以推出

$$(t_1-t_2):(t_2-t_3):(t_3-t_4)=\frac{\delta_1}{\lambda_1 A}:\frac{\delta_2}{\lambda_2 A}:\frac{\delta_3}{\lambda_3 A}=R_1:R_2:R_3 \tag{2-8}$$

式(2-8)说明，在多层壁导热过程中，热阻大层的温差大，温差按热阻比例分配。

例 2-1 界面温度的求取

某炉壁由下列三种材料组成(参见图 2-1)

耐火砖 $\lambda_1=1.4\ \mathrm{W/(m\cdot ℃)}$ $\delta_1=220\ \mathrm{mm}$

保温砖 $\lambda_2=0.15\ \mathrm{W/(m\cdot ℃)}$ $\delta_2=110\ \mathrm{mm}$

建筑砖 $\lambda_3=0.8\ \mathrm{W/(m\cdot ℃)}$ $\delta_3=220\ \mathrm{mm}$

已测得内、外表面温度分别为 950℃ 和 55℃，求单位面积的热损失和各层间接触面的温度。

解 由式(2-7)可求得单位面积的热损失为

$$q=\frac{\sum\Delta t}{\sum\frac{\delta}{\lambda}}=\frac{950-55}{\frac{0.220}{1.4}+\frac{0.110}{0.15}+\frac{0.220}{0.8}}=\frac{895}{0.157+0.733+0.275}=768(\mathrm{W/m^2})$$

由式(2-6)可求出各层的温差及各层接触面的温度为

$$\Delta t_1=q\frac{\delta_1}{\lambda_1}=768\times0.157=121℃$$

$$t_2=t_1-\Delta t_1=950-121=829℃$$

$$\Delta t_2=q\frac{\delta_2}{\lambda_2}=768\times0.733=563℃$$

$$t_3=t_2-\Delta t_2=829-563=266℃$$

$$\Delta t_3=t_3-t_4=266-55=211℃$$

在本例中，保温砖层热阻最大，分配于该层的温差也最大。

2.2.4 单层圆筒壁的定态热传导过程

在工业生产中通过圆筒壁的导热极为普遍，如蒸气管的保温。

设有内、外半径分别为 r_1、r_2 的圆筒，内、外表面分别维持恒定的温度 t_1、t_2，管长 l 足够大，则圆筒壁内的传热属定态一维热传导。此时，傅里叶定律可写成

$$q=-\lambda\frac{\mathrm{d}t}{\mathrm{d}r} \tag{2-9}$$

对于定态热传导，$\frac{\partial t}{\partial\tau}=0$，即薄层内无热量积累，上式可写成

$$2\pi rlq\mid_r=2\pi(r+\Delta r)lq\mid_{r+\Delta r}=Q \tag{2-10}$$

式中，Q 为通过圆筒壁的热流量。式(2-10)表明热流量 Q(而不是 q)为一个与 r 无关的常量。

由式(2-9)和式(2-10)可得

$$dt = -\frac{Q}{2\pi l\lambda}\frac{dr}{r}$$

积分上式得壁内温度分布为

$$t = -\frac{Q}{2\pi l\lambda}\ln r + C \tag{2-11}$$

式(2-11)表明，圆筒壁内的温度按对数曲线变化。式(2-11)中的积分常数 C 和热流量 Q 可由边界条件

$$r = r_1 \text{ 时 } t = t_1$$
$$r = r_2 \text{ 时 } t = t_2$$

求出。

将上述边界条件分别代入式(2-11)，便可求出整个圆筒壁的热流量

$$Q = \frac{2\pi\lambda l(t_1 - t_2)}{\ln\left(\frac{r_2}{r_1}\right)}$$

或

$$Q = \frac{2\pi\lambda l(t_1 - t_2)}{\ln\left(\frac{d_2}{d_1}\right)} \tag{2-12}$$

以上两式均可改写成

$$Q = \lambda A_m \frac{t_1 - t_2}{\delta} = \frac{\Delta t}{\frac{\delta}{\lambda A_m}} \tag{2-13}$$

式中

$$A_m = \frac{A_2 - A_1}{\ln\left(\frac{A_2}{A_1}\right)} = \pi l \frac{d_2 - d_1}{\ln \frac{d_2}{d_1}} = \pi d_m l \tag{2-14}$$

比较式(2-13)与式(2-5)可知，圆筒壁热阻为

$$R = \frac{\ln\left(\frac{d_2}{d_1}\right)}{2\pi\lambda l} = \frac{\delta}{\lambda A_m} \tag{2-15}$$

2.2.5 多层圆筒壁的定态热传导过程

对于多层圆筒壁，由式(2-12)可以导出

$$Q = \frac{2\pi l \sum_{i=1}^{n}(t_n - t_{n+1})}{\sum_{i=1}^{n}\frac{1}{\lambda_n}\ln\frac{r_{n+1}}{r_n}} \tag{2-16}$$

例 2-2 管路热损失的计算

为减少热损失，在外径 $\phi150$ mm 的饱和蒸气管外覆盖厚度为 100 mm 的保温层，保温材料的导热系数 $\lambda = 0.103 + 0.000\,198t$（式中 t 为温度，单位为℃）。已知饱和蒸气温度为 180℃，并测得保温层中央即厚度为 50 mm 处的温度为 100℃，试求：(1) 由于热损失每米管长的蒸气冷凝量为多少？(2) 保温层的外侧温度为多少？

解 (1) 对定态传热过程，单位管长的热损失 $\dfrac{Q}{l}$ 沿半径方向不变，故可根据靠近管壁 50 mm 保温层内的温度变化加以计算。

若忽略管壁热阻，此保温层内的平均温度和平均导热系数为

$$t_m = \frac{180 + 100}{2} = 140(℃)$$

$$\lambda_m = 0.103 + 0.000\,198t_m = 0.103 + 0.000\,198 \times 140 = 0.13(\mathrm{W/(m \cdot ℃)})$$

由式(2-12)可求得

$$\frac{Q}{l} = \frac{2\pi\lambda_m(t_1 - t_2)}{\ln\dfrac{d_2}{d_1}} = \frac{2\pi \times 0.13 \times (180 - 100)}{\ln\dfrac{0.25}{0.15}} = 128.6(\mathrm{W/m})$$

由附录查得 180℃饱和蒸气的汽化热 $r = 2.019 \times 10^6$ J/kg，则每米管长的冷凝量为

$$\frac{Q/l}{r} = \frac{128.6}{2.019 \times 10^6} = 6.34 \times 10^{-5}(\mathrm{kg/(m \cdot s)})$$

(2) 设保温层外侧温度为 t_3，由式(2-12)可得

$$t_3 = t_1 - \frac{\dfrac{Q}{l}\ln\dfrac{d_3}{d_1}}{2\pi\lambda_m}$$

式中，λ_m 为保温层内外侧平均温度下的导热系数。因外侧温度未知，故需试差求解。

设 $t_3 = 41℃$，

$$t_m = \frac{180 + 41}{2} = 110.5(℃)$$

$$\lambda_m = 0.103 + 0.000\,198 \times 110.5 = 0.125(\mathrm{W/(m \cdot ℃)})$$

$$t_3 = 180 - \frac{128.6 \times \ln\left(\dfrac{0.35}{0.15}\right)}{2\pi \times 0.125} = 41.1(℃)$$

因 t_3 的计算值与假定值相符，故此计算结果有效。

2.3 对 流 给 热

工业生产中大量遇到的是流体在流过固体表面时与该表面所发生的热量交换，这一过程化工原理中称为对流给热。

对流给热是通过流体质点的运动及流体的混合而进行热量交换的。例如，冬天人在房间内，手和脸不感觉冷，如果开启电扇，扇起风来，就感觉冷了；一杯热开水，搅拌比不搅拌要凉得快，边搅拌边吹风，则凉得更快。

工业上对流给热过程可分为四种类型。

流体无相变化的对流给热过程：强制对流给热过程和自然对流给热过程。

流体发生相变化的对流给热过程：蒸汽冷凝给热过程和沸腾给热过程。

对流给热过程中，固体壁面与流体之间进行热交换，流体处于流动状态。流体在固体壁面依次存在层流层、过渡区和湍流区。在层流层，热量传递按热传导方式进行；在过渡区和湍流区，热量是靠流体质点分子的运动和混合来传递的。因大多数流体的导热系数比较小，热阻主要集中在层流层，温度差也主要集中在该层；过渡区的热量传递可以看成是热传导和对流给热共同作用的结果；湍流区因流体质点的剧烈混合，可以认为没有热阻，即没有温度梯度。一般地，有温度梯度存在的区域称为传热边界层或温度边界层。

和热传导相比，对流给热因流体质点的运动和混合，在温差相同的情况下，这种流体流动将使层流层减薄，温度梯度增大，使壁面热流密度较流体静止时大。

总之，对流给热是流体流动与热传导协同作用的结果，流体对壁面的热流密度因流动而增大。

根据引起流动的原因，可将对流给热分为强制对流和自然对流两类。强制对流指的是流体在外力（如泵、风机或其他势能差）作用下产生的宏观流动；而自然对流则是在传热过程中因流体冷热部分密度不同而引起的流动。

2.3.1 对流给热系数的影响因素分析

对流给热系数 α 与许多因素有关，主要有流体本身的相态和性质、传热面的几何特征、流体流速以及自然对流情况等。

流体相态：液体、气体、蒸汽的 α 值不同，有相变时的 α 远大于无相变时的 α；

流体性质：影响比较大的有密度 ρ、比热容 c_p、导热系数 λ、黏度 μ 等；

流体流动状态：层流与湍流时的 α 不同。湍流程度高时，传热边界层薄，传热热阻减小，α 值增大。

流体流动原因：强制对流和自然对流的 α 相差比较大。

传热面的几何特征：传热面的形状、大小、位置、管道和板的排列方式等均影响 α。

这些使得 α 的计算比较复杂，目前主要通过量纲分析法，得到无量纲特征数，在大量实验的基础上，得到一些经验的、受应用范围限制的关联式。

$$\frac{\alpha l}{\lambda} = Nu \qquad \text{称努塞尔(Nusselt)数} \tag{2-17}$$

Nu 反映对流作用下的给热系数和纯导热下的给热系数之间的比值。

$$\frac{\rho du}{\mu} = Re \qquad \text{称雷诺(Reynolds)数} \tag{2-18}$$

Re 的物理意义是流体所受的惯性力与黏性力之比，用以表征流体的运动状态。

$$\frac{c_p\mu}{\lambda} = Pr \qquad \text{称普朗特(Prandtl)数} \tag{2-19}$$

Pr 只包含流体的物理性质，它反映物性对给热过程的影响。气体的 Pr 值大都接近于1，液体 Pr 值则远大于1。

$$\frac{\beta g \Delta t l^3 \rho^2}{\mu^2} = Gr \qquad \text{称格拉斯霍夫(Grashof)数} \tag{2-20}$$

Gr 表征自然对流的流动状态。

于是，描述给热过程的准数关系式为

$$Nu = ARe^a Pr^b Gr^c \tag{2-21}$$

在给热过程中，流体的温度各处不同，流体的物性也必随之而变。因此，在计算上述各准数的数值时，存在一个如何确定定性温度的问题，即查取什么温度下的物性数据。一般地，流体主体的平均温度便成为一个工程上广为使用的定性温度。

对给热过程产生直接影响的固体壁面几何尺寸称为特征尺寸。对管内强制对流给热，如为圆管，特征尺寸取管径 d。

2.3.2 管内无相变对流给热系数的经验关联式

对于圆形直管内的强制湍流，自然对流的影响忽略不计，式(2-21)中的 Gr 可以略去而简化为

$$Nu = ARe^a Pr^b \tag{2-22}$$

其适用范围如下：

① $Re > 10\,000$，即流动是充分湍流的；

② $0.7 < Pr < 160$（一般流体皆可满足）；

③ 流体是低黏度的（不大于水的黏度的 2 倍）；

④ $l/d > 30 \sim 40$，即进口段只占总长的很小一部分，而管内流动是充分发展的，式(2-22)中的系数 A 为 0.023，指数 a 为 0.8，当流体被加热时 $b = 0.4$，当流体被冷却时 $b = 0.3$，即

$$Nu = 0.023Re^{0.8} Pr^b$$

或

$$\alpha = 0.023\frac{\lambda}{d}\left(\frac{\rho du}{\mu}\right)^{0.8}\left(\frac{c_p\mu}{\lambda}\right)^b \tag{2-23}$$

式中，特征尺寸为管内径 d，定性温度为流体主体温度在进、出口的算术平均值。

如以上所列条件得不到满足，对按式(2-23)计算所得结果，应适当加以修正。

① 对于高黏度液体，按下式计算

$$\alpha = 0.027\frac{\lambda}{d}\left(\frac{\rho du}{\mu}\right)^{0.8}\left(\frac{c_p\mu}{\lambda}\right)^{0.33}\left(\frac{\mu}{\mu_w}\right)^{0.14} \tag{2-24}$$

式中，μ 为液体在主体平均温度下的黏度；μ_w 为液体在壁温下的黏度。

引入壁温下的黏度 μ_w，须先知壁温，计算过程变得复杂化。工程计算，取以下数值已可满足要求。

$$液体被加热时：\left(\frac{\mu}{\mu_w}\right)^{0.14} = 1.05$$

$$液体被冷却时：\left(\frac{\mu}{\mu_w}\right)^{0.14} = 0.95$$

式(2-24)适用于 $Re > 10^4$、$Pr = 0.5 \sim 100$ 的各种液体，但不适用于液体金属。

② $l/d < 30 \sim 40$ 的短管

因管内流动尚未充分发展，层流内层较薄，热阻小。因此对于短管，按式(2-23)计算的给热系数偏低，需乘以 1.02～1.07 的系数加以修正。

③ 过渡流

对 $Re = 2000 \sim 10000$ 的过渡流，因湍流不充分，层流内层较厚，热阻大而 α 小。此时式(2-23)的计算结果需乘以小于 1 的修正系数 f。

$$f = 1 - \frac{6 \times 10^5}{Re^{1.8}} \tag{2-25}$$

④ 流体在弯曲管道内流动时的给热系数

式(2-23)是根据圆形直管的实验数据整理出来的。流体在弯管内流动时,由于离心力的作用,扰动加剧,使给热系数增加。实验结果表明,弯管中的α'可按下式计算。

$$\alpha' = \alpha\left(1 + 1.77\frac{d}{R}\right) \tag{2-26}$$

式中,α为直管的给热系数,W/(m^2·℃);d为管内径,m;R为弯管的曲率半径,m。

任何准数关系式都可加以变换,使每个变量在方程式中单独出现。如将式(2-23)脱去括号,可得

$$\alpha = 0.023\frac{\rho^{0.8}c_p^{0.4}\lambda^{0.6}}{\mu^{0.4}}\frac{u^{0.8}}{d^{0.2}} \tag{2-27}$$

由式(2-27)可知,当流体的种类(即物性)和管径一定时,给热系数α与$u^{0.8}$成正比。

由式(2-27)还可以看出,在其他因素不变时,给热系数α反比于$d^{0.2}$。至于各物理性质对α影响的大小,只要比较各自的指数便可一目了然。可见将无量纲数群方程式(2-23)展开成式(2-27)的形式,易于弄清每个物理因素单独的影响,对分析具体问题很有好处。

对圆形直管内强制层流、管外强制对流、大容积自然对流的给热系数经验计算式可参阅有关文献或手册。

例2-3 管内强制湍流时给热系数的计算

图2-2为一列管式换热器的示意图,由38根ϕ25×2.5 mm的无缝钢管组成。苯在管内流动,由20℃被加热至80℃,苯的流量为8.32 kg/s。外壳中通入水蒸气进行加热。试求苯的对流给热系数。

又问当苯的流量提高一倍,给热系数有何变化?

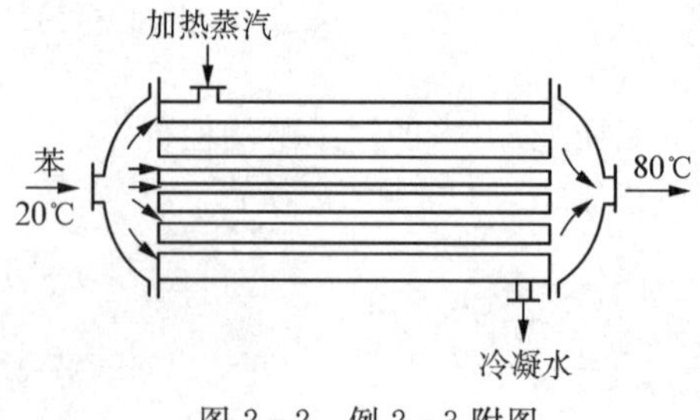

图2-2 例2-3附图

解 苯在平均温度$t_m = \frac{1}{2} \times (20 + 80) = 50$(℃)下的物性可由附录查得:

密度 $\rho = 860\ \text{kg/m}^3$;

比热容 $c_p = 1.80\ \text{kJ/(kg·℃)}$;

黏度 $\mu = 0.45\ \text{mPa·s}$;

导热系数 $\lambda = 0.14\ \text{W/(m·℃)}$。

加热管内苯的流速为

$$u = \frac{q_V}{\frac{\pi}{4}d^2 \cdot n} = \frac{\frac{8.32}{860}}{0.785 \times 0.02^2 \times 38} = 0.81(\text{m/s})$$

$$Re = \frac{du\rho}{\mu} = \frac{0.02 \times 0.81 \times 860}{0.45 \times 10^{-3}} = 30\ 960$$

$$Pr = \frac{c_p\mu}{\lambda} = \frac{(1.8 \times 10^3) \times 0.45 \times 10^{-3}}{0.14} = 5.79$$

以上计算表明本题的流动情况符合式(2-23)的实验条件,故

$$\alpha = 0.023\frac{\lambda}{d}Re^{0.8}Pr^{0.4} = 0.023 \times \frac{0.14}{0.02} \times (30\,960)^{0.8} \times (5.79)^{0.4}$$

$$= 1\,272(\text{W}/(\text{m}^2 \cdot ℃))$$

若忽略定性温度的变化，当苯的流量增加一倍时，给热系数为 α'。

$$\alpha' = a\left(\frac{u'}{u}\right)^{0.8} = 1\,272 \times 2^{0.8} = 2\,215(\text{W}/(\text{m}^2 \cdot ℃))$$

2.3.3 有相变时的对流给热

液体沸腾和蒸气冷凝必然伴有流体的流动，故沸腾给热和冷凝给热同样属于对流传热。因此两种给热过程伴有相变化，相变化的存在，使给热过程有其特有的规律。本节只限于纯流体的沸腾和冷凝的讨论。

(1) 沸腾给热

大容积饱和沸腾

对液体加热时，在液体内部伴有由液相变成气相产生大量气泡的过程称为沸腾。由于液体沸腾时必伴有流体流动，所以沸腾传热属于对流传热。

液体在加热面上的沸腾，依设备的尺寸和形状可分为大容积沸腾和管内沸腾两种。所谓大容积沸腾是指加热壁面被沉浸在无强制对流的液体中所发生的沸腾现象。此时，从加热面产生的气泡长大到一定尺寸后，脱离表面，自由上浮。大容积沸腾时，液体中一方面存在着由温差引起的自然对流，另一方面又存在着因气泡运动所导致的液体运动。本书只讨论大容积中的饱和沸腾。

气泡的生成和过热度

沸腾给热的主要特征是液体内部有气泡产生。实验观察表明，气泡是在紧贴加热表面的液层内即在加热表面上首先生成的。作为气泡存在的必要条件，其内部的蒸气压必须等于外压与液层静压强之和。因此，液体温度至少等于该蒸气压对应的饱和温度。实际上，在该饱和温度下，小气泡还是不可能生成的。从物理化学有关表面现象的论述中得知，新相的生成是比较困难的。这是因为首先生成的微小气泡使液体呈现凹面，而液体在凹面上的饱和蒸气压小于同温度下平面上的饱和蒸气压。凹面的曲率越大，产生的饱和蒸气压越小。因此，为弥补由于凹面而引起的蒸气压降低，使小气泡得以生成，液体的温度必须高于相应的饱和温度。这种现象称为液体的过热。液体的过热是新相——小气泡生成的必要条件。气泡的生成与过热度是沸腾的主要特征和条件。

粗糙表面的汽化核心

固体加热表面温度最高，可以提供最大的过热度，是产生气泡最有利的场所。尽管如此，也不是加热表面上的任何一点都能产生气泡。实验发现液体沸腾时气泡只能在粗糙加热面的若干个点上产生，这种点称为汽化核心。汽化核心是一个复杂的问题，它与表面粗糙程度、氧化情况、材料的性质及其不均匀性等多种因素有关。目前，比较一致的看法认为，粗糙表面的细小凹缝易于成为汽化核心，其理由是：凹缝侧壁对气泡有依托作用，故产生相同半径的气泡所需的表面功较小；凹缝底部往往吸附微量的空气和蒸气，可成为气泡的胚胎，使初生气泡曲率半径增大，所需的过热度较小。长大的气泡从加热面脱离时又残留少量气体，此气体可成为下一个气泡的胚胎。

在沸腾给热过程中，气泡首先在汽化核心生成、长大，当长大到一定大小时，在浮力作用下脱离加热面。气泡脱离之后，周围的液体便会涌来填补空位，经过加热后产生新的气泡。因此，就单个汽化核心而言，沸腾过程是周期性的。但是，加热表面上汽化核心数量很多，各汽化核心此起彼伏重复着同样的周期性变化，故整个沸腾给热过程是平稳的。

如果加热面比较光滑，则汽化核心少且曲率半径小，必须有很大的过热度才能使气泡生成。但是，一旦气泡长大，过热度已不再需要，过热液体在气泡表面迅速蒸发产生大量蒸气。此瞬间蒸发过程进行得十分激烈，故常称之为暴沸。暴沸之后，过热度全部丧失，重新又开始新相生成的孕育过程，此期间不生成蒸气。蒸发过程变得极为不平稳。暴沸现象对给热过程是不利的，应设法避免。但是，对于粗糙表面一般不会产生暴沸现象。

据实验观察，脱离加热面的气泡在其上浮过程中，其体积会迅速增大至5～6倍。这一事实说明，在沸腾给热过程中虽有气泡产生，但因汽化核心只占加热面很小部分，大部分热量仍然是由加热面传给液体的，然后通过液体在气泡表面的蒸发使气泡长大。在气泡上浮过程中，过热液体和气泡表面间的给热强度很高，其给热系数可以达到 2×10^5 W/(m^2 · ℃)左右。

已经知道，在无相变的对流给热中，热阻主要集中在紧贴加热表面的液体薄层内。沸腾给热也是如此。但在沸腾给热时，气泡的生成和脱离对该薄层液体产生强烈的扰动，使热阻大为降低。沸腾给热的强度之所以高于无相变化的对流给热，其根源就在于此。

实验观察还发现，提高加热面的温度，可增加单位加热表面上的汽化核心数目。这是因为，提高壁温使加热面各点所能提供的过热度普遍增大，因而会有更多的部位具备产生气泡的条件，成为汽化核心。同时，提高壁温还可使原有汽化核心上的气泡长大速度增加，脱离频率加快。汽化核心密度和气泡脱离频率的增加使上述液体薄层受到更加剧烈的扰动。由此可以预料，沸腾给热系数 α 必与温差有着密切的关系。

大容积饱和沸腾曲线

实验观察表明，任何液体的大容积饱和沸腾随温差 Δt（壁温与操作压强下液体的饱和温度之差）的变化，都会出现不同类型的沸腾状态。下面以大气压下饱和水在铂电热丝表面上的沸腾为例做具体说明。图 2-3 为实验测得的 α 与 Δt 的关系。

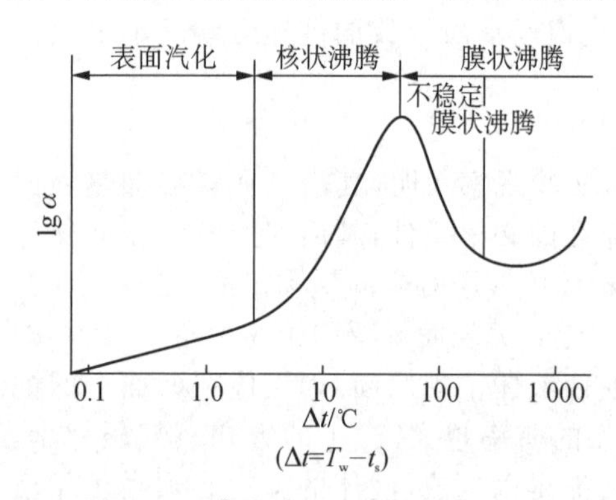

图 2-3　沸腾时 α 和温差 Δt 的关系

由图 2-3 可见，当 $\Delta t < 2.2$℃ 时，α 随 Δt 缓慢增加。此时，紧贴加热表面的液体过热度很小，不足以产生气泡，加热表面与液体之间的给热是靠自然对流进行的。在此阶段，汽化现象只是在液面上发生，严格来说还不是沸腾，而是表面汽化。

当 $\Delta t > 2.2$℃ 时，加热面上有气泡产生，给热系数 α 随 Δt 急剧上升。这是由于气泡的产生和脱离对加热面附近液体的扰动越来越剧烈的缘故。此阶段称为核状沸腾。

当 Δt 增大到某一定数值时，加热面上的汽化核心继续增多，气泡在脱离加热面之前便相互连接，形成气膜，把加热面与液体隔开。开始形成的气膜是不稳定的，随时可能破裂变为大气泡离开加热面。随着 Δt 的增大，气膜趋于稳定，因气体导热系数远小于液体，故给热系数反而下降。此阶段成为不稳定膜状沸腾。从核状沸腾变为膜状沸腾的转折点称为临界点。临界点所对应的热流密度和温差称为临界热负荷 q_c 和临界温差 Δt_c。水在大气压下饱和沸腾的临界热流密度约为 1.25×10^6 W/m^2，临界温差为 25℃左右。图 2-3 所示的饱和沸腾曲线是在经过专门处理的铂电热丝表面上测得的，其临界点位置较高（$q_c=3\times10^6$ W/m^2，$\Delta t_c=55$℃）。

当 Δt 继续增加至 250℃时，加热表面上形成一层稳定的气膜，把液体和加热表面完全隔开。但此时壁温较高，辐射传热的作用变得更加重要，故 α 再度随 Δt 的增加而迅速增加。此阶段称为稳定膜状沸腾。

在上述液体饱和沸腾的各不同阶段中，核状沸腾具有给热系数大、壁温低的优点，因此，工业沸腾装置应在该状态下操作。

为保证沸腾装置在核状沸腾状态下工作，必须控制 Δt 不大于其临界值 Δt_c；否则，核状沸腾将转变为膜状沸腾，使 α 急剧下降。也就是说，不适当地提高热流体的温度，反而会使沸腾装置的效率降低。对于由恒热流热源（电加热等）供热的沸腾装置必须严格地将热流密度 q 控制在临界热负荷以下，达到或超过临界热负荷，将使加热面温度急速升高，甚至将设备烧毁。

沸腾给热系数的计算

沸腾给热过程极其复杂，其影响因素大致可分为以下三个方面。

① 液体和蒸气的性质，主要包括表面张力 σ、黏度 μ、导热系数 λ、比热容 c_p、汽化潜热 γ，液体与蒸气的密度 ρ_l 和 ρ_v 等。

② 加热表面的粗糙情况和表面物理性质，特别是液体与表面的润湿性。

③ 操作压强和温差。

关于沸腾给热至今尚没有可靠的一般的经验关联式，但各种液体在特定表面状况、不同压强、不同温差下的沸腾给热已经积累了大量的实验资料。这些实验资料表明，沸腾给热系数的实验数据可按以下函数形式进行关联。

$$\alpha = A\Delta t^{2.5} B^{t_s} \tag{2-28}$$

或

$$\lg\alpha = \lg A + 2.5\lg\Delta t + t_s \lg B = a' + 2.5\lg\Delta t + b' t_s \tag{2-29}$$

式中，t_s 为蒸气的饱和温度，℃；a' 和 b' 为通过实验测定的两个参数，不同的表面与液体的组合，其值不同。

沸腾给热过程的强化

在沸腾给热中，气泡的产生和运动情况影响极大。气泡的生成和运动与加热表面状况及液体的性质两方面因素有关。因此，沸腾给热的强化也可以从加热表面和沸腾液体两方面入手。

已经知道，粗糙加热表面可提供更多汽化核心，使气泡运动加剧，给热过程得以强化。因此，可采用机械加工或腐蚀的方法将金属表面粗糙化。据报道，用这种方法制造的铜表面，可提高给热系数 80%。近年来出现一种多孔金属表面，是将细小的金属颗粒（如铜）通过钎焊或烧结固定于金属板或金属管上所制成。这种多孔金属表面可使沸腾给热系数提高十几倍。

强化沸腾给热的另一种方法是在沸腾液体中加入某种少量的添加剂（如乙醇、丙酮、甲基乙基酮等）改变沸腾液体的表面张力，可提高给热系数 20%～100%。同时，添加剂还可以提高沸腾液体的临界热负荷。

(2) 蒸气冷凝给热

冷凝给热过程及其热阻

蒸气冷凝作为一种加热方法在工业生产中得到广泛应用。在蒸气冷凝加热过程中，加热介质为饱和蒸气。饱和蒸气与低于其温度的冷壁接触时，将凝结为液体，释放出汽化潜热。在饱和蒸气冷凝过程中，气液两相共存，对于纯物质蒸气的冷凝，系统只有一个自由度。因此，恒压下只能有一个气相温度。也就是说，在冷凝给热时气相不可能存在温度梯度。

已知在传热过程中，温差是由热阻造成的。气相主体不存在温差，意味着气相内不存在任何热阻。这是因为蒸气在壁面冷凝的同时，气相主体中的蒸气必流向壁面以填补空位。而这种流动所需的压降极小，可以忽略不计。

在冷凝给热过程中，蒸气凝结而产生的冷凝液形成液膜将壁面覆盖。因此，蒸气的冷凝只能在冷凝液表面上发生，冷凝时放出的潜热必须通过这层液膜才能传给冷壁。可见，冷凝给热过程的热阻几乎全部集中于冷凝液膜内。这是蒸气冷凝给热过程的一个主要特点。

如果加热介质是过热蒸气，而且冷壁温度高于相应的饱和温度，则壁面上不会发生冷凝现象，蒸气和壁面之间所进行的只是一般的对流给热。此时，热阻将集中于壁面附近的层流内层中。因蒸气的导热系数比冷凝液的给热系数小得多，故蒸气冷凝给热系数远大于过热蒸气的对流给热系数。

工业上通常使用饱和蒸气作为加热介质有两个原因：一是饱和蒸气有恒定的温度；二是它有较大的给热系数。

膜状冷凝和滴状冷凝

饱和蒸气冷凝给热过程的热阻主要集中在冷凝液，因此，冷凝液的流动状态对给热系数必有极大的影响。冷凝液在壁面上的存在和流动方式有两种类型：膜状和滴状。

当冷凝液能润湿壁面时，冷凝液在壁面上呈膜状，否则将成为滴状。呈滴状冷凝时，冷凝液在壁面上不能形成完整的液膜将蒸气与壁面隔开，大部分冷壁直接暴露于蒸气，因此热阻小得多。实验结果表明，滴状冷凝的给热系数比膜状冷凝的给热系数大 5～10 倍。

但是，到目前为止，在工业冷凝器中即使采用了促进滴状冷凝的措施，也不能持久。所以，工业冷凝器的设计都按膜状冷凝考虑。

蒸气冷凝给热系数的计算参见相关教材或手册。

影响冷凝给热的因素及强化措施

① 不凝性气体的影响

工业用蒸气不可能绝对纯，其中总会有微量的不凝性气体。在工业连续换热装置中进行冷凝给热时，都设有疏水器，只排出冷凝液而不允许气体和蒸气逸出。这样，在连续运转过程中，不凝性气体将在冷凝空间积聚。

不凝性气体的积聚，将对给热过程带来不利影响。例如，当蒸气中含有 1%的空气时，冷凝给热系数将降低 60%之多。这是因为在气液界面上，可凝性蒸气不断凝结，不凝性气体则被阻留，故越接近界面不凝性气体的分压越高。这样，可凝性蒸气抵达液膜表面进行冷凝之前，必须以扩散方式穿过不凝性气体富集的气体层。扩散过程的阻力引起蒸气分压及相应的饱和温度下降，使液膜温度低于蒸气主体的饱和温度。这相当于附加一额外热阻，使蒸气冷凝给热系数大为降低。纯蒸气冷凝时，气相不存在热阻。这是因为纯蒸气可依靠整体流动抵达液膜表面以填补冷凝所造成的空位，并不存在扩散的问题。

在各种与蒸气冷凝有关的换热装置中，为减少不凝性气体的不良影响，都设有排放口，定期排放不凝性气体。

沸点相差较大的多组分混合物蒸气的部分冷凝，与纯蒸气的冷凝有显著差异，它遵循不同的规律，给热系数也比纯蒸气冷凝小。

② 蒸气过热的影响

过热蒸气与固体表面的给热过程，视壁温 T_w 的高低有着不同的机理。当壁温 T_w 高于蒸气饱和温度时，壁面上无冷凝现象发生，此时的给热过程与普通的对流给热完全相同。若壁温低于蒸气的饱和温度，则不论蒸气过热与否，壁面上必有冷凝现象发生。对于过热蒸气，冷凝过程是由蒸气冷却和冷凝两个串联步骤组成的。此时，在过热蒸气和冷凝液膜间存在着一个中间层，通过这个中间层，蒸气温度降至饱和温度。对液膜而言，传热推动力仍是 $T_s - T_w$，并不因中间层的存在而改变。因此，通常可把过热蒸气按饱和蒸气处理。作为工程计算，过热蒸气冷却步骤的影响可以忽略。

③ 蒸气流速的影响

当蒸气流速较大时，则会影响冷凝液的流动。此时，如蒸气和冷凝液流向相同，蒸气将加速冷凝液的流动，使液膜厚度减小，结果给热系数增大。反之，如蒸气与冷凝液逆向流动时，将阻滞冷凝液的流动，使液膜增厚，则给热系数减小；若蒸气速度很大可冲散液膜使部分壁面直接暴露于蒸气中，给热系数反而增大。因此，当蒸气速度较大时，有必要考虑流速对给热系数的影响。

通常，蒸气进入口设在换热器的上部，以避免蒸气和冷凝液逆向流动。

冷凝给热过程的强化

冷凝给热过程的阻力集中于液膜，因此，设法减小液膜厚度是强化冷凝给热的有效措施。

对于垂直壁面，在其上开若干纵向沟槽使冷凝液沿沟槽流下，可减薄其余壁面上的液膜厚度，强化冷凝给热过程。

除开沟槽外，沿垂直壁装若干条金属丝(图 2-4)也可以起到强化冷凝给热的作用，而且效果更为显著。这是因为冷凝液在表面张力的作用下，有向金属丝附近集中并沿丝流下的趋势，从而使金属丝之间壁面上液膜大为减薄，给热系数成倍增加。实验结果表明，当金属丝覆盖面积为18%时，给热系数最大。

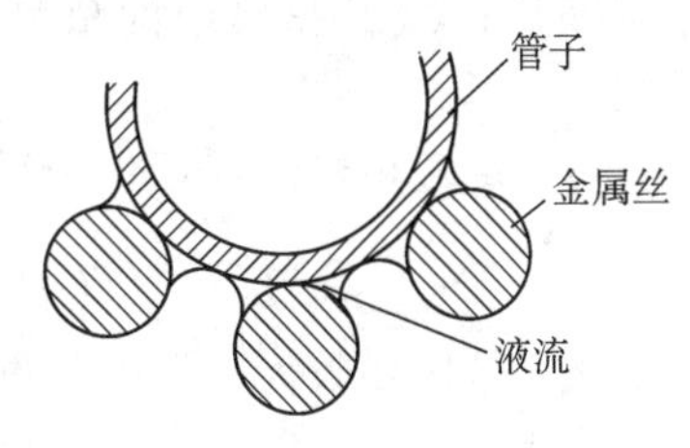

图 2-4　壁面安装金属丝的情况

对于垂直管内冷凝，采用适当的内插物(如螺旋圈)可分散冷凝液，减小液膜厚度而提高给热系数。

此外，为强化冷凝给热，各种获得滴状冷凝的措施也正在大力研究之中。

2.4　间壁式传热过程

冷、热流体在间壁式换热器内被固体壁面隔开，分别在壁面两侧流动，热量从热流体通过壁面传递给冷流体，热流体以对流给热的方式将热量传递给壁面一侧，壁面以热传导方式将热量传递到壁面另一侧，再以对流给热方式传递给冷流体。比较典型的换热设备如套管换热器等。

因为两流体的传热是通过管壁进行的，因此换热器的传热面积是所有管束壁面的面积(有内、外表面积差异)。这里以套管换热器为例说明传热过程的计算。

2.4.1　热量衡算和传热系数

图 2-5 是逆流定态操作的套管换热器，传热面积为 A，热流体走管内，从左向右流动，流量为 q_{m1}，进、出口温度分别为 T_1、T_2；冷流体走管外，从右向左流动，流量为 q_{m2}，进出口温度分别为 t_1、t_2。冷、热流体的主体温度分别是 t、T。在与流动垂直方向上取一微元管段 $\mathrm{d}L$，其传热面积为 $\mathrm{d}A$，热流体通过此所取微元段传递给冷流体的热量为 $\mathrm{d}Q$。

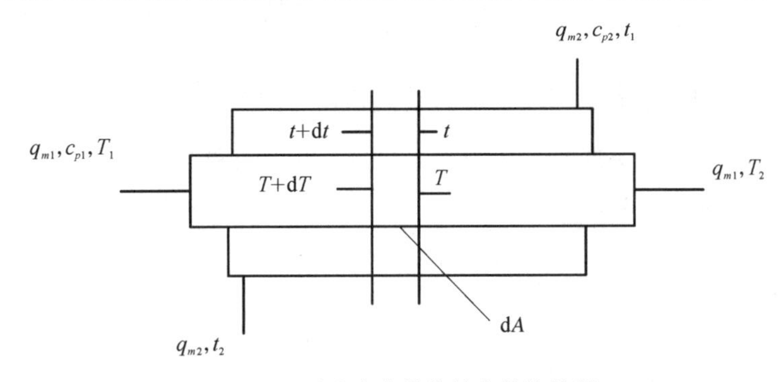

图 2-5　逆流定态操作的套管换热器

以微元段内管空间为控制体作热量衡算，同时假设：

热、冷流体的流量 q_{m1}、q_{m2} 和比热容 c_{p1}、c_{p2} 沿传热面保持不变；

冷、热流体没有相变化；

传热范围内没有热量损失；

控制体两端面的热传导忽略不计。

根据以上假设可以得到

$$dQ = -q_{m1}c_{p1}dT = q_i dA_i \tag{2-30}$$

$$dQ = -q_{m2}c_{p2}dt = q_o dA_o \tag{2-31}$$

式(2-30)中的负号表示热量传递过程中，热流体的温度 T 随着传热面积 dA 的增加而降低；式(2-31)中的负号表示冷流体的温度 t 在传热面积 dA 增加的方向上是降低的。

对于定态传热过程，整个套管换热器不计热量损失，则有

$$q_{m1}c_{p1}(T_1 - T_2) = q_{m2}c_{p2}(t_2 - t_1) \tag{2-32}$$

该式是应用较为广泛的热量平衡方程。

热流密度 q 是反映具体传热过程速率大小的特征量。从理论上讲，根据前面阐述的给热规律，热流密度 q 已可以计算。但是，这种做法必须引入壁面温度，而在实际计算时，壁温往往是未知的。为实用方便，希望能够避开壁温，直接根据冷、热流体的温度进行传热速率的计算。

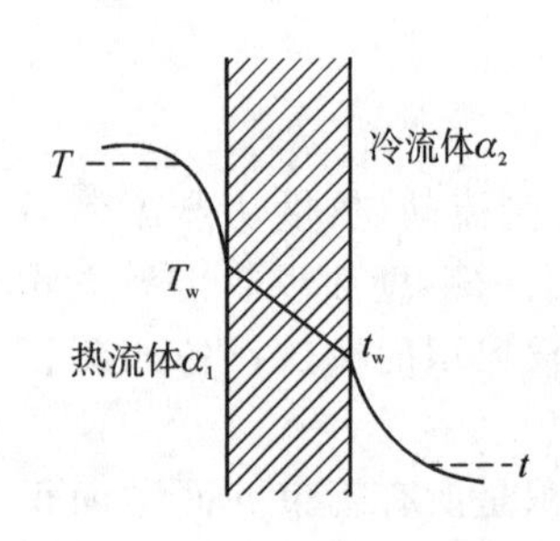

图 2-6　微元管段中的热流密度

在图 2-5 所示的套管换热器中，热量序贯地由热流体传给管壁内侧，再由管壁内侧传至外侧，最后由管壁外侧传给冷流体（参见图 2-6）。在定态条件下，并忽略管壁内外表面积的差异，则各环节的热流密度相等，即

$$q = \frac{T - T_w}{\frac{1}{\alpha_i}} = \frac{T_w - t_w}{\frac{\delta}{\lambda}} = \frac{t_w - t}{\frac{1}{\alpha_o}} \tag{2-33}$$

式中，t_w、T_w 分别为冷、热流体侧的壁温，K；α_i、α_o 分别为冷、热流体侧的给热系数，W/(m^2·K)；λ 为管壁材料的导热系数，W/(m·K)；δ 为管壁厚度，m。

由式(2-33)可以得到

$$q = \frac{T - t}{\frac{1}{\alpha_i} + \frac{\delta}{\lambda} + \frac{1}{\alpha_o}} = \frac{推动力}{阻力} \tag{2-34}$$

式中，$\frac{1}{\alpha_i}$、$\frac{\delta}{\lambda}$、$\frac{1}{\alpha_o}$ 分别为各传热环节对单位传热面而言的热阻。

由上式我们再次看到，串联过程的推动力和阻力具有加和性。

在工程上，上式通常写成

$$q = K(T - t) \tag{2-35}$$

式中，

$$K = \frac{1}{\frac{1}{\alpha_i} + \frac{\delta}{\lambda} + \frac{1}{\alpha_o}} \tag{2-36}$$

为传热过程总热阻的倒数，称为传热系数。

传热系数和热阻

由式(2－34)可知，传热过程的总热阻 $\frac{1}{K}$ 是由各串联环节的热阻叠加而成的，原则上减小任何环节的热阻都可提高传热系数，增大传热过程的速率。但是，当各环节热阻 $\frac{1}{\alpha_i}$、$\frac{\delta}{\lambda}$、$\frac{1}{\alpha_o}$ 具有不同数量级时，总热阻 $\frac{1}{K}$ 的数值将主要由其中最大热阻决定。以套管换热器为例，器壁热阻 $\frac{\delta}{\lambda}$ 一般很小，可以忽略，故当 $\alpha_i \gg \alpha_o$ 时，必定有 $K \approx \alpha_o$；而当 $\alpha_o \gg \alpha_i$ 时，则 $K \approx \alpha_i$。由此可见，在串联过程中可能存在某个控制步骤。如果传热过程确实存在某个控制步骤，在考虑传热过程强化时，必须着力减少控制步骤的热阻。

在式(2－34)的推导过程中，忽略了管壁内、外表面积的差异。实际上，由于管壁内、外表面积不同，两处的热流密度亦不同。

内表面：
$$q_i = K_i(T-t) \tag{2-37}$$

外表面：
$$q_o = K_o(T-t) \tag{2-38}$$

式中，K_i、K_o分别为以内、外表面积为基准的传热系数。

显然，以内、外表面积为基准的传热系数是不相等的。如圆管的内、外直径分别用 d_i、d_o表示，则可导出

$$K_i = \frac{1}{\frac{1}{\alpha_i} + \frac{\delta d_i}{\lambda d_m} + \frac{1}{\alpha_o} \cdot \frac{d_i}{d_o}} = \frac{1}{\frac{1}{\alpha_i} + \frac{d_i}{2\lambda}\ln\frac{d_o}{d_i} + \frac{1}{\alpha_o} \cdot \frac{d_i}{d_o}} \tag{2-39}$$

$$K_o = \frac{1}{\frac{1}{\alpha_i} \cdot \frac{d_o}{d_i} + \frac{\delta d_o}{\lambda d_m} + \frac{1}{\alpha_o}} = \frac{1}{\frac{1}{\alpha_i} \cdot \frac{d_o}{d_i} + \frac{d_o}{2\lambda}\ln\frac{d_o}{d_i} + \frac{1}{\alpha_o}} \tag{2-40}$$

式中，d_m为 d_o与 d_i的对数均值，当 $\frac{d_o}{d_i} \leqslant 2$ 时可用算术均值代替。

在传热计算中，用内表面或外表面作为传热面积计算结果相同，但工程上习惯以外表面作为计算的传热面积，故以下所述的传热系数 K 都是相对于管外表面而言的。

当管壁不太厚，则传热系数仍可按式(2－36)计算。

例 2－4 传热系数的计算

热空气在冷却管外流过，$\alpha_o = 90$ W/(m^2 · K)。冷却水在管内流过，$\alpha_i = 1\,000$ W/(m^2 ·K)，冷却管外径 $d_o = 16$ mm，壁厚 $\delta = 1.5$ mm，$\lambda = 40$ W/(m · K)。

试求：

(1) 传热系数 K；

(2) 管外给热系数 α_o增加一倍，传热系数有何变化？

(3) 管内给热系数 α_i增加一倍，传热系数有何变化？

解 (1)

$$K_o = \frac{1}{\frac{1}{\alpha_i} \cdot \frac{d_o}{d_i} + \frac{\delta}{\lambda} \cdot \frac{d_o}{d_m} + \frac{1}{\alpha_o}}$$

$$= \frac{1}{\frac{1}{1\,000} \times \frac{16}{13} + \frac{0.001\,5}{40} \times \frac{16}{14.5} + \frac{1}{90}}$$

$$= \frac{1}{0.001\,23 + 0.000\,04 + 0.011} = 81.5(\mathrm{W/(m^2 \cdot K)})$$

可见管壁热阻很小，通常可以忽略不计。

（扫描二维码观看传热系数计算视频）

(2) $$K_o = \frac{1}{0.001\,23 + \frac{1}{2 \times 90}} = 147.4(\mathrm{W/(m^2 \cdot K)})$$

传热系数增加了81%。

(3) $$K_o = \frac{1}{\frac{1}{2 \times 1\,000} \times \frac{16}{13} + 0.011} = 86.1(\mathrm{W/(m^2 \cdot K)})$$

传热系数只增加了6%，说明要提高 K，应提高较小的 α_o 值比较有效。

例 2-5　保温层厚度的计算

温度为150℃的饱和蒸气流经外径为80 mm、壁厚为3 mm的管道，管道外面的环境温度为20℃。已知管内蒸气的给热系数为5 000 W/(m^2·℃)，保温层外表面对环境的给热系数 α_o 为7.6 W/(m^2·℃)，管壁的导热系数 λ 为53.7 W/(m^2·℃)，保温材料的平均导热系数 λ' 为0.075 W/(m^2·℃)，为使每米管长的损失不超过75 W/m，保温层的厚度至少应为多少？

解　根据题意，得

$$管道外径\ d_o' = 0.08\ \mathrm{m}$$

$$管道内径\ d_i = 0.08 - 2 \times 0.003 = 0.074(\mathrm{m})$$

设保温层外径为 d_o，相对于保温层外表面积的传热系数为 K，则

$$Q = K\pi d_o L(T - t)$$

$$Kd_o = \frac{Q/L}{\pi(T - t)} = \frac{75}{\pi \times (150 - 20)} = 0.184 \tag{a}$$

由式(2-40)得

$$K = \frac{1}{\frac{1}{\alpha_i} \cdot \frac{d_o}{d_i} + \frac{d_o}{2\lambda}\ln\frac{d_o'}{d_i} + \frac{d_o}{2\lambda'}\ln\frac{d_o}{d_o'} + \frac{1}{\alpha_o}}$$

$$= \frac{1}{\frac{1}{5\,000} \cdot \frac{d_o}{0.074} + \frac{d_o}{2 \times 53.7}\ln\frac{0.08}{0.074} + \frac{d_o}{2 \times 0.075}\ln\frac{d_o}{0.08} + \frac{1}{7.6}} \tag{b}$$

试差求解(a)(b)两式，可得 $d_o = 0.16$ m，故保温层最小厚度为

$$\delta = \frac{d_o - d_o'}{2} = \frac{0.16 - 0.08}{2} = 0.04(\mathrm{m})$$

污垢热阻

以上推导过程中，尚未计及传热面污垢的影响。实践证明，表面污垢会产生相当大的热阻，在传热过程计算时，污垢热阻一般不可忽略。但是，污垢层的厚度及其导热系数无法测量，故污垢热阻只能根据经验数据确定。表2-2给出某些工业上常见流体的污垢热阻的大致范围以供参考。

表 2-2　常见流体的污垢热阻

流　　体	污垢热阻 $R/(m^2 \cdot K/kW)$	流　　体	污垢热阻 $R/(m^2 \cdot K/kW)$
水(1 m/s,t >50℃)		水蒸气	
蒸馏水	0.09	优质——不含油	0.052
海水	0.09	劣质——不含油	0.090
清净的河水	0.21	往复机排出	0.176
未处理的凉水塔用水	0.58	液体	
已处理的凉水塔用水	0.26	处理过的盐水	0.264
已处理的锅炉用水	0.26	有机物	0.176
硬水、井水	0.58	燃料油	1.056
气体		焦油	1.760
空气	0.26~0.53		
溶剂蒸气	0.14		

如管壁冷热流体两侧的污垢热阻分别用 R_o 和 R_i 表示,则传热系数可由下式计算。

$$K_o=\frac{1}{\left(\frac{1}{\alpha_i}+R_i\right)\frac{d_o}{d_i}+\frac{\delta}{\lambda}\times\frac{d_o}{d_m}+R_o+\frac{1}{\alpha_o}} \tag{2-41}$$

壁温计算

式(2-33)即

$$q=\frac{T-T_w}{\frac{1}{\alpha_i}}=\frac{T_w-t_w}{\frac{\delta}{\lambda}}=\frac{t_w-t}{\frac{1}{\alpha_o}}$$

中包括三个方程,原则上可以解出热流密度 q 及两侧壁温 T_w 和 t_w。由此式还可以看出,在传热过程中热阻大的环节其温差也必然大。薄金属壁的热阻通常可以忽略,即 $T_w\approx t_w$,于是

$$\frac{T-T_w}{T_w-t}=\frac{\frac{1}{\alpha_i}}{\frac{1}{\alpha_o}} \tag{2-42}$$

此式表明,传热面两侧温差之比等于两侧热阻之比,壁温 T_w 必接近于热阻较小或给热系数较大一侧的流体温度。

例 2-6　壁温的计算

有一蒸发器,管内通 90℃热流体加热,给热系数 α_i 为 1 160 W/(m² · ℃),管外有某种流体沸腾,沸点为 50℃,给热系数 α_o 为 5 800 W/(m² · ℃)。试求以下两种情况下的壁温。

(1) 管壁清洁无垢;

(2) 外侧有污垢产生,污垢热阻 R_2 等于 0.005 m² · ℃/W。

解　忽略管壁热阻,并假设壁温为 T_w。

(1) 由式(2-42)得

$$\frac{90-T_w}{T_w-50}=\frac{\frac{1}{1\,160}}{\frac{1}{5\,800}}$$

求得 $T_w = 56.7℃$。

(2) 设外侧给热与污垢的总热阻为 R。

$$R = \frac{1}{5\,800} + 0.005 = 0.005\,17(\mathrm{m^2 \cdot ℃/W})$$

$$\frac{90 - T_w}{T_w - 50} = \frac{\frac{1}{1\,160}}{0.005\,17}$$

求得 $T_w = 84.3℃$。

在第一种情况中，$\alpha_o > \alpha_i$，故壁温与沸腾液体温度接近。在第二种情况中，外侧总热阻大于内侧热阻，故壁温接近于热流体温度。

2.4.2 传热基本方程

由式(2-30)、式(2-31)得

$$\mathrm{d}T = -\frac{\mathrm{d}Q}{q_{m1}c_{p1}} \tag{2-43}$$

$$\mathrm{d}t = -\frac{\mathrm{d}Q}{q_{m2}c_{p2}} \tag{2-44}$$

式(2-43)减去式(2-44)得到

$$\mathrm{d}(T-t) = -\mathrm{d}Q\left(\frac{1}{q_{m1}c_{p1}} - \frac{1}{q_{m2}c_{p2}}\right) \tag{2-45}$$

对图2-5中冷流体作总的热量衡算得

$$Q = q_{m2}c_{p2}(t_2 - t_1)$$

则

$$\frac{1}{q_{m2}c_{p2}} = \frac{t_2 - t_1}{Q} \tag{2-46}$$

对图2-5中热流体作总的热量衡算得

$$Q = q_{m1}c_{p1}(T_1 - T_2)$$

则

$$\frac{1}{q_{m1}c_{p1}} = \frac{T_1 - T_2}{Q} \tag{2-47}$$

同时，通过微元 $\mathrm{d}A$ 传递的热量为

$$\mathrm{d}Q = K(T-t)\mathrm{d}A \tag{2-48}$$

将式(2-46)、式(2-47)和式(2-48)代入式(2-45)中得

$$\mathrm{d}(T-t) = -\frac{K}{Q}(T-t)[(T_1 - T_2) - (t_2 - t_1)]\mathrm{d}A$$

则

$$\frac{\mathrm{d}(T-t)}{T-t} = -\frac{K}{Q}[(T_1 - t_2) - (T_2 - t_1)]\mathrm{d}A \tag{2-49}$$

积分式(2-49),积分上、下限分别为

$$A=0,\ T-t=T_1-t_2$$
$$A=A,\ T-t=T_2-t_1$$

则

$$\int_{T_1-t_2}^{T_2-t_1}\frac{\mathrm{d}(T-t)}{T-t}=-\frac{K}{Q}[(T_1-t_2)-(T_2-t_1)]\int_0^A \mathrm{d}A$$

所以
$$\ln\frac{T_2-t_1}{T_1-t_2}=\frac{KA}{Q}[(T_2-t_1)-(T_1-t_2)]$$

$$Q=KA\frac{(T_1-t_2)-(T_2-t_1)}{\ln\dfrac{T_1-t_2}{T_2-t_1}}=KA\Delta t_\mathrm{m} \tag{2-50}$$

式(2-50)就是传热基本方程。

并流时推导过程类似。

化工生产上应用最为广泛的是间壁式换热器,此类换热器的传热系数 K 和流体与管外壁的对流给热、管壁面热传导、流体与管内壁的对流给热有关。

对数平均推动力

在传热过程中,冷、热流体的温度差沿加热面是连续变化的。但由于此温度差与冷、热流体温度呈线性关系,故可用换热器两端温差的某种组合(即对数平均温差)来表示,见图2-7、图2-8。对数平均推动力恒小于算术平均推动力,特别是当换热器两端推动力相差悬殊时,对数平均值要比算术平均值小得多。当换热器一端两流体温差接近于零时,对数平均推动力将急剧减小。对数平均推动力这一特性,对换热器的操作有着深刻的影响。例如,当换热器两端温差有一个为零时,对数平均温差必为零。这意味着传递相应的热流量,需要无限大的传热面。但是,当两端温差相差不大时,如 $(T-t)_1/(T-t)_2<2$(或 $>1/2$) 时,对数平均推动力可用算术平均推动力代替。

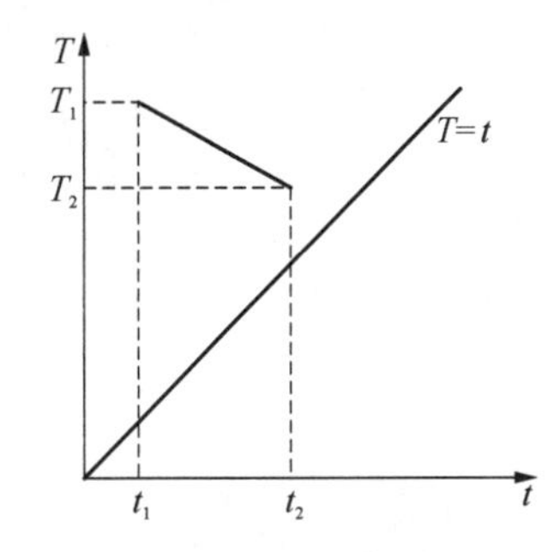

图 2-7 并流换热时的操作线和推动力

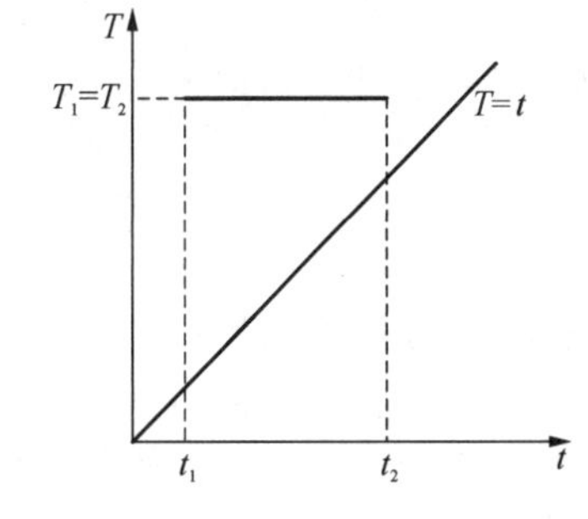

图 2-8 一侧有相变时的操作线和推动力

在冷、热流体进出口温度相同的条件下,并流操作两端推动力相差较大,其对数平均值必小于逆流操作。因此,就增加传热过程推动力 Δt_m 而言,逆流操作总是优于并流的。

在实际换热器内,纯粹的逆流和并流是不多见的。但对工程计算来说,如图 2-9 所示的流体经过管束的流动,只要曲折次数超过 4 次,就可作为纯逆流和纯并流处理。

除并流和逆流外,在换热器中流体还可作其他形式的流动,此时计算 Δt_m 的方法将在换热器一节中详述。

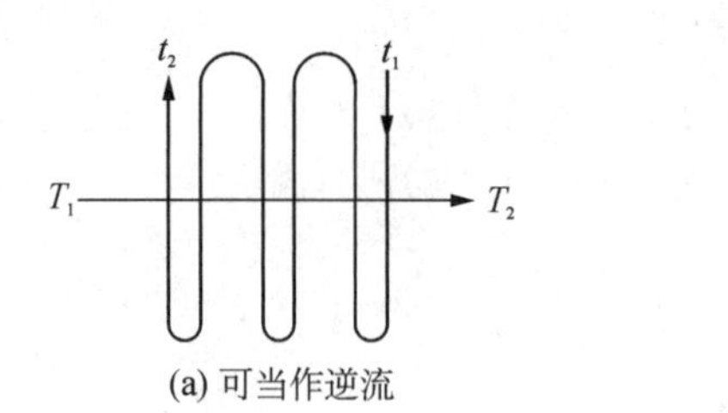

(a) 可当作逆流

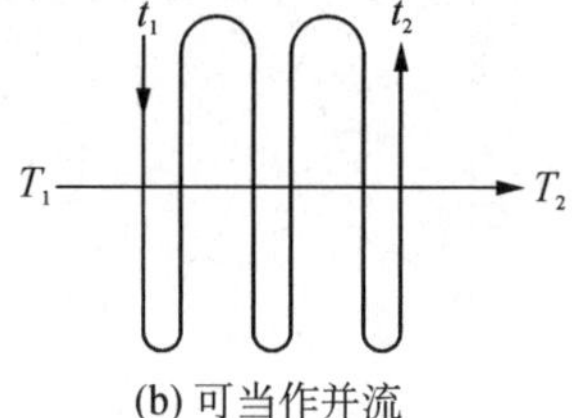

(b) 可当作并流

图 2－9　可作逆流、并流处理的情况

例 2－7　并流和逆流对数平均温度差的比较

在一台螺旋板式换热器中，热水流量为 2 000 kg/h，冷水流量为 3 000 kg/h，热水进口温度 $T_1=80℃$，冷水进口温度 $t_1=10℃$。如果要求将冷水加热到 $t_2=30℃$，试求并流和逆流时的平均温差。

解　在题述温度范围内，

$$c_{p1}=c_{p2}=4.2\ \mathrm{kJ/(kg\cdot ℃)}$$

由

$$q_{m1}c_{p1}(T_1-T_2)=q_{m2}c_{p2}(t_2-t_1)$$

$$2\,000\times(80-T_2)=3\,000\times(30-10)$$

求得

$$T_2=50℃$$

并流时，

$$\Delta t_1=80-10=70(℃),\ \Delta t_2=50-30=20(℃)$$

$$\Delta t_\mathrm{m}=\frac{\Delta t_1-\Delta t_2}{\ln\dfrac{\Delta t_1}{\Delta t_2}}=\frac{70-20}{\ln\dfrac{70}{20}}=39.9(℃)$$

逆流时，

$$\Delta t_1=80-30=50(℃),\ \Delta t_2=50-10=40(℃)$$

$$\Delta t_\mathrm{m}=\frac{50-40}{\ln\dfrac{50}{40}}=44.8(℃)$$

可见逆流操作的 Δt_m 比并流时大 12.3%。

2.5　传热过程计算

2.5.1　换热器的传热面积的计算

换热器传热面积计算条件

下面以某一热流体的冷却为例，说明换热器的选型、选型过程及参数选择。

选型基础

任务：将一定流量 q_{m1} 的热流体自给定温度 T_1 冷却至指定温度 T_2。

需要选择的参数条件：可供使用的冷却介质温度，即冷流体的进口温度 t_1。

计算目的：确定经济上合理的传热面积及换热器其他有关尺寸。

计算过程

计算大致步骤如下：

① 首先由传热任务计算换热器的热流量（通常称之为热负荷）

$$Q=q_{m1}c_{p1}(T_1-T_2)$$

② 做出适当的选择(选定 t_1、t_2)并计算平均推动力 Δt_m 和 q_{m2}。

③ 计算冷、热流体与管壁的对流给热系数及总传热系数 K。

④ 由传热基本方程 $Q = KA\Delta t_m$ 计算传热面积。

计算过程中参数的选择

由传热基本方程式可知,为确定所需的传热面积,必须知道平均推动力 Δt_m 和传热系数 K。为计算对数平均温差 Δt_m,首先必须:

① 选择流体的流向,即决定采用逆流、并流还是其他复杂流动方式;

② 选择冷却介质的出口温度。

为求得传热系数 K,须计算两侧的给热系数 α,故设计者必须决定:

① 冷、热流体各走管内还是管外;

② 选择适当的流速。

同时,还必须选定适当的污垢热阻。

总之,在换热器传热面积计算过程中,涉及一系列的选择。各种选择决定以后,所需的传热面积及管长等换热器其他尺寸是不难确定的。不同的选择有不同的计算结果,计算者必须做出恰当的选择才能得到经济上合理、技术上可行的传热面积数据,或者通过多方案计算,从中选出最优方案。目前,依靠计算机按规定的最优化程序进行自动寻优的方法已经得到广泛的应用。

选择的依据

选择的依据不外经济、技术两个方面。

(1) 流向的选择

为更好地说明问题,首先比较纯逆流和并流这两种极限情况。

当冷、热流体的进出口温度相同时,前面已经谈到,逆流操作的平均推动力大于并流,因而传递同样的热流量,所需的传热面积较小。此外,对于一定的热流体进口温度 T_1,采用并流时,冷流体的最高极限出口温度为热流体的出口温度 T_2。反之,如采用逆流,冷流体的最高极限出口温度可为热流体的进口温度 T_1。这样,如果换热的目的是单纯的冷却,逆流操作时,冷却介质温升可选择得较大,因而冷却介质用量可以较小;如果换热的目的是回收热量,逆流操作回收的热量温位(即温度 t_2)可以较高,因而利用价值较大。显然在一般情况下,逆流操作总是优于并流,应尽量采用。

但是,对于某些热敏性物料的加热过程,并流操作可避免出口温度过高而影响产品质量。另外,在某些高温换热器中,逆流操作因冷却流体的最高温度 t_2 和 T_1 集中在一端,会使该处的壁温特别高。为降低该处的壁温,可采用并流,以延长换热器的使用寿命。

需注意,由于热平衡的限制,并不是任何一种流动方式都能完成给定的生产任务。例如,在例 2-7 中,如采用并流,冷水可能达到的最高温度 $t_{2\max}$ 可由热量衡算式

$$q_{m1}c_{p1}(T_1 - t_{2\max}) = q_{m2}c_{p2}(t_{2\max} - t_1)$$

计算,即

$$t_{2\max} = \frac{T_1\left(\frac{q_{m1}c_{p1}}{q_{m2}c_{p2}}\right) + t_1}{1 + \frac{q_{m1}c_{p1}}{q_{m2}c_{p2}}} = \frac{80 \times \frac{2\,000}{3\,000} + 10}{1 + \frac{2\,000}{3\,000}} = 38(℃)$$

如果要求将冷水加热至 38℃以上,采用并流是无法完成的。

(2) 冷却介质出口温度的选择

冷却介质出口温度 t_2 越高,其用量可以越少,回收的能量的价值也越高,同时,输送流体

的动力消耗即操作费用也减小。但是，t_2越高，传热过程的平均推动力 Δt_m 越小，传递同样的热流量所需的加热面积 A 也越大，设备投资费用必然增加。因此，冷却介质的选择是一个经济上的权衡问题。

目前，根据一般的经验，Δt_m 不宜小于 10℃。如果所处理问题是冷流体加热，可按同样的原则选择加热介质的出口温度 T_2。

此外，如果冷却介质是工业用水，出口温度 t_2不宜过高。因为工业用水中所含的许多盐类（主要是 $CaCO_3$、$MgCO_3$、$CaSO_4$、$MgSO_4$等）的溶解度随温度升高而减小，如出口温度过高，盐类析出，形成导热性能很差的垢层，会使传热过程恶化。为阻止垢层的形成，可在冷却用水中添加某些阻垢剂和其他水质稳定剂。即使如此，工业冷却用水的出口温度一般也不高于 45℃。否则，冷却用水必须进行适当的预处理，除去水中所含的盐类。这显然是一个技术性的限制。

(3) 流速的选择

流速的选择一方面涉及传热系数 K 及所需传热面的大小，另一方面又与流体通过换热面的阻力损失有关。因此，流速选择也是经济上权衡得失的问题。但不管怎样，在可能的条件下，管内、外都必须尽量避免层流状态。

2.5.2 换热器的操作核算与调节

在实际工作中，换热器的操作问题是经常碰到的。例如，判断一个现有换热器对指定的生产任务是否适用，或者预测某些参数的变化对换热器传热能力的影响等都属于换热器的操作问题。常见的操作问题如下。

(1) 第一类问题

操作条件：换热器的传热面积以及有关尺寸，冷、热流体的物理性质，冷、热流体的流量和进口温度以及流体的流动方式；

确定：冷、热流体的出口温度。

(2) 第二类问题

操作条件：换热器的传热面积以及有关尺寸，冷、热流体的物理性质，热流体的流量和进、出口温度，冷流体的进口温度以及流动方式。

确定：所需冷流体的流量及出口温度。

操作核算过程的计算方法

在换热器内所传递的热流量，可由传热基本方程式计算，对于逆流操作其值为

$$q_{m1}c_{p1}(T_1-T_2)=KA\frac{(T_1-t_2)-(T_2-t_1)}{\ln\dfrac{T_1-t_2}{T_2-t_1}} \tag{2-51}$$

此热流量所造成的结果，必满足热量衡算式。

$$q_{m1}c_{p1}(T_1-T_2)=q_{m2}c_{p2}(t_2-t_1) \tag{2-32}$$

因此，对于各种操作核算问题，可联立求解以上两式得到解决。由式(2-51)两边消去(T_1-T_2)并联立式(2-32)可得

$$\ln\frac{T_1-t_2}{T_2-t_1}=\frac{KA}{q_{m1}c_{p1}}\left(1-\frac{q_{m1}c_{p1}}{q_{m2}c_{p2}}\right) \tag{2-52}$$

第一类问题可由上式将传热基本方程式变换为线性方程，然后采用消元法求出冷、热流体的温度。但第二类问题，则需直接处理非线性的传热基本方程式，只能采用试差法逐次逼近。例如，可先假定冷流体出口温度 t_2，由式(2-32)计算 $q_{m2}c_{p2}$，计算 α_2 及 K 值，再由式

(2-51)计算 t_2^*。如计算值 t_2^* 和设定值 t_2 相符,则计算结果正确。否则,应修正设定值 t_2,重新计算。

数学上有一系列方法,可根据设定值 t_2 和计算值 t_2^* 的差异选择新的设定值,这种方法称为迭代法。

如果传热系数可以预计且两端温差之比小于 2,则对数平均推动力可由算术平均值代替。此时,传热基本方程式成为线性,不论何种类型的问题皆可采用消元法求解,无需试差或迭代。

由上所述,我们再次看到,换热器传热面积的计算必涉及参数的选择,而操作核算问题的计算往往需要试差或迭代。

传热过程的调节

传热过程的调节问题本质上也是操作核算问题的求解过程,下面仍以热流体的冷却为例加以说明。

在换热器中,若热流体的流量 q_{m1} 或进口温度 T_1 发生变化,而要求其出口温度 T_2 保持原来数值不变,可通过调节冷却介质流量来达到目的。但是,这种调节作用不能单纯地从热量衡算的观点理解为冷流体的流量大带走的热量多,流量小带走的热量少。根据传热基本方程式,正确的理解是,冷却介质流量的调节,改变了换热器内传热过程的速率。传热速率的改变,可能来自 Δt_m 的变化,也可能来自 K 的变化,而多数是由两者共同引起的。

如果冷流体的给热系数远大于热流体的给热系数,调节冷却介质的流量,K 基本不变,调节作用主要靠 Δt_m 的变化。如果冷流体的给热系数与热流体的给热系数相当或远小于后者,改变冷却介质的流量,将使 Δt_m 和 K 皆有较大变化,此时过程调节是两者共同作用的结果。如果换热器在原工况下冷却介质的温升已经很小,即出口温度 t_2 很低,增大冷却水流量不会使 Δt_m 有较大的增加。此时,如热流体给热不是控制步骤,增大冷却介质流量可使 K 值增大,从而使传热速率有所增加。但是若热流体给热为控制步骤,增大冷却介质的流量已无调节作用。这就提示我们,在设计时冷却介质的出口温度也不宜取得过低,以便留有调节的余地。

对于以冷流体加热为目的的传热过程,可通过改变加热介质的有关参数予以调节,其作用原理相同。

例 2-8 第一类问题的计算

有一逆流操作的换热器,热流体为空气,$\alpha_o = 100\ \mathrm{W/(m^2 \cdot ℃)}$,冷却水走管内,$\alpha_i = 2\,000\ \mathrm{W/(m^2 \cdot ℃)}$。已测得冷、热流体进出口温度为 $t_1 = 20℃$,$t_2 = 85℃$,$T_1 = 100℃$,$T_2 = 70℃$,管壁热阻可以忽略。当水流量增加一倍时,试求:

(1) 水和空气的出口温度 t_2' 和 T_2';

(2) 热流量 Q' 比原热流量 Q 增加多少?

解 此例是第一类问题的计算。

(1) 对原工况由式(2-32)和式(2-51)得

$$t_2 - t_1 = \frac{q_{m1} c_{p1}}{q_{m2} c_{p2}}(T_1 - T_2) \tag{a}$$

$$\ln \frac{T_1 - t_2}{T_2 - t_1} = \frac{KA}{q_{m1} c_{p1}}\left(1 - \frac{q_{m1} c_{p1}}{q_{m2} c_{p2}}\right) \tag{b}$$

$$\frac{q_{m1} c_{p1}}{q_{m2} c_{p2}} = \frac{t_2 - t_1}{T_1 - T_2} = \frac{85 - 20}{100 - 70} = 2.17$$

$$K=\frac{1}{\frac{1}{\alpha_o}+\frac{1}{\alpha_i}}=\frac{1}{\frac{1}{100}+\frac{1}{2\,000}}=95.2(\mathrm{W/(m^2\cdot ℃)})$$

对新工况

$$\ln\frac{T_1-t_2'}{T_2'-t_1}=\frac{K'A}{q_{m1}c_{p1}}\left(1-\frac{q_{m1}c_{p1}}{q_{m2}'c_{p2}}\right) \tag{c}$$

$$K'=\frac{1}{\frac{1}{\alpha_o}+\frac{1}{2^{0.8}\alpha_i}}=\frac{1}{\frac{1}{100}+\frac{1}{2^{0.8}\times 2\,000}}=97.2(\mathrm{W/(m^2\cdot ℃)})$$

(b)(c)两式相除可得

$$\ln\frac{T_1-t_2'}{T_2'-t_1}=\ln\frac{T_1-t_2}{T_2-t_1}\times\left(\frac{K'}{K}\right)\left(\frac{1-\frac{q_{m1}c_{p1}}{q_{m2}'c_{p2}}}{1-\frac{q_{m1}c_{p1}}{q_{m2}c_{p2}}}\right)$$

$$=\ln\frac{100-85}{70-20}\times\left(\frac{97.2}{95.2}\right)\times\left(\frac{1-1.09}{1-2.17}\right)=-0.094\,6$$

$$\frac{T_1-t_2'}{T_2'-t_1}=0.91\text{ 或 }T_2'=130-1.1t_2' \tag{d}$$

由热量衡算式得

$$t_2'=t_1+\frac{q_{m1}c_{p1}}{q_{m2}c_{p2}}(T_1-T_2')=20+1.09\times(100-T_2')$$

$$t_2'=129-1.09T_2' \tag{e}$$

联立(d)(e)两式求出

$$T_2'=59.8℃,\ t_2'=63.8℃$$

(2) 新旧两种工况的热流量之比

$$\frac{Q'}{Q}=\frac{K'\Delta t_m'}{K\Delta t_m}=\frac{q_{m1}c_{p1}\times(100-59.8)}{q_{m1}c_{p1}\times(100-70)}=1.34$$

即热流量增加了34%。

对本例具体情况，气侧给热为控制步骤，增大水量传热系数基本不变，热流量的变化主要是平均推动力增加的结果。两种工况的平均推动力之比为

$$\frac{\Delta t_m'}{\Delta t_m}=\frac{38.4}{29}=1.32\approx\frac{Q'}{Q}$$

例 2-9 第二类操作核算问题的计算

某气体冷却器总传热面积为20 m^2，用以将流量为1.4 kg/s的某种气体从50℃冷却到35℃。使用的冷却水初温为25℃，与气体做逆流流动。换热器的总传热系数约为230 W/(m·℃)，气体的平均比热容为1.0 kJ/(kg·℃)。试求冷却水用量及出口水温。

解 换热器在定态操作时，必同时满足热量衡算式

$$q_{m1}c_{p1}(T_1-T_2)=q_{m2}c_{p2}(t_2-t_1)$$

及传热基本方程式

$$q_{m1}c_{p1}(T_1-T_2)=KA\frac{(T_1-t_2)-(T_2-t_1)}{\ln\dfrac{T_1-t_2}{T_2-t_1}}$$

将已知数据代入以上两式得

$$q_{m2}=\frac{21}{4.18\times(t_2-25)} \tag{a}$$

$$4.57\ln\frac{50-t_2}{10}=40-t_2 \tag{b}$$

试差求解式(b),可得出口水温 $t_2=48.4$℃。然后由式(a)求得 $q_{m2}=0.215$ kg/s。

例 2-10 恒壁温加热过程的操作核算问题计算

有一蒸汽冷凝器,蒸汽冷凝给热系数 $\alpha_o=10\,000$ W/(m² · ℃),冷却水给热系数 $\alpha_i=1\,000$ W/(m² · ℃),已测得冷却水进、出口温度分别为 $t_1=30$℃,$t_2=35$℃。如将冷却水流量增加一倍,蒸汽冷凝量增加多少?已知蒸汽在饱和温度 100℃下冷凝。

解 原工况

$$K=\frac{1}{\dfrac{1}{10\,000}+\dfrac{1}{1\,000}}=909(\text{W/(m}^2\cdot\text{K))}$$

$$q_{m2}c_{p2}(t_2-t_1)=KA\frac{(T-t_1)-(T-t_2)}{\ln\dfrac{T-t_1}{T-t_2}}$$

$$\ln\frac{T-t_1}{T-t_2}=\frac{KA}{q_{m2}c_{p2}} \tag{a}$$

新工况

$$K'=\frac{1}{\dfrac{1}{10\,000}+\dfrac{1}{2^{0.8}\times 1\,000}}=1\,483(\text{W/(m}^2\cdot\text{K))}$$

$$\ln\frac{T-t_1}{T-t_2'}=\frac{K'A}{2q_{m2}c_{p2}} \tag{b}$$

由式(a)、式(b)得

$$\ln\frac{T-t_1}{T-t_2'}=\frac{K'}{2K}\ln\frac{T-t_1}{T-t_2}$$

$$\ln\frac{100-30}{100-t_2'}=\frac{1\,483}{2\times 909}\ln\frac{100-30}{100-35}$$

由此式求得冷却水出口温度 $t_2'=34.1$℃

$$\frac{q_{m1}'}{q_{m1}}=\frac{Q'}{Q}=\frac{2q_{m2}c_{p2}(t_2'-t_1)}{q_{m2}c_{p2}(t_2-t_1)}=\frac{2\times(34.1-30)}{35-30}=1.64$$

因原工况冷却水出口温度已经很低,增加冷却水量平均推动力变化很小。冷凝量的增加主要是传热系数提高而引起的。

$$\frac{K'}{K}=\frac{1\,483}{909}=1.63\approx\frac{Q'}{Q}$$

2.6 换 热 设 备

换热器是化工、石油、动力、食品及其他许多工业部门的通用设备，在生产中占有重要地位。在化工生产中换热器可作为加热器、冷却器、冷凝器、蒸发器和再沸器等，应用更加广泛。换热设备种类很多，但根据冷、热流体热量交换的原理和方式基本上可分三大类，即间壁式、混合式和蓄热式。在三类换热器中，间壁式换热器应用最多，以下讨论仅限于此类换热设备。

2.6.1 间壁式换热器的类型

夹套式换热器　这种换热器是在容器外壁安装夹套制成的，结构简单；但其加热面受容器壁面限制，传热系数也不高。为提高传热系数且使釜内液体受热均匀，可在釜内安装搅拌器。当夹套中通入冷却水或无相变的加热剂时，亦可在夹套中设置螺旋隔板或其他增加湍动的措施，以提高夹套一侧的给热系数。为补充传热面的不足，也可在釜内部安装蛇管。

夹套式换热器广泛用于反应过程的加热和冷却。

沉浸式蛇管换热器　这种换热器是将金属管弯绕成各种与容器相适应的形状（图2－10），并沉浸在容器内的液体中。蛇管换热器的优点是结构简单，能承受高压，可用耐腐蚀材料制造；其缺点是容器内液体湍动程度低，管外给热系数小。为提高传热系数，容器内可安装搅拌器。

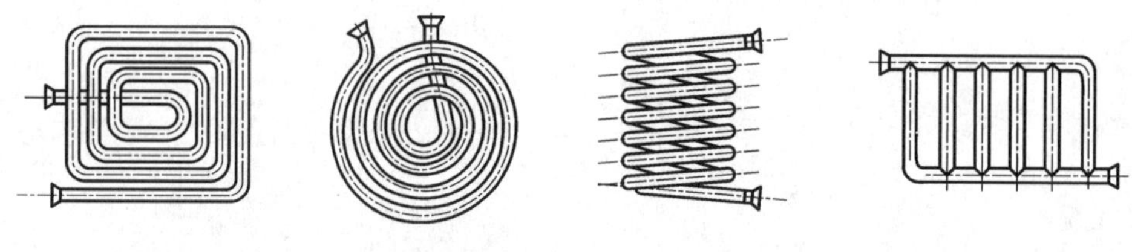

图2－10　蛇管的形状

喷淋式换热器　这种换热器是将换热管成排地固定在钢架上（图2－11），热流体在管内流动，冷却水从上方喷淋装置均匀淋下，故也称喷淋式冷却器。喷淋式换热器的管外是一层湍动程度较高的液膜，管外给热系数较沉浸式增大很多。另外，这种换热器大多放置在空气流通之处，冷却水的蒸发亦带走一部分热量，可起到降低冷却水温度、增大传热推动力的作用。因此，和沉浸式相比，喷淋式换热器的传热效果大有改善。

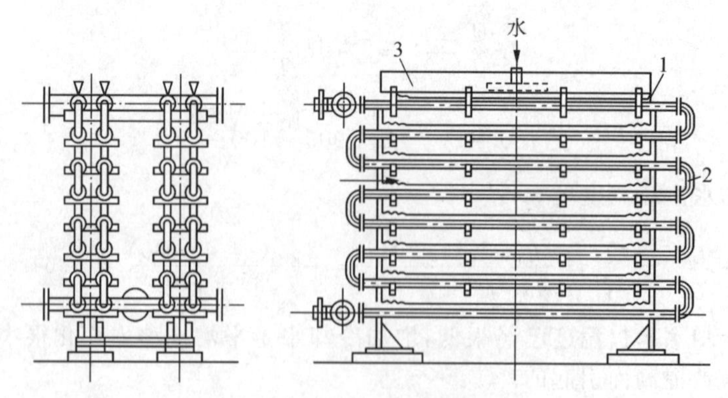

图2－11　喷淋式换热器

1—直管；2—U形管；3—水槽

套管式换热器　套管式换热器是由直径不同的直管制成的同心套管，并由 U 形弯头连接而成(图 2－12)。在这种换热器中，一种流体走管内，另一种流体走环隙，两者皆可得到较高的流速，故传热系数较大。另外，在套管式换热器中，两种流体可为纯逆流，对数平均推动力较大。

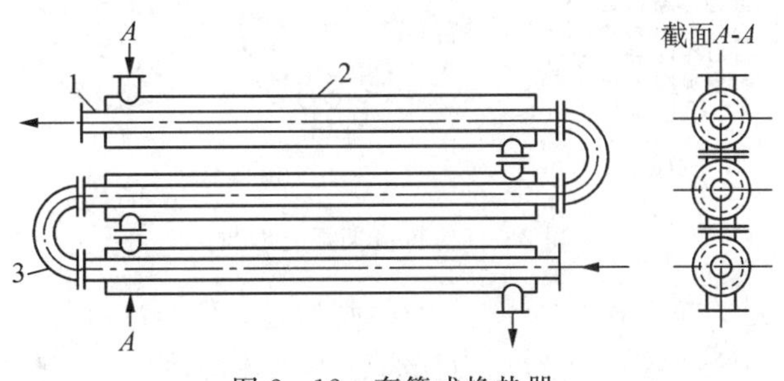

图 2－12　套管式换热器

1—内管；2—外管；3—U 形管

套管式换热器结构简单，能承受高压，应用亦方便(可根据需要增减管段数目)。特别是由于套管式换热器同时具备传热系数大、传热推动力大及能够承受高压强的优点，在超高压生产过程(例如操作压力为 3 000 大气压的高压聚乙烯生产过程)中所用的换热器几乎全部是套管式。

管壳式换热器　管壳式(又称列管式)换热器是最典型的间壁式换热器，它在工业上的应用有着悠久的历史，而且至今仍在所有换热器中占据主导地位。

管壳式换热器主要由壳体、管束、管板和封头等部分组成(图 2－13)，壳体多呈圆形，内部装有平行管束，管束两端固定于管板上。在管壳式换热器内进行换热的两种流体，一种在管内流动，其行程称为管程；一种在管外流动，其行程称为壳程。管束的壁面即为传热面。

为提高管外流体给热系数，通常在壳体内安装一定数量的横向折流挡板。折流挡板不仅可防止流体短路、增加流体速度，还迫使流体按规定路径多次错流通过管束，使湍动程度大为增加(图 2－14)。常用的挡板有圆缺形和圆盘形两种(图 2－15)，前者应用更为广泛。

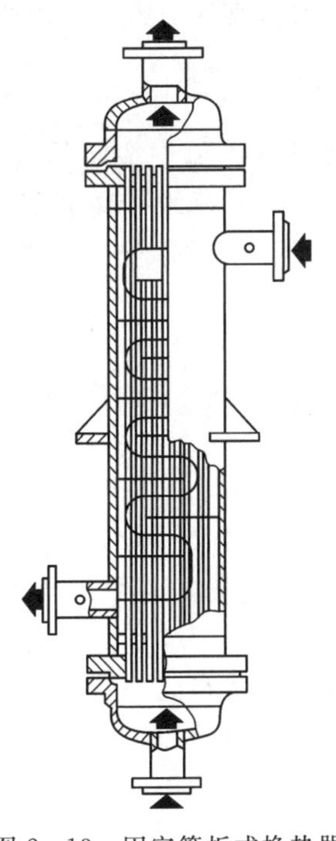

图 2－13　固定管板式换热器

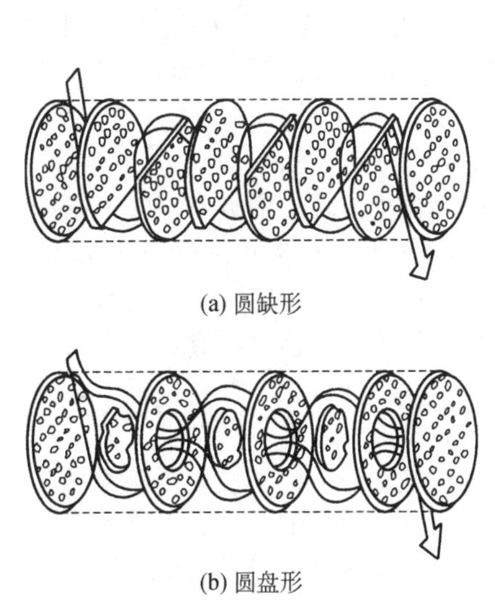

(a) 圆缺形

(b) 圆盘形

图 2－14　流体在壳内的折流

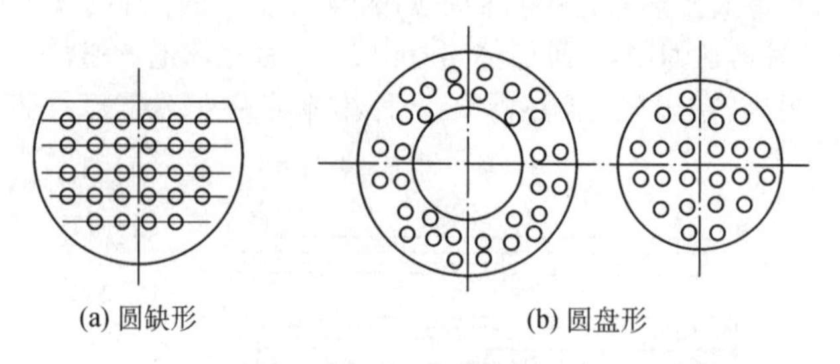

图 2－15　折流挡板的形式

流体在管内每通过管束一次称为一个管程，每通过壳体一次称为一个壳程，即单壳程单管程换热器，通常称为 1－1 型换热器。为提高管内流体的速度，可在两端封头内设置适当隔板，将全部管子平均分隔成若干组。这样，流体可每次只通过部分管子而往返管束多次，称为多管程。同样，为提高管外流速，可在壳体内安装纵向挡板使流体多次通过壳体空间，称多壳程。图 2－16 所示为两壳程四管程即 2－4 型换热器。

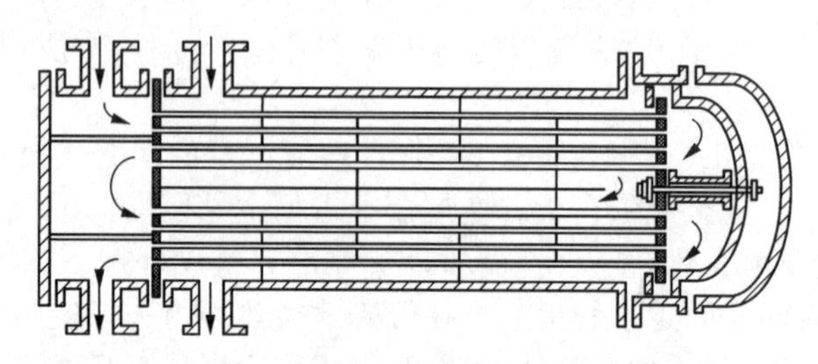

图 2－16　两壳程四管程的浮头式换热器

在管壳式换热器内，由于管内外流体温度不同，壳体和管束的温度也不同。如两者温差很大，换热器内部将出现很大的热应力，可能使管子弯曲、断裂或从管板上松脱。因此，当管束和壳体温度差超过 50℃时，应采取适当的温差补偿措施，消除或减小热应力。根据所采取的温差补偿措施，换热器可分为以下几种主要型式。

(1) 固定管板式

当冷、热流体温差不大时，可采用固定管板即两端管板与壳体制成一体的结构型式(图 2－13)。这种换热器结构简单、成本低，但壳程清洗困难，要求管外流体必须是洁净而不易结垢的。当温差稍大而壳体内压力又不太高时，可在壳体壁上安装膨胀节以减小热应力。

(2) 浮头式换热器

这种换热器中两端的管板有一端可以沿轴向自由浮动(图 2－16)，这种结构不但完全消除了热应力，而且整个管束可从壳体中抽出，便于清洗和检修。因此，浮头式换热器是应用较多的一种结构型式，尽管其结构比较复杂、造价亦较高。

我国生产的浮头式换热器有两种型式。管束采用 $\phi 19\times 2$ 的管子，管中心距为 25 mm；管束采用 $\phi 25\times 2.5$ 的管子，管中心距为 32 mm。管子可按正三角形或正方形排列。

(3) U 形管式换热器

U 形管式换热器的每根换热管都弯成 U 形，进出口分别安装在同一管板的两侧，封头以隔板分成两室(图 2－17)。这样，每根管子皆可自由伸缩，而与外壳无关。在结构上 U 形管式换热器比浮头式简单，但管程不易清洗，只适用于洁净而不易结垢的流体，如高压气体的换热。

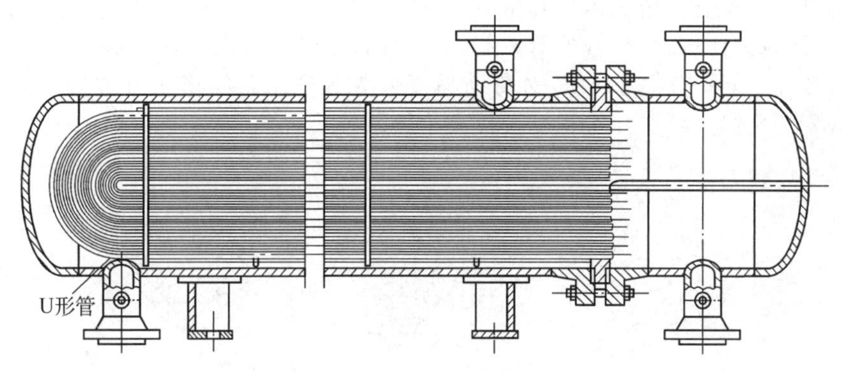

图 2-17 U形管式换热器

以上所述为目前工业常遇的换热设备。随着工业的发展，各种高效省材的换热器不断出现。关于这方面的内容将在后面进一步介绍。

2.6.2 管壳式换热器的设计和选用

管壳式换热器计算和选用时应考虑的问题 前面已经指出，换热器传热面积的计算包含一系列的选择，并以热流体冷却为例，说明了流体的流向、流速和冷流体出口温度的选择依据。这些选择依据对管壳式换热器仍然成立。此外，在选用和设计管壳式换热器时还必须考虑以下问题。

(1) 冷、热流体流动通道的选择

在管壳式换热器内，冷、热流体流动通道可根据以下原则进行选择。

① 不洁净和易结垢的液体宜在管程，因管内清洗方便；

② 腐蚀性流体宜在管程，以免管束和壳体同时受到腐蚀；

③ 压强高的流体宜在管内，以免壳体承受压力；

④ 饱和蒸气宜走壳程，因饱和蒸气比较洁净，给热系数与流速无关而且冷凝液容易排出；

⑤ 被冷却的流体宜走壳程，便于散热；

⑥ 若两流体温差较大，对于刚性结构的换热器，宜将给热系数大的流体通入壳程，以减小热应力；

⑦ 流量小而黏度大的流体一般以壳程为宜，因在壳程 $Re>100$ 即可达到湍流。但这不是绝对的，如流动阻力损失允许，将这种流体通入管内并采用多管程结构，反而能得到更高的给热系数。

(2) 流动方式的选择

除逆流和并流之外，在管壳式换热器中冷、热流体还可做各种多管程多壳程的复杂流动。当流量一定时，管程或壳程越多，给热系数越大，对传热过程有利。但是，采用多管程或多壳程必导致流体阻力损失即输送流体的动力费用增加。因此，在决定换热器的程数时，需权衡传热和流体输送两方面的得失。

(3) 换热管规格和排列的选择

换热管直径越小，换热器单位容积的传热面积越大。因此，对于洁净的流体管径可取得小些。但对于不洁净或易结垢的流体，管径应取得大些，以免堵塞。考虑到制造和维修的方便，加热管的规格不宜过多。目前我国试行的系列标准规定采用 $\phi25\times2.5$ 和 $\phi19\times2$ 两种规格，对一般流体是适应的。

管长的选择是以清洗方便和合理使用管材为准。我国生产的钢管长多为 6 m、9 m，故系列标准中管长有 1.5、2、3、4.5、6 和 9 m 六种，其中以 3 m 和 6 m 更为普遍。

管子的排列方式有等边三角形和正方形两种[图 2-18(a)、图 2-18(b)]。与正方形相比，等边三角形排列比较紧凑，管外流体湍动程度高，给热系数大。正方形排列虽比较松散，给热效果也较差，但管外清洗方便，对易结垢流体更为适用。如将正方形排列的管束斜转45°安装[图 2-18(c)]，可在一定程度上提高给热系数。

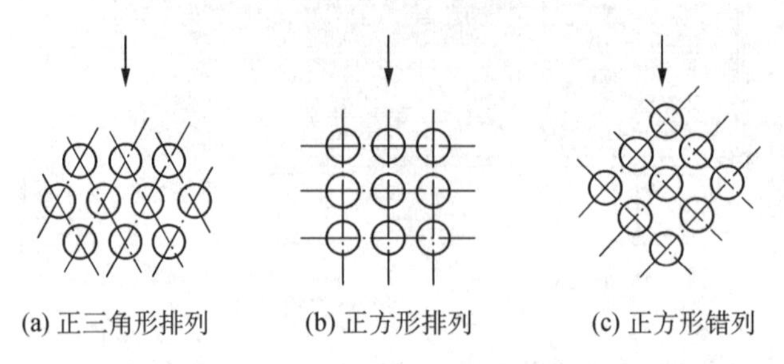

(a) 正三角形排列　(b) 正方形排列　(c) 正方形错列

图 2-18　管子在管板上的排列

(4) 折流挡板

安装折流挡板的目的是为提高管外给热系数，为取得良好效果，挡板的形状和间距必须适当。

对圆缺形挡板而言，弓形缺口的大小对壳程流体的流动情况有重要影响。由图 2-19 可以看出，弓形缺口太大或太小都会产生"死区"，既不利于传热又往往增加流体阻力。一般来说，弓形缺口的高度可取为壳体内径的 10%～40%，最常见的是 20%和 25%两种。

挡板的间距对壳程的流动亦有重要的影响。间距太大，不能保证流体垂直流过管束，使管外给热系数下降；间距太小，不便于制造和检修，阻力损失亦大。一般取挡板间距为壳体内径的 0.2～1.0 倍。我国系列标准中采用的挡板间距为固定管板式有 100、150、200、300、450、600、700 mm 七种；浮头式有 100、150、200、250、300、350、450(或 480)、600 mm八种。

(a) 切除过少　(b) 切除适当　(c) 切除过多

图 2-19　挡板切除对流动的影响

管壳式换热器的计算涉及其管程给热系数、换热器的阻力损失(含管程和壳程)等的计算，该部分内容参考其他教材或手册。

对数平均温差的修正　前面推导的对数平均温度差 Δt_m 仅适用于并流或逆流的情况。当采用多管程或多壳程时，管壳式换热器内的流动形式复杂，平均推动力可根据具体流动形式另行推出。在这些复杂的流动情况下，平均推动力 Δt_m 的计算式相当复杂。为方便起见，将这些复杂流动形式的平均推动力的计算结果与进、出口温度相同的纯逆流相比较，求出修正系数 ψ 并列出相应的线图，以供查取。图 2-20 给出几种复杂流动形式的 ψ 值线图，其他流动形式的 ψ 值线图可参考各种传热书籍。在工程计算中，可利用相应线图按下列步骤计算复杂流动形式的平均推动力。

① 先以给定的冷、热流体进、出口温度，算出纯逆流条件下的对数平均推动力。

② 将①中求得的推动力乘以修正系数 ψ 得到各种复杂流动形式的平均推动力。修正系数可根据

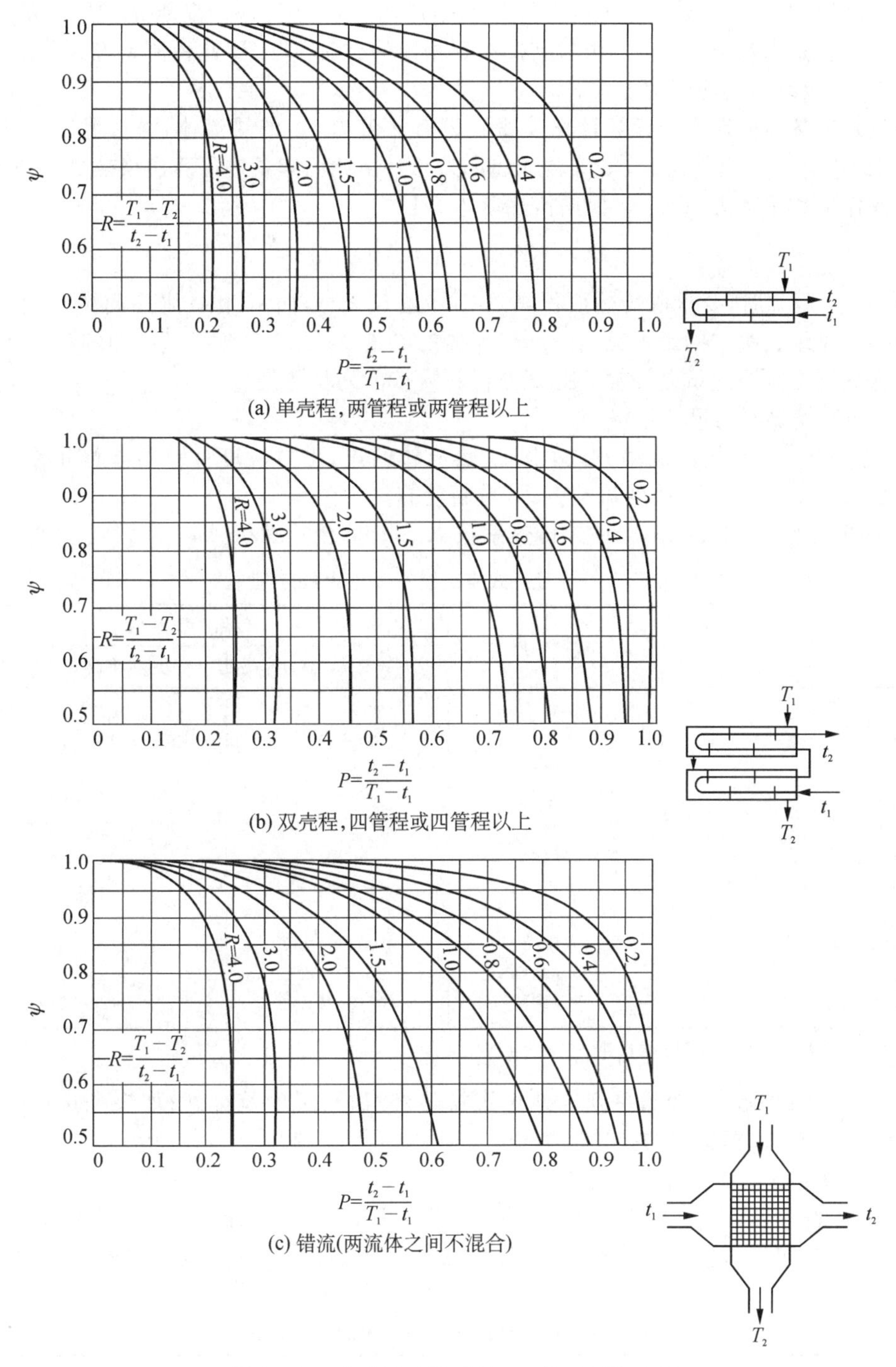

图 2-20　几种流动形式的 Δt_m 修正系数 ψ 值

$$R=\frac{T_1-T_2}{t_2-t_1},\ P=\frac{t_2-t_1}{T_1-t_1}$$

两个参数，从相应的线图求得(图 2-20)。R、P 中各温度为冷、热流体进、出口温度。

③ 根据纯逆流平均推动力与修正系数计算实际平均推动力，即

$$\Delta t_m=\psi\Delta t_{m逆} \tag{2-53}$$

前面已经谈到，由于热平衡的限制，并不是任何一种流动方式都能完成给定的换热任务。当根据已知参数 P、R 在某线图上找不到相应的点时，即表明此种流动方式无法完成指定换热任务，应改为其他流动方式。

管壳式换热器的选用和设计计算步骤 设有流量为 q_{m1} 的热流体，需从温度 T_1 冷却至 T_2，可用的冷却介质温度为 t_1，出口温度选定为 t_2。由此已知条件可算出换热器的热负荷 Q 和逆流操作平均推动力 $\Delta t_{m逆}$。根据传热基本方程式

$$Q = KA\Delta t_m = KA\psi\Delta t_{m逆} \tag{2-54}$$

当 Q 和 $\Delta t_{m逆}$ 已知时，要求取传热面积 A 必须知道 K 和 ψ，而 K 和 ψ 则是由传热面积 A 的大小和换热器结构决定的。可见，在冷、热流体的流量及进、出口温度皆已知的条件下，选用或设计换热器必须通过试差计算。此试差计算可按下列步骤进行。

(1) 初选换热器的尺寸规格

① 初步选定换热器的流动方式，由冷、热流体的进、出口温度计算温差修正系数 ψ。ψ 的数值应大于 0.8，否则应改变流动方式，重新计算。

② 根据经验(或由表 2-3)估计传热系数 $K_{估}$，计算传热面积 $A_{估}$。

表 2-3 管壳式换热器的 K 值大致范围

热 流 体	冷 流 体	传热系数 K 值	
		W/(m^2·℃)	10^3 cal❶/(m^2·h·℃)
水	水	850～1 700	730～1 460
轻油	水	340～910	290～780
重油	水	60～280	50～240
气体	水	17～280	15～240
水蒸气冷凝	水	1 420～4 250	1 220～3 650
水蒸气冷凝	气体	30～300	25～260
低沸点烃类蒸气冷凝(常压)	水	455～1 140	390～980
低沸点烃类蒸气冷凝(减压)	水	60～170	50～150
水蒸气冷凝	水沸腾	2 000～4 250	1 720～3 650
水蒸气冷凝	轻油沸腾	455～1 020	390～880
水蒸气冷凝	重油沸腾	140～425	120～370

注：以工程单位值表示的 K 值，由 SI 换算并经过圆整后列出。

③ 根据 $A_{估}$ 的数值，参照系列标准选定换热管直径、长度及排列；如果是选用，可根据 $A_{估}$ 在系列标准中选择适当的换热器型号。

(2) 计算管程的压降和给热系数

① 参考表 2-4、表 2-5 选定流速，确定管程数目，计算管程压降 Δp_t。若管程允许压降 $\Delta p_{允}$ 已有规定，可以直接选定管程数目，计算 Δp_t。若 $\Delta p_t > \Delta p_{允}$，必须调整管程数目重新计算。

表 2-4 管壳式换热器内常用的流速范围

流 体 种 类	流速/(m/s)	
	管 程	壳 程
一般液体	0.5～3	0.2～1.5
易结垢液体	>1	>0.5
气体	5～30	3～15

❶ 1 cal=4.186 8 J。

表 2-5　不同黏度液体在管壳式换热器中的流速(在钢管中)

液体黏度/(mPa·s)	最大流速/(m/s)
>1 500	0.6
500～1 000	0.75
100～500	1.1
35～100	1.5
1～35	1.8
<1	2.4

② 计算管内给热系数 α_i,如 $\alpha_i < K_{估}$,则应改变管程数重新计算。若改变管程数不能同时满足 $\Delta p_t < \Delta p_{允}$、$\alpha_i > K_{估}$ 的要求,则应重新估计 $K_{估}$ 值,另选一换热器型号进行试算。

(3) 计算壳程压降和给热系数

① 参考表 2-5 的流速范围选定挡板间距,计算壳程压降 Δp_s,若 $\Delta p_s > \Delta p_{允}$,可增大挡板间距。

② 计算壳程给热系数 α_0,如 α_0 太小,可减小挡板间距。

(4) 计算传热系数、校核传热面积

根据流体的性质选择适当的垢层热阻 R,由 R、α_i、α_0 计算传热系数 $K_{计}$,再由传热基本方程(2-50)计算所需传热面积 $A_{计}$。当此传热面积 $A_{计}$ 小于初选换热器实际所具有的传热面积 A 时,则原则上以上计算可行。考虑到所用传热计算式的准确程度及其他未可预料的因素,应使选用换热器传热面积留有 15%～25%的裕度,使 $A/A_{计} = 1.15 \sim 1.25$。否则需重新估计一个 $K_{估}$,重复以上计算。

2.6.3　换热器的强化和其他类型

在传统的间壁式换热器中,除夹套式以外,几乎都是管式换热器(包括蛇管、套管、管壳等)。但是,在流动面积相等条件下,圆形通道表面积最小,而且管子之间不能紧密排列,故管式换热器的共同缺点是结构不紧凑,单位换热器容积所提供的传热面小,金属消耗量大。随着工业的发展,陆续出现了不少高效紧凑的换热器并逐渐趋于完善。这些换热器基本上可分为两类,一类是在管式换热器的基础上加以改进,而另一类则根本上摆脱圆管而采用各种板状换热表面。

各种板式换热器　板式换热表面可以紧密排列,因此各种板式换热器都具有结构紧凑、材料消耗低、传热系数大的特点。这类换热器一般不能承受高压和高温,但对于压强较低、温度不高或腐蚀性强而需用贵重材料的场合,各种板式换热器都显示出更大的优越性。

(1) 螺旋板式换热器

螺旋板式换热器是由两张平行薄钢板卷制而成,在其内部形成一对同心的螺旋形通道。换热器中央设有隔板,将两螺旋形通道隔开。两板之间焊有定距柱以维持通道间距,在螺旋板两端焊有盖板(图 2-21)。冷热流体分别由两螺旋形通道流过,通过薄板进行换热。

螺旋板式换热器的优点是:

① 由于离心力的作用和定距柱的干扰,流体湍动程度高,故给热系数大。例如,水对水的传热系数可达到 2 000～3 000 W/(m^2·℃),而管壳式换热器一般为 1 000～2 000 W/(m^2·℃)。

② 由于离心力的作用,流体中悬浮的固体颗粒被抛向螺旋形通道的外缘而被流体本身冲走,故螺旋板式换热器不易堵塞,适于处理悬浮液体及高黏度介质。

③ 冷、热流体可做纯逆流流动,传热平均推动力大。

④ 结构紧凑,单位容积的传热面为管壳式的 3 倍,可节约金属材料。

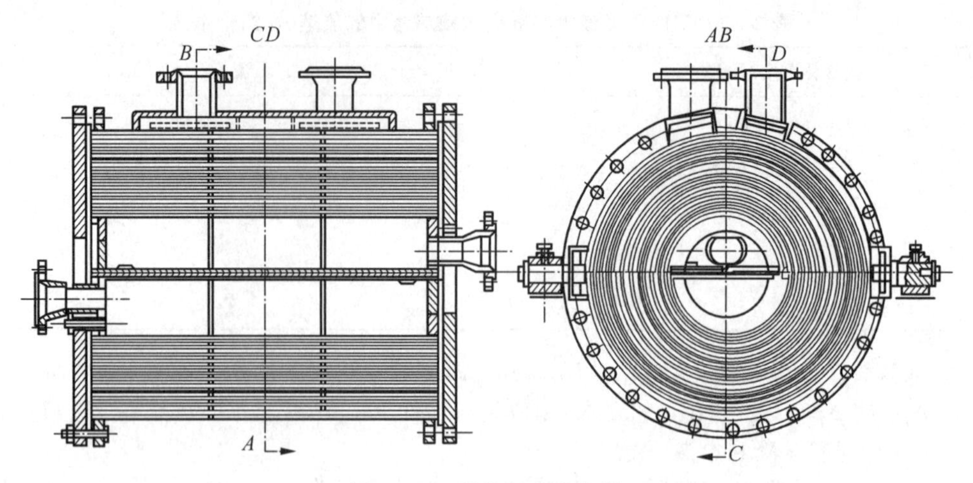

图 2-21　螺旋板式换热器

螺旋板式换热器的主要缺点是：

① 操作压力和温度不能太高，一般压力不超过 2 MPa，温度不超过 300～400℃。

② 因整个换热器被焊成一体，一旦损坏不易修复。

(2) 板式换热器

板式换热器最初用于食品工业，20 世纪 50 年代逐渐推广到化工等其他工业部门，现已发展成为高效紧凑的换热设备。板式换热器是由一组金属薄板、相邻薄板之间衬以垫片并用框架夹紧组装而成的。图 2-22 所示为矩形板片，其上四角开有圆孔，形成流体通道。冷、热流体交替地在板片两侧流过，通过板片进行换热。板片厚度为 0.5～3 mm，通常压制成各种波纹形状，既增加刚度，又使流体分布均匀，加强湍动，提高传热系数。

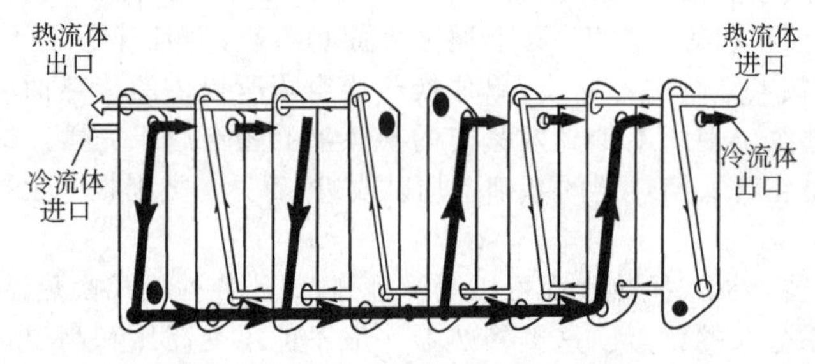

图 2-22　板式换热器流向示意图

板式换热器的主要优点是：

① 由于流体在板片间流动湍动程度高，而且板片厚度又薄，故传热系数 K 大。例如，在板式换热器内，水对水的传热系数可达 1 500～4 700 W/(m^2·℃)。

② 板片间隙小(一般为 4～6 mm)，结构紧凑，单位容积所提供的传热面积为 250～1 000 m^2/m^3；而管壳式换热器只有 40～150 m^2/m^3。板式换热器的金属耗量可减少一半以上。

③ 具有可拆结构，可根据需要调整板片数目以增减传热面积，故操作灵活性大，检修清洗也方便。

板式换热器的主要缺点是允许的操作压强和温度比较低。通常操作压强不超过 2 MPa，压强过高容易渗漏。操作温度受垫片材料的耐热性限制，一般不超过 250℃。

(3) 板翅式换热器

板翅式换热器是一种更为高效紧凑的换热器，过去由于制造成本较高，仅用于宇航、电子、原子能等少数部门。现在已逐渐应用于化工和其他工业,取得良好效果。

如图 2-23 所示,在两块平行金属薄板之间,夹入波纹状或其他形状的翅片,将两侧面封死,即成为一个换热基本元件。将各基本元件适当排列(两元件之间的隔板是公用的),并用钎焊固定,制成逆流式或错流式板束。将板束放入适当的集流箱(外壳)就成为板翅式换热器。

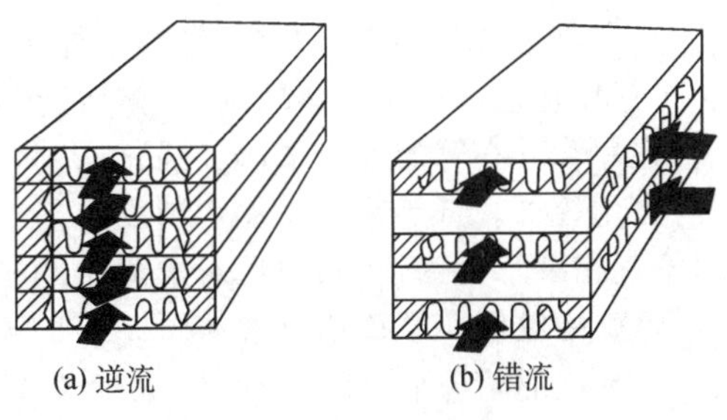

图 2-23 板翅式换热器的板束

板翅式换热器的结构高度紧凑,单位容积可提供的传热面积高达 2 500~4 000 m^2/m^3。所用翅片的形状可促进流体的湍动,故其传热系数也很高。因翅片对隔板有支撑作用,板翅式换热器允许操作压强也较高,可达 5 MPa。

(4) 板壳式换热器

板壳式换热器与管壳式换热器的主要区别是以板束代替管束。板束的基本元件是将条状钢板滚压成一定形状然后焊接而成(图 2-24)。板束元件可以紧密排列。结构紧凑、单位容积提供的换热面为管壳式的 3.5 倍以上。为保证板束充满圆形壳体,板束元件的宽度应该与元件在壳体内所占弦长相当。与圆管相比,板束元件的当量直径较小,给热系数也较大。

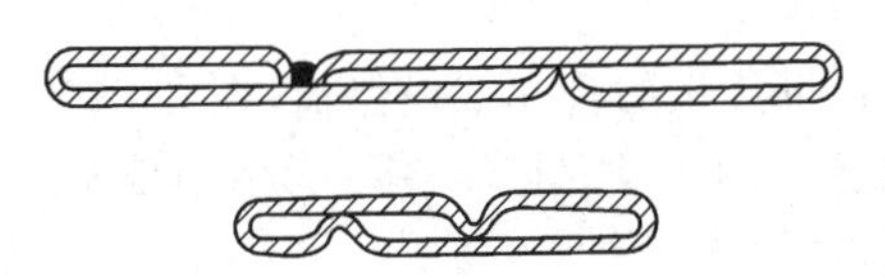

图 2-24 板壳式换热器的结构示意

板壳式换热器不仅有各种板式换热器结构紧凑、传热系数高的特点,而且结构坚固,能承受很高的压强和温度,较好地解决了高效紧凑与耐温抗压的矛盾。目前,板壳式换热器最高操作压强可达 6.4 MPa,最高温度可达 800℃。板壳式换热器的缺点是制造工艺复杂,焊接要求高。

强化管式换热器 这一类换热器是在管式换热器的基础上,采取某些强化措施,提高传热效果。强化的措施无非是管外加翅片,管内安装各种形式的内插物。这些措施不仅增大了传热面积,而且增加了流体的湍动程度,使传热过程得到强化。

翅片管 翅片管是在普通金属管的外表面安装各种翅片制成。常用的翅片有横向与纵向两种型式,如图 2-25(a)、图 2-25(b)所示。

翅片与光管的连接应紧密无间,否则连接处的接触热阻很大,影响传热效果。常用的连

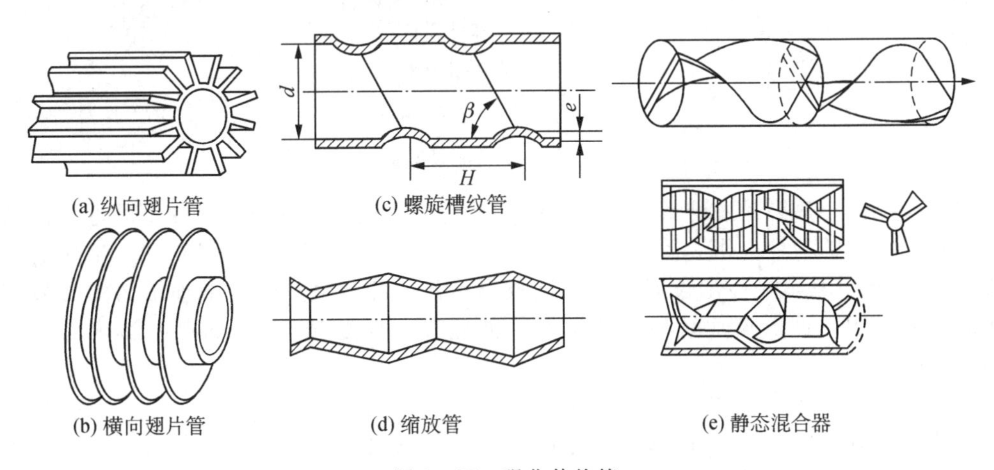

图 2-25 强化传热管

接方法有热套、镶嵌、张力缠绕、钎焊及焊接等，其中焊接和钎焊最为密切，但加工费用较高。此外，翅片管也可采用整体轧制、整体铸造和机械加工的方法制造。

翅片管仅在管的外表采取了强化措施，因而只对外侧给热系数很小的传热过程才起显著的强化效果。近年来用翅片管制成的空气冷却器在化工生产中应用很广。用空冷代替水冷，不仅在缺水地区适用，而且对水源充足的地方，采用空冷也可取得较大经济效果。

螺旋槽纹管 螺旋槽纹管如图 2-25(c)所示。研究表明，流体在管内流动时受螺旋槽纹的引导使靠近壁面的部分流体顺槽旋流有利于减薄层流内层的厚度，增加扰动，强化传热。

缩放管 缩放管是由依次交替的收缩段和扩张段组成的波形管道[图 2-25(d)]。研究表明，由此形成的流道使流动流体径向扰动大大增加，在同样流动阻力下，此管具有比光管更好的传热性能。

静态混合器 静态混合器能大大强化管内对流给热[图 2-25(e)]，尤其是在管内热阻控制时，强化效果特别好。

折流杆换热器 折流杆换热器是一种以折流杆代替折流板的管壳式换热器(图 2-26)。折流杆尺寸等于管子之间的间隙。杆子之间用圆环相连，四个圆环组成一组，能牢固地将管子支承住，有效地防止管束振动。折流杆同时又起到强化传热、防止污垢沉积和减小流动阻力的作用。折流杆换热器已在催化焚烧空气预热、催化重整进出料换热、烃类冷凝、胺重沸等方面多有应用。

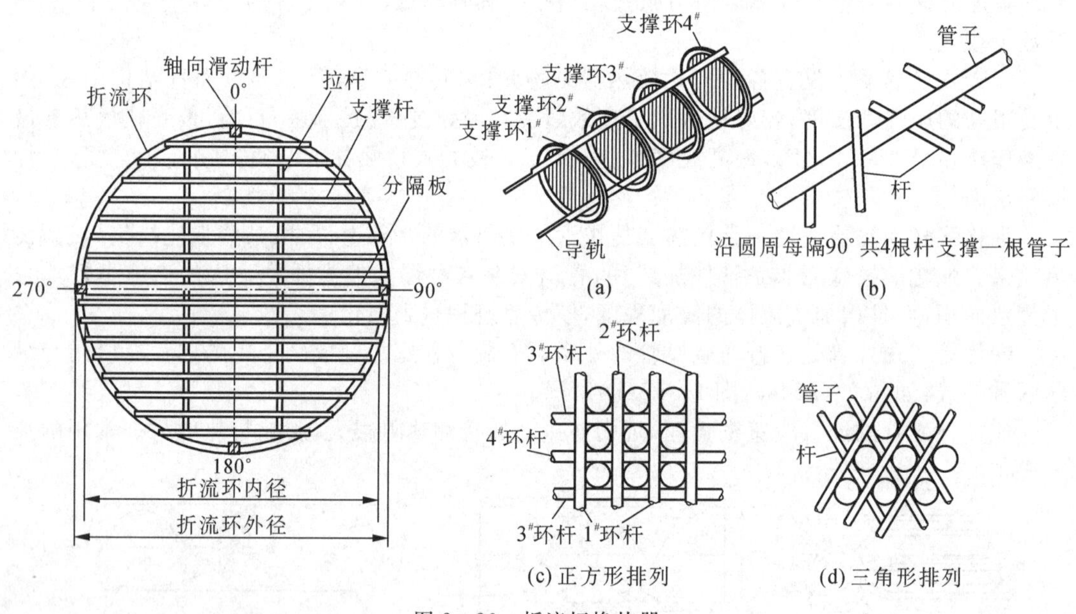

图 2-26 折流杆换热器

热管换热器 热管是一种新型传热元件。最简单的热管是在一根抽除不凝性气体的金属管内充以定量的某种工作液体，然后封闭而成(图 2-27)。当加热段受热时，工作液体遇热沸腾，产生的蒸气流至冷却段遇冷后凝结放出潜热。冷凝液沿具有毛细结构的吸液芯在毛细管力的作用下回流至加热段再次沸腾。如此过程反复循环，热量则由加热段传至冷却段。

在传统的管式换热器中，热量是穿过管壁在管内、外表面间传递的。已经谈到，管外可采用翅片化的方法加以强化，而管内虽可安装内插物，但强化程度远不如管外。热管把传统的内、外表面间的传热巧妙地转化为两管外表面的传热，使冷、热两侧皆可采用加装翅片的

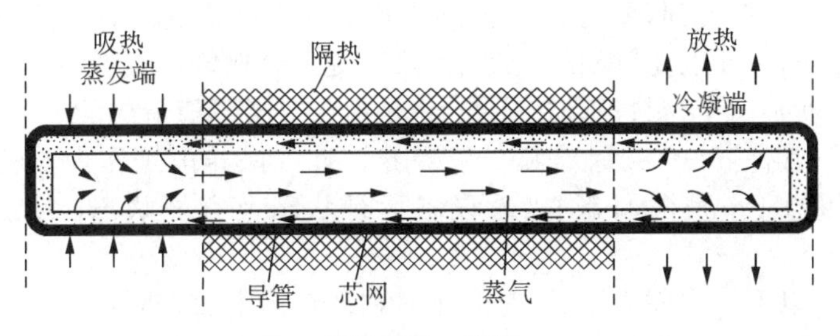

图 2-27　热管

方法进行强化。因此，用热管制成的换热器，对冷、热两侧给热系数皆很小的气—气传热过程特别有效。近年来，热管换热器广泛地应用于回收锅炉排出的废热以预热燃烧所需之空气，取得很大经济效果。

在热管内部，热量是通过沸腾、冷凝过程进行传递的。由于沸腾和冷凝给热系数皆很大，蒸气流动的阻力损失也很小，因此管壁温度相当均匀。由热管的传热量和相应的管壁温差折算而得的表观导热系数，是最优良金属热体的 $10^2 \sim 10^3$ 倍。因此，热管对于某些等温性要求较高的场合，尤为适用。

此外，热管还具有传热能力大、应用范围广、结构简单、工作可靠等一系列其他优点。

2.6.4　各类换热器的性能比较及其日常维护

随着工业技术的不断发展，各种换热器的应用日益广泛。化学工业上，选择换热器型式时，需要考虑物料的压强、温度、化学腐蚀等问题。现将常见各类间壁式换热器的主要性能进行比较，见表 2-6。

表 2-6　常见间壁式换热器的主要性能比较

换热器的型式	主要性能									
	操作性能			效　率			紧凑性	加工性能		金属耗量
	管内清洗是否容易	管外清洗是否容易	检查是否方便	管内获得高流速的可能性	管外获得高流速的可能性	实现严格逆流的可能性	单位体积的传热面积/(m^2/m^3)	用钢或塑料制造的可能性	用铸铁及脆性材料制造的可能性	单位传热面积的金属耗量/(kg/m^2)
沉浸蛇管式	×	√	√	√	○	×	15	√	√	100
喷淋蛇管式	○	√	√	√	○	×	16	√	√	60
不可卸套管	×	×	×	√	√	√	20	√	×	150
可卸套管	√	√	√	√	√	√	20	√	√	150
刚性结构的列管式	√	×	○	√	○	○	40～150	√	×	30
有补偿圈的列管式	√	×	○	√	○	○	40～150	√	×	30
管束可取的列管式	√	√	○	√	○	○	40～150	√	○	30
螺旋板式	○	○	○	√	√	√	100	√	○	50
平板式	√	√	√	√	○	○	250～1 500	√	×	16
板翅式	×	×	×	√	○	○	250～4 370	√	×	—

符号意义：√表示完全满足要求；○表示部分满足要求；×表示不满足要求。

换热器的日常维护主要有检查、保养和防垢三项工作。

检查包括查泄漏、查腐蚀损坏、查松动。查各个静密封点有无泄漏，如法兰螺栓是否松动，填料、密封垫是否损坏；有无隐含的泄漏，如砂眼、裂纹等。要特别注意换热管内部有无泄漏，这种情况不能直接看到，要通过工艺上的异常现象分析判断。细心查看由于腐蚀、锈蚀、冲刷造成的损伤，有无老化、脆化、变形、传热壁变薄等现象。查看有无异常振动，如整个换热器振动，要判断是由于物料流动造成的，还是由于支架不稳造成的。

保养工作有日常保养、一级保养和二级保养。日常保养由操作人员负责，每天都要进行。日常保养的要求：一是巡回检查，看设备运行状态及完好状态；二是保持设备清洁、稳固。

防垢工作应从以下三方面入手：一是开车时在载热体中加入防垢剂；二是在操作时控制好流速、温度和温差；三是清除污垢，在停车检修时用化学方法或机械方法清洗。

习　题

热传导

2-1　有一面建筑砖墙，厚度为 360 mm，面积为 20 m^2，墙内壁的温度为 30℃，外壁温度为 0℃，已知建筑砖的导热系数为 0.69 W/(m^2·K)。试估算该墙面每小时向外散失的热量。[答案：4 140 kJ/h]

2-2　某平壁燃烧炉内层为 0.1 m 的耐火砖，外层为 0.08 m 厚的普通砖，普通砖的导热系数为 0.8 W/(m·K)，耐火砖的导热系数为 1.0 W/(m·K)。现测得炉内壁温度为 700℃，外表面温度为 100℃。为了减少热量损失，在普通砖外面再增加一层厚度为 0.03 m、导热系数为0.03 W/(m·K)的隔热材料。使用后，测得炉内壁温度为 800℃，外表面温度为 70℃。假定原来两层材料的导热系数不变，试求：(1) 加保温层前后单位面积的热损失；(2) 加保温层后各界面的温度。[答案：(1) 3 kW/m^2，608 W/m^2；(2) 739℃，678℃]

2-3　在 ϕ76 mm×3 mm 的钢管外包一层 30 mm 厚的软木后，又包一层 30 mm 厚的石棉。软木和石棉的导热系数分别为 0.04 W/(m·K)和 0.16 W/(m·K)，钢管的导热系数为 45 W/(m·K)。已知钢管内壁的温度为－100℃，最外侧的温度为 10℃。试求：(1) 每米管道损失的冷量；(2) 在其他条件不变的情况下，将两种保温材料交换位置后，每米管道损失的冷量；(3) 说明何种材料放在内层保温效果更好。[答案：(1) 41.04 W/m；(2) 54.07 W/m；(3) 略]

2-4　外径为 50 mm 的不锈钢管，外包 6 mm 厚的玻璃纤维保温层，其外再包 20 mm 厚的石棉保温层，管外壁温度为 300℃，保温层外壁温度为 35℃，已知玻璃纤维和石棉的导热系数分别为 0.07 W/(m·K)和0.3 W/(m·K)，试求：(1) 每米管长热损失；(2) 玻璃纤维层和石棉层之间的界面温度。[答案：(1) 351.7 W/m；(2) 273.8℃]

2-5　已知一外径为 75 mm、内径为 55 mm 的金属管，输送某一热的物流，此时金属管内表面温度为 120℃，外表面温度为 115℃，每米管长的散热速率为 4 545 W/m，求该管材的导热系数。为减少该管的热损失，外加一层石棉层[导热系数为 0.15 W/(m·℃)]，此时石棉层外表面温度为 10℃，而每米管长的散热速率减少为原来的 3.87%，求石棉层厚度及钢管和石棉层接触面处的温度。[答案：44.9 W/(m·℃)，30 mm，119.8℃]

热量平衡

2-6　已知 140 kPa 的压强下水的饱和温度为 109.2℃，汽化潜热为 2 234.4 kJ/kg。试计算该压强下流量为 1 500 kg/h 的饱和水蒸气冷凝后并降温至 50℃时所放出的热量。定性温度下水的比热容 c_p＝4.192 kJ/(kg·K)。[答案：1 034.4 kW]

2-7　在某换热器中，用 110 kPa 下的饱和水蒸气加热苯，苯的流量为 10 m^3/h，从 20℃加热到 70℃，设该换热器热量损失为苯吸热量的 8%。定性温度下苯的物性数据为比热容 c_p＝1.756 kJ/(kg·℃)，密度 ρ＝840 kg/m^3；110 kPa 下饱和水蒸气的汽化潜热为 2 252 kJ/kg。试求换热器的热负荷和水蒸气的用量。[答案：221.3 kW，0.098 2 kg/s]

对流给热

2-8　某厂精馏塔顶，采用列管式冷凝器，共有 ϕ25 mm×2.5 mm 的管子 60 根，管长为 2 m，蒸气走管间，冷却水走管内，水的流速为 1 m/s，进、出口温度分别为 20℃和 60℃。已知在定性温度下水的物性数据为 ρ＝992.2 kg/m^3，λ＝0.633 8 W/(m·℃)，μ＝6.56×10^{-4} Pa·s，Pr＝4.31。(1) 求管内水的对流给热系数；(2) 如使总管数减为 50 根，水量和水的物性视为不变，此时管内水的对流给热系数又为多大？[答

案：(1) 5 023.7 W/(m^2 • ℃)；(2) 5 812.6 W/(m^2 • ℃)]

传热系数计算

2-9 热空气在 ϕ25 mm×2.5 mm 的钢管外流动，对流给热系数为 50 W/(m^2 • K)，冷却水在管内流动，对流给热系数为 1 000 W/(m^2 • K)。钢管的导热系数为 45 W/(m • K)。管内、外的垢层热阻分别为 0.000 5(m^2 • K)/W、0.000 58(m^2 • K)/W。试求：(1) 传热系数 K；(2) 若管外对流给热系数增大 1 倍，传热系数有何变化？(3) 若管内对流给热系数增大 1 倍，传热系数又有何变化？[答案：(1) 44.66 W/(m^2 • K)；(2) 80.7 W(m^2 • K)，增大 80.74%；(3) 45.94 W/(m^2 • K)，增大 2.87%]

2-10 一列管式换热器，原油流经管内，管外用饱和蒸气加热，管束由 ϕ53 mm×1.5 mm 的钢管组成。已知管外对流给热系数 α_o 为 10 000 W/(m^2 • K)，管内对流给热系数为 α_i 为 100 W/(m^2 • K)，钢的导热系数为 45 W/(m • K)。试求：(1) 传热系数 K；(2) 该换热器使用一段时间后管内形成垢层，其热阻为 R_{si}＝0.001(m^2 • K)/W，此时传热系数又为多少？[答案：(1) 93.16 W/(m^2 • K)；(2) 84.79 W/(m^2 • K)]

2-11 用热水和冷水进行逆流热交换测定某换热器的传热性能，现场测得热水流量为 5 kg/s，进口温度为 63℃，出口温度为 50℃。冷水进口温度为 19℃，出口温度为 30℃，传热面积为 4.1 m^2。定性温度下水的比热容为 4.18 kJ/(kg • ℃)。试求传热系数 K。[答案：2 070.9 W/(m^2 • ℃)]

传热推动力计算

2-12 用一列管式换热器加热原油，原油在管外流动，进口温度为 100℃，出口温度为 160℃；导热油在管内流动，进口温度为 250℃，出口温度为 180℃。试分别计算两者并流和逆流的温差推动力。[答案：64.52℃，84.90℃]

传热过程计算

2-13 一列管式换热器由 ϕ25 mm×2 mm 的不锈钢管组成。二氧化碳气体在管内流动，流量为 10 kg/s，从 50℃冷却到 38℃。冷却水在管外与二氧化碳逆流流动，流量为 3.68 kg/s，冷却水的进口温度为 25℃。已知管内侧的对流给热系数为 50 W/(m^2 • K)，管外侧的对流给热系数为 5 000 W/(m^2 • K)，不锈钢导热系数为 45 W/(m • K)，二氧化碳侧的垢层热阻为 0.000 5(m^2 • K)/W，水侧垢层热阻为 0.000 2(m^2 • K)/W，二氧化碳的比热容为 0.9 kJ/(kg • K)，水的比热容为 4.18 kJ/(kg • K)，不计热量损失。试求：换热器的传热系数和传热面积。[答案：40.4 W/(m^2 • K)，174.1 m^2]

2-14 在内管为 ϕ180 mm×10 mm 的套管换热器中，将流量为 3 500 kg/h 的某液态烃从 100℃冷却到 60℃，其平均比热容 c_p ＝ 2.38 kJ/(kg • ℃)，环隙走冷却水，其进、出口温度分别为 40℃和 50℃，平均比热容 c_p ＝ 4.174 kJ/(kg • ℃)，基于传热外面积的总传热系数 K＝2 000 W/(m^2 • ℃)，且保持不变。设热损失可以忽略。试求：(1) 冷却水用量；(2) 计算两流体为逆流和并流情况下的平均温差及管长。[答案：(1) 7 982 kg/h；(2) $\Delta t_{m并}$ ＝ 27.91℃，$l_{并}$ ＝ 2.93 m，$\Delta t_{m逆}$ ＝ 32.74℃，$l_{逆}$ ＝ 2.50 m]

2-15 在套管换热器内，用饱和水蒸气将在内管中做湍流流动的空气加热，设此时的总传热系数近似等于管壁向空气的对流给热系数。今要求空气量增加一倍，而加热蒸气的温度及空气的进、出口温度仍然不变，问该换热器的长度应增加百分之几？[答案：15%]

2-16 在列管式换热器中，用饱和水蒸气将空气由 10℃加热到 90℃，该换热器由 38 根 ϕ25 mm×2.5 mm、长 1.5 m 的铜管构成，空气在管内做湍流流动，其流量为 740 kg/h，比热容为 1.005×10^3 J/(kg • ℃)，饱和水蒸气在管间冷凝。已知操作条件下的空气对流给热系数为 70 W/(m^2 • ℃)，水蒸气的冷凝给热系数为 8 000 W/(m^2 • ℃)，管壁及垢层热阻可忽略不计。(1) 试确定所需饱和水蒸气的温度；(2) 若将空气量增大 25%通过原换热器，在饱和水蒸气温度及空气进口温度均不变的情况下，空气能加热到多少度？(设在本题条件下空气出口温度有所改变时，其物性参数可视为不变)[答案：(1) 124.2℃；(2) 88.05℃]

2-17 在管长为 1 m 的冷却器中，用水冷却油。已知两流体做并流流动，油由 420 K 冷却到 370 K，冷却水由 285 K 加热到 310 K。欲用加长冷却管子的办法，使油出口温度降至 350 K。若在两种情况下油、水的流量、物性常数、进口温度均不变，冷却器除管长外，其他尺寸也均不变。试求管长。[答案：1.86 m]

2-18 用 120℃的饱和水蒸气将流量为 36 m^3/h 的某稀溶液在单程列管换热器中从 80℃加热至 95℃，溶液的密度及比热容与水接近：ρ ＝ 1 000 kg/m^3，c_p ＝ 4.2 kJ/(kg • ℃)。若每程有直径为 ϕ25 mm×

2.5 mm 的管子 30 根，且以管外表面积为基准的传热系数 $K = 2\,800$ W/(m^2·℃)。蒸气侧污垢热阻和管壁热阻可忽略不计，试求：(1) 换热器所需的管长；(2) 当操作一年后，由于污垢累积，溶液侧的污垢热阻为 0.000 09(m^2·℃)/W，若维持溶液的原流量及进口温度，其出口温度为多少？又若必须保证溶液原出口温度，可以采取什么措施？[答案：(1) 3.0 m；(2) 92.0℃，措施略]

2-19 用一传热面积为 3 m^2 由 ϕ25 mm×2.5 mm 的管子组成的单程列管式换热器，用初温为 10℃ 的水将机油由 200℃ 冷却至 100℃，水走管内，油走管间。已知水和机油的质量流量分别为 1 000 kg/h 和 1 200 kg/h，其比热容分别为 4.18 kJ/(kg·K) 和 2.0 kJ/(kg·K)；水侧和油侧的对流给热系数分别为 2 000 W/(m^2·K) 和 250 W/(m^2·K)，两流体呈逆流流动，忽略管壁和污垢热阻。(1) 试通过计算确定该换热器是否合用？(2) 夏天当水的初温达到 30℃，而油的流量和冷却程度及传热系数不变时，该换热器是否合用？如何解决？[答案：(1) $A_{实} = 3$ m^2 $> A_{需} = 2.81$ m^2，合用；(2) $A_{实} = 3.0$ m^2 $< A_{需} = 3.44$ m^2，不合用；措施略]

2-20 有一列管式换热器，装有 ϕ25 mm×2.5 mm 的钢管 300 根，管长为 2 m。要求将质量流量为 8 000 kg/h 的常压空气于管程由 20℃ 加热到 85℃，选用 108℃ 饱和蒸气于壳程冷凝加热之。若水蒸气的冷凝给热系数为 1×10^4 W/(m^2·K)，管壁及两侧污垢的热阻均忽略不计，而且不计热损失。已知空气在平均温度下的物性常数为 $c_p = 1$ kJ/(kg·K)，$\lambda = 2.85\times10^{-2}$ W/(m·K)，$\mu = 1.98\times10^{-5}$ Pa·s，$Pr = 0.7$。试求：(1) 空气在管内的对流给热系数；(2) 换热器的总传热系数(以管子外表面为基准)；(3) 通过计算说明该换器能否满足需要？(4) 计算说明管壁温度接近于哪一侧的流体温度。[答案：(1) 90.2 W/(m^2·K)；(2) 71.6 W/(m^2·K)；(3) $A_{实} > A_{需}$，可用；(4) $T_w = 107.5℃ = 108℃$]

2-21 有一套管换热器，内管为 ϕ54 mm×2 mm，外管为 ϕ116 mm×4 mm 的钢管，内管中苯被加热，苯进口温度为 50℃，出口温度为 80℃，流量为 4 000 kg/h。环隙为 133.3℃ 的饱和水蒸气冷凝，其汽化热为 2 168.1 kJ/kg，冷凝给热系数为 11 630 W/(m^2·K)。苯在 50℃～80℃ 的物性参数平均值为密度 $\rho = 880$ kg/m^3，比热容 $c_p = 1.86$ kJ/(kg·℃)，黏度 $\mu = 0.39\times10^{-3}$ Pa·s，导热系数 $\lambda = 0.134$ W/(m·K)，管内壁垢阻为 0.000 265(℃·m^2)/W，管壁及管外侧垢阻不计。试求：(1) 加热蒸气消耗量；(2) 所需的传热面积；(3) 当苯的流量增加 50%，要求苯的进、出口温度不变，加热蒸气的温度应为多少？[答案：(1) 0.028 6 kg/s；(2) 1.30 m^2；(3) 145.6℃]

2-22 一套管换热器，外管为 ϕ83 mm×3.5 mm，内管为 ϕ57 mm×3.5 mm 的钢管，有效长度为 60 m。用 120℃ 的饱和水蒸气冷凝来加热内管中的油。蒸气冷凝潜热为 2 205 kJ/kg。已知油的流量为 7 200 kg/h，密度为 810 kg/m^3，比热容为 2.2 kJ/(kg·℃)，黏度为 5 mPa·s，进口温度为 30℃，出口温度为 80℃。不计热量损失。试求：(1) 蒸气用量；(2) 传热系数；(3) 如油的流量及加热程度不变，加热蒸气压强不变，现将内管直径改为 ϕ47 mm×3.5 mm 的钢管，管长为多少？已知蒸气冷凝给热系数为 12 000 W/(m^2·K)，管壁及污垢热阻不计，管内油的流动类型为湍流。[答案：(1) 359.2 kg/h；(2) 378.8 W/(m^2·℃)；(3) 50.8 m]

换热器核算

2-23 有一列管换热器，由 ϕ25 mm×2.5 mm、长为 2 m 的 26 根钢管组成。用 120℃ 饱和水蒸气加热某冷液体，该液体走管内，进口温度为 25℃，比热容为 1.76 kJ/(kg·℃)，流量为 18 600 kg/h。管外蒸气的冷凝给热系数为 1.1×10^4 W/(m^2·℃)，管内对流给热热阻为管外蒸气冷凝给热热阻的 6 倍。设换热器的热损失、管壁及两侧污垢热阻均可略去不计，试求冷液体的出口温度。[答案：73.1℃]

2-24 在一传热面积为 30 m^2 的列管式换热器中，用 120℃ 的饱和蒸气冷凝，将气体从 30℃ 加热到 80℃，气体走管内，流量为 5 000 m^3/h，密度为 1 kg/m^3(均按入口状态计)，比热容为 1 kJ/(kg·K)，估算此换热器的传热系数。若气量减少了 50%，估算在加热蒸气压强和气体入口温度不变的条件下，气体出口温度变为多少？[答案：37.54 W/(m^2·℃)，84.5℃]

2-25 采用传热面积为 4.48 m^2 的单程管壳式换热器，进行溶剂和某水溶液间的逆流传热，溶剂为苯，流量为 3 600 kg/h，比热容为 1.88 kJ/(kg·℃)，苯由 80℃ 冷却至 50℃，水溶液由 20℃ 被加热到 30℃。忽略热损失，流体的物性常数可视为不变。试求：(1) 传热系数 K；(2) 因前工段的生产情况有变动，水溶液进口温度降到 10℃，但由于工艺的要求，水溶液出口温度不能低于 30℃。若两流体的流量及苯的进口温度不变，原换热器是否能保证水溶液的出口温度不低于 30℃？[答案：(1) 321.6 W/(m^2·℃)；(2) $A_{实}$ =

4.48 m^2 <$A_{需}$ = 14.1 m^2，不能保证]

2-26 有一列管式换热器，列管由薄壁钢管制成。壳层通入温度为120℃的饱和水蒸气。管内走空气，空气流量为 2.5×10^4 kg/h，呈湍流流动，进口温度为30℃，出口温度为80℃。现将空气流量提高50%，进口温度不变。空气比热容 c_p = 1 005 J/(kg·K)，假设空气的物性保持不变。此时的换热量为多少？[答案：496.2 kW]

2-27 某列管换热器用109.2℃的饱和水蒸气加热管内空气，使它由20℃升至80℃，现空气流量需增加一倍，问在传热面积和空气进、出口温度不变的情况下，加热蒸气温度应变为多少？[答案：116.6℃]

2-28 某厂用一套管热交换器，每小时冷凝2 000 kg甲苯蒸气，冷凝温度为110℃，甲苯的汽化潜热为363 kJ/kg，其冷凝给热系数为14 000 W/(m^2·℃)。冷却水于16℃及5 000 kg/h的流量进入内管(内径为50 mm)做湍流流动，其对流给热系数为1 740 W/(m^2·℃)。水的比热容可取为4.19 kJ/(kg·℃)。忽略壁及垢层的热阻且不计热损失。(1) 试计算冷却水的出口温度及套管管长；(2) 由于气候变热，冷却水进口温度升为25℃，试计算在水流量不改变的情况下，该冷凝器的生产能力的变化率。[答案：(1) 50.6℃，11.0 m；(2) 下降9.6%]

2-29 在列管式换热器中，用饱和水蒸气将空气由10℃加热到90℃，该换热器由38根 ϕ25 mm×2.5 mm、长1.5 m的铜管构成，空气在管内做湍流流动，其流量为740 kg/h，比热容为 1.005×10^3 J/(kg·℃)，饱和水蒸气在管间冷凝。已知操作条件下的空气对流给热系数为70 W/(m^2·℃)，水蒸气的冷凝给热系数为8 000 W/(m·℃)，管壁及垢层热阻可忽略不计。设空气出口温度有所改变时，其物性参数可视为不变。(1) 试确定所需饱和水蒸气的温度；(2) 若将空气量增大25%通过原换热器，在饱和水蒸气温度及空气进口温度均不变的情况下，空气能加热到多少度？[答案：(1) 124.3℃；(2) 88.1℃]

2-30 在一传热外表面积为90 m^{2}的再沸器中，用95℃热水加热某有机液体，使之沸腾以产生一定量的蒸气。有机液体的沸点为45℃，已知热水在管程的流速为0.5 m/s(质量流量为 1.26×10^5 kg/h)。出口水温为75℃，再沸器中列管管径为 ϕ25 mm×2.5 mm。已知，热水物性：ρ = 970 kg/m^3，$\mu = 3.35\times10^{-4}$ Pa·s，c_p = 4.2 kJ/(kg·K)，λ = 0.677 W/(m·K)，Pr = 2.08；污垢热阻：$R_{si} = R_{so}$ = 0.2(m^2·K)/kW，管壁热阻可忽略不计并不考虑热损失，假定热水物性与沸腾侧给热系数可视为不变。(1) 计算该再沸器在上述操作情况下的传热系数 K_o、热水侧对流给热系数 α_i、沸腾侧对流给热系数 α_o。(2) 若管程中热水流速增为1.5 m/s，热水入口温度不变，试估算上升蒸气量增大的百分率。[答案：(1) 834.4 W/(m^2·℃)，3 598.2 W/(m^2·℃)，2 493 W/(m^2·℃)；(2) 39.5%]

2-31 有一套管换热器，由内管为 ϕ54 mm×2 mm，套管为 ϕ116 mm×4 mm的钢管组成。内管中苯自50℃被加热至80℃，流量为4 000 kg/h。环隙中为2 at[1](绝)的饱和水蒸气冷凝。蒸汽冷凝给热系数为10 000 W/(m^2·℃)。已知：苯在50～80℃的物性数据平均值为 ρ = 880 kg/m^3，c_p = 1.86 kJ/(kg·℃)，λ = 0.134 W/(m·℃)，μ = 0.39 mPa·s。管内侧污垢热阻 R_i = 0.000 4(m^2·℃)/W，管壁及管外侧污垢热阻不计。蒸汽温度与压强关系如下表所示。

压强/at(绝)	1.0	2.0	3.0
温度/℃	99.1	120	133

试求：(1) 管壁对苯的对流给热系数；(2) 套管的有效长度；(3) 若加热蒸汽压力降为1 at(绝)，问苯出口温度应为多少？[答案：(1) α_i=937.4 W/(m^2·℃)；(2) 11.5 m；(3) 71℃]

2-32 在单程列管换热器内，用120℃饱和蒸气将流量为8 500 kg/h的气体从20℃加热到60℃，气体在管内以10 m/s流动，管子为 ϕ26 mm×1 mm的铜管，蒸气冷凝给热系数为11 630 W/(m^2·℃)，管壁和污垢热阻可不计。已知气体物性为 c_p = 1.005 kJ/(kg·℃)，ρ = 1.128 kg/m^3，$\lambda = 1.754\times10^{-2}$ W/(m·℃)，$\mu = 1.91\times10^{-5}$ Pa·s。试计算：(1) 传热内表面积；(2) 如将气体流量增加一倍，气体出口温度为多少？(气体进口温度和气体物性不变)[答案：(1) 33.40 m^2；(2) 55.8℃]

---

[1] 1 at=98.066 5 kPa。

思 考 题

2-1 传热过程有哪三种基本方式？

2-2 传热按机理分为哪几种？

2-3 物体的导热系数与哪些主要因素有关？

2-4 流动对传热的贡献主要表现在哪儿？

2-5 自然对流中的加热面与冷却面的位置应如何放才有利于充分传热？

2-6 液体沸腾的必要条件有哪两个？

2-7 工业沸腾装置应在什么沸腾状态下操作？为什么？

2-8 沸腾给热的强化可以从哪两个方面着手？

2-9 蒸气冷凝时为什么要定期排放不凝性气体？

2-10 为什么有相变时的对流给热系数大于无相变时的对流给热系数？

2-11 若串联传热过程中存在某个控制步骤，其含义是什么？

2-12 传热基本方程中，推导得出对数平均推动力的前提条件有哪些？

2-13 为什么一般情况下，逆流总是优于并流？并流适用于哪些情况？

2-14 在换热器设计计算时，为什么要限制 ψ 大于 0.8？

本章主要符号说明

符号	意义	计量单位
A	传热面积，流动截面	m^2
a	辐射吸收率	
a	温度系数	$℃^{-1}$
a	流体的导温系数	m^2/s
B	挡板间距	m
C_0	黑体辐射系数	$W/(m^2 \cdot K)$
c_p	流体的定压比热容	$kJ/(kg \cdot K)$
D	换热器壳径	m
d	管径	m
d	透过率	
E_b	黑体辐射能力	W/m^2
f	校正系数	
K	传热系数	$W/(m^2 \cdot K)$
l	管子长度	m
n_T	管子总数	
Q	热流量	W 或 J/s
Q_T	累积传热量	J
q	热流密度	W/m^2
q_m	质量流量	kg/s
r	汽化潜热	kJ/kg
r	半径	m
r	反射率	
T	热流体温度	K
t	冷流体温度	K
u	流速	m/s
α	给热系数	$W/(m^2 \cdot K)$
α_C	接触系数	$W/(m^2 \cdot K)$
α_T	总给热系数	$W/(m^2 \cdot K)$

符　号	意　义	计量单位
β	体积膨胀系数	1/K
δ	冷凝膜厚度、壁厚	m
ε	黑度、换热器的热效率	
λ	热导率	W/(m^2 · K)
μ	黏度	Pa · s
ρ	流体密度	kg/m^3
σ	表面张力	N/m
σ_0	黑体辐射常数	W/(m^2 · K)
τ	时间	s
ψ	温度修正系数	
群数		
Gr	格拉斯霍夫数 $\frac{\beta g \Delta t l^3 \rho^2}{\mu^2}$	
Nu	努塞尔数 $\frac{\alpha l}{\lambda}$	
Pr	普朗特数 $\frac{c_p \mu}{\mu}$	
Re	雷诺数 $\frac{d\mu\rho}{\mu}$	
下标		
g	气体的	
m	平均	
w	壁面的	

参　考　文　献

[1] J P霍尔曼. 传热学. 马庆芳,等,译. 北京:人民教育出版社,1979.
[2] 尾花英朗. 热交换设计ハンドズシク. 工学图书株式会社,1973.
[3] Kern D L. Process Heat Transfer. McGraw-Hill, 1950.
[4] M A米海耶夫. 传热学基础. 王补宣,译. 北京:高等教育出版社,1954.
[5] Jakob M. Heat Transfer. Vol. I, John wiley and Sons, Inc. , 1949.
[6] 杨世铭. 传热学. 北京:高等教育出版社,1987.
[7] Coulson J M, Richardson J F. Chemical Engineering. Vol I, 3rd ed. 1977.
[8] 时钧,等. 化学工程手册. 第6篇. 北京:化学工业出版社,1996.
[9] 钱伯章. 无相变液-液换热设备的优化设计和强化技术(Ⅱ). 化工机械,1996,23(2).
[10] 陈英南,刘玉兰. 常用化工单元设备的设计. 上海:华东理工大学出版社,2005.

第3章　*非均相机械分离过程

3.1　概　　述

化工生产过程中，水泥企业的上空总是尘土飞扬，焦化厂、钢铁厂生产中总是带来空气污染，如何消除生产车间排放气体中的固体粉尘呢？印染企业、造纸企业生产过程总是带来水的污染，怎样去除污水中的固体污染物呢？此外，钛白粉企业、蔗糖等生产过程中，总是涉及钛白粉、蔗糖等固体产品与液体的分离，固体产品和液体是如何分离的呢？生产过程中采用贵重催化剂时，贵重催化剂如何回收呢？凡此种种，无不涉及固体颗粒与液体、气体的分离。这是本章要探讨的非均相机械分离过程。

化工生产涉及的分离包含均相混合物的分离和非均相混合物的分离。对于均相分离即传质主要采用蒸馏、吸收、萃取、干燥等单元操作完成，这些单元操作将在本书后文讨论。对于非均相混合物的分离一般采用机械分离单元操作完成，根据操作目的的不同，可以采用沉降（澄清）、过滤等单元操作。

这些非均相机械分离过程涉及固体颗粒，化工生产中遇到的固体颗粒形状各式各样，有球形、棒状、纺锤形等不一而足。而实际过程中普遍将这些复杂形状的固体颗粒简单处理成球形颗粒，根据经验，这样处理不会有太大的误差，实际操作的结果也与工程实际情况一般比较吻合。本书旨在讨论颗粒运动的一般规律，故将各种复杂形状的颗粒统统看作球形颗粒。

流体对固体颗粒的绕流

第1章中讨论了固体壁面对流体流动的阻力及由此而产生的流体的机械能损失，下一节将讨论流体与固体颗粒相对运动时流体对颗粒的作用力——曳力。显然，两者的关系是作用力和反作用力的关系。

流体与固体颗粒之间的相对运动可以有各种情况：或固体颗粒静止，流体对其做绕流；或流体静止，颗粒做沉降运动；或两者都运动但保持一定的相对速度。但就流体对颗粒的作用力来说，只要相对运动速度相同，上述三者之间并无本质区别。因此，可以假设颗粒静止，流体以一定的流速对其做绕流，分析流体对颗粒的作用力。不言而喻，此作用力就是颗粒相对于流体做运动时所受到的阻力。

悬浮液的形成

含有固体颗粒的液体称为悬浮液，根据悬浮液中固体颗粒的多少将悬浮液分为浓悬浮液和稀悬浮液。对于稀悬浮液和浓悬浮液，工业上根据生产目的的不同采用不同的非均相机械分离操作手段。而工业上形成悬浮液主要有两类情况。

第一，在前置生产工序中因工艺要求人为地加入固体颗粒，例如，为进行液相反应而加入的固体催化剂，完成反应后需要分去或回收催化剂；又如，为了液体产品的脱色而加入粉状活性炭，脱色后需要分去活性炭。

第二，在前置生产工序中从液相中析出固体产品或因反应生成固体产物及固体杂质等，例如，依靠蒸发或冷却进行结晶操作以获得固体产品的蔗糖生产中，得到含有晶态蔗糖的过饱和水溶液，再如钛白粉中得到固体钛白颗粒的水溶液。

生产中液固分离有不同的目的：得到含液量比较少的固体产品即低的液体损失率，或得到含固体颗粒比较少的清液，即低的固体损失率。

颗粒和颗粒床层特性简单描述

工业生产上碰到的固体颗粒是尺寸不等、形状也不规则的，由其随机堆积后形成的床层具有复杂的网状结构。无论颗粒形状如何，对单个颗粒可定义其形状系数 $\psi=\dfrac{\text{与非球形颗粒体积相等的球的表面积}}{\text{非球形颗粒的表面积}}$。球形颗粒的形状系数 ψ 为 1，其他任何非球形颗粒的形状系数 ψ 皆小于 1，形状系数 ψ 愈接近于 1，颗粒愈接近于球形。

颗粒床层的最重要特性是床层的空隙率，用 ε 表示。空隙率 ε 的定义如下：

$$\varepsilon=\frac{\text{床层体积}-\text{颗粒所占的体积}}{\text{床层体积}}$$

以液相加氢为例，在被加氢的液态物料中加入粉状的 Raney 镍催化剂，用量通常为被加氢物料的 2%左右，形成了稀悬浮液。当加氢反应结束后，需要将较贵重的催化剂分出回收，分出的催化剂用于进行生产循环。在这种情况下，要处理得到的含固体催化剂量比较少的清液和浓缩后含固体催化剂比较多的浓悬浮液，此时我们主要关心的是反应液中固体催化剂的多少即反应液的洁净度和催化剂的损失率。这和活性炭脱色过程不同，不仅要关注液态产品中活性炭的含量，还要关注活性炭带走的液体产品的量，即液体的损失率。

不难理解，液固分离的难度主要取决于悬浮液中固体颗粒的大小，即颗粒粒度。颗粒愈小，分离难度愈大。工业上悬浮液中固体颗粒的直径从毫米级到微米级，可以有上千倍的差距，况且同一种固体颗粒物料，颗粒大小也有很大的差异。液固分离时，重点考虑的应当是小颗粒。

加氢用的 Raney 镍催化剂颗粒用激光衍射法测得的颗粒分布如表 3－1 所示。表 3－1 中列出了某粒径范围的颗粒所占的体积分数，同时列出了某个粒径为分界，大于和小于该粒径的颗粒各占的体积分数。从表 3－1 中数据可以看出，既有颗粒粒径小于 1 μm 的颗粒，也有大到 100 μm 的固体颗粒，粒径相差 100 倍，而且粒径分布比较宽。

表 3－1　案例中加氢催化剂 Raney 镍颗粒大小和分布情况

粒径 d/μm	体积分数/%	粒径 d/μm	体积分数/%
≤1	2.46	≤1	2.46
1～2	0.78	≤2	3.24
2～3	2.28	≤3	5.52
3～4	3.67	≤4	9.19
4～5	4.51	≤5	13.70
5～10	24.9	≤10	38.60
10～15	19.6	≤15	58.20
15～20	13.2	≤20	71.40
20～25	8.60	≤25	80.00
25～30	5.60	≤30	85.60
30～35	4.00	≤35	89.60
35～40	3.00	≤40	92.60
40～45	2.10	≤45	94.70
45～50	1.40	≤50	96.10
50～60	1.70	≤60	97.80
60～80	1.60	≤70	99.40
80～90	0.40	≤80	99.80
90～100	0.16	≤90	99.96
≥100	0.04	≤100	99.96

对于加氢反应和活性炭脱色，固体颗粒粒度越小，效果越好。但是，何种粒度适宜采用，

实际上取决于我们的固液分离能力，因此，工业上选择实际采用的粒度时需要兼顾使用和分离两个方面。以上述加氢为例，采用上述粒度的催化剂，如果只能分离 2 μm 的催化剂颗粒，必有 3%左右的催化剂损失。

反应或结晶形成的悬浮液通常含固量较高，属于浓悬浮液。颗粒的粒度与反应或结晶工艺条件密切相关。这种情况下，固体颗粒通常是产品，其粒度应当满足产品的规格要求，因此，需要控制反应或结晶工艺条件以达到产品需要的粒度要求。现在正在发展的纳米颗粒，粒度为 0.01～0.1 μm，如生产纳米材料，就必须面对如此细小的颗粒分离问题。反之，如果固体颗粒产品没有粒度要求，那么，应当尽可能控制反应或结晶工艺条件，避免细颗粒的形成，以减轻液固分离的难度。

3.2 沉降分离

3.2.1 沉降概述

沉降分离是显见的液固分离方法。沉降分离是以颗粒和液体间的密度差为基础的分离方法。

最简单的沉降方法是重力沉降，最简单的操作方法是静置。以催化加氢反应为例，一次反应完成后，静置，催化剂颗粒借重力下沉到反应釜底部，然后，吸出上层清液，加入新物料，进行二次反应。小型加氢装置就采用这样的方法，反应器兼作沉降槽。这种情况下，需要确定必需的沉降时间，以确定反应釜实际能达到的生产能力。

也可以采用卧式沉降槽进行连续操作，上部溢流出清液，底部排出稠液，即底流。设计时，需要正确确定沉降槽的尺寸，否则，清液会不够洁净，或稠液不够稠，从而达不到预定的分离要求。

如果颗粒很细，沉降时间会很长，或连续沉降槽需要很大，这就需要寻求加速沉降的方法。

并非有了密度差就一定能进行重力沉降。液体分子在进行热运动，这种随机的运动将阻止极细颗粒的重力沉降。直径小于 0.5 μm 的颗粒，就难以沉降。有些悬浮液可放置数日仍浑浊，看不到透明的清液层。在这种情况下，重力沉降方法就失效了。必须寻求其他强化沉降的方法，如离心沉降。

在固相方面，沉降分离能得到的只是稠液，固含量在 30%(体积分数)以下。这是沉降方法的主要局限。要得到液含量更低的固相，需要采用其他的方法，如过滤，沉降分离就成为一种以增稠为目的的预处理工序。

3.2.2 沉降过程

沉降过程可以有三种情况：

① 自由沉降　颗粒间相互影响很小，可以忽略；通常发生在稀悬浮液沉降的初始阶段，如图 3-1 所示。

② 干扰沉降　颗粒间互相影响已不能忽略；通常发生在浓悬浮液或沉降的中期阶段。

③ 压缩沉降　颗粒已沉降在一起，靠颗粒自身重量将间隙中的液体挤出，颗粒层压缩；通常发生在沉降的末期。

这三种情况可以相继发生，也可以在沉降过程同时存在。

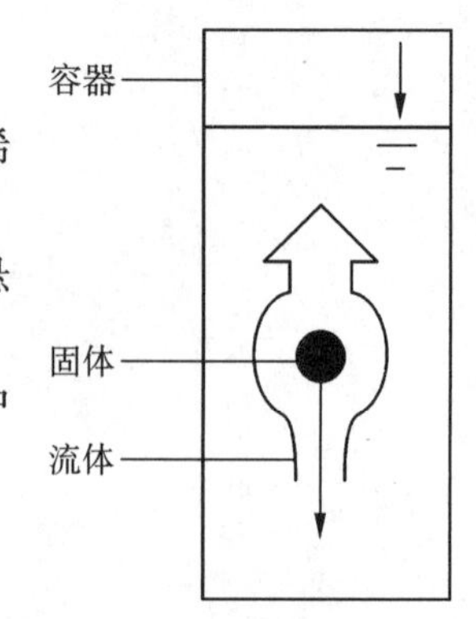

图 3-1　容器内的颗粒沉降

3.2.3 自由沉降

沉降的加速阶段

静止颗粒因重力而下沉，逐渐加速。此为沉降的加速阶段。

沉降的恒速阶段

沉降中的颗粒受到周边液体的阻力，沉降加快时，所受到的阻力也增大，加速度逐渐减小。当重力和阻力相等时加速度降为零，颗粒恒速下降。该速度称为终端速度。这是小颗粒沉降与自由落体的区别之处。物理学中讨论自由落体时，忽略空气的阻力，因此，自由落体是以恒定的加速度（重力加速度）下降。小颗粒沉降时，颗粒的相对表面积很大，阻力不容忽略，从而导致恒速阶段的较快出现。这是颗粒沉降的重要特点。颗粒愈小，加速阶段愈短，恒速阶段出现得愈早。因此，对于细小的颗粒，甚至可以忽略加速阶段，将颗粒沉降过程视为恒速沉降过程，并将该终端速度称为沉降速度。

沉降速度 u_t——终端速度

流体对固体颗粒做绕流运动时，在流动方向上对颗粒施加一个曳力。曳力与流体的密度 ρ、黏度 μ、流动速度 u 有关，而且受颗粒的形状与定向的影响，问题较为复杂。至今，只有几何形状简单的少数例子可以获得曳力的理论计算式。

对光滑圆球，曳力采用式(3-1)计算。

$$F_D = \zeta A_p \left(\frac{1}{2}\rho u^2\right) \tag{3-1}$$

式中，A_p 为颗粒在运动方向上的投影面积；ζ 为无量纲曳力系数。

若令颗粒雷诺数

$$Re_p = \frac{d_p u \rho}{\mu} \tag{3-2}$$

$$\zeta = \phi(Re_p) \tag{3-3}$$

式(3-1)可作为曳力系数的定义式。曳力系数是颗粒雷诺数的函数，其大小也和颗粒形状系数有关。

曳力系数与颗粒雷诺数 Re_p 的关系经实验测定示于图 3-2 中。

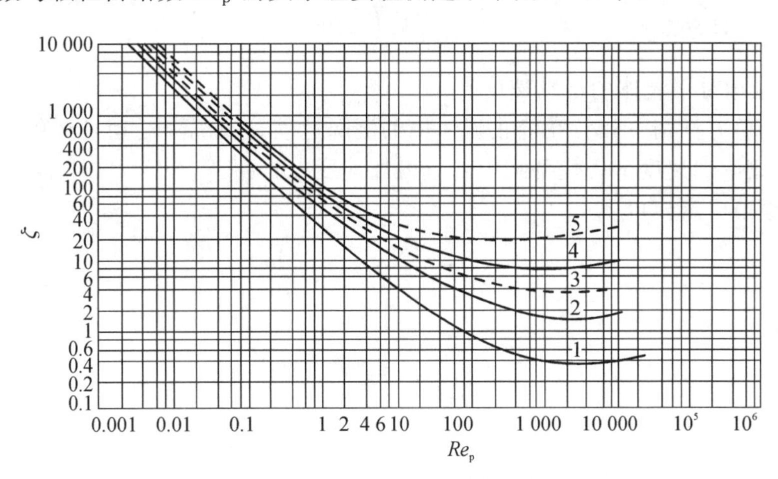

图 3-2 曳力系数 ζ 与颗粒雷诺数 Re_p 的关系

1—$\psi=1$；2—$\psi=0.806$；3—$\psi=0.6$；4—$\psi=0.220$；5—$\psi=0.125$

黏性流体对圆球的低速绕流（也称爬流）曳力的理论式为

$$F_D = 3\pi\mu d_p u \tag{3-4}$$

式中，F_D 为总曳力；d_p 为小球直径。

式(3-4)称为斯托克斯(Stokes)定律。当流速较高时，此定律并不成立。因此，对一般流动条件下的球形颗粒及其他形状的颗粒，曳力的数值尚需通过实验来解决。

$Re_p<2$ 为斯托克斯定律区

$$\zeta=\frac{24}{Re_p} \tag{3-5}$$

静止流体中,颗粒在重力(或离心力)作用下将沿重力方向(或离心力方向)做沉降运动。设颗粒的初速度为零,起初颗粒只受重力和浮力的作用。如果颗粒的密度大于流体的密度,作用于颗粒上的外力之和不等于零,颗粒将产生加速度。但是,一旦颗粒开始运动,颗粒即受到流体施与的曳力。因此,在沉降过程中颗粒的受力如下。

1) 场力 F

重力场
$$F_g=mg \tag{3-6}$$

离心力场
$$F_c=mr\omega^2 \tag{3-7}$$

式中,r 为颗粒做圆周运动的旋转半径;ω 为颗粒的旋转角速度;m 为颗粒的质量,对球形颗粒 $m=\frac{1}{6}\pi d_p^3\rho_p$,$\rho_p$ 为颗粒密度。

2) 浮力 F_b

颗粒在流体中所受的浮力在数值上等于同体积流体在力场中所受到的场力。设流体的密度为 ρ,则有

重力场
$$F_b=\frac{m}{\rho_p}\rho g \tag{3-8}$$

离心力场
$$F_b=\frac{m}{\rho_p}\rho r\omega^2 \tag{3-9}$$

3) 曳力 F_D

按式(3-1)计算
$$F_D=\zeta A_p\left(\frac{1}{2}\rho u^2\right)$$

式中,u 为颗粒相对于流体的运动速度。

以下讨论重力作用下颗粒在静止流体中的沉降运动。当沉降运动是在离心力作用下发生时,只需以离心加速度 $r\omega^2$ 代替式中的重力加速度 g 即可。

根据牛顿第二定律可得

$$F_g-F_b-F_D=m\frac{du}{d\tau} \tag{3-10}$$

或
$$\frac{du}{d\tau}=\frac{\rho_p-\rho}{\rho_p}g-\frac{\zeta A_p}{2m}\rho u^2 \tag{3-11}$$

对球形颗粒,可得

$$\frac{du}{d\tau}=\frac{\rho_p-\rho}{\rho_p}g-\frac{3\zeta}{4d_p\rho_p}\rho u^2 \tag{3-12}$$

随着下降速度的不断增加,式(3-12)右侧第二项(曳力项)逐渐增大,加速度逐渐减小。当下降速度增至某一数值时,曳力等于颗粒在流体中的净重(表观重量),加速度 $\frac{du}{d\tau}$ 等于零,颗粒将以恒定不变的速度 u_t 继续下降。此 u_t 称为颗粒的沉降速度或终端速度。对于小颗粒,沉降的加速阶段很短,加速阶段所经历的距离也很小。因此,小颗粒沉降的加速阶段可以忽略,而近似认为颗粒始终以 u_t 下降。

对球形颗粒，当加速度 $\frac{du}{d\tau}=0$ 时，由式(3-12)可得

$$u_t=\sqrt{\frac{4(\rho_p-\rho)gd_p}{3\rho\zeta}} \tag{3-13}$$

式中

$$\zeta=\phi\left(\frac{d_p\rho u_t}{\mu}\right) \tag{3-14}$$

当流体以一定的速度向上流动时，则固体颗粒在流体中的绝对速度 u_p 必等于流体速度与颗粒沉降速度之差，即

$$u_p=u-u_t \tag{3-15}$$

若 $u>u_t$，则颗粒向上运动；若 $u<u_t$，则颗粒向下运动；当 $u=u_t$ 时，颗粒静止地悬浮于流体中(转子流量计中的转子即为一例)。

由此可知，无论流体是否流动，在研究颗粒与流体之间的相对运动时，颗粒与流体的综合特性可用沉降速度 u_t 来表示。

当颗粒直径较小，处于斯托克斯定律区时

$$u_t=\frac{gd_p^2(\rho_p-\rho)}{18\mu} \tag{3-16}$$

例 3-1 颗粒大小测定

已测得密度为 $\rho_p=1\,630\ kg/m^3$ 的塑料珠在 20℃ 的 CCl_4 液体中的沉降速度为 $1.70\times10^{-3}\ m/s$，20℃ 时 CCl_4 的密度 $\rho=1\,590\ kg/m^3$，黏度 $\mu=1.03\times10^{-3}\ Pa\cdot s$，求此塑料珠的直径。

解 设小珠沉降在斯托克斯定律区，按式(3-16)可得

$$d_p=\left[\frac{18\mu u_t}{g(\rho_p-\rho)}\right]^{1/2}=\left[\frac{18\times1.03\times10^{-3}\times1.70\times10^{-3}}{9.81\times(1\,630-1\,590)}\right]^{1/2}=2.83\times10^{-4}(m)$$

校验 Re_p

$$Re_p=\frac{d_pu_t\rho}{\mu}=\frac{2.83\times10^{-4}\times1.70\times10^{-3}\times1\,590}{1.03\times10^{-3}}=0.744$$

$Re_p<2$，计算有效，小珠直径约为 0.283 mm。

斯托克斯定律的含义

斯托克斯定律只适用于球形颗粒，实际颗粒未必是球形。沉降速度通常需要用仪器测定，并不依靠计算。但是，斯托克斯定律可用于从理论上掌握沉降的内在规律，并用于进行估算。

密度差是动力，液体黏度是阻力的来源，动力愈大，液体黏度愈小沉降速度愈大，其间的正比和反比关系是不难理解的。

斯托克斯定律的重要揭示是，沉降速度与颗粒直径成平方关系。工业上，颗粒直径的变化范围很宽，可以有成百上千倍的差别，如今又得知沉降速度与粒径成平方关系，就可以充分理解，颗粒直径(大小)是沉降分离的关键因素。

临界颗粒直径

颗粒直径是沉降分离的关键因素，在考虑沉降分离时，可以根据悬浮颗粒的粒度分布和可以接受的固相损失率选定一个颗粒直径，作为沉降分离的参考指标。

该直径称为临界颗粒直径。凡大于该直径的颗粒应当全部被分离，小于该直径的颗粒则有可能被清液带走。

以前述的催化加氢为例，可以选择 2 μm 为临界颗粒直径，其催化剂损失率应不大于3%，在可接受范围内。

取密度差($\rho_p-\rho$)为 4 000 kg/m^3，反应温度下的黏度为 0.3 mPa·s，计算得到该临界颗粒直径的沉降速度为 1.7 mm/min。沉降缓慢。如在有效容积 1 m^3 的间歇反应釜中进行沉降，其液层高度为 1 m，2 μm 颗粒所需的沉降时间为 1 000/1.7=600(min)，即 10 h，这就是通常所谓的静置过夜的含义。

3.2.4 干扰沉降

颗粒群的运动

在自由沉降时，各个颗粒以各自的沉降速度下沉。悬浮液浓度较大时，颗粒间相互影响和制约，不再是各自沉降而是成群一起沉降，即出现干扰沉降。

干扰沉降的成因

出现干扰沉降的主要原因是出现了上升液流。固体颗粒下降时，颗粒附近的液体将随之做向下的运动。在液体总体静止的情况下，在颗粒间必然出现上升的液流。该上升的液流阻滞了颗粒的下沉。稀悬浮液时，这种上升液流的影响较小，可以忽略。在浓悬浮液中，固体所占的体积分数较大，上升液流的影响已不容忽视。

干扰沉降速度

干扰沉降速度较自由沉降速度小很多，悬浮液浓度愈大，速度愈小。

3.2.5 重力沉降设备

降尘室

借重力沉降以除去气流中的尘粒，此类设备称为降尘室。图 3-3 为气体做水平流动的一种降尘室。

含尘气体进入降尘室后流动截面增大，流速降低，在室内有一定的停留时间使颗粒能在气体离室之前沉至室底而被除去。显然，气流在降尘室内的均匀分布是十分重要的。若设计不当，气流分布不均甚至有死角存在，则必有部分气体停留时间较短，其中所含颗粒就来不及沉降而被带出室外。为使气流均匀分布，图 3-3 所示的降尘室采用锥形进出口。

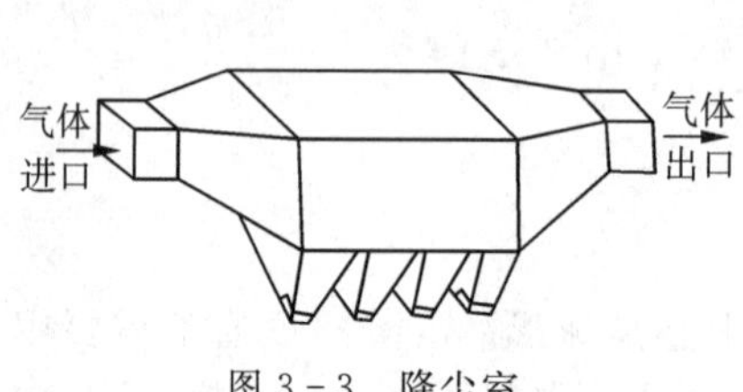

图 3-3　降尘室

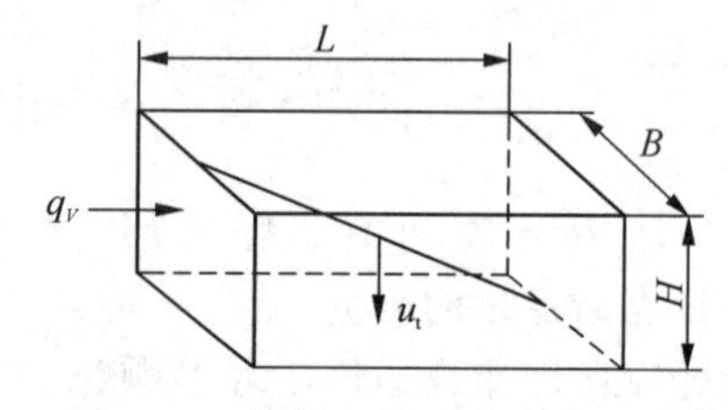

图 3-4　颗粒在降尘室中的运动

降尘室的容积一般较大，气体在其中的流速小于 1 m/s。实际上为避免沉下的尘粒重新被扬起，往往采用更低的气速。通常它可捕获大于 50 μm 的粗颗粒。

颗粒在降尘室内的运动情况如图 3-4 所示。设有流量为 q_V(m^3/s)的含尘气体进入降尘室，降尘室的底面积为 A，高度为 H。若气流在整个流动截面上均匀分布，则任一流体质点进入至离开降尘室的时间间隔(停留时间)τ_r 为

$$\tau_r=\frac{\text{设备内的流动容积}}{\text{流体通过设备的流量}}=\frac{AH}{q_V} \tag{3-17}$$

在流体水平方向上颗粒的速度与流体速度相同，故颗粒在室内的停留时间也与流体质点相同。在垂直方向上，颗粒在重力作用下以沉降速度向下运动。设大于某直径的颗粒必须除去，该直径的颗粒的沉降速度为 u_t。那么，位于降尘室最高点的该种颗粒降至室底所需

时间(沉降时间)τ_t 为

$$\tau_t = \frac{H}{u_t} \tag{3-18}$$

为满足除尘要求,气流的停留时间至少必须与颗粒的沉降时间相等,即应有 $\tau_r = \tau_t$。由式(3-17)与式(3-18)得

$$\frac{AH}{q_V} = \frac{H}{u_t} \text{ 或 } q_V = Au_t \tag{3-19}$$

式(3-19)表明,对一定物系,降尘室的处理能力只取决于降尘室的底面积,而与高度无关。这是以上推导得出的重要结论。正因为如此,降尘室应设计成扁平形状,或在室内设置多层水平隔板(图 3-5)。

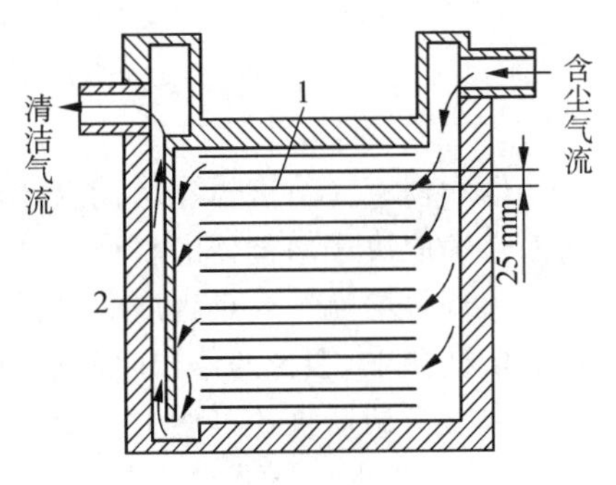

图 3-5　多层沉降器

1—隔板;2—挡板

式(3-19)中的颗粒沉降速度 u_t 可根据不同的 Re_p 范围选用适当公式计算。细小颗粒的沉降处于斯托克斯定律区,其沉降速度可用式(3-16)计算,即

$$u_t = \frac{d_{min}^2(\rho_p - \rho)g}{18\mu} \tag{3-20}$$

式中,d_{min} 为降尘室能 100%除去的最小颗粒直径。

关于降尘室的计算问题可联立求解式(3-19)与适当的 u_t 计算式——如式(3-20)获得解决。

例 3-2　降尘室空气处理能力的计算

现有一底面积为 2 m^2 的降尘室,用以处理 20℃ 的常压含尘空气。尘粒密度为 1 800 kg/m^3。现需将直径为 25 μm 以上的颗粒全部除去,试求:(1) 该降尘室的含尘气体处理能力,m^3/s;(2) 若在该降尘室中均匀设置 9 块水平隔板,则含尘气体的处理能力为多少,m^3/s?

解　(1) 据题意,由附录三查得,20℃常压空气,$\rho = 1.2\ kg/m^3$,$\mu = 1.81 \times 10^{-5}$ Pa·s。

设 100%除去的最小颗粒沉降处于斯托克斯区,则其沉降速度为

$$u_t = \frac{d_{min}^2(\rho_p - \rho)g}{18\mu} = \frac{(25 \times 10^{-6})^2 \times (1\,800 - 1.2) \times 9.81}{18 \times 1.81 \times 10^{-5}} = 0.034\ (m/s)$$

验
$$Re_p = \frac{d_{min} u_t \rho}{\mu} = \frac{25 \times 10^{-6} \times 0.034 \times 1.2}{1.81 \times 10^{-5}} = 0.056 < 2$$

原假设成立。气体处理量为

$$q_V = A_{底}\ u_t = 2 \times 0.034 = 0.068\ (m^3/s)$$

(2) 当均匀设置 n 块水平隔板时,实际降尘面积为 $(n+1)A_{底}$,所以,气体处理量为

$$q_V = (n+1)A_{底}\ u_t = 10 \times 2 \times 0.034 = 0.68\ (m^3/s)$$

由计算可知,采用多层降尘室,其生产能力可提高至原来的 $(n+1)$ 倍。

和气体中的颗粒沉降类似,稀悬浮液静置时颗粒也发生沉降,此时液流呈水平方向均匀缓慢地流动。流向与重力沉降方向垂直,不干扰颗粒的沉降。

增稠器

悬浮液在任何设备内的静置都可构成重力沉降器,其中固体颗粒在重力作用下沉降而与液体分离。工业上对大量悬浮液的分离常采用连续式沉降器或称增稠器,如图 3-6 所示。

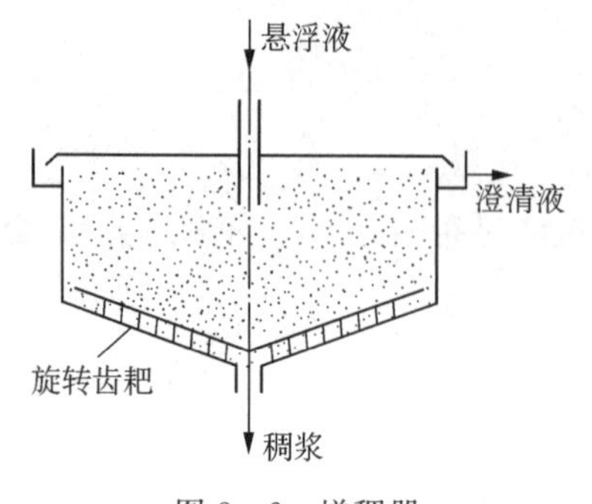

图 3-6　增稠器

增稠器通常是一个带锥形底的圆池，悬浮液于增稠器中心距液面下 0.3～1.0 m 处连续加入，然后在整个增稠器的横截面上散开，液体向上流动，清液由四周溢出。固体颗粒在器内逐渐沉降至底部，器底设有缓慢旋转的齿耙，将沉渣慢慢移至中心，并用泥浆泵从底部出口管连续排出。

颗粒在增稠器内的沉降大致分为两个阶段。在加料口以下一段距离内固体颗粒浓度很低，颗粒在其中大致为自由沉降。在增稠器下部颗粒浓度逐渐增大，颗粒做干扰沉降，沉降速度很慢。

增稠器有澄清液体和增稠悬浮液的双重功能。为获得澄清的液体，由式(3-19)可知，清液产率取决于增稠器的直径。

为获得增稠至一定程度的悬浮液，固体颗粒在器内必须有足够的停留时间。在一定直径的增稠器中，颗粒的停留时间取决于进口管以下增稠器的深度。

大的增稠器直径可达 10～100 m，深 2.5～4 m。它一般用于大流量、低浓度悬浮液的处理，常见的污水处理就是一例。

借助于沉降原理和物料衡算，可以确定悬浮液澄清所需的底面积。

设进入增稠器的悬浮液流量为 q_{vf}，其中颗粒浓度为 ϕ_{vf}；稠浆排出流量为 q_{vu}，其中颗粒浓度为 ϕ_{vu}；澄清液流出增稠器流量为 q_{vo}，其中颗粒浓度为 ϕ_{vo}。

由物料衡算得

$$q_{vf} = q_{vu} + q_{vo}$$

设澄清液中不含固体颗粒，即 $\phi_{vo}=0$，则对固体颗粒作物料衡算有

$$q_{vf} \cdot \phi_{vf} = q_{vu} \cdot \phi_{vu} + q_{vo} \cdot \phi_{vo} = q_{vu}\phi_{vu} + q_{vo} \cdot 0 = q_{vu}\phi_{vu}$$

设增稠器底面积为 A，悬浮液中的颗粒完全沉降，则 $\dfrac{q_{vo}}{A} = \dfrac{q_{vf} - q_{vu}}{A} \leqslant u_t$。等号成立时沉降颗粒直径称临界颗粒直径，故 $q_{vf} - q_{vu} = u_t A = q_{vo}$。

上式具有重要的指导意义。对一个沉降槽而言，为确保临界直径颗粒不被带出，达到澄清要求，有确定的处理量上限。其值与临界颗粒直径成正比，这是当然的。有趣的是沉降槽的尺寸中相关的只有底面积。因此，澄清能力只与沉降槽的面积有关，与体积无关。这就是沉降槽为什么总采用卧式的原因。仍以催化加氢为例，年产万吨(1.5 m^3/h)的装置，需要沉降面积 $A = q_V/u_t = (1.5\ m^3/h)/(1.7\ mm/min) = 14.7\ m^2$，这样的面积虽然不是不可行的，但还是比较大的。增稠所需的高度也可以确定。增稠器下部颗粒浓度高，发生的压缩沉降速度较小，为得到较稠的底流，需要必需的 H。总之，沉降槽的底面积应当满足澄清要求，高度应当满足增稠要求。

分级器

利用重力沉降可将悬浮液中不同粒度的颗粒进行粗略分级，或将两种不同密度的物质进行分类。图 3-7 为分级器示意图，它由几根柱形容器组成，悬浮液进入第一柱的顶部，水或其他密度适当的液体由各级柱底向

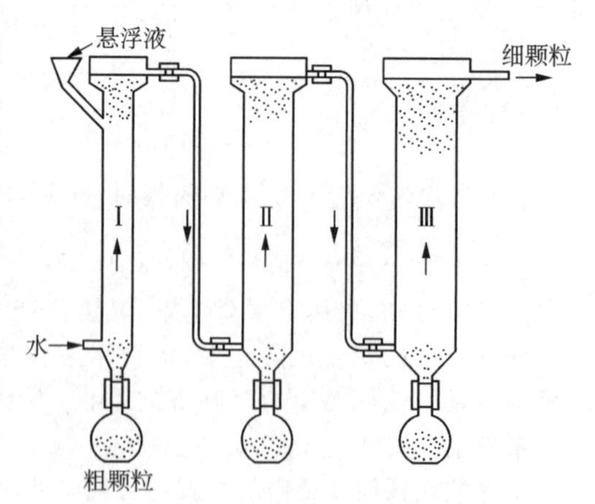

图 3-7　分级器示意图

上流动。控制悬浮液的加料速率，使柱中的固体浓度小于1%～2%，此时柱中颗粒基本上是自由沉降。在各沉降柱中，凡沉降速度较向上流动的液体速度大的颗粒，均沉于容器底部，而直径较小的颗粒则被带入后一级沉降柱中。适当安排各级沉降柱流动面积的相对大小，适当选择液体的密度并控制其流量，可将悬浮液中不同大小的颗粒按指定的粒度范围加以分级。

3.2.6 沉降过程的强化

强化沉降过程的措施

从式(3-19)可以看出，强化沉降过程、缩小沉降设备的唯一途径是提高沉降速度。

从式(3-16)可以看出，提高沉降速度的途径有三：加大颗粒直径 d_p、提高重力加速度 g 和减小液体黏度 μ。

凝聚或絮凝

固液分离的主要困难来自微米级的极细颗粒。但是，极细颗粒表面分子间存在范德瓦尔斯力，因此，这种极细颗粒存在着团聚的自发倾向。团聚的极细颗粒的沉降速度大大增加。

在测定颗粒粒径分布时是采取了分散措施，破坏了团聚，因此，测得的是未团聚的本身颗粒。而实际沉降时沉降的是团聚的颗粒，这是有利的。问题是，在工业悬浮液中如果悬浮颗粒因溶剂或其他物理化学作用而带有电荷，同性电荷的互斥力妨碍了极细颗粒的团聚。因此，可以加入少量电解质凝聚剂，消除颗粒所带电荷，使极细颗粒自动团聚，这种方法称为凝聚。也可以加入少量长链高分子化合物，其上的某种基团能与颗粒表面结合，从而将极细颗粒连接在一起形成大颗粒。这种方法称为絮凝。

利用凝聚或絮凝强化沉降的效果是十分明显的。原来只看到混浊看不清颗粒的悬浮液可以瞬间出现絮状物下沉，液体变清。团聚和絮凝方法能解决那些难以分离的极细颗粒，且已广泛用于废水处理，在化工生产领域能否使用的关键是工艺上是否允许异物进入。

离心沉降

对两相密度差较小、颗粒粒度较细的非均相系，可利用颗粒做圆周运动时的离心力以加快沉降过程。由式(3-8)、式(3-9)可知，同一颗粒所受离心力与重力之比为

$$\alpha = \frac{r\omega^2}{g} = \frac{u^2}{gr} \tag{3-21}$$

式中，$u = r\omega$ 为流体和颗粒的切向速度。比值 α 称为离心分离因数，其数值的大小是反映离心分离设备性能的重要指标。离心沉降速度 $u_c = \alpha u_t$，现有的离心沉降设备的离心分离因数可以上万，即沉降速度可以提高万倍。

3.2.7 离心沉降设备

转鼓式离心机

各种沉降用的转鼓离心机的基本作用原理如图3-8所示。中空的转鼓以1 000～4 500 r/min的转速旋转，转鼓的壁上无孔。悬浮液自转鼓的中间加入，固体颗粒因离心力作用沉至转鼓内壁，澄清的液体则由转鼓端部溢出。

间歇操作的离心机转鼓一般为立式，沉渣层用人工卸除。连续操作的离心机转鼓常为卧式，设有专门的卸渣装置，以连续、自动地排出沉渣。

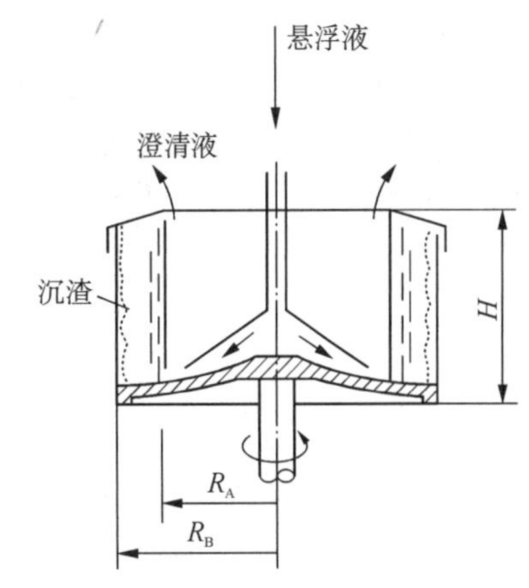

图3-8 颗粒在转鼓离心机中的沉降

与重力沉降器的原理相同，在沉降式离心机中，凡沉降所需时间 τ_t 小于流体在设备内的停留时间 τ_r 的颗粒均可被沉降除去。颗粒在离心力场中的运动方程

可参照式(3－12)写为

$$\frac{\mathrm{d}u}{\mathrm{d}\tau}=\frac{\rho_{\mathrm{p}}-\rho}{\rho_{\mathrm{p}}}\omega^{2}r-\frac{3\zeta}{4d_{\mathrm{p}}\rho_{\mathrm{p}}}\rho u^{2} \tag{3-22}$$

细小颗粒的沉降一般在斯托克斯定律区，且此时 $\frac{\mathrm{d}u}{\mathrm{d}\tau}\approx 0$，式(3－22)成为

$$u=\frac{(\rho_{\mathrm{p}}-\rho)d_{\mathrm{p}}^{2}}{18\mu}\omega^{2}r \tag{3-23}$$

式中，u 为颗粒径向运动速度，$u=\frac{\mathrm{d}r}{\mathrm{d}\tau}$，使用下列边界条件对上式积分。

当 $\tau=0$ 时，$r=R_{\mathrm{A}}$；$\tau=\tau$ 时，$r=R_{\mathrm{B}}$。离心机内壁上的沉渣厚度一般不大，R_{B} 可取转鼓的内半径。此时颗粒由 R_{A} 沉降至 R_{B} 所需的沉降时间为

$$\tau_{\mathrm{t}}=\frac{18\mu}{\omega^{2}(\rho_{\mathrm{p}}-\rho)d_{\mathrm{p}}^{2}}\ln\frac{R_{\mathrm{B}}}{R_{\mathrm{A}}} \tag{3-24}$$

颗粒的停留时间取与流体在设备内的停留时间相同，即

$$\tau_{\mathrm{r}}=\frac{\text{设备内流动流体的持留量}}{\text{流体通过设备的流量}}=\frac{\pi(R_{\mathrm{B}}^{2}-R_{\mathrm{A}}^{2})H}{q_{V}} \tag{3-25}$$

当给定处理量 q_V，只有直径 d_{p} 满足 $\tau_{\mathrm{t}}\leqslant\tau_{\mathrm{r}}$ 的颗粒才能全部除去。反之，当要求被全部除去的颗粒直径 d_{p} 给定时，设备的处理量为

$$q_{V}=\frac{\pi H\omega^{2}(\rho_{\mathrm{p}}-\rho)d_{\mathrm{p}}^{2}}{18\mu}\times\frac{R_{\mathrm{B}}^{2}-R_{\mathrm{A}}^{2}}{\ln\frac{R_{\mathrm{B}}}{R_{\mathrm{A}}}} \tag{3-26}$$

此关系式反映了小颗粒在离心沉降时各参数对沉降式离心机处理能力的影响。

碟式分离机

碟式分离机的转鼓内装有许多倒锥形碟片，碟片直径一般为 0.2～0.6 m，碟片数目为 50～100 片。转鼓以 4 700～8 500 r/min 的转速旋转，分离因数可达 4 000～10 000。这种分离机可用作澄清悬浮液中少量细小颗粒以获得清净的液体，也可用于乳浊液中轻、重两相的分离，如油料脱水等。

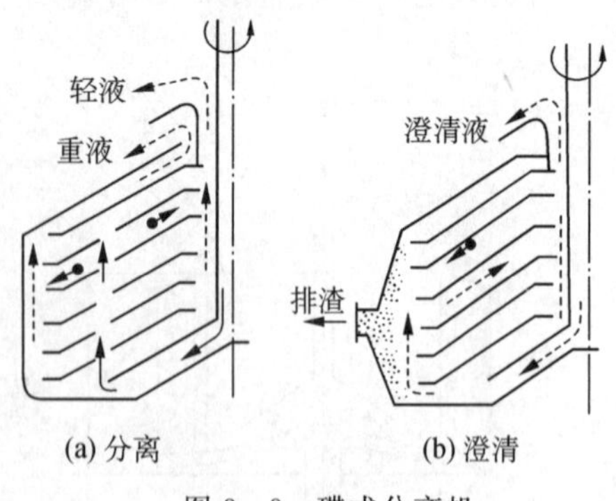

图 3－9　碟式分离机

分离操作　图 3－9(a)为用于分离乳浊液的碟式分离机的工作原理。料液由空心转轴顶部进入后流到碟片组的底部。碟片上带有小孔，料液通过小孔分配到各碟片通道之间。在离心力作用下，重液(及其夹带的少量固体杂质)逐步沉于每一碟片的下方并向转鼓外缘移动，经汇集后由重液出口连续排出。轻液则流向轴心由轻液出口排出。

澄清操作　图 3－9(b)为用于澄清液体的碟式分离机的工作原理。这种分离机的碟片上不开孔，料液从转动碟片的四周进入碟片间的通道并向轴心流动。同时，固体颗粒则逐渐向每一碟片的下方沉降，并在离心力作用下向碟片外缘移动。沉积在转鼓内壁的沉渣可在停车后人工卸除或间歇地用液压装置自动地排除。重液出口用垫圈堵住，澄清液体由轻液出口排出。人工卸渣要停车清洗，故只适用于含固量小于 1%的悬浮液。自动排渣的碟式分离机可处理含固量高达 6%的悬浮液。

碟式分离机中两碟片之间的间隙很小，一般为 0.5～1.25 mm，细小颗粒在碟片通道间的水平沉降距离较短，故可将粒径小至 0.5 μm 的颗粒从轻液中加以分离。因此，碟式分离机适合于净化带有少量微细颗粒的黏性液体（涂料、油脂等），或润滑油中少量水分的脱除等。

碟式分离机的主要特点是：离心分离因数高，可达 5 000～9 000，能够分离细至 0.1 μm 的颗粒；采用多层薄液层以增大沉降面积，提高处理能力。大型蝶式分离机每小时可处理几十到几百立方米的悬浮液。

管式高速离心机

图 3－10 为管式高速离心机的示意图。在转鼓的机械强度限定的条件下，增加转速，缩小转鼓直径可以提高离心分离因数 α。基于这一原理设计而成的管式高速离心机的转速常达 15 000 r/min以上，分离因数可达 15 000～65 000。此类沉降设备适用于小处理量的精密分离。

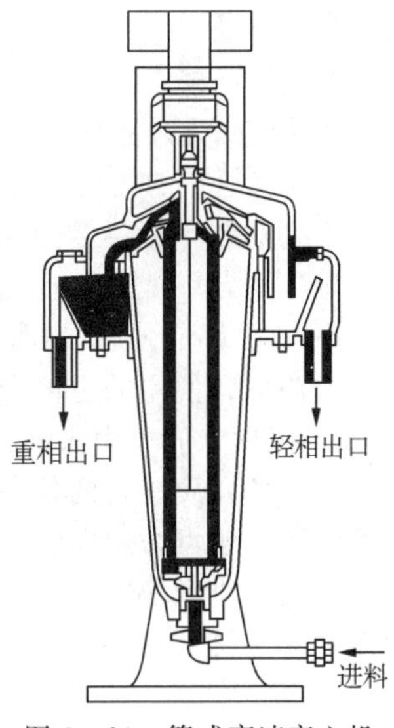

图 3－10　管式高速离心机

3.3　过　　滤

3.3.1　过滤概述

过滤是将悬浮液中的固、液两相有效地加以分离的常用方法，借过滤操作可获得清净的液体或获得作为产品的固体颗粒。和沉降分离相比，过滤操作可以使悬浮液的分离更迅速、更彻底。

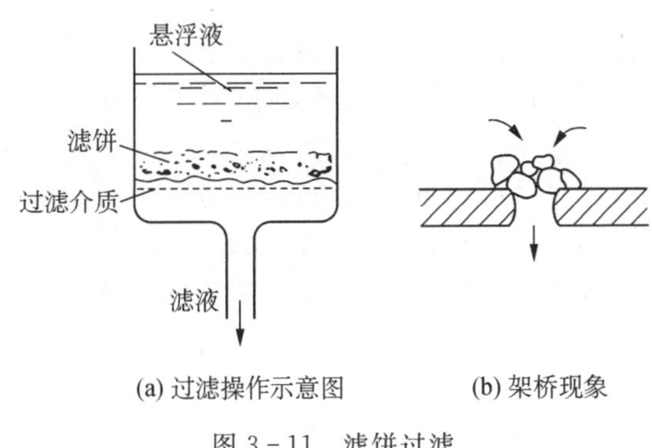

(a) 过滤操作示意图　(b) 架桥现象

图 3－11　滤饼过滤

过滤操作是利用重力或人为造成的压差使悬浮液通过某种多孔性过滤介质，其中的固体颗粒被截留在过滤介质上，滤液则穿过介质流出，如图 3－11(a)所示。待分离的悬浮液称为滤浆，置于过滤介质的一侧。通过过滤介质的澄清液称为滤液，被截留于过滤介质上的固体颗粒群称为滤渣或滤饼。

用于过滤悬浮液的过滤介质常用多孔织物，其网孔尺寸未必一定须小于被截留的颗粒直径。在过滤操作开始阶段，会有部分颗粒进入过滤介质网孔中发生架桥现象，如图 3－11(b)所示，也有少量颗粒穿过介质而混于滤液中。随着滤渣的逐步堆积，在介质上形成了一个滤饼层，随着固体颗粒的逐步堆积，滤饼厚度逐渐增加，过滤速度也变得越来越慢，此时需要将滤饼清除。在清除滤饼之前，滤饼中颗粒与颗粒间的间隙充满液体，需要将这部分液体从滤饼中清洗出来，这种操作称为洗涤。洗涤通常是用水或其他溶剂清洗滤饼，洗涤后得到的液体称为洗涤液。洗涤完成后，将滤饼用压缩空气吹干或真空吸干，这种操作称为去湿。将经过洗涤去湿后的滤饼卸下，称为卸料。卸料过后将过滤机复原，以便进行新一轮的过滤操作。由此可见，过滤操作的周期包括准备过滤的辅助工作、过滤、洗涤、卸料四个阶段。

（扫描二维码观看过滤过程简介视频）

过滤介质

凡能使滤浆中流体通过，其所含固体颗粒被截留，从而达到固体颗粒与液体分离目的的多孔性物质统称为过滤介质。过滤介质是滤饼的支撑物，必须具有足够的机械强度。同时，过滤介质还应有适宜的孔径，在开始过滤时，固体颗粒能够迅速在过滤介质表面"架桥"，保证细小颗粒不致流失（或称为穿滤）；过滤介质夹持固体颗粒量（以夹持率表示）愈少愈好，夹持率低，过滤介质的堵塞程度也小；过滤介质的结构应便于清洗或再生。总之，过滤介质应该孔隙多，阻力小；有足够的强度，耐腐蚀，耐高温；表面光滑，剥离滤饼容易；来源容易，造价低廉。

工业操作使用的过滤介质主要有以下几种：

① 织物介质　由天然或合成纤维、金属丝等编织而成的滤布、滤网，是工业生产使用最广泛的过滤介质。它的价格便宜，清洗及更换方便。按织物的编织方法和孔网的疏密程度，此类介质一般可截留颗粒的最小直径为 5～65 μm。

② 多孔性固体介质　此类介质包括素瓷、烧结金属（或玻璃），或由塑料细粉黏结而成的多孔性塑料管等，能截留小至 1～3 μm 的微小颗粒。

③ 堆积介质　此类介质是由各种固体颗粒（砂、木炭、石棉粉）或非编织纤维（玻璃棉等）堆积而成的，一般用于处理含固体量很少的悬浮液，如水的净化处理等。

此外，工业滤纸也可与上述介质组合，用以拦截悬浮液中少量微细颗粒。

过滤介质的选择要根据悬浮液中固体颗粒的含量及粒度范围，介质所能承受的温度和它的化学稳定性、机械强度等因素来考虑。

滤饼的压缩性和助滤剂

某些悬浮液中的颗粒所形成的滤饼具有一定的刚性，滤饼的空隙结构并不因为操作压差的增大而变形，这种滤饼称为不可压缩滤饼。另一些滤饼在操作压差作用下会发生不同程度的变形，致使滤饼或滤布中的流动通道缩小（即滤饼中的空隙率 ε 减少），流动阻力急骤增加。这种滤饼称为可压缩滤饼。

为减少可压缩滤饼的流动阻力，可采用某种助滤剂以改变滤饼结构，增加滤饼刚性。另外，当所处理的悬浮液含有细微颗粒而且黏度很大时，也可采用适当助滤剂增加滤饼空隙率，减少流动阻力。

工业上经常遇到由胶体颗粒组成的悬浮液，过滤后形成可压缩滤饼，在过滤中滤饼的孔道变窄，甚至堵塞，或者因为滤饼颗粒粘嵌在过滤介质中导致卸料困难，使得过滤周期延长，生产效率下降，过滤介质的使用寿命缩短。为改善这种情况，通常使用助滤剂以改变滤饼的结构，增加滤饼的刚性，提高过滤速度。

对于助滤剂的基本要求如下：

① 能够与滤饼形成多孔床层的细小颗粒，以保证滤饼有良好的渗透能力和较低的流动阻力。

② 具有良好的化学稳定性，应与悬浮液间无化学反应且不能被液体溶解。

③ 在过滤操作条件下，具有不可压缩性，以保证滤饼具有比较高的空隙率。

助滤剂一般是质地坚硬、形状不规则的细小固体颗粒，使用中形成结构疏松、不可压缩的滤饼。常用助滤剂有硅藻土、珍珠岩、石棉粉、炭粉、纸浆粉等。助滤剂的使用方法通常有两种，一是将助滤剂加入悬浮液中，在过滤形成滤饼时便能均匀地分散在滤饼中，形成坚硬的骨架，减少滤饼的压缩性，增大空隙率，改善滤饼的结构，使液体得以畅通，其加入量一般为料浆的 0.1%～0.5%。但是，若滤饼是产品时，不能采用这种方法。二是将助滤剂预涂于过滤介质表面，防止滤布孔道被细小颗粒堵塞。

过滤过程的特点

液体通过过滤介质和滤饼空隙的流动可视为流体经过颗粒层（工业上称之为固定床）流

动的一种具体情况。所不同的是，过滤操作中的床层厚度（滤饼厚度）不断增加，在一定压差下，滤液通过速率随过滤时间的延长而减小，即过滤操作是一非定态过程。但是，由于滤饼厚度的增加是比较缓慢的，过滤操作可作为拟定态处理。

过滤过程的推动力可以是重力、离心力或压强差。实际的过滤操作过程中，以压强差和离心力为推动力的过滤操作比较常见。

依靠重力为推动力的过滤称为重力过滤。重力过滤的过滤速度慢，仅适用于小规模、大颗粒、含量少的悬浮液的过滤。依靠离心力为推动力的过滤称为离心过滤。离心过滤速度快，但受到过滤介质强度及其孔径的限制，设备投资与动力消耗也比较大，多用于固相颗粒粒度大、浓度高、液体含量比较少的悬浮液。

如果过滤的推动力是在滤饼上游和滤液出口之间造成压强差而进行的过滤称为压差过滤，按照压差形式可以分为加压过滤和真空吸滤。如果压差是通过在介质上游加压形成的，则称为加压过滤；如果压差是在过滤介质下游抽真空形成的，则称为减压过滤（或真空抽滤）。

设过滤设备的过滤面积为 A，在过滤时间为 τ 时所获得的滤液量为 V，则过滤速率 u 可定义为单位时间、单位过滤面积所得的滤液量，即

$$u = \frac{dV}{A\,d\tau} = \frac{dq}{d\tau} \tag{3-27}$$

式中，$q = \frac{V}{A}$，为通过单位过滤面积的滤液总量，m^3/m^2。

3.3.2 过滤过程计算

物料衡算

对指定的悬浮液，获得一定量的滤液必形成对应量的滤饼，其间关系取决于悬浮液中的含固量，并可由物料衡算方法求出。通常表示悬浮液含固量的方法有两种，即质量分数 w（kg 固体/kg 悬浮液）和体积分数 ϕ（m^3 固体/m^3 悬浮液）。对颗粒在液体中不发生溶胀的物系，按体积加和原则，两者的关系为

$$\phi = \frac{w/\rho_p}{w/\rho_p + (1-w)/\rho} \tag{3-28}$$

式中，ρ_p 和 ρ 分别为固体颗粒和滤液的密度。

物料衡算时，可对总量和固体物量列出两个衡算式。

$$V_{悬} = V + LA \tag{3-29}$$

$$V_{悬}\phi = LA(1-\varepsilon) \tag{3-30}$$

式中，$V_{悬}$ 为获得滤液量 V 并形成厚度为 L 的滤饼时所消耗的悬浮液总量；ε 为滤饼空隙率。由上两式不难导出滤饼厚度 L 为

$$L = \frac{\phi}{1-\varepsilon-\phi}q \tag{3-31}$$

式(3-31)表明，在过滤时若滤饼空隙率 ε 不变，则滤饼厚度 L 与单位面积累计滤液量 q 成正比。一般悬浮液中颗粒的体积分数 ϕ 较滤饼空隙率 ε 小得多，分母中 ϕ 值可以略去，则有

$$L = \frac{\phi}{1-\varepsilon}q \tag{3-32}$$

例 3-3 悬浮液及滤饼参数的测定

实验室中过滤质量分数为 0.1 的二氧化钛水悬浮液，取湿滤饼 100 g 经烘干后称重得干固体质量为 55 g。二氧化钛密度为 3 850 kg/m^3。过滤在 20℃及压差为 0.05 MPa 下进行。

试求：(1) 悬浮液中二氧化钛的体积分数 ϕ；(2) 滤饼的空隙率 ε；(3) 每立方米滤液所形成的滤饼体积。

解 (1) 取 20℃水的密度为 $\rho = 1\,000\ \mathrm{kg/m^3}$。二氧化钛颗粒在水中没有体积变化，所以悬浮液中二氧化钛的体积分数 ϕ 为

$$\phi = \frac{w/\rho_p}{w/\rho_p + (1-w)/\rho} = \frac{0.1/3\,850}{0.1/3\,850 + 0.9/1\,000} = 0.028\,1$$

(2) 湿滤饼试样中的固体体积 $V_{固}$ 为

$$V_{固} = \frac{55 \times 10^{-3}}{3\,850} = 1.43 \times 10^{-5}\,(\mathrm{m^3})$$

滤饼中水的体积 $V_{水}$ 为

$$V_{水} = \frac{(100-55) \times 10^{-3}}{1\,000} = 4.5 \times 10^{-5}\,(\mathrm{m^3})$$

滤饼空隙率为

$$\varepsilon = \frac{V_{水}}{V_{水} + V_{固}} = \frac{4.5 \times 10^{-5}}{(4.5 + 1.43) \times 10^{-5}} = 0.759$$

(3) 单位滤液形成的滤饼体积可由式(3-31)得

$$\frac{LA}{V} = \frac{\phi}{1-\varepsilon-\phi} = \frac{0.028\,1}{1-0.759-0.028\,1} = 0.132\ (\mathrm{m^3_{饼}}/\mathrm{m^3_{滤液}})$$

过滤速率

过滤操作所涉及的颗粒尺寸一般都很小，它是液体在滤饼空隙和过滤介质中流动的过程即液体通过滤饼层(包括滤饼和过滤介质)的流动过程。在过滤过程中，细小而密集的颗粒层提供了较大的液固接触表面，对流体造成流动阻力。由于流体通道呈不规则的复杂网状结构，黏性液体在如此曲折、细小的通道中作缓慢流动，可视为层流状态。

对于压差过滤，其速率用下式表示。

$$过滤速率 = \frac{过程的推动力(\Delta\mathscr{P})}{过程的阻力(r\phi\mu q)} \tag{3-33}$$

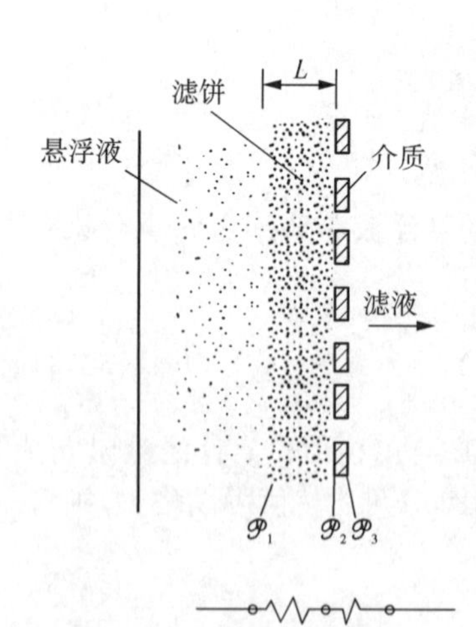

图 3-12 过滤操作的推动力和阻力

式中，$\Delta\mathscr{P}$ 为滤饼层两边的压差，Pa；μ 为滤液的黏度，Pa·s；r 为常数，其大小随悬浮液性质、操作条件而异，反映滤饼的结构特征，一般通过实验测定。

式(3-33)中的分子 $\Delta\mathscr{P}$ 是施加于滤饼两端的压差，可看作过滤操作的推动力，而分母($r\phi\mu q$)可视为滤饼对过滤操作造成的阻力。

按上述方式表示过滤速率，其优点在于同电路中的欧姆定律具有相同的形式，在串联过程中的推动力及阻力分别具有加和性。

图 3-12 表示过滤操作中推动力和阻力的情况。滤液通过过滤介质同样具有阻力，过滤介质阻力的大小可视为通过单位过滤面积获得某当量滤液量 q_e 所形成的虚拟滤饼层的阻力。设 $\Delta\mathscr{P}_1$、$\Delta\mathscr{P}_2$ 分别为滤饼两侧和过滤介质两侧的压强差，则根据式(3-33)可分别写出滤液经过滤饼与经过过滤介质的速率式

$$\frac{\mathrm{d}q}{\mathrm{d}\tau}=\frac{\Delta\mathscr{P}_1}{r\phi\mu q}$$

及

$$\frac{\mathrm{d}q}{\mathrm{d}\tau}=\frac{\Delta\mathscr{P}_2}{r\phi\mu q_e}$$

将以上两式的推动力和阻力分别加和可得

$$\frac{\mathrm{d}q}{\mathrm{d}\tau}=\frac{\Delta\mathscr{P}_1+\Delta\mathscr{P}_2}{r\phi\mu(q+q_e)}$$

或

$$\frac{\mathrm{d}q}{\mathrm{d}\tau}=\frac{\Delta\mathscr{P}}{r\phi\mu(q+q_e)} \tag{3-34}$$

式中，$\Delta\mathscr{P}=\Delta\mathscr{P}_1+\Delta\mathscr{P}_2$，为过滤操作的总压差，令

$$K=\frac{2\Delta\mathscr{P}}{r\phi\mu} \tag{3-35}$$

则

$$\frac{\mathrm{d}q}{\mathrm{d}\tau}=\frac{K}{2(q+q_e)} \tag{3-36}$$

或

$$\frac{\mathrm{d}V}{\mathrm{d}\tau}=\frac{KA^2}{2(V+V_e)} \tag{3-37}$$

式中，$V_e=Aq_e$，为形成与过滤介质阻力相等的滤饼层所得的滤液量，m^3。

式(3－36)称为过滤速率基本方程。它表示某一瞬时的过滤速率与物系性质、操作压差及该时刻以前的累计滤液量之间的关系，同时亦表明了过滤介质阻力的影响。

过滤速率式(3－36)的推导中引入了 K 与 q_e 两个参数，通常称为过滤常数，其数值需由实验测定，详见下节。

由式(3－35)可知，K 值与悬浮液的性质及操作压差 $\Delta\mathscr{P}$ 有关。显然对指定的悬浮液，只有当操作压差不变时 K 值才是常数。常数 r 反映了滤饼的特性，称为滤饼的比阻。比阻 r 表示滤饼结构对过滤速率的影响，其数值大小可反映过滤操作的难易程度。不可压缩滤饼的比阻 r 仅取决于悬浮液的物理性质；可压缩滤饼的比阻 r 则随操作压差的增加而加大，一般服从如下的经验关系：

$$r=r_0\Delta\mathscr{P}^s \tag{3-38}$$

式中，r_0、s 均为实验常数，s 称为压缩指数。对于不可压缩滤饼，$s=0$；可压缩滤饼的压缩指数 s 为 0.2～0.8。

3.3.3 间歇过滤的滤液量与过滤时间的关系

将式(3－36)积分，可求出过滤时间 τ 与累计滤液量 q 之间的关系。但是，过滤可采用不同的操作方式进行，滤饼的性质也不一样(可压缩或不可压缩)，故此式积分须视具体情况进行。

过滤过程的典型操作方式有两种：一是在恒压差、变速率的条件下进行，称为恒压过滤；一是在恒速率、变压差的条件下进行，称为恒速过滤。有时，为避免过滤初期因压差过高而引起滤布堵塞和破损，可先采用较小的压差，然后逐步将压差提高至恒定值。

恒速过滤方程

用隔膜泵将悬浮液打入过滤机是一种典型的恒速过滤。此时，过滤速率$\frac{\mathrm{d}q}{\mathrm{d}\tau}$为一常数，由

式(3－36)可得

$$\frac{\mathrm{d}q}{\mathrm{d}\tau}=\frac{K}{2(q+q_e)}=\text{常数}$$

即

$$\frac{q}{\tau}=\frac{K}{2(q+q_e)}$$

$$q^2+qq_e=\frac{K}{2}\tau \tag{3-39}$$

或

$$V^2+VV_e=\frac{K}{2}A^2\tau \tag{3-40}$$

式(3－39)、式(3－40)为恒速过滤方程。

恒压过滤方程

在恒定压差下，K 为常数。若过滤一开始就是在恒压条件下操作，由式(3－36)可得

$$\int_{q=0}^{q=q}(q+q_e)\mathrm{d}q=\frac{K}{2}\int_{\tau=0}^{\tau=\tau}\mathrm{d}\tau$$

$$q^2+2qq_e=K\tau \tag{3-41}$$

或

$$V^2+2VV_e=KA^2\tau \tag{3-42}$$

式(3－41)和式(3－42)表示了恒压条件下过滤时累计滤液量 q(或 V)与过滤时间 τ 的关系，称为恒压过滤方程。

若在压差达到恒定之前，已在其他条件下过滤了一段时间 τ_1 并获得滤液量 q_1，由式(3－36)可得

$$\int_{q=q_1}^{q=q}(q+q_e)\mathrm{d}q=\frac{K}{2}\int_{\tau=\tau_1}^{\tau=\tau}\mathrm{d}\tau$$

$$(q^2-q_1^2)+2q_e(q-q_1)=K(\tau-\tau_1) \tag{3-43}$$

或

$$(V^2-V_1^2)+2V_e(V-V_1)=KA^2(\tau-\tau_1) \tag{3-44}$$

例 3－4 有一过滤面积为 0.093 m² 的小型板框压滤机，恒压过滤含有碳酸钙颗粒的水悬浮液。过滤时间为 50 s，共得到滤液 2.27 L；过滤时间为 100 s，共得到滤液 3.35 L。试求当过滤时间为 200 s 时，可得到多少滤液？

解 过滤时间为 50 s 时，由式(3－42)得

$$(2.27\times10^{-3})^2+2\times2.27\times10^{-3}V_e=K(0.093)^2\times50$$

当过滤时间为 100 s 时，有

$$(3.35\times10^{-3})^2+2\times3.35\times10^{-3}V_e=K(0.093)^2\times100$$

联立两式，求得

$$V_e=3.78\times10^{-4}\ \mathrm{m^3}$$

$$K=1.58\times10^{-5}\ \mathrm{m^2/s}$$

当过滤时间为 200 s 时，将已知数据代入式(3－42)，即

$$V^2+2\times3.78\times10^{-4}V=1.58\times10^{-5}\times(0.093)^2\times200$$

解得滤液量为 $V=4.86\times10^{-3}\ \mathrm{m^3}$。

3.3.4 过滤设备

各种生产工艺形成的悬浮液的性质有很大的差异，过滤的目的、原料的处理量也很不相

同。长期以来，为适应各种不同要求而发展了多种形式的过滤机，这些过滤机可按产生压差的方式不同而分成两大类：

① 压滤和吸滤　如叶滤机、板框压滤机、回转真空过滤机等；

② 离心过滤　有各种间歇卸渣和连续卸渣离心机。

各种过滤机的规格及主要性能可查阅有关产品样本。

叶滤机

叶滤机的主要构件是矩形或圆形滤叶。滤叶是由金属丝网组成的框架，其上覆以滤布所构成，见图 3-13(a)，多块平行排列的滤叶组装成一体并插入盛有悬浮液的滤槽中。滤槽可以是封闭的，以便加压过滤。图 3-13(b)是叶滤机的示意图。

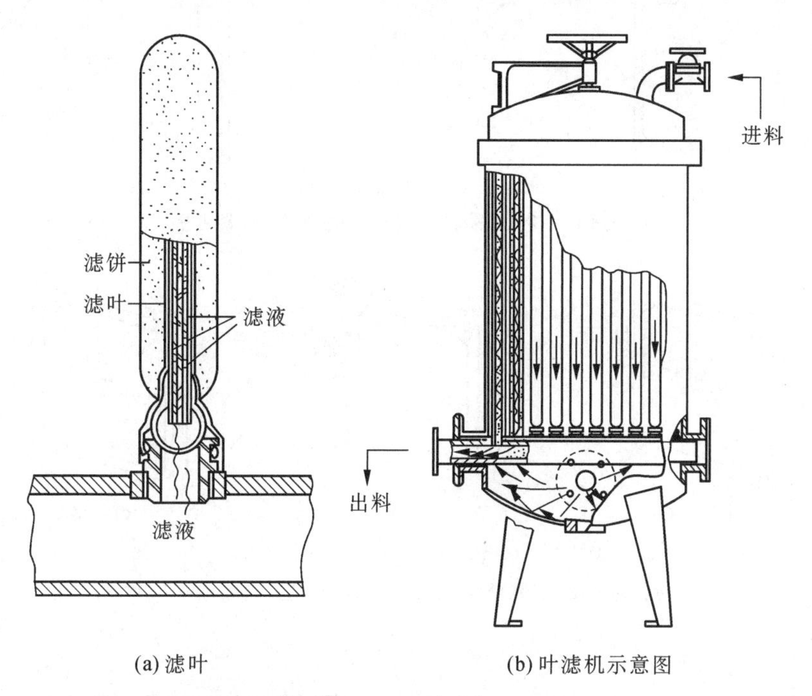

(a) 滤叶　　(b) 叶滤机示意图

图 3-13　叶滤机

过滤时，滤液穿过滤布进入网状中空部分并汇集于下部总管中流出，滤渣沉积在滤叶外表面。根据滤饼的性质和操作压强的大小，滤饼层厚度可达 2～35 mm。每次过滤结束后，可向滤槽内通入洗涤水进行滤饼的洗涤，也可将带有滤饼的滤叶移入专门的洗涤槽中进行洗涤，然后用压缩空气、清水或蒸汽反向吹卸滤渣。

叶滤机的操作密封，过滤面积较大(一般为 20～100 m^2)，劳动条件较好。在需要洗涤时，洗涤液与滤液通过的途径相同，洗涤比较均匀。每次操作时，滤布不用装卸，但一旦破损，更换较困难。对密闭加压的叶滤机，因其结构比较复杂，造价较高。

板框压滤机

板框压滤机(图 3-14)是一种具有较长历史但仍沿用不衰的间歇式压滤机，它由多块带棱槽面的滤板和滤框交替排列组装于机架构成。滤板和滤框的个数在机座长度范围内可自行调节，一般为 10～60 块不等，过滤面积为 2～80 m^2。

滤板和滤框的构造如图 3-15 所示。板和框的四角开有圆孔，组装叠合后即分别构成供滤浆、滤液、洗涤液进出的通道(图 3-16)。操作开始前，先将四角开孔的滤布盖于板和框的交界面上，藉手动、电动或液压传动使螺旋杆转动压紧板和框。悬浮液从通道 1 进入滤框，滤液穿过框两边的滤布，从每一滤板的左下角经通道 3 排出机外。待框内充满滤饼，即

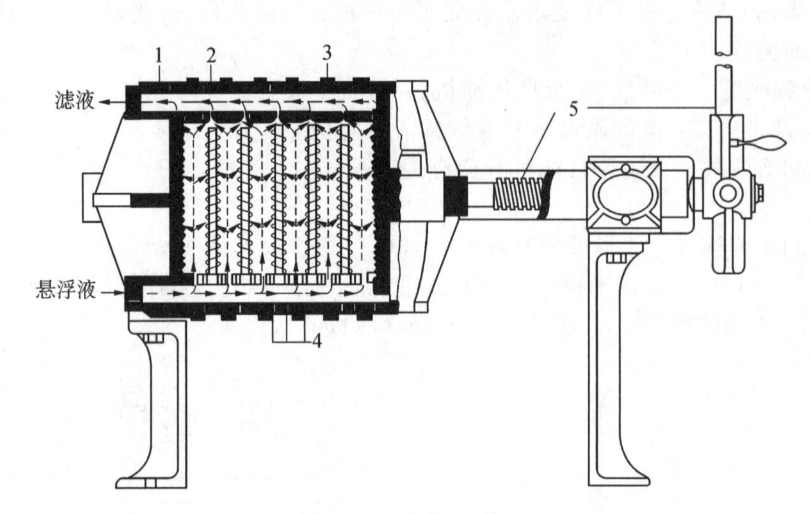

图 3-14 板框压滤机

1—固定头;2—滤板;3—滤框;4—滤布;5—压紧装置

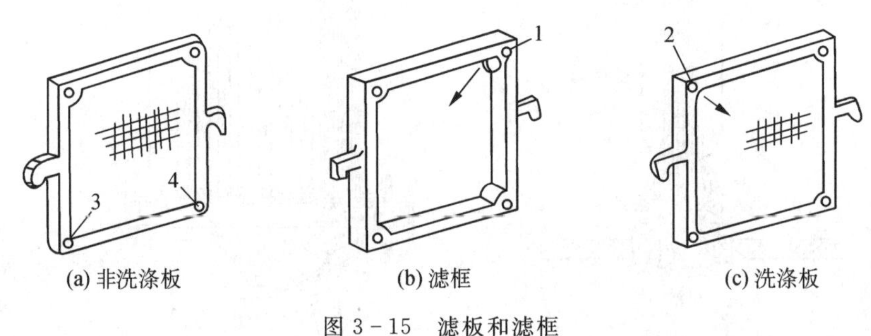

图 3-15 滤板和滤框

1—悬浮液通道;2—洗涤液入口通道;3—滤液通道;4—洗涤液出口通道

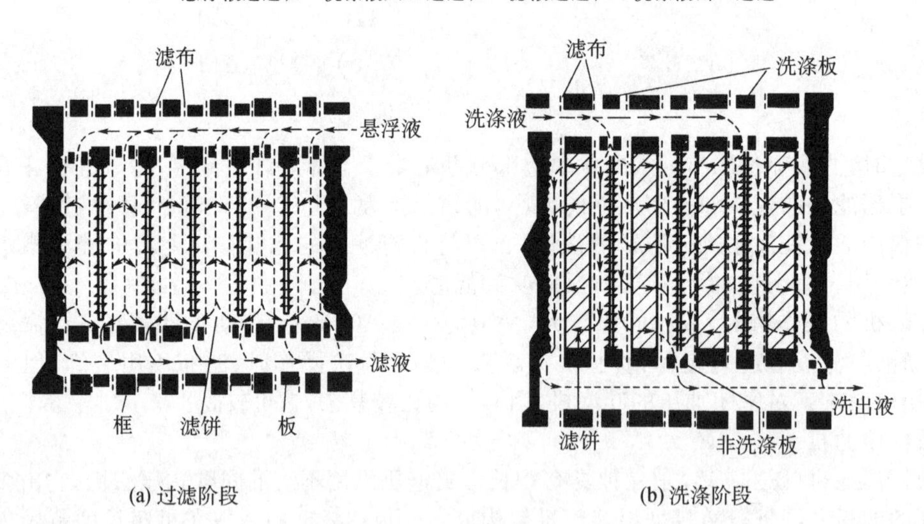

图 3-16 板框压滤机操作简图

停止过滤。此时可根据需要,决定是否对滤饼进行洗涤,可进行洗涤的板框压滤机(可洗式板框压滤机)的滤板有两种结构:洗涤板与非洗涤板,两者应作交替排列。洗涤液由通道 2[图 3-15(c)]进入洗涤板的两侧,穿过整块框内的滤饼,在非洗涤板的表面汇集,由右下角小孔流入通道 4 排出。洗涤完毕后,即停车松开螺旋,卸除滤饼,洗涤滤布,为下一次过滤做好准备。

板框压滤机的优点是结构紧凑，过滤面积大，主要用于过滤含固量多的悬浮液。由于它可承受较高的压差，其操作压强一般为 0.3～1 MPa，因此可用以过滤细小颗粒或液体黏度较高的物料。它的缺点是装卸、清洗大部分藉手工操作，劳动强度较大。近代各种自动操作板框压滤机的出现，使这一缺点在一定程度上得到克服。

厢式压滤机

厢式压滤机与板框压滤机相比，外表相似，但厢式压滤机仅由滤板组成。每块滤板凹进的两个表面与另外的滤板压紧后组成过滤室。料浆通过中心孔加入，滤液在下角排出，带有中心孔的滤布覆盖在滤板上，滤布的中心加料孔部位压紧在两壁面上或把两壁面的滤布用编织管缝合。图 3-17 为厢式压滤机的示意图。工业上，自动厢式压滤机已达到较高的自动化程度。

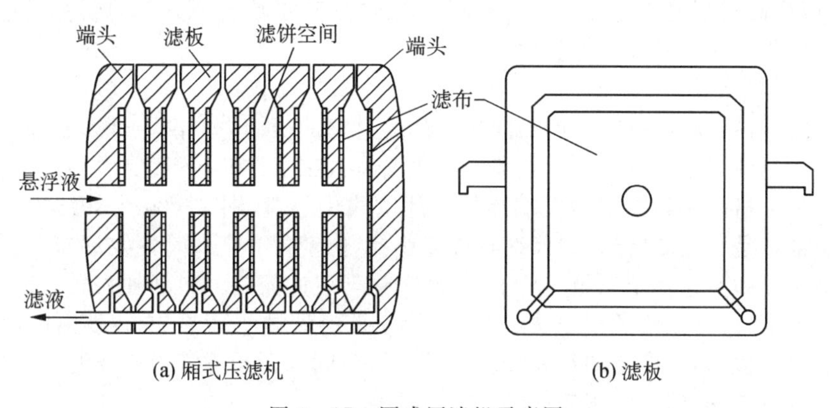

图 3-17　厢式压滤机示意图

回转真空过滤机

图 3-18 为回转真空过滤机的操作示意图，它是工业上使用较广的一种连续式过滤机。

在水平安装的中空转鼓表面上覆以滤布，转鼓下部浸入盛有悬浮液的滤槽中并以 0.1～3 r/min的转速转动。转鼓内分 12 个扇形格，每格与转鼓端面上的带孔圆盘相通。此转动盘与装于支架上的固定盘藉弹簧压力紧密叠合，这两个互相叠合而又相对转动的圆盘组成一副分配头，如图 3-19 所示。

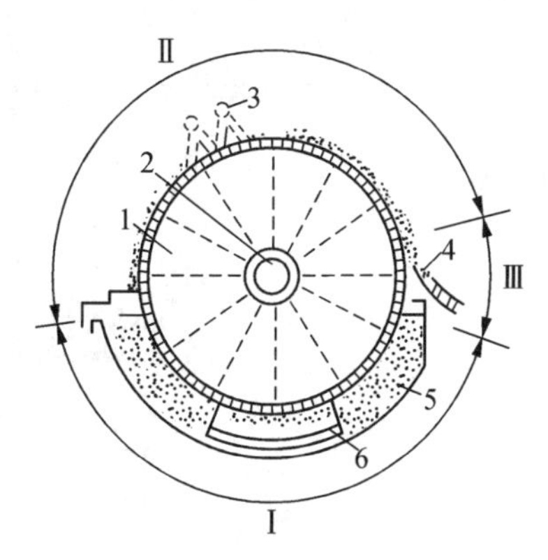

图 3-18　回转真空过滤机操作简图

1—转鼓；2—分配头；3—洗涤水喷嘴；
4—刮刀；5—悬浮液槽；6—搅拌器；
Ⅰ—过滤区；Ⅱ—洗涤脱水区；Ⅲ—卸渣区

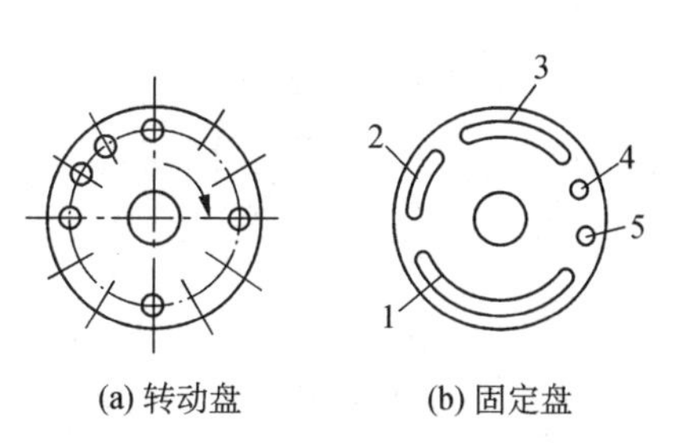

图 3-19　回转真空过滤机的分配头

1，2—与滤液储罐相通的槽；
3—与洗液储罐相通的槽；
4，5—通压缩空气的孔

转鼓表面的每一格按顺时针方向旋转一周时，相继进行着过滤、脱水、洗涤、卸渣、再生等操作。例如，当转鼓的某一格转入液面下时，与此格相通的转盘上的小孔即与固定盘上的槽1相通，抽吸滤液。当此格离开液面时，转鼓表面与通道2相通，将滤饼中的液体吸干。当转鼓继续旋转时，可在转鼓表面喷洒洗涤液进行滤饼洗涤，洗涤液通过固定盘的槽3抽往洗液储槽。转鼓的右边装有卸渣用的刮刀，刮刀与转鼓表面的距离可以调节，且此时该格转鼓内部与固定盘的槽4相通，藉压缩空气吹卸滤渣。卸渣后的转鼓表面在必要时可由固定盘的槽5吹入压缩空气，以再生和清理滤布。

转鼓浸入悬浮液的面积为全部转鼓面积的30%～40%。在不需要洗涤滤饼时，浸入面积可增加至60%，脱离吸滤区后转鼓表面形成的滤饼厚度为3～40 mm。

回转真空过滤机的过滤面积不大，压差也不高，但它操作自动连续，对于处理量较大而压差不需很大的物料的过滤比较合适。在过滤细、黏物料时，采用助滤剂预涂的操作也比较方便，此时可将卸料刮刀略微离开转鼓表面一定的距离，以使转鼓表面的助滤剂层不被刮下而在较长的操作时间内发挥助滤作用。

离心机

离心过滤是借旋转液体产生的径向压差作为过滤的推动力。离心过滤在各种间歇或连续操作的离心过滤机中进行。间歇式离心机中又有人工及自动卸料之分。

三足式离心机是一种常用的人工卸料的间歇式离心机，图3-20为其结构示意图。离心机的主要部件是一篮式转鼓，壁面钻有许多小孔，内壁衬有金属丝网及滤布。整个机座和外罩借三根拉杆弹簧悬挂于三足支柱上，以减轻运转时的振动。料液加入转鼓后，滤液穿过转鼓于机座下部排出，滤渣沉积于转鼓内壁，待一批料液过滤完毕，或转鼓内的滤渣量达到设备允许的最大值时，可停止加料并继续运转一段时间以沥干滤液。必要时，也可于滤饼表面洒以清水进行洗涤，然后停车卸料，清洗设备。

三足式离心机的转鼓直径一般较大，转速不高（<2 000 r/min），过滤面积为0.6～2.7 m^2。它与其他型式的离心机相比，具有构造简单，运转周期可灵活掌握等优点，一般可用于间歇生产过程中的小批量物料的处理，尤其适用于各种盐类结晶的过滤和脱水，晶体较少受到破损。它的缺点是卸料时的劳动条件较差，转动部件位于机座下部，检修不方便。

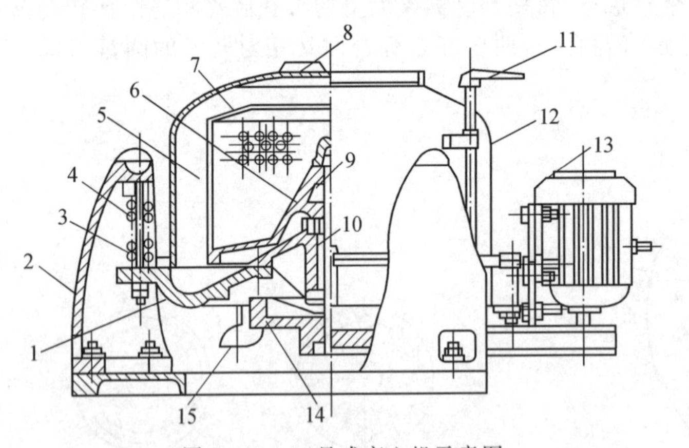

图3-20　三足式离心机示意图

1—底盘；2—支柱；3—缓冲弹簧；4—摆杆；5—鼓壁；6—转鼓底；7—拦液板；8—机盖；9—主轴；10—轴承座；11—制动器手柄；12—外壳；13—电动机；14—制动轮；15—滤液出口

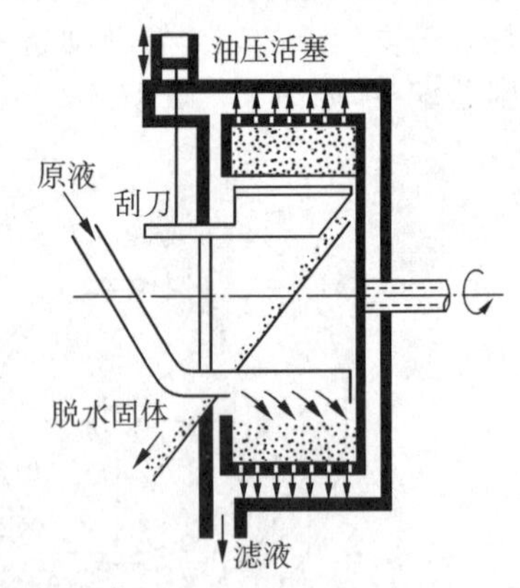

图3-21　刮刀卸料式离心机示意图

刮刀卸料式离心机

图3-21为刮刀卸料式离心机的示意图。悬浮液从加料管进入连续运转的卧式转鼓，

机内设有耙齿以使沉积的滤渣均布于转鼓内壁。待滤饼达到一定厚度时，停止加料，进行洗涤、沥干。然后，藉液压传动的刮刀逐渐向上移动，将滤饼刮入卸料斗卸出机外，继而清洗转鼓。整个操作周期均在连续运转中完成，每一步骤均采用自动控制的液压操作。

刮刀卸料式离心机每一操作周期为 35～90 s，连续运转，生产能力较大，劳动条件好，适宜于过滤连续生产工艺过程中大于 0.1 mm 的颗粒。对细、黏颗粒的过滤往往需要较长的操作周期，采用此种离心机不够经济，而且刮刀卸渣也不够彻底。使用刮刀卸料时，晶体颗粒也会遭到一定程度的破损。

活塞往复式卸料离心机

这种离心机的加料过滤、洗涤、沥干、卸料等操作同时在转鼓内的不同部位进行，图 3-22 为其结构示意图。料液加入旋转的锥形料斗后被洒在近转鼓底部的一小段范围内，形成 25～75 mm 厚的滤渣层。转鼓底部装有与转鼓一起旋转的推料活塞，其直径稍小于转鼓内壁。活塞与料斗还一起做往复运动，将滤渣逐步推向加料斗的右边。该处的滤渣经洗涤、沥干后，被卸出转鼓外。活塞的冲程约为转鼓全长的 1/10，往复次数约 30 次/分。

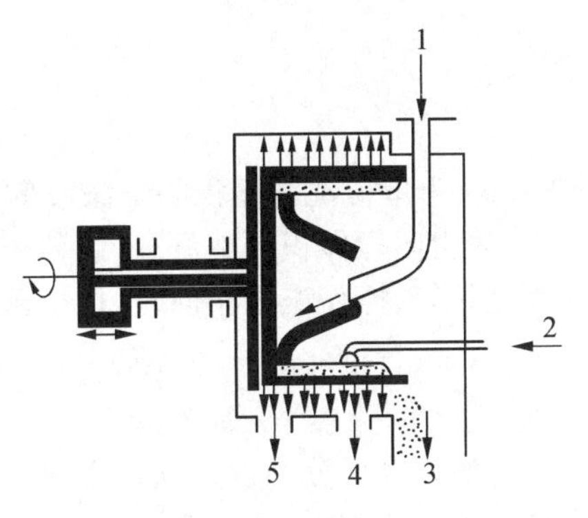

图 3-22　活塞往复式卸料离心机

1—原料液；2—洗涤液；3—脱液固体；4—洗出液；5—滤液

活塞往复式卸料离心机每小时可处理 0.3～25 吨的固体，对过滤含固量小于 10%、粒径大于 0.15 mm 的悬浮液比较合适，在卸料时晶体也较少受到破损。

3.3.5　洗涤速率与洗涤时间

当滤饼需要洗涤时，单位面积洗涤液的用量 q_w 需由实验决定。然后可以按过滤机中洗涤液流经滤饼的通道不同，决定洗涤速率和洗涤时间。在洗涤过程中滤饼不再增厚，洗涤速率为一常数，从而不再有恒速与恒压的区别。

叶滤机的洗涤速率

其洗涤过程特点为洗涤液流经滤饼的通道与过滤终了时滤液的通道相同。洗涤液通过的滤饼面积亦与过滤面积相等，故洗涤速率 $(\mathrm{d}q/\mathrm{d}\tau)_w$ 可由式(3-36)计算，即

$$\left(\frac{\mathrm{d}q}{\mathrm{d}\tau}\right)_w = \frac{\Delta\mathscr{P}_w}{r\mu_w\phi(q+q_e)} \tag{3-45}$$

式中，下标 w 表示洗涤，q 为过滤终了时单位过滤面积的累计滤液量。

当单位面积的洗涤液用量 q_w 已经确定，则洗涤时间 τ_w 为

$$\tau_w = \frac{q_w}{(\mathrm{d}q/\mathrm{d}\tau)_w} \tag{3-46}$$

当洗涤与过滤终了时的操作压强相同、洗涤液与滤液的黏度相等，则洗涤速率与最终过滤速率相等，即（记 $V_e = Aq_e$）

$$\left(\frac{\mathrm{d}V}{\mathrm{d}\tau}\right)_w = \frac{KA^2}{2(V+V_e)} \tag{3-47}$$

$$\tau_w = \frac{V_w}{\left(\dfrac{\mathrm{d}V}{\mathrm{d}\tau}\right)_w} = \frac{2(V+V_e)V_w}{KA^2} \tag{3-48}$$

实际操作中洗涤液的流动途径可能因滤饼的开裂而发生沟流、短路，由式(3-48)计算的洗涤速率只是一个近似值。

板框压滤机的洗涤速率

板框压滤机在过滤终了时,滤液通过滤饼层的厚度为框厚的一半,过滤面积则为全部滤框面积之和的两倍。但在滤渣洗涤时,由图 3-16 可知,洗涤液将通过两倍于过滤终了时滤液的途径,故洗涤速率应为式(3-45)计算值的 1/2,即

$$\left(\frac{dq}{d\tau}\right)_w = \frac{\Delta\mathscr{P}_w}{2r\mu_w\phi(q+q_e)} \tag{3-49}$$

洗涤时间仍可用式(3-46)计算,即

$$\tau_w = \frac{q_w}{\left(\frac{dq}{d\tau}\right)_w} \tag{3-50}$$

式中,q_w 为单位洗涤面积的洗涤液量,m^3/m^2。但应注意,此时的洗涤面积仅为过滤面积的一半,故用同样体积的洗涤液,此种板框压滤机的洗涤时间为叶滤机的四倍。当洗涤液与滤液黏度相等、操作压强相同时,板框压滤机的洗涤时间为

$$\tau_w = \frac{8(V+V_e)V_w}{KA^2} \tag{3-51}$$

过滤计算可分为设备选定之前的设备过滤面积计算和现有设备的处理能力的计算两种类型。

在过滤面积计算问题中,计算应首先进行小型过滤实验以测取必要的设计数据,如过滤常数 q_e、K 等,并为过滤介质和过滤设备的选型提供依据。然后由过滤任务给定的滤液量 V 和过滤时间 τ,选择操作压强 $\Delta\mathscr{P}$,计算过滤面积 A。在设备处理能力计算中,则是已知设备尺寸和参数,给定操作条件,计算该过程设备可以完成的生产任务;或已知设备尺寸和参数,给定生产任务,求取相应的过滤操作条件。

例 3-5 叶滤机过滤面积的计算

某固体粉末水悬浮液含固量(质量分数)$w=0.02$,温度为 20℃,固体密度 $\rho_p = 3\,200\ kg/m^3$,已通过小试过滤实验测得滤饼的比阻 $r=1.82\times10^{13}\ m^{-2}$,滤饼不可压缩,滤饼空隙率 $\varepsilon=0.6$,过滤介质阻力的当量滤液量 $q_e=0$。现工艺要求每次过滤时间为 30 min,每次处理悬浮液为 8 m^3。选用操作压强 $\Delta\mathscr{P}=0.12$ MPa。若用叶滤机来完成此任务,则该叶滤机过滤面积应为多大?

解 由题意,$\tau=1\,800$ s,$\mu=1\times10^{-3}$ Pa·s,$\rho=1\,000\ kg/m^3$。

悬浮液固体体积分数为

$$\phi=\frac{w/\rho_p}{w/\rho_p+(1-w)/\rho}=\frac{0.02/3\,200}{0.02/3\,200+0.98/1\,000}=6.34\times10^{-3}$$

由式(3-29)和式(3-30)可得

$$V=V_{悬}\left(1-\frac{\phi}{1-\varepsilon}\right)=8\times\left(1-\frac{6.34\times10^{-3}}{1-0.6}\right)=7.87\ (m^3)$$

由式(3-35)得

$$K=\frac{2\Delta\mathscr{P}}{r\phi\mu}=\frac{2\times0.12\times10^6}{1.82\times10^{13}\times6.34\times10^{-3}\times10^{-3}}=2.1\times10^{-3}\,(m^2/s)$$

当 $q_e=0$ 时,由式(3-41)得过滤面积为

$$A=\frac{V}{\sqrt{K\tau}}=\frac{7.87}{\sqrt{2.1\times10^{-3}\times1\,800}}=4.07\ (m^2)$$

3.3.6 过滤设备生产能力

间歇式过滤机的生产能力

已知过滤设备的过滤面积 A 和指定的操作压差 $\Delta\mathscr{P}$,可计算过滤设备的生产能力。叶滤机和压滤机都是典型的间歇式过滤机,每一操作周期由以下三部分组成:

① 过滤时间 τ;

② 洗涤时间 τ_w;

③ 组装、卸渣及清洗滤布等辅助时间 τ_D。

一个完整的操作周期所需的总时间为

$$\sum\tau=\tau+\tau_w+\tau_D \tag{3-52}$$

过滤时间 τ 及洗涤时间 τ_w 的计算方法如前文所述,辅助时间须根据具体情况而定。间歇过滤机的生产能力即单位时间得到的滤液量为

$$Q=\frac{V}{\sum\tau} \tag{3-53}$$

例 3-6 板框式压滤机的生产能力

拟用一台板框压滤机过滤 $CaCO_3$ 水悬浮液。滤框的容渣体积为 450 mm × 450 mm × 25 mm,有 40 个滤框。在恒定压差 $\Delta\mathscr{P}=3\times10^5$ Pa 下进行过滤。待滤框充满后在同样压差下用清水洗涤滤饼,洗涤水量为滤液体积的 1/10。已知每立方米滤液可形成 0.025 m^3 的滤饼,且 $q_e=0.026\,8\ m^3/m^2$;$\phi=0.007\,96$;$\mu=0.894\times10^{-3}$ Pa·s,测得滤饼比阻 $r=1.13\times10^{15}\ m^{-2}$。试求:(1) 过滤时间 τ;(2) 洗涤时间 τ_w;(3) 压滤机的生产能力(设辅助时间为 60 min)。

解 此例属设备处理能力问题。由式(3-35)可知

$$K=\frac{2\Delta\mathscr{P}}{r\mu\phi}=\frac{2\times3\times10^5}{1.13\times10^{15}\times0.894\times10^{-3}\times0.007\,96}=7.46\times10^{-5}\ (m^2/s)$$

(1) 计算滤框中充满滤饼所经历的过滤时间 τ

框内滤饼总体积 $40\times0.45^2\times0.025=0.202\ (m^3)$

滤液量 $V=\dfrac{0.202}{0.025}=8.1\ (m^3)$

过滤面积 $A=40\times0.45^2\times2=16.2\ (m^2)$

$$q=\frac{V}{A}=\frac{8.1}{16.2}=0.5\ (m^3/m^2)$$

过滤时间

$$\tau=\frac{1}{K}(q^2+2qq_e)=\frac{(0.5^2+2\times0.5\times0.026\,8)}{7.46\times10^{-5}}=3\,710\ (s)$$

(2) 洗涤时间 τ_w

$$\left(\frac{dq}{d\tau}\right)_w=\frac{\Delta\mathscr{P}}{2r\mu\phi(q+q_e)}=\frac{K}{4(q+q_e)}$$
$$=\frac{7.46\times10^{-5}}{4\times(0.5+0.026\,8)}=3.54\times10^{-5}\ (m^3/(m^2\cdot s))$$

洗涤面积 $A_w=\dfrac{1}{2}A=\dfrac{16.2}{2}=8.1\ (m^2)$

$$q_w = \frac{V_w}{A_w} = \frac{0.1V}{A_w} = \frac{0.1 \times 8.1}{8.1} = 0.1\ (m^3/m^2)$$

故

$$\tau_w = \frac{q_w}{\left(\frac{dq}{d\tau}\right)_w} = \frac{0.1}{3.54 \times 10^{-5}} = 2\ 820\ (s)$$

(3) 生产能力 Q

$$Q = \frac{V}{\tau + \tau_w + \tau_D} = \frac{8.1}{3\ 710 + 2\ 820 + 3\ 600} = 8.00 \times 10^{-4}\ (m^3/s) = 2.88\ (m^3/h)$$

连续式过滤机的生产能力

回转真空过滤机是在恒定压差下操作的连续过滤设备。设转鼓的转速为 $n(s^{-1})$，转鼓浸入面积占全部转鼓面积的分数为浸没度 φ，则每转一周转鼓上任何一点或全部转鼓面积的过滤时间为

$$\tau = \frac{\varphi}{n} \tag{3-54}$$

这样就把真空回转过滤机部分转鼓表面的连续过滤转换为全部转鼓表面的间歇过滤，使恒压过滤方程依然适用。

将式(3-41)改写成

$$q = \sqrt{q_e^2 + K\tau} - q_e \tag{3-55}$$

设转鼓面积为 A，则回转真空过滤机的生产能力(单位时间的滤液量)为

$$Q = nqA$$

$$Q = n\left(\sqrt{V_e^2 + \frac{\varphi}{n}KA^2} - V_e\right) \tag{3-56}$$

若过滤介质阻力可略去不计，则上式可写成

$$Q = \sqrt{KA^2\varphi n} \tag{3-57}$$

此式近似地表达了诸参数对回转真空过滤机生产能力的影响。

习　题

颗粒沉降

3-1 球径为 0.50 mm、密度为 2 700 kg/m^3 的光滑球形固体颗粒在 $\rho = 920\ kg/m^3$ 的液体中自由沉降，自由沉降速度为 0.016 m/s，试计算该液体的黏度。[答案：0.015 2 Pa·s]

3-2 在某蒸发器的蒸发室中，蒸汽上升速度 $u = 0.2\ m/s$，蒸汽密度 $\rho = 1\ kg/m^3$，黏度 $\mu = 0.017 \times 10^{-3}$ Pa·s，液体密度 $\rho_L = 1\ 100\ kg/m^3$，求蒸汽带走的最大液滴直径 d_p(设液滴为球形)。[答案：75.3 μm]

3-3 已知直径为 40 μm 的小颗粒在 20℃常压空气中的沉降速度 $u_t = 0.08\ m/s$。相同密度的颗粒如果直径减半，则沉降速度 u_t' 为多大?空气密度为 1.2 kg/m^3，黏度为 1.81×10^{-5} Pa·s，且颗粒皆为球形。[答案：0.02 m/s]

3-4 在底面积 $A = 40\ m^2$ 的除尘室内回收含尘气体中的球形固体颗粒。含尘气体流量为 3 600 m^3/h(操作条件下体积)，气体密度 $\rho = 1.06\ kg/m^3$，黏度 $\mu = 0.02$ mPa·s。尘粒密度 $\rho_s = 3\ 000$ kg/m^3。试计算理论上能完全除去的最小颗粒直径。[答案：17.5 μm]

3-5 一除尘器高 4 m，长 8 m，宽 6 m，用于除去炉气中的灰尘。尘粒密度 $\rho_s = 3\ 000\ kg/m^3$。炉气密度 $\rho = 0.5\ kg/m^3$、黏度 $\mu = 0.035$ mPa·s，颗粒在气流中均匀分布。若要求完全除去大于 10 μm 的尘粒，问：每

小时可处理多少立方米的炉气。若要求处理量增加一倍,可采用什么措施?[答案:807 m^3/h,措施略]

3-6 试推导出球形颗粒在静止流体中做自由沉降的重力沉降速度表达式。[答案:略]

3-7 表面光滑的球形颗粒在连续介质中重力沉降。其粒径、密度分别为 d_p、ρ_s,介质的密度与黏度分别为 ρ、μ。设沉降在Stokes区,阻力系数为 $\xi=24/Re_p$,试推导Stokes公式。并按Stokes公式计算该粒子在30℃与60℃水中重力沉降速度之比。(30℃、60℃水的黏度为0.8 mPa·s及0.47 mPa·s,略去两温度下的水的密度差异)[答案:0.588]

3-8 已知20℃下水的密度为998 kg/m^3,黏度为1.005 mPa·s,20℃下空气的密度为1.21 kg/m^3,黏度为0.018 1 mPa·s。试计算直径为30 μm、密度为2 650 kg/m^3 的球形石英颗粒在20℃水中和在20℃常压空气中的沉降速度。[答案:8.06×10^{-4} m/s,0.072 m/s]

3-9 温度为20℃、压强为101.3 kPa的含球形颗粒粒径为58 μm、密度为1 800 kg/m^3 的尘粒空气,在进入反应器之前需要除去该尘粒并升高温度至400℃,降尘室底面积为60 m^2,试计算先除尘后升温和先升温后除尘两种方案的气体最大处理量。已知20℃空气黏度为 1.81×10^{-5} Pa·s,密度为1.21 kg/m^3;400℃空气黏度为 3.31×10^{-5} Pa·s,密度为0.524 kg/m^3。[答案:10.92 m^3/s,6.0 m^3/s]

过滤

3-10 某板框压滤机,进行恒压过滤1 h得11 m^3 滤液后即停止过滤,然后用3 m^3 清水(其黏度与滤液相同)在同样压力下对滤饼进行洗涤,求洗涤时间。滤布阻力可以忽略。[答案:2.182 h]

3-11 某板框过滤机框的长、宽、厚分别为250 mm×250 mm×50 mm,框数为8,以此过滤机恒压过滤某悬浮液,测得过滤时间为8.75 min与15 min时的滤液量分别为0.15 m^3 及0.20 m^3。试计算过滤常数 K。[答案:5.0×10^{-5} m^2/s]

3-12 以叶滤机恒压过滤某悬浮液,已知过滤常数 $K=2.5\times10^{-3}$ m^2/s,过滤介质阻力可略。求:(1) $q_1=2$ m^3/m^2 所需过滤时间 τ_1;(2) 若操作条件不变,在上述过滤 τ_1 时间基础上再过滤 τ_1 时间,又可得单位过滤面积上多少滤液?(3) 若过滤终了时 $q=2.85$ m^3/m^2,以每平方米过滤面积上用0.5 m^3 洗液洗涤滤饼,操作压力不变,洗液与滤液黏度相同,洗涤时间是多少?[答案:(1) 1 600 s;(2) 0.83 m^3/m^2;(3) 1 140 s]

3-13 以板框压滤机恒压过滤某悬浮液,已知过滤面积为8.0 m^2,过滤常数 $K=8.50\times10^{-5}$ m^2/s,过滤介质阻力可略。求:(1) 取得滤液 $V_1=5.0$ m^3 所需过滤时间 τ_1;(2) 若操作条件不变,在上述过滤 τ_1 时间基础上再过滤 τ_1 时间,又可得多少滤液?(3) 若过滤终了时共得滤液3.40 m^3,以0.42 m^3 洗液洗涤滤饼,操作压力不变,洗液与滤液黏度相同,洗涤时间是多少?[答案:(1) 1.28 h;(2) 2.07 m^3;(3) 35 min]

3-14 某板框压滤机恒压下操作,经1 h过滤,得滤液2 m^3。过滤介质阻力可略。试问:(1) 若操作条件不变,再过滤1 h,共得多少滤液?(2) 在原条件下过滤1 h后即把压差提高一倍,再过滤1 h,已知滤饼压缩性指数 $s=0.24$,共可得多少滤液?[答案:(1) 2.83 m^3;(2) 3.28 m^3]

3-15 某板框压滤机在恒压下操作,经1 h过滤,得滤液2 m^3,过滤介质阻力可略。原操作条件下过滤共3 h滤饼便充满滤框。试问:若在原条件下过滤1.5 h即把过滤压差提高一倍,则过滤共需多长时间?设滤饼不可压缩。[答案:2.25 h]

3-16 用板框过滤机恒压差过滤钛白(TiO_2)水悬浮液。过滤机的尺寸为:滤框的边长810 mm(正方形),每框厚度42 mm,共10个框。现已测得:过滤10 min得滤液1.31 m^3,再过滤10 min共得滤液1.905 m^3。已知滤饼体积和滤液体积之比 $\nu=0.1$,试计算:(1) 将滤框完全充满滤饼所需的过滤时间;(2) 若洗涤时间和辅助时间共45 min,求该装置的生产能力(以每小时得到的滤饼体积计)。[答案:(1) 0.671 h;(2) 0.194 m^3/h]

思 考 题

3-1 曳力系数是如何定义的?它与哪些因素有关?

3-2 斯托克斯定律区的沉降速度与各物理量的关系如何?应用的前提是什么?颗粒的加速段在什么条件下可忽略不计?

3-3 重力降尘室的气体处理量与哪些因素有关?降尘室的高度是否影响气体处理量?

3-4 沉降过程的强化措施有哪些?

3-5 过滤速率与哪些因素有关？

3-6 过滤常数有哪两个？各与哪些因素有关？什么条件下才为常数？

3-7 回转真空过滤机的生产能力计算时，过滤面积为什么用 A 而不用 $A\phi$？该机的滤饼厚度是否与生产能力成正比？

本章主要符号说明

符　号	意　　义	计量单位
a	颗粒的比表面积	m^2/m^3
d_p	颗粒直径	m
K	过滤常数	m^2/s
L	颗粒床层高度；滤饼层厚度	m
n	转鼓转速	r/min
$\Delta\mathscr{P}$	床层压降；过滤操作总压降	Pa
$\Delta\mathscr{P}_w$	洗涤时的压降	Pa
Q	过滤机的生产能力	m^3/s
q	单位过滤面积的累计滤液量	m^3/m^2
q_e	形成与过滤介质等阻力的滤饼层时单位面积的滤液量	m^3/m^2
q_w	单位面积的洗涤液量	m^3/m^2
r	滤饼比阻	m^{-2}
r_0	实验常数	
s	压缩指数	
u	流速	m/s
V	累计滤液量	m^3
V_e	形成与过滤介质等阻力的滤饼层时的滤液量	m^3
V_w	洗涤液用量	m^3
ε	颗粒床层空隙率	
μ	黏度	Pa·s
μ_w	洗涤液的黏度	Pa·s
ρ	流体的密度	kg/m^3
ρ_p	颗粒密度	kg/m^3
τ	过滤时间	s
τ_D	辅助时间	s
τ_w	洗涤时间	s
ϕ	单位体积悬浮液中所含固体体积	m^3 固体/m^3 悬浮液
φ	回转转鼓的浸没度	
ψ	球形颗粒及形状系数	
A	沉降面积（沉降器底部面积）	m^2
A_p	颗粒在运动方向上的投影面积	m^2
F_b	浮力	N
F_c	离心力	N
F_D	曳力	N
F_g	重力	N
H	沉降器高度	m
Re_p	颗粒雷诺数，$Re_p = d_p u_t \rho/\mu$	
u_t	沉降速度	m/s
q_V	体积流量	m^3/s

符 号	意 义	计量单位
α	离心分离因数	
τ_r	停留时间	s
τ_t	沉降时间	s
ω	旋转角速度	s^{-1}

参 考 文 献

[1] Coulson J M, Richardson J F. Chemical Engineering. VOL. 23rd ed., 1978.
[2] Foust A S. Principles of unit operations. 2nd ed. John Wiely and Sons, Inc., 1980.
[3] L斯瓦洛夫斯基,等.固液分离.王梦剑,等,译.北京:原子能出版社,1982.
[4] 上海化工学院,等.化学工程.第一册.北京:化学工业出版社,1982.
[5] 奥尔.过滤理论与实践.邵启祥,译.北京:国防工业出版社,1982.
[6] 时钧,等.化学工程手册.2版.第22篇.北京:化学工业出版社,1996.
[7] Geankoplis C J. Transport processes and unit operations. Allyn and Bacon. Inc., 1978.
[8] Zenz F A, Othmer D F. Fluidization and fluid-particle systems. Reinhold publishing Co., 1960.
[9] McCabe W L, Smith J C. Unit operations of chemical engineering. 4th ed. McGraw-Hill Inc., 1985.
[10] 鞍山黑色冶金矿山设计研究院.除尘设计参考资料.沈阳:辽宁人民出版社,1977.
[11] Perry R H, Chilton C H. Chemical engineer's handbook. 5th ed. New York: McCraw-Hill Inc., 1973.
[12] 国井大藏,O列文斯比尔.流态化工程.华东石油学院,等,译.北京:石油化学工业出版社,1977.
[13] Davidson J F, Harrison D. Fluidization. Academic Press Inc., 1971.
[14] 时钧,等.化学工程手册.2版.第23篇.北京:化学工业出版社,1996.

第4章　吸　收

化学工业中，经常涉及均相混合物的分离，吸收是均相混合物分离单元过程之一。例如合成氨的原料气体中含有30%二氧化碳，合成氨车间需要将二氧化碳从原料气中分离；焦化厂焦炉气中含有一氧化碳、氢气、氨气、苯等多种气体，需要将氨气从混合气中分离出来；硫酸工业上用稀硫酸和三氧化硫制造硫酸；电厂锅炉尾气中二氧化硫的脱除，等。本章介绍低含量混合气体的物理吸收过程，对于高含量混合气体吸收及化学吸收可参考相关教材或手册。

4.1　概　述

在化学工业中，经常需将气体混合物中的各个组分加以分离，分离的目的不外是：

① 回收或捕获气体混合物中的有用物质，以制取产品。

② 除去工艺气体中的有害成分，使气体净化以便进一步加工处理；或除去工业放空尾气中的有害物以免污染大气。

实际过程往往同时兼有净化与回收双重目的。

气体混合物的分离总是根据混合物中各组分间某种物理和化学性质的差异而进行的。根据不同性质上的差异，可以开发出不同的分离方法。吸收操作仅为其中之一，它根据混合物各组分在某种溶剂中溶解度的不同而达到分离的目的。

工业吸收过程实例

现以气体脱硫为例，说明吸收操作的流程（图4-1）。

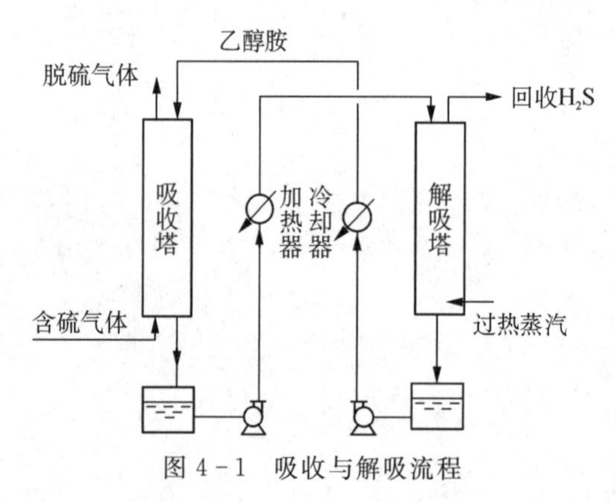

图4-1　吸收与解吸流程

在合成氨生产的造气过程中，半水煤气中含有少量的硫化氢（H_2S）气体，应予以脱除，并分离回收。吸收操作的流程如图4-1所示，所用的溶剂为乙醇胺，工业上称此方法为乙醇胺法脱硫。

脱硫的流程包括吸收和解吸两大部分。含硫气体在20～40℃下进入吸收塔底部，乙醇胺从塔顶喷淋而下，塔内装有填料以扩大气液接触面积。在气体与液体接触过程中，气体中的硫化氢溶解于溶液，使离开吸收塔顶的气体硫化氢含量降至允许值，而溶有较多硫化氢的液体由吸收塔底排出。为了使乙醇胺溶液能够再次使用，需要将硫化氢与乙醇胺溶液分离，这一过程称为溶剂的再生。解吸是溶液再生的一种方法，乙醇胺溶液经过加热后送入解吸塔，与上升的过热蒸汽接触，硫化氢从液相解吸至气相。因此，解吸操作是一个与吸收过程相反的操作。硫化氢被解吸后，乙醇胺溶液得到再生，经过冷却后再重新作为吸收剂送入吸收塔循环使用。

由此可见，采用吸收操作实现气体混合物的分离必须解决下列问题。

① 选择合适的溶剂，使某个（或某些）被分离组分能选择性地溶解。溶剂的用量如何确定？吸收的效果如何？能否采用最少量的溶剂解决吸收工程问题？吸收过程的限度如何？

② 提供适当的传质设备以实现气液两相的接触，使被分离组分得以自气相转移至液相

(吸收)或相反(解吸)。如何充分发挥设备的作用?

③ 溶剂的再生,即脱除溶解于其中的被分离组分以便循环使用。溶剂再生的效果如何?解吸过程的限度如何?

总之,一个完整的吸收分离过程一般包括吸收和溶剂再生(如解吸)两个组成部分。本章着重解决上述吸收基本问题。

溶剂的选择

吸收操作是气液两相之间的接触传质过程,吸收操作的成功与否在很大程度上取决于溶剂的性质,特别是溶剂与气体混合物之间的相平衡关系。根据物理化学中有关相平衡的知识可知,评价溶剂优劣的主要依据应包括以下几点。

① 溶剂应对混合气中被分离组分(下称溶质)有较大的溶解度,或者说在一定的温度与浓度下,溶质的平衡分压要低。这样,从平衡角度来说,处理一定量混合气体所需的溶剂量较少,气体中溶质的极限残余浓度亦可降低;就过程速率而言,溶质平衡分压低,过程推动力大,传质速率快,所需设备的尺寸小。

② 溶剂对混合气体中其他组分的溶解度要小,即溶剂应具有较高的选择性。如果溶剂的选择性不高,它将同时吸收气体混合物中的其他组分,这样的吸收操作只能实现组分间某种程度的增浓而不能实现较为完全的分离。

③ 溶质在溶剂中的溶解度应对温度的变化比较敏感,即不仅在低温下溶解度要大,平衡分压要小,而且随温度升高,溶解度应迅速下降,平衡分压应迅速上升。这样,被吸收的气体容易解吸,溶剂再生方便。

④ 溶剂的蒸气压要低,以减少吸收和再生过程中溶剂的挥发损失。

除上述诸点以外,溶剂还应满足以下几点。

① 溶剂应有较好的化学稳定性,以免使用过程中发生变质。

② 溶剂应有较低的黏度,且在吸收过程中不易产生泡沫,以实现吸收塔内良好的气液接触和塔顶的气液分离。在必要时,可在溶剂中加入少量消泡剂。

③ 溶剂应尽可能满足价廉、易得、无毒、不易燃烧等经济和安全条件。

实际上很难找到一个理想的溶剂能够满足所有这些要求,选择溶剂的关键取决于选该溶剂所付出的代价即生产成本,因此,应对可供选用的溶剂做全面的评价以做出经济合理的选择。

气体吸收的分类

气体中各组分因在溶剂中物理溶解度的不同而被分离的吸收操作称为物理吸收,多数气体在水中的溶解为物理吸收,上述气体脱硫是化学吸收的实例。在物理吸收中的溶质与溶剂的结合力较弱,解吸比较方便。

但是,一般气体在溶剂中的溶解度不高。利用适当的化学反应,可大幅度地提高溶剂对气体的吸收能力。例如,CO_2 在水中的溶解度甚低,但若以 K_2CO_3 水溶液吸收 CO_2 时,则在液相中发生下列反应:

$$K_2CO_3 + CO_2 + H_2O \rightleftharpoons 2KHCO_3$$

从而使 K_2CO_3 水溶液具有较高的吸收 CO_2 的能力。同时,化学反应本身的高度选择性必定赋予吸收操作高度选择性。可见,利用化学反应大大扩展了吸收操作的应用范围,此种利用化学反应而实现吸收的操作称为化学吸收。

作为可被化学吸收利用的化学反应一般应满足以下条件:

(1) 可逆性　如果该反应不可逆,溶剂将难以再生和循环使用。例如,用 NaOH 吸收 CO_2 时,因生成 Na_2CO_3 而不易再生,势必消耗大量 NaOH。因此,只有当气体中 CO_2 含量甚低，而又必须彻底加以清除时方才使用。自然，若反应产物本身为过程的产品时又另当别论。

(2) 较高的反应速率　若所用的化学反应其速度较慢，则应研究加入适当的催化剂以加快反应速率。

吸收操作的经济性

吸收的操作费用主要包括：

① 气、液两相流经吸收设备的能量消耗；

② 溶剂的挥发损失和变质损失；

③ 溶剂的再生费用，即解吸操作费。

此三者中尤以再生费用所占的比例最大。

常用的解吸方法有升温、减压、吹气，其中升温与吹气特别是升温与吹气同时使用最常见。溶剂在吸收与解吸设备之间循环，其间的加热与冷却、泄压与加压必消耗较多的能量。如果溶剂的溶解能力差，离开吸收设备的溶剂中溶质浓度低，则所需的溶剂循环量必大，再生时的能量消耗也大。同样，若溶剂的溶解能力对温度变化不敏感，所需解吸温度较高，溶剂再生的能耗也将增大。

若吸收了溶质以后的溶液是过程的产品，此时不再需要溶剂的再生，这种吸收过程自然是最经济的。

吸收过程中气、液两相的接触方式

吸收设备有多种形式，但以塔式最为常用。按气、液两相接触方式的不同可将吸收设备分为级式接触与微分接触两大类。图 4-2 为这两类设备中典型的吸收塔示意图。

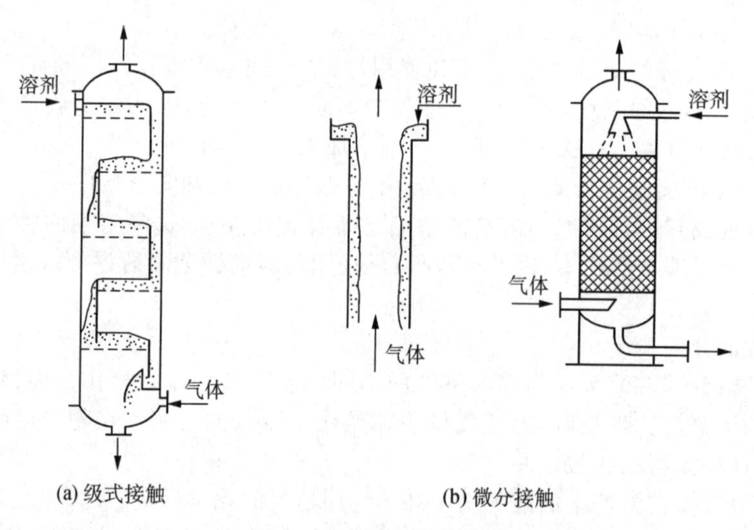

图 4-2　两类吸收设备

在图 4-2(a)所示的板式吸收塔中，气体与液体为逐级逆流接触。气体自下而上通过板上小孔逐板上升，在每一板上与溶剂接触，其中可溶组分被部分地溶解。在此类设备中，气体每上升一块塔板，其可溶组分的浓度阶跃式地降低；溶剂逐板下降，其可溶组分的浓度则阶跃式地升高。但是，在级式接触过程中所进行的吸收过程仍可不随时间而变，为定态连续过程。

在图 4-2(b)所示设备中，液体呈膜状沿壁流下，此为湿壁塔或降膜塔。更常见的是在塔内充以诸如瓷环之类的填料，液体自塔顶均匀淋下并沿填料表面下流，气体通过填料间的空隙上升与液体做连续的逆流接触。在这种设备中，气体中的可溶组分不断地被吸收，其浓度自下而上连续地降低；液体则相反，其中可溶组分的浓度由上而下连续地增高，此乃微分接触式的吸收设备。

级式与微分接触两类设备不仅用于气体吸收，同样也用于液体精馏、萃取等其他传质单元操作。两类设备可采用完全不同的计算方法。本章将以气体吸收为例说明微分接触设备的计算方法，而以精馏为例叙述级式接触的计算方法，并在第5章中扼要说明两种方法之间的关系。

上述两种不同接触方式的传质设备中所进行的吸收或其他传质过程可以是定态的连续过程，即设备内的过程参数都不随时间而变；也可以是非定态的，即间歇操作或脉冲式的操作。以下除特别说明外，均指连续定态操作。

本章所做的基本假定

为便于说明问题，本章讨论的气体吸收限于下列较为简单的情况。

① 气体混合物中只有一个组分溶于溶剂，其余组分在溶剂中的溶解度极低而可忽略不计，视为一个惰性组分即前述单组分、等温吸收。

② 溶剂的蒸气压很低，其挥发损失可以忽略，即气体中不含溶剂蒸气。

③ 吸收过程是定态的连续过程，即设备内的吸收过程参数皆不随时间变化，是连续定态过程。

这样，在气相中简化为仅包括一个惰性组分和一个可溶组分；在液相中则包含着可溶组分(溶质)与溶剂。

4.2 吸收和气液相平衡关系

图4-2(b)所示的湿壁塔吸收是吸收过程最基本的操作方式，它与套管换热器中的传热颇类似。若将吸收与传热两个过程做一比较，不难看出其间的异同：传热过程是冷、热两流体间的热量传递，传递的是热量，传递的推动力是两流体间的温度差，过程的极限是温度相等；吸收过程是气液两相间的物质传递，传递的是物质，但传递的推动力不是两相的浓度差，过程的极限也不是两相含量相等。这是由于气液之间的相平衡不同于冷热流体之间的热平衡。

4.2.1 平衡溶解度

在一定温度下气液两相长期或充分接触后，两相趋于平衡。此时溶质组分在两相中的浓度服从某种确定的关系，即相平衡关系。此相平衡关系可以用不同的方式表示。

溶解度曲线

气液两相处于平衡状态时，溶质在液相中的浓度称为溶解度，它与温度、溶质在气相中的分压有关。若在一定温度下，将平衡时溶质在气相中的分压 p_e 与液相中的摩尔分数 x 相关联，即得溶解度曲线。图4-3为不同温度下氨在水中的溶解度曲线。从此图可以看出，温度升高，气体的溶解度降低。

溶解度及溶质在气相中的组成也可用其他单位表示。例如，气相以摩尔分数 y 表示，液相用物质的量的浓度 c 表示(其单位为 kmol 溶质/m^3 溶液)。图4-4为 SO_2 在101.3 kPa下的溶解度曲线，图中气、液两相中的溶质含量分别以 y、x(摩尔分数)表示。

在一定温度下，分压是直接决定溶解度的参数。当总压不太高时(一般约小于0.5 MPa，视物系而异)，总压的变化并不改变分压与溶解度之间的对应关系。但是，当保持气相中溶质的摩尔分数 y 为定值，总压不同意味着溶质的分压不同。因此，不同总压下 y-x 溶解度曲线的位置不同。

以分压表示的溶解度曲线直接反映了相平衡的本质，用以思考和分析问题直截了当；而

以摩尔分数 x 与 y 表示的相平衡关系，则可方便地与物料衡算等其他关系式一起对整个吸收过程进行数学描述。

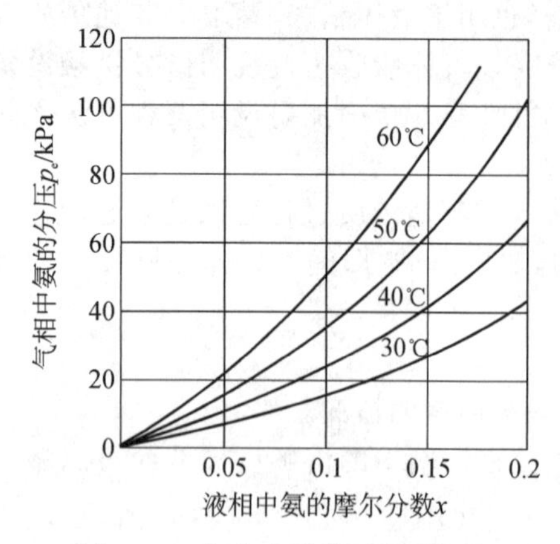

图 4 - 3　氨在水中的平衡溶解度

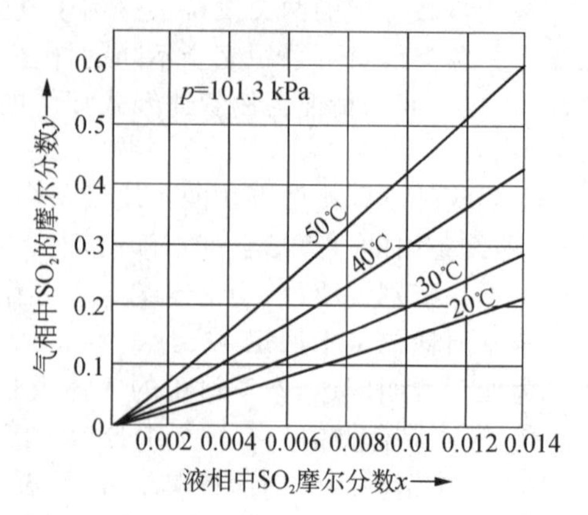

图 4 - 4　101.3 kPa 下 SO_2 在水中的溶解度

亨利定律

吸收操作最常用于分离低含量的气体混合物，因此吸收操作较为经济。低含量气体混合物吸收时液相的含量通常也较低，即常在稀溶液范围内。稀溶液的溶解度曲线通常近似地为一直线，此时溶解度与气相的平衡分压 p_e 之间服从亨利定律，即

$$p_e = Ex \tag{4-1}$$

当以其他单位表示可溶组分（溶质）在两相中的浓度时，亨利定律也可表示为

$$p_e = Hc \tag{4-2}$$

$$y_e = mx \tag{4-3}$$

以上三式中，比例系数 E、H、m 为以不同单位表示的亨利系数，m 又称为相平衡常数。这些常数的数值越小，表明可溶组分的溶解度越大，或者说溶剂的溶解能力越大。以上三式所用单位各不相同，但在稀溶液范围内可将溶解度曲线视为直线这一点则是共同的。

比较式(4 - 1)～式(4 - 3)，不难得出三个比例常数之间的关系。

$$m = \frac{E}{p} \tag{4-4}$$

$$E = Hc_M \tag{4-5}$$

式中，p 为总压；c_M 为混合液的总浓度，kmol/m^3。溶液中溶质的浓度 c 与摩尔分数 x 的关系为

$$c = c_M x \tag{4-6}$$

溶液的总浓度 c_M 可用 1 m^3 溶液为基准来计算，即

$$c_M = \frac{\rho_m}{M_m} \tag{4-7}$$

式中，ρ_m 为混合液的平均密度，kg/m^3；M_m 为混合液的平均相对分子质量。

对稀溶液，式(4 - 7)可近似为 $c_M \approx \rho_s / M_s$，其中 ρ_s、M_s 分别为溶剂的密度和相对分子质量。将此式代入式(4 - 5)可得

$$E \approx \frac{H\rho_s}{M_s} \tag{4-8}$$

常见物系的气液溶解度数据、亨利系数 E(或 H)可在相关手册中查到。必须注意，手册中气液两相含量常使用各种不同的单位，亨利系数的数值与单位也不同。

在较宽的含量范围内，溶质在两相中含量的平衡关系可一般地写成某种函数形式。

$$y_e = f(x)$$

此式称为相平衡方程。有时在有限的含量范围内，溶解度曲线也可近似取为直线，但此直线一般未必通过原点，而与亨利定律区别。

例 4-1 相平衡曲线的求取

在总压为 101.3 kPa 和 202.6 kPa 下，根据 20℃时 SO_2-水的气液数据绘出以摩尔分数表示气、液相平衡曲线，并计算气相组成 $y = 0.02$（摩尔分数）时，两种不同总压下的平衡液相组成。

解 (1) 20℃下 SO_2-水的气液平衡数据取自数据手册，列于表 4-1 第 1、2 列。

表 4-1 20℃时 SO_2-水的平衡数据

a /(gSO_2/100 gH_2O)	p_e /kPa	液相摩尔分数 x	气相摩尔分数 y_e	
			$p = 101.3$ kPa	$p = 202.6$ kPa
0.02	0.066 6	5.62×10^{-5}	6.58×10^{-4}	3.29×10^{-4}
0.05	0.160 0	1.41×10^{-4}	1.58×10^{-3}	0.79×10^{-3}
0.10	0.427 0	2.81×10^{-4}	4.21×10^{-3}	2.10×10^{-3}
0.20	1.133	5.62×10^{-4}	11.2×10^{-3}	5.60×10^{-3}
0.30	1.879	8.43×10^{-4}	18.6×10^{-3}	9.30×10^{-3}
0.50	3.466	1.40×10^{-3}	34.2×10^{-3}	17.1×10^{-3}
1.00	7.864	2.81×10^{-3}	77.6×10^{-3}	38.8×10^{-3}

设 100 g 水中溶解的 SO_2 质量为 a g，则溶液中 SO_2 的摩尔分数 x 为

$$x = \frac{\frac{a}{64}}{\frac{a}{64} + \frac{100}{18}}$$

按此式将表 4-1 第 1 列的溶解度换算成摩尔分数 x 列入表 4-1 第 3 列。气相浓度在 $p = 101.3$ kPa 及 202.6 kPa 下将表 4-1 第 2 列 SO_2 分压 p_e 换算成 y_e 列入第 4、5 列。根据

$$y_e = \frac{p_e}{p}$$

气、液平衡组成 $y_e - x$ 作图，即得 20℃下 SO_2-水的相平衡曲线，如图 4-5 所示。

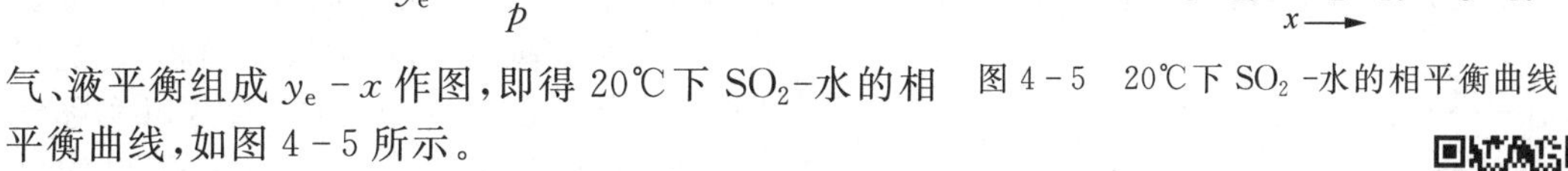

图 4-5 20℃下 SO_2-水的相平衡曲线

(2) 当混合气中 SO_2 组成 $y = 0.02$ 时，可由图4-5平衡曲线查得液相的平衡组成为

$$p = 101.3\ \text{kPa} \qquad x_e = 0.930\times10^{-3}$$
$$p = 202.6\ \text{kPa} \qquad x_e = 1.65\times10^{-3}$$

（扫描二维码观看吸收气液相平衡视频）

由本例可知，总压 p 的变化将改变 $y-x$ 平衡曲线的位置。这是由于对指定气相组成 y，总压增加使 SO_2 分压增大，溶解度 x 也随之增大。

4.2.2 相平衡与吸收过程的关系

判别过程的方向

设在 101.3 kPa、20℃下稀氨水的相平衡方程为 $y_e = 0.94x$，今使含氨10%的混合气和 $x = 0.05$ 的氨水接触，如图 4-6(a) 所示。因实际气相组成 y 大于与实际溶液摩尔分数 x 成平衡的气相组成 $y_e = 0.047$，故两相接触时将有部分氨自气相转入液相，即发生吸收过程。

同样，此吸收过程也可理解为实际液相组成 x 小于与实际气相组成 y 成平衡的液相组成 $x_e = y/m = 0.106$，故两相接触时部分氨自气相转入液相。

反之，若以 $y = 0.05$ 的含氨混合气与 $x = 0.1$ 的氨水接触，如图 4-6(b) 所示，则因 $y < y_e$ 或 $x > x_e$，部分氨将由液相转入气相，即发生解吸过程。

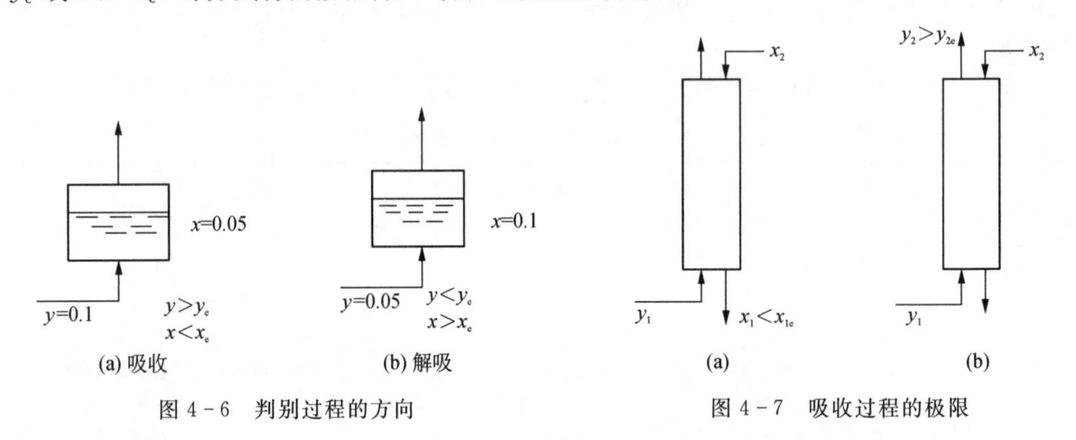

图 4-6 判别过程的方向

图 4-7 吸收过程的极限

指明过程的极限

今将溶质组成为 y_1 的混合气送入某吸收塔的底部，溶剂自塔顶淋入做逆流吸收[图 4-7(a)]。若减少淋下的吸收溶剂量，则溶剂在塔底出口的组成 x_1 必将增高。但即使在塔很高、吸收溶剂量很少的情况下，x_1 也不会无限增大，其极限是气相组成 y_1 的平衡组成 x_{1e}，即

$$x_{1,\ max} = x_{1e} = y_1/m$$

反之，当吸收剂用量很大而气体流量较小时，即使在无限高的塔内进行逆流吸收[图 4-7(b)]，出口气体的溶质组成也不会低于吸收剂入口组成 x_2 的平衡组成 y_{2e}，即

$$y_{2,\ min} = y_{2e} = mx_2$$

由此可见，相平衡关系限制了吸收溶剂离塔时的最高含量和气体混合物离塔时的最低含量。

计算过程的推动力

平衡是过程的极限，只有不平衡的两相互相接触才会发生气体的吸收或解吸。实际组成偏离平衡组成越远，过程的推动力越大，过程的速率也越快。在吸收过程中，通常以实际组成与平衡组成的偏离程度来表示吸收的推动力。

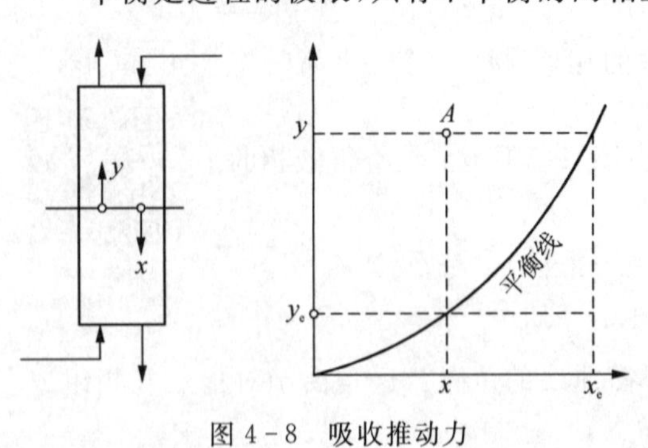

图 4-8 吸收推动力

图 4-8 为吸收塔的某一截面，该处气相溶质组成为 y，液相溶质组成为 x。在 $x-y$ 表示的平衡溶解度曲线图上，该截面的两相实际浓度如点 A 所示。显然，由于相平衡关系的存在，气液两相间的吸收推动力并非 $(y-x)$，而

可以分别用气相或液相摩尔分数差表示为$(y-y_e)$或(x_e-x)。$(y-y_e)$称为以气相摩尔分数差表示的吸收推动力，(x_e-x)则称为以液相摩尔分数差表示的吸收推动力。

4.3 吸收速率

在分析任一化工过程时都需要解决两个基本问题：过程的极限和过程的速率。吸收过程的极限取决于吸收的相平衡关系，此已在上一节中做了讨论。本节将讨论吸收过程的速率。

吸收过程涉及两相间的物质传递，它包括三个步骤：

① 溶质由气相主体传递到两相界面，即气相内的物质传递；

② 溶质在相界面上的溶解，由气相转入液相，即界面上发生的溶解过程；

③ 溶质自界面被传递至液相主体，即液相内的物质传递。

一般来说，上述第二步，即界面上发生的溶解过程，很易进行，其阻力极小。因此，通常都认为界面上气、液两相的溶质浓度满足相平衡关系，即认为界面上总保持着两相的平衡。这样，总过程速率将由两个单相即气相与液相内的传质速率决定。实际溶质从气相向液相及液相内的传递方式和速率各异。

不论气相或液相，物质传递的机理包括以下两种。

① 分子扩散　分子扩散类似于传热中的热传导，是分子微观运动的宏观统计结果。混合物中存在的温度梯度、压强梯度及浓度梯度都会产生分子扩散，本章仅讨论吸收及常见传质过程中因浓度差而造成的分子扩散速率。

② 对流传质　在流动的流体中不仅有分子扩散，而且流体的宏观流动也将导致物质的传递，这种现象称为对流传质。对流传质与对流传热相类似，且通常是指流体与某一界面(如气液界面)之间的传质。

工业吸收过程多数是定态过程，因此下文分别讨论定态条件下双组分物系的分子扩散和对流传质。

单位时间内在单位相际传质面积上传递的溶质的量称为吸收速率。对于定态吸收过程，上述三步骤传递的溶质量是相等的，且都等于吸收速率。

4.3.1 两种物质传递的方式

由于物质浓度差异而造成的物质传递称为分子扩散，遵循费克定律。实际吸收过程多发生在两相湍流情况下，通常将两相主体和相界面间发生的传质称为对流传质。

费克定律

分子扩散的实质是分子的微观随机运动，对恒温恒压下的一维定态扩散，其统计规律可用宏观的方式表达，即

$$J_A=-D_{AB}\frac{\mathrm{d}c_A}{\mathrm{d}z} \tag{4-9}$$

式中，J_A为单位时间内组分A扩散通过单位面积的物质的量，称为扩散速率，$\mathrm{kmol/(m^2\cdot s)}$；$\mathrm{d}c_A/\mathrm{d}z$为组分在扩散方向$z$上的浓度梯度，浓度$c_A$的单位是$\mathrm{kmol/m^3}$；$D_{AB}$为组分A在A、B双组分混合物中的扩散系数，$\mathrm{m^2/s}$。

扩散系数是物质的一种传递性质，其值受温度、压强和混合物中组分浓度的影响，同一组分在不同的混合物中其扩散系数也不一样。在需要确切了解某一物系的扩散系数时，一般应通过实验测定。常见物质的扩散系数可在手册中查到，某些计算扩散系数的半经验公式也可用来做大致的估计。一般地，组分在气体中的扩散系数和温度、压强有关，温度升高、

压强降低时，扩散系数增大。组分在气体中的扩散系数成百倍地大于在液体中的扩散系数，其值与温度、黏度相关，温度升高、黏度降低时，扩散系数增大。

式(4-9)称为费克定律，其形式与牛顿黏性定律、傅里叶热传导定律类似。费克定律表明，只要混合物中存在浓度梯度，必产生物质的扩散流。

对流传质

通常传质设备中的流体都是流动的，流动流体与相界面之间的物质传递称为对流传质。流体的流动加快了相内的物质传递，其原因与对流给热相类似，这里归纳如下。

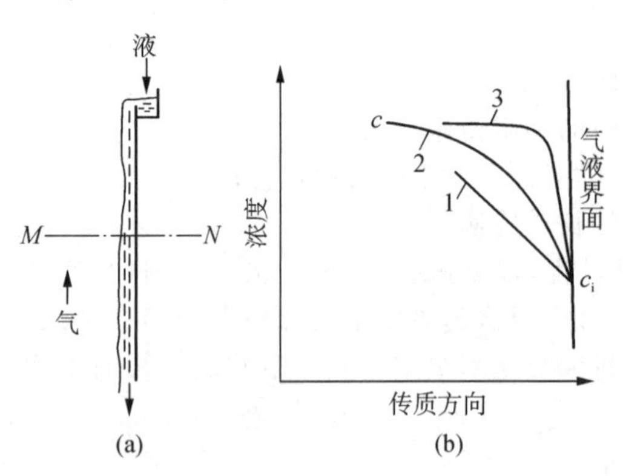

图 4-9　*MN* 截面上可溶组分的浓度分布
1—静止流体；2—层流；3—湍流

层流流动　此时可溶组分 A 在垂直于流动方向上的传递机理仍为分子扩散，但流动改变了横截面 *MN* 上的浓度分布。以气相与界面的传质为例，组分 A 的浓度分布由静止气体的直线 1 变为曲线 2，见图 4-9(b)。根据扩散速率式

$$N_A = -D\left(\frac{dc_A}{dz}\right)_w \tag{4-10}$$

由于界面浓度梯度 $(dc_A/dz)_w$ 变大，强化了传质。

湍流流动　流动核心湍化，横向的湍流脉动促进了横向的物质传递，流体主体的浓度分布被均化，浓度分布如图 4-9(b)中的曲线 3 所示，界面处的浓度梯度进一步变大。在主体与界面浓度差相等的情况下，传递速率得到进一步的提高。

4.3.2　对流传质速率

对流传质现象极为复杂，传质速率一般难以解析求解，必须依靠实验测定。仿照对流给热，可将流体与界面之间组分 A 的传质速率 N_A 写成类似于牛顿冷却定律的形式，即传质速率正比于界面浓度与流体主体浓度之差。但与对流给热不同的是气液两相的浓度都可用不同的单位表示，所以对流传质速率式可写成多种形式。

气相与界面的传质速率式可写成

$$N_A = k_G(p - p_i) \tag{4-11}$$

或

$$N_A = k_y(y - y_i) \tag{4-12}$$

式中，p、p_i 分别为溶质组分 A 在气相主体与界面处的分压，kPa；y、y_i 分别为上述两处组分 A 的摩尔分数；k_G 为以分压差表示推动力的气相传质分系数，$kmol/(s \cdot m^2 \cdot kPa)$；$k_y$ 为以摩尔分数之差表示推动力的气相传质分系数，$kmol/(s \cdot m^2)$。

液相与界面的传质速率式可写成

$$N_A = k_L(c_i - c) \tag{4-13}$$

或

$$N_A = k_x(x_i - x) \tag{4-14}$$

式中，c、c_i 分别为溶质组分 A 的主体浓度和界面浓度，$kmol/m^3$；x、x_i 分别为上述两处组分 A 的摩尔分数；k_L 为以摩尔浓度之差表示推动力的液相传质分系数，m/s；k_x 为以摩尔分数之差表示推动力的液相传质分系数，$kmol/(s \cdot m^2)$。

比较式(4-11)与式(4-12)、式(4-13)与式(4-14)不难导出如下关系。

$$k_y = pk_G \tag{4-15}$$

$$k_x = c_M k_L \tag{4-16}$$

以上处理方法是将一组主体浓度和界面浓度之差作为对流传质的推动力，而其他所有影响对流传质的因素均包括在气相(或液相)传质分系数之中。实验的任务是在各种具体条件下测定传质系数 k_G、k_L(或 k_y、k_x)的数值及流动条件对它的影响。

实际使用的传质设备型式多样，塔内流动情况十分复杂，两相的接触界面也往往难以确定，这使对流传质分系数的一般准数关联式远不及传热那样完善和可靠。

4.3.3 * 对流传质理论

上述关于对流传质的工程处理方法，其出发点是依靠实验来解决传质速率问题，并未对对流传质过程做理论上的探讨。为揭示对流传质分系数的物理本质，从理论上说明各因素对它的影响，不少研究者提出多种假想的传质模型，采用数学模型方法加以研究。

对流传质设备异常复杂，难以做严格的数学描述，自然也无从解析求解。不同的研究者试图根据各自对过程的理解，抓住主要因素而忽略细枝末节，由此构成对流传质的简化物理图像。这种简化的物理图像称为物理模型，对其进行适当的数学描述，即得数学模型。然后，对简化的数学模型解析求解，得出传质分系数的理论式。将得到的理论式与实验结果比较，便可检验其准确性和合理性。目前常用的对流传质模型有有效膜理论、溶质渗透理论和表面更新理论，详细内容可参考相关教材。

总之，分子扩散和对流传质是流体中物质传递的两种形式。鉴于实际吸收设备中气液两相都是流动的，两相的传质均为对流传质，单相流体与界面之间的对流传质速率可用式(4-11)～式(4-14)表示，即传质速率与溶质组分的主体浓度与界面浓度之差成正比，这样处理正是基于有效膜理论。比例系数即传质分系数的单位与浓度的表示方法有关，传质分系数的数值与物性、设备及操作条件有关，一般需由实验测定。

有效膜理论是路易斯-惠特曼于 20 世纪 20 年代提出的。其主要论点为物质在两相间传递时，相界面双侧各有一层静止薄膜，传质阻力全部集中在膜内；物质通过双膜的传递过程为定态过程，无物质的累积；界面上气液组分达到平衡，无传质阻力。4.4 节正是根据有效膜理论对相际传质进行描述的。

4.4 相际传质

4.4.1 相际传质速率

吸收过程的相际传质由气相与界面的对流传质、界面上溶质组分的溶解、液相与界面的对流传质三个过程串联而成，参见图 4-10。传质速率虽可按式(4-11)～式(4-14)计算，但必须获得传质分系数 k_x，k_y 的实验值并求出界面浓度；而界面浓度是难以得到的。工程上为方便起见，可借用两流体换热过程的处理方法，引入总传质系数，使相际传质速率的计算能够避开气液两相的传质分系数。

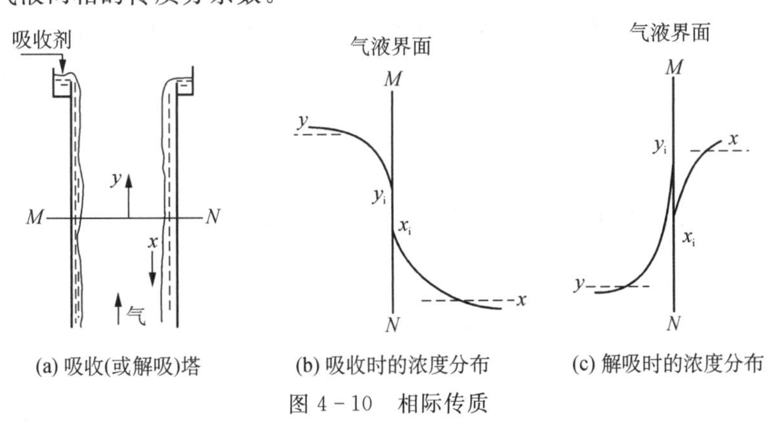

(a) 吸收(或解吸)塔　(b) 吸收时的浓度分布　(c) 解吸时的浓度分布

图 4-10　相际传质

相际传质速率方程

前已说明，气相传质速率式为

$$N_A = k_y(y - y_i) \tag{4-12}$$

液相传质速率式为

$$N_A = k_x(x_i - x) \tag{4-14}$$

界面上气体的溶解没有阻力，即界面上气液两相浓度服从相平衡方程

$$y_i = f(x_i) \tag{4-17}$$

对稀溶液，物系服从亨利定律

$$y_i = mx_i \tag{4-18}$$

或在计算范围内，平衡线可近似为直线处理，即

$$y_i = mx_i + a \tag{4-19}$$

图 4-11 表示气、液两相的实际组成（点 a）及界面组成（点 b）的相对位置。

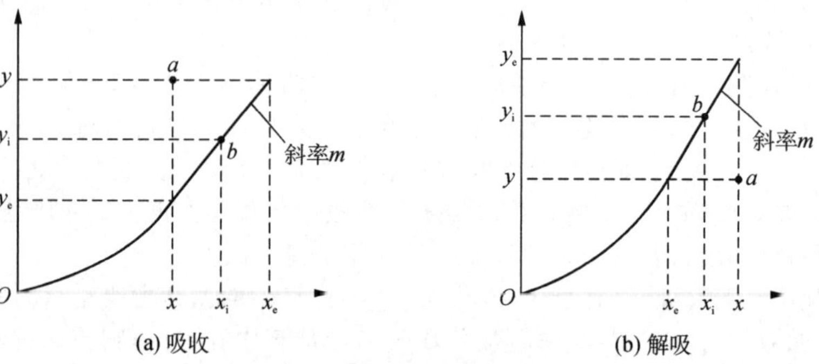

图 4-11 主体含量与界面含量的图示

传质速率可写成推动力与阻力之比，对定态过程，式(4-12)、式(4-14)可改写为

$$N_A = \frac{y - y_i}{\dfrac{1}{k_y}} = \frac{x_i - x}{\dfrac{1}{k_x}} \tag{4-20}$$

为消去界面组成，将上式的最右端分子、分母均乘以 m，将推动力以及阻力分别加和即得

$$N_A = \frac{y - y_i + (x_i - x)m}{\dfrac{1}{k_y} + \dfrac{m}{k_x}}$$

如图 4-11 所示，平衡线在界面组成 b 点的斜率为 m，则 $m(x_i - x) = y_i - y_e$，或$\dfrac{y - y_i}{m} = x_e - x_i$，则上式成为

$$N_A = \frac{y - y_e}{\dfrac{1}{k_y} + \dfrac{m}{k_x}} \tag{4-21}$$

于是相际传质速率方程式可表示为

$$N_A = K_y(y - y_e) \tag{4-22}$$

式中

$$K_y = \frac{1}{\dfrac{1}{k_y} + \dfrac{m}{k_x}} \tag{4-23}$$

称为以气相摩尔分数差 $(y-y_e)$ 为推动力的总传质系数，kmol/(s·m^2)。

为消去界面组成也可将式(4-20)中间一项的分子、分母均除以 m，并同样根据加和原则得到

$$N_A=\frac{(y-y_i)/m+(x_i-x)}{\dfrac{1}{k_y\cdot m}+\dfrac{1}{k_x}}=\frac{x_e-x}{\dfrac{1}{k_ym}+\dfrac{1}{k_x}} \tag{4-24}$$

故相际传质速率方程也可写成

$$N_A=K_x(x_e-x) \tag{4-25}$$

式中

$$K_x=\frac{1}{\dfrac{1}{k_ym}+\dfrac{1}{k_x}} \tag{4-26}$$

称为以液相摩尔分数差 (x_e-x) 为推动力的总传质系数，kmol/(s·m^2)。

比较式(4-23)、式(4-26)可知

$$mK_y=K_x \tag{4-27}$$

参照图4-11(b)不难导出解吸的速率方程为

$$N_A=K_x(x-x_e) \tag{4-28}$$

或

$$N_A=K_y(y_e-y)$$

式中的总传质系数 K_x、K_y 与式(4-26)、式(4-23)相同。显然，吸收与解吸过程的推动力表达形式刚好相反。

传质速率方程的各种表达形式

传质速率方程可用总传质系数或传质分系数两种方法表示，其相应的推动力也不同。此外，当气相和液相中溶质的浓度采用分压 p 与浓度 c 表示时，速率式中的传质系数与推动力自然也不同。表4-2列举了各种常用的速率方程。不同的推动力对应于不同的传质系数，此点在计算及引用文献数据时应特别注意。

表4-2 传质速率方程的各种形式

相平衡方程	$y=mx+a$	$p=Hc+b$	
吸收传质速率方程	$N_A=k_y(y-y_i)$ $=k_x(x_i-x)$ $=K_y(y-y_e)$ $=K_x(x_e-x)$	$N_A=k_G(p-p_i)$ $=k_L(c_i-c)$ $=K_G(p-p_e)$ $=K_L(c_e-c)$	$k_y=pk_G$ $k_x=c_Mk_L$ $K_y=pK_G$ $K_x=c_MK_L$
吸收或解吸的总传质系数	$K_y=1/(1/k_y+m/k_x)$ $K_x=1/(1/k_ym+1/k_x)$	$K_G=1/(1/k_G+H/k_L)$ $K_L=1/(1/k_GH+1/k_L)$	
	$K_y\cdot m=K_x$	$K_G\cdot H=K_L$	

4.4.2 传质阻力的控制步骤

气相阻力控制与液相阻力控制

式(4-23)可写成

$$1/K_y=1/k_y+m/k_x \tag{4-29}$$

即总传质阻力 $1/K_y$ 为气相传质阻力 $1/k_y$ 与液相传质阻力 m/k_x 之和。

当 $1/k_y\gg m/k_x$ 时，

$$K_y\approx k_y \tag{4-30}$$

此时传质阻力主要集中于气相，此类过程称为气相阻力控制过程。

同样，由式(4-26)可知，当 $1/(mk_y) \ll 1/k_x$ 时

$$K_x \approx k_x \tag{4-31}$$

此时的传质阻力主要集中于液相，称为液相阻力控制过程。

传质过程中两相阻力分配的情况与换热过程极为相似，所不同的是，对于吸收过程，气液平衡关系对各传质步骤阻力的大小及传质总推动力的分配有着极大的影响。易溶气体溶解度大而平衡线斜率 m 小，其吸收过程通常为气相阻力控制，例如用水吸收 NH_3、HCl 等气体便大致如此。难溶气体溶解度小而平衡线斜率 m 大，其吸收过程多为液相阻力控制，例如用水吸收 CO_2、O_2 等气体基本上是液相阻力控制的吸收过程。

实际吸收过程的阻力在气相和液相中各占一定的比例。但是，以气相阻力为主的吸收操作，增加气体流率，可降低气相阻力而有效地加快吸收过程；增加液体流率则不会对吸收速率有明显的影响。当实验发现吸收过程的总传质系数主要受气相流率的影响，则该过程必为气相阻力控制，其主要阻力必在气相。

例 4-2 传质速率及界面浓度的求取

在总压为 101.3 kPa、温度为 303 K 下用水吸收混合气中的氨，操作条件下的气液平衡关系为 $y = 1.20x$。已知气相传质分系数 $k_y = 5.31 \times 10^{-4}$ kmol/(s·m²)，液相传质分系数 k_x 为 5.33×10^{-3} kmol/(s·m²)，并在塔的某一截面上测得氨的气相组成 y 为 0.05，液相组成为 0.012(均为摩尔分数)。试求该截面上的传质速率及气液界面上两相的组成。

解 总传质系数

与实际液相浓度成平衡的气相组成为

$$K_y = \frac{1}{\frac{1}{k_y} + \frac{m}{k_x}} = \frac{1}{\frac{1}{5.31 \times 10^{-4}} + \frac{1.20}{5.33 \times 10^{-3}}} = 4.74 \times 10^{-4} (\text{kmol/(s·m}^2))$$

$$y_e = mx = 1.20 \times 0.012 = 0.0144$$

传质速率

$$N_A = K_y(y - y_e) = 4.74 \times 10^{-4} \times (0.05 - 0.0144) = 1.69 \times 10^{-5} (\text{kmol/(s·m}^2))$$

联立求解以下两式

$$k_y(y - y_i) = k_x(x_i - x)$$

$$y_i = mx_i$$

可求出界面上两相组成为

$$y_i = \frac{y + \frac{k_x}{k_y}x}{1 + \frac{k_x}{k_y m}} = \frac{0.05 + \frac{5.33 \times 10^{-3}}{5.31 \times 10^{-4}} \times 0.012}{1 + \frac{5.33 \times 10^{-3}}{5.31 \times 10^{-4} \times 1.20}} = 0.0182$$

$$x_i = y_i/m = 0.0182/1.20 = 0.0152$$

注意，界面气相组成 y_i 与气相主体组成 ($y = 0.05$) 相差较大，而界面组成 x_i 与液相主体组成 $x = 0.012$ 比较接近。气相传质阻力占总阻力的比例为

$$\frac{\frac{1}{k_y}}{\frac{1}{K_y}} = \frac{\frac{1}{5.31 \times 10^{-4}}}{\frac{1}{4.74 \times 10^{-4}}} = 89.3\%$$

4.5 低含量气体吸收

4.5.1 低含量气体吸收的特点

图 4－12 为一定态操作的微分接触式吸收塔，其横截面积为 A，单位容积内具有的有效吸收表面为 $a(\mathrm{m^2/m^3})$。混合气体自下而上流动，流率为 $G(\mathrm{kmol/(s \cdot m^2)})$，液体自上而下流动，流率为 $L(\mathrm{kmol/(s \cdot m^2)})$。

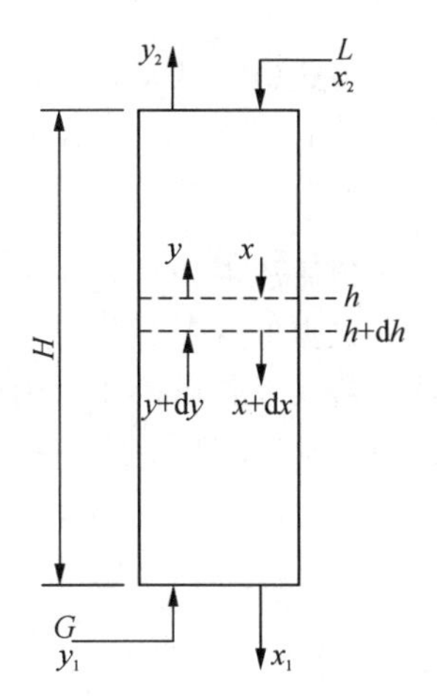

图 4－12　吸收塔内两相含量的变化

描述吸收过程的基本方法是对过程作物料衡算、热量衡算及列出吸收过程的速率式。但是，对一个具体的吸收过程，往往可按具体情况而做一些简化假定，以使过程的数学描述较为简便。

多数工业吸收操作都是将气体中少量溶质组分加以回收或除去。当进塔混合气中的溶质含量不高(例如小于 5%～10%)时，通常称为低含量气体(贫气)吸收。计算此类吸收问题时可做如下假设而不致引入显著的误差。

① G、L 为常量　因被吸收的溶质量很少，流经全塔的混合气体流率 G(kmol 混合气/(s・m² 塔截面))与液体流率 L(kmol 溶液/(s・m² 塔截面))变化不大，可视为常量。

② 吸收过程是等温的　因吸收量少，由溶解热而引起的液体温度的升高并不显著，故可认为吸收是在等温下进行的。这样，对低含量气体吸收往往可以不作热量衡算。

③ 传质系数为常量　因气液两相在塔内的流率几乎不变，全塔的流动状况相同，传质分系数 k_x、k_y 在全塔为常数。

这些特点使低浓度气体吸收的计算大为简化。

此外，即使被处理气体的溶质含量较高，但在塔内被吸收的数量不大，此类吸收也具有上述特点。因此，本节所述的低含量气体吸收应理解为一种简化的处理方法，不再局限于低含量的范围。

4.5.2 低含量气体吸收过程的数学描述和操作线

物料衡算的微分表达式

微分接触式设备的数学描述须取微元塔段为控制体作物料衡算。如图 4－12 所示，取一微元塔塔高为 $\mathrm{d}h$，其中两相传质面积为 $aA\mathrm{d}h$。若所取微元处的局部传质速率为 N_A，则单位时间在此微元塔段内溶质的传递量为 $N_\mathrm{A} \cdot aA\mathrm{d}h$。

对微元塔段 $\mathrm{d}h$ 作物料衡算，并忽略微元塔段两端面轴向的分子扩散，则对气相可以得到

$$G\mathrm{d}y = N_\mathrm{A} a\mathrm{d}h \tag{4-32}$$

对液相可得

$$L\mathrm{d}x = N_\mathrm{A} a\mathrm{d}h \tag{4-33}$$

对两相可得

$$G\mathrm{d}y = L\mathrm{d}x \tag{4-34}$$

全塔物料衡算式

将物料衡算微分方程式(4－34)积分可得

$$G(y_1 - y_2) = L(x_1 - x_2) \tag{4-35}$$

式(4－35)即为全塔物料衡算式，亦可直接对全塔作物料衡算获得。

相际传质速率方程式

相际传质速率表达式是反映微元塔段内所发生过程的性质和快慢的特征方程式，是吸

收过程数学描述的重要组成部分。如前所述，相际传质速率 N_A 可由式(4-22)或式(4-25)计算。

$$N_A = K_y(y - y_e) \tag{4-22}$$

$$N_A = K_x(x_e - x) \tag{4-25}$$

将式(4-22)和式(4-25)分别代入式(4-32)和式(4-33)可得

$$G\mathrm{d}y = K_y a(y - y_e)\mathrm{d}h \tag{4-36}$$

$$L\mathrm{d}x = K_x a(x_e - x)\mathrm{d}h \tag{4-37}$$

传质速率积分式

根据低含量吸收过程的特点，气液两相流率 G 和 L，气液两相传质分系数 k_y、k_x 皆为常数。若在吸收塔操作范围内平衡线斜率变化不大，由式(4-23)和式(4-26)可知，总传质系数 K_y 和 K_x 亦沿塔高保持不变。于是，分别将式(4-36)与式(4-37)沿塔高积分可得

$$H = \frac{G}{K_y a}\int_{y_2}^{y_1}\frac{\mathrm{d}y}{y - y_e} \tag{4-38}$$

及

$$H = \frac{L}{K_x a}\int_{x_2}^{x_1}\frac{\mathrm{d}x}{x_e - x} \tag{4-39}$$

式(4-38)、式(4-39)是低含量气体吸收全塔传质速率方程或塔高计算的基本方程式。

传质单元数与传质单元高度

若令

$$N_{OG} = \int_{y_2}^{y_1}\frac{\mathrm{d}y}{y - y_e} \tag{4-40}$$

$$H_{OG} = \frac{G}{K_y a} \tag{4-41}$$

则式(4-38)可写成

$$H = H_{OG}\cdot N_{OG} \tag{4-42}$$

N_{OG} 称为以 $(y - y_e)$ 为推动力的传质单元数，系一无量纲量。H_{OG} 具有长度量纲，单位为 m，称为传质单元高度。

同样，式(4-39)可写成

$$H = H_{OL}\cdot N_{OL} \tag{4-43}$$

式中

$$N_{OL} = \int_{x_2}^{x_1}\frac{\mathrm{d}x}{x_e - x} \tag{4-44}$$

$$H_{OL} = \frac{L}{K_x a} \tag{4-45}$$

分别称为以 $(x_e - x)$ 为推动力的传质单元数及相应的传质单元高度。

把塔高写成 H_{OG} 和 N_{OG} 或 H_{OL} 和 N_{OL} 的乘积，只是变量的分离和合并，并无实质性的变化。但是这样的处理有明显的优点，传质单元数 N_{OG} 和 N_{OL} 中所含的变量只与物质的相平衡以及进出口的组成条件有关，与设备的型式和设备中的操作条件(如流速)等无关。这样，在做出设备型式的选择之前即可先计算 N_{OG} 及 N_{OL}。N_{OG} 及 N_{OL} 反映了分离任务的难易。如果 N_{OG} 或 N_{OL} 的数值太大，或表明吸收剂性能太差，或表明分离要求过高。H_{OG}、H_{OL} 则与设备的型式、设备中的操作条件有关，它们表示完成一个传质单元所需的塔高，是

吸收设备效能高低的反映。通常传质系数 $K_ya(K_xa)$ 随流率 G(或 L)增加而增加,但 G/K_ya(或 L/K_xa)则与流率关系较小。传质单元高度的数值其变化量级不像传质系数那样大,常用吸收设备的传质单元高度为 0.15~1.5 m。具体数值须由实验测定,这将在传质设备中详述,传质单元数的计算方法在 4.5.3 节中讨论。

另外,若将传质速率 N_A 的其他表达形式代入式(4-36)与式(4-37),并进行积分,可得类似的塔高计算式。这些塔高计算式及相应的传质单元数与传质单元高度一并列入表 4-3。该表所列计算式对解吸操作同样适用,只是传质单元数中的推动力与吸收刚好相反。

表 4-3　传质单元高度与传质单元数

塔高计算式	传质单元高度	传质单元数	
$H = H_{OG} \cdot N_{OG}$	$H_{OG} = \dfrac{G}{K_ya}$	$N_{OG} = \int_{y_2}^{y_1} \dfrac{dy}{y - y_e}$	$H_{OG} = H_G + \dfrac{mG}{L}H_L$
$H = H_{OL} \cdot N_{OL}$	$H_{OL} = \dfrac{L}{K_xa}$	$N_{OL} = \int_{x_2}^{x_1} \dfrac{dx}{x_e - x}$	$H_{OL} = \dfrac{L}{mG}H_G + H_L$
$H = H_G \cdot N_G$	$H_G = \dfrac{G}{k_ya}$	$N_G = \int_{y_2}^{y_1} \dfrac{dy}{y - y_i}$	$H_{OG} \dfrac{L}{mG} = H_{OL}$
$H = H_L \cdot N_L$	$H_L = \dfrac{L}{k_xa}$	$N_L = \int_{x_2}^{x_1} \dfrac{dx}{x_i - x}$	

操作线与推动力的变化规律

为将式(4-38)与式(4-39)积分,必须找出传质推动力 $(y - y_e)$ 和 $(x_e - x)$ 分别随气相摩尔分数 y 与液相摩尔分数 x 的变化规律。在吸收塔内,气液两相含量沿塔高的变化受物料衡算式的约束。

设逆流接触吸收塔内任一横截面上气液两相摩尔分数分别为 y 与 x,并取该截面至塔顶为控制体作物料衡算(参见图 4-13),可得

$$Gy + Lx_2 = Gy_2 + Lx$$

或

$$y = \frac{L}{G}(x - x_2) + y_2 \tag{4-46}$$

式(4-46)在 y-x 图上为一条直线,如图 4-13(b)中 AB 所示,称为吸收操作线。操作线两端点坐标(y_1, x_1)与(y_2, x_2)分别为气液两相在塔底、塔顶的进出口组成,斜率 L/G 称为吸收操作的液气比,线上任一点 M 的坐标代表塔内某一截面上气液两相的组成。

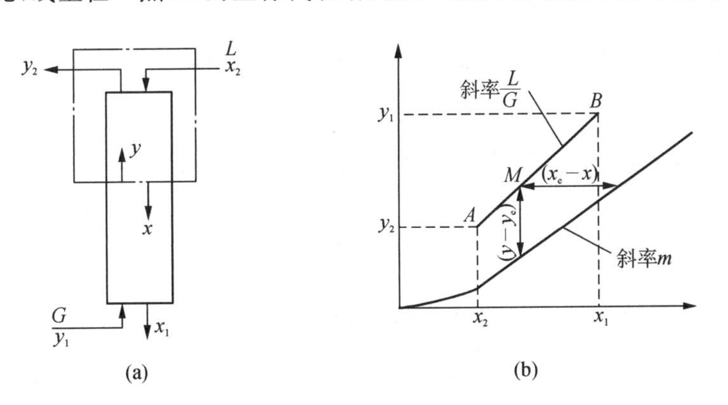

图 4-13　逆流吸收的操作线

若将平衡线与操作线绘于同一图上，操作线上任一 M 点与平衡线间的垂直距离即为塔内某截面上以气相组成表示的吸收推动力 $(y-y_e)$，与平衡线的水平距离则为该截面上以液相组成表示的吸收推动力(x_e-x)。因此，在吸收塔内推动力的变化规律是由操作线与平衡线共同决定的。

如果平衡线在吸收塔操作范围内可近似看成直线，则传质推动力 $\Delta y=(y-y_e)$ 和 $\Delta x=(x_e-x)$ 分别随 y 和 x 呈线性变化，此时推动力 Δy 或 Δx 相对于 y 或 x 的变化率皆为常数，并且可分别用 Δy 和 Δx 的两端值表示，即

$$\frac{d(\Delta y)}{dy}=\frac{(y-y_e)_1-(y-y_e)_2}{y_1-y_2}=\frac{\Delta y_1-\Delta y_2}{y_1-y_2} \tag{4-47}$$

$$\frac{d(\Delta x)}{dx}=\frac{(x_e-x)_1-(x_e-x)_2}{x_1-x_2}=\frac{\Delta x_1-\Delta x_2}{x_1-x_2} \tag{4-48}$$

4.5.3 传质单元数的简便计算方法

平衡线为直线时的对数平均推动力法

当平衡线可近似视为直线时，吸收过程基本方程式(4-38)与式(4-40)可以积分。将式(4-47)代入式(4-38)可得

$$H=\frac{G}{K_ya}\frac{y_1-y_2}{\Delta y_1-\Delta y_2}\int_{\Delta y_2}^{\Delta y_1}\frac{d(\Delta y)}{\Delta y}=\frac{G}{K_ya}\frac{y_1-y_2}{\dfrac{\Delta y_1-\Delta y_2}{\ln\dfrac{\Delta y_1}{\Delta y_2}}}=\frac{G}{K_ya}\cdot\frac{y_1-y_2}{\Delta y_m} \tag{4-49}$$

式中

$$\Delta y_m=\frac{\Delta y_1-\Delta y_2}{\ln\dfrac{\Delta y_1}{\Delta y_2}} \tag{4-50}$$

称为气相对数平均推动力。比较式(4-42)与式(4-49)两式可知

$$N_{OG}=\frac{y_1-y_2}{\Delta y_m} \tag{4-51}$$

同样，将式(4-48)代入式(4-39)可得

$$H=\frac{L}{K_xa}\frac{x_1-x_2}{\dfrac{\Delta x_1-\Delta x_2}{\ln\dfrac{\Delta x_1}{\Delta x_2}}}=\frac{L}{K_xa}\cdot\frac{x_1-x_2}{\Delta x_m} \tag{4-52}$$

式中

$$\Delta x_m=\frac{\Delta x_1-\Delta x_2}{\ln\dfrac{\Delta x_1}{\Delta x_2}} \tag{4-53}$$

称为液相对数平均推动力。比较式(4-43)与式(4-52)可知

$$N_{OL}=\frac{x_1-x_2}{\Delta x_m} \tag{4-54}$$

吸收因数法

除平均推动力法外，为计算传质单元数，可将相平衡关系与操作线方程式(4-46)代入 $\int_{y_2}^{y_1}\frac{dy}{y-y_e}$ 中，然后直接积分求取。对于相平衡关系服从亨利定律即平衡线为一通过原点的直线这一最简单情况，积分结果可整理为

$$N_{OG}=\frac{1}{1-\frac{1}{A}}\ln\left[\left(1-\frac{1}{A}\right)\frac{y_1-mx_2}{y_2-mx_2}+\frac{1}{A}\right] \tag{4-55}$$

式中，$\frac{1}{A}=\frac{mG}{L}$ 称为解吸因数，A 为吸收因数。

该式包含 N_{OG}、$\frac{1}{A}$ 及 $\frac{y_1-mx_2}{y_2-mx_2}$ 三个数群，可将其绘制成图 4-14。

同理可以推出液相组成差为推动力的传质单元数。

$$N_{OL}=\frac{1}{1-A}\ln\left[(1-A)\frac{y_1-mx_2}{y_1-mx_1}+A\right] \tag{4-56}$$

式中，N_{OL}、A 及 $\frac{y_1-mx_2}{y_1-mx_1}$ 三者关系也服从图 4-14的曲线。

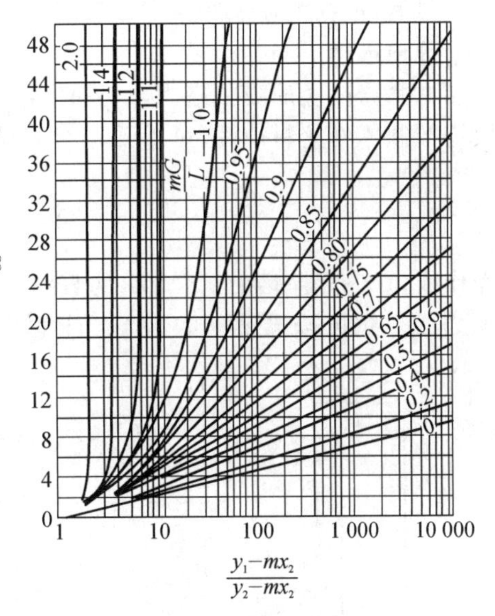

图 4-14　传质单元数

4.5.4　吸收塔塔高的计算

吸收塔塔高的计算问题可联立求解以下三式得以解决：

全塔物料衡算式　$G(y_1-y_2)=L(x_1-x_2)$　(4-35)

相平衡方程式　$y_e=f(x)$　(4-57)

吸收过程基本方程式

$$H=H_{OG}N_{OG}=\frac{G}{K_ya}\int_{y_2}^{y_1}\frac{dy}{y-y_e} \tag{4-38}$$

或

$$H=H_{OL}N_{OL}=\frac{L}{K_xa}\int_{x_2}^{x_1}\frac{dx}{x_e-x} \tag{4-39}$$

计算塔高的命题型式

计算要求：计算达到指定的分离要求所需要的塔高。

给定条件：进口气体的溶质摩尔分数 y_1、气体的处理量即混合气的进塔流率 G、吸收剂与溶质组分的相平衡关系以及分离要求。

分离要求通常有两种表达方式。当吸收目的是除去气体中的有害物，一般直接规定吸收后气体中有害溶质的残余摩尔分数 y_2。当吸收目的是回收有用物质，通常规定溶质的回收率 η。回收率定义为

$$\eta=\frac{\text{被吸收的溶质量}}{\text{气体进塔的溶质量}}=\frac{G_1y_1-G_2y_2}{G_1y_1} \tag{4-58}$$

式中，G_1 与 G_2 分别为气体进出口流率。对于低含量气体，$G_1=G_2=G$，

$$\eta=1-\frac{y_2}{y_1} \tag{4-59}$$

或

$$y_2=(1-\eta)y_1 \tag{4-60}$$

为计算塔高 H，必须知道 $K_ya(H_{OG})$ 或 $K_xa(H_{OL})$。总传质系数 K_ya 或 K_xa 涉及吸收塔的类型及其在操作条件下的传质性能，这里可暂且作为已知量。

显然，根据上述已知条件，塔高计算问题尚未有定解，必须面临一系列条件的选择。

流向选择

在微分接触的吸收塔内，气液两相可以做逆流也可做并流流动。取图 4－15 所示的塔段为控制体作物料衡算，可得并流时的操作线方程。

$$y = y_1 - \frac{L}{G}(x - x_1) \tag{4-61}$$

操作线 AB 是斜率为 $(-L/G)$ 的直线。因此，只要在 y_2-y_1 范围内平衡线是直线，则平均推动力 Δy_m 仍可按式(4－50)计算。同理，只要 x_1-x_2 范围内平衡线是直线，则平均推动力 Δx_m 可按式(4－53)计算。

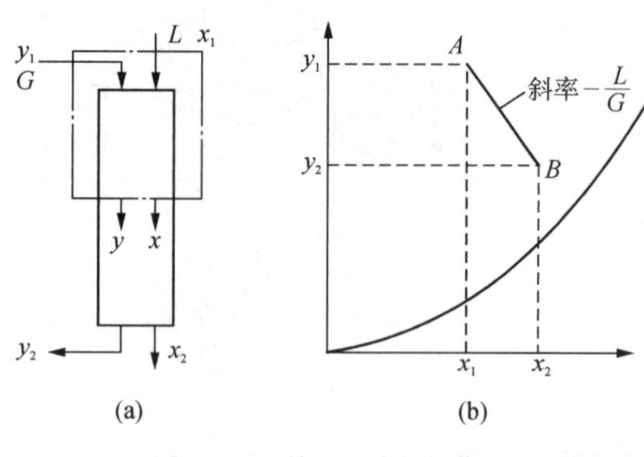

图 4－15 并流吸收的操作线

比较并流操作线(图 4－15)与逆流操作线(图 4－13)可知，在两相进、出口含量相同的情况下，逆流时的对数平均推动力必大于并流，故就吸收过程本身而言逆流优于并流。但是，就吸收设备而言，逆流操作时流体的下流受到上升气体的作用力；这种曳力过大时会妨碍液体的顺利流下，因而限制吸收塔所允许的液体流率和气体流率，这是逆流的缺点。

为使过程具有最大的推动力，一般吸收操作总是采用逆流，在以下吸收计算的讨论中，除注明外均指逆流操作。在特殊情况下，例如相平衡线斜率(m)极小时，逆流并无多大优点，可以考虑采用并流。

吸收剂进口含量的选择及其最高允许含量

计算时所选择的吸收剂进口含量过高，吸收过程的推动力减小，所需的吸收塔高度增加。若选择的进口含量过低，则对吸收剂的再生提出了过高的要求，使再生设备和再生费用加大。因此，吸收剂进口溶质含量(x_2)的选择是一个经济上的优化问题，需要通过多方案的计算和比较方能确定。

除了上述经济方面的考虑之外，还有一个技术上的限制，即存在着一个技术上允许的最高进口含量，超过这一含量便不可能达到规定的分离要求。

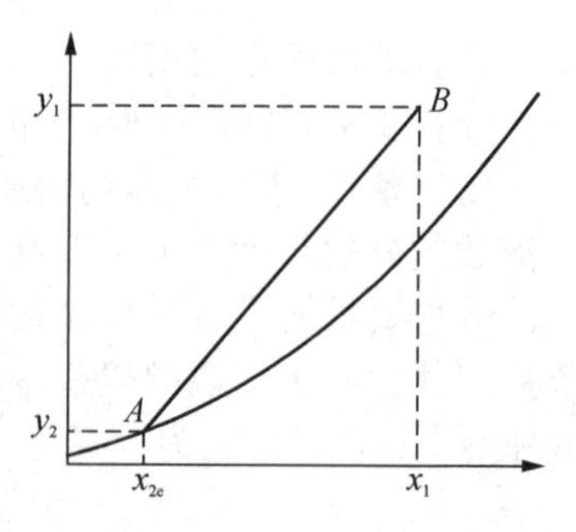

图 4－16 吸收剂进口含量的上限

气液两相逆流操作时，塔顶气相含量按计算要求规定为 y_2，与 y_2 成平衡的液相含量为 x_{2e}。显然，所选择的吸收剂进口含量 x_2 必须低于 x_{2e} 才有可能达到规定的分离要求。当所选 x_2 等于 x_{2e} 时(图 4－16)，吸收塔顶的推动力 Δy_2 为零，所需的塔高将为无穷大，这就是 x_2 的上限。

总之，对于规定的分离要求，吸收剂进口含量在技术上存在一个上限，在经济上存在一个最适宜的含量。

吸收剂用量的选择确定和最小液气比

为计算平均传质推动力或传质单元数，除须知 y_1、y_2 和 x_2 之外，还必须确定吸收剂出口含量 x_1 或液气比 L/G。吸收剂出口含量 x_1 与液气比 L/G 受全塔物料衡式制约，即

$$x_1 = x_2 + \frac{G}{L}(y_1 - y_2) \tag{4-62}$$

显然，吸收剂用量即液气比愈大，出口含量 x_1 愈小。

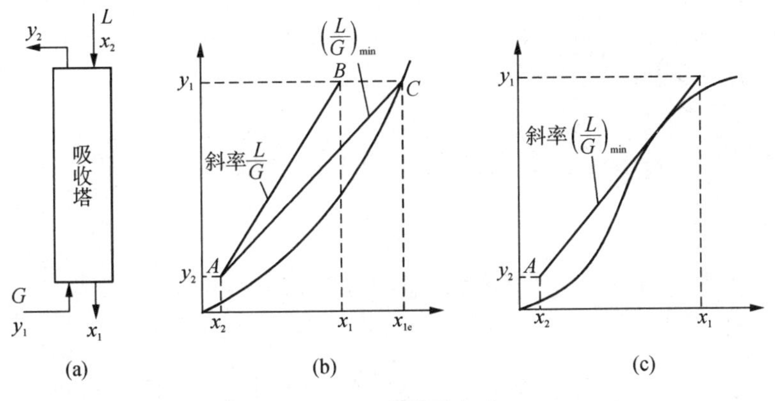

图 4-17 最小液气比

液气比的选择同样是个经济上的优化问题。由图 4-17(b)可知，当 y_1、y_2、x_2 已定时，液气比 L/G 增大，出口含量 x_1 减小，过程的平均推动力相应增大而传质单元数相应减小，从而所需塔高降低。但是，吸收液的数量大而浓度低，必使吸收剂的再生费用增加。这里同样需要做多方案比较，从中选择最经济的液气比。

另一方面，吸收剂的最小用量也存在着技术上的限制。当$\left(\frac{L}{G}\right)$减小到图 4-17(b)中的$\left(\frac{L}{G}\right)_{min}$时，操作线与平衡线相交于 C 点，塔底的气液两相浓度达到平衡。此时吸收推动力 Δy_1 为零，所需塔高将为无穷大，显然这是液气比的下限或 x_1 的上限。通常称此$\left(\frac{L}{G}\right)_{min}$为吸收设计的最小液气比，相应的吸收剂用量 L_{min} 为最小吸收剂用量。最小液气比可按物料衡算求得

$$\left(\frac{L}{G}\right)_{min}=\frac{y_1-y_2}{x_{1e}-x_2} \tag{4-63}$$

必须注意，液气比的这一限制来自规定的分离要求，并非吸收塔不能在更低的液气比下操作。操作时液气比小于此最低值，规定的分离要求将不能达到。

须指出，由式(4-63)计算最小液气比并非总是正确的。若平衡线的形状如图 4-17(c)所示，当液气比$\left(\frac{L}{G}\right)$减小到某一程度，塔底两相浓度虽未达到平衡，但操作线已与平衡线相切，切点处的吸收推动力为零，为达到指定分离要求塔高需无穷大。因此，此时的最小液气比$\left(\frac{L}{G}\right)_{min}$应取决于从图中 A 点所作的平衡线切线的斜率。

总之，在液气比下降时，只要塔内某一截面处气液两相趋近平衡，达到指定分离要求所需的塔高即为无穷大，此时的液气比即为最小液气比。

在塔高计算时为避免作多方案的计算，通常可先求出最小液气比，然后乘以某一经验的倍数作为设计的液气比，一般取

$$\frac{L}{G}=(1.1\sim 2)\left(\frac{L}{G}\right)_{min}$$

例 4-3 塔高的计算

在一逆流操作的吸收塔中用清水吸收氨和空气混合气中的氨，混合气流率为 0.025 kmol/s，混合气入塔含氨 2.0%(摩尔分数)，出塔含氨 0.1%(摩尔分数)。吸收塔操作

时的总压为 101.3 kPa，温度为 293 K，在操作浓度范围内，氨水系统的平衡方程为 $y=1.2x$，总传质系数 $K_y a$ 为 0.0522 kmol/(s·m³)。若塔径为 1 m，实际液气比为最小液气比的 1.2 倍，所需塔高为多少？

解 最小液气比

$$(L/G)_{\min}=\frac{y_1-y_2}{x_{1e}-x_2}=\frac{0.02-0.001}{0.02/1.2-0}=1.14$$

实际液气比

$$L/G=1.2(L/G)_{\min}=1.2\times 1.14=1.37$$

液相出口浓度

$$x_1=\frac{y_1-y_2}{L/G}+x_2=\frac{0.02-0.001}{1.37}=0.0139$$

平均推动力

$$\Delta y_m=\frac{(y_1-mx_1)-(y_2-mx_2)}{\ln\dfrac{y_1-mx_1}{y_2-mx_2}}=\frac{(0.02-1.2\times 0.0139)-0.001}{\ln\dfrac{0.02-1.2\times 0.0139}{0.001}}=1.93\times 10^{-3}$$

气相流率

$$G=\frac{0.025}{\dfrac{\pi}{4}\times 1^2}=0.0318\ (\text{kmol/(s}\cdot\text{m}^2))$$

传质单元高度

$$H_{OG}=\frac{G}{K_y a}=\frac{0.0318}{0.0522}=0.609\ (\text{m})$$

传质单元数

$$N_{OG}=\frac{y_1-y_2}{\Delta y_m}=\frac{0.02-0.001}{1.93\times 10^{-3}}=9.84$$

所需塔高

$$H=H_{OG}\cdot N_{OG}=0.609\times 9.84=6.0\ (\text{m})$$

4.5.5 吸收塔的核算过程

核算过程的命题

在实际生产中，吸收塔的核算问题是经常碰到的。常见的吸收塔核算问题有两种类型，它们的命题方式如下。

1）第一类命题

给定条件 吸收塔的高度及其他有关尺寸，气液两相的流量、进口含量、平衡关系及流动方式，两相总传质系数 $K_y a$ 或 $K_x a$。

核算目的 气液两相的出口含量。

2）第二类命题

给定条件 吸收塔高度及其他有关尺寸，气体的流量及进、出口含量，吸收液的进口含量，气液两相的平衡关系及流动方式，两相总传质系数 $K_y a$ 或 $K_x a$。

核算目的 吸收剂的用量及其出口含量。

核算过程的计算方法

各种核算问题皆可联立求解式(4-35)、式(4-57)、式(4-38)或式(4-39)获得解决。

在一般情况下，相平衡方程式和吸收过程方程式都是非线性的，求解时必须试差或迭代。如果平衡线在操作范围内可近似看成直线，则吸收过程基本方程式可写为式(4-49)或式(4-52)的形式。此时，对于第一类命题，可通过简单的数学处理将吸收过程基本方程式线性化，然后采用消元法求出气液两相的出口含量。对于第二类命题，因无法将吸收过程基本方程式线性化，试差计算仍不可避免。

当平衡关系符合亨利定律，平衡线是一通过原点的直线时，采用吸收因数法求解该问题更为方便。但是，对于第二类命题，即使采用吸收因数法，试差计算同样是不可避免的。

例 4-4 气体处理量的变化对吸收操作的影响

某吸收塔在 101.3 kPa、293 K 下用清水逆流吸收丙酮-空气混合物中的丙酮，当操作液气比为 2.1 时，丙酮回收率可达 95%。已知物系在低浓度下的平衡关系为 $y=1.18x$，操作范围内总传质系数 K_ya 近似与气体流率的 0.8 次方成正比。今气体流率增加 20%，而液量及气液进口含量不变，试求：(1) 丙酮的回收率有何变化？(2) 单位时间内被吸收的丙酮量增加多少？(3) 吸收塔的平均推动力有何变化？

解 原工况：

由回收率定义可求出气体出口含量

$$y_2=(1-\eta)y_1=(1-0.95)y_1=0.05y_1$$

由物料衡算式可计算液体出口含量

$$y_1-y_2=y_1-0.05y_1=\frac{L}{G}(x_1-x_2)$$

$$x_1=\frac{1-0.05}{2.1}y_1=0.452y_1$$

吸收塔的平均推动力

$$\Delta y_{\mathrm{m}}=\frac{(y_1-mx_1)-(y_2-mx_2)}{\ln\dfrac{y_1-mx_1}{y_2-mx_2}}=\frac{(y_1-1.18\times0.452y_1)-0.05y_1}{\ln\dfrac{y_1-1.18\times0.452y_1}{0.05y_1}}=0.187y_1$$

传质单元数

$$N_{\mathrm{OG}}=\frac{y_1-y_2}{\Delta y_{\mathrm{m}}}=\frac{(1-0.05)y_1}{0.187y_1}=5.1$$

新工况：

传质单元高度

$$H'_{\mathrm{OG}}=\frac{G'}{K'_ya}=\frac{\left(\dfrac{G'}{G}\right)}{\left(\dfrac{G'}{G}\right)^{0.8}}\times\frac{G}{K_ya}=\left(\frac{G'}{G}\right)^{0.2}H_{\mathrm{OG}}=1.2^{0.2}H_{\mathrm{OG}}=1.04H_{\mathrm{OG}}$$

传质单元数

$$N'_{\mathrm{OG}}=\frac{H}{H'_{\mathrm{OG}}}=\frac{H_{\mathrm{OG}}N_{\mathrm{OG}}}{H'_{\mathrm{OG}}}=\frac{5.1}{1.04}=4.9$$

由物料衡算式

$$y_1-y'_2=\frac{L}{G'}(x'_1-x_2)$$

$$x'_1=\frac{1.2}{2.1}(y_1-y'_2)=0.571y_1-0.571y'_2 \tag{a}$$

由吸收过程基本方程式

$$\frac{H}{H'_{OG}}=N'_{OG}=\frac{y_1-y'_2}{(y_1-mx'_1)-(y'_2-mx_2)}\ln\frac{y_1-mx'_1}{y'_2-mx_2}$$

$$N'_{OG}=\frac{1}{1-\frac{mG'}{L}}\ln\frac{y_1-mx'_1}{y'_2-mx_2}$$

$$4.9=\frac{1}{1-\frac{1.18\times 1.2}{2.1}}\ln\frac{y_1-1.18x'_1}{y'_2}$$

$$4.93y'_2=y_1-1.18x'_1 \tag{b}$$

由式(a)、式(b)求得

$$y'_2=0.076y_1 \quad x'_1=0.528y_1$$

新工况的丙酮回收率

$$\eta'=\frac{y_1-y'_2}{y_1}=\frac{y_1-0.076y_1}{y_1}=0.924$$

在单位时间内新、旧工况所回收的丙酮量之比为

$$\frac{1.2G(y_1-y'_2)}{G(y_1-y_2)}=\frac{1.2(y_1-0.076y_1)}{y_1-0.05y_1}=1.167$$

新工况下的平均推动力

$$\Delta y'_m=\frac{(y_1-mx'_1)-(y'_2-mx_2)}{\ln\frac{y_1-mx'_1}{y_2-mx_2}}=\frac{y_1-1.18\times 0.528y_1-0.076y_1}{\ln\frac{1-1.18\times 0.528}{0.076}}=0.188y_1$$

$$\frac{\Delta y'_m}{\Delta y_m}=\frac{0.188}{0.187}=1.01$$

本例中，丙酮回收量的增加主要是由传质系数 K_ya 增大而引起的，而传质推动力的变化很小。

吸收塔的操作和调节

吸收塔的气体入口条件是由前一工序决定的，不能随意改变。因此，吸收塔在操作时的调节手段只能是改变吸收剂的入口条件。吸收剂的入口条件包括流率 L、温度 t、组成 x_2 三大要素。

增大吸收剂用量，操作线斜率增大，出口气体含量下降。

降低吸收剂温度，气体溶解度增大，平衡常数减小，平衡线下移，平均推动力增大。

降低吸收剂入口含量，液相入口处推动力增大，全塔平均推动力亦随之增大。

总之，适当调节上述三个变量皆可强化传质过程，从而提高吸收效果。当吸收和再生操作联合进行时，吸收剂的进口条件将受再生操作的制约。如果再生不良，吸收剂进塔含量将上升；如果再生后的吸收剂冷却不足，吸收剂温度将升高。再生操作中可能出现的这些情况，都会给吸收操作带来不良影响。

提高吸收剂流量固然能增大吸收推动力，但应同时考虑再生设备的能力。如果吸收剂循环量加大使解吸操作恶化，则吸收塔的液相进口含量将上升，甚至得不偿失，这是调节中必须注意的问题。

另外，采用增大吸收剂循环量的方法调节气体出口含量 y_2 是有一定限度的。设有一足够高的吸收塔（为便于说明问题，设 $H=\infty$），操作时必在塔底或塔顶达到平衡（图 4-18）。

当气液两相在塔底达到平衡时$\left(\frac{L}{G}<m\right)$，增大吸收剂用量可有效地降低 y_2；当气液两相在塔顶达到平衡时$\left(\frac{L}{G}>m\right)$，增大吸收剂用量则不能有效地降低 y_2。此时，只有降低吸收剂入口含量或入口温度才能使 y_2 下降。

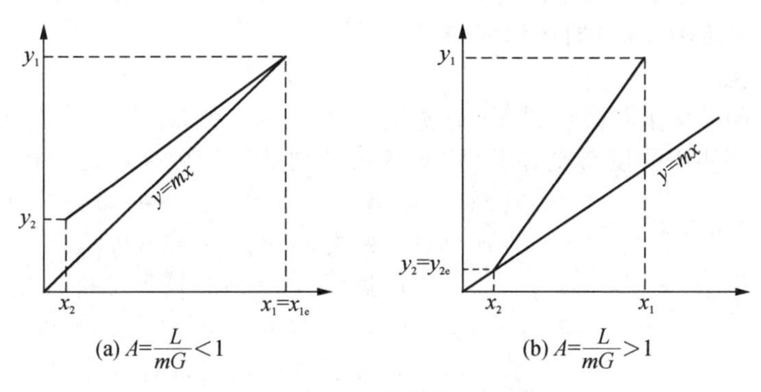

图 4-18　吸收操作的调节

例 4-5　吸收剂所需用量的计算

在例 4-4 所述的吸收操作中，气体的流率、两相的入口含量、吸收塔的操作压强与操作温度皆维持不变，吸收过程为气相阻力控制。现欲将丙酮的回收率由原来的 95%提高至 98%，试用吸收因数法计算吸收剂的用量应增加至原用量的多少倍？

解　原工况：

$$N_{OG}=\frac{1}{1-\frac{1}{A}}\ln\left[\left(1-\frac{1}{A}\right)\frac{y_1}{y_2}+\frac{1}{A}\right]$$

$$\frac{1}{A}=\frac{mG}{L}=\frac{1.18}{2.1}=0.562$$

$$\frac{y_1}{y_2}=\frac{1}{1-\eta}=\frac{1}{1-0.95}=20$$

$$N_{OG}=\frac{1}{1-0.562}\ln[(1-0.562)\times 20+0.562]=5.1$$

新工况：

因吸收过程是气相阻力控制，液体流率的变化不影响 H_{OG}的大小，故 $N'_{OG}=N_{OG}$。

$$N'_{OG}=\frac{1}{1-\frac{1}{A'}}\ln\left[\left(1-\frac{1}{A'}\right)\frac{y_1}{y'_2}+\frac{1}{A'}\right]=\frac{1}{1-\frac{1}{A'}}\ln\left[\left(1-\frac{1}{A'}\right)\frac{1}{1-\eta'}+\frac{1}{A'}\right]$$

$$5.1=\frac{1}{1-\frac{1}{A'}}\ln\left[\left(1-\frac{1}{A'}\right)\frac{1}{1-0.98}+\frac{1}{A'}\right]$$

由上式试差求得

$$\frac{1}{A'}=\frac{mG}{L'}=0.3$$

故

$$\frac{L'}{L}=\frac{\frac{mG}{L}}{\frac{mG}{L'}}=\frac{0.562}{0.3}=1.87$$

4.6 填 料 塔

填料塔是一种应用很广泛的气液传质设备。填料塔的基本特点是结构简单、压降低、填料易用耐腐蚀材料制造。填料塔的优点令其研究和应用受到普遍的重视。

4.6.1 填料塔的结构、填料的作用和特性

填料塔的结构

典型填料塔的结构示意图如图 4－19 所示。塔体为一圆形筒体，筒内分层安放一定高度的填料层。早期使用的填料是碎石、焦炭等天然块状物。后来广泛使用瓷环(常称拉西环)和木栅格等人造填料。这些填料按其在塔内的堆放方式可分为两类：乱堆填料和整砌填料。

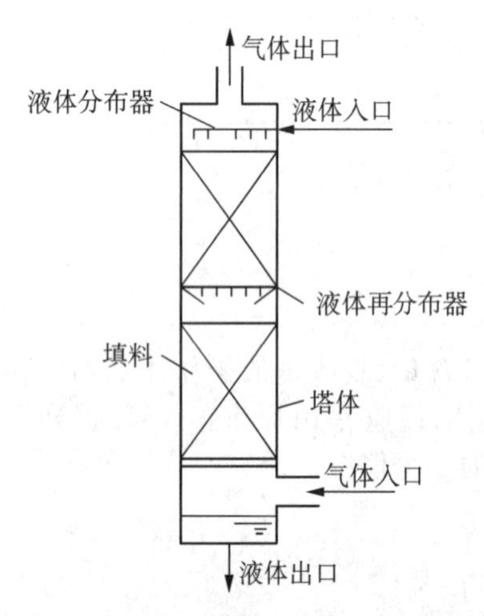

图 4－19 填料塔的结构示意图

填料塔操作时，液体自塔上部进入，通过液体分布器均匀喷洒于塔截面上。在填料层内，液体沿填料表面呈膜状流下。各层填料之间设有液体再分布器，将液体重新均布于塔截面之后，进入下层填料。

气体自塔下部进入，通过填料空隙中的自由空间，从塔上部排出。离开填料层的气体可能夹带少量雾状液滴，因此，有时需要在塔顶安装除沫器。

气液两相在填料塔内进行逆流接触，填料上的液膜表面即为气液两相的主要传质表面。

应当注意到，在板式塔内形成气液界面所需的能量是由气体提供的，而在填料塔内液体是自动分散，润湿填料后成膜状分布的。

液体成膜的条件

填料具有较大的表面。但这些表面只有被液膜覆盖方能成为传质表面。液体能否成膜与填料表面的润湿性有关。较严格地说，液体自动成膜的条件是

$$\sigma_{LS} + \sigma_{GL} < \sigma_{GS} \tag{4-64}$$

式中，σ_{LS}、σ_{GL}及σ_{GS}分别为液固、气液及气固间的界面张力。

上式中两端差值越大，表明填料表面越容易被液体润湿，即液体在填料表面上的铺展趋势越强。当物料系统和操作温度、压强一定时，气液界面张力σ_{GL}为一定值。因此，适当选择填料的材质和表面性质，液体将具有较大的铺展趋势，可使用较少的液体获得较大的润湿表面。如填料的材质选用不当，液体将不呈膜而呈细流下降，使气液传质面积大为减少。

填料塔内液膜表面的更新

在填料塔内液膜所流经的填料表面是许多填料堆积而成的，形状极不规则。这种不规则的填料表面有助于液膜的湍动。特别是当液体自一个填料通过接触点流至下一个填料时，原来在液膜内层的液体可能转而处于表层，而原来处于表层的液体可能转入内层，由此产生所谓表面更新现象。这种表面更新现象有力地加快液相内部的物质传递，是填料塔内气液传质中的重要因素。

但是，也应该看到，在乱堆填料层中可能存在某些液流所不及的死角。这些死角虽然是润湿的，但液体基本上处于静止状态，对两相传质贡献很小。

填料使液体均布的能力和向壁偏流现象

液体在乱堆填料层内流动所经历的路径是随机的。当液体集中在某点进入填料层，随

着液体沿填料下流，液体将呈锥形逐渐散开。这表明乱堆填料具有分散液体即自动均布液体的能力。因此，乱堆填料只要求进入填料层的液体大体均布于塔截面，对液体预分布没有过分的要求。

在填料层内部，液体沿随机路径下流时，既可能向内也可能向外，但是，曲折向外的液体一旦触及塔壁，流动的随机性便不复存在。此时液体将沿壁流下，不能返回填料层。因此，从总体看来，在填料层内流动的液体似乎存在着一个向壁偏流的现象。这样，当填料层过高时，其下部将有大量液体沿壁流下，使液体分布严重不均。填料在塔内之所以必须分层安装，其原因就在于此。每层填料的高径比与填料的种类有关，例如，对于常见的拉西环，高径比应小于3。

与乱堆填料不同，整砌填料无均布液体的能力，但也不存在偏流现象，整砌填料无须分层安装。但必须有严格的液体预分布。

填料的重要特性

各种填料的主要特征可由以下三个特性数字表征。

比表面积a　填料的表面是填料塔内传质表面的基础。显然，填料应具有尽可能多的表面积。填料所能提供的表面，通常以单位堆积体积所具有的表面即比表面积a表示，其单位是(m^2/m^3)。

空隙率ε　在填料塔内气体是在填料间的空隙内通过的。第三章已经述及，流体通过颗粒层的阻力与空隙率ε密切相关。为减少气体的流动阻力提高填料塔的允许气速(处理能力)，填料层应有尽可能大的空隙率。对于各向同性的填料层，空隙率等于填料塔的自由截面百分率。

单位堆积体积内的填料数目n　对于同一种填料，单位堆积体积内所含填料的个数是由填料尺寸决定的。减少填料尺寸，填料的数目增加，填料层的比表面积增大而空隙率变化，气体的流动阻力亦相应增加，若填料尺寸过小，还会使填料的造价提高。反之，若填料尺寸过大，在靠近塔壁处，填料层空隙很大，将有大量气体由此短路通过。为控制这种气流分布不均的现象，填料尺寸不应大于塔径的1/10～1/8。

以上介绍的只是填料的几个重要特性，此外，一个性能优良的填料还必须满足制造容易、造价低廉，耐腐蚀并具有一定机械强度等多方面的要求。

几种常用填料

拉西环　拉西环是于1914年最早使用的人造填料。所谓拉西环实际上是一段高度和外径相等的短管[图4-20(a)]，可用陶瓷和金属制造。拉西环形状简单，制造容易，其流体力学和传质方面的特性比较清楚，曾得到极为广泛的应用。

但是，大量的工业实践表明，拉西环由于高径比太大，堆积时相邻环之间容易形成线接触、填料层的均匀性较差。因此，拉西环填料层存在着严重的向壁偏流和勾流现象。目前，拉西环填料在工业上的应用日趋减少。

鲍尔环　鲍尔环是在拉西环的基础上发展起来的，是近期具有代表性的一种填料。鲍尔环的构造是在拉西环的壁上沿周向冲出一层或两层长方形小孔，但小孔的母材不脱离圆环，而是将其向内弯向环的中心[图4-20(b)]。鲍尔环这种构造提高了环内空间和环内表面的有效利用程度，使气体流动阻力大为降低，因而对真空操作尤为适用。鲍尔环上的两层方孔是错开的，在堆积时即使相邻填料形成线接触，也不会阻碍气液两相的流动产生严重的偏流和沟流现象。因此，采用鲍尔环填料，床层一般无须分段。

鲍尔环是近年来国内外一致公认的性能优良的填料，其应用越来越广。鲍尔环可用陶瓷、金属或塑料制造。

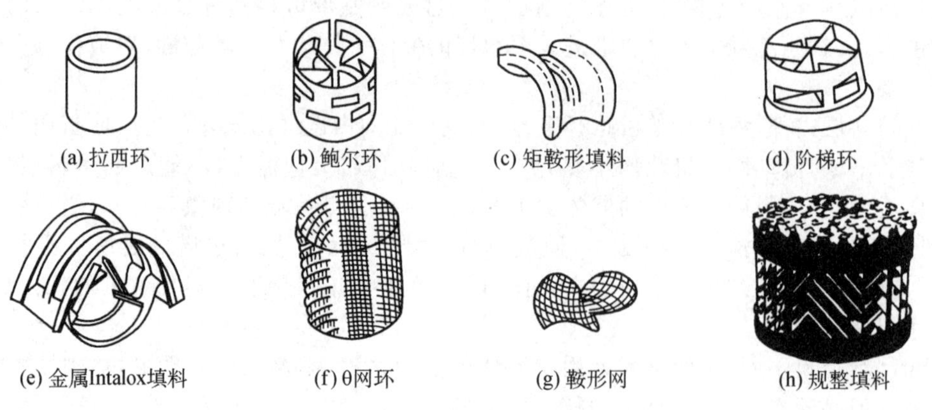

图 4-20 填料的形状

矩鞍形填料 矩鞍形填料又称英特洛克斯鞍(Intalox saddle)。这种填料结构不对称,填料两面大小不等[图 4-20(c)],堆积时不会重叠,填料层的均匀性大为提高。矩鞍形填料的气体流动阻力小,处理能力大,各方面的性能虽不及鲍尔环,但仍不失为一种性能优良的填料。矩鞍形填料的制造比鲍尔环方便。

阶梯环填料 阶梯环填料[图 4-20(d)]的构造与鲍尔环相似,环壁上开有长方形孔,环内有两层交错 45 度的十字形翅片。阶梯环比鲍尔环短,高度通常只有直径的一半。阶梯环的一端制成喇叭口形状,因此,在填料层中填料之间多呈点接触,床层均匀且空隙率大。与鲍尔环相比,气体流动阻力可降低 25%左右,生产能力可提高 10%。

金属 Intalox 填料 金属 Intalox 填料把环形结构与鞍形结构结合在一起[图 4-20(e)],它具有压降低,通量高,液体分布性能好,传质效率高,操作弹性大等优点,在现有工业散装填料中占有明显的优势。

网体填料 上面介绍的几种填料都是用实体材料制成的。此外,还有一类以金属网或多孔金属片为基本材料制成的填料,通称为网体填料。网体填料的种类也很多,如 θ 网环[图4-20(f)]和鞍形网[图 4-20(g)]等。

网体填料的特点是网材薄,填料尺寸小,比表面积和空隙率都很大,液体均布能力强。因此,网体填料的气体阻力小,传质效率高。但是,这种填料的造价过高,在大型的工业生产中难以应用。

规整填料 在乱堆散装填料层中,气液两相的流动路径往往是完全随机的,加上填料装填难以做到处处均一,因而容易产生沟流等不良的气液流量分布,放大效应较显著。若能人为地"规定"塔中填料层内的气液流动路径,则可以大大改善填料的流体力学性能和传质性能。规整填料[图 4-20(h)]的出现,使人们找到了解决这一问题的途径。规整填料具有压降低、传质效率高、通量大,气液分布均匀,放大效应小等优良性能。对于小直径塔,规整填料可整盘装填,大直径塔可分块组装。近年来,丝网波纹和板波纹规整填料得到了广泛的应用。

上述各种填料的特性见表 4-4。

表 4-4 几种常用填料的特性数据

填料名称	尺寸 /mm³①	材质及堆积方式	比表面积 a /(m²/m³)	空隙率 ε /(m³/m³)	每米填料个数	堆积密度 ρ_p /(kg/m³)	干填料因子(a/ε) /m⁻¹	填料因子 ϕ/m⁻¹	备注
拉西环	10×10×1.5	瓷质乱堆	440	0.70	720×10³	700	1 280	1 500	
	10×10×0.5	钢质乱堆	500	0.88	800×10³	960	740	1 000	
	25×25×2.5	瓷质乱堆	190	0.78	49×10³	505	400	450	

续表

填料名称	尺寸/mm³①	材质及堆积方式	比表面积 a /(m²/m³)	空隙率 ε /(m³/m³)	每米填料个数	堆积密度 ρ_p /(kg/m³)	干填料因子(α/ε) /m⁻¹	填料因子 ϕ/m⁻¹	备注
拉西环	25×25×0.8	钢质乱堆	220	0.92	55×10³	640	290	260	(直径)×(高)×(厚)
	50×50×4.5	瓷质乱堆	93	0.81	6×10³	457	177	205	
	50×50×4.5	瓷质整砌	124	0.72	8.83×10³	673	339		
	50×50×1	钢质乱堆	110	0.95	7×10³	430	130	175	
	80×80×9.5	瓷质乱堆	76	0.68	1.91×10³	714	243	280	
	76×76×1.5	钢质乱堆	68	0.95	1.87×10³	400	80	105	
鲍尔环	25 mm×25 mm	瓷质乱堆	220	0.76	48×10³	505		300	(直径)×(高)
	25×25×0.6	钢质乱堆	209	0.94	61.1×10³	480		160	(直径)×(高)×(厚)
	25 mm	塑料乱堆	209	0.90	51.1×10³	72.6		170	(直径)
	50×50×4.5	瓷质乱堆	110	0.81	6×10³	457		130	
	50×50×0.9	钢质乱堆	103	0.95	6.2×10³	355		66	
阶梯环	25×12.5×1.4	塑料乱堆	223	0.90	81.5×10³	97.8		172	(直径)×(高)×(厚)
	33.5×19×1.0	塑料乱堆	132.5	0.91	27.2×10³	57.5		115	
金属Intalox	25 mm	钢质	228	0.962		301.1			(名义尺寸)
	40 mm	钢质	169	0.971		232.3			
	50 mm	钢质	110	0.971	11.1×10³	225	110	140	
矩鞍形	25 mm×3.3 mm	瓷质	258	0.775	84.6×10³	548		320	(名义尺寸)×(厚)
	50 mm×7 mm	瓷质	120	0.79	9.4×10³	532		130	
θ网环	8 mm×8 mm	镀锌铁	1 030	0.936	2.12×10³	490			40目,丝径0.23～0.25 mm
鞍形网	10 mm	丝网	1 100	0.91	4.56×10³	340			60目,丝径0.152 mm

注:① 已标注单位的除外。

4.6.2 填料塔的附属结构

支承板

支承板的主要用途是支承塔内的填料,同时又能保证气液两相顺利通过。支承板若设计不当,填料塔的液泛可能首先在支承板上发生。对于普通填料,支承板的自由截面积应不低于全塔面积的50%,并且要大于填料层的自由截面积。常用的支承板有栅板和各种具有升气管结构的支承板(图4-21)。

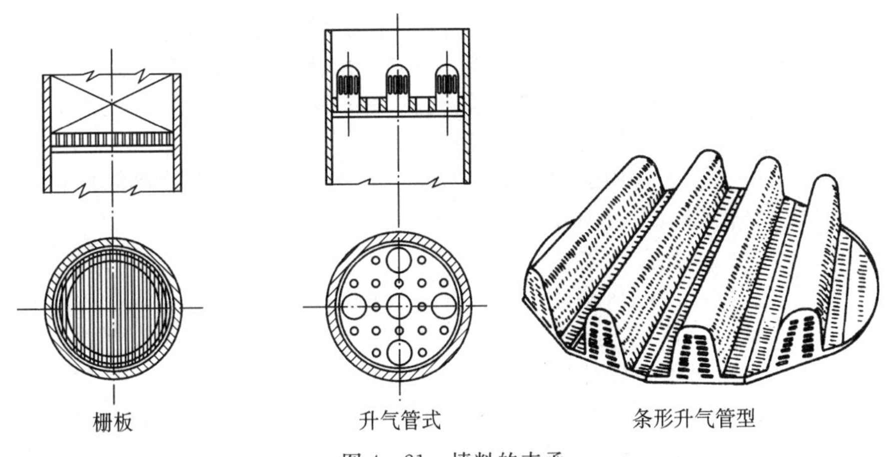

图4-21 填料的支承

液体分布器

液体分布器对填料塔的性能影响极大。分布器设计不当，导致液体预分布不均，填料层内的有效润湿面积减小而偏流现象和沟流现象增加，即使填料性能再好也很难得到满意的分离效果。

如前所述，填料塔内产生向壁偏流是因为液体触及塔壁之后，其流动不再具有随机性而沿壁流下。既然如此，直径越大的填料塔，塔壁所占的比例越小，向壁偏流现象应该越小才是。然而，长期以来填料塔确实由于偏流现象而无法放大。现已基本搞清，除填料本身性能方面的原因之外，液体初始分布不均，特别是单位塔截面上的喷淋点数太少，是产生上述状况的重要因素。

填料塔的操作实践表明，填料塔只要设计正确，保证液体预分布均匀，特别是保证单位塔截面的喷淋点数目与小塔相同，填料塔的放大效应并不显著，大型塔和小型塔将具有一致的传质效率。

常用的液体分布器结构如图 4－22 所示。多孔管式分布器[图 4－22(a)]能适应较大的液体流量波动，对安装水平度要求不高，对气体的阻力也很小。但是，由于管壁上的小孔容易堵塞，被分散的液体必须是洁净的。

槽式分布器[图 4－22(b)]多用于直径较大的填料塔。这种分布器不易堵塞，对气体的阻力小，但对安装水平度要求较高，特别是当液体负荷较小时。

孔板式分布器[图 4－22(c)]对液体的分布情况与槽式分布器差不多，但对气体阻力较大，只适用于气体负荷不太大的场合。

(a) 多孔管式分布器

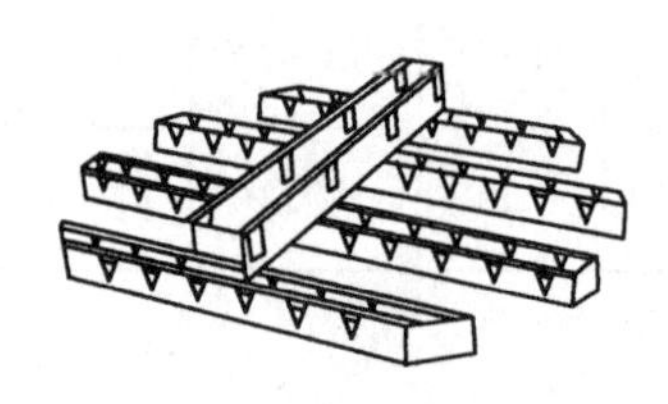

(b) 槽式分布器

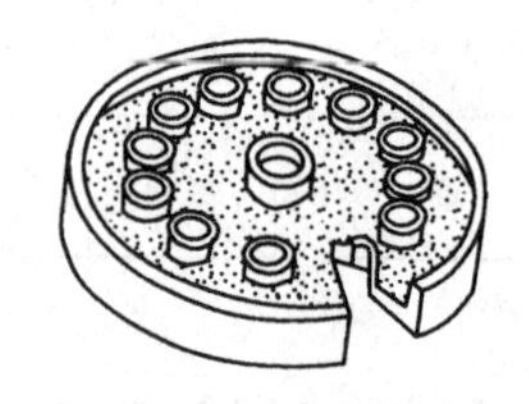

(c) 孔板式分布器

图 4－22　液体分布器的形式

除以上介绍的几种分布器外，各种喷洒式分布器(如莲蓬头)也是比较常用的，特别是在小型填料塔内。这种分布器的缺点是，当气量较大时会产生较多的液沫夹带。

液体再分布器

为改善向壁偏流效应造成的液体分布不均，可在填料层内部每隔一定高度设置一液体分布器。每段填料层的高度因填料种类而异，偏流效应越严重的填料，每段高度越小。通常，对于偏流现象严重的拉西环，每段高度约为塔径的 3 倍；而鞍形填料为塔径的5～10倍。

常用的液体再分布器为截锥形。如考虑分段卸出填料，再分布器之上可另设支承板(图 4－23)。

图 4－23　截锥式液体再分布器

除沫器

除沫器是用来除去由填料层顶部逸出的气体中的液滴，安装在液体分布器上方。当塔内气速不大，工艺过程又无严格要求时，一般可不设除沫器。

除沫器种类很多，常见的有折板除沫器、丝网除沫器、旋流板除沫器。折板除沫器阻力较小(50～100 Pa)，只能除去 50 μm 以上的液滴。

丝网除沫器是用金属丝或塑料丝编结而成，可除去 5 μm 的微小液滴，压降不大于 250 Pa，但造价较高。旋流板除沫器压降为 300 Pa 以下，其造价比丝网便宜，除沫效果比折板好。

习　　题

气液相平衡

4-1　常压 25℃下，气相溶质 A 的分压为 5.4 kPa 的混合气体分别与下列三种溶液接触：(1) 溶质 A 浓度为 0.002 $kmol/m^3$ 的水溶液；(2) 溶质 A 浓度为 0.001 $kmol/m^3$ 的水溶液；(3) 溶质 A 浓度为 0.003 $kmol/m^3$ 的水溶液。工作条件下，体系符合亨利定律。亨利系数 $E=0.15\times10^6$ kPa。

求以上三种情况下，溶质 A 在两相间的转移方向。

(4) 若将总压增至 500 kPa，气相溶质的分压仍保持原来数值。与溶质 A 的浓度为 0.003 $kmol/m^3$ 的水溶液接触，A 的传质方向又如何？[答案：(1) 平衡；(2) 吸收；(3) 解吸；(4) 解吸]

4-2　在总压 $p=500\ kN/m^2$、温度 $t=27$℃下，使含 CO_2 3.0%(体积分数)的气体与含 CO_2 370 g/m^3 的水相接触，试判断是吸收还是解吸？并计算以 CO_2 分压差表示的总传质推动力。已知在操作条件下，亨利系数 $E=1.73\times10^5\ kN/m^2$，水溶液的密度可取 1 000 kg/m^3。[答案：解吸，11.19 kPa]

扩散和相际传质速率

4-3　总压 100 kN/m^2，30℃时用水吸收氨，已知 $k_G=3.84\times10^{-6}\ kmol/[m^2\cdot s\cdot(kN/m^2)]$，$k_L=1.83\times10^{-4}\ kmol/[m^2\cdot s\cdot(kmol/m^3)]$，且知 $x=0.05$ 时与之平衡的 $p_e=6.7\ kN/m^2$，求：k_y、k_x、K_y。(液相总浓度 c 按纯水计为 55.6 $kmol/m^3$) [答案：$3.84\times10^{-4}\ kmol/(m^2\cdot s)$，$1.02\times10^{-2}\ kmol/(m^2\cdot s)$，$3.656\times10^{-4}\ kmol/(m^2\cdot s)$]

吸收过程数学描述

4-4　用不含溶质的吸收剂吸收某气体混合物中的可溶组分 A，在操作条件下，相平衡关系为 $y=mx$。η 为溶质 A 的吸收率。试证明：$(L/G)_{min}=m\eta$。[答案：略]

吸收过程物料衡算

4-5　在逆流吸收塔中，用清水吸收混合气体中的有害气体。进塔气中含溶质 4%(体积分数)，要求溶质吸收率 95%。相平衡关系 $y=5x$，操作液气比为 5。试计算出塔吸收液的组成。[答案：$x=0.012\ 67$]

填料层高度计算

4-6　拟在常压填料吸收塔中，用清水逆流吸收混合气中的溶质 A。已知入塔混合气体中含有 A 1%(体积分数)，要求溶质 A 的回收效率为 80%，若水的用量为最小用量的 1.5 倍，操作条件下相平衡方程为 $y=x$，气相总传质单元高度为 1 m，试求所需填料层高度。[答案：3.06 m]

4-7　在常压逆流操作的填料吸收塔中用清水吸收空气中某溶质 A，进塔气体中溶质 A 的含量为 8%(体积分数)，吸收率为 98%，操作条件下的平衡关系为 $y=2.5x$，取吸收剂用量为最小用量的 1.2 倍，试求：(1) 水溶液的出塔含量；(2) 若气相总传质单元高度为 0.6 m，现有一填料层高度为 6 m 的塔，问该塔是否合用？[答案：(1) 0.026 7；(2) $H_{需}=8.5\ m>H_{实}=6\ m$，不合用]

4-8　在常压逆流接触的填料塔内，用纯溶剂 S 吸收混合气中的可溶组分 A。入塔气体中 A 的摩尔分数为 0.03，要求吸收率为 95%。已知操作条件下的解吸因数为 1，相平衡关系服从亨利定律，与入塔气体成平衡的液相组成为 0.03(摩尔分数)。试计算：(1) 操作液气比为最小液气比的倍数；(2) 出塔液体的含量；(3) 完成上述分离任务所需的气相总传质单元数 N_{OG}。[答案：(1) $\beta=1.053$；(2) $x_1=0.028\ 5$；(3) $N_{OG}=19$]

4-9　拟用一塔径为 0.5 m 的填料吸收塔，逆流操作，用纯溶剂吸收混合气中的溶质。入塔气体量为100 kmol/h，溶质含量为 0.01(摩尔分数)，要求回收率达到 90%，液气比为 1.5，平衡关系为 $y=x$。试求：(1) 液体出塔含量；(2) 测得气相总体积传质系数 $K_ya=0.10\ kmol/(m^3\cdot s)$，问该塔填料层高度为多少？[答案：(1) $x_1=0.006$；(2) $H=5.9$ m]

4-10　拟在常压逆流操作的填料塔内，用纯溶剂吸收混合气体中的可溶组分 A。入塔气体中 A 的摩尔分数 $y_1=0.03$，要求其回收率 $\eta=95\%$。已知操作条件下脱吸因数 $1/A=0.8$，平衡关系为 $y=x$，试计算：(1) 操作液气比为最小液气比的倍数；(2) 吸收液的含量 x_1；(3) 完成上述分离任务所需的气相总传质单元数 N_{OG}。[答案：(1) $\beta=1.32$；(2) $x_1=0.022\ 8$；(3) $N_{OG}=7.84$]

4-11　在一填料塔中用清水逆流吸收混合于空气中的氨气，混合气体的流量为 111 $kmol/(m^2\cdot h)$，氨浓度为 0.01(体积分数)，要求回收率为 99%，水的用量为最小用量的 1.5 倍，操作条件下的相平衡关系为 $y=2.02x$，总体积传质系数 $K_ya=0.061\ kmol/(m^3\cdot s)$。试求：(1) 出塔的液相含量 x_1；(2) 气相总传质单元高度 H_{OG}；(3) 所需填料层高度。[答案：(1) 0.003 3；(2) 0.505 m；(3) 5.4 m]

填料塔核算

4-12 在填料塔中，用纯吸收剂逆流吸收某气体混合物中的可溶组分A，已知气体混合物中溶质A的初始组成为0.05，通过吸收，气体出口组成为0.02，溶液出口组成为0.098(以上均为摩尔分数)，操作条件下的气液平衡关系为$y=0.5x$，并已知此吸收过程为气膜控制，试求：(1) 气相总传质单元数N_{OG}；(2) 当液体流量增加一倍时，在气量和气液进口组成不变的情况下，溶质A被吸收的量变为原来的多少倍？[答案：(1) 4.6；(2) 1.46倍]

4-13 某吸收塔用25 mm×25 mm的瓷环作填料，充填高度5 m，塔径1 m，用清水逆流吸收每小时2 250 m^3的混合气。混合气中含有丙酮5%(体积分数)，塔顶逸出废气含丙酮降为0.26%(体积分数)，塔底液体中每千克水带有60 g丙酮。操作在101.3 kPa、25℃下进行，物系的平衡关系为$y=2x$。试求：(1) 该塔的传质单元高度H_{OG}及容积传质系数$K_y a$；(2) 每小时回收的丙酮量。[答案：(1) 0.695 m，0.046 7 kmol/(m^3·s)；(2) 4.36 kmol/h]

4-14 某填料吸收塔高2.7 m，在常压下用清水逆流吸收混合气中的氨。混合气入塔的摩尔流率为0.03 kmol/(m^2·s)。清水的喷淋密度为0.018 kmol/(m^2·s)。进口气体中含氨2%(体积分数)，已知气相总传质系数$K_y a=0.1$ kmol/(m^3·s)，操作条件下亨利系数为60 kPa。试求排出气体中氨的浓度。[答案：$y_2=0.002$]

4-15 某填料吸收塔用含溶质$x_2=0.000\,2$的溶剂逆流吸收混合气中的可溶组分，采用液气比是3，气体入口含量$y_1=0.01$，回收率可达$\eta=0.90$。已知物系的平衡关系为$y=2x$。今因解吸不良使吸收剂入口含量x_2升至0.000 35，试求：(1) 可溶组分的回收率下降至多少？(2) 液相出塔含量升高至多少？[答案：(1) $\eta'=87\%$；(2) $x_1'=0.003\,25$]

思 考 题

4-1 吸收的目的和基本依据是什么？吸收的主要操作费用花费在哪？

4-2 选择吸收溶剂的主要依据是什么？什么是溶剂的选择性？

4-3 E, m, H三者各自与温度、总压有何关系？

4-4 工业吸收过程气液接触的方式有哪两种？

4-5 气体分子扩散系数与温度、压力有何关系？液体分子扩散系数与温度、黏度有何关系？

4-6 传质理论中，有效膜理论与表面更新理论有何主要区别？

4-7 传质过程中，什么时候气相阻力控制？什么时候液相阻力控制？

4-8 低含量气体吸收有哪些特点？数学描述中为什么没有总物料的衡算式？

4-9 吸收塔高度计算中，将N_{OG}与H_{OG}分开，有什么优点？

4-10 建立操作线方程的依据是什么？

4-11 何谓最小液气比？

4-12 N_{OG}的计算方法有哪几种？用对数平均推动力法和吸收因数法求N_{OG}的条件各是什么？

4-13 H_{OG}的物理含义是什么？常用吸收设备的H_{OG}约为多少？

4-14 吸收剂的进塔条件有哪三个要素？操作中调节这三个要素，分别对吸收结果有何影响？

4-15 填料的主要特性可用哪些特征数字来表示？有哪些常用填料？

4-16 填料塔有哪些附件？各自有何作用？

本章主要符号说明

符 号	意 义	计量单位
A	吸收因数$A=\dfrac{L}{mG}$	
a	单位设备体积的吸收表面积	m^2/m^3
c	溶质的物质的量浓度(简称浓度)	kmol/m^3
c_M	混合液总的物质的量浓度(简称总浓度)	kmol/m^3
D	扩散系数	m^2/s
E	亨利系数	kPa
G	气体流率	kmol/(m^2·s)

符　号	意　义	计量单位
H	亨利系数	kPa · m^3/kmol
H	填料塔的充填高度	m
H_{OG}, H_{OL}	传质单元高度	m
K_x	以 Δx 为推动力的总传质系数	kmol/(m^2 · s)
K_y	以 Δy 为推动力的总传质系数	kmol/(m^2 · s)
k_G	以$(p-p_i)$为推动力的气相传质系数	kmol/(m^2 · s · kPa)
k_L	以$(c-c_i)$为推动力的液相传质系数	m/s
L	液体流率	kmol/(m^2 · s)
m	相平衡常数	
N	传质速率	kmol/(m^2 · s)
N_{OG}	以$(y-y_e)$为推动力的传质单元数	
N_{OL}	以(x_e-x)为推动力的传质单元数	
p_i	溶质在气相中的分压	kPa
R	通用气体常数	kN · m/(kmol · K)
T	热力学温度	K
u	流体速度	m/s
V	物质的摩尔体积	m^3/kmol
x	溶质在溶液中的摩尔分数	
y	溶质在混合气中的摩尔分数	
Δy_m	对数平均推动力	
δ	膜厚度	
η	回收率	
μ	流体黏度	Pa · s
ρ	流体密度	kg/m^3
τ	时间	s
通用性上下标		
A	可溶组分	
B	组分 B	
e	平衡	
G	气相	
i	界面	
L	液相	
m	平均	
S	溶剂	

参　考　文　献

[1] Perry R H, Chilton C H. Chemical engineers handbook. 6th ed. New York: McGraw-Hill, Inc. ,1984.

[2] Weast R C. Handbook of chemical and physics. 59th ed. CRC press, Inc. , 1977 - 1978.

[3] 时均，汪家鼎，余国琮，陈敏恒. 化学工程手册. 2 版. 上卷. 北京：化学工业出版社，1996.

[4] Roid, Robert C, et al. The properties of gases and liquids. 3nd ed. McGraw-Hill, Inc. , 1977.

[5] Trey bal, R E. Mass transfer operations. 2nd ed. McGraw-Hill, 1968.

[6] B M 拉默. 化学工业中的吸收操作. 北京：高等教育出版社，1955.

[7] Sherwood T K, Pigford R L. Absorption and extraction. McGraw-Hill, 1952.

第5章 精　　馏

5.1 概　　述

化工生产常需进行液体混合物的分离以达到提纯或回收有用组分的目的。互溶液体混合物的分离有多种方法,蒸馏及精馏是其中最常用的一种。本章着重讨论双组分理想混合物精馏分离过程,多组分、非理想物系可参考相关教材和手册。

蒸馏分离的依据

液体均具有挥发而成为蒸气的能力,但各种液体的挥发性各不相同。因此,液体混合物部分汽化所生成的气相组成与液相组成将有差别,即

$$\frac{y_A}{y_B} > \frac{x_A}{x_B} \tag{5-1}$$

式中,y_A、y_B 分别为气相中 A、B 两组分的摩尔分数;x_A、x_B 分别为液相中 A、B 两组分的摩尔分数。

将液体混合物加热沸腾使之部分汽化,所得的气相不仅满足式(5-1),且必有 $y_A > x_A$,此即蒸馏操作。可见,蒸馏操作是借混合液中各组分挥发性的差异而达到分离目的的。习惯上,混合物中的易挥发组分称为轻组分,难挥发组分则称为重组分。

工业蒸馏过程

最简单的蒸馏过程是平衡蒸馏和简单蒸馏。

平衡蒸馏又称闪蒸,是连续定态过程,其流程如图 5-1 所示。原料连续地进入加热炉,在炉内被加热至一定温度,然后经节流阀减压至预定压强。由于压强的突然降低,过热液体发生自蒸发,液体部分汽化。气、液两相在分离器中分开,气相为顶部产物,其中易挥发组分相对较为富集;液相为底部产物,其中难挥发组分获得了增浓。

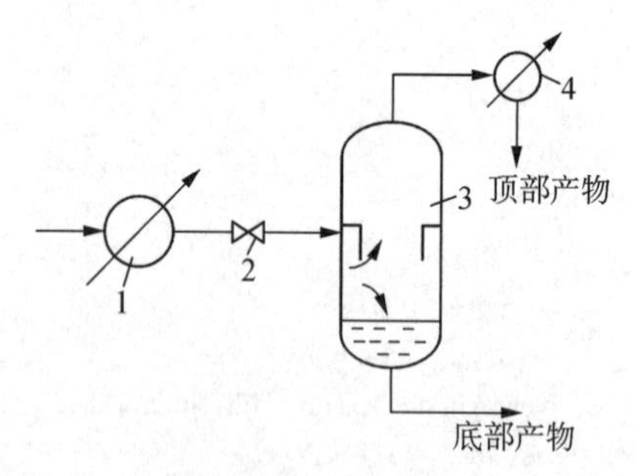

图 5-1　平衡蒸馏

1—加热炉;2—节流阀;3—分离器;4—冷凝器

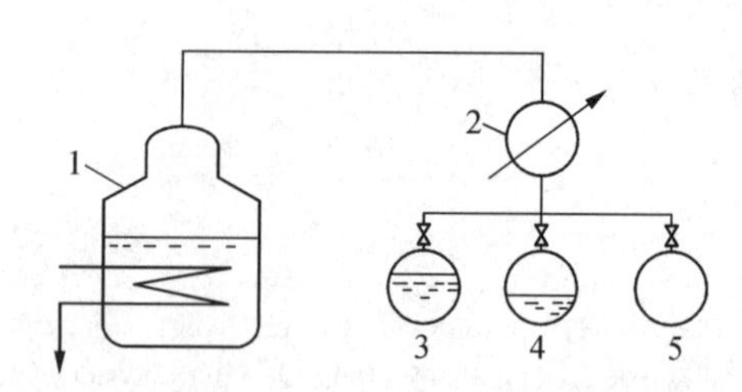

图 5-2　简单蒸馏

1—蒸馏釜;2—冷凝器;3, 4, 5—产品受液槽

简单蒸馏为间歇操作过程。将一批料液加入如图 5-2 所示的蒸馏釜中,在恒压下加热至沸腾,使液体不断汽化。陆续产生的蒸气经冷凝后作为顶部产物,其中易挥发物相对地富集。在蒸馏过程中,釜内液体的易挥发物浓度不断下降,蒸气中易挥发物的含量也相应地随之降低。因此,通常是分罐收集顶部产物,最终将釜液一次排出。

由于混合液中轻、重组分都具有一定的挥发性,上述两个过程只能达到有限程度的提浓

而不能满足高纯度分离的要求。如何根据组分挥发性的差异开发一个过程，以实现高纯度的分离是蒸馏方法能否广泛应用的核心问题。为此提出了精馏过程。

图5-3是化工厂较为常见的连续精馏流程图。精馏主体设备是塔设备，塔釜有用于液体加热的换热器（通常称为再沸器），塔顶上方有冷凝器，各设备通过管道和塔主体连接。原料液体由塔中部加入（有少数例外），塔顶馏出液经过冷凝器冷凝后部分出料作为塔顶轻组分产品，塔釜得到残液产品。实际生产中，可以有较多不同的具体流程布置，如精馏的间歇操作，即间歇精馏。

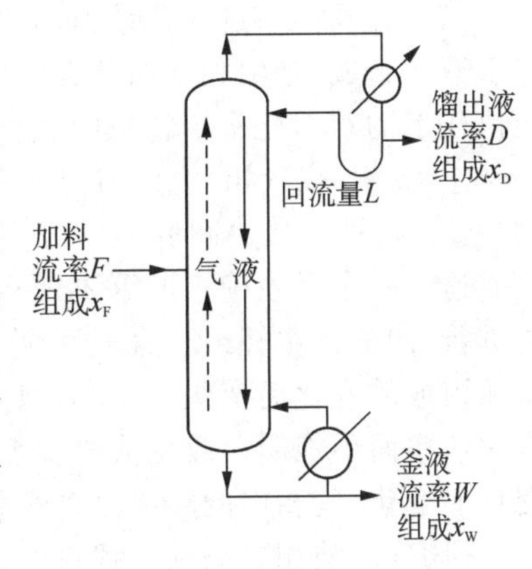

图5-3 连续精馏示意简图

当分离系统物料性质不能或不适宜采用一般精馏分离时，可采用在精馏系统加入其他组分来改变原有组分之间相对挥发性差异的特殊精馏方法。特殊精馏主要有恒沸精馏、萃取精馏及加盐精馏等。

若外加组分与原料中某组分形成低沸点共沸物（恒沸物），并由精馏塔顶蒸出，而在塔釜得到高纯度的产品，这种精馏称为恒沸精馏。根据形成共沸物是否均相，将恒沸精馏分成非均相恒沸精馏和均相恒沸精馏。

本教材对特殊精馏不做讨论。本章仅讨论双组分理想物系一般连续精馏过程。

精馏操作的费用和操作压强

蒸馏操作是通过组分汽化、冷凝达到提浓的目的的。加热汽化需要耗热，气相冷凝则需要提供冷却量。因此，加热和冷却费用是蒸馏过程的主要操作费用。如何以最少的加热量和冷却量获得最大限度的提纯是蒸馏和精馏过程研究的首要任务。

此外，对于同样的加热量和冷却量，所需费用还与加热温度和冷却温度有关。气相冷凝温度如低于常温，则不能用一般的冷却水，而须使用其他冷冻剂，冷却费用将大大增加。加热温度超出一般水蒸气加热的范围时，就要用高温载热体加热，加热费用也将增加。

蒸馏过程中的液体沸腾温度和蒸气冷凝温度均与操作压强有关，故工业蒸馏的操作压强应进行适当的选择。加压蒸馏可使冷凝温度提高以避免使用冷冻剂；减压蒸馏则可使沸点降低以避免使用高温载热体。另外，当组分在高温下容易发生分解聚合等变质现象时，必须采用减压蒸馏以降低温度；相反，当混合物在通常条件下为气体时，则首先必须通过加压与冷冻将其液化后才能进行精馏，如空气的精馏分离。待分离混合液中可能含有多个组分，但其蒸馏的基本原理相同。

5.2 双组分溶液的气液相平衡

本节重点对双组分理想物系的气液相平衡进行讨论。

在蒸馏或精馏设备中，气体自沸腾液体中产生，可近似地认为气、液两相处于平衡状态。因此，蒸馏过程和相平衡有关，故首先讨论两相共存的平衡物系中气、液两相组成之间的关系。

气液两相平衡共存时的自由度

根据相律，平衡物系的自由度F为

$$F = N - \Phi + 2 \tag{5-2}$$

现组分数$N = 2$，相数$\Phi = 2$，故平衡物系的自由度为2。

平衡物系涉及的参数为温度、压强与气、液两相的组成。气液两相组成常以摩尔分数表示。对双组分物系，一相中某一组分的摩尔分数确定后另一组分的摩尔分数也随之而定，液相或气相组成均可用单参数表示。这样，温度、压强和液相组成（或气相组成）三者之中任意规定两个，则物系的状态将被唯一地确定，余下的参数已不能任意选择。

前已提及蒸馏过程常系恒压操作，压强一旦确定，物系只剩下一个自由度。例如，当指定了液相组成，则两相平衡共存时的温度及气相组成必随之确定而不能任意变动。换言之，在恒压下的双组分平衡物系中必存在着：

① 液相（或气相）组成与温度间的一一对应关系；

② 气、液组成之间的一一对应关系。

这是一个必须确立的重要观点。据此分析简单蒸馏过程可以断定：随着简单蒸馏过程的进行，因液体中轻组分含量逐渐下降和重组分含量逐渐上升，釜内温度必随之升高，釜温将随组成的变化而变化。反之，只要釜液组成尚未发生明显变化，增、减加热速率只能增、减汽化速率而不能明显改变液相温度。同样，随着蒸馏过程的进行，气相组成也随液相组成的变化而变化，气相中的轻组分含量将逐渐下降，冷凝温度则逐渐上升。

研究气、液相平衡的工程目的是对上述两个对应关系进行定量的描述。

双组分理想物系的液相组成——温度（泡点）关系式

理想物系包括以下两个含义：

① 液相为理想溶液，服从拉乌尔（Raoult）定律；

② 气相为理想气体，服从理想气体定律或道尔顿分压定律。

根据拉乌尔定律，液相上方的平衡蒸气压为

$$p_A = p_A^{\circ} \cdot x_A \tag{5-3}$$

$$p_B = p_B^{\circ} \cdot x_B \tag{5-4}$$

式中，p_A、p_B 分别为液相上方 A、B 两组分的蒸气压；x_A、x_B 分别为液相中 A、B 两组分的浓度，摩尔分数；p_A°、p_B° 分别为在溶液温度（t）下纯组分 A、B 的饱和蒸气压，它们均是温度的函数，即

$$p_A^{\circ} = f_A(t) \quad p_B^{\circ} = f_B(t)$$

混合液的沸腾条件是各组分的蒸气压之和等于外压，即

$$p_A + p_B = p$$

$$p_A^{\circ} x_A + p_B^{\circ}(1 - x_A) = p$$

于是

$$x_A = \frac{p - p_B^{\circ}}{p_A^{\circ} - p_B^{\circ}} \tag{5-5}$$

或

$$x_A = \frac{p - f_B(t)}{f_A(t) - f_B(t)} \tag{5-6}$$

由此可知，只要 A、B 两纯组分的饱和蒸气压 p_A°、p_B° 与温度的关系为已知，则式（5-6）给出了液相组成与温度（泡点）之间的定量关系。已知泡点，可直接计算液相组成；反之，已知组成也可算出泡点，但一般需经试差，这是由于 $f_A(t)$ 和 $f_B(t)$ 通常是非线性函数的缘故。

纯组分的饱和蒸气压 p° 与温度 t 的关系通常可表示成如下的经验式。

$$\lg p^{\circ} = A - \frac{B}{t + C} \tag{5-7}$$

式（5-7）称为安托因（Antoine）方程。A、B、C 为该组分的安托因常数，常用液体的 A、B、C 值可由手册查得。

气液两相平衡组成间的关系式

联立道尔顿分压定律和拉乌尔定律可得

$$y_A = \frac{p_A}{p} = \frac{p_A^\circ \cdot x_A}{p} \tag{5-8}$$

或引入相平衡常数 K，将上式写成

$$y_A = Kx_A \tag{5-9}$$

式中

$$K = \frac{p_A^\circ}{p} \tag{5-10}$$

由式(5-10)知，相平衡常数 K 并非常数。当总压不变时，K 随 p_A° 而变，因而也随温度而变。混合液组成的变化，必引起泡点的变化，故相平衡常数 K 不可能保持定值。总的说来，平衡常数 K 是温度和总压的函数。

气相组成与温度(露点)的定量表达式

联立式(5-8)和式(5-5)即可得到气相组成与温度(露点)的关系为

$$y_A = \frac{p_A^\circ}{p} \cdot \frac{p - p_B^\circ}{p_A^\circ - p_B^\circ} = \frac{f_A(t)}{p} \cdot \frac{p - f_B(t)}{f_A(t) - f_B(t)} \tag{5-11}$$

例 5-1 理想物系泡点及平衡组成的计算

某蒸馏釜的操作压强为 106.7 kPa，其中溶液中苯的摩尔分数为 20%，甲苯的摩尔分数为 80%，求此溶液的泡点及平衡的气相组成。

苯-甲苯溶液可作为理想溶液，纯组分的蒸气压为

苯 $$\lg p_A^\circ = 6.031 - \frac{1\,211}{t + 220.8}$$

甲苯 $$\lg p_B^\circ = 6.080 - \frac{1\,345}{t + 219.5}$$

式中，p° 的单位为 kPa；温度 t 的单位为℃。

解 已知 $x_A = 0.20$，$p = 106.7$ kPa，由式(5-5)

$$x_A = \frac{p - p_B^\circ}{p_A^\circ - p_B^\circ} \quad 得 \quad 0.20 = \frac{106.7 - p_B^\circ}{p_A^\circ - p_B^\circ}$$

假设一个泡点 t，用题给的安托因方程算出 p_A°、p_B°，代入上式检验。设 $t = 103.9$℃

$$\lg p_A^\circ = 6.031 - \frac{1\,211}{103.9 + 220.8}$$

$$p_A^\circ = 200.2 \text{ kPa}$$

$$\lg p_B^\circ = 6.080 - \frac{1\,345}{103.9 + 219.5}$$

$$p_B^\circ = 83.38 \text{ kPa}$$

$$\frac{p - p_B^\circ}{p_A^\circ - p_B^\circ} = \frac{106.7 - 83.38}{200.2 - 83.38} = 0.20$$

假设正确，即溶液的泡点为 103.9℃。

按式(5-8)可求得平衡气相组成为

$$y = \frac{p_A}{p} = \frac{p_A^\circ \cdot x_A}{p} = \frac{200.2 \times 0.20}{106.7} = 0.375$$

t-$x(y)$图和 y-x 图

在总压 p 恒定的条件下，气(液)相组成与温度的关系可表示成图 5-4 所示的曲线。该图的横坐标为液相(或气相)的浓度，皆以轻组分的摩尔分数 x(或 y)表示(以下所述均同)。

图 5-4 中$\widehat{AEBC}$称为泡点线。组成为 x 的液体在给定总压下升温至 B 点达到该溶液的泡点，产生第一个气泡的组成为 y_1。曲线$\widehat{ADFC}$称为露点线。一定组成的气相冷却至 D 点达到该混合气的露点，凝结出第一个液滴的组成为 x_1。当某混合物的温度与总组成位于 G 点时，则此物系必分成互成平衡的气、液两相，液相的组成在 E 点，气相组成在 F 点。

图 5-5 表示在恒定总压、不同温度下互成平衡的气液两相组成 y 与 x 的关系。对于理想物系，气相组成 y 恒大于液相组成 x，故相平衡曲线必位于对角线的上方。此外，应注意在 y-x 曲线上各点所对应的温度是不同的。

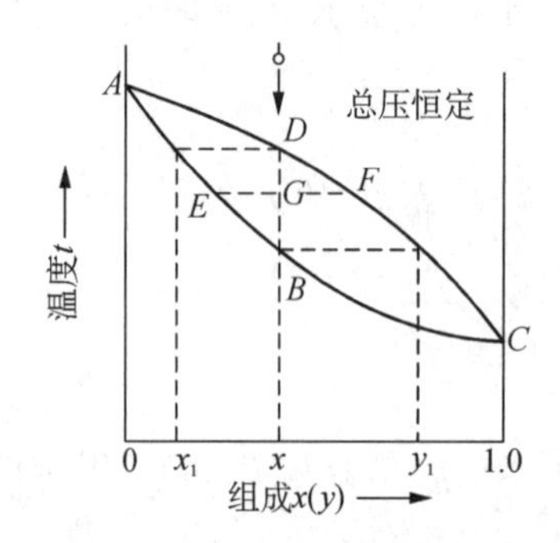

图 5-4　双组分溶液的温度-组成图

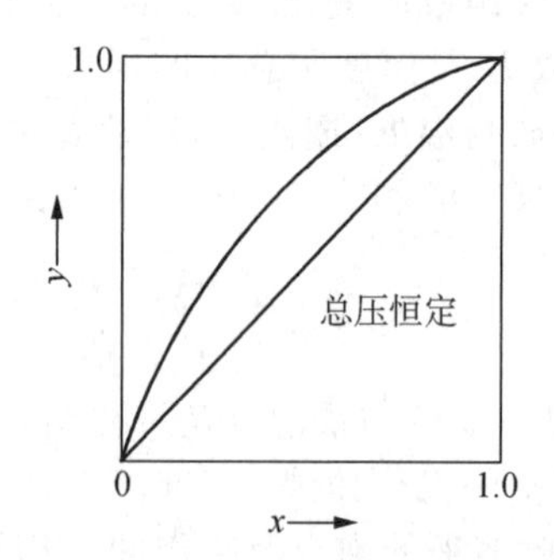

图 5-5　相平衡曲线

y-x 的近似表达式与相对挥发度 α

纯组分的饱和蒸气压只反映了纯液体挥发性的大小。在溶液中各组分的挥发性因受其他组分的影响而与纯组分不同，故不能用各组分的饱和蒸气压表示。定义各组分的挥发度是溶液中各组分的平衡蒸气分压与其液相摩尔分数的比值。

$$\nu_A = \frac{p_A}{x_A} \quad \nu_B = \frac{p_B}{x_B}$$

式中，ν_A、ν_B 分别为溶液中 A、B 两组分的挥发度。

混合液中两组分挥发度之比称为相对挥发度 α，

$$\alpha = \frac{\nu_A}{\nu_B} = \frac{p_A/x_A}{p_B/x_B} \tag{5-12}$$

当气相服从道尔顿分压定律时，$p_i = p \cdot y$，式(5-12)可写成

$$\alpha = \frac{y_A/y_B}{x_A/x_B} \tag{5-13}$$

式(5-13)通常作为相对挥发度的定义式，它表示气相中两组分的摩尔分数比为与之平衡的液相中两组分摩尔分数比的 α 倍。

对双组分物系，$y_B = 1 - y_A$，$x_B = 1 - x_A$，代入式(5-13)并略去下标 A 可得

$$y = \frac{\alpha x}{1 + (\alpha - 1)x} \tag{5-14}$$

式(5-14)表示互成平衡的气、液两相组成间的关系，称为相平衡方程。如能得知相对挥发度 α 的数值，则由上式可得到气、液两相平衡时易挥发组分浓度(y-x)的对应关系。

对理想溶液，用拉乌尔定律代入式(5-12)可得

$$\alpha = \frac{p_A^o}{p_B^o} \tag{5-15}$$

式(5－15)表示，理想溶液的相对挥发度仅依赖于各纯组分的性质。纯组分的饱和蒸气压 p_A^o、p_B^o 均系温度的函数，且随温度的升高而加大，因此，α 原则上随温度而变化。但 p_A^o/p_B^o 与温度的关系较 p_A^o、p_B^o 与温度的关系小得多，因而可在操作的温度范围内取某一平均的相对挥发度 α_m，并将其视为常数而与组成 x 无关，这样可使相平衡方程(5－14)的使用更为方便。

为获得理想物系的相平衡数据，根据具体情况平均相对挥发度的取法有多种。如果在接近两纯组分的沸点下(或操作温度的上、下限)物系的相对挥发度 α_1 与 α_2 差别不大，则可取

$$\alpha_m = \frac{1}{2}(\alpha_1 + \alpha_2) \tag{5-16}$$

若在接近两纯组分沸点下物系的相对挥发度 α_1 与 α_2 相差较大，但其差别仍小于 30%，则可取

$$\alpha = \alpha_1 + (\alpha_2 - \alpha_1)x \tag{5-17}$$

根据式(5－17)由不同液相组成 x 算得不同的 α 值代入相平衡方程，以求出平衡的气相组成 y。

相对挥发度为常数时，溶液的相平衡曲线如图 5－6 所示。相对挥发度等于 1 时的相平衡曲线即为对角线 $y=x$。α 值愈大，同一液相组成 x 对应的 y 值愈大，可获得的提浓程度愈大。因此，α 的大小可作为用蒸馏方法分离某物系的难易程度的标志。

实际生产所遇到的大多数物系为非理想物系，其气、液相平衡可参阅相关教材和手册。

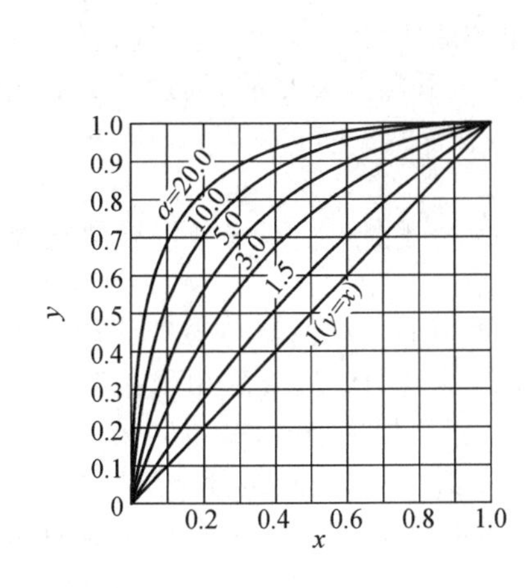

图 5－6　相对挥发度 α 为定值的相平衡曲线(恒压)

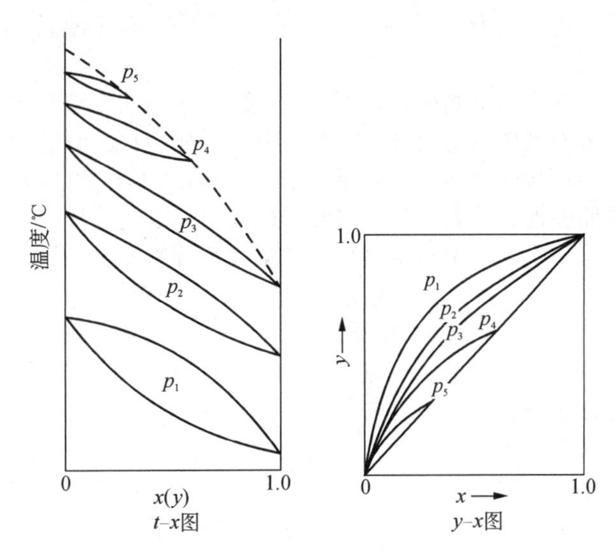

图 5－7　总压对相平衡的影响

总压对相平衡的影响

上述相平衡曲线 $y-x$(包括理想系及非理想系)均以恒定总压为条件。同一物系，混合物的泡点愈高，各组分间挥发度的差异愈小。因此，蒸馏操作的压强增高，泡点也随之升高，相对挥发度减小，分离较为困难。

图 5-7 表示压强对相平衡曲线的影响。当总压低于两纯组分的临界压强时，蒸馏可在全浓度范围（$x=0\sim1.0$）内操作。当压强高于轻组分的临界压强时，气、液两相共存区缩小，蒸馏分离只能在一定浓度范围内进行，即不可能得到轻组分的高纯度产物。

实际所用的各种溶液的气、液平衡数据一般均由实验测得，大量物系的实验数据已列入专门书籍和手册以供查阅或检索。

5.3 精　　馏

5.3.1 精馏过程

精馏原理 简单蒸馏及平衡蒸馏只能达到组分的部分增浓。如何利用两组分挥发度的差异实现连续的高纯度分离，是以下将要讨论的基本内容。

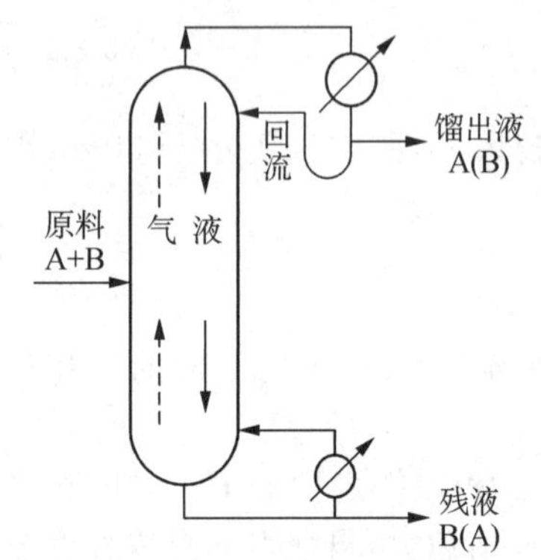

图 5-8 连续精馏过程

图 5-8 为连续精馏塔。料液自塔的中部某适当位置连续地加入塔内，塔顶设有冷凝器将塔顶蒸气冷凝为液体。冷凝液的一部分回入塔顶，称为回流液，其余作为塔顶产品（馏出液）连续排出。在塔内上半部（加料位置以上）上升蒸气和回流液体之间进行着逆流接触和物质传递。塔底部装有再沸器（蒸馏釜）以加热液体产生蒸气，蒸气沿塔上升，与下降的液体逆流接触并进行物质传递，塔底连续排出部分液体作为塔底产品。

在塔的加料位置以上，上升蒸气中所含的重组分向液相传递，而回流液中的轻组分向气相传递。如此物质交换的结果，使上升蒸气中轻组分的浓度逐渐升高。只要有足够的相际接触面和液体回流量，到达塔顶的蒸气将成为高纯度的轻组分。塔的上半部完成了上升蒸气的精制，即除去其中的重组分，因而称为精馏段。

在塔的加料位置以下，下降液体（包括回流液和加料中的液体）中的轻组分向气相传递，上升蒸气中的重组分向液相传递。这样，只要两相接触面和上升蒸气量足够，到达塔底的液体中所含的轻组分可降至很低，从而获得高纯度的重组分。塔的下半部完成了下降液体中重组分的提浓，即提出了轻组分，因而称为提馏段。

一个完整的精馏塔应包括精馏段和提馏段，在这样的塔内可将一个双组分混合物连续地、高纯度地分离为轻、重两组分。

由此不难看出，精馏之区别于蒸馏就在于"回流"，包括塔顶的液相回流与塔釜部分汽化造成的气相回流。回流是构成气、液两相接触传质的必要条件，没有气、液两相的接触也就无从进行物质交换。另一方面，组分挥发度的差异造成了有利的相平衡条件（$y>x$）。这使上升蒸气在与自身冷凝回流液之间的接触过程中，重组分向液相传递，轻组分向气相传递。相平衡条件 $y>x$ 使必需的回流液的数量小于塔顶冷凝液量的总量，即只需要部分回流而无须全部回流。唯其如此，才有可能从塔顶抽出部分冷凝液作为产品。因此，精馏过程的基础仍然是组分挥发度的差异。

回流比和能耗 设置精馏段的目的是除去蒸气中的重组分。由第 4 章可知，回流液量与上升蒸气量的相对比值大，有利于提高塔顶产品的纯度。回流量的相对大小通常以回流比即塔顶回流量 L 与塔顶产品量 D 之比表示。

$$R=L/D \tag{5-18}$$

在塔的处理量 F 已定的条件下，若规定了塔顶及塔底产品的组成，根据全塔物料衡算，塔顶和塔底产品的量也已确定。因此增加回流比并不意味着产品流率 D 的减少而意味着上升蒸气量的增加。增大回流比的措施是增大塔底的加热速率和塔顶的冷凝量。增大回流比的代价是能耗的增大。

设置提馏段的目的是脱除液体中的轻组分，提馏段内的上升蒸气量与下降液量的相对比值大，有利于塔底产品的提纯。加大回流比本来就是靠增大塔底加热速率达到的，因此加大回流比既增加精馏段的液、气比，也增加了提馏段的气、液比，对提高两组分的分离程度都起积极作用。

5.3.2 精馏过程的数学描述及工程简化处理方法

全塔物料衡算 从整体上来说，连续精馏过程的塔顶和塔底产物的流率和组成与加料的流率和组成有关。无论设备内气、液两相的接触情况如何，这些流率与组成之间的关系均受全塔物料衡算的约束。

若采用图 5-3 所示的命名，其中流率均以 kmol/s 表示，组成均以轻组分的摩尔分数表示，对定态的连续过程作总物料衡算可得

$$F = D + W \tag{5-19}$$

作轻组分物料衡算可得

$$Fx_F = Dx_D + Wx_W \tag{5-20}$$

由以上两式可求出

$$\frac{D}{F} = \frac{x_F - x_W}{x_D - x_W} \tag{5-21}$$

$$\frac{W}{F} = 1 - \frac{D}{F} \tag{5-22}$$

式中，$\frac{D}{F}$，$\frac{W}{F}$分别为馏出液和釜液的采出率。

进料组成 x_F 通常是给定的。因受式(5-21)、式(5-22)的约束，则

① 当塔顶、塔底产品组成 x_D、x_W 即产品质量已规定，产品的采出率 D/F 和 W/F 亦随之确定而不能再自由选择；

② 当规定塔顶产品的产率和质量 x_D，则塔底产品的质量 x_W 及产率亦随之确定而不能自由选择(当然也可以规定塔底产品的产率和质量)。

在规定分离要求时，应使 $Dx_D \leqslant Fx_F$ 或 $D/F \leqslant x_F/x_D$。如果塔顶产出率 D/F 取得过大，即使精馏塔有足够的分离能力，塔顶仍不可能获得高纯度的产品，因其组成必须满足

$$x_D \leqslant \frac{Fx_F}{D}$$

精馏段物料衡算 为了弄清任一塔截面的上升蒸气组成 y_{n+1} 与下降液体组成 x_n 两者关系，可以取塔顶(包括全凝器)至精馏段第 n 块板的下方某一截面为控制体，如图 5-9 所示，作物料衡算可得

$$Vy_{n+1} - Lx_n = Dx_D \tag{5-23}$$

提馏段物料衡算 同样，若取塔顶至提馏段某一块板(自塔顶算起第 n 板)的下方截面为控制体直接作物料衡算(参见图 5-10)，可得

$$\overline{V}y_{n+1} - \overline{L}x_n = Dx_D - Fx_F \tag{5-24}$$

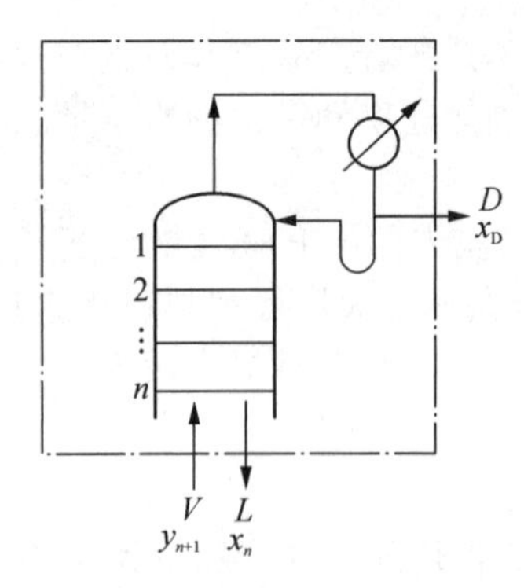

图 5-9　精馏段的物料衡算

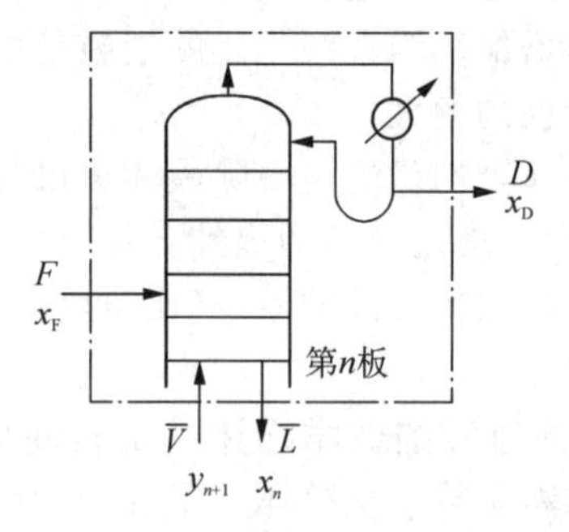

图 5-10　提馏段的物料衡算

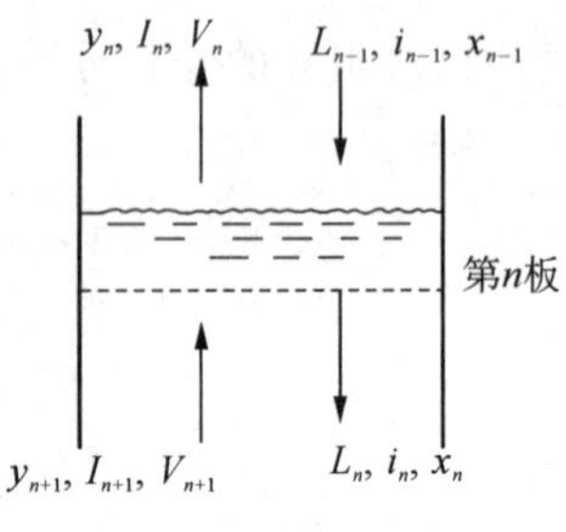

图 5-11　塔板的热量衡算和物料衡算

单块塔板的物料衡算　图 5-11 为精馏塔内自塔顶算起的任意第 n 块塔板(非加料板),进、出该塔板气液两相流量(kmol/s)及组成(摩尔分数)如图 5-11 所示。

对第 n 块塔板作物料衡算可得

总物料衡算式　$V_{n+1} + L_{n-1} = V_n + L_n$　(5-25)

轻组分衡算式　$V_{n+1}y_{n+1} + L_{n-1}x_{n-1} = V_n y_n + L_n x_n$　(5-26)

单块塔板的热量衡算及其简化　进出任意第 n 块塔板的饱和蒸气及泡点液体的热焓(kJ/kmol)如图 5-11 所示。若不计热损失,对第 n 块塔板作热量衡算可得

$$V_{n+1}I_{n+1} + L_{n-1}i_{n-1} = V_n I_n + L_n i_n \tag{5-27}$$

因饱和蒸气的焓 I 为泡点液体的焓 i 与汽化潜热 r 之和,式(5-27)可写为

$$V_{n+1}(r_{n+1} + i_{n+1}) + L_{n-1}i_{n-1} = V_n(r_n + i_n) + L_n i_n \tag{5-28}$$

若忽略组成与温度所引起的饱和液体焓 i 及汽化潜热 r 的差别,即假设

$$i_{n+1} = i_{n-1} = i_n = i$$

$$r_{n+1} = r_n = r$$

则热量衡算式可简化为

$$(V_{n+1} - V_n)r = (L_n + V_n - L_{n-1} - V_{n+1})i \tag{5-29}$$

将总物料衡算式(5-25)代入式(5-29),可得

$$V_{n+1} = V_n \tag{5-30}$$

并进而由式(5-25)求得

$$L_n = L_{n-1} \tag{5-31}$$

(扫描二维码观看精馏塔板数学描述视频)

这样的简化获得了一个重要结果:在精馏塔内没有加料和出料的任一塔段中,各板上升的蒸气量均相等,各板下降的液体量也均相等。这样,可以省去下标,用 V、L 表示精馏段内各板上升的蒸气流量和下降的液体流量,用 $\overline{V}$、$\overline{L}$ 表示提馏段内各板的蒸气流量和液体流量。由于加料的缘故,两段之间的流量不一定相等。

关于热量衡算的上述简化适用于被分离组分沸点相差较小,汽化潜热相近的情况。一般说来,在热量衡算式中由于不计液体焓差而引起的显热项误差与潜热项比较是次要的,故

这一简化的主要条件是两组分的汽化热相等。通常不同液体的摩尔汽化热较为接近，因而 V 和 L 应取为摩尔流量，上述简化称为恒摩尔流假定。在少数情况下，如果被分离组分的摩尔汽化热相差较远而单位质量的汽化热相近，则 V 和 L 应取质量流量，称为恒质量流假定。

加料板过程分析 加料板因有物料自塔外引入，其物料衡算方程式和热量衡算式与普通板不同。但采用上述方法，可对加料板导出相应的方程式。

① 加料的热状态 组成一定的原料液可在常温下加入塔内，也可预热至一定温度，甚至在部分或全部汽化的状态下进入塔内。原料入塔时的温度或状态称为加料的热状态。加料的热状态不同，精馏段与提馏段两相流量的差别也不同。

另外，加料的方式也可以多种多样。例如，当原料的状态为气液混合物时，原料的气、液两相与加料板上的气、液两相可作不同方式的混合与接触；混合与接触的方式不同，离开加料板的两相流量与组成也不同。

② 理论加料板 上述加料板上的复杂情况也可通过理论板的概念加以简化，即不论进入加料板各物流的组成、热状态及接触方式如何，离开加料板的气液两相温度相等，组成互为平衡。

设第 m 块板为加料板，进出该板各股物流的流量、组成与热焓如图 5－12 所示，对加料板可得到

物料衡算式 $$Fx_F + \overline{V}y_{m+1} + Lx_{m-1} = Vy_m + \overline{L}x_m \tag{5-32}$$

相平衡方程 $$y_m = f(x_m) \tag{5-33}$$

③ 精馏段与提馏段两相流量的关系 为找出上述方程中精馏段流量 V、L 与提馏段流量 $\overline{V}$、$\overline{L}$ 之间的关系，可对图 5－12 所示的加料板作如下物料及热量衡算

$$F + L + \overline{V} = \overline{L} + V \tag{5-34}$$

$$Fi_F + Li + \overline{V}I = \overline{L}i + VI \tag{5-35}$$

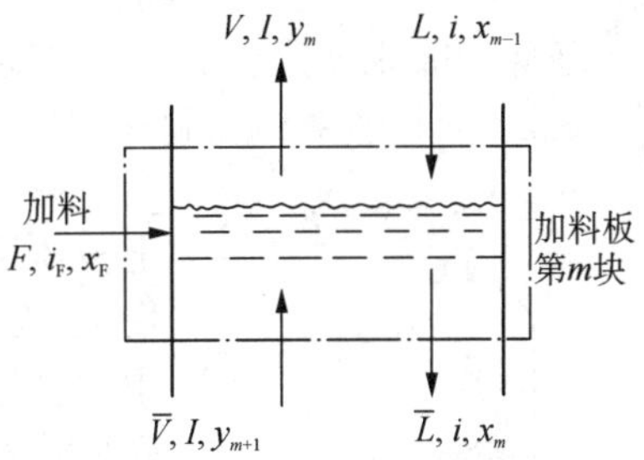

图 5－12 加料板的物料与热量衡算

式中，F、i_F 分别为加料流量与每 1 kmol 原料所具有的热焓。须注意，在热量衡算式(5－35)中已应用了恒摩尔流假定，即认为不同温度和组成下的饱和液体焓 i 及汽化潜热 r 均相等。

联立式(5－34)和式(5－35)可得

$$\frac{\overline{L} - L}{F} = \frac{I - i_F}{I - i} \tag{5-36}$$

若定义

$$q = \frac{I - i_F}{I - i} = \frac{1\ \text{kmol 原料变成饱和蒸气所需的热}}{\text{原料的摩尔汽化热}} \tag{5-37}$$

则由式(5－36)、式(5－37)可得

$$\overline{L} = L + qF \tag{5-38}$$

$$V = \overline{V} + (1-q)F \tag{5-39}$$

以上两式中的 q 称为加料热状态参数，其数值大小等于每加入 1 kmol 的原料使提馏段液体所增加的物质的量(kmol)。因此，从 q 值的大小可以看出加料的状态及温度的高低：

$q = 0$，为饱和蒸气加料；

$0 < q < 1$，为气液混合物加料；

$q = 1$，为泡点加料；

$q > 1$，为冷液加料，此时进料液体的温度低于泡点，入塔后由提馏段上升蒸气部分冷凝所放出的冷凝热将其加热至泡点，因此 q 值大于 1；

$q < 0$，为过热蒸气加料，入塔后将放出显热成为饱和蒸气，使加料板上的液体部分汽化，因此 q 值小于零。

精馏塔内的摩尔流量 设精馏塔顶的冷凝器将来自塔顶的蒸气全部冷凝（这种冷凝器称全凝器），凝液在泡点温度下部分地回流入塔（泡点回流）。根据恒摩尔流的假定，此时回流液的流量 L 即为精馏段逐板下降的液体量。由此可得塔内各段气、液两相的摩尔流量为

精馏段
$$\left.\begin{aligned} L &= RD \\ V &= L + D = (R+1)D \end{aligned}\right\} \tag{5-40}$$

提馏段
$$\left.\begin{aligned} \overline{L} &= L + qF \\ \overline{V} &= V - (1-q)F \end{aligned}\right\} \tag{5-41}$$

定义提馏段上升蒸气量 $\overline{V}$ 与釜液 W 的比值为塔釜的汽相回流比 $\overline{R}$，即

$$\overline{R} = \frac{\overline{V}}{W} \tag{5-42}$$

塔板传质过程的简化——理论板和板效率 精馏设备可以是微分接触式或分级接触式，在第 4 章中对微分接触的传质过程做了介绍，本章将以分级接触式为主进行讨论。但这并不意味着吸收过程总是在微分接触式设备中进行或精馏过程总是在分级接触式设备中进行，气液传质设备对精馏和吸收过程是通用的。

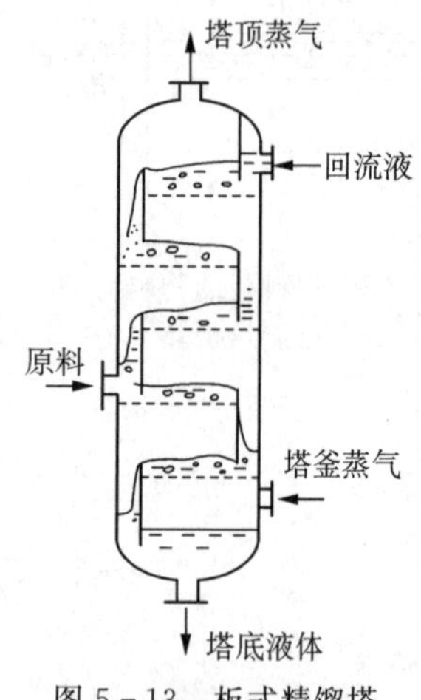

图 5-13 板式精馏塔

图 5-13 为板式精馏塔，气相借压差穿过塔板上的小孔与板上液体接触，两相进行热、质交换。气相离开液层后升入上一块塔板，液相则自上而下逐板下降。两相经多级逆流传质后，气相中的轻组分浓度逐板升高，液相在下降过程中其轻组分浓度逐板降低。整个精馏塔由若干块塔板组成，每块塔板为一个气液接触单元。

和高浓度气体吸收过程一样，为对塔板上所发生的两相传递过程进行完整的数学描述，除必须进行物料衡算和热量衡算之外，还必须写出表征过程特征的传质速率方程式与传热速率方程式。但是，塔板上所发生的传递过程是十分复杂的，它涉及进入塔板的气、液两相的流量、组成、两相接触面积及混合情况等许多因素。也就是说，塔板上两相的传质与传热速率不仅取决于物系的性质、塔板上的操作条件，而且与塔板的结构有关，很难用简单的方程加以表示。

为避免这一困难，引入了理论板的概念。所谓理论板是一个气、液两相皆充分混合而且传质与传热过程的阻力皆为零的理想化塔板。因此，不论进入理论塔板的气、液两相组成如何，在塔板上充分混合并进行传质与传热的最终结果总是使离开塔板的气、液两相在传质与传热两个方面都达到平衡状态：两相温度相同，组成互成平衡。这样，表达塔板上传递过程的特征方程式可简化为

泡点方程
$$t_n = \Phi(x_n) \tag{5-43}$$

相平衡方程
$$y_n = f(x_n) \tag{5-44}$$

当然，一个实际塔板不同于一个理论板。为表达实际塔板与理论板的差异，还须引入板

效率的概念。板效率的定义如下。

$$E_{mV} = \frac{y_n - y_{n+1}}{y_n^* - y_{n+1}} \tag{5-45}$$

式中，y_n^* 为与离开第 n 板液相组成 x_n 成平衡的气相组成；E_{mV} 为气相的默弗里板效率。

式(5-45)分母表示气相经过一块理论板后组成的增浓程度，分子则为实际的增浓程度。

理论板概念的引入，可将复杂的精馏问题分解为两个问题，然后分步解决。对于具体的分离任务，所需理论板的数目只取决于物系的相平衡及两相的流量比，而与物系的其他性质、两相的接触情况以及塔板的结构型式等复杂因素无关。这样，在解决具体精馏问题时，便可以在塔板结构型式尚未确定之前方便地求出所需理论板数，事先了解分离任务的难易程度。然后，根据分离任务的难易，选择适当的塔型和操作条件，并根据具体塔型和操作条件确定塔板效率及所需实际塔板数。

有关板效率的讨论列入第 5.6 节，其他情况下，只限于讨论理论板的计算，即把整个精馏塔看作是由许多理论板所构成的。

综上所述，通过引入理论板及恒摩尔流的假定使塔板过程的物料、热量衡算及传递速率式最终简化为

物料衡算式
$$Vy_{n+1} + Lx_{n-1} = Vy_n + Lx_n \tag{5-46}$$

相平衡方程
$$y_n = f(x_n) \tag{5-47}$$

此方程组对精馏段、提馏段每一块塔板均适用，但对有物料加入或引出的塔板不适用。

理论板的增浓度 如前所述，任一块板的浓度特征可由离开该板的蒸气组成 y_n 和液相组成 x_n 表示，对一理论板 y_n 与 x_n 必满足相平衡方程

$$y_n = f(x_n)$$

这样，在 $y-x$ 图上表征某一块理论板的点必落在平衡线上，如图 5-14(b)中的 B 点。

塔中某一截面的浓度特征可用通过该截面的上升蒸气和下降液体的组成表示，该气液组成必须服从操作线方程。这样，在 $y-x$ 图上表征某一截面的点必落在操作线上，如表征截面 $A-A$ 的点 A 与表征截面 $C-C$ 的点 C。

A、B、C 三点组成一个三角形 ABC，此三角形充分表达了某一理论板的工作状态。顶点 A、C 分别表示板上及板下的两相组成状态，而点 B 表示离开板的气液两相组成状态，边 AB 表示液体经过该理论板的提纯或增浓程度，边 BC 表示气相经该理论板后的提纯或增浓程度。

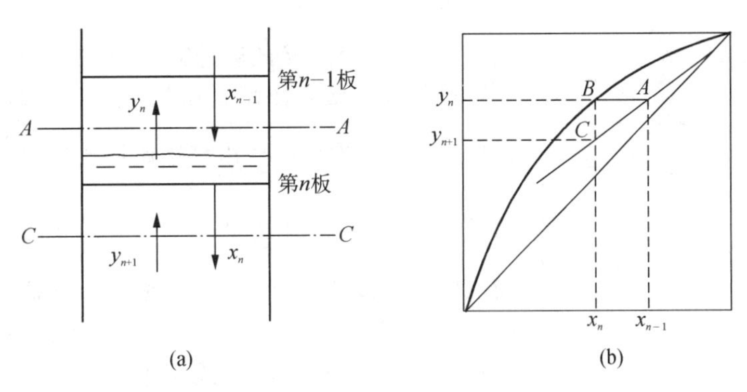

图 5-14 塔板组成的表示

5.3.3 精馏塔操作方程

精馏段操作方程 利用5.3.2节中精馏段物料衡算关系，设塔顶为泡点回流，$L=RD$，$V=(R+1)D$，物料衡算成为

$$y_{n+1}=\frac{R}{R+1}x_n+\frac{x_D}{R+1} \tag{5-48}$$

式(5-48)表明精馏段任一截面(取在两塔板之间)处，上升蒸气组成 y_{n+1} 与下降液体组成 x_n 两者关系受该物料衡算式的约束，称为精馏段操作方程。

提馏段操作方程 同样，利用提馏段物料衡算方程和塔内气液相流量关系，即将式 $\overline{L}=RD+qF$，$\overline{V}=(R+1)D-(1-q)F$ 代入提馏段物料衡算方程可得

$$y_{n+1}=\frac{RD+qF}{(R+1)D-(1-q)F}x_n+\frac{Dx_D-Fx_F}{(R+1)D-(1-q)F} \tag{5-49}$$

因 $Dx_D-Fx_F=-Wx_W=-(F-D)x_W$，式(5-49)可写成

$$y_{n+1}=\frac{RD+qF}{(R+1)D-(1-q)F}x_n-\frac{F-D}{(R+1)D-(1-q)F}x_W \tag{5-50}$$

式(5-49)、式(5-50)称为提馏段操作方程，提馏段任意两板之间某截面的气、液两相组成 y_{n+1} 与 x_n，皆受此物料衡算式的约束。

引入塔釜汽相回流比 $\overline{R}$，则提馏段操作线方程也可表示为

$$y_{n+1}=\frac{\left(\frac{\overline{V}}{W}+1\right)}{\frac{\overline{V}}{W}}x_n-\frac{x_W}{\frac{\overline{V}}{W}}=\frac{\overline{R}+1}{\overline{R}}x_n-\frac{x_W}{\overline{R}} \tag{5-51}$$

q 线方程 联立式(5-48)和式(5-50)可以得到精馏段操作线和提馏段操作线的交点 $d(x_q,\ y_q)$，则有

$$y_q=\frac{Rx_F+qx_D}{R+q} \tag{5-52}$$

$$x_q=\frac{(R+1)x_F+(q-1)x_D}{R+q} \tag{5-53}$$

由式(5-52)、式(5-53)中消去参数 x_D 即得

$$y_q=\frac{q}{q-1}x_q-\frac{x_F}{q-1} \tag{5-54}$$

式(5-54)为交点 d 的轨迹方程，称为 q 线方程。

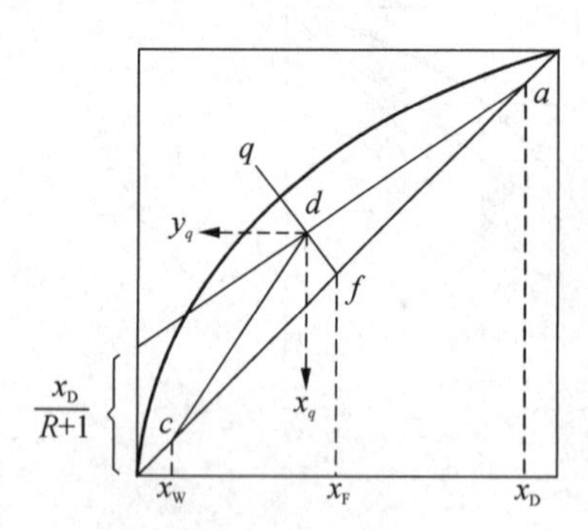

图5-15 操作线的实际作法

操作线作法与图示 可从图5-15的 a 点(x_D，x_D)出发，以 $\frac{x_D}{R+1}$ 为截距作出精馏段操作线；从 c 点(x_W，x_W)出发，以 $\frac{\overline{L}}{\overline{V}}$ 为斜率作提馏段操作线。在回流比 R 规定后，提馏段操作线的斜率与加料热状态(q 值)有关。为简便起见，常在精馏段操作线上找出两操作线的交点 $d(x_q,\ y_q)$，然后联结 $\overline{cd}$ 即得提馏段操作线。

在 y-x 图上，q 线是通过点 $f(x=x_F,\ y=x_F)$ 的一

条直线，斜率为$\frac{q}{q-1}$。因此，可从对角线上的 f 点出发，以$\frac{q}{q-1}$为斜率作出 q 线，找出该线与精馏段操作线的交点 d，联结$\overline{dc}$即为提馏段操作线。

5.4 双组分精馏理论塔板数的计算

5.4.1 理论板数的计算

命题 理论板数计算的任务是根据规定的分离要求，选择精馏的操作条件，计算所需的理论板数。

规定分离要求就是对塔顶、塔底产品的质量和数量（产率）提出一定的要求。工业上有时希望规定分离过程中某个有用产物（如轻组分）的回收率 η 以代替产率。η 的定义为

$$\eta=\frac{Dx_{\mathrm{D}}}{Fx_{\mathrm{F}}} \tag{5-55}$$

如前所述，由于全塔物料衡算的约束，规定分离要求时只能指定两个条件，如指定塔顶产品的数量 D 与质量 x_{D}，则塔底产品的数量 W 与质量 x_{W} 由全塔物料衡算限定，而不能再任意规定。

有待选择的精馏条件除操作压强外，还有回流比 R 和进料的热状态 q。这三个参数选定以后，相平衡关系和操作方程也随之确定，于是，可应用相平衡方程和操作方程计算所需的理论板数。

逐板计算法 图 5-16(a)为一连续精馏塔，塔顶设全凝器，泡点回流。

最直接的精馏塔板数计算方法是逐板计算法，通常从塔顶开始进行计算。

自第一块板上升的蒸气组成应等于塔顶产品的组成，即 $y_1=x_{\mathrm{D}}$。

自第一块板下降的液体组成 x_1 必与 y_1 成平衡，故可用相平衡方程由 y_1 计算 x_1。

自第二块板上升的蒸气组成 y_2 与 x_1 必须满足操作方程，故可用操作方程由 x_1 计算 y_2。

如此交替地使用相平衡方程和操作方程进行逐板下行计算，直至达到规定的塔底组成为止，从而得出所需理论板数。

上述计算过程可在 $y-x$ 图上用图解法进行，且更为简捷明了。为此可在 $y-x$ 图上作出相平衡曲线和两条操作线，参见图 5-16(b)。

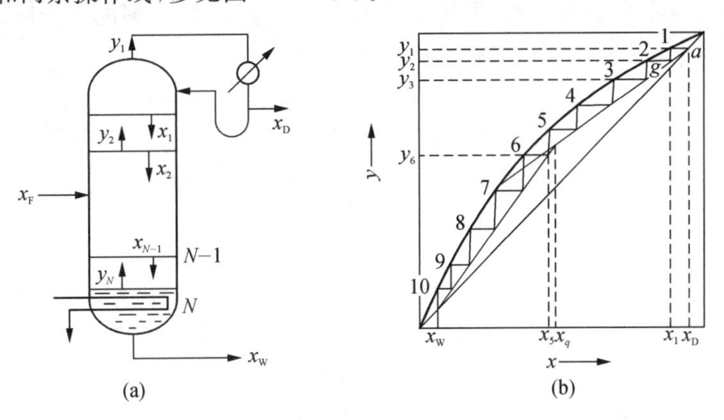

图 5-16 逐板计算的图示

图解可自对角线上的 a 点(x_{D}，$y_1=x_{\mathrm{D}}$)开始。由 y_1 求 x_1 的过程相当于自 a 点作水平线使之与平衡线相交，由交点 1 的坐标(x_1，y_1)可得知 x_1。

由 x_1 求 y_2 的过程相当于自点 1 作垂直线，使之与操作线相交，交点 g 的坐标为

(x_1, y_2)。

如此交替地在平衡线与操作线之间作水平线和垂直线,相当于交替地使用相平衡方程和操作线方程。直至 $x_N \leqslant x_W$ 为止,图中阶梯数即为所需理论板数。

最优加料位置的确定 在自上而下逐板计算中存在一个加料板位置的确定问题。在计算过程中,跨过加料板由精馏段进入提馏段,在计算中的表现是以提馏段操作方程代替精馏段操作方程,在图解法中表现为改换操作线。问题是如何选择加料板位置可使所需要的总理论板数最少。

图 5-16(b)上加料板位置选择为第 5 块,当用 x_5 求 y_6 时改用提馏段操作线。

如果第 5 块板上不加料,如图 5-17(a)所示,则仍由精馏段操作线求取 y_6。不难看出,其气相提浓程度(相当于线段$\overline{ba}$)必小于该板加料时的提浓程度(相当于线段$\overline{ca}$)。由此可知,加料过晚是不利的。

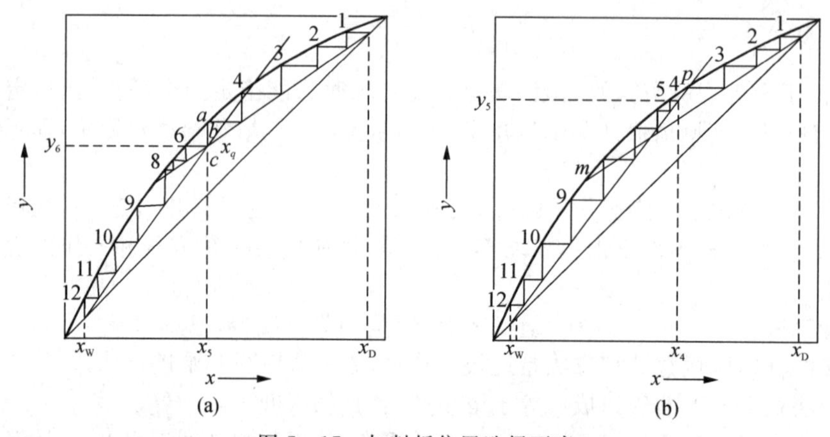

图 5-17 加料板位置选择不当

反之,当加料板选在第 4 块,即由 x_4 求 y_5 时改用提馏段操作线,同样可以看出第 4、5、6 块板的提浓程度有所减少,说明加料过早也不利。

由此不难看出,最优加料板位置是该板的液相组成 x 等于或略低于 x_q(即两操作线交点的横坐标),此处即为第 5 块。

当然,若加料板不在最佳位置,例如在第 4 块或第 8 块加料,都能求出所需的理论板数,但为达到指定分离任务所需要的理论板数较多,见表 5-1。

表 5-1 加料板位置对理论板数的影响举例

加料板位置	所需理论板数	加料板位置	所需理论板数
4	12	8	12
5	10		

可见加料位置的选择本质上是个优化的问题。但是,超出了某个范围则不再是优化问题,此时将不可能达到规定的设计要求。例如,若加料位置选在第 3 块,参见图 5-17(b),则由 x_3 用提馏段操作线求取 y_4 时,组成在平衡线上方,这显然是不可能的。换言之,若加料板位置在第 3 块板,则塔顶产品纯度不可能达到指定的要求。

类似的问题也可发生在提馏段,当提馏段板数过少时,即使精馏段板数很多也不能使塔底产品达到指定的纯度要求。

由此可知,理论板数计算时加料板位置的可变范围必在图 5-17(b)所示的 p、m 两点之间。

例 5-2　逐板计算法求理论板数

在常压下将含苯摩尔分数为25%的苯-甲苯混合液连续精馏，要求馏出液中含苯摩尔分数为98%，釜液中含苯摩尔分数为8.5%。操作时所用回流比为5，泡点加料，泡点回流，塔顶为全凝器，求所需理论板数。

常压下苯-甲苯混合物可视为理想物系，相对挥发度为2.47。

解　相平衡方程

$$y_n = \frac{\alpha x_n}{1+(\alpha-1)x_n}$$

或

$$x_n = \frac{y_n}{\alpha-(\alpha-1)y_n} = \frac{y_n}{2.47-1.47y_n} \tag{a}$$

精馏段操作线

$$y_{n+1} = \frac{R}{R+1}x_n + \frac{x_D}{R+1} = \frac{5}{5+1}x_n + \frac{0.98}{5+1}$$

$$y_{n+1} = 0.833\,3x_n + 0.163\,3 \tag{b}$$

提馏段操作线

$$y_{n+1} = \frac{RD+F}{(R+1)D}x_n - \frac{F-D}{(R+1)D}x_W \quad (\text{因 } q=1)$$

$$= \frac{R+F/D}{R+1}x_n - \frac{F/D-1}{R+1}x_W$$

式中

$$\frac{F}{D} = \frac{x_D-x_W}{x_F-x_W} = \frac{0.98-0.085}{0.25-0.085} = 5.42$$

代入可得

$$y_{n+1} = 1.737x_n - 0.062\,6 \tag{c}$$

泡点进料

$$q=1,\ x_q = x_F = 0.25$$

第1块塔板上升的蒸气组成

$$y_1 = x_D = 0.98$$

从第1块板下降的液体组成由式(a)求取

$$x_1 = \frac{y_1}{2.47-1.47y_1} = \frac{0.98}{2.47-1.47\times0.98} = 0.952\,0$$

由第2块板上升的气相组成用式(b)求取

$$y_2 = 0.833\,3x_1 + 0.163\,3 = 0.833\,3\times0.952 + 0.163\,3 = 0.956\,7$$

第2块板下降的液体组成

$$x_2 = \frac{0.956\,7}{2.47-1.47\times0.956\,7} = 0.899\,4$$

第3块板上升的气相组成

$$y_3 = 0.833\,3\times0.899\,4 + 0.163\,3 = 0.912\,8$$

第3块板下降的液体组成

$$x_3 = \frac{0.912\,8}{2.47-1.47\times0.912\,8} = 0.809\,1$$

如此反复计算

$$y_4 = 0.8376 \quad x_4 = 0.6762$$

$$y_5 = 0.7268 \quad x_5 = 0.5186$$

$$y_6 = 0.5955 \quad x_6 = 0.3734$$

$$y_7 = 0.4745 \quad x_7 = 0.2677$$

$$y_8 = 0.3864 \quad x_8 = 0.2032 < 0.25$$

因 $x_8 < x_q$，第 9 块板上升的气相组成由提馏段操作方程(c)计算，

$$y_9 = 1.737x_8 - 0.0626 = 1.737 \times 0.2032 - 0.0626 = 0.2903$$

第 9 块板下降的液体组成

$$x_9 = \frac{0.2903}{2.47 - 1.47 \times 0.2903} = 0.1421$$

同样

$$y_{10} = 1.737 \times 0.1421 - 0.0626 = 0.1842$$

$$x_{10} = \frac{0.1842}{2.47 - 1.47 \times 0.1842} = 0.0838 < x_W$$

所需总理论板数为 10 块，第 8 块加料，精馏段需 7 块板。

5.4.2 回流比的选择

增大回流比，既加大了精馏段的液气比 L/V，也加大了提馏段的气液比 $\overline{V}/\overline{L}$，两者均有利于精馏过程中的传质。设计时采用的回流比较大，则在 $y-x$ 图上两条操作线均移向对角线，达到指定的分离要求所需的理论板数较少。但是，增大回流比是以增加能耗为代价的。因此，回流比的选择是一个经济问题，即应在操作费用(能耗)和设备费用(板数及塔釜传热面、冷凝器传热面等)之间做出权衡。

从回流比的定义式来看，回流比可以在零至无穷大之间变化，前者对应于无回流，后者对应于全回流，但实际上对指定的分离要求，回流比不能小于某一下限，否则即使有无穷多个理论板也达不到设计要求。回流比的这一下限称为最小回流比，这不是个经济问题，而是技术上对回流比选择所加的限制。

全回流与最少理论板数

全回流时精馏塔不加料也不出料，自然也无精馏段与提馏段之分。在 $y-x$ 图上，精馏段与提馏段操作线都与对角线重合。从物料衡算或者从操作线的位置都可以看出全回流的特点是：两板之间任一截面上，上升蒸气的组成与下降液体的组成相等，而且为达到指定的分离程度(x_D、x_W)所需的理论板数最少，参见图 5-18(a)。

全回流时的理论板数可按前述逐板计算法或图解法求出；当为理想溶液时，用下述的解析计算更为方便。

从图 5-18(b)可以看出塔顶蒸气中轻、重两组分之比为 $\left(\frac{y_A}{y_B}\right)_1 = \left(\frac{x_A}{x_B}\right)_D$。根据相对挥发度的定义式(5-13)，可由 $\left(\frac{y_A}{y_B}\right)_1$ 求出第 1 块板下降的液体中轻、重两组分之比 $\left(\frac{x_A}{x_B}\right)_1$，即得出

$$\left(\frac{x_A}{x_B}\right)_1 = \frac{1}{\alpha_1}\left(\frac{y_A}{y_B}\right)_1 = \frac{1}{\alpha_1}\left(\frac{x_A}{x_B}\right)_D$$

式中，α_1 为第 1 块板上液体的相对挥发度。

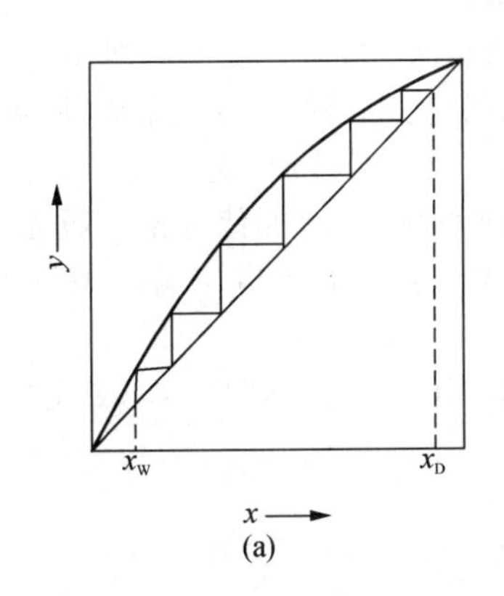

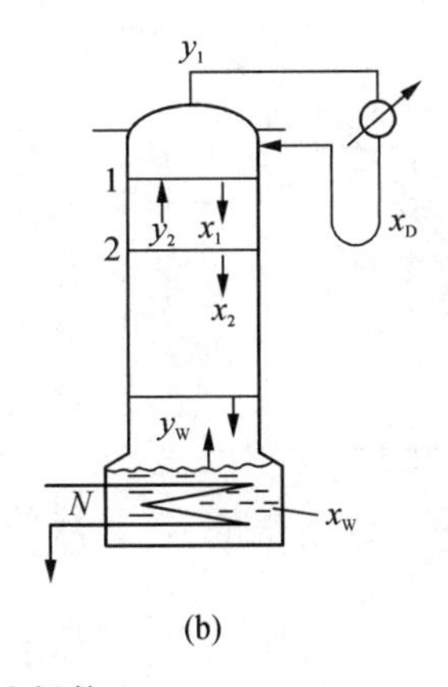

图 5-18　全回流时的理论板数

根据上述全回流时的特点

$$\left(\frac{y_A}{y_B}\right)_2 = \left(\frac{x_A}{x_B}\right)_1 = \frac{1}{\alpha_1}\left(\frac{x_A}{x_B}\right)_D$$

再次应用相对挥发度定义可得离开第 2 块板液体组成为

$$\left(\frac{x_A}{x_B}\right)_2 = \frac{1}{\alpha_2}\left(\frac{y_A}{y_B}\right)_2 = \frac{1}{\alpha_1\alpha_2}\left(\frac{x_A}{x_B}\right)_D$$

如此类推，可得第 N 块板（塔釜）的液体组成为

$$\left(\frac{x_A}{x_B}\right)_N = \frac{1}{\alpha_1 \cdot \alpha_2 \cdots \alpha_N}\left(\frac{x_A}{x_B}\right)_D \tag{5-56}$$

当此液体组成已达指定的釜液组成 $\left(\frac{x_A}{x_B}\right)_W$ 时，此时的塔板数 N 即为全回流时所需的最少理论板数，记为 $N_{\min}$。若取平均的相对挥发度

$$\alpha = \sqrt[N]{\alpha_1 \cdot \alpha_2 \cdots \alpha_N}$$

代替各板上的相对挥发度，上式可写成

$$N_{\min} = \frac{\lg\left[\left(\frac{x_A}{x_B}\right)_D \Big/ \left(\frac{x_A}{x_B}\right)_W\right]}{\lg \alpha} \tag{5-57}$$

式(5-57)称为芬斯克(Fenske)方程。当塔顶、塔底相对挥发度相差不太大时，式中 α 可近似取塔顶和塔底相对挥发度的几何均值，即

$$\alpha = \sqrt{\alpha_{顶} \cdot \alpha_{底}} \tag{5-58}$$

式(5-57)在推导过程中并未对溶液的组分数加以限制，故该式亦适用于多组分精馏计算。对双组分溶液，$x_B = 1 - x_A$，则

$$N_{\min} = \frac{\lg\left[\left(\frac{x_D}{1-x_D}\right)\left(\frac{1-x_W}{x_W}\right)\right]}{\lg \alpha} \tag{5-59}$$

式(5-59)简略地表明在全回流条件下分离程度与总理论板数（$N_{\min}$ 中包括了塔釜）之间的关系。

全回流是操作回流比的极限，它只是在设备开工、调试及实验研究时采用。

最小回流比 R_{min}

塔板数计算条件下，如选用较小的回流比，两操作线向平衡线移动，达到指定分离程度（x_D、x_W）所需的理论板数增多。当回流比减至某一数值时，两操作线的交点 e 落在平衡线上，由图 5-19 可见，此时即使理论板数无穷多，板上流体组成也不能跨越 e 点，此即指定分离程度时的最小回流比。

图 5-19　最小回流比

设交点 e 的坐标（x_e，y_e），则最小回流比的数值可由 ae 线的斜率

$$\frac{R_{min}}{R_{min}+1}=\frac{x_D-y_e}{x_D-x_e} \tag{5-60}$$

求出。

最小回流比 R_{min}之值还与平衡线的形状有关，图 5-20 为两种可能遇到的情况。在图 5-20(a)中，当回流比减小至某一数值时，精馏段操作线首先与平衡线相切于点 e。此时即使无穷多塔板及组成也不能跨越切点 e，故该回流比即最小回流比 R_{min}，其计算式与式(5-60)同。

图 5-20(b)中回流比减小到某一数值时，提馏段操作线与平衡线相切于点 e。此时可首先解出两操作线的交点 d 的坐标（x_q，y_q），以代替（x_e，y_e），同样可用式(5-60)求出 R_{min}。

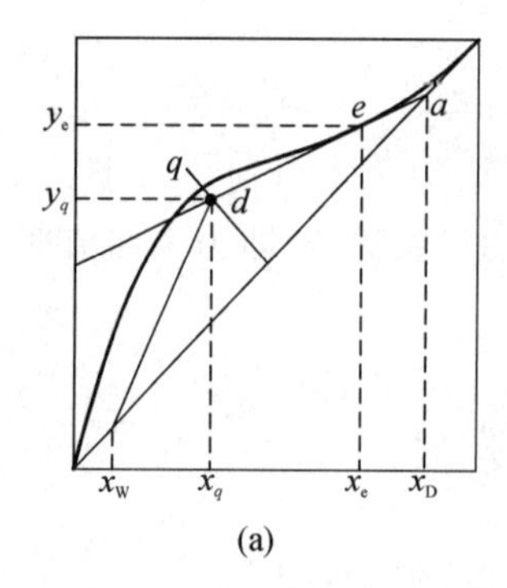

(a)

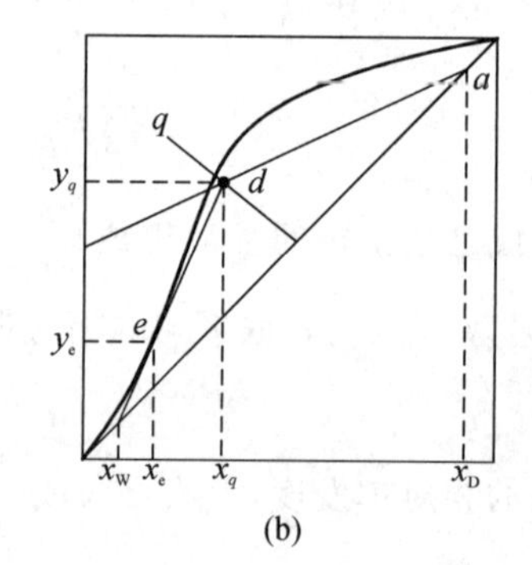

(b)

图 5-20　不同平衡线形状的最小回流比

上述三种情况下，点 e 称为夹点。当回流比为最小时，用逐板计算法自上而下计算各板组成，将出现一恒浓区，即当组成趋近于上述切点或交点 e 时，两板之间的浓度差极小，$x_{n+1}\approx x_n$，每一块板的提浓作用极微。

最后应当注意，最小回流比一方面与物系的相平衡性质有关，另一方面也与规定的塔顶、塔底浓度有关。对于指定物系，最小回流比只取决于混合物的分离要求，故最小回流比是塔板数计算中特有的问题。离开了指定的分离要求，也就不存在最小回流比的问题了。

最适宜回流比的选取

最小回流比对应于无穷多塔板数，此时的设备费用无疑过大而不经济。增加回流比起初可显著降低所需塔板数（图 5-21），设备费用的明显下降能补偿能耗（操作费）的增加。再增大回流比，所需理论板数下降缓慢，此时塔板费用的减少将不足以补偿能耗的增长。此外，回流比的增加也将增大塔顶冷凝器和塔底再沸器的传热面积，设备费用反随回流比之增加而有所上升。

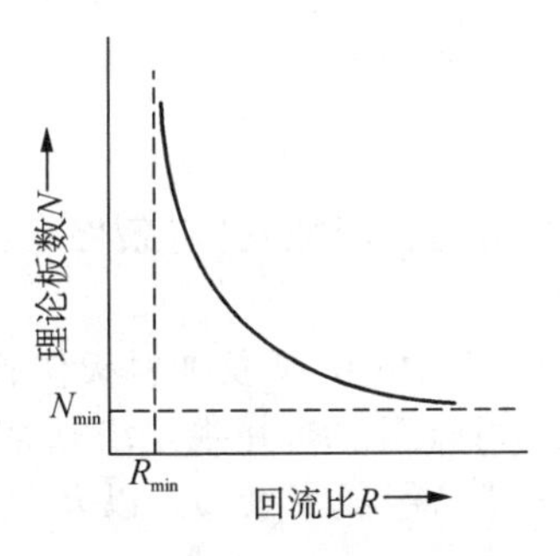

图 5－21　回流比与理论板数的关系

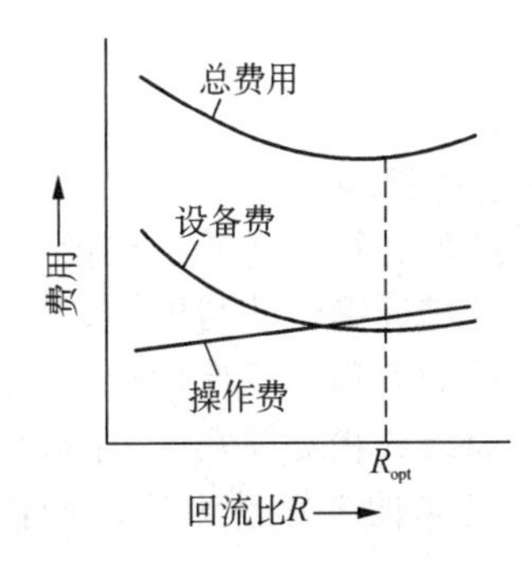

图 5－22　最适宜回流比的选择

回流比与费用的关系示意表示于图 5－22，显然存在着一个总费用的最低点，与此对应的即为最适宜的回流比 R_{opt}。一般最适宜回流比的数值范围是

$$R_{opt} = (1.2 \sim 2)R_{min}$$

5.4.3　加料热状态的选择

前已述及加料热状态可由 q 值表征，q 值表示加料中饱和液体所占的分率。若原料经预热或部分汽化，则 q 值较小。在给定的回流比 R 下，q 值的变化不影响精馏段操作线的位置，但明显改变了提馏段操作线的位置。

图 5－23 表示不同 q 值时的 q 线及由此而定的提馏段操作线的位置。

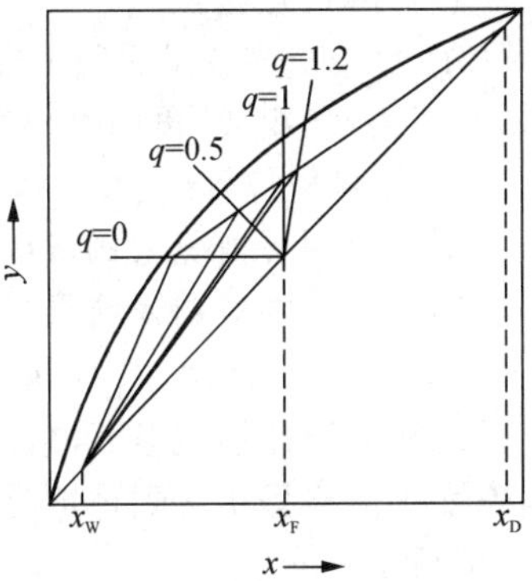

图 5－23　回流比确定后 q 值对提馏段操作线的影响

以图 5－23 为例，用图解法求得所需的理论板数如表5－2所示（图解过程从略）。

表 5－2　不同 q 值所需的理论板数

q 值	理论板数	q 值	理论板数
1.2（冷加料）	7.8	0.5（气液混合加料）	8.8
1.0（沸点加料）	8.0	0（饱和蒸气加料）	12

由表 5－2 可见，q 值愈小，即进料前经预热或部分汽化，所需理论板数愈多。

为理解这一点，应明确比较的标准。精馏的核心是回流，精馏操作的实质是塔底供热产生蒸气回流，塔顶冷凝造成液体回流。由全塔热量衡算可知，塔底加热量、进料带入热量与塔顶冷凝量三者之间有一定关系。以上对不同 q 值进料所做的比较是以固定回流比 R 即以固定的冷却量为基准的。这样，为保持塔顶冷却量不变，进料带热愈多，塔底供热则愈少，塔釜上升的蒸气量亦愈少；塔釜上升蒸气量减少，使提馏段的操作线斜率增大，其位置向平衡线移近，所需理论板数必增多。

当然，如果塔釜热量不变，进料带热增多，则塔顶冷却量必增大，回流比相应增大，所需的塔板数将减少。但须注意，这是以增加热耗为代价的。

所以一般而言，在热耗不变的情况下，热量应尽可能在塔底输入，使所产生的气相回流能在全塔中发挥作用；而冷却量应尽可能施加于塔顶，使所产生的液体回流能经过全塔而发挥最大的效能。

工业上有时采用热态甚至气态进料，其目的不是为了减少塔板数，而是为了减少塔釜的加热量。尤当塔釜温度过高、物料易产生聚合或结焦时，这样做更为有利。

5.5 双组分精馏的核算

5.5.1 精馏过程的核算

命题 此类计算的任务是在设备(精馏段板数及全塔理论板数)已定条件下,由指定的操作条件预计精馏操作的结果。

计算所用的方程与设计时相同,此时的已知量为:全塔总板数 N 及加料板位置(第 m 块板),相平衡曲线或相对挥发度,原料组成 x_F 与热状态 q,回流比 R,并规定塔顶馏出液的采出率 D/F。待求的未知量为精馏操作的最终结果——产品组成 x_D、x_W 以及逐板的组成分布。

核算的特点是:

① 由于众多变量之间的非线性关系,使核算一般均须通过试差(迭代),即先假设一个塔顶(或塔底)组成,再用物料衡算及逐板计算予以校核的方法来解决。

② 加料板位置(或其他操作条件)一般不满足最优化条件。

下面以两种情况为例,讨论此类问题的计算方法。

回流比增加对精馏结果的影响 设某塔的精馏段有$(m-1)$块理论板,提馏段为$(N-m+1)$块板,在回流比 R'操作时获得塔顶组成 x_D'与釜液组成 x_W',参见图 5-24(a)。

现将回流比加大至 R,精馏段液气比增加,操作线斜率变大;提馏段气液比加大,操作线斜率变小。当操作达到稳定时馏出液组成 x_D 必有所提高,釜液组成 x_W 必将降低,如图 5-24(b)所示。

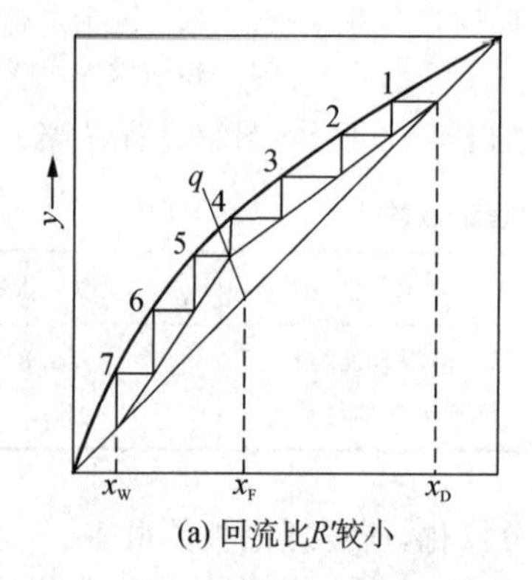

(a) 回流比R'较小

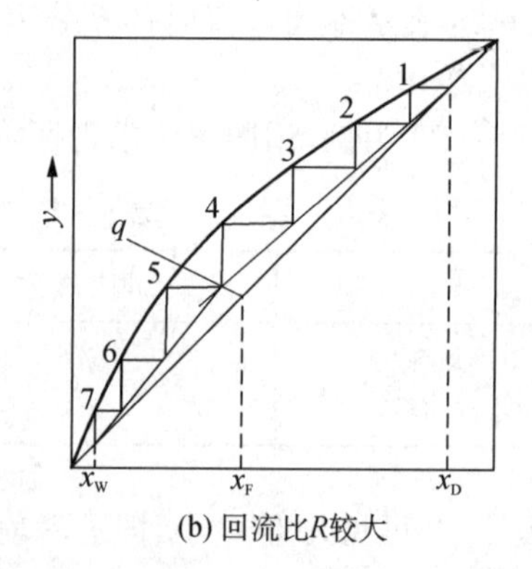

(b) 回流比R较大

图 5-24 增加回流比对精馏结果的影响

定量计算的方法是:先设定某一 x_W 值,可按物料衡算式求出

$$x_D = \frac{x_F - x_W(1 - D/F)}{D/F} \tag{5-61}$$

然后,自组成为 x_D 起交替使用精馏段操作方程

$$y_{n+1} = \frac{R}{R+1}x_n + \frac{x_D}{R+1}$$

及相平衡方程

$$x_n = \frac{y_n}{\alpha - (\alpha - 1)y_n}$$

进行 m 次逐板计算,算出离开第 1 至 m 板的气、液两相组成。直至算出离开加料板液体的组成 x_m。跨过加料板以后,须改用提馏段操作方程

$$y_{n+1}=\frac{R+q\dfrac{F}{D}}{(R+1)-(1-q)\dfrac{F}{D}}\cdot x_n-\frac{\dfrac{F}{D}-1}{(R+1)-(1-q)\dfrac{F}{D}}\cdot x_W$$

及相平衡方程再进行 $N-m$ 次逐板计算，算出最后一块理论板的液体组成 x_N。将此 x_N 值与所假设的 x_W 值比较，两者基本接近则计算有效，否则重新试差。

必须注意，在馏出液流率 D/F 规定的条件下，借增加回流比 R 以提高 x_D 的方法并非总是有效的。

① x_D 的提高受精馏段塔板数，即精馏塔分离能力的限制。对一定板数，即使回流比增至无穷大(全回流)时，x_D 也有确定的最高极限值；在实际操作的回流比下不可能超过此极限值。

② x_D 的提高受全塔物料衡算的限制。加大回流比可提高 x_D，但其极限值为 $x_D=Fx_F/D$。对一定塔板数，即使采用全回流，x_D 也只能某种程度趋近于此极限值。如 $x_D=Fx_F/D$ 的数值大于 1，则 x_D 的极限值为 1。

此外，加大操作回流比意味着加大蒸发量与冷凝量，这些数值还将受到塔釜及冷凝器的传热面的限制。

例 5－3 改变回流比求全塔组成分布

某精馏塔具有 10 块理论板，加料位置在第 8 块塔板，用以分离原料组成为 25%(摩尔分数)的苯-甲苯混合液，物系相对挥发度为 2.47。已知在 $R=5$，泡点进料时 $x'_D=0.98$，$x'_W=0.085$。今改用回流比为 8，塔顶采出率 D/F 及物料热状态均不变，求塔顶、塔底产品组成有何变化?并同时求出塔内各板的两相组成。

解 原工况 $(R=5)$ 时

$$\frac{D}{F}=\frac{x_F-x'_W}{x'_D-x'_W}=\frac{0.25-0.085}{0.98-0.085}=0.1844$$

$$\frac{F}{D}=5.424$$

新工况 $(R=8)$ 时，假定初值 $x_W=0.0821$，由物料衡算式得

$$x_D=\frac{x_F-x_W(1-D/F)}{D/F}=\frac{0.25-0.0821(1-0.1844)}{0.1844}=0.9928$$

精馏段操作方程为

$$y_{n+1}=\frac{R}{R+1}x_n+\frac{x_D}{R+1}=0.8889x_n+0.1103$$

提馏段操作方程为

$$y_{n+1}=\frac{R+F/D}{R+1}x_n-\frac{F/D-1}{R+1}x_W=1.4916x_n-0.0404$$

相平衡方程为 $$x_n=\frac{y_n}{2.47-1.47y_n}$$

由 $x_D=0.9928$ 开始，用精馏段操作线方程求出 $y_1=0.9928$。
将 y_1 代入相平衡方程，求出 $x_1=0.9825$；
将 x_1 代入精馏段操作方程，求出 $y_2=0.9836$；
将 y_2 代入相平衡方程，求出 $x_2=0.9605$；
如此反复计算，用精馏段操作方程共 8 次，求出 $y_1\sim y_8$，用相平衡方程 8 次，求出$x_1\sim x_8$。

然后用提馏段操作方程和相平衡方程各 2 次，所得全塔气、液组成列于表 5－3。$x_{10}=0.0825$ 与假设初值 $x_W=0.0821$ 基本相近，计算有效。显然，回流比增加，x_D 升高而 x_W 降低，塔顶与塔底产品的纯度皆提高了。

表 5－3　例 5－3 附表

用精馏段操作方程	用相平衡方程	用精馏段操作方程	用相平衡方程
$y_1=0.9928$	$x_1=0.9825$	$y_7=0.5736$	$x_7=0.3526$
$y_2=0.9836$	$x_2=0.9605$	$y_8=0.4238$	$x_8=0.2294$
$y_3=0.9641$	$x_3=0.9158$	用提馏段操作线方程	用相平衡方程
$y_4=0.9243$	$x_4=0.8318$	$y_9=0.3018$	$x_9=0.1490$
$y_5=0.8497$	$x_5=0.6959$	$y_{10}=0.1818$	$x_{10}=0.0825$
$y_6=0.7289$	$x_6=0.5212$		

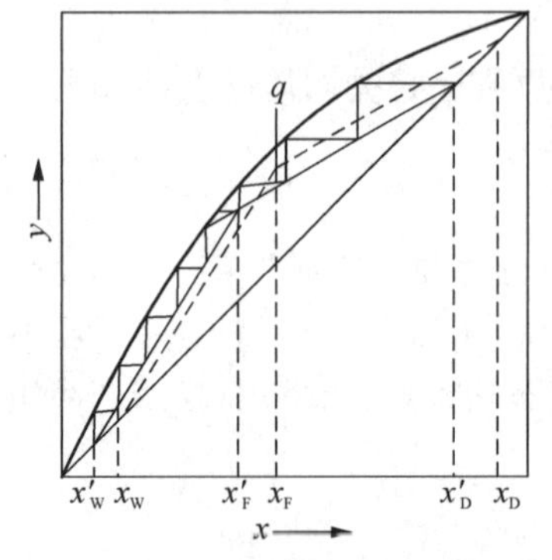

图 5－25　进料组成下降对精馏结果的影响

进料组成变动的影响　一个操作中的精馏塔，若进料组成 x_F 下降至 x'_F，则在同一回流比 R 及塔板数下塔顶馏出液组成 x_D 将下降为 x'_D，提馏段塔釜组成也将由 x_W 降至 x'_W。进料组成变动后的精馏结果 x'_D、x'_W 可用前述试差方法确定。

图 5－25 表示进料组成变动后操作线位置的改变。此时欲要维持原馏出液组成 x_D 不变，一般可加大回流或减少采出量 D/F。

值得注意的是，以上两种情况的核算中，加料板位置都不一定是最优的。图 5－24(b)及图 5－25 说明了这一问题。

5.5.2　精馏塔的温度分布和灵敏板

精馏塔的温度分布　溶液的泡点与总压及组成有关。精馏塔内各块塔板上物料的组成及总压并不相同，因而从塔顶至塔底形成某种温度分布。

在加压或常压精馏中，各板的总压差别不大，形成全塔温度分布的主要原因是各板组成不同。图 5－26(a)表示各板组成与温度的对应关系，于是可求出各板的温度并将它标绘在

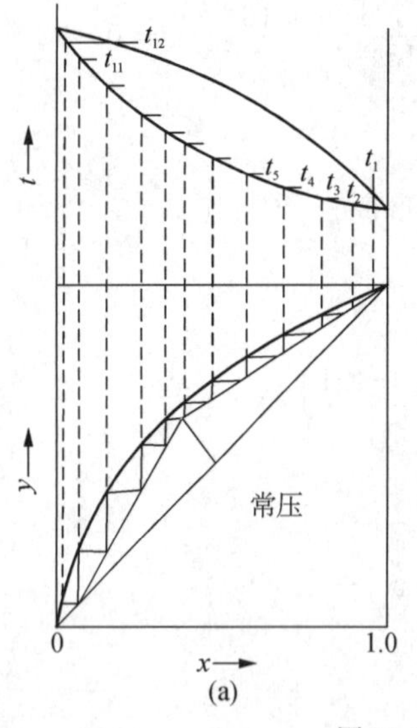

图 5－26　精馏塔的温度分布

图 5-26(b)中,即得全塔温度分布曲线。

减压精馏中,蒸气每经过一块塔板有一定压降,如果塔板数较多,塔顶与塔底压强的差别与塔顶绝对压强相比,其数值相当可观,总压降可能是塔顶压强的几倍。因此,各板组成与总压的差别都是影响全塔温度分布的重要原因,且后一因素的影响往往更为显著。

灵敏板 一个正常操作的精馏塔当受到某一外界因素的干扰(如回流比、进料组成发生波动等),全塔各板的组成将发生变动,全塔的温度分布也将发生相应的变化。因此,有可能用测量温度的方法预示塔内组成尤其是塔顶馏出液组成的变化。

在一定总压下,塔顶温度是馏出液组成的直接反映。但在高纯度分离时,在塔顶(或塔底)相当高的一个塔段中温度变化极小,典型的温度分布曲线如图 5-27 所示。这样,当塔顶温度有了可觉察的变化时,馏出液组成的波动早已超出允许的范围。以乙苯-苯乙烯在 8 kPa 下减压精馏为例,当塔顶馏出液中含乙苯由 99.9%降至 90%时,泡点变化仅为 0.7℃。可见高纯度分离时一般不能用测量塔顶温度的方法来控制馏出液的质量。

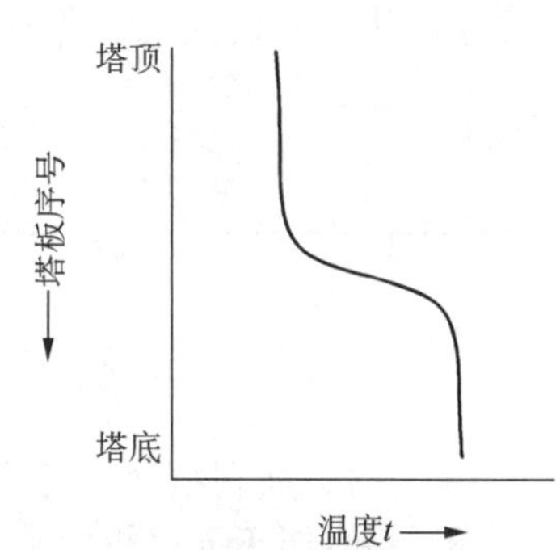

图 5-27 高纯度分离时全塔的温度分布

仔细考虑操作条件变动前后的温度分布的变化,即可发现在精馏段或提馏段的某些塔板上,温度变化最为显著。或者说,这些塔板的温度对外界干扰因素的反映最灵敏,故将这些塔板称之为灵敏板。将感温元件安置在灵敏板上可以较早觉察精馏操作所受到的干扰;而且灵敏板比较靠近进料口,可在塔顶馏出液组成尚未产生变化之前先感受到进料参数的变动并及时采取调节手段,以稳定馏出液的组成。

例 5-4 灵敏板位置的求取

已知操作压强为 101.3 kPa,试根据例 5-2 及例 5-3 所得到的两种不同回流比时各板上的组成分布,确定此精馏过程灵敏板的位置。

解 将例 5-2 及例 5-3 所算出的各种液体组成列于表 5-4 的第 2 和第 4 列。

苯-甲苯溶液可看作理想溶液,故可按式(5-5)

$$x_A = \frac{p - p_B^\circ}{p_A^\circ - p_B^\circ}$$

由各板上的液相组成求取对应的泡点。

因是常压操作,各板总压均取 $p = 101.3$ kPa。纯苯和甲苯的饱和蒸气压(kPa)可分别用以下两式计算。

苯 $$\lg p_A^\circ = 6.031 - \frac{1211}{t + 220.8}$$

甲苯 $$\lg p_B^\circ = 6.080 - \frac{1345}{t + 219.5}$$

用试差法由已知组成 x 求取各板液体的泡点(℃),计算方法可参见例 5-1。对两种回流比,分别求出各板泡点温度列于表 5-4 的第 3、第 5 列,温度分布曲线如图 5-28 所示。不难看出,灵敏板位于第 5 板上下。

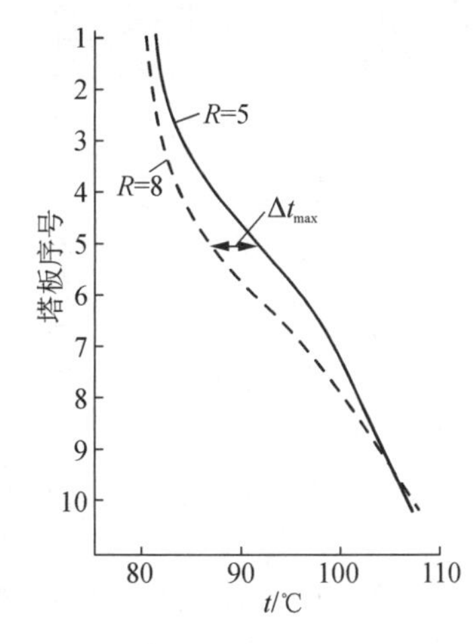

图 5-28 两种回流比时的温度分布

表 5-4 两种回流比下全塔的组分分布和温度分布

序号	$R=5$		$R=8$		温度变化
	液相组成 x	泡点 t/℃	液相组成 x	泡点 t/℃	Δt/℃
1	0.952 0	81.03	0.982 5	80.41	0.62
2	0.899 4	82.14	0.960 5	80.85	1.29
3	0.809 1	84.13	0.915 8	81.79	2.34
4	0.676 2	87.32	0.831 8	83.62	3.70
5	0.518 6	91.54	0.695 9	86.82	4.72
6	0.373 4	95.97	0.521 2	91.47	4.50
7	0.267 7	99.58	0.352 6	96.65	2.93
8	0.203 2	101.96	0.229 4	100.97	0.99
9	0.142 1	104.38	0.149 0	104.10	0.28
10	0.083 8	106.82	0.082 5	106.88	−0.06

5.6 *板式塔

本节讨论实现精馏过程的主要设备。作为分离过程,精馏基于液体混合物中各组分挥发度的差异,属于气液相传质过程,所用设备应提供充分的气液接触。本节介绍气液传质设备,所述内容对吸收和精馏同样适用。

气液传质设备种类繁多,但基本上可以分为两大类:逐级接触式和微分接触式。本节以板式塔作为逐级接触式的代表予以介绍。

5.6.1 板式塔简介

板式塔的设计意图 板式塔是一种应用极为广泛的气液传质设备,它由一个通常呈圆柱形的壳体及其中按一定间距水平设置的若干块塔板所组成。如图 5-29 所示,板式塔正常工作时,液体在重力作用下自上而下通过各层塔板后由塔底排出;气体在压差推动下,经均布在塔板上的开孔由下而上穿过各层塔板后由塔顶排出,在每块塔板上皆储有一定的液体,气体穿过板上液层时,两相接触进行传质。

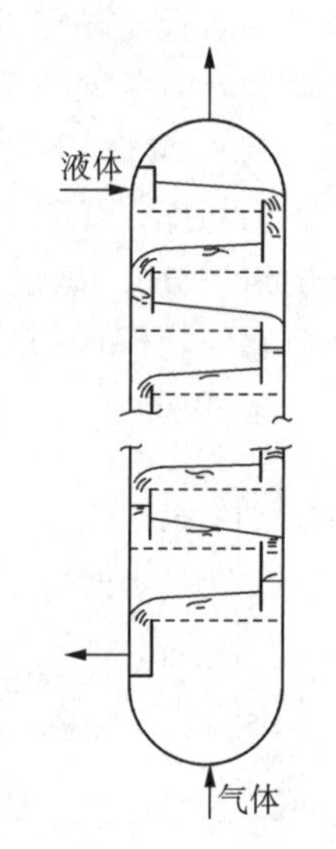

图 5-29 板式塔结构简图

为有效地实现气液两相之间的传质,板式塔应具有以下两方面的功能:

① 在每块塔板上气液两相必须保持密切且充分的接触,为传质过程提供足够大而且不断更新的相际接触面,减小传质阻力;

② 在塔内应尽量使气液两相呈逆流流动,以提供最大的传质推动力。

由第 4 章可知,当气液两相进、出塔设备的浓度一定时,两相逆流接触时的平均传质推动力最大。在板式塔内,各块塔板正是按两相逆流的原则组合起来的。

但是,在每块塔板上,由于气液两相的剧烈搅动,是不可能达到充分的逆流流动的。为获得尽可能大的传质推动力,目前在塔板设计中只能采用错流流动的方式,即液体横向流过塔板,而气体垂直穿过液层。

由此可见,除保证气液两相在塔板上有充分的接触之外,板式塔的设计意图是力图在塔内造成一个对传质过程最有利的理想流动条件,即在总体上使两相呈逆流流动,而在每一块塔板上两相呈均匀的错流接触。

筛孔塔板的构造 板式塔的主要构件是塔板。为实现上述设计意图，塔板必须具有相应的结构。各种塔板的结构大同小异，以筛孔塔板为例，塔板的主要构造包括以下几个部分。

1）塔板上的气体通道——筛孔

为保证气液两相在塔板上能够充分接触并在总体上实现两相逆流，塔板上均匀地开有一定数量的供气体自下而上流动的通道。气体通道的形式很多，对塔板性能的影响极大，各种塔板的主要区别就在于气体通道的形式不同。

筛孔塔板的气体通道最简单，它在塔板上均匀地冲出或钻出许多圆形小孔供气体上升之用。这些圆形小孔称为筛孔。上升的气体经筛孔分散后穿过板上液层，造成两相间的密切接触与传质。筛孔的直径通常是 3～8 mm，但直径为 12～25 mm 的大孔径筛板也应用得相当普遍。

2）溢流堰

为保证气液两相在塔板上有足够的接触面，塔板上必须储有一定量的液体。为此，在塔板的出口端设有溢流堰。塔板上的液层高度或滞液量在很大程度上由堰高决定。最常见的溢流堰的上缘是平直的。

3）降液管

作为液体自上层塔板流至下层塔板的通道，每块塔板通常附有一个降液管。板式塔在正常工作时，液体从上层塔板的降液管流出，横向流过开有筛孔的塔板，翻越溢流堰，进入该层塔板的降液管，流向下层塔板。

为充分利用塔板面积，降液管一般为弓形，偶尔也有采用圆形降液管的。为使液体在塔板上的流动更为均匀，当采用圆形溢流管时，仍需设置平直溢流堰。同理，在圆形降液管的出口附近也应设置堰板，称为入口堰。

降液管的下端必须保证液封，使液体能从降液管底部流出而气体不能窜入降液管。为此，降液管下缘的缝隙必须小于堰高。

通常一块塔板只有一个降液管，称为单流型塔板。以后将看到，当塔径或液体流量很大时，降液管的数目将不止一个。

5.6.2 筛板上的气液接触状态

实验观察发现，气体通过筛孔的速度不同，两相在塔板上的接触状态亦不同。如图 5 - 30所示，气液两相在塔板上的接触情况可大致分为三种状态。

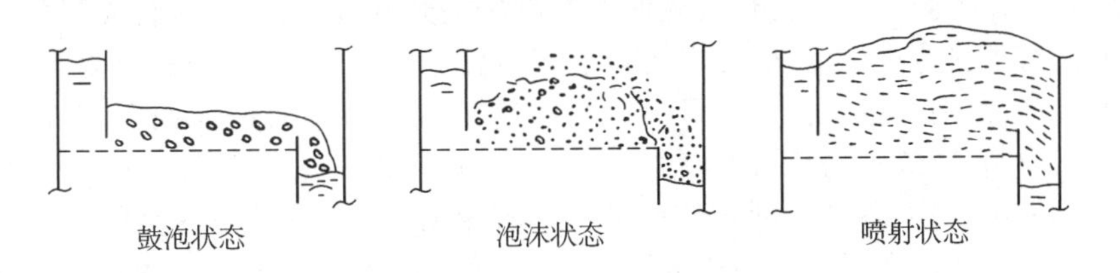

图 5 - 30 塔板上的气液接触状态

鼓泡接触状态 当孔速很低时，通过筛孔的气流断裂成气泡在板上液层中浮升，塔板上两相呈鼓泡接触状态。此时，塔板上存在着大量的清液，气泡数量不多，板上液层表面十分清晰。由于气泡数量较少，在液层内部气泡之间很少相互合并，只有在液层表面附近气泡才相互合并成较大气泡并随之破裂。

在鼓泡接触状态，两相接触面积为气泡表面。由于气泡数量较少，气泡表面的湍动程度亦低，鼓泡接触状态的传质阻力较大。

泡沫接触状态 随着孔速的增加，气泡数量急剧增加，气泡表面连成一片并且不断发生合并与破裂。此时，板上液体大部分是以液膜的形式存在于气泡之间的，仅在靠近塔板表面处才能看到少许清液。这种接触状况称为泡沫接触状态。和鼓泡接触状态不同，泡沫接触状态下的两相传质表面不是为数不多的气泡表面，而是面积很大的液膜。这种液膜不同于因表面活性剂的存在而形成的稳定泡沫，它高度湍动而且不断合并和破裂，为两相传质创造良好的流体力学条件。

在泡沫接触状态，液体仍为连续相，而气体仍为分散相。

喷射接触状态 当孔速继续增加，动能很大的气体从筛孔以射流形式穿过液层，将板上的液体破碎成许多大小不等的液滴而抛于塔板上方空间。被喷射出去的液滴落下以后，在塔板上汇聚成很薄的液层并再次被破碎成液滴抛出。气液两相的这种接触状况称为喷射接触状态。在喷射状态下，两相传质面积是液滴的外表面。液滴的多次形成与合并使传质表面不断更新，也为两相传质创造了良好的流体力学条件。

在喷射接触状态，液体为分散相而气体为连续相，这是喷射状态与泡沫状态的根本区别。由泡沫状态转为喷射状态的临界点称为转相点。转相点气速与筛孔直径、塔板开孔率以及板上滞液量等许多因素有关。实验发现，筛孔直径和开孔率越大，转相点气速越低。

在工业上实际应用的筛板塔中，两相接触不是泡沫状态就是喷射状态，很少有采用鼓泡接触状态的。

综上所述可知，工业上经常采用的两种接触状态的特征分别是不断更新的液膜表面和不断更新的液滴表面。

5.6.3 气体通过筛板的阻力损失

气体通过筛孔及板上液层时必有阻力，由此造成塔板上、下空间对应位置上的压强差称为板压降。通常将气、液流动造成的压降或阻力损失用塔内液体的液柱高度表示。

板压降由以下两部分组成：一是气体通过干板的阻力损失即干板压降；二是气体穿过板上液层的阻力损失。干板压降可通过气体在筛孔内的气速来计算，而液层阻力可通过泡沫层的静压强、液层的摩擦阻力损失等来计算。

当然，总阻力损失还是随气速增大而增加，因为干板阻力是随气速的平方增大的。应当注意到，不同气速下，干板阻力损失与液层阻力损失所占的比例不同。低气速时，液层阻力占主要地位；高气速时，干板阻力所占比例相对增大。

5.6.4 筛板塔内气液两相的非理想流动

板式塔的设计意图是一方面使气液两相在塔板上充分接触，以减少传质阻力；另一方面是在总体上使两相保持逆流流动，而在塔板上使两相呈均匀的错流接触，以获得最大的传质推动力。但是，气液两相在塔内的实际流动与希望的理想流动有许多偏离。所有这些偏离都违背了逆流原则，导致平均传质推动力下降，对传质不利。

归纳起来，板式塔内各种不利于传质的流动现象有两类：一是空间上的反向流动；二是空间上的不均匀流动。下面以筛板塔为例，对这些不利的流动现象加以说明，所述内容对其他板式塔亦同样适用。

空间上的反向流动

空间上的反向流动是指与主体流动方向相反的液体或气体的流动。空间反向流动主要有两种。

液沫夹带 气流穿过板上液层时，无论是喷射还是鼓泡型操作都会产生大量的尺寸不同的液滴。在喷射型操作中，液体是被气流直接分散成液滴的；而在鼓泡型操作中，液滴是因泡沫层表面的气泡破裂而产生的。这些液滴的一部分会被上升的气流裹挟至上层塔板，这种现象称为液沫夹带。显然，液沫夹带是一种与液体主流方向相反的液体流动，属返混现象,是对传质有害的因素。

液沫夹带有两种主要机理:小液滴是由于被气流的裹挟,大液滴则起因于液滴形成时的弹溅作用。

气泡夹带　在塔板上与气体充分接触后的液体,翻越溢流堰流入降液管时必含有大量气泡,同时,液体落入降液管时又卷入一些气体产生新的泡沫。因此,降液管内液体含有很多气泡。若液体在降液管内的停留时间太短,所含气泡来不及解脱,将被卷入下层塔板。这种现象称为气泡夹带。气泡夹带是与气体主流方向相反的反向流动,同样是一种有害因素。与液沫夹带相比,气泡夹带所产生的气体夹带量与气体总流量相比很小,给传质带来的危害不大。气泡夹带的更大危害,在于它降低了降液管内的泡沫层平均密度,使降液管的通过能力减小,严重时会破坏塔的正常操作。

空间上的不均匀流动

空间上的不均匀流动指的是气体或液体流速的不均匀分布。与空间上的反向流动一样,这种不均匀流动同样使平均传质推动力减少。

气体沿塔板的不均匀流动　从降液管流出的液体横跨塔板流动必须克服阻力,板上液面将出现坡度。塔板进、出口侧的清液高度差称为液面落差,以Δ表示,如图5-31所示。液体流量越大,行程越大,液面落差Δ越大。

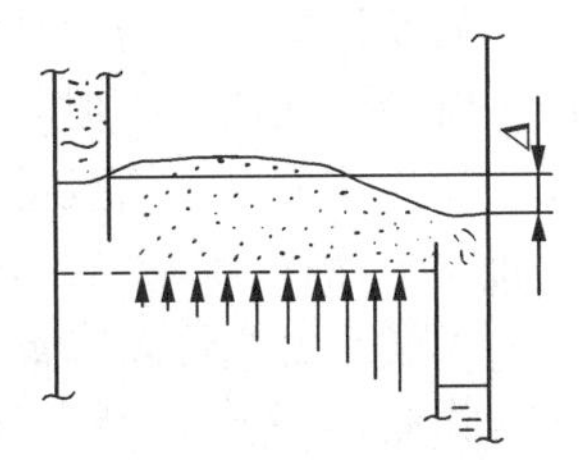

图5-31　液面落差

液体沿塔板的不均匀流动　塔截面通常是圆形的,液体自一端流向另一端有多种途径。在塔板中央,液体行程较短而平直,阻力小,流速大。在塔板边缘部分,行程长而弯曲,又受到塔壁的牵制,阻力大,流速小。因此,液流量在各条路径中的分配是不均匀的。

5.6.5　板式塔的不正常操作现象

前文介绍的气液两相在筛板塔内的非理想流动,虽然对传质不利,但基本上还能保持塔的正常操作。如果板式塔设计不良或操作不当,塔内将会产生一些使塔根本无法工作的不正常现象。以下仍以筛板塔为例,对这些现象加以说明。

夹带液泛　为使更多的液体横向流过塔板,板上的液层厚度必相应增加。液层厚度的增加,相当于板间距减小,在同样气速下,夹带量将进一步增加。这样,在塔板上可能产生恶性循环。

当液层厚度较低时,液层厚度的增加对液沫夹带量的影响不大,恶性循环不会发生,塔设备可正常地进行定态操作。

然而,对一定的液体流量,气速越大,夹带量也越大,液层越厚,液层厚度的增加对夹带量的影响越显著。因此,当气速增至某一定数值时,塔板上必将出现恶性循环,板上液层不断地增厚而不能达到平衡。最终,液体将充满全塔,并随气体从塔顶溢出,这种现象称为夹带液泛。

塔板上开始出现恶性循环的气速称为液泛气速。液泛气速与液体流量有关,液体流量越大,液泛气速越低。

溢流液泛　因降液管通过能力的限制而引起的液泛称为溢流液泛。

降液管是沟通相邻两塔板空间的液体通道,其两端的压差即为板压降,液体自低压空间流至高压空间。塔板正常工作时,降液管的液面必高于塔板入口处的液面,其差值为板压降与液体经过降液管的阻力损失之和。

若维持气速不变增加液体流量,液面落差Δ、堰上液高、板压降和液体经过降液管的阻力损失都将增大,故降液管液面必升高。可见,当气速不变时,降液管内的液面高度与液体流量有一一对应关系，塔板有自动平衡的能力。

但是，当降液管液面升至上层塔板的溢流堰上缘时，再增大液体流量，降液管上方的液面将与塔板上的液面同时升高。此时，降液管进口断面位能的增加刚好被板压降的增加所抵消，而降液管内的液体流量不能再增加。因此，当降液管液面升至堰板上缘时，降液管内的液体流量为其极限通过能力。若液体流量 L 超过此极限值，塔板失去自衡能力，板上开始积液，最终使全塔充满液体，引起溢流液泛。

板压降太大通常是使降液管内液面太高的主要原因，因此，板压降很大的塔板都是比较容易发生溢流液泛的。气速过大同样会造成溢流液泛。

此外，如塔内某块塔板的降液管有堵塞现象，液体流过该降液管的阻力急剧增加，该塔板降液管内的液面首先升至溢流堰上缘。此时，该层塔板将产生积液，并依次使其上面诸板的降液管泡沫层高度上升，最终使其上各层塔板空间充满液体造成液泛。

液泛现象，无论是夹带液泛还是溢流液泛皆导致塔内积液。因此，在操作时，气体流量不变而板压降持续增长，将预示液泛的发生。

漏液　筛板塔的设计意图是使液体沿塔板流动，在板上与垂直向上的气体进行错流接触后由降液管流下。但是，当气速较小时，部分液体会从筛孔直接落下。这种现象称为漏液。漏液现象对于筛板塔是一个重要的问题，严重的漏液将使筛板上不能积液而无法操作。长期以来，漏液现象成为筛板塔不能推广应用的主要障碍。

当气速由高逐渐降低至某值时，明显漏液现象将发生，该气速称为漏液点气速。若气速继续降低，严重的漏液会使塔板不能积液而破坏正常操作。

5.6.6　全塔效率

全塔效率　对于一个特定的物系和特定的塔板结构，在塔的上部和下部塔板效率并不相同，这是因为：一是塔的上部和下部气、液两相的组成、温度不同，因而物性也随之改变；二是因塔板有阻力，致使塔的上部和下部操作压强不同，对于真空下操作的塔，两者相差很大。在同样的气体质量流量下，塔的上部操作压强小，雾沫夹带严重，板效率将下降。

另一种更为综合的方法是直接定义全塔效率。

$$E_T = \frac{N_T}{N} \tag{5-62}$$

式中，N_T 为完成一定分离任务所需的理论板数；N 为完成一定分离任务所需的实际板数。

若全塔效率 E_T 为已知，并已算出所需理论板数，即可由式(5-62)直接求得所需的实际板数。

全塔效率是板式塔分离性能的综合度量，它不单与影响点效率、板效率的各种因素有关，而且把板效率随组成等的变化亦包括在内。所有这些因素与 E_T 的关系难以搞清，因此，关于全塔效率的可靠数据只能通过实验测定获得。

必须指出，全塔效率是以所需理论板数为基准定义的，板效率是以单板理论增浓度为基准定义的，两者基准不同。因此，即使塔内各板效率相等，全塔效率在数值上也不等于板效率。

全塔效率的数据关联　不少研究者对全塔效率的实测数据进行了关联，下面介绍的两个关联方法获得较为广泛的应用。

① Drickamer 和 Bradford 根据 54 个泡罩精馏塔的实测数据，将全塔效率 E_T 关联成液体黏度 μ_L 的函数(图 5-32)。图中横坐标 μ_L 是根据加料组成和状态计算的液体平均黏度，即

$$\mu_L = \sum_{i=1}^{n} x_i \mu_i \qquad (5-63)$$

式中，x_i、μ_i 分别为原料中各组分的摩尔分数和黏度，mPa·s。

影响全塔效率的因素虽然很多，但对于大多数碳氢化合物系统，图 5-32 可给出相当满意的结果。这说明当塔板的结构尺寸合理，操作点位于正常范围时，系统的物理性质特别是液体黏度对板效率的影响是重要的。必须指出，对于非碳氢化合物系，图 5-32 给出的结果是不可靠的。

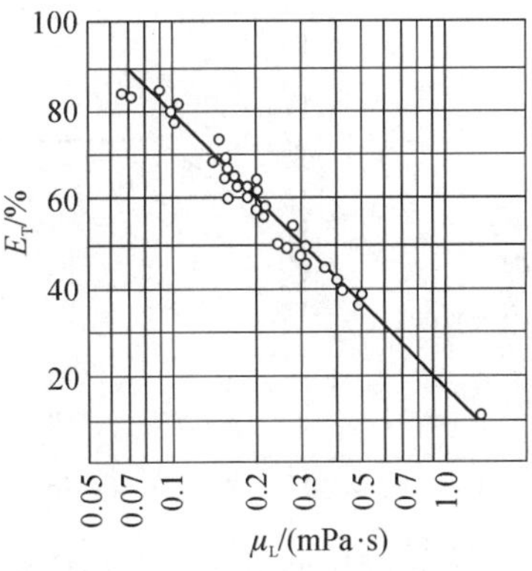

图 5-32　精馏塔全塔效率关联图

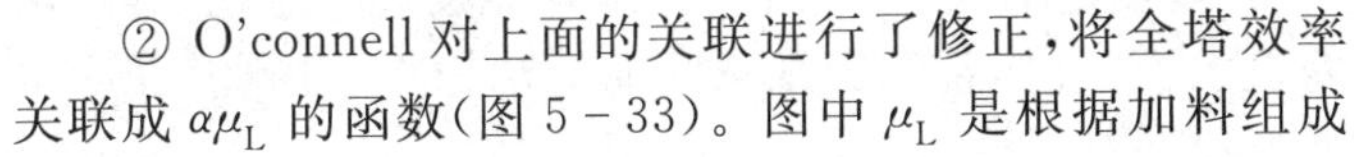

② O'connell 对上面的关联进行了修正，将全塔效率关联成 $\alpha\mu_L$ 的函数(图 5-33)。图中 μ_L 是根据加料组成计算的液体平均黏度，α 为轻重关键组分的相对挥发度。μ_L 和 α 的估算都是以塔顶和塔底的算术平均温度为准的。由于考虑了相对挥发度的影响，此关联结果可应用于某些相对挥发度很高的非碳氢化合物系统。

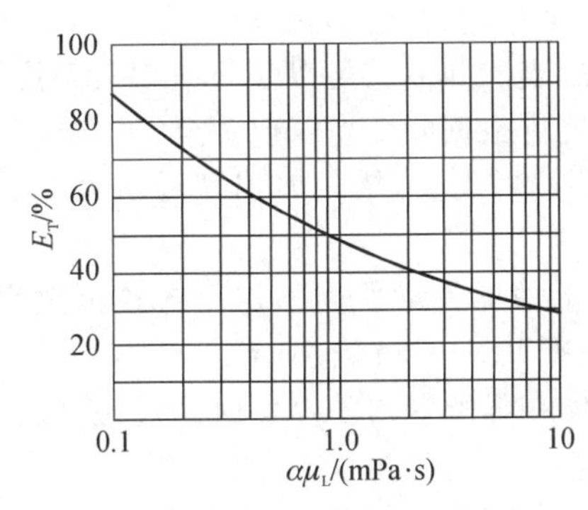

图 5-33　精馏塔全塔效率关联图

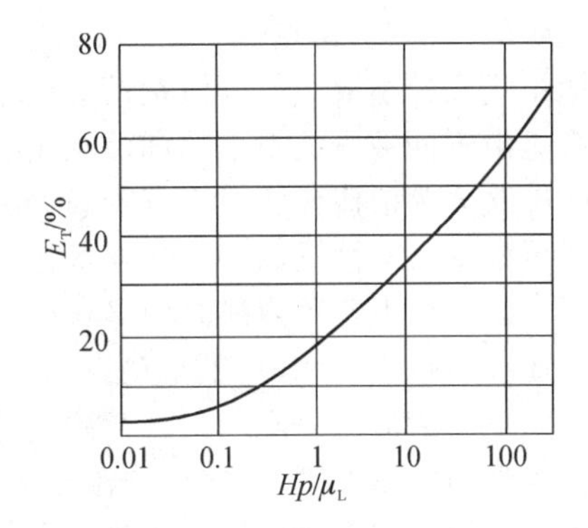

图 5-34　吸收塔全塔效率关联图

O'connell 对吸收过程的全塔效率的数据也做了关联，如图 5-34 所示。在横坐标 Hp/μ_L 中，H 为溶质的亨利系数(kN·m/kmol)，p 为操作压强(kPa)，μ_L 为塔顶和塔底平均组成和平均温度下的液体黏度(kPa·s)。

5.6.7　提高塔板效率的措施

为提高塔板效率，设计者应当根据物系的性质选择合理的结构参数和操作参数，力图增强相际传质，减少非理想流动。

影响塔板效率的结构参数很多，塔径、板间距、堰高、堰长以及降液管尺寸等对板效率皆有影响，必须按某些经验规则恰当地选择。此外，合理选择塔板的开孔率和孔径造成适应于物系性质的气液接触状态；设置倾斜的进气装置，使全部或部分气流斜向进入液层，可减少气液两相在塔板上的非理想流动，提高塔板效率。实现斜向进气的塔结构有多种形式。

操作参数和塔板的负荷性能图　对一定物系和一定的塔结构，必相应有一个适宜的气液流量范围。

气体流量过小，将产生严重的漏液而使板效率急剧下降。气体流量过大，或因严重的液沫夹带而使板效率明显降低，或因液泛而无法正常工作。在一定的气体流量下，板效率与气体流量的关系大致如图 5-35 所示，图中 V_1 为操作气量的下限，V_2 为操作气量的上限。

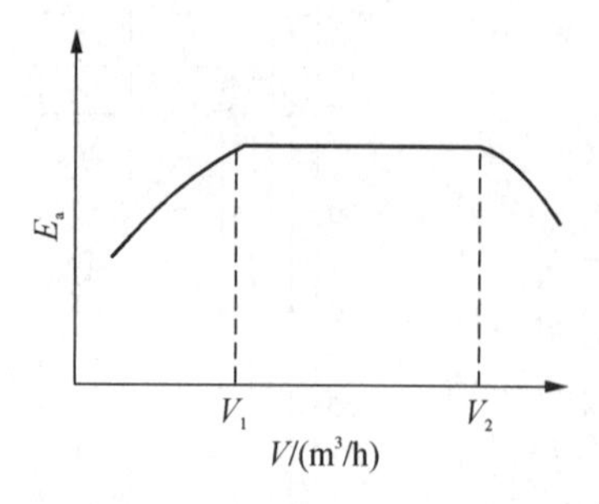

图 5-35　板效率与气体流量关系示意图

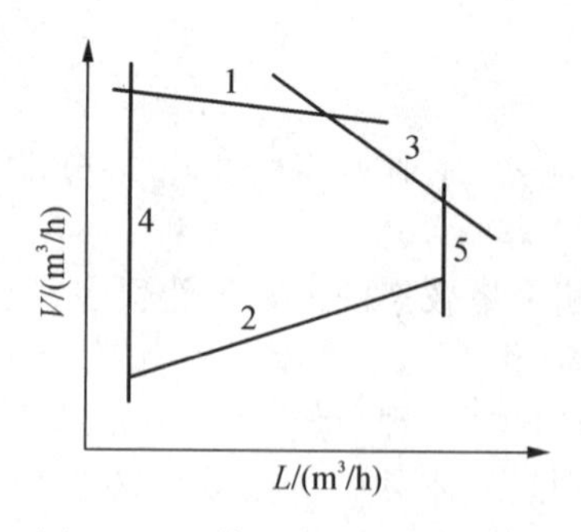

图 5-36　筛板塔的负荷性能图

液体流量的变化也有类似的结果。液量过小，板上液流严重不均而板效率急剧下降；液体流量过大，则板效率将因液面落差过大而下降，甚至出现液泛而无法操作。因此，在一定的气量下，同样存在着液体流量的下限和上限。

气液两相在各种流动条件的上、下限的组合，可以表示成如图 5-36 所示的负荷性能图，图中 V、L 分别为某块塔板的气、液负荷。

图中线 1 为过量液沫夹带线。该线通常是以液沫夹带量 $e_v = 0.1$ kg 液体 /kg 干空气为依据确定的。气液负荷点位于线 1 上方，表示液沫夹带量过大，已不宜采用。

图中线 2 为漏液线。气液负荷点位于线 2 下方，表明漏液已足以使板效率大幅度下降。漏液线是由不同液体流量下的漏液点组成的，其位置可根据漏液点气速确定。

图中线 3 为溢流液泛线。气液负荷点位于线 3 的右上方，塔内将出现溢流液泛。此线的位置可根据溢流液泛的产生条件确定。

图中线 4 为液量下限线。液量小于该下限，板上液体流动严重不均而导致板效率急剧下降。此线为一垂直线，对于平顶直堰，其位置可根据 $h_{ow} = 6$ mm 确定。

图中线 5 为液量上限线。液量超过此上限，液体在降液管内的停留时间过短，液流中的气泡夹带现象大量发生，以致出现溢流液泛。

上述各线所包围的区域为塔板正常操作范围。在此范围内，气液两相流量的变化对板效率影响不大。塔板的设计点和操作点都必须位于上述范围，方能获得合理的板效率。

如塔在一定的液气比 L/V 下操作，则塔内两相流量关系为通过原点、斜率为 V/L 的直线。此直线与负荷性能图的两个交点分别表示塔的上、下操作极限。上、下操作极限的气体流量之比称为塔板的操作弹性。图 5-37 中 a、b、c 三条直线表示不同液气比下的两相流量关系。由图 5-37 可以看出，在低液气比(线 a)下，塔的生产能力是由过量液沫夹带控制的；在高液气比(线 b)下，塔的生产能力是由溢流液泛控制的；当液气比很大(线 c)时，塔的生产能力则是由气泡夹带控制的。了解塔板操作极限的性质，对于塔板的操作和改造是非常必要的。

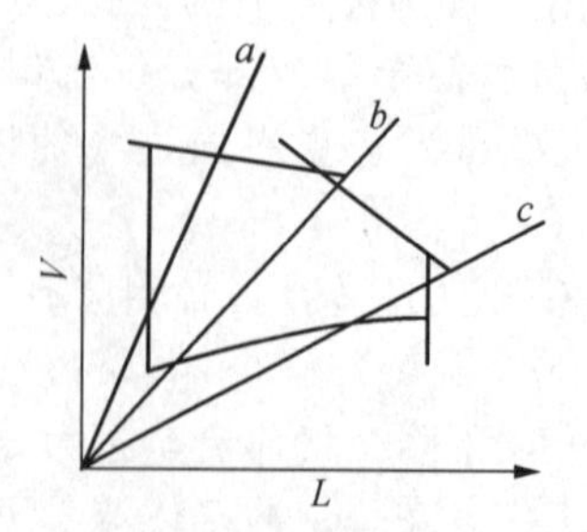

图 5-37　不同液气比下塔板的极限负荷

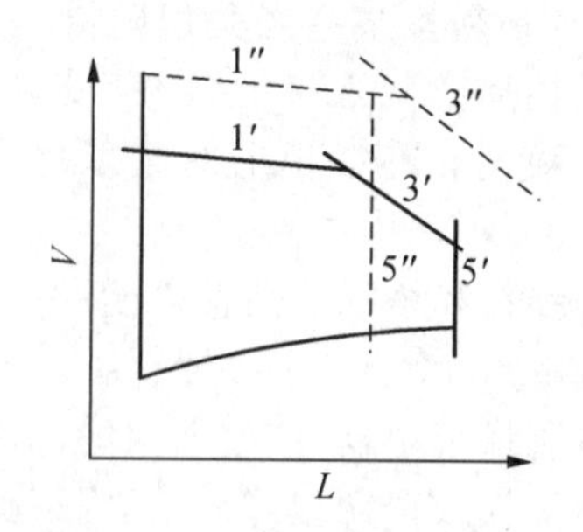

图 5-38　负荷性能图的变化

当物系一定时，负荷性能图完全由塔板的结构尺寸决定。不同类型的塔板，负荷性能图自然不同；就是直径相等的同一类型塔板，如板间距、降液管面积、开孔率、溢流堰形式与高度等结构参数不同，其负荷性能图也不相同。例如，若减少图 5-36 所对应的筛板塔的板间距，液沫夹带线 1 和液泛线 3 将下移。而液相上限线 5 将左移。塔的正常操作范围减小。若减少降液管面积，液沫夹带线 1 和液泛线 3 上移，液相上限线 5 左移可能与线 1 相交，而将液泛线划到正常操作范围之外(图 5-38)。由图 5-38 可知，当液气比较低时，降液管面积减少使塔的生产能力有所提高。但是，如果液气比较大，降液管面积减少反而使塔的生产能力下降。

负荷性能图对于现有塔的操作，塔板的改造和设计有一定的指导意义，应予以充分重视。

5.6.8 塔板型式

前面以筛板塔为例，介绍了有关板式塔的一些共同性问题。本节将简要介绍若干种塔板结构，从中可以看到塔板结构的历史发展。

首先必须明确指出，工业生产对塔板的要求不只限于高效率，通常按以下五项标准进行综合评价：

① 通过能力大，即单位塔截面能够处理的气液负荷高；

② 塔板效率高；

③ 塔板压降低；

④ 操作弹性大；

⑤ 结构简单，制造成本低。

效率与气液负荷 效率与允许气液负荷之间的关系，是塔板结构设计者必须首先正确处理的。对于产量小的高纯度分离，板效率自然是主要的；但是，对于产量大的一般分离任务(如石油炼制等)，重要的往往是允许气液负荷，即单位塔截面的处理能力要高。

前已论及，气液负荷的限制来自两方面的原因：一是使塔无法正常操作的液泛；二是使板效率剧降的过量液沫夹带。当前者为主时，设计者可采取某些措施，不惜使气液接触略有恶化，即牺牲一些效率，以获得更高的气液负荷。此时，负荷和效率似乎是矛盾的。当以后者为主时，设计者应当设法减少液沫夹带，从而提高气液负荷的上限。此时，负荷和效率是一致的。

效率和压降的关系 对一般精馏过程，塔板压降不是主要问题。但是，在真空精馏时，塔板压降则成为主要指标。采用真空精馏的目的是降低塔釜温度，塔板压降高将部分抵消抽真空的效果。这时，对塔板评价的判据是一块理论板的压降。理论板压降是板效率和板压降两者综合的指标。

液层增厚，板效率自然随之有所提高，但板压降也相应提高。液层达一定厚度后，效率随液层厚度增加的幅度不及板压降增加的幅度，一块理论板压降将随液层厚度的增加而增大。因此，真空精馏塔往往采用薄液层，但必须克服薄液层带来的种种问题，避免效率过低。

干板压降也是如此，干板压降大对提高板效率有利，但设计时其大小仍需根据理论板压降最小的原则决定。

在塔板结构方面进行大量的研究工作，开发了不少新型塔板，以下做简单介绍。

泡罩塔板 泡罩塔板的气体通路是由升气管和泡罩构成的(图 5-39)。升气管是泡罩塔区别于其他塔板的主要结构特征。

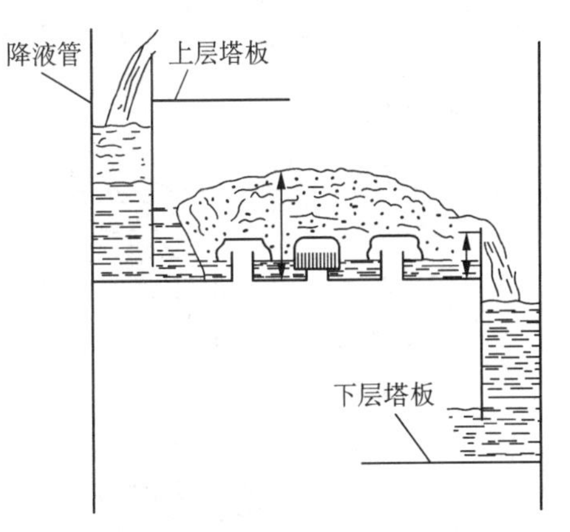

图 5-39 泡罩塔板

由于升气管的存在，泡罩塔板即使在气体负荷很低时也不会发生严重漏液，因而具有很大的操作弹性。泡罩塔对设计和操作的准确性要求很低，所以，自1813年问世以来很快地获得推广应用。

但是，泡罩塔特有的“升气管-泡罩”结构不能适应生产大型化的挑战。这种结构不仅过于复杂，制造成本高，而且气体通道曲折多变、干板压降大、液泛气速低、生产能力小。

浮阀塔板 浮阀塔板对泡罩塔板的主要改革是取消了升气管，在塔板开孔上方设有浮动的盖板——浮阀(图5-40)。浮阀可根据气体的流量自行调节开度。这样，在低气量时阀片处于低位，开度较小，气体仍以足够气速通过环隙，避免过多的漏液；在高气量时阀片自动浮起，开度增大，使气速不致过高，从而降低了高气速时的压降。由于降低了压降，塔板的液泛气速提高，故在高液气比 L/V 下，浮阀塔板的生产能力大于泡罩塔板。

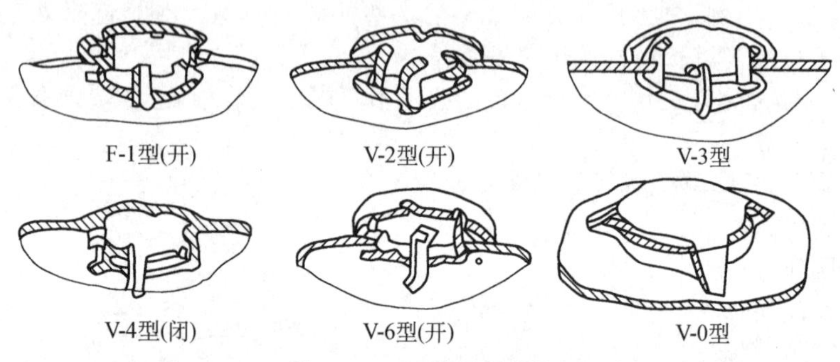

图5-40 几种圆形浮阀

采用浮动构件，无疑是设计思想上的一种创新，浮动构件使浮阀塔保留了泡罩塔操作弹性大的特点，故自20世纪50年代问世以来推广应用很快。

筛孔塔板 浮阀塔板具有许多优点，但其结构仍嫌复杂，而且在结构上采用了运动件，不免留下隐患。最简单的结构应该是筛板。筛板几乎与泡罩塔同时出现，但当时认为筛板容易漏液，操作弹性小，难以操作而未被使用。然而，筛板的独特优点——结构简单，造价低廉却一直吸引着不少研究者。

经过长期系统的研究终于弄清，只要设计正确，筛板是具有足够操作弹性的。因此，随着筛板塔设计方法的逐渐成熟，目前已成为应用最为广泛的一种板型。

筛板的压降、效率和生产能力等大体与浮阀塔板相当。

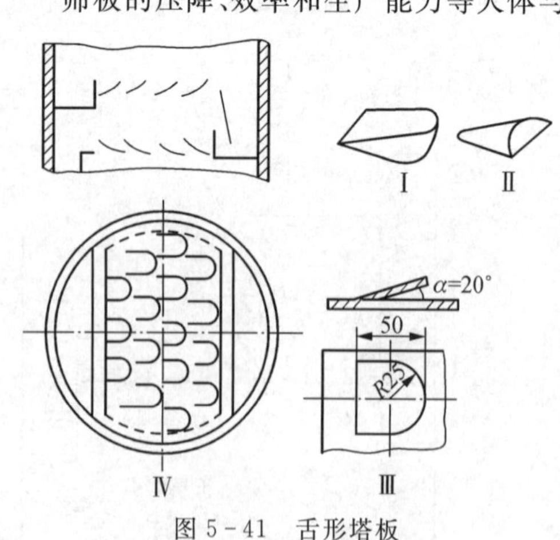

图5-41 舌形塔板

Ⅰ—三面切口舌片；Ⅱ—拱形舌片；
Ⅲ—50 mm×50 mm定向舌片的尺寸和倾角；
Ⅳ—塔板

舌形塔板 上面介绍的有关塔板结构的变革，主要是着眼于减小塔板阻力以适应高气速的要求。高气速的另一障碍是液沫夹带。在力求提高单位塔截面的生产能力时，允许塔板效率有所降低，但不能降低过多。因此，只有设法防止过量的液沫夹带，才能在不严重降低板效率的情况下大幅度提高气速。

气流垂直向上穿过液层时(泡罩、浮阀和筛板皆是如此)，不仅使液体破碎成小滴，而且还给液滴以相当的向上初速度。液滴的这种初速度无益于气液传质，却陡然增加了液沫夹带，因此，塔板研究者提出了舌形开孔的概念(图5-41)。

舌孔的张角一般为20°左右，由舌孔喷出的气流方向近于水平，产生的液滴几乎不具有向上的初速度。因此，这种舌形塔板液沫夹带量较少，在低液气比 L/V 下，塔板生产能力较高。

此外，从舌孔喷出的气流，通过动量传递推动液体流动，从而降低了板上液层厚度和板压降。板压降减少，可提高塔板的液泛速度，所以在高液气比 L/V 下，舌形塔板的生产能力也是较高的。

为使舌形塔板能够适应低负荷生产，提高其操作弹性，可采用浮动舌片。这种塔板称为浮舌塔板，如图 5 - 42 所示。

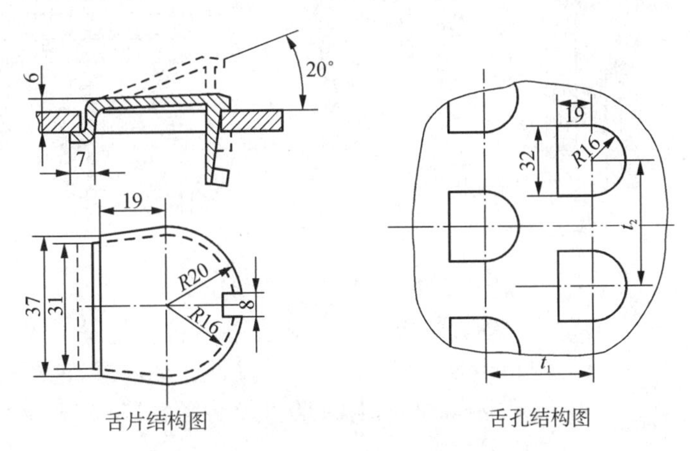

图 5 - 42　浮舌塔板

在舌形塔板上，所有舌孔开口方向相同，全部气体从一个方向喷出，液体被连续加速。这样，当气速较大时，板上液层太薄，会使效率显著降低。

为克服这一缺点，可使舌孔的开口方向与液流垂直，相邻两排的开孔方向相反，这样既可允许较大气速，又不会使液体被连续加速。为适当控制板上液层厚度，消除液面落差，可每隔若干排布置一排开口与液流方向一致的舌孔。这种塔板称为斜孔塔板，如图5 - 43所示。

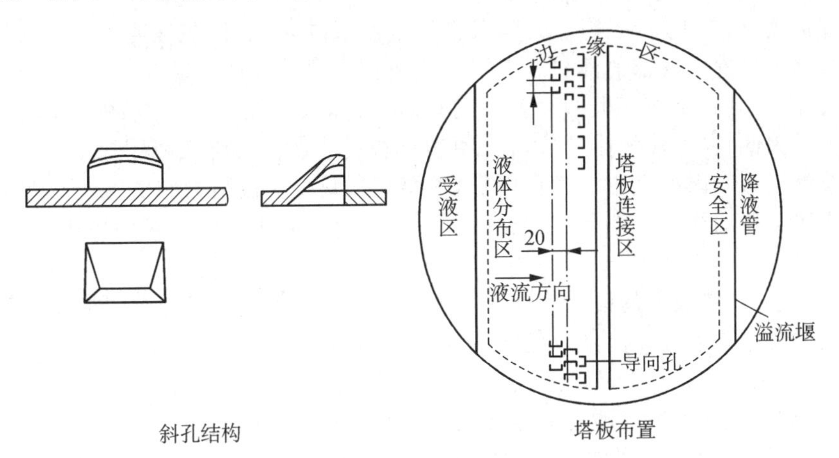

图 5 - 43　斜孔塔板

网孔塔板　网孔塔板采用冲有倾斜开孔的薄板制造(图 5 - 44)，具有舌孔塔板的特点，并易于加工。这种塔板还装有若干块用同样薄板制造的碎流板，碎流板对液体起拦截作用，避免液体被连续加速，使板上液体滞留量适当增加。同时，碎流板还可以捕获气体夹带的小液滴，减少液沫夹带量。

因此，和舌形塔板相比，网孔塔板的气速可进一步提高，具有更大的生产能力。

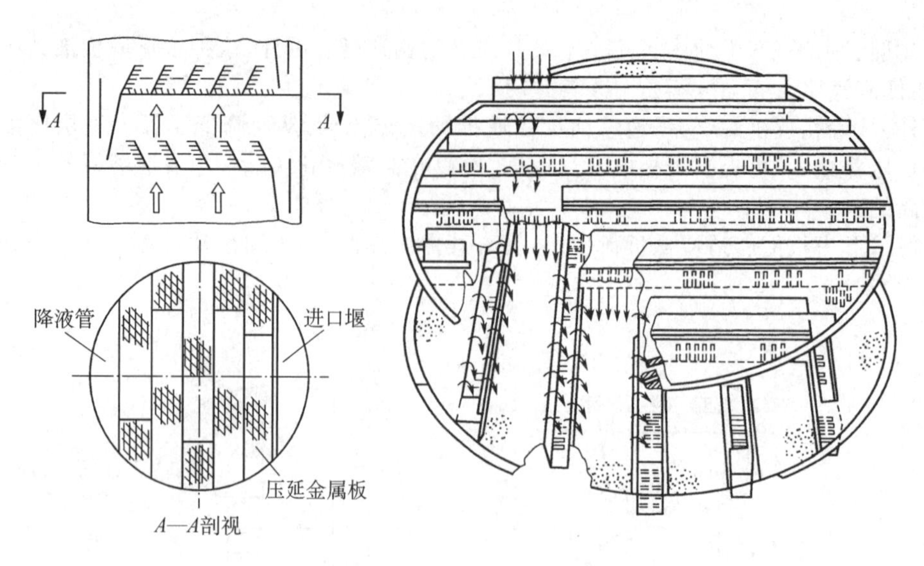

图 5-44　压延钢板网孔塔板

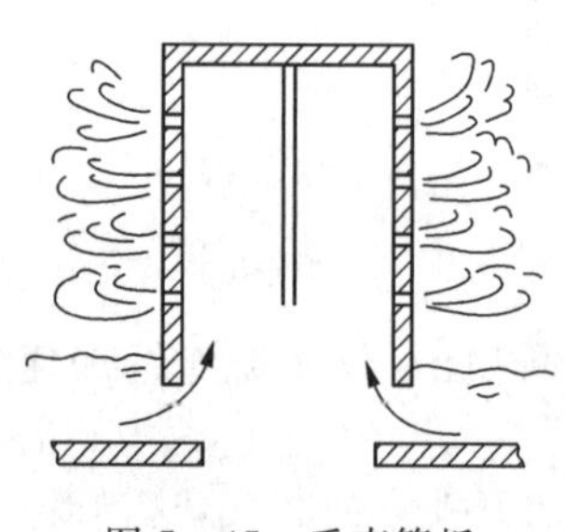

图 5-45　垂直筛板

垂直筛板　垂直筛板是在塔板上开有若干直径为 100～200 mm的大圆孔，孔上设置圆柱形泡罩，泡罩的下缘与塔板有一定间隙使液体能进入罩内。泡罩侧壁开有许多筛孔(图 5-45)。

这种塔板在操作时，从下缘间隙进入罩体的液体被上升的气流拉成液膜沿罩壁上升，并与气流一起经泡罩侧壁筛孔喷出。之后，气体上升，液体落回塔板。落回塔板的液体将重新进入泡罩，再次被吹成液滴由筛孔喷出。液体自塔板入口流至降液管，多次经历上述过程，从而为两相传质提供了很大的不断更新的相际接触表面，提高了板效率。

在垂直筛板上，板上存在一层清液，其深度是由堰高 h_w 和液流强度 L/l_w 决定的。清液高度必须能够维持泡罩底部的液封并保证一定的进入泡罩的液体量。

和普通筛板不同，垂直筛板的喷射方向是水平的，液滴在垂直方向的初速度为零，液沫夹带量很小。因此，在低液气比 L/V 下，垂直筛板的生产能力将大幅度提高。

多降液管塔板　以上介绍的各种塔板，主要是从减少塔板阻力和液沫夹带量着眼，提高塔板处理气体负荷的能力。但是，当液气比较大时，允许液体流量将成为塔板生产能力的控制因素。

液体流量过大，塔板上的液层太厚并造成很大的液面落差。舌形板、网孔板等利用倾斜喷出的气流的动量推动液体流动，有助于提高允许液体流量。

此外，也可在普通筛板上设置多根降液管以适应大液量的要求(图 5-46)。为避免过多占用塔板面积，降液管为悬挂式的。在这种降液管的底部开有若干缝隙，其开孔率必须正确设计，使液体得以流出的同时又保持一定高度的液封，防止气体窜入降液管内，为避免液体短路，相邻两塔板的降液管交错成 90°。

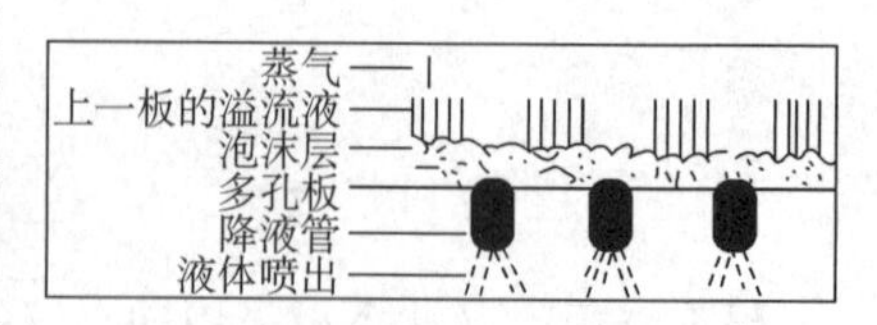

图 5-46　多降液管塔板

当然，采用多降液管时液体行程缩短，在液体行程上不容易建立浓度差，板效率有所降低。

林德筛板　林德筛板是专为真空精馏设计的高效低压降塔板。

真空精馏塔板的主要技术指标是每块理论板的压降,即板压降与板效率的比值(而不单纯是板压降)。因此,和普通塔板相比,真空塔板有以下两点必须注意。首先,真空塔板为保证低压降,不能像普通塔板一样,依靠较大的干板阻力使气流均匀。在这里为使气流均匀,只能设法使板上液层厚度均匀。其次,真空塔板存在一个最佳液层厚度。较高的液层厚度虽然能使板效率有所提高,但同时也增大了液层阻力。当液层厚度超过一定数值反而得不偿失。若液层过低,板效率随之降低而干板压降不变,也会导致每块理论板压降增大。最佳厚度应使每块理论板压降最小,这个厚度一般是较薄的。一个优良的真空塔板必须有足够的措施,使在正常操作条件下,塔板上能形成具有最佳厚度的均匀液层。为达到上述目的,林德筛板采用以下两个措施(图 5-47):

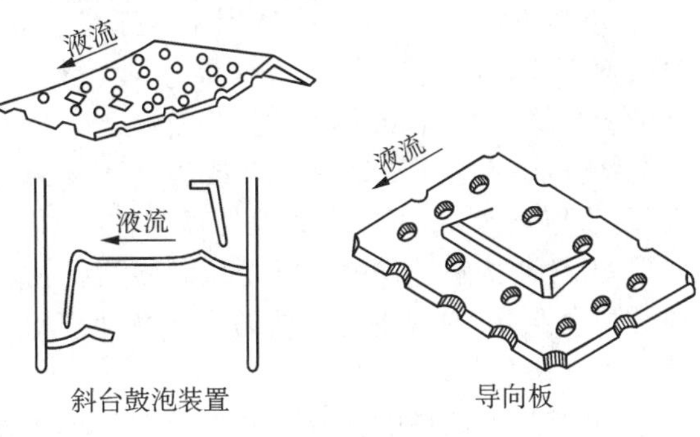

图 5-47 林德筛板

① 在整个筛板上布置一定数量的导向斜孔;

② 在塔板入口处设置鼓泡促进装置。

导向斜孔的作用是利用部分气体的动量推动液体流动,以降低液层厚度并保证液层均匀。同时,由于气流的推动,板上液体很少混合,在液体行程上能建立起较大的浓度差,可提高塔板效率。

鼓泡促进装置可使气流分布更加均匀。在普通筛板入口处,因液体充气程度较低,液层阻力较大而气体孔速较小。当气速较低时,由于液面落差的存在,该处漏液严重,所谓鼓泡促进装置就是将塔板入口处适当提高,人为减薄该处液层厚度,从而使入口处孔速适当地增加。在低气速下,鼓泡促进装置可以避免入口处产生倾向性漏液。

由于采用以上措施,林德筛板压降小而效率高(一般为 80%~120%),操作弹性也比普通筛板有所增加。

无溢流塔板 无溢流塔板是一种简易塔板,它实际上只是一块均匀开有一定缝隙或筛孔的圆形平板。这种塔板在正常工作时,板上液体随机地经某些开孔流下,而气体则经另一些开孔上升。

无溢流塔板没有降液管,结构简单,造价低廉。由于这种塔板的塔板利用率高,其生产能力比普通筛板和浮阀塔板大。

无溢流塔板的缺点是操作弹性小,对设计的可靠性要求高。在无溢流塔板上,液相浓度是基本均匀的,故板效率较低。常用的无溢流塔板有两种:一种是无溢流栅板(图 5-48),一种是无溢流筛板(图 5-49)。无溢流栅板可用金属条组成,也可用 3~4 mm 的钢板冲出长条形缝隙制成,缝隙宽度一般为 3~8 mm,开孔率为 15%~30%。无溢流筛板孔径一般为 4~12 mm,开孔率为 10%~30%。

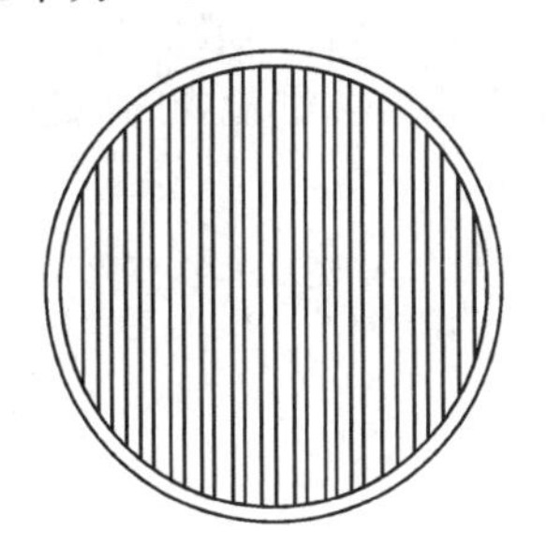
图 5-48 无溢流栅板

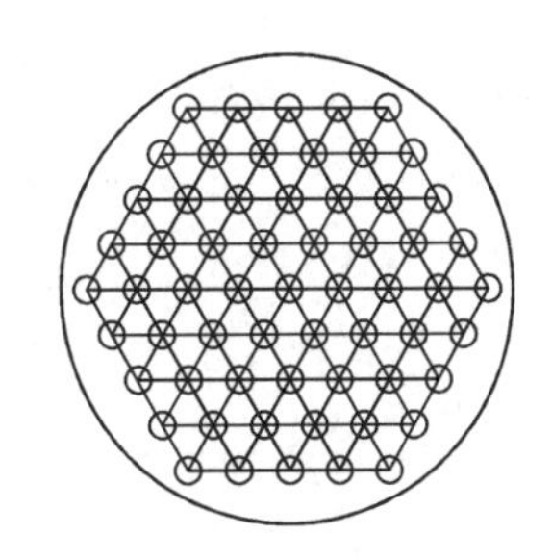
图 5-49 无溢流筛板

各种塔板的具体设计计算参见相关教材和文献。

5.6.9 填料塔与板式塔的比较

对于许多逆流气液接触过程，填料塔和板式塔都是可以适用的，设计者必须根据具体情况进行选用。填料塔和板式塔有许多不同点，了解这些不同点对于合理选用塔设备是有帮助的。

① 填料塔操作范围较小，特别是对于液体负荷的变化更为敏感。当液体负荷较小时，填料表面不能很好地润湿，传质效果急剧下降；当液体负荷过大时，则容易产生液泛。设计良好的板式塔，则具有大得多的操作范围。

② 填料塔不宜于处理易聚合或含有固体悬浮物的物料，而某些类型的板式塔（如大孔径筛板、泡罩塔等）则可以有效地处理这种物系。另外，板式塔的清洗亦比填料塔方便。

③ 当气液接触过程中需要冷却以移除反应热或溶解热时，填料塔因涉及液体均布问题而使结构复杂化，板式塔可方便地在塔板上安装冷却盘管。同理，当有侧线出料时，填料塔也不如板式塔方便。

④ 以前乱堆填料塔直径很少大于 0.5 m，后来又认为不宜超过 1.5 m，根据近年来填料塔的发展状况，这一限制似乎不再成立。板式塔直径一般不小于 0.6 m。

⑤ 关于板式塔的设计资料更容易得到而且更为可靠，因此板式塔的设计比较准确，安全系数可取得更小。

⑥ 当塔径不很大时，填料塔因结构简单而造价便宜。

⑦ 对于易起泡物系，填料塔更适合，因填料对泡沫有限制和破碎的作用。

⑧ 对于腐蚀性物系，填料塔更适合，因可采用瓷质填料。

⑨ 对热敏性物系宜采用填料塔，因为填料塔内的滞液量比板式塔少，物料在塔内的停留时间短。

⑩ 填料塔的压降比板式塔小，因而对真空操作更为适宜。

5.6.10 精馏塔的辅助设备

精馏装置的辅助设备主要是各种形式的换热器，包括塔釜溶液再沸器、塔顶蒸气冷凝器、原料液预热器、产品冷却器、原料及产品输送设备等。其中，再沸器和冷凝器是保证精馏过程能够连续进行、稳定操作所必不可少的两个换热设备。

再沸器的作用是将塔内最下面的一块塔板流下的液体进行加热，使其中一部分液体汽化成蒸气重新回流到塔内，以提供上升蒸气流，从而保证塔板上气、液两相稳定接触并传质。

冷凝器的作用是将塔顶上升的蒸气进行冷凝冷却，使之成为液体，之后将一部分液体从塔顶回流进塔，以提供塔内下降的液流，使其与上升气流进行逆流接触并传质。

再沸器和冷凝器在安装时应根据塔的大小及操作是否方便而确定其安装位置。对于小塔，冷凝器一般安装在塔顶，这样冷凝液借位差回流入塔；再沸器则可安装在塔釜。对于大塔（处理量大或塔板数较多时），冷凝器若安装在塔顶则不便于安装、检修和清理，此时可将冷凝器安装在较低的位置，回流液则用输送泵输送入塔；再沸器一般安装在塔釜外部。安装于塔顶或塔釜的冷凝器、再沸器均可采用夹套式或内置蛇管、列管式的间壁式换热器，而安装在塔外的再沸器、冷凝器则多为卧式列管式换热器。

习　　题

相平衡

5-1 乙苯、苯乙烯混合物是理想物系，纯组分的蒸气压为：

乙苯
$$\lg p_A^\circ = 6.08240 - \frac{1424.225}{213.206 + t}$$

苯乙烯 $$\lg p_B^\circ = 6.082\ 32 - \frac{1\ 445.58}{209.43 + t}$$

式中，p° 的单位是 kPa；t 为℃。试求：(1) 塔顶总压为 8 kPa 时，组成为 0.595(乙苯的摩尔分数)的蒸气的温度；(2) 与上述气相成平衡的液相组成。[答案：(1) 65.33℃；(2) $x_A=0.512$]

5-2 乙苯、苯乙烯精馏塔中部某一块塔板上总压为 13.6 kPa，液体组成为 0.144(乙苯的摩尔分数)，安托因方程见上题。试求：(1) 板上液体的温度；(2) 与此液体成平衡的气相组成。[答案：(1) 81.36℃；(2) 0.187]

物料衡算、操作线方程

5-3 某混合液含易挥发组分的摩尔分数为 0.24，在泡点状态下连续送入精馏塔。塔顶馏出液组成为 0.95，釜液组成为 0.03(均为易挥发组分的摩尔分数)。设混合物在塔内满足恒摩尔流条件。试求：(1) 塔顶产品的采出率 D/F；(2) 采用回流比 $R=2$ 时，精馏段的液气比 L/V 及提馏段的气液比 $\overline{V}/\overline{L}$；(3) 采用 $R=4$ 时，求 L/V 及 $\overline{L}/\overline{V}$。[答案：(1) 0.228；(2) 0.667，0.47；(3) 0.8，1.68]

5-4 在由一块理论板和塔釜组成的精馏塔中，每小时向塔釜加入苯-甲苯混合液 100 kmol，苯含量为 50%(摩尔分数，下同)，泡点进料，要求塔顶馏出液中苯含量为 80%，塔顶采用全凝器，回流液为饱和液体，回流比为 3，塔釜间接蒸汽加热，相对挥发度为 2.5，求每小时获得的顶馏出液量 D、釜排出液量 W 及浓度 x_W。[答案：17.1 kmol/h，82.9 kmol/h，0.438]

5-5 用常压连续精馏塔分离某二元理想混合物，已知相对挥发度 $\alpha=3$，加料量 $F=10$ kmol/h，饱和蒸气进料，进料中易挥发组分浓度为 0.5(摩尔分数，下同)，塔顶产品浓度为 0.9，塔顶蒸气全凝液于泡点下回流，回流比 $R=3$，塔顶易挥发组分的回收率为 90%，塔釜为间接蒸汽加热，试计算提馏段上升蒸气量。[答案：$\overline{V}=11$ kmol/h]

5-6 每小时分离乙醇-水混合液 2 360 kg 的常压连续精馏塔，塔顶采用全凝器，进料组成 $x_F=0.2$(摩尔分数，下同)。现测得馏出液组成 $x_D=0.8$，釜液组成 $x_W=0.05$，精馏段某一块板上的气相组成为 0.6，由其上一板流下的液相组成为 0.5。试求：(1) 塔顶馏出液量及釜液排出量；(2) 回流比。[答案：(1) $D=20$ kmol/h，$W=80$ kmol/h；(2) $R=2$]

5-7 用连续精馏塔每小时处理 100 kmol 含苯 40%和甲苯 60%的混合物，要求馏出液中含苯 90%，残液中含苯 1%(组成均以摩尔分数计)。试求：(1) 馏出液和残液各多少，kmol/h，(2) 饱和液体进料时，已估算出塔釜每小时汽化量为 132 kmol，问回流比为多少？[答案：(1) $D=43.8$ kmol/h，$W=56.2$ kmol/h；(2) $R=2.01$]

5-8 在常压连续精馏塔中分离理想二元混合物，进料为饱和蒸气，其中易挥发组分的含量为 0.54(摩尔分数)，回流比 $R=3.6$，提馏段操作线的斜率为 1.25，截距为 $-0.018\ 7$，求馏出液组成 x_D。[答案：0.875]

5-9 用常压精馏塔分离双组分理想混合物，泡点进料，进料量为 100 kmol/h，加料组成为 50%，塔顶产品组成 $x_D=95\%$，产量 $D=50$ kmol/h，回流比 $R=2R_{min}$，设全塔均为理论板，以上组成均为摩尔分数。相对挥发度 $\alpha=3$。求：(1) R_{min}(最小回流比)；(2) 精馏段和提馏段上升蒸气量；(3) 列出该情况下的精馏段操作线方程。[答案：(1) 0.8；(2) $V=\overline{V}=130$ kmol/h；(3) $y=0.615\ 4x+0.365\ 4$]

5-10 在连续精馏塔中，精馏段操作线方程为 $y=0.75x+0.207\ 5$，q 线方程式为 $y=-0.5x+1.5x_F$，$x_W=0.05$，试求：(1) 回流比 R、馏出液组成 x_D；(2) 进料液的 q 值；(3) 当进料组成 $x_F=0.44$、塔釜间接蒸汽加热时，提馏段操作线方程。[答案：(1) 3，0.83；(2) $\frac{1}{3}$；(3) $y=1.375x-0.018\ 75$]

5-11 在一连续常压精馏塔中分离某理想混合液，$x_D=0.94$，$x_W=0.04$。已知此塔进料 q 线方程为 $y=6x-1.5$，采用回流比为最小回流比的 1.2 倍，塔釜间接蒸汽加热，混合液在本题条件下的相对挥发度为 2，求：(1) 精馏段操作线方程；(2) 提馏段操作线方程。[答案：(1) $y=0.76x+0.22$；(2) $y=1.52x-0.021$]

5-12 某连续操作的精馏塔，泡点进料。已知操作线方程如下：精馏段 $y=0.8x+0.172$，提馏段 $y=1.30x-0.018$。试求：(1) 塔顶液体回流比 R；(2) 馏出液组成 x_0；(3) 塔釜气相回流比 $\overline{R}$；(4) 釜液组成 x_W 及进料组成 x_f。[答案：(1) 4；(2) 0.86；(3) 3.33；(4) 0.06，0.38]

理论板数计算

5-13 欲设计一连续精馏塔用以分离含苯与甲苯各 50%的料液，要求馏出液中含苯 96%，残液中含苯不高于5%(以上均为摩尔分数)。泡点进料,选用的回流比是最小回流比的1.2倍,物系的相对挥发度为2.5。试用逐板计算法求取所需的理论板数及加料板位置。[答案:$N=16$,第8块板加料]

5-14 已知:$x_D=0.98$,$x_F=0.60$,$x_W=0.05$(以上均为以环氧乙烷表示的摩尔分数)。取回流比为最小回流比的1.5倍。常压下系统的相对挥发度为2.47,饱和液体进料。试用捷算法计算环氧乙烷和环氧丙烷系统的连续精馏塔理论板数。[答案:$N=15$(含釜)]

精馏塔核算

5-15 一精馏塔有五块理论板(包括塔釜),含苯50%(摩尔分数)的苯-甲苯混合液预热至泡点,连续加入塔的第三块板上。采用回流比$R=3$,塔顶产品的采出率$D/F=0.44$。物系的相对挥发度$\alpha=2.47$。求操作可得的塔顶、塔底产品组成x_D、x_W。(提示:可设$x_W=0.194$作为试差初值)[答案:0.889,0.194]

思 考 题

5-1 蒸馏的目的是什么?蒸馏操作的基本依据是什么?

5-2 蒸馏的主要操作费用花费在何处?

5-3 双组分气液两相平衡共存时自由度为多少?

5-4 总压对相对挥发度有何影响?

5-5 为什么$\alpha=1$时不能用普通精馏的方法分离混合物?

5-6 为什么说回流液的逐板下降和蒸气逐板上升是实现精馏的必要条件?

5-7 什么是理论板?

5-8 恒摩尔流假设指什么?其成立的主要条件是什么?

5-9 q值的含义是什么?根据q的取值范围,有哪几种加料热状态?

5-10 建立操作线的依据是什么?操作线为直线的条件是什么?

5-11 用芬斯克方程所求出的N是什么条件下的理论板数?

5-12 何谓最小回流比?

5-13 最适宜回流比的选取须考虑哪些因素?

5-14 精馏过程能否在填料塔内进行?

5-15 何谓灵敏板?

5-16 板式塔的设计意图是什么?对传质过程最有利的理想流动条件是什么?

5-17 鼓泡、泡沫、喷射这三种气液接触状态各有什么特点?

5-18 板式塔内有哪些主要的非理想流动?

5-19 夹带液泛与溢流液泛有何区别?

5-20 板式塔的不正常操作现象有哪几种?

5-21 筛板塔负荷性能图受哪几个条件约束?何谓操作弹性?

5-22 评价塔板优劣的标准有哪些?

本章主要符号说明

符 号	意 义	计量单位
A、B、C	安托因常数	
c_p	摩尔比热容	kJ/(kmol・K)
D	塔顶产品流量	kmol/s
E_{mV}	气相的默弗里板效率	
E_{mL}	液相的默弗里板效率	
E_{OG}	气相的点效率	
E_{OL}	液相的点效率	
F	物系自由度	
	加料流率	kmol/s

符　号	意　　义	计量单位
G	间歇精馏时塔釜的总汽化量	kmol
i	泡点液体的热焓	kJ/kmol
I	饱和蒸气的热焓	kJ/kmol
K	相平衡常数	
L	回流液流率	kmol/s
m	加料板位置(自塔顶往下数)	
N	理论板数(包括塔釜)	
p	总压	Pa
p°	纯组分的饱和蒸气压	Pa
q	加料热状态参数	
	平衡蒸馏中液相产物占加料的分率	
Q	传热量	kJ/s
r	汽化热	kJ/kmol
R	回流比	
$\bar{R}$	塔釜气相回流比	
t、T	温度	K
ν	挥发度	
V	塔内的上升蒸气流率	kmol/s
	间歇精馏时塔釜的汽化率	kmol/s
W	间歇操作中塔釜存液量	kmol
x	液相中易挥发组分的摩尔分数	
y	气相中易挥发组分的摩尔分数	
α	相对挥发度	
τ	间歇精馏的操作时间	s
下标		
A	易挥发组分	
B	难挥发组分	
D	馏出液	
e	平衡	
F	加料	
m	加料板序号	
m	平均值	
n	塔板序号	
W	釜液	

参 考 文 献

[1] Reid R C, Sherwood T K. The properties of gases and liquids. 2nd ed. New York: McGraw-Hill, 1966.

[2] Hala E, et al. Vapour-liquid equilibrium. 2nd ed. Oxford: Pergamon, 1967.

[3] В Б Коган, В М Фрчцман, В В Кцфаров. 汽液平衡データブック. 平田光穗,译,1974.

[4] Van Wimkle M. Distillation. McGraw-Hill, 1967.

[5] 河东 准,冈田 功. 蒸留の理论と计算. 工学图书株式会社出版,1973.

[6] McCabe W L, Smith J C. Unit operations of chemical engineering. 4th ed. McGraw-Hill Inc., 1985.

[7] 上海化工学院. 基础化学工程. 中册. 上海:上海科学技术出版社,1978.

[8] 上海化工学院,天津大学,浙江大学. 化学工程. 第二册. 北京:化学工业出版社,1980.

[9] 时钧,等. 化学工程手册. 2版. 北京:化学工业出版社,1996.

第6章 *其他传质分离方法

6.1 液液萃取

6.1.1 液液萃取过程

液液萃取是分离液体混合物的一种方法，利用液体混合物各组分在某溶剂中溶解度的差异而实现分离。

液液萃取原理 设一溶液内含 A、B 两组分，为将其分离可加入某溶剂 S。该溶剂 S 与原溶液不互溶或只是部分互溶，于是混合体系构成两个液相，如图 6-1 所示。为加快溶质 A 由原混合液向溶剂的传递，将物系搅拌，使一液相以小液滴形式分散于另一液相中，造成很大的相际接触面。然后停止搅拌，两液相因密度差沉降分层。这样，溶剂 S 中出现了 A 和少量 B，称为萃取相；被分离混合液中出现了少量溶剂 S，称为萃余相。

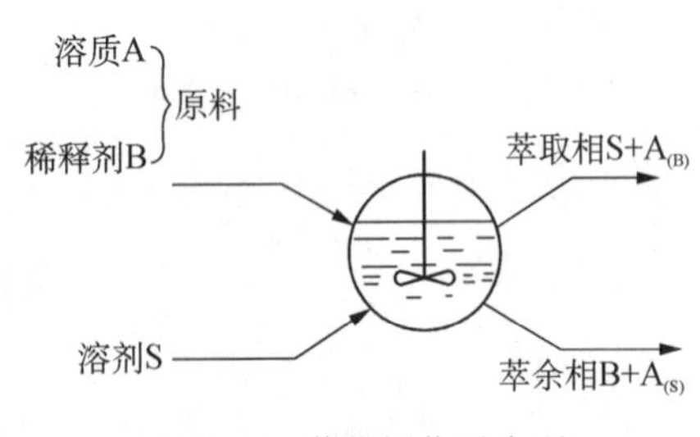

图 6-1 萃取操作示意图

今以 A 表示原混合物中的易溶组分，称为溶质；以 B 表示难溶组分，习称稀释剂。由此可知，所使用的溶剂 S 必须满足两个基本要求：① 溶剂不能与被分离混合物完全互溶，只能部分互溶；② 溶剂对 A、B 两组分有不同的溶解能力，或者说，溶剂具有选择性。

$$\frac{y_A}{y_B} > \frac{x_A}{x_B}$$

即萃取相内 A、B 两组分浓度之比 y_A/y_B 大于萃余相内 A、B 两组分浓度之比 x_A/x_B。

选择性的最理想情况是组分 B 与溶剂 S 完全不互溶。此时如果溶剂也几乎完全不溶于被分离混合物，那么，此萃取过程与吸收过程十分类似。唯一的重要差别是吸收中处理的是气液两相，萃取中则是液液两相，这一区别将使萃取设备的构型不同于吸收。但就过程的数学描述和计算而言，两者并无区别，完全可按第 4 章中所述的方法处理。

在工业生产中经常遇到的液液两相系统中，稀释剂 B 都或多或少地溶解于溶剂 S，溶剂也少量地溶解于被分离混合物。这样，三个组分都将在两相之中出现，从而使过程的数学描述和计算较为复杂。本节将着重讨论这样的情况，但仅限于两组分 A、B 混合液的萃取分离。

工业萃取过程 由于萃取相和萃余相中均存在三个组分，上述萃取操作并未最后完成分离任务，萃取相必须进一步分离成溶剂和增浓了的 A、B 混合物，萃余相中所含的少量溶剂也必须通过分离加以回收。在工业生产中，这两个后继的分离通常是通过精馏实现的。

现以稀醋酸水溶液的分离为例说明工业萃取过程。

由石油馏分氧化所得的稀醋酸水溶液需提浓以制取无水醋酸，此过程可采用图 6-2 所示的流程通过萃取及恒沸精馏的方法完成。

稀醋酸连续加入萃取塔顶，作为萃取溶剂的醋酸乙酯自塔底加入进行逆流萃取，离开塔顶的萃取相为醋酸乙酯与醋酸的混合物，其中也含有少量溶于溶剂的水。为取出萃取相中的醋酸，可采用恒沸精馏。利用萃取相中的醋酸乙酯与水形成非均相恒沸物这一特点，在恒沸精馏塔中水被醋酸乙酯带至塔顶，塔底可获得无水醋酸。塔顶蒸出的恒沸物经冷凝后分层，上层酯相一部分作为回流，另一部分可作为萃取溶剂循环使用。离开萃取塔底的萃余相主要是水，其中溶有少量溶剂，恒沸精馏塔顶分层器放出的水层中也溶有少量溶剂，可将两者汇合一并加入提馏塔，以回收其中所含的溶剂。在提馏塔内，溶剂与水的恒沸物从塔顶蒸出，废水则从塔底排出。

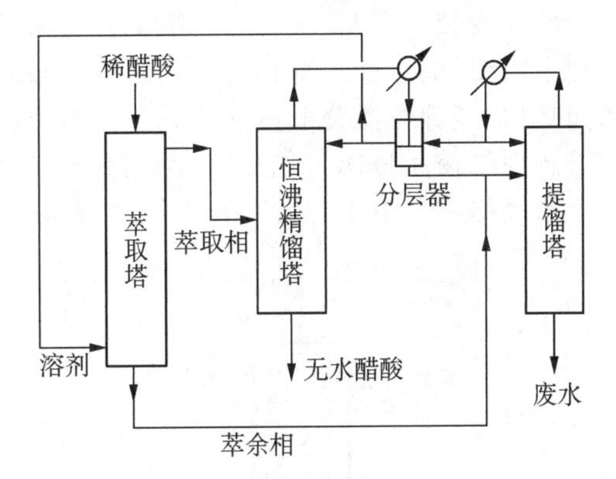

图 6-2　萃取及恒沸精馏提浓醋酸流程简图

由上述案例可知，萃取过程本身并未直接完成分离任务，而只是将一个难于分离的混合物转变为两个易于分离的混合物。因此，萃取过程在经济上是否优越取决于后继的两个分离过程是否较原溶液的直接分离更容易实现。一般说来，在下列情况下采用萃取过程较为有利：

① 混合液的相对挥发度小或形成恒沸物，用一般精馏方法不能分离或很不经济。

② 混合液浓度很稀，采用精馏方法须将大量稀释剂 B 汽化，能耗过大。

③ 混合液含热敏性物质(如药物等)，采用萃取方法精制可避免物料受热破坏。

萃取过程的经济性和萃取剂的选择　萃取过程的经济性在很大程度上取决于萃取剂的性质，萃取溶剂的优劣可由以下条件判断。

① 溶剂应对溶质有较强的溶解能力，这样，单位产品的溶剂用量可以减少，后继的精馏分离的能耗可以降低，经济上比较优越。

② 溶剂对组分 A、B 应有较高的选择性，这样才易于获得高纯度产品。

③ 溶剂与被分离组分 A 之间的相对挥发度要高(通常都选用高沸点溶剂)，这样可使后继的精馏分离所需要的回流比较小。

④ 溶剂在被分离混合物中的溶解度要小，这将使萃余相中溶剂回收的费用减少。

选择合适萃取剂是保证萃取操作能正常进行和经济合理的关键所在。萃取剂的选择需要考虑以下因素。

① 萃取剂必须有较高的选择性即萃取剂对原料中溶质、稀释剂两组分溶解能力的差异。

② 萃取剂回收难易程度。获得高纯产品及萃取剂循环使用，必须对萃取相和萃余相中的萃取剂进行回收，回收过程是萃取操作费用最大的环节。萃取剂的回收方法有精馏、反萃等物理、化学方法。

③ 萃取剂的物理、化学性质。萃取剂与稀释剂的互溶度越小，萃取操作范围越大，分离效果越好。萃取相和萃余相之间的密度差越大，越有利于两相在萃取器中的分层，减少第三相或乳化现象，这样可提高萃取器的生产能力。界面张力对萃取操作有重要影响，界面张力越大，越有利于微小液滴的凝并及两相的分层，但影响两相的分散，分散需要更多的外加能量；反之，虽然易于分散，但亦易于乳化，两相分层困难；由于液滴凝并更为重要，一般常选择表面张力较大的萃取剂。黏度大小影响两相的流动与传质，低黏度萃取剂有利于两相的混合与分层。萃取剂的化学稳定性对萃取操作也有影响，萃取剂应不易水解、热解，且耐酸、碱、盐、氧化剂或还原剂，腐蚀性小，有些场合应具有抗辐射能力；萃取剂的毒性、刺激性、挥发性应较小。

④ 萃取剂应来源容易，价格便宜。

6.1.2 两相的接触方式

和吸收过程类似，萃取设备按两相的接触方式可分成两类，即微分接触和级式接触。

微分接触 图 6-3 所示的喷洒式萃取塔是一种典型的微分接触式萃取设备。料液与溶剂中的较重者(称为重相)自塔顶加入，较轻者(轻相)自塔底加入。两相中有一相(图中所示为轻相)经分布器分散成液滴，另一相保持连续。液滴在浮升或沉降过程中与连续相呈逆流接触进行物质传递，最后轻重两相分别从塔顶与塔底排出。

级式接触 由于液液两相系统的特殊性，级式萃取设备常采用混合沉降槽。

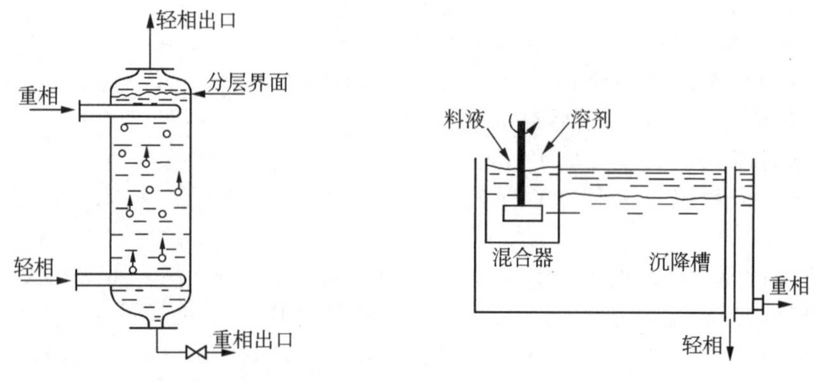

图 6-3 喷洒萃取塔　　图 6-4 单级混合沉降槽

图 6-4 为单级连续萃取装置，它包括混合器和沉降槽两部分，常称为混合沉降槽。料液和溶剂连续加入混合器，在搅拌桨作用下一相被分散成液滴均布于另一相中。自混合器流出的两相混合物在沉降槽内分层并分别排出。

采用多个混合沉降槽可以实现多级接触(图 6-5)，各级间可做逆流和错流的安排。图 6-5(a)为多级错流萃取，此时原料液依次通过各级，新鲜溶剂则分别加入各级混合器。图 6-5(b)为多级逆流萃取，物料和溶剂依次按相反方向通过各级。在溶剂用量相同时，逆流可以提供最大的传质推动力，因而为达到同样分离要求所需的设备容积较小；反之，对指定的设备和分离要求，逆流时所需的溶剂用量较少。

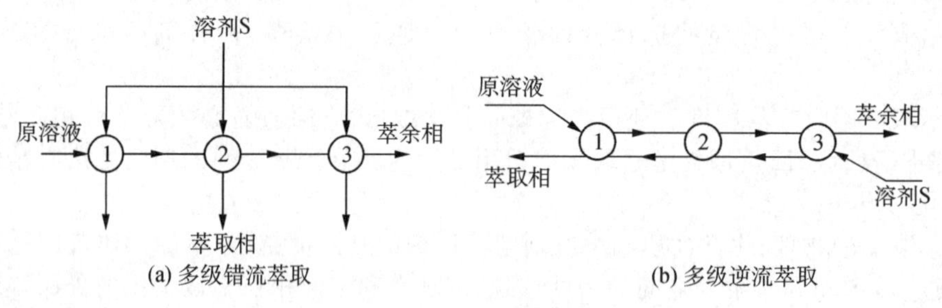

图 6-5 多级萃取

6.1.3 液液相平衡

三角形相图

溶液组成的表示方法 前已述及，在双组分溶液的萃取分离中，萃取相及萃余相一般均为三组分溶液。如各组分的浓度以质量分数表示，为确定某溶液的组成必须规定其中两个组分的质量分数，而第三组分的质量分数可由归一条件确定。溶质 A 及溶剂 S 的质量分数 x_A、x_S 规定后，组分 B 的质量分数为

$$x_B = 1 - x_A - x_S \tag{6-1}$$

可见，三组分溶液的组成包含两个自由度。这样，三组分溶液的组成须用平面坐标上的一点(如图 6－6 的 R 点)表示，点的纵坐标为溶质 A 的质量分数 x_A，横坐标为溶剂 S 的质量分数 x_S。因三个组分的质量分数之和为 1，故在图 6－6 所示的三角形范围内可表示任何三元溶液的组成。三角形的三个顶点分别表示三个纯组分，而三条边上的任何一点则表示相应的双组分溶液组成，构成三角形相图。

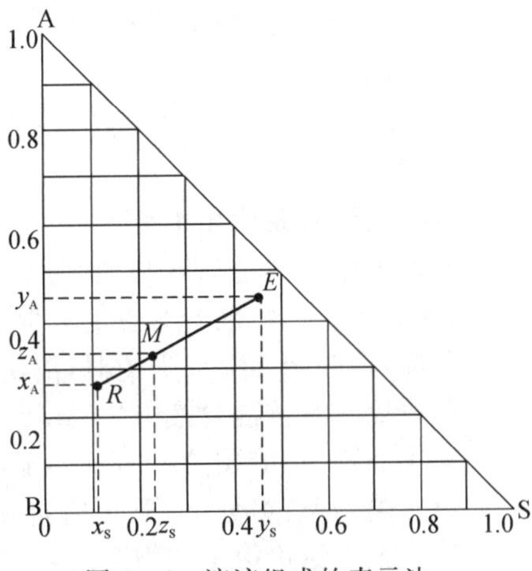

图 6－6　溶液组成的表示法

表示溶液组成的三角形相图可以是等腰的或等边的，也可以是非等腰的。当萃取操作中溶质 A 的浓度很低时，常将 AB 边的浓度比例放大，以提高图示的准确度。

物料衡算与杠杆定律　设有组成为 x_A、x_B、x_S(R 点)的溶液 R kg 及组成为 y_A、y_B、y_S(E 点)的溶液 E kg，若将两溶液相混，混合物总量为 M kg，组成为 z_A、z_B、z_S，此组成可用图 6－6 中的 M 点表示。则可列总物料衡算式及组分 A、组分 S 的物料衡算式如下。

$$\begin{aligned} M &= R + E \\ Mz_A &= Rx_A + Ey_A \\ Mz_S &= Rx_S + Ey_S \end{aligned} \tag{6-2}$$

由此可以导出

$$\frac{E}{R} = \frac{z_A - x_A}{y_A - z_A} = \frac{z_S - x_S}{y_S - z_S} \tag{6-3}$$

式(6－3)表明，表示混合液组成的 M 点的位置必在 R 点与 E 点的连线上，且线段$\overline{RM}$与$\overline{ME}$之比与混合前两溶液的质量成反比，即

$$\frac{E}{R} = \frac{\overline{RM}}{\overline{EM}} \tag{6-4}$$

式(6－4)为物料衡算的简捷图示方法，称为杠杆定律。根据杠杆定律，可较方便地在图上定出 M 点的位置，从而确定混合液的组成。须指出，即使两溶液不互溶，M 点(z_A、z_B、z_S)仍可代表该两相混合物的总组成。

混合液的和点和差点　图 6－6 中的点 M 可表示溶液 R 与溶液 E 混合之后的数量与组成，称为 R、E 两溶液的和点。反之，当从混合液 M 中移去一定量组成为 E 的液体，表示余下的溶液组成的点 R 必在$\overline{EM}$连线的延长线上，其具体位置同样可由杠杆定律确定：

$$\frac{E}{M} = \frac{\overline{MR}}{\overline{RE}} \tag{6-5}$$

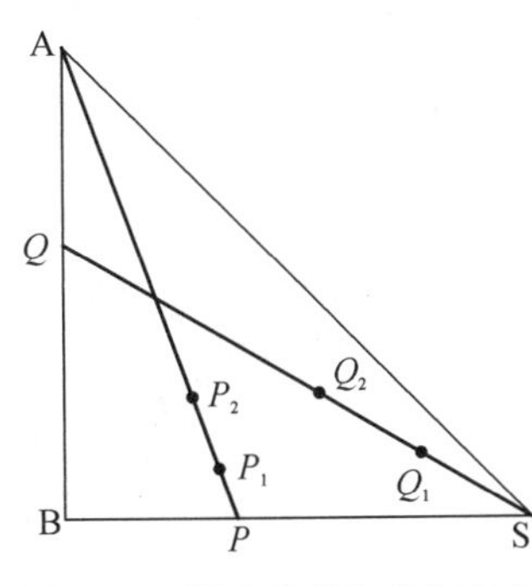

图 6－7　混合液的和点和差点

因 R 点可表示余下溶液的数量和组成，故称为溶液 M 与溶液 E 的差点。

今有组成在 P 点的 B、S 双组分溶液(图 6－7)，加入少量溶质 A 后构成三组分溶液，其组成可以 P_1 点表示。若再增加 A 的数量，溶液组成移至 P_2 点，则 P_1、P_2 点均为和点，它们都在 A、P 的连线上，由此可知，在$\overline{PA}$线上任一点所代表的溶液中 B、S 两个组分的相对比值必相同。

反之，若从三组分溶液 Q_1 中除去部分溶剂 S，所得溶液的组成在点 Q_2。若将此溶液中的 S 全部除去，则将获得仅含 A、B 两组分的溶液，其组成在 Q 点。Q_2、Q 点均为差点，其位置必在$\overline{SQ_1}$的延长线上。同理，在$\overline{SQ}$线上任一点所代表的溶液中 A、B 两组分含量的相对比值均相同。

部分互溶物系的相平衡

萃取操作中的溶剂 S 必须与原溶液中的组分 B 不相溶或部分互溶。在全部操作范围内，物系必包含以溶剂 S 为主的萃取相及以组分 B 为主的萃余相。现讨论溶质 A 在此两相中的分配，即当两相互成平衡时，溶质 A 在两相中的浓度关系。

萃取操作常按混合液中的 A、B、S 各组分互溶度的不同而将混合液分成两类。

第Ⅰ类物系：溶质 A 可完全溶解于 B 及 S 中，而 B、S 为一对部分互溶的组分。

第Ⅱ类物系：组分 A、B 可完全互溶，而 B、S 及 A、S 为两对部分互溶的组分。

以下主要讨论第Ⅰ类物系的液-液相平衡。

溶解度曲线 在三角形烧瓶中称取一定量的纯组分 B，逐渐滴加溶剂 S，不断摇动使其溶解。由于 B 中仅能溶解少量溶剂 S，故滴加至一定数量后混合液开始发生混浊，即出现了溶剂相。记取所滴加的溶剂量，即为溶剂 S 在组分 B 中的饱和溶解度。此饱和溶解度可用直角三角形相图（图 6－8）中的 R 点表示，该点称为分层点。

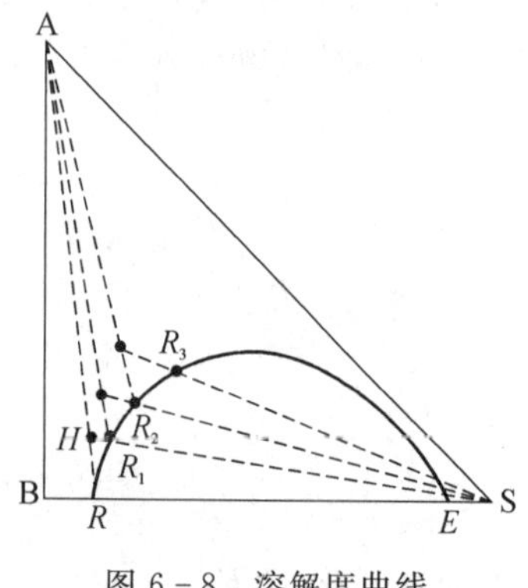

图 6－8 溶解度曲线

在上述溶液中滴加少量溶质 A。溶质的存在增加了 B 与 S 的互溶度，使混合液变成透明，此时混合液的组成在$\overline{AR}$连线上的 H 点。如再滴加数滴 S，溶液再次呈现混浊，从而可算出新的分层点 R_1 的组成，此 R_1 必在$\overline{SH}$连线上。在溶液中交替滴加 A 与 S，重复上述实验，可获得若干分层点 R_2、R_3……

同样，在另一烧瓶中称取一定量的纯溶剂 S，逐步滴加组分 B 可获得分层点 E。再交替滴加溶质 A 与 B，亦可得若干分层点。将所有分层点连成一条光滑的曲线，称为溶解度曲线。因 B、S 的互溶度与温度有关，上述全部实验均须在恒定温度下进行。

平衡联结线 利用所获得的溶解度曲线，可以方便地确定溶质 A 在互成平衡的两液相中的组成关系。现取组分 B 与溶剂 S 的双组分溶液，其组成以图 6－9 中的 M_1 点表示，该溶液必分为两层，其组成分别为 E_1 和 R_1。

在此混合液中滴加少量溶质 A，混合液的组成将沿连线$\overline{AM_1}$移至 M_2 点。充分摇动，使溶质 A 在两相中的浓度达到平衡。静止分层后，取两相试样进行分析，它们的组成分别在 E_2、R_2 点。互成平衡的两相称为共轭相，E_2、R_2 的连线称为平衡联结线，M_2 点必在此平衡联结线上。

在上述两相混合液中逐次加入溶质 A，重复上述实验，可得若干条平衡联结线，每一条平衡联结线的两端为互成平衡的共轭相。

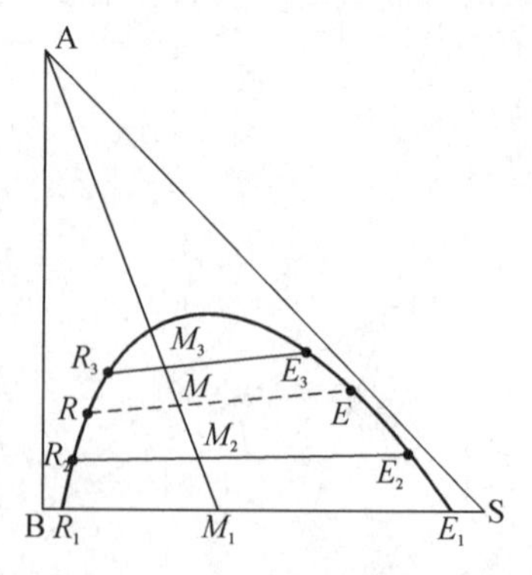

图 6－9 平衡联结线

图 6－9 中溶解度曲线将三角形相图分成两个区。该曲线与底边 R_1E_1 所围的区域为分层区或两相区，曲线以外是均相区。若某三组分物系的组成位于两相区内的 M 点，则该混合液可分为互成平衡的共轭相 R 及 E，故溶解度曲线以内

是萃取过程的可操作范围。

同一物系的平衡联结线的倾斜方向一般相同。少数物系，在不同浓度范围内平衡联结线的倾斜方向不同。

三组分溶液的溶解度曲线和共轭相的平衡组成均须通过实验获得，有关书籍和手册提供了常见物系的实验数据或文献检索。

相平衡关系的数学描述　由上可知，液液相平衡给出如下两种关系。

(1) 分配曲线：平衡联结线的两个端点表示液液平衡两相之间的组成关系。组分 A 在两相中的平衡组成也可用下式表示。

$$k_A = \frac{\text{萃取相中组分 A 的质量分数}}{\text{萃余相中组分 A 的质量分数}} = \frac{y_A}{x_A} \tag{6-6}$$

k_A 为组分 A 的分配系数。同样，对组分 B 也可写出类似的表达式

$$k_B = \frac{y_B}{x_B} \tag{6-7}$$

k_B 为组分 B 的分配系数。分配系数一般不是常数，其值随组成和温度而异。

类似于气液相平衡，可将组分 A 在液液平衡两相中的组成 y_A、x_A 之间的关系在直角坐标中表示，如图 6-10 所示，该曲线称为分配曲线。图示的分配曲线可用某种函数形式表示，即

$$y_A = f(x_A) \tag{6-8}$$

此即为组分 A 的相平衡方程。由于实验的困难，直接获得平衡两相的组成值的实验点数目有限，分配曲线是离散的。在使用时，可采用各种内插方法以求得指定 y_A 的平衡组成 x_A，也可将离散的实验点光滑处理成分配曲线，或数据拟合成式(6-8)，以供计算时内插的需要。

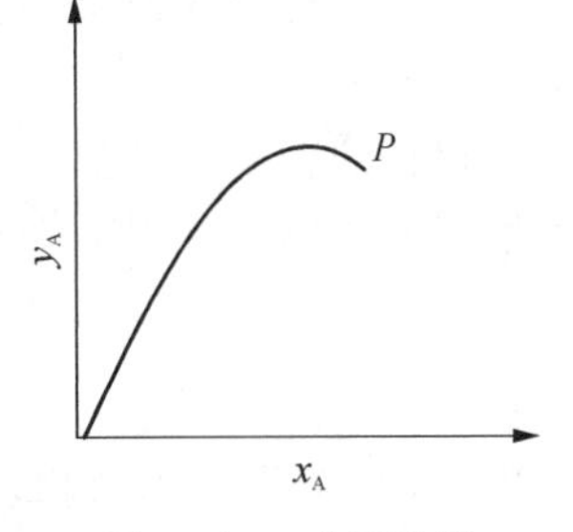

图 6-10　分配曲线

(2) 溶解度曲线：临界混溶点右方的溶解度曲线表示平衡状态下萃取相中溶质组成 y_A 与溶剂组成 y_S 之间的关系，即

$$y_S = \varphi(y_A) \tag{6-9}$$

类似地将临界混溶点左方的溶解度曲线表示为

$$x_S = \psi(x_A) \tag{6-10}$$

综上所述，一处于单相区的三组分溶液，其组成包含两个自由度，若指定 x_A、x_S，则 x_B 值由归一条件 $x_A + x_B + x_S = 1$ 确定。若三组分溶液处于两相区，则平衡两相中同一组分的组成关系由分配曲线决定，而每一个液相的组成即每一相中 A、S 的组成关系必满足溶解度曲线的函数关系。这样，处于平衡的两相虽有 6 个浓度，但只有 1 个自由度。例如，一旦指定萃取相中 A 组分的组成 y_A，即可由分配曲线或式(6-8)确定 x_A，然后由溶解度曲线式(6-9)、式(6-10)确定 y_S，x_S。两相中的 B 组分组成各自由归一条件确定。

液液相平衡与萃取操作的关系

萃取操作的自由度　双组分溶液萃取分离时涉及的是两个部分互溶的液相，其组分数为 3。根据相律，系统的自由度为 3。当两相处于平衡状态时，组成只占用一个自由度。因此，操作压强和操作温度可以人为选择。

级式萃取过程的图示　设某 A、B 双组分溶液，其组成用图 6-11(b)中的 F 点表示。现加入适量纯溶剂 S，其量应足以使混合液的总组成进入两相区的某点 M。经充分接触两相达到平衡后，静置分层获得萃取相 E、萃余相 R。现将萃取相与萃余相分别取出，在溶剂回收装置中脱除溶剂。在溶剂被完全脱除的理想情况下，萃取相 E 将成为萃取液 E°，萃余

相 R 则成为萃余液 R°，于是，整个过程是将组成为 F 点的混合物分离成为含 A 较多的萃取液 E° 与含 A 较少的萃余液 R°。

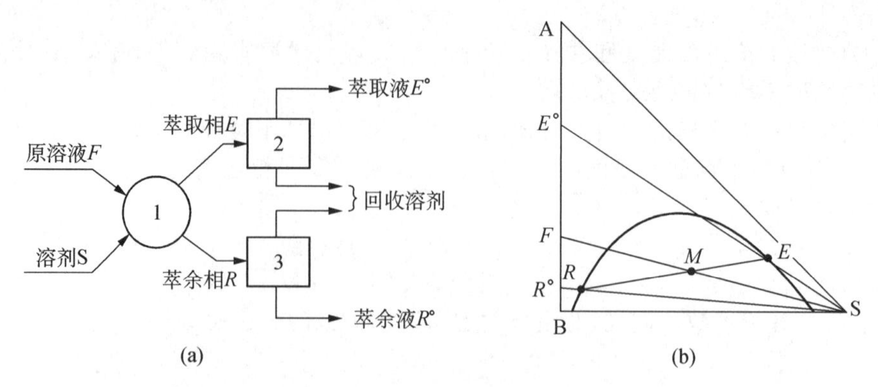

图 6-11 单级萃取

1—萃取器；2,3—溶剂回收装置

上述系单级萃取过程，实际萃取过程可由多个萃取级构成，最终所得萃取液与萃余液中溶质的浓度差异可以更大。

溶剂的选择性系数 同为单级萃取，若所用的溶剂能使萃取液与萃余液中的溶质 A 组成差别越大，则萃取效果越佳。溶质 A 在两液体中组成的差异可用选择性系数 β 表示，其定义为

$$\beta=\frac{y_A/y_B}{x_A/x_B}=\frac{k_A}{k_B} \tag{6-11}$$

式中，y、x 分别为萃取相、萃余相中组分 A(或 B)的质量分数。因萃取相中 A、B 组成之比 (y_A/y_B) 与萃取液中 A、B 的组成比 (y_A°/y_B°) 相等，萃余相中 (x_A/x_B) 与萃余液中 (x_A°/x_B°) 相等，故有

$$\beta=\frac{y_A^\circ/y_B^\circ}{x_A^\circ/x_B^\circ} \tag{6-12}$$

在萃取液及萃余液中，$y_B^\circ=1-y_A^\circ$，$x_B^\circ=1-x_A^\circ$，式(6-12)可写成

$$y_A^\circ=\frac{\beta x_A^\circ}{1+(\beta-1)x_A^\circ} \tag{6-13}$$

可见，选择性系数 β 相当于精馏操作中的相对挥发度 α，其值与平衡联结线的斜率有关。当某一平衡联结线延长恰好通过 S 点，此时 $\beta=1$，这一对共轭相不能用萃取方法进行分离，此种情况恰似精馏中的恒沸物。因此，萃取溶剂的选择应在操作范围内使选择性系数 $\beta>1$。当组分 B 不溶解于溶剂时，β 为无穷大。

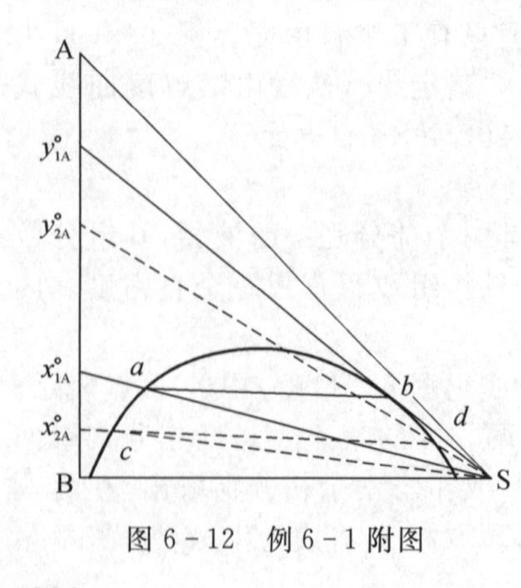

图 6-12 例 6-1 附图

例 6-1 选择性系数的比较

已知某三组分混合液的两条平衡联结线如图 6-12 中 $\overline{ab}$、$\overline{cd}$ 所示，试比较两者的选择性系数。

解 (1) 对平衡联结线 $\overline{ab}$，可作直线 $\overline{Sa}$、$\overline{Sb}$ 并延长到 AB 边，读得 $y_{1A}^\circ=0.77$，$x_{1A}^\circ=0.24$。于是，该线的选择性系数为

$$\beta_1=\frac{\dfrac{y_A}{y_B}}{\dfrac{x_A}{x_B}}=\frac{\dfrac{y_{1A}^\circ}{(1-y_{1A}^\circ)}}{\dfrac{x_{1A}^\circ}{(1-x_{1A}^\circ)}}=\frac{\dfrac{0.77}{1-0.77}}{\dfrac{0.24}{1-0.24}}=10.6$$

(2) 对平衡联结线$\overline{cd}$,按同法可得选择性系数为

$$\beta_2 = \frac{\dfrac{y^{\circ}_{2A}}{(1-y^{\circ}_{2A})}}{\dfrac{x^{\circ}_{2A}}{(1-x^{\circ}_{2A})}} = \frac{\dfrac{0.6}{1-0.6}}{\dfrac{0.11}{1-0.11}} = 12.1$$

可见 $\beta_2 > \beta_1$。

互溶度的影响　通常的萃取溶剂与组分 B 之间不可避免地具有或大或小的互溶度，互溶度大则两相区小。由图 6-13(a)可知，萃取液的最大浓度 $y^{\circ}_{A,\max}$与组分 B、S之间的互溶度密切有关，互溶度越小萃取的操作范围越大，可能达到的萃取液最大浓度 $y^{\circ}_{A,\max}$越高。

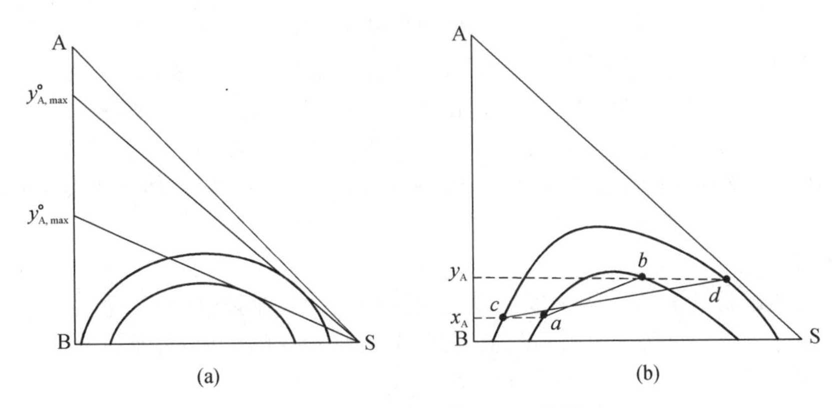

图 6-13　互溶度对萃取过程的影响

图 6-13(b)表示互溶度大小对萃取过程的影响，图中平衡联结线$\overline{ab}$与$\overline{cd}$具有相同的分配系数 k_A，显然，互溶度小的物系选择性系数 β 较大，分离效果好。

温度可以影响物系的互溶度从而影响选择性系数。一般说来，温度降低，溶剂 S 与组分 B 的互溶度减小，对萃取过程有利，故萃取操作温度应做适当的选择。

6.1.4　萃取过程的计算

本节重点介绍单级萃取过程的计算，逆流微分接触的萃取过程类似于吸收过程的计算，可参考相关教材或文献。

萃取级内过程的数学描述

和精馏过程一样，级式萃取过程的数学描述也应以每一个萃取级作为考察单元，即原则上应对每一级写出物料衡算式、热量衡算式及表示级内传递过程的特征方程式。但是，物质在两相之间传递所产生的热效应一般较小，萃取过程基本上是等温的，故无须作热量衡算及传热速率计算。

单一萃取级的物料衡算　在级式萃取设备内任取第 m 级(从原料液入口端算起)作为考察对象，进、出该级的各物流流量及组成如图 6-14 所示。对此萃取级作物料衡算如下。

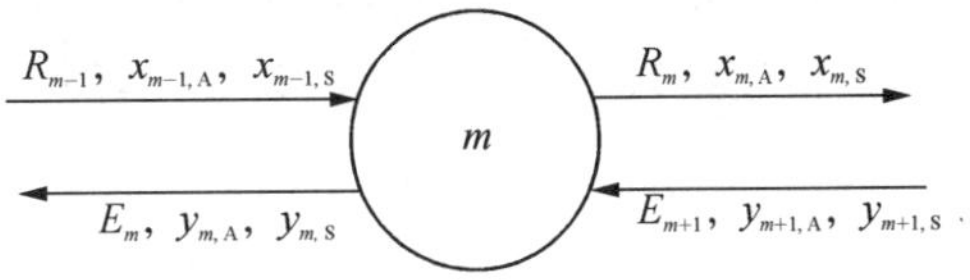

R_{m-1}, $x_{m-1,A}$, $x_{m-1,S}$　　m　　R_m, $x_{m,A}$, $x_{m,S}$

E_m, $y_{m,A}$, $y_{m,S}$　　E_{m+1}, $y_{m+1,A}$, $y_{m+1,S}$

图 6-14　萃取级的物料衡算

总物料衡算式

$$R_{m-1} + E_{m+1} = R_m + E_m \tag{6-14}$$

溶质 A 衡算式

$$R_{m-1}x_{m-1,A} + E_{m+1}y_{m+1,A} = R_m x_{m,A} + E_m y_{m,A} \tag{6-15}$$

溶剂 S 衡算式

$$R_{m-1}x_{m-1,\mathrm{S}}+E_{m+1}y_{m+1,\mathrm{S}}=R_{m}x_{m,\mathrm{S}}+E_{m}y_{m,\mathrm{S}} \tag{6-16}$$

萃取级内传质过程的简化——理论级与级效率 萃取中所发生液液相际传质过程是非常复杂的，其速率与物系性质、操作条件、设备结构等多种因素有关。为避免直接写出传质速率方程式的困难可引入理论级的概念，即假定进入一个理论级的两股物流 R_{m-1} 和 E_{m+1}，不论组成如何，经过传质之后的最终结果可使离开该级的两股物流 R_m 和 E_m 达到平衡状态。这样，表达萃取级内传质过程特征的方程式可简化为

分配曲线 $$y_{m,\mathrm{A}}=f(x_{m,\mathrm{A}}) \tag{6-17}$$

溶解度曲线 $$x_{m,\mathrm{S}}=\Psi(x_{m,\mathrm{A}}) \tag{6-18}$$

$$y_{m,\mathrm{S}}=\varphi(y_{m,\mathrm{A}}) \tag{6-19}$$

式(6-18)、式(6-19)分别是临界混溶点左、右两侧溶解度曲线的函数式。

一个实际萃取级的分离能力不同于理论级，两者的差异可用级效率表示。

和精馏过程一样，理论级这一概念的引入，将级式萃取过程的计算分为理论级和级效率两部分，其中理论级的计算可在设备决定之前通过解析方法解决，而级效率则必须结合具体设备型式通过实验研究确定。

单级萃取

单级萃取的解析计算 单级萃取可以连续操作，也可以间歇操作。进、出萃取器的各股物料与组成如图 6-15(a)所示，则物料衡算式(6-14)～式(6-16)可具体化为

总物料衡算式 $$F+S=R+E \tag{6-20}$$

溶质 A 衡算式 $$F\cdot x_{\mathrm{FA}}+S\cdot z_{\mathrm{A}}=R\cdot x_{\mathrm{A}}+E\cdot y_{\mathrm{A}} \tag{6-21}$$

溶剂 S 衡算式 $$0+S\cdot z_{\mathrm{S}}=R\cdot x_{\mathrm{S}}+E\cdot y_{\mathrm{S}} \tag{6-22}$$

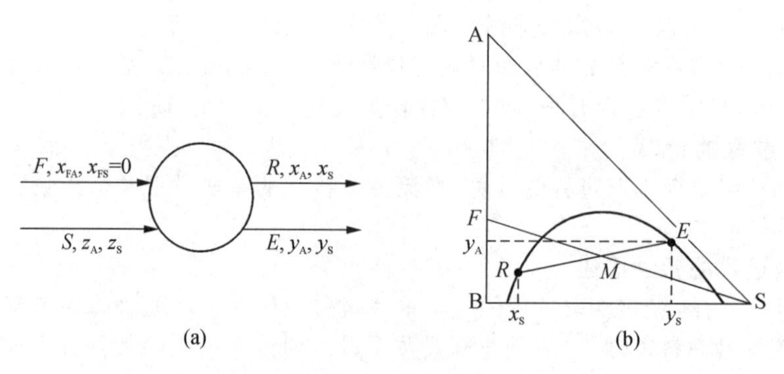

图 6-15 单级萃取

假设萃取器相当于一个理论级，离开该级的萃取相 E 与萃余相 R 成平衡，两相的组成满足相平衡方程式(6-17)～式(6-19)，即

$$y_{\mathrm{S}}=\varphi(y_{\mathrm{A}}) \tag{6-23}$$

$$x_{\mathrm{S}}=\Psi(x_{\mathrm{A}}) \tag{6-24}$$

$$y_{\mathrm{A}}=f(x_{\mathrm{A}}) \tag{6-25}$$

在萃取器设计时，料液流量 F 及组成 x_{FA}、物系的相平衡数据为已知，萃余相溶质浓度 x_{A} 由工艺要求所规定，可选择溶剂组成 z_{A} 与 z_{S}(在回收溶剂中往往含有少量被分离组分 A 与 B)，联立式(6-20)～式(6-25)可计算溶剂需用量 S、萃取相流量 E 及其组成 y_{A} 与 y_{S}、萃余相流量 R 及其中溶剂浓度 x_{S} 共六个未知数。

在设备核算问题中，原料及溶剂的流量和组成为已知，联立求解以上诸式，可以计算萃

取、萃余两相的流量和组成。

单级萃取的图解计算 用解析方法计算萃取问题将溶解度曲线及分配曲线拟合成数学表达式，而且所得到的数学表达式皆为非线性、联立求解时必须通过试差逐步逼近。但在三角形相图上，采用图解的方法可以很方便地完成以上的求解步骤。

如图 6－15(b)所示，图解计算时，可首先由规定的萃余相浓度 x_A 在溶解度曲线上找到萃余相的组成点 R，过 R 点用内插法作一平衡联结线$\overline{RE}$与溶解度曲线相交，进而定出萃取相的组成点 E。然后根据已知的原料组成与溶剂组成，可以确定原料与溶剂的组成点 F 及 S(图中所示 S 为纯溶剂)。

由物料衡算可知，进入萃取器的总物料量及其总组成应等于流出萃取器的总物料量及其总组成。因此，总物料的组成点 M 必同时位于$\overline{FS}$和$\overline{RE}$两条连线上，即为两连线之交点。

根据杠杆定律，溶剂用量 S 与料液流量 F 之比为

$$\frac{S}{F}=\frac{\overline{FM}}{\overline{SM}} \tag{6-26}$$

此比值称为溶剂比。根据溶剂比可由已知料液流量 F 求出溶剂流量 S。

进入萃取器的总物料量与溶剂流量之和，即

$$M=F+S \tag{6-27}$$

萃取相流量

$$E=M\cdot\frac{\overline{MR}}{\overline{RE}} \tag{6-28}$$

萃余相流量

$$R=M-E \tag{6-29}$$

单级萃取的分离范围 对于一定的料液流量 F 及组成 x_{FA}，溶剂的用量越大，混合点 M 越靠近 S 点，但以 c 点为限，见图 6－16(a)。相当于 c 点的溶剂用量为最大溶剂用量，超过此用量，混合物将进入均相区而无法实现萃取操作。与 c 点成平衡的萃余相溶质浓度 $x_{A,\min}$为单级萃取可达到的最低值，除去溶质后萃余液的最低浓度为 $x^{\circ}_{A,\min}$。

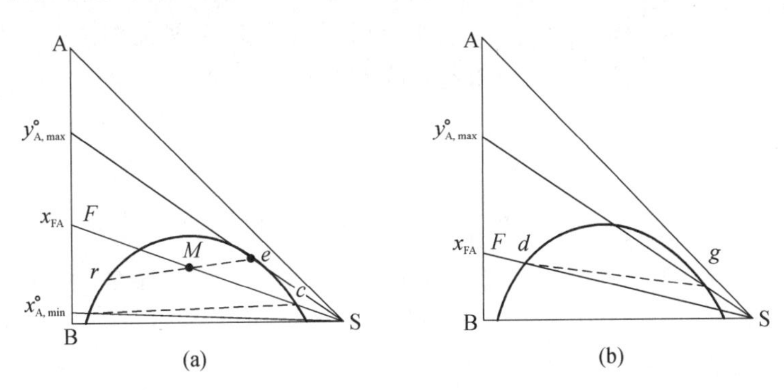

图 6－16 单级萃取操作分离范围

从 S 点作平衡溶解度曲线的切线$\overline{Se}$并延长至 AB 边，交点组成 $y^{\circ}_{A,\max}$是单级萃取所能获得的最高浓度。通过切点 e 作一平衡联结线$\overline{er}$，与连线$\overline{FS}$交于 M 点，应用杠杆定律可求得该操作条件下的溶剂用量。

当料液组成 x_{FA}较低而分配系数 k_A 又较小时[图 6－16(b)]，不可能用单级萃取使萃取相组成达到切点 e。此时溶剂用量越少，萃取液的溶质浓度越高，最少溶剂用量的总物料组

成为 d 点。过 d 点作平衡联结线$\overline{dg}$，延长连线$\overline{Sg}$至 AB 边，所得交点 $y^{\circ}_{A,\max}$是该情况下单级萃取操作可能达到的最大极限浓度。

例 6－2 含醋酸 35％(质量分数)的醋酸水溶液，在 25℃下用异丙醚为溶剂进行萃取，料液的处理量为 100 kg/h，试求：用 100 kg/h 纯溶剂进行单级萃取，所得的萃余相和萃取相的流量与醋酸质量分数。物系在 20℃时的平衡溶解度数据见表 6－1。

表 6－1 醋酸-水-异丙醚液液平衡数据(20℃)

萃余相(水相)组成(质量分数)			萃取相(异丙醚相)组成(质量分数)		
醋酸(A)	水(B)	异丙醚(S)	醋酸(A)	水(B)	异丙醚(S)
0.006 9	0.981	0.012	0.001 8	0.005	0.993
0.014 1	0.971	0.015	0.003 7	0.007	0.989
0.028 9	0.955	0.016	0.007 9	0.008	0.984
0.064 2	0.917	0.019	0.019 3	0.010	0.971
0.133	0.844	0.023	0.048 2	0.019	0.933
0.255	0.711	0.034	0.114	0.039	0.847
0.367	0.589	0.044	0.216	0.069	0.715
0.443	0.451	0.106	0.311	0.108	0.581
0.464	0.371	0.165	0.362	0.151	0.487

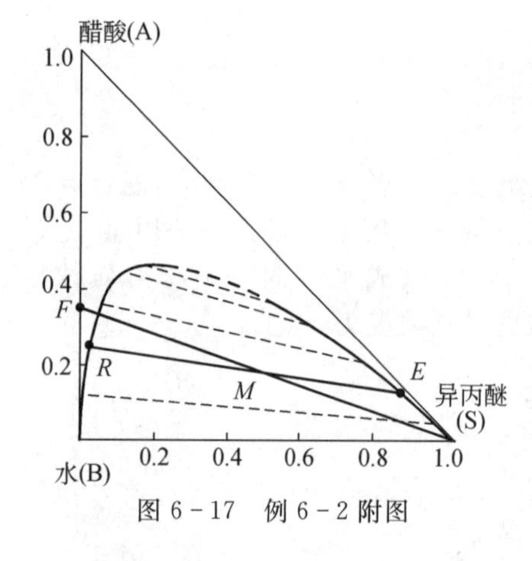

图 6－17 例 6－2 附图

解 单级萃取：由表中数据在三角形相图上作出溶解度曲线及若干条平衡联结线(参见图 6－17)。

原料液中醋酸的质量分数为 35％，可在图上找出 F 点。联结$\overline{FS}$，因料液量 F 与溶剂量 S 相等，混合点 M 位于$\overline{FS}$线的中点。

总物料流量 $M = F + S = 100 + 100 = 200\ (\text{kg/h})$

用内插法过 M 点作一条平衡联结线，找出单级萃取的萃取相 E 与萃余相 R 的组成点。从图上量出线段$\overline{RE}$、$\overline{ME}$的长度，可得

$$R = M\frac{\overline{ME}}{\overline{RE}} = 200 \times \frac{18.5}{42} = 88.1\ (\text{kg/h})$$

萃取相流量 $E = M - R = 200 - 88.1 = 111.9\ (\text{kg/h})$

从图 6－17 读得萃取相的醋酸质量分数 $y_A = 0.11$，萃余相的醋酸质量分数 $x_A = 0.25$。

6.1.5 萃取设备

萃取设备的用途是实现两液相之间的质量传递。目前，萃取设备的种类很多，这说明萃取设备正在不断地取得进展。

萃取设备的主要类型

对于液液系统，实现两相的密切接触和快速分离要比气液系统困难得多。因此，液液传质设备的类型亦很多，目前已有 30 余种不同型式的萃取设备在工业上获得应用。若根据两相接触方式，萃取设备可分为逐级接触式和微分接触式两类，而每一类又可分为有外加能量和无外加能量两种。表 6－2 列出了几种常用的萃取设备。

表 6-2　液液传质设备的分类

<table>
<tr><td colspan="2"></td><td>逐级接触式</td><td>微分接触式</td></tr>
<tr><td colspan="2">无外加能量</td><td>筛板塔</td><td>喷洒萃取塔
填料萃取塔</td></tr>
<tr><td rowspan="3">具有外加能量</td><td>搅拌</td><td>混合-澄清槽
搅拌-填料塔</td><td>转盘塔
搅拌挡板塔</td></tr>
<tr><td>脉动</td><td></td><td>脉冲填料塔
脉冲筛板塔
振动筛板塔</td></tr>
<tr><td>离心力</td><td>逐级接触离心机</td><td>连续接触离心机</td></tr>
</table>

在习惯上，不管设备有无外加能量，也不管是逐级接触还是微分接触，只要设备的截面是圆形而且高径比很大，统称为塔式传质设备。

逐级接触式萃取设备

多级混合-澄清槽　它是一种典型的逐级接触式液液传质设备，其每一级包括混合器和澄清槽两部分(图 6-18)。在实际生产中，混合-澄清槽可以单级使用，也可以多级按逆流、并流或错流方式组合使用。

混合-澄清槽的主要优点是传质效率高，操作方便，能处理含有固体悬浮物的物料。这种设备的主要缺点有：

① 水平排列的多级混合-澄清槽，占地面积较大。

② 每一级内均设有搅拌装置，流体在级间的流动一般需用泵输送，因而设备费用和操作费用均较大。

针对水平排列的多级混合-澄清槽所存在的缺点，有时采用箱式或立式混合-澄清槽。

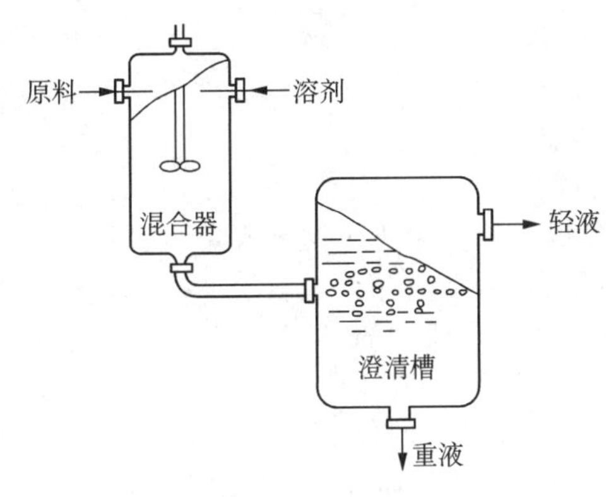

图 6-18　混合-澄清槽

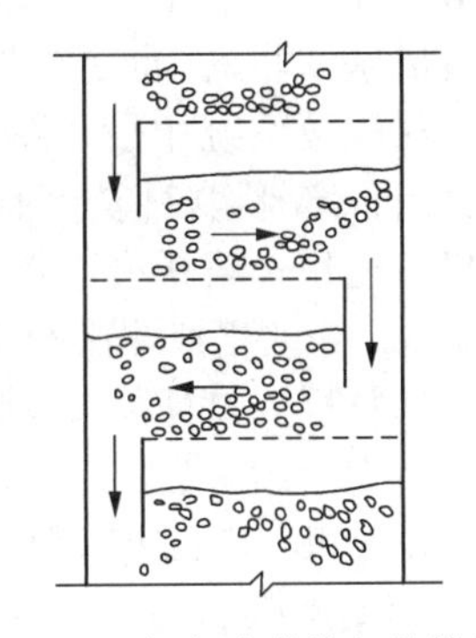
图 6-19　轻相为分散相的筛板塔

筛板塔　用于液液传质过程的筛板塔的结构及两相流动情况与气液系统中的筛板塔颇为相似。就总体而言，轻重两相在塔内做逆流流动，而在每块塔板上两相呈错流接触。如果轻液为分散相，塔的基本结构与两相流动情况如图 6-19 所示。作为分散相的轻液穿过各层塔板自下而上流动，而作为连续相的重液则沿每块塔板横向流动，由降液管流至下层塔板。轻液通过板上筛孔被分散为液滴，与板上横向流动的连续相接触和传质。液滴穿过连续相之后，在每层塔板的上层空间(即在上一层塔板之下)形成一清液层。该清液层在两相密度差的作用下，经上层筛板再次被分散成液滴而浮升。可见，每一块筛板及板上空间的作用相当于一级混合-澄清槽。为产生较小的液滴，液液筛板塔的孔径一般较小，通常为 3～6 mm。

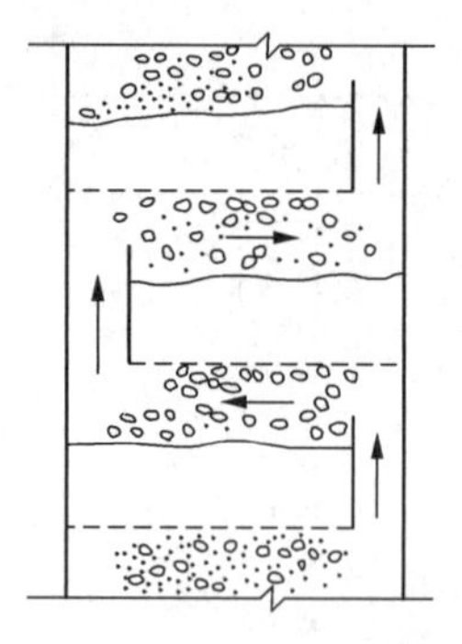

图 6－20　重相为分散相的筛板塔

若重液作为分散相，则须将塔板上的降液管改为升液管。此时，轻液在塔板上部空间横向流动，经升液管流至上层塔板，而重相穿过每块筛板自上而下流动(图 6－20)。

在筛板塔内分散相液体的分散和凝聚多次发生，而且筛板的存在又抑制了塔内的轴向返混，其传质效率是比较高的。目前筛板塔在液液传质过程中已得到相当广泛的应用。

微分接触式液液传质设备

喷洒塔　喷洒塔是由无任何内件的圆形壳体及液体引入和移出装置构成的，是结构最简单的液液传质设备(图 6－21)。

喷洒塔在操作时，轻、重两液体分别由塔底和塔顶加入，并在密度差作用下呈逆流流动。轻、重两液体中，一液体作为连续相充满塔内主要空间，而另一液体以液滴形式分散于连续相，从而使两相接触传质。塔体两端各有一个澄清室，以供两相分离。在分散相出口端，液滴凝聚分层。为提供足够的停留时间，有时将该出口端塔径局部扩大。两相分层界面Ⅰ－Ⅰ的位置可由阀门 B 和 π 型管的高度来控制。液体中所含少量固体杂质有在界面上聚集的趋势。这种杂质会附着于液滴的界面上，阻碍液滴的凝聚过程。因此，在界面Ⅰ－Ⅰ附近有一接管 C，以定期排除集结在界面上的杂质。

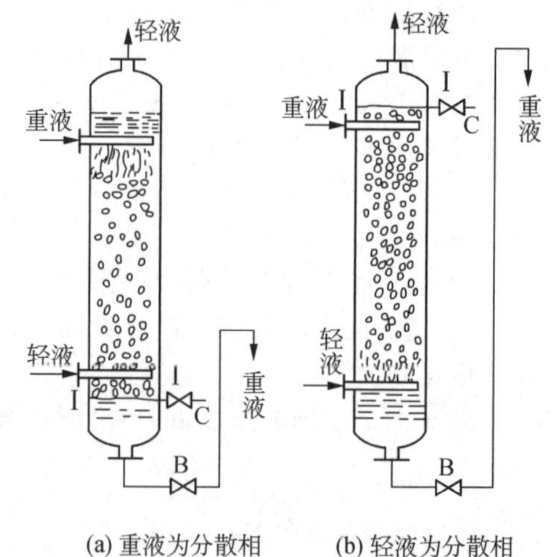

(a) 重液为分散相　　(b) 轻液为分散相

图 6－21　喷洒塔

喷洒塔结构虽然简单，但塔内传质效果差，一般不会超过 1～2 个理论级。目前，喷洒塔在工业上已很少应用。

填料塔　用于液液传质的填料塔结构与气液系统的填料塔基本相同，也是由圆形外壳及内部填料所构成。在气液系统中所用的各种典型填料，如鲍尔环、拉西环、鞍形填料及其他各种新型填料对液液系统仍然适用。填料层通常用栅板或多孔板支承。为防止沟流现象，填料尺寸不应大于塔径的 1/8。分散相液体必须直接引入填料层内，通常应深入填料层 25～50 mm。否则，液滴容易在填料层入口处凝聚，使该处成为填料塔生产能力的薄弱环节。为避免分散相液体在填料表面大量黏附而凝聚，所用填料应优先被连续相液体所润湿。因此填料塔内液液两相传质的表面积与填料表面积基本无关，传质表面是液滴的外表面。一般说来，瓷质填料易被水溶液优先润湿，塑料填料易被大部分有机液体优先润湿，而金属填料则需通过实验确定。

填料层的存在减小了两相流动的自由截面，塔的通过能力下降。但是，和喷洒塔相比，填料层使连续相速度分布较为均匀，使液滴之间多次凝聚与分散的机会增多，并减少了两相的轴向混合。这样，填料塔的传质效果比喷洒塔有所提高，所需塔高则可相应降低。

填料塔结构简单，操作方便，特别适用于腐蚀性料液，但填料塔的效率仍然是比较低的。

脉冲填料塔和脉冲筛板塔　在普通填料塔内，液体流动靠密度差维持，相对速度小，界面湍动程度低，两相传质速率亦低。为改善两相接触状况，强化传质过程，可在填料塔内提供外加机械能以造成脉动。这种填料塔称为脉冲填料塔。脉动的产生，通常可由往复泵来完成。在特殊情况下，也可用压缩空气来实现。

脉动的加入，使塔内物料处于周期性的变速运动之中，重液惯性大加速困难，轻液惯性小加速容易，从而使两相液体获得较大的相对速度。两相的相对速度大，可使液滴尺寸减小，湍动加剧，两相传质速率提高。但是，在填料塔内加入脉动，乱堆填料将定向重排导致沟流，故一般不予推荐。

脉冲筛板塔的结构与气液系统中的无溢流筛板塔相似，轻重液体皆穿过塔内筛板呈逆流接触，分散相在筛板之间不凝聚分层。周期性的脉动在塔底由往复泵造成(图 6-22)。筛板塔内加入脉动，同样可以增加相际接触面及其湍动程度而没有填料重排问题，故传质效率可大幅度提高。脉冲筛板塔的效率与脉动的振幅和频率有密切关系。若脉动过分激烈，会导致严重的轴向混合，传质效率反而降低。

脉冲筛板塔的传质效率很高，能提供较多的理论板数，但其允许通过能力较小，在化工生产的应用上受到一定限制。

振动筛板塔 振动筛板塔的基本结构特点是塔内的无溢流筛板不与塔体相连，而固定于一根中心轴上。中心轴由塔外的曲柄连杆机构驱动，以一定的频率和振幅往复运动(图 6-23)。当筛板向上运动时，筛板上侧的液体经筛孔向下喷射；当筛板向下运动时，筛板下侧的液体向上喷射。振动筛板塔可大幅度增加相际接触面及其湍动程度，但其作用原理与脉冲筛板塔不同。脉冲筛板塔是利用轻重液体的惯性差异，而振动筛板基本上起机械搅拌作用。为防止液体沿筛板与塔壁间的缝隙短路流过，可每隔几块筛板放置一块环形挡板。

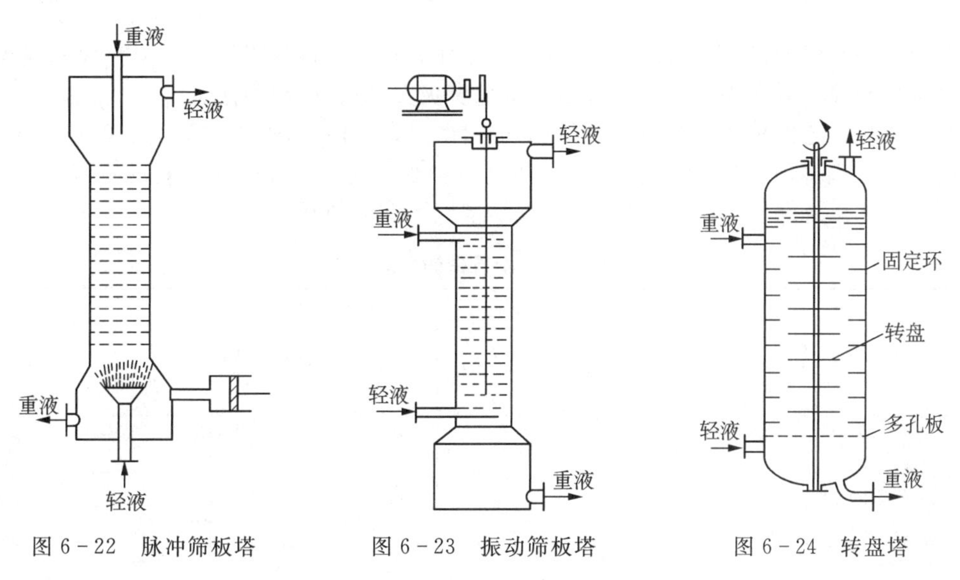

图 6-22 脉冲筛板塔　　图 6-23 振动筛板塔　　图 6-24 转盘塔

振动筛板塔操作方便，结构可靠，传质效率高，是一种性能较好的液液传质设备，在化工生产上的应用日益广泛。由于机械方面的原因，这种塔的直径受到一定限制，目前还不能适应大型化生产的需要。

转盘塔 转盘塔的主要结构特点是在塔体内壁按一定间距设置许多固定环，而在旋转的中心轴上按同样间距安装许多圆形转盘(图 6-24)。固定环将塔内分隔成许多区间，在每一个区间有一转盘对液体进行搅拌，从而增大了相际接触面及其湍动程度，固定环起到抑制塔内轴向混合的作用。为便于安装制造，转盘的直径要小于固定环的内径。圆形转盘是水平安装的，旋转时不产生轴向力，两相在垂直方向上的流动仍靠密度差推动。

转盘塔采用平盘作为搅拌器，其目的是不让分散相液滴尺寸过小而限制塔的通过能力。

转盘塔操作方便，传质效率高，结构也不复杂，特别是能够放大到很大的规模，因而在化工生产中的应用极为广泛。

离心式液液传质设备 离心式液液传质设备借高速旋转所产生的离心力，使密度差很小的轻、重两相以很大的相对速度逆流流动，两相接触密切，传质效率高。离心式液液传质设备的转速可达 2 000～5 000 r/min，所产生的离心力可为重力的几百倍乃至几千倍。离心式液液传质设备的特点是：设备体积小，生产强度高，物料停留时间短，分离效果高。但离心式传质设备结构复杂，制造困难，操作费用高，其应用受到一定的限制。一般说来，对于两相密度差小、要求停留时间短并且处理量不大的场合（如抗生素的萃取）易采用此种设备。目前，在规模较大的化工生产中，离心式液液传质设备很少应用。

液液传质设备的选择

液液传质设备的特点 液液传质设备的性能主要取决于设备内的液滴行为，而液滴行为主要取决于液滴的尺寸。不同的传质设备通过不同的方式造成适当的液滴尺寸和液滴行为。

液液传质设备内液滴尺寸的选择面临着双重矛盾。

① 通过能力和传质速度的矛盾。液滴尺寸过大，则传质表面过小，对传质速率不利。反之，液滴尺寸过小，传质表面虽可增大，但将限制设备的通过能力。

② 传质和凝聚的矛盾。液滴尺寸小，传质表面固然大，但凝聚速度随之降低。以混合-澄清槽为例，强烈的搅拌造成细小的液滴，增大了混合器内的传质效率，但凝聚速率过慢将使澄清段过于庞大。在塔式液液传质设备内，分散相必须经凝聚后才能自塔内排出。凝聚速率的大小将直接影响澄清段的尺寸。凝聚不完全，分散排出时将夹带连续相，造成连续相的损失。

特别值得注意的是，少量表面活性物质和固体悬浮物质将阻碍液滴在澄清段的凝聚，造成所谓乳化现象。乳化现象对液液传质设备危害极大，应予以密切注意。

液液传质设备的种类繁多，在进行具体的设备设计之前，审慎地选择适当的设备是十分重要的。设备选型应同时考虑系统性质和设备特性两方面的因素，一般的选择原则如表 6－3所示。如系统性质未知，必要时应通过小型试验做出判断。

表 6－3　萃取设备的选择原则

比较项目		设备名称						
		喷洒塔	填料塔	筛板塔	转盘塔	脉冲筛板塔 振动筛板塔	离心萃取器	混合-澄清槽
工艺条件	需理论级数多	×	△	△	○	○	△	△
	处理量大	×	×	△	○	×	×	△
	两相流量比大	×	×	×	△	△	○	○
系统费用	密度差小	×	×	×	△	△	○	△
	黏度高	×	×	×	△	△	○	△
	界面张力大	×	×	×	△	△	○	△
	腐蚀性高	○	○	△	△	△	×	×
	有固体悬浮物	○	×	×	○	△	×	○
设备费用	制造成本	○	△	△	△	△	×	△
	操作费用	○	○	○	△	△	×	×
	维修费用	○	○	△	△	△	×	△
安装场地	面积有限	○	○	○	○	○	○	×
	高度有限	×	×	×	△	△	○	○

注：○表示适用，△表示可以，×表示不适用。

分散相的选择 在液液传质过程中，两相流量比由液液平衡关系和分离要求决定，但在设备内究竟哪一液相作为分散相是可以选择的。通常，分散相的选择可从以下几个方面考虑。

① 当两相流量比相差较大时，为增加相际接触面，一般应将流量大者作为分散相。

② 当两相流量比相差很大，而且所选用的设备又可能产生严重的轴向混合时，为减小

轴向混合的影响,应将流量小者作为分散相。

③ 为减少液滴尺寸并增加液滴表面的湍动,对于 $d\sigma/dx > 0$ 的系统,分散相的选择应使溶质从液滴向连续相传递;对于 $d\sigma/dx < 0$ 的系统,分散相的选择应使溶质从连续相传向液滴。

④ 为提高设备能力,减小塔径,应将黏度大的液体作为分散相。因为连续相液体的黏度越小,液滴在塔内沉降或浮升速度越大。

⑤ 对于填料塔、筛板塔等传质设备,连续相优先润湿填料或筛板是极为重要的,此时应将润湿性较差的液体作为分散相。

⑥ 从成本和安全考虑,应将成本高和易燃易爆的液体作为分散相。

分散相的液体选定后,确保该液体被分散成液滴的主要手段是控制两相在塔内的滞液量。若分散相滞液量过大,液滴相互碰撞凝聚的机会增多,可能由分散相转化为连续相。另外,液体进塔的初始条件也有影响,分散相液体总是先通过分布器分散之后再流入连续相内。

6.2 结　　晶

6.2.1 结晶概述

结晶操作的类型和经济性　由蒸气、溶液或熔融物中析出固态晶体的操作称为结晶,其目的是混合物的分离。

根据析出固体的原因不同,可将结晶操作分成若干类型。工业上使用最广泛的是溶液结晶,即采用降温或浓缩的方法使溶液达到过饱和状态,析出溶质,以大规模地制取固体产品。此外,还有熔融结晶、升华结晶、反应沉淀、盐析等多种类型。

与其他单元操作相比,结晶操作的特点是:

① 能从杂质含量较多的混合液中分离出高纯度的晶体。

② 高熔点混合物、相对挥发度小的物系、共沸物、热敏性物质等难分离物系,可考虑采用结晶操作加以分离。这是因为沸点相近的组分其熔点可能有显著差别,表 6-4 列举了某些组分的熔点、沸点和相变热。

表 6-4　结晶和精馏的能量比较

物　质	结　晶		精　馏	
	熔点/K	结晶热/(kJ/kg)	沸点/K	汽化热/(kJ/kg)
邻甲酚	304	115	464	410
间甲酚	285	117	476	423
对甲酚	308	110	475	435
邻二甲苯	248	128	414	347
间二甲苯	225	109	412	343
对二甲苯	286	161	411	340
邻硝基甲苯	269	120	495	344
间硝基甲苯	289	109	506	364
对硝基甲苯	325	113	511	366
苯	278	126	353	394
水	273	334	373	2 260

③ 由于结晶热一般为汽化热的 1/7～1/3,过程的能耗较低。但是,结晶是个放热过程,在结晶温度较低时,常需较多的冷冻量以移走结晶热。而且多数结晶过程产生的晶浆需用固液分离以除去母液,并将晶体洗涤,才获得较纯的固体产品。因此,当混合物可以用精馏等方法加以分离时,应做经济比较,以选择合适的分离方法。

对结晶产物的要求　结晶操作不仅希望能耗低、产物的纯度达到要求,往往还出于应用目的，希望晶体有适当的粒度和较窄的粒度分布。粒度大小不一的晶体易于结成块或形成晶簇，其中包含的母液不易除去，影响产品的纯度。此外，晶体的形状对产品的外观、流动性、结块及其他应用性能有重要影响。控制结晶的粒度和晶形是结晶操作的一项重要技术。

晶系和晶习 构成晶体的微观粒子(分子、原子或离子)按一定的几何规则排列，由此形成的最小单元称为晶格。晶体可按晶格空间结构的区别分为不同的晶系。同一种物质在不同的条件下可形成不同的晶系，或为两种晶系的混合物。例如，熔融的硝酸铵在冷却过程中可由立方晶系变成斜棱晶系、长方晶系等。

微观粒子的规则排列可以按不同方向发展，即各晶面以不同的速率生长，从而形成不同外形的晶体，这种习性以及最终形成的晶体外形称为晶习。同一晶系的晶体在不同结晶条件下的晶习不同，改变结晶温度、溶剂种类、pH 以及少量杂质或添加剂的存在往往因改变晶习而得到不同的晶体外形。例如，萘在环己烷中结晶析出时为针状，而在甲醇中析出时为片状。此外，在溶液冷却结晶时，若冷却速率较快，通常易导致针状晶体。

显然，控制结晶操作的条件以改善晶习，获得理想的晶体外形，是结晶操作区别于其他分离操作的重要特点。

以下主要讨论溶液结晶的操作，最后将对其他类型的结晶做简要介绍。

6.2.2 溶解度及溶液的过饱和

溶解度曲线及溶液状态 溶解度曲线表示溶质在溶剂中的溶解度随温度而变化的关系。一些物质的溶解度曲线见图 6-25。溶解度的单位常采用单位质量溶剂中所含溶质的量表示，但也可以用其他浓度单位来表示，如质量分数等。

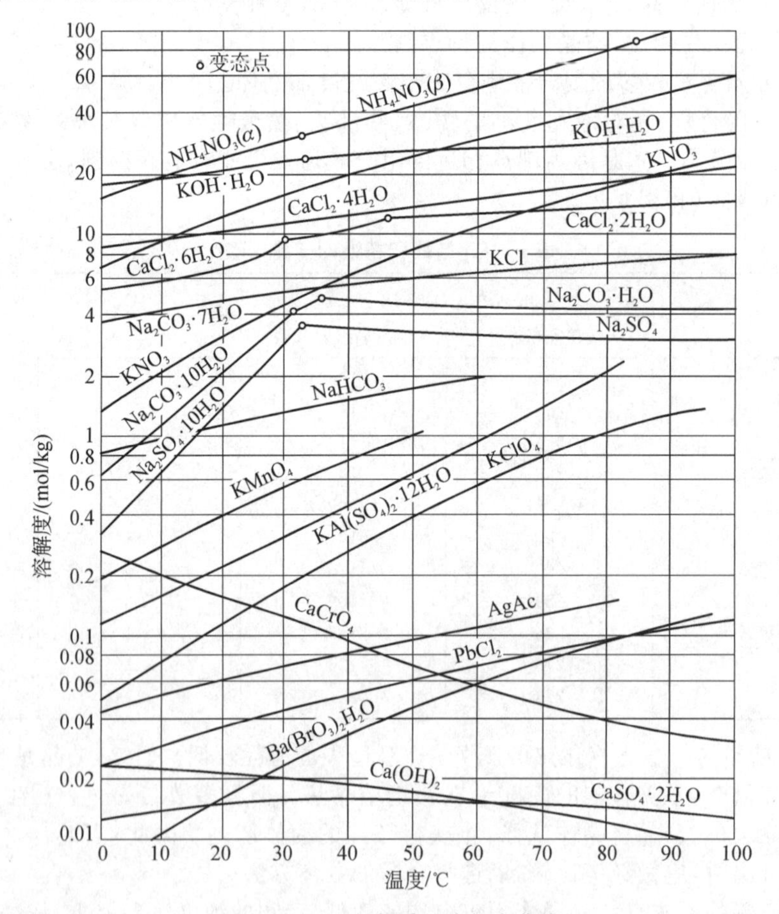

图 6-25 一些物质的溶解度曲线

多数物质的溶解度随温度升高而增大，少数物质则相反，或在不同的温度区域有不同的变化趋向。

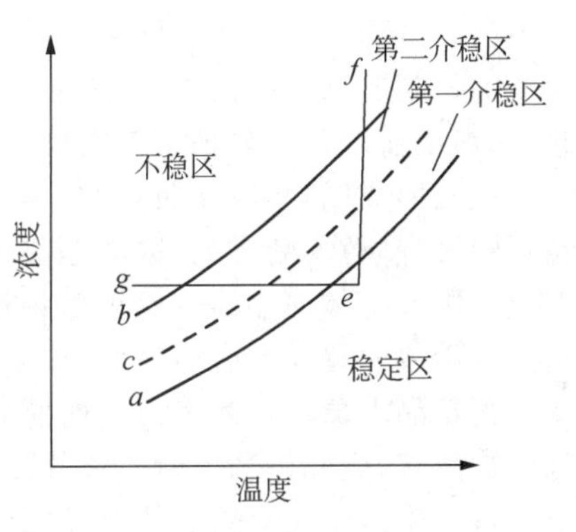

图 6-26 溶液状态图

图 6-26 是溶液饱和状态的示意图。图中曲线 a 是溶解度曲线，浓度等于溶解度的溶液称为饱和溶液。溶液浓度低于溶质的溶解度时，为不饱和溶液。当溶液浓度大于溶解度时，称为过饱和溶液，这时的溶液浓度与溶解度之差为过饱和度。若将完全纯净的溶液缓慢冷却，当过饱和度达到一定限度后，澄清的过饱和溶液就会开始析出晶核。表示溶液开始产生晶核的极限浓度曲线称为超溶解度曲线。图 6-26 中的 b 为超溶解度曲线。应当指出，一个特定物系只存在一根明确的溶解度曲线，而超溶解度曲线则在工业结晶过程中受多种因素的影响，如搅拌强度、冷却速率，等。当浓度低于溶解度时，不可能发生结晶，处于稳定区。当溶液浓度大于超溶解度曲线值时，会立即自发地发生结晶作用，为不稳区。在溶解度曲线与超溶解度曲线之间的区域称为介稳区，介稳区又分为第一介稳区和第二介稳区。在第一介稳区内，溶液不会自发成核，加入晶种，会使晶体在晶核上生长；在第二介稳区内，溶液可自发成核，但又不像不稳区那样立刻析出结晶，需要一定的时间间隔，这一间隔称为延滞期，过饱和度越大，延滞期越短。

过饱和度的表示方法 过饱和度指过饱和溶液的浓度超过该条件下饱和浓度的程度，可用过饱和度 Δc、过饱和度比 S 或相对过饱和度 δ 表示。

$$\Delta c = c - c^* \tag{6-30}$$

$$S = c/c^* \tag{6-31}$$

$$\delta = \Delta c/c^* \tag{6-32}$$

式中，c、c^* 分别为溶液浓度、饱和浓度(溶解度)，$\mathrm{kmol/m^3}$。

形成溶液过饱和状态的方法 溶液的过饱和度是结晶过程的推动力。在溶剂结晶中，形成过饱和状态的基本方法有两种。

一种方法是直接将溶液降低温度，达到过饱和状态，溶质结晶析出，此称为冷却结晶，如图 6-26 中 eg 线所示。另一种方法是使溶液浓缩，通常采用蒸发以除去部分溶剂，如图中 ef 线所示。实际操作往往兼用上述两种方法，以更有效地达到过饱和状态。例如，先将溶液加热至一定温度，然后减压闪蒸，使部分溶剂汽化，浓度增加，同时蒸发吸热而使溶液温度降低。

显然，溶解度曲线的形状是选择上述操作方法的重要依据。具有陡峭的溶解度曲线的物系选用降温(即 eg 线)的方法较为有利，而溶解度与温度关系不大的体系则适宜用浓缩的方法。

6.2.3 结晶机理与动力学

晶核生成与晶体成长 溶质从溶液中结晶出来，需经历两个阶段，即晶核的生成(成核)和晶体的成长。

晶核的大小通常在几个纳米至几十个微米，成核的机理有三种：初级均相成核、初级非均相成核和二次成核。

初级均相成核是指溶液在较高过饱和度下自发生成晶核的过程。初级非均相成核则是溶液在外来物的诱导下生成晶核的过程，它可以在较低的过饱和度下发生。二次成核是含有晶体的溶液在晶体相互碰撞或晶体与搅拌桨(或器壁)碰撞时所产生的微小晶体的诱导下发生的。由于初级均相成核速率受溶液过饱和度的影响非常敏感，因而操作时对溶液过饱和度的控制要求过高而不宜采用。初级非均相成核因需引入诱导物而增加操作步骤。因此，一般工业结晶主要采用二次成核。

晶核形成以后，溶质质点（原子、离子、分子）会在晶核上继续一层层排列上去而形成晶粒，并且使晶粒不断增大，这就是晶体的成长。晶体成长的传质过程主要有两步，第一步是溶质从溶液主体向晶体表面扩散传递，它以浓度差为推动力。第二步是溶质在晶体表面上附着并沿表面移动至合适位置，按某种几何规律构成晶格，并放出结晶热。

再结晶现象　小晶体因表面能较大而有被溶解的趋向。当溶液的过饱和度较低时，小晶体被溶解，大晶体则不断成长并使晶体外形更加完好，这就是晶体的再结晶现象。工业生产中常利用再结晶现象而使产品“最后熟化”，使结晶颗粒数目下降，粒度提高，达到一定的产品粒度要求。

结晶速率　结晶速率包括成核速率和晶体成长速率。

成核速率是指单位时间、单位体积溶液中产生的晶核数目，即

$$r_{核} = \frac{\mathrm{d}N}{\mathrm{d}t} = K_{核}\ \Delta c^{m} \tag{6-33}$$

式中，N 为单位体积晶浆中的晶核数；Δc 为过饱和度；m 为晶核生成级数；$K_{核}$ 为成核的速率常数。

晶体的成长速率是指单位时间内晶体平均粒度 L 的增加量，即

$$r_{长} = \frac{\mathrm{d}L}{\mathrm{d}t} = K_{长}\ \Delta c^{n} \tag{6-34}$$

式中，n 为晶体成长级数；$K_{长}$ 为晶体成长速率常数。

通常，m 大于 2，n 在 1 至 2 之间。由式(6－33)与式(6－34)相比可得

$$\frac{r_{核}}{r_{长}} = \frac{K_{核}}{K_{长}}\Delta c^{m-n} \tag{6-35}$$

由于 $m-n$ 大于零，所以当过饱和度 Δc 较大时，晶核生成较快而晶体成长较慢，有利于生产颗粒小、颗粒数目多的结晶产品。当过饱和度 Δc 较小时，晶核生成较慢而晶体成长较快，有利于生产大颗粒的结晶产品。

影响结晶速率的因素　影响结晶的工程因素很多，以下列出几个主要的影响因素。

① 过饱和度的影响　温度和浓度都直接影响到溶液的过饱和度。过饱和度的大小影响晶体的成长速率，又对晶习、粒度、晶粒数量、粒度分布产生影响。例如，在低过饱和度下，β 石英晶体多呈短而粗的外形，而且晶体的均匀性较好。在高过饱和度下，β 石英晶体多呈细长形状，且晶体的均匀性较差。

② 黏度的影响　溶液黏度大，流动性差，溶质向晶体表面的质量传递主要靠分子扩散作用。这时，由于晶体的顶角和棱边部位比晶面部位容易获得溶质，而出现晶体棱角长得快、晶面长得慢的现象，结果会使晶体长成形状特殊的骸晶。

③ 密度的影响　晶体周围的溶液因溶质不断析出而使局部密度下降，结晶放热作用又使该局部的温度较高而加剧了局部密度下降。在重力场的作用下，溶液的局部密度差会造成溶液的涡流。如果这种涡流在晶体周围分布不均，就会使晶体处在溶质供应不均匀的条件下成长，结果会使晶体生长成形状歪曲的歪晶。

④ 位置的影响　在有足够自然空间的条件下，晶体的各晶面都将按生长规律自由地成长，获得有规则的几何外形。当晶体的某些晶面遇到其他晶体或容器壁面时，就会使这些晶面无法成长，形成歪晶。

⑤ 搅拌的影响　搅拌是影响结晶粒度分布的重要因素。搅拌强度大会使介稳区变窄，二次成核速率增加，晶体粒度变细。温和而又均匀的搅拌，则是获得粗颗粒结晶的重要条件。

6.2.4　结晶过程的物料和热量衡算

过程分析　溶液在结晶器中结晶形成的晶体和余下的母液的混合物称为晶浆。所以，晶浆实际上是液固悬浮液。母液是过程最终温度下的饱和溶液。由投料的溶质初始浓度、最终温度下的溶解度、蒸发水量，就可以计算结晶过程的晶体产率。因此，料液的量和浓度与产物的量和浓度之间的关系可由物料衡算和溶解度决定。

溶质从溶液中结晶析出时会发生焓变化而放出热量，这同纯物质从液态变为固态时发生焓变化而放热是类似的。两者都属于相变热，但在数值上是不相等的，溶液中溶质结晶焓变化还包括了物质浓缩的焓变化。溶液结晶过程中，生成单位质量溶质晶体所放出的热量称为结晶热。结晶的逆过程是溶解。单位溶质晶体在溶剂中溶解时所吸收的热量为溶解热，许多溶解热数据是在无限稀释溶液中以 1 kg 溶质溶解引起的焓变化来表示的。如果在溶液浓度相等的相平衡条件下，结晶热应等于负的溶解热。由于许多物质的稀释热与溶解热相比很小，因此结晶热近似地等于负的溶解热。

结晶过程中溶液与加热介质（或冷却介质）之间的传热速率计算与传热章中所述的间壁式传热过程相同。溶液与晶体颗粒之间的传热速率、传质速率均与结晶器内的流体流动情况密切有关，可近似采用球形颗粒外的传热、传质系数关联式作估算。溶液与晶体颗粒之间的传热、传质速率都会影响结晶晶习、产品纯度、外观质量，所以在提高速率、提高设备生产能力时必须兼顾产品的质量。

物料衡算　作物料衡算时，需考虑晶体是否为水合物，当晶体为非水合物时，晶体可按纯溶质计算。当晶体为水合物时，晶体中溶质的质量分数可按溶质相对分子质量与晶体相对分子质量之比计算。物料衡算主要是总物料的衡算和溶质的物料衡算（或水的物料衡算）。

图 6－27 所示为结晶器的进出物流图，对图中虚线所示的控制体作溶质物料衡算有

$$Fw_1 = mw_2 + (F - W - m)w_3 \tag{6-36}$$

式中，F 为进料质量；w_1 为进料溶液中的溶质质量分数；m 为晶体质量；w_2 为晶体中的溶质质量分数；W 为结晶器中蒸发出的水分质量；w_3 为母液中的溶质质量分数。

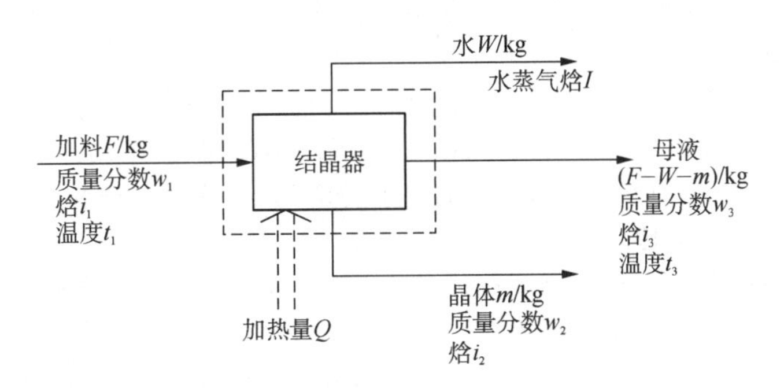

图 6－27　结晶器的进出物流

例 6－3　结晶产率的计算

100 kg 含 28%（质量分数）Na_2CO_3 的水溶液在结晶器中冷却到 20℃，结晶盐分子含 10 个结晶水，即 $Na_2CO_3 \cdot 10H_2O$。已知 20℃下 Na_2CO_3 的溶解度 w_3 为 17.7%（质量分数）。溶液在结晶器中自蒸发 3 kg 水分，试求结晶产量 m 为多少千克。

解　由已知条件可得 $W = 3$ kg。因 Na_2CO_3 的相对分子质量为 106，$Na_2CO_3 \cdot 10H_2O$

的相对分子质量为 286，则 $w_2 = 106/286 = 0.371$。由式(6 - 36)可得

$$100 \times 0.28 = m \times 0.371 + (100 - 3 - m) \times 0.177$$

解出结晶产量 $m = 55.8$ kg，母液量为 41.2 kg。

热量衡算 对图 6 - 27 中虚线所示的控制体作热量衡算可得

$$Fi_1 + Q = WI + mi_2 + (F - W - m)i_3 \tag{6-37}$$

式中，Q 为外界对控制体的加热量(当 Q 为负值时，为外界从控制体移走热量)；i_1 为单位质量进料溶液的焓；i_2 为单位质量晶体的焓；i_3 为单位质量母液的焓。

将式(6 - 37)整理后可得

$$\underset{\text{汽化潜热}}{W(I - i_3)} = \underset{\text{溶液结晶放热}}{m(i_3 - i_2)} + \underset{\text{溶液降温放热}}{F(i_1 - i_3)} + \underset{\text{外界加热}}{Q} \tag{6-38}$$

式(6 - 38)表明结晶器中水分汽化所需的热量为溶液结晶放热量、溶液降温放热量和外界加热量之和。式(6 - 38)也可写成

$$Wr = mr_{\text{结晶}} + Fc_p(t_1 - t_3) + Q \tag{6-39}$$

例 6 - 4 结晶过程的热量衡算

100 kg 30℃含 35.1%(质量分数) $MgSO_4$ 的水溶液在绝热条件下真空蒸发降温至 10℃，结晶盐分子含 7 个结晶水，即 $MgSO_4 \cdot 7H_2O$。已知 10℃下 $MgSO_4$ 的溶解度 w_3 为 15.3%(质量分数)。试求蒸发水分量 W 和结晶产量 m 各为多少千克。已知该物系的溶液结晶热 $r_{\text{结晶}}$ 为 50 kJ/kg 晶体，溶液的平均比热容为 3.1 kJ/(kg·K)，水的汽化潜热为 2 468 kJ/kg。

解 由题给条件已知 $Q = 0$，$t_1 = 30$℃，$t_3 = 10$℃。因 $MgSO_4$ 的相对分子质量为 120.4，$MgSO_4 \cdot 7H_2O$ 的相对分子质量为 246.5，则 $w_2 = 120.4/246.5 = 0.488$。由式(6 - 36)、式(6 - 39)可得

$$100 \times 0.351 = m \times 0.488 + (100 - W - m) \times 0.153 \tag{a}$$

$$W \times 2\,468 = m \times 50 + 100 \times 3.1 \times (30 - 10) \tag{b}$$

由式(a)、式(b)联立可解得蒸发水分量 $W = 3.74$ kg，结晶产量 $m = 60.81$ kg，母液量为 35.45 kg。

6.2.5 结晶设备

结晶设备的类型很多，有些结晶器只适用于一种结晶方法，有些结晶器则适用于多种结晶方法。结晶器按结晶方法可分为冷却结晶器、蒸发结晶器、真空结晶器；按操作方式可分为间歇式和连续式；按流动方式可分为混合型和分级型、母液循环型和晶浆循环型。以下介绍几种主要结晶器的结构特点。

搅拌式冷却结晶器 搅拌釜可装有冷却夹套或内螺旋管，在夹套或内螺旋管中通入冷却剂以移走热量。釜内搅拌以促进传热和传质速率，使釜内溶液温度和浓度均匀，同时使晶体悬浮、与溶液均匀接触，有利于晶体各晶面均匀成长。这种结晶器即可连续操作又可间歇操作。采用不同的搅拌速度可制得不同的产品粒度。经验表明，制备大颗粒结晶采用间歇式操作较好，制备小颗粒结晶则可采用连续式操作。

图 6 - 28 所示为外循环搅拌式冷却结晶器，它由搅拌结晶釜、冷却器和循环泵组成。从搅拌釜出来的晶浆与进料溶液混合后，在泵的输送下经过冷却器降温形成过饱和度进入搅拌釜结晶。泵使晶浆在冷却器和搅拌结晶釜之间不断循环，外置的冷却器换热面积可以做得较大，这样大大强化了传热速率。

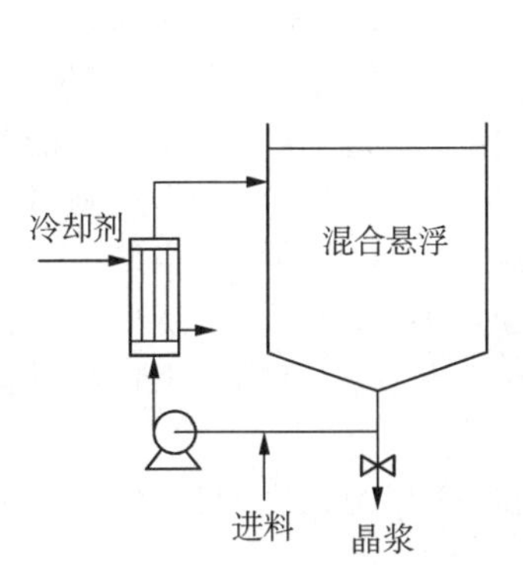

图 6-28　外循环搅拌式冷却结晶器

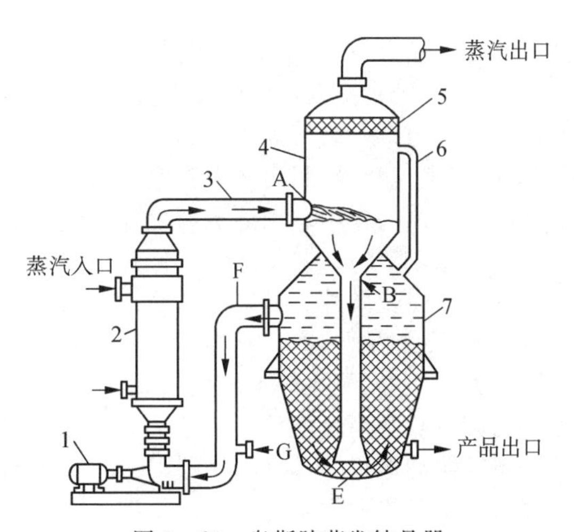

图 6-29　奥斯陆蒸发结晶器

A—闪蒸区入口；B—介稳区入口；E—床层区入口区；
F—循环流入口；G—结晶母液进料口
1—循环泵；2—热交换器；3—再循环管；4—蒸发器；
5—筛网分离器；6—排气管；7—悬浮室

奥斯陆蒸发结晶器　图 6-29 所示为奥斯陆蒸发结晶器。结晶器由蒸发室与结晶室两部分组成。蒸发室在上，结晶室在下，中间由一根中央降液管相连接。结晶室的器身带有一定的锥度，下部截面较小，上部截面较大。母液经循环泵输送后与加料液一起在换热器中被加热，经再循环管进入蒸发室，溶液部分汽化后产生过饱和度。过饱和溶液经中央降液管流至结晶室底部，转而向上流动。晶体悬浮于此液体中，因流道截面的变化而形成了下大上小的液体速度分布，从而使晶体颗粒成为粒度分级的流化床（较多颗粒随流体一起流动的现象）。粒度较大的晶体颗粒富集在结晶室底部，与降液管中流出的过饱和度最大的溶液接触，使之长得更大。随着液体往上流动，速度渐慢，悬浮的晶体颗粒也渐小，溶液的过饱和度也渐渐变小。当溶液达到结晶室顶层时，已基本不含晶粒，过饱和度也消耗殆尽，作为澄清的母液在结晶室顶部溢流进入循环管路。这种操作方式是典型的母液循环式，其优点是循环液中基本不含晶体颗粒，从而避免发生因泵的叶轮与晶粒之间的碰撞而造成的过多二次成核，加上结晶室的粒度分级作用，使该结晶器所产生的结晶产品颗粒大而均匀。该结晶器的缺点是操作弹性较小，这是因为母液的循环量受到了产品颗粒在饱和溶液中沉降速度的限制。

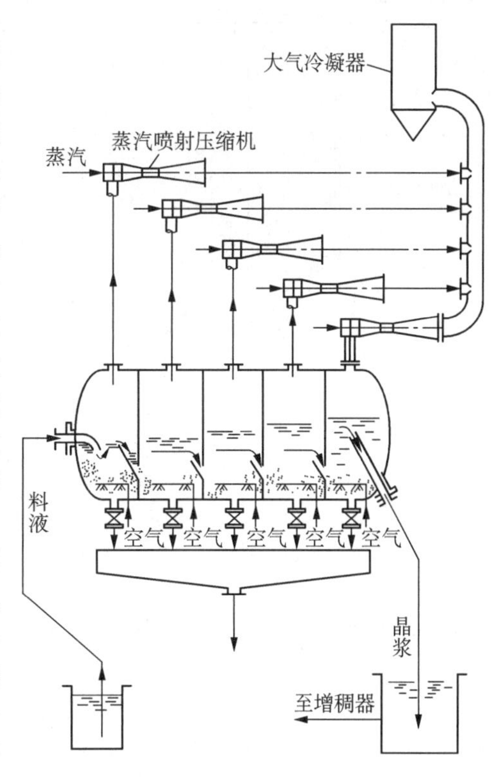

图 6-30　多级真空结晶器

多级真空结晶器　图 6-30 所示为多级真空结晶器。与多效蒸发类似，多级真空结晶器也是为了节约能量。这种结晶器为横卧的圆筒形容器，器内用垂直隔板分隔成多个结晶室。各结晶室的下部是相连通的，晶浆可从前一室流至后一室；而结晶室上部的蒸汽空间则相互隔开，分别与不同的真空度相连接。加料液从储槽吸入到第一级结晶室，在真空下自蒸发并降温，降温后的溶液逐级向后流动，结晶室的真空度逐级升高，使各级自蒸发蒸气的冷凝温度逐级降低。最后一级的冷凝温度可降低至摄氏几度。操作绝对压力第一级可为 10 kPa，最后一级可为 1 kPa 左右。在各结晶室下部都装有空气分布管，与大气相通，利用室内真空度而吸入少量空气，空气经分布管鼓泡通过液体层，从而起到搅拌液体的作用。当溶液温度降至饱和温度以下时，晶体开始析出。在空气的搅拌下，晶粒得以悬浮、成长，并与溶液一起逐级流动。若能正确地选择各级的操作压力，则可建立良好的晶体生长条件。晶浆经最后一级结晶室后从溢流管流出。这种多级真空结晶器直径可达 3 m，长度可达 12 m，级数为 5～8 级。其处理量与所处理的物系性质、温度变化范围等因素有关。例如，氯化铵水溶液从 25℃冷却至 10℃，处理量可达 100 m^3/h。用这种结晶器生产的无机盐产品粒度可达 0.7～1.0 mm。

结晶器的选择 选择结晶器时，须考虑能耗、物系的性质、产品的粒度和粒度分布要求、处理量大小等多种因素。

首先，对于溶解度随温度降低而大幅度降低的物系可选用冷却结晶器或真空结晶器，而对于溶解度随温度降低而降低很少、不变或少量上升的物系则可选择蒸发结晶器。其次要考虑结晶产品的形状、粒度及粒度分布的要求。要想获得颗粒较大而且均匀的晶体，可选用具有粒度分级作用的结晶器。这类结晶器生产的晶体颗粒也便于过滤、洗涤、干燥等后处理。结晶器的选择还须考虑设备投资费用和操作费用的大小，以及操作弹性等因素。

6.2.6 其他结晶方法

熔融结晶 熔融结晶是在接近析出物熔点温度下，从熔融液体中析出组成不同于原混合物的晶体的操作，过程原理与精馏中因部分冷凝（或部分汽化）而形成组成不同于原混合物的液相类似。熔融结晶过程中，固液两相需经多级（或连续逆流）接触后才能获得高纯度的分离。

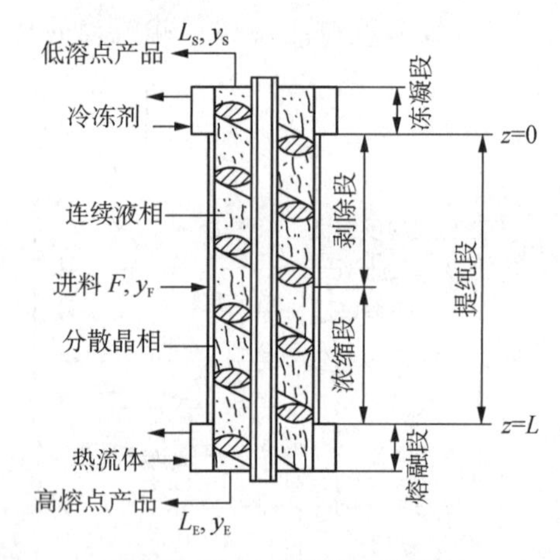

图 6－31 塔式分步结晶

图 6－31 是塔式连续熔融结晶操作的一种方式。晶粒与熔融液体在塔内做逆向运动。图中所示为晶粒在密度差及缓慢转动的螺带推动下向下运动，而熔体向上流动，构成两相密切的接触传质。料液由塔中部加入，晶粒在塔底被加热熔化，部分作为高熔点产物流出，部分作为液相回流向上流动。部分液相在塔顶作为低熔点产物采出，部分被冷却析出结晶向下运动。这种液固两相连续接触传质的方式又称分步结晶。

熔融结晶主要用作有机物的提纯、分离以获得高纯度的产品，如将萘与杂质（甲基萘等）分离可制得纯度达 99.9%（质量分数）的精萘，从混合二甲苯中提取纯对二甲苯，从混合二氯苯中分离获取纯对二氯苯等。熔融结晶的产物外形往往是液体或整体固相，而非颗粒。

反应沉淀 反应沉淀是液相中因化学反应生成的产物以结晶或无定形物析出的过程。例如，用硫酸吸收焦炉气中的氨生成硫酸铵并以结晶析出，经进一步固液分离、干燥后获得产品。

沉淀过程首先是反应形成过饱和度，然后成核、晶体成长。与此同时，还往往包含了微小晶粒的成簇及熟化现象。显然，沉淀必须以反应产物在液相中的浓度超过溶解度为条件，此时的过饱和度取决于反应速率。因此，反应条件（包括反应物浓度、温度、pH 及混合方式等）对最终产物晶粒的粒度和晶形有很大影响。

盐析 这是一种在混合液中加入盐类或其他物质以降低溶质的溶解度、从而析出溶质的方法。例如，向氯化铵母液中加盐（氯化钠），母液中的氯化铵因溶解度降低而结晶析出。

盐析剂也可以是液体。例如，向有机混合液中加水，使其中不溶于水的有机溶质析出，这种盐析方法又称水析。

盐析的优点是直接改变固液相平衡，降低溶解度，从而提高溶质的回收率。此外，还可以避免加热浓缩对热敏物的破坏。

升华结晶 物质由固态直接相变而成为气态的过程称为升华，其逆过程是蒸气的骤冷直接凝结成固态晶体。升华结晶主要指后一过程，如含水的湿空气骤冷形成雪，有时也泛指上述两个过程。

升华结晶常用来从气体中回收有用组分，如用流化床将萘蒸气氧化生成邻苯二甲酸酐，混合气经冷却后析出固体成品。

6.3 吸附分离

6.3.1 吸附概述

吸附与解吸

利用多孔固体颗粒选择性地吸附流体中的一个或几个组分，从而使流体混合物得以分离的方法称为吸附操作。通常称被吸附的物质为吸附质，用作吸附的多孔固体颗粒称为吸附剂。

吸附作用起因于固体颗粒的表面力。此表面力可以是由于范德瓦尔斯力作用使吸附质分子单层或多层地覆盖于吸附剂的表面，这种吸附属物理吸附。吸附时所放出的热量称为吸附热。物理吸附的吸附热在数量上与组分的冷凝热相当，为42～62 kJ/mol。吸附也可因吸附质与吸附剂表面原子间的化学键合作用造成，这种吸附属化学吸附，吸附热相对较高。化工吸附分离多为物理吸附。

与吸附相反，组分脱离固体吸附剂表面的现象称为解吸(或脱附)。与吸收-解吸过程相类似，吸附-解吸的循环操作构成一个完整的工业吸附过程。

解吸的方法有多种，原则上是升温和降低吸附质的分压以改变平衡条件使吸附质解吸。工业上根据不同的解吸方法，赋予吸附-解吸循环操作以不同的名称。

① 变温吸附 用升高温度的方法使吸附剂的吸附能力降低，从而达到解吸的作用，也即利用温度变化来完成循环操作。小型吸附设备常直接通入蒸气加热床层，它具有传热系数高，升温快，又可以清扫床层的优点。

② 变压吸附 降低系统压力或抽真空使吸附质解吸，升高压力使之吸附，利用压力的变化完成循环操作。

③ 变浓度吸附 利用惰性溶剂冲洗或萃取剂抽提而使吸附质解吸，从而完成循环操作。

④ 置换吸附 用其他吸附质把原吸附质从吸附剂上置换下来，从而完成循环操作。

除此之外，改变其他影响吸附质在流固两相之间分配的热力学参数，如pH、电磁场强度等都可实现吸附解吸循环操作。另外，也可同时改变多个热力学参数，如变温变压吸附、变温变浓度吸附等。

常用吸附剂

化工生产中常用天然和人工制作的两类吸附剂。天然矿物吸附剂有硅藻土、白土、天然沸石等。虽然其吸附能力小，选择吸附分离能力低，但价廉易得，常在简易加工精制中采用，而且一般使用一次后即舍弃，不再进行回收。人工吸附剂则有活性炭、硅胶、活性氧化铝、合成沸石等。

活性炭 将煤、椰子壳、果核、木材等进行炭化，再经活化处理，可制成各种不同性能的活性炭，其比表面积可达1 500 m^2/g。活性炭具有非极性表面，为疏水性和亲有机物的吸附剂。它可用于回收混合气体中的溶剂蒸气，各种油品和糖液的脱色，水的净化，气体的脱臭等。将超细的活性炭微粒加入纤维中，或将合成纤维炭化后可制得活性炭纤维吸附剂。这种吸附剂可以编织成各种织物，因而减少对流体的阻力，使装置更为紧凑。活性炭纤维的吸附能力比一般的活性炭高 1～10 倍。活性炭也可制成炭分子筛，可用于空气分离中氮的吸附。

分子筛晶格结构一定、微孔尺寸大小均一，能选择性地将小于晶格内微孔的分子吸附于其中，起到筛选分子的作用。

硅胶　硅酸钠溶液用酸处理，沉淀所得的胶状物经老化、水洗、干燥后，制得硅胶。硅胶是一种亲水性的吸附剂，其比表面积可达 600 m^2/g。硅胶是无定形水合二氧化硅，其表面羟基产生一定的极性，使硅胶对极性分子和不饱和烃具有明显的选择性。它可用于气体的干燥脱水、脱甲醇等。

活性氧化铝　由含水氧化铝加热活化而制得活性氧化铝，其比表面积可达 350 m^2/g。活性氧化铝是一种极性吸附剂，它对水分的吸附能力大，且循环使用后，其物化性能变化不大。它可用于气体的干燥、液体的脱水以及焦炉气或炼厂气的精制等。

各种活性土（如漂白土、铁矾土、酸性白土等）　由天然矿物（主要成分是硅藻土）在 80～110℃下经硫酸处理活化后制得，其比表面积可达 250 m^2/g。活性土可用于润滑油或石油重馏分的脱色和脱硫精制等。

合成沸石和天然沸石分子筛　沸石是一种硅铝酸金属盐的晶体，其比表面积可达 750 m^2/g。它具有高的化学稳定性，微孔尺寸大小均一，是强极性吸附剂。随着晶体中的硅铝比的增加，极性逐渐减弱。它的吸附选择性强，能起筛选分子的作用。沸石分子筛的用途很广，如环境保护中的水处理、脱除重金属离子及海水提钾等。

吸附树脂　高分子物质，如纤维素、木质素、甲壳素和淀粉等，经过反应交联或引进官能团，可制成吸附树脂。吸附树脂有非极性、中极性、极性和强极性之分。它的性能是由孔径、骨架结构、官能团基的性质和它的极性所决定的。吸附树脂可用于维生素的分离、过氧化氢的精制等。

吸附剂的基本特性

吸附剂的比表面积　吸附剂的比表面积 a 是指单位质量吸附剂所具有的吸附表面积，它是衡量吸附剂性能的重要参数。吸附剂的比表面主要是由颗粒内的孔道内表面构成的。孔的大小可分为三类：微孔（孔径 < 2 nm），中孔（孔径为 $2 \sim 200$ nm）和大孔（孔径 $>$ 200 nm）。以活性炭为例，微孔的比表面积占总比表面积的 95%以上，而中孔与大孔主要是为吸附质提供进入内部的通道。

吸附容量　吸附容量 x_m 为吸附表面每个空位都单层吸满吸附质分子时的吸附量。吸附量 x 指单位质量吸附剂所吸附的吸附质的质量，单位为 kg 吸附质/kg 吸附剂。吸附量也称为吸附质在固体相中的浓度。观察吸附前后吸附气体体积的变化，或者确定吸附剂经吸附后固体颗粒的增重量，即可确定吸附量。吸附容量与系统的温度、吸附剂的孔径大小和孔隙结构形状、吸附剂的性质有关系。吸附容量表示了吸附剂的吸附能力。

吸附剂密度　根据不同需要，吸附剂密度有不同的表达方式。

① 装填密度 ρ_B 与空隙率 ε_B　装填密度指单位填充体积的吸附剂质量。通常，将烘干的吸附剂颗粒放入量筒中摇实至体积不变，吸附剂质量与量筒所测体积之比即为装填密度。吸附剂颗粒与颗粒之间的空隙体积与量筒所测体积之比为空隙率 ε_B。用汞置换法置换颗粒与颗粒之间的空气，即可测得空隙率。

② 颗粒密度 ρ_P　又称表观密度，它是单位颗粒体积（包括颗粒内孔腔体积）的吸附剂的质量。显然，

$$\rho_P(1-\varepsilon_B)=\rho_B \tag{6-40}$$

③ 真密度 ρ_t　指单位颗粒体积(扣除颗粒内孔腔体积)的吸附剂的质量。内孔腔体积与颗粒总体积之比为内孔隙率 ε_p，即

$$\rho_t(1-\varepsilon_p)=\rho_p \tag{6-41}$$

工业吸附对吸附剂的要求

吸附剂应满足下列要求。

① 有大的内表面，比表面积越大吸附容量越大。

② 活性高，内表面都能起到吸附的作用。

③ 选择性高，吸附剂对不同的吸附质具有选择性吸附作用。不同的吸附剂由于结构、吸附机理不同，对吸附质的选择性有显著的差别。

④ 要有一定的机械强度和物理特性(如颗粒大小)。

⑤ 具有良好的化学稳定性、热稳定性以及价廉易得。

6.3.2　吸附平衡

吸附等温线

气体吸附质在一定温度、分压(或浓度)下与固体吸附剂长时间接触，吸附质在气、固两相中的浓度达到平衡。平衡时吸附剂的吸附量 x 与气相中的吸附质组分分压 p(或浓度 c)的关系曲线称为吸附等温线。

图 6-32 为活性炭吸附空气中单个溶剂蒸气组分的吸附等温线，图 6-33 为水在不同温度下的吸附等温线(1 Å=0.1 nm)。由图可见，提高组分分压和降低温度有利于吸附。常见的吸附等温线可粗分为三种类型，见图 6-34。类型Ⅰ表示平衡吸附量随气相浓度上升最初增加较快，后来较慢，曲线呈向上凸出。类型Ⅰ在气相吸附质浓度很低时，仍有相当高的平衡吸附量，称为有利的吸附等温线。类型Ⅱ则表示平衡吸附量随气相浓度上升最初增加较慢，后来较快，曲线呈下凹形状，称为不利的吸附等温线。类型Ⅲ是平衡吸附量与气相浓度呈线性关系。

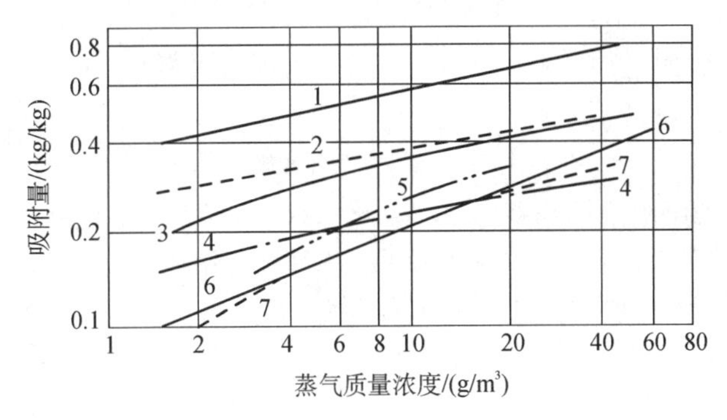

图 6-32　活性炭吸附空气中溶剂蒸气的吸附平衡(20℃)

1—CCl_4；2—醋酸乙酯；3—苯；4—乙醚；5—乙醇；6—氯甲烷；7—丙酮

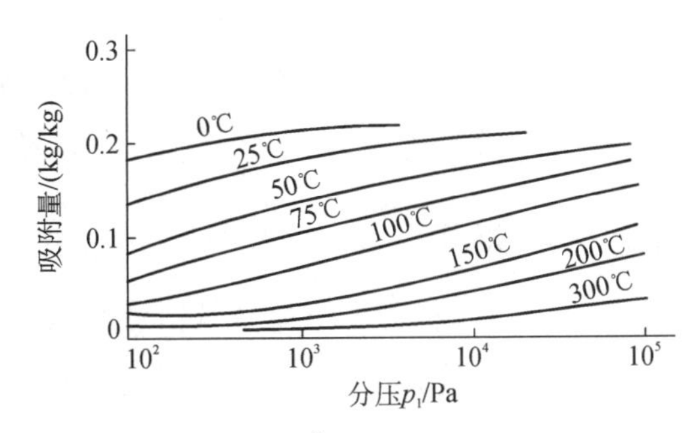

图 6-33　水在 5 Å 分子筛上的吸附等温线

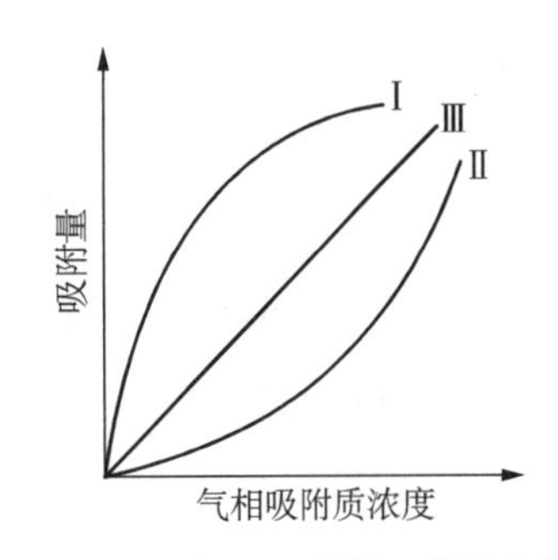

图 6-34　气固吸附等温线的分类

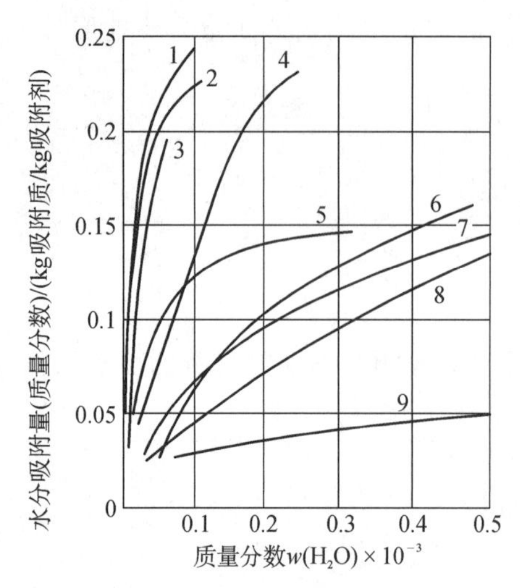

图 6-35　4 Å 分子筛对溶剂中水分的吸附平衡(25℃)

1—苯;2—甲苯;3—二甲苯;4—吡啶;5—甲基乙基甲酮;6—丁醇;7—丙醇;8—甲醇;9—乙醇

液固吸附平衡

与气固吸附相比,液固吸附平衡的影响因素较多。溶液中吸附质是否为电解质,pH 大小都会影响吸附机理。温度、浓度和吸附剂的结构性能,以及吸附质的溶解度和溶剂的性质对吸附机理、吸附等温线的形状都有影响。图6-35所示为 4Å 分子筛对溶剂中水分的吸附等温线。

吸附平衡关系式

基于对吸附机理的不同假设,可以导出相应的吸附模型和平衡关系式。常见的有以下几种。

低浓度吸附　当低浓度气体在均一的吸附剂表面发生物理吸附时,相邻的分子之间互相独立,气相与吸附剂固体相之间的平衡浓度是线性关系,即

$$x = Hc \tag{6-42}$$

或

$$x = H'p \tag{6-43}$$

式中,c 为吸附质浓度,kg/m^3;p 为吸附质分压,Pa;H 为比例常数,m^3/kg;H'为比例常数,Pa^{-1}。

单分子层吸附——朗格缪尔方程　当气相浓度较高时,相平衡不再服从线性关系。记 $\theta\left(=\dfrac{x}{x_m}\right)$为吸附表面遮盖率。吸附速率可表示为 $k_a p(1-\theta)$,解吸速率为 $k_d\theta$,当吸附速率与解吸速率相等时,达到吸附平衡,这时

$$\frac{\theta}{1-\theta} = \frac{k_a}{k_d}p = k_L p \tag{6-44}$$

式中,k_L 为朗格缪尔吸附平衡常数。式(6-44)经整理后可得

$$\theta = \frac{x}{x_m} = \frac{k_L p}{1+k_L p} \tag{6-45}$$

式(6-45)即为单分子层吸附朗格缪尔方程,此方程能较好地描述图 6-34 中类型Ⅰ在中、低浓度下的等温吸附平衡。但当气相中吸附质浓度很高、分压接近饱和蒸气压时,蒸气在毛细管中冷凝而偏离了单分子层吸附的假设,朗格缪尔方程不再适用。当气相吸附质浓度很低时,式(6-45)可简化为式(6-43)。朗格缪尔方程中的模型参数 x_m 和 k_L,可通过实验确定。

多分子层吸附——BET 方程　Brunauer、Emmet 和 Teller 提出固体表面吸附了第一层分子后对气相中的吸附质仍有引力,由此形成了第二、第三乃至多层分子的吸附。据此导出了如下关系式。

$$x = x_m \frac{b\cdot\dfrac{p}{p^\circ}}{\left(1-\dfrac{p}{p^\circ}\right)\left[1+(b-1)\dfrac{p}{p^\circ}\right]} \tag{6-46}$$

式中,p°为吸附质的饱和蒸气压;b 为常数;$\dfrac{p}{p^\circ}$通常称为比压。

式(6-46)即为 BET 方程,该方程常用氮、氧、乙烷、苯作吸附质以测量吸附剂或其他细粉的比表面积,通常适用于比压$\left(\dfrac{p}{p^\circ}\right)$为 0.05～0.35 的范围。用 BET 方程进行比表面积求算时,将式(6-46)改写成直线形式

$$\frac{\frac{p}{p^\circ}}{x\left(1-\frac{p}{p^\circ}\right)}=\frac{1}{x_m b}+\frac{b-1}{x_m b}\left(\frac{p}{p^\circ}\right)=A+B\left(\frac{p}{p^\circ}\right) \tag{6-47}$$

其中 A、B 分别为直线的截距和斜率。由截距和斜率可求出吸附容量为

$$x_m=\frac{1}{A+B} \tag{6-48}$$

比表面积为

$$a=\frac{N_0 A_0 x_m}{M} \tag{6-49}$$

式中,N_0 为阿伏伽德罗常数 6.023×10^{23};M 为相对分子质量。

例 6-5 比表面积测定

在 78.6 K、不同 N_2 分压下,测得某种硅胶的 N_2 吸附量如下:

p/kPa	9.03	11.51	18.61	26.28	29.66
x/(mg/g)	18.78	19.29	22.49	24.37	26.30

已知 78.6 K 时 N_2 的饱和蒸气压为 118.8 kPa,每个氮分子的截面积 A_0 为 0.16 nm^2,试求这种硅胶的比表面积。

解 可用 BET 方程进行求算。以 $\frac{\frac{p}{p^\circ}}{x\left(1-\frac{p}{p^\circ}\right)}$ 对 $\frac{p}{p^\circ}$ 作图,应为一条直线。由题给数据可算出相应数值如下。

$\frac{p}{p^\circ}$	0.076 03	0.096 87	0.156 7	0.221 3	0.249 7
$\frac{\frac{p}{p^\circ}}{x\left(1-\frac{p}{p^\circ}\right)}$/(g/mg)	0.004 382	0.005 560	0.008 262	0.011 66	0.012 65

作图(见图 6-36)可得斜率 $B=0.0476\ 1$ g/mg,截距 $A=7.7\times10^{-4}$ g/mg,则

$$x_m=\frac{1}{A+B}=\frac{1}{0.047\ 61+7.7\times10^{-4}}=20.67\ (\text{mg/g})$$

比表面积 $a=\frac{N_0 A_0 x_m}{M}=\frac{6.023\times10^{23}\times16\times10^{-20}\times20.67\times10^{-3}}{28}=71.1\ (\text{m}^2/\text{g})$

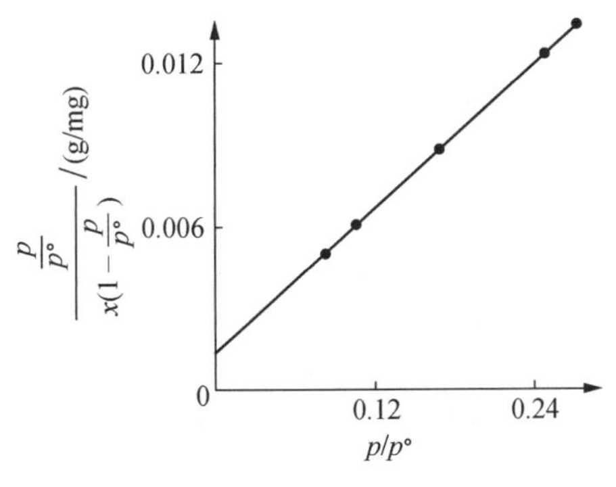

图 6-36 例 6-5 附图

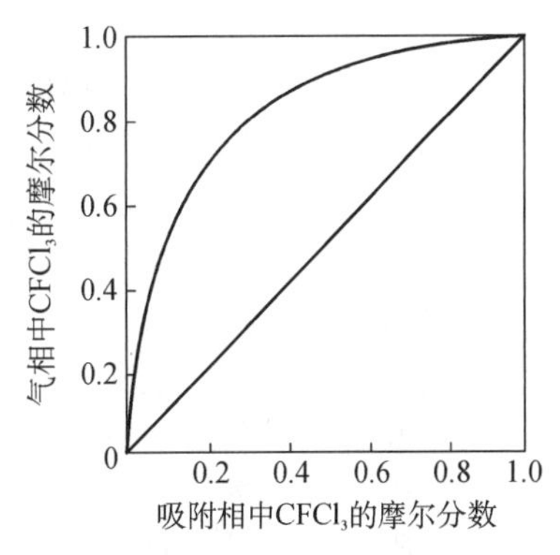

图 6-37 $CFCl_3-C_6H_6$ 混合物于 273 K 和 800 Pa 压力下在石墨炭上的吸附

气体混合物中双组分吸附

以上讨论均指单组分吸附。如果吸附剂对气体混合物中两个组分具有较接近的吸附能力，吸附剂对一个组分的吸附量将受另一组分存在的影响。以 A、B 两组分混合物为例，在一定的温度、压强下，气相中两组分的浓度之比（c_A/c_B）与吸附相中两组分的质量分数之比（x_A/x_B）有一一对应关系（图 6 - 37）。如将吸附相中两组分质量分数之比除以气相中两组分浓度之比，即得到分离系数 α_{AB}。

$$\alpha_{AB}=\frac{x_A/x_B}{c_A/c_B} \tag{6-50}$$

这与精馏中的相对挥发度及萃取中的选择性系数相类似。显然，α_{AB} 偏离 1 越远，该吸附剂越有利于两组分气体混合物的分离。

6.3.3 吸附传质及吸附速率

吸附传质机理

组分的吸附传质分外扩散、内扩散及吸附三个步骤。吸附质首先从流体主体通过固体颗粒周围的气膜（或液膜）对流扩散至固体颗粒的外表面，这一传质步骤称为组分的外扩散；然后，吸附质从固体颗粒外表面沿固体内部微孔扩散至固体的内表面，称为组分的内扩散；最后，组分被固体吸附剂吸附。对多数吸附过程，组分的内扩散是吸附传质的主要阻力所在，吸附过程为内扩散控制。因吸附剂颗粒孔道的大小及表面性质的不同，内扩散有以下四种类型。

分子扩散　当孔道的直径远比扩散分子的平均自由程大时，其扩散为一般的分子扩散，如图 6 - 38(a)所示。

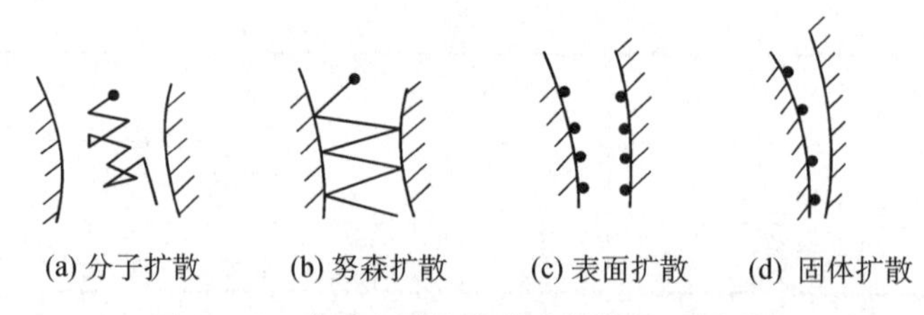

图 6 - 38　分子在颗粒孔道中扩散的不同形态

努森（Knudsen）扩散　当孔道的直径比扩散分子的平均自由程小时，则为努森扩散，如图 6 - 38(b)所示。此时，扩散因分子与孔道壁碰撞而影响扩散系数的大小。通常，用努森数 Kn 作为判据，即

$$Kn=\frac{\lambda}{d} \tag{6-51}$$

式中，λ 为分子平均自由程；d 为孔道直径。

努森理论认为在混合气体中的每个分子的动能是相等的，即

$$\frac{1}{2}M_1u_1^2=\frac{1}{2}M_2u_2^2 \tag{6-52}$$

式中，M_1，M_2 分别为相对分子质量；u_1，u_2 分别为分子的平均速度。

式(6 - 52)说明质量大的分子平均速度小。当 $Kn \gg 1$ 时，分子在孔道入口和孔道内不经过碰撞而通过孔道的分子数与分子的平均速度成正比，这一流量称为努森流（Knudsen flow）。因此，微孔中的努森流对不同分子质量的气体混合物有一定程度的分离作用。

表面扩散　吸附质分子沿着孔道壁表面移动形成表面扩散，如图 6 - 38(c)所示。

固体（晶体）扩散　吸附质分子在固体颗粒（晶体）内进行扩散，如图 6 - 38(d)所示。孔

道中扩散的机理不仅与孔道的孔径有关，也与吸附质的浓度(压力)、温度等其他因素有关。通过孔道的扩散流 J 一般可用费克定律表示。

$$J = -D\frac{\partial c}{\partial z} \tag{6-53}$$

四种扩散的扩散系数数量级见表 6－5。

表 6－5　气体分子在孔道中扩散的种类

分子扩散的种类	扩散系数 $D/(m^2/s)$	分子扩散的种类	扩散系数 $D/(m^2/s)$
晶体扩散	$<10^{-9}$	努森扩散	约 10^{-6}
表面扩散	$<10^{-7}$	一般扩散	$10^{-5}\sim10^{-4}$

吸附速率

吸附速率 N_A 表示单位时间、单位吸附剂外表面所传递吸附质的质量，$kg \cdot s^{-1} \cdot m^{-2}$。对外扩散过程，吸附速率的推动力用流体主体浓度 c 与颗粒外表面的流体浓度 c_i 之差表示，即

$$N_A = k_f(c - c_i) \tag{6-54}$$

式中，k_f 为外扩散传质分系数，m/s。

内扩散过程的传质速率用与颗粒外表面流体浓度呈平衡的吸附相浓度 x_i 和吸附相平均浓度 x 之差作推动力来表示，即

$$N_A = k_s(x_i - x) \tag{6-55}$$

式中，k_s 为内扩散传质系数，$kg/(m^2 \cdot s)$。

为方便起见，常使用总传质系数来表示传质速率，即

$$N_A = K_f(c - c_e) = K_s(x_e - x) \tag{6-56}$$

式中，K_f 是以流体相总浓度差为推动力的总传质系数；K_s 是以固体相总浓度差为推动力的总传质系数；c_e 为与 x 达到相平衡的流体相浓度；x_e 为与 c 达到相平衡的固体相浓度。

显然，对于内扩散控制的吸附过程，总传质系数 $K_s \approx k_s$。

6.3.4　固定床吸附过程分析

理想吸附过程

本节讨论固定床吸附器中的理想吸附过程，它满足下列简化假定。

① 流体混合物仅含一个可吸附组分，其他为惰性组分，且吸附等温线为有利的相平衡线。

② 床层中吸附剂装填均匀，即各处的吸附剂初始浓度、温度均一。

③ 流体定态加料，即进入床层的流体浓度、温度和流量不随时间而变。

④ 吸附热可忽略不计，流体温度与吸附剂温度相等，因此可类似于低浓度气体吸收，不作热量衡算和传热速率计算。

吸附相的负荷曲线

设一固定床吸附器在恒温下操作，参见图 6－39。初始时床内吸附剂经再生解吸后的浓度为 x_2，入口流体浓度为 c_1。经操作一段时间后，入口处吸附相浓度将逐渐增大并达到与 c_1 成平衡的浓度 x_1。在后继一段床层(L_0)中，吸附相浓度沿轴向降低至 x_2。床层中吸附相浓度沿流体流动方向的变化曲线称为负荷曲线。显然，负荷曲线的波形将随操作时间的延续而不断向前移动。吸附相饱和段 L_1 与时增长，而未吸附的床层长度 L_2 不断减小。在 L_1、L_2 床层段中气固两相各自达到平衡，唯有在负荷曲线 L_0 段中发生吸附传质，故 L_0 称

为传质区或传质前沿。

流体相的浓度波与透过曲线

与上述吸附相的负荷曲线相对应，流体中的吸附质浓度沿轴向的变化有类似于图 6-39 所示的波形，即在 L_0 段内流体的浓度由 c_1 降至与 x_2 成平衡的浓度 c_2，该波形称为流体相的浓度波。

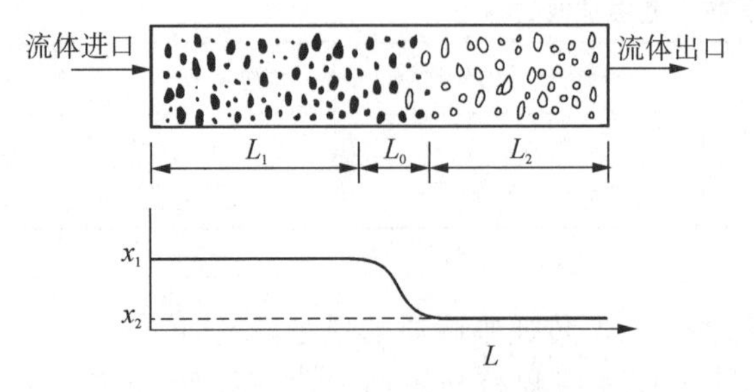

图 6-39 固定床吸附的负荷曲线

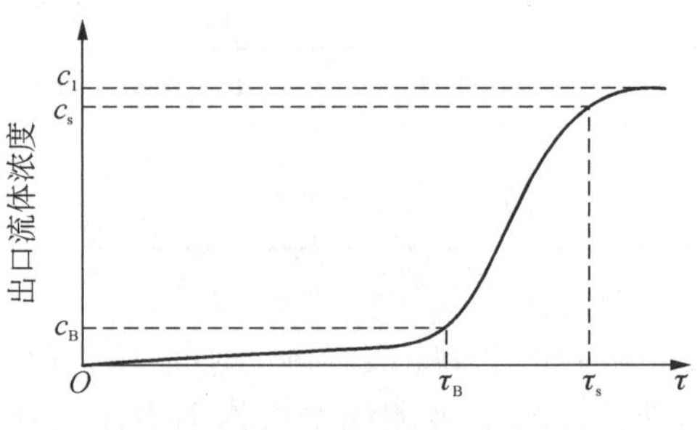

图 6-40 恒温固定床的透过曲线

浓度波和负荷曲线均恒速向前移动直至达到出口，此后出口流体的浓度将与时增高。若考察出口处流体浓度随时间的变化，则有图 6-40 所示的曲线，称为透过曲线。该曲线上流体的浓度开始明显升高时的点称为透过点，一般规定出口流体浓度为进口流体浓度的 5% 时为透过点（$c_B = 0.05c_1$）。操作达到透过点的时间为透过时间 τ_B。若继续操作，出口流体浓度不断增加，直至接近进口浓度，该点称为饱和点，相应的操作时间为饱和时间 τ_s。一般取出口流体浓度为进口流体浓度的 95%时为饱和点（$c_s = 0.95c_1$）。

显然，透过曲线是流体相浓度波在出口处的体现，透过曲线与浓度波呈镜面对称关系。因此，可以用实验测定透过曲线的方法来确定浓度波、传质区床层厚度，以及确定总传质系数。

负荷曲线或透过曲线的形状与吸附传质速率、流体流速以及相平衡有关。传质速率越大，传质区就越薄，对于一定高度的床层和气体负荷，其透过时间也就越长。流体流速越小，停留时间越长，传质区也越薄。当传质速率无限大时，传质区无限薄，负荷曲线和透过曲线均为一阶跃曲线。显然，操作完毕时，传质区厚度的床层未吸附至饱和，当传质区负荷曲线为对称形曲线时，未被利用的床层相当于传质区厚度的一半。因此，传质区越薄，床层的利用率就越高。若以床内全部吸附剂达到饱和时的吸附量为饱和吸附量，则用硅胶作吸附剂时，操作结束时的吸附量可达饱和吸附量的 60%～70%；用活性炭作吸附剂时，可以增大到 85%～95%。

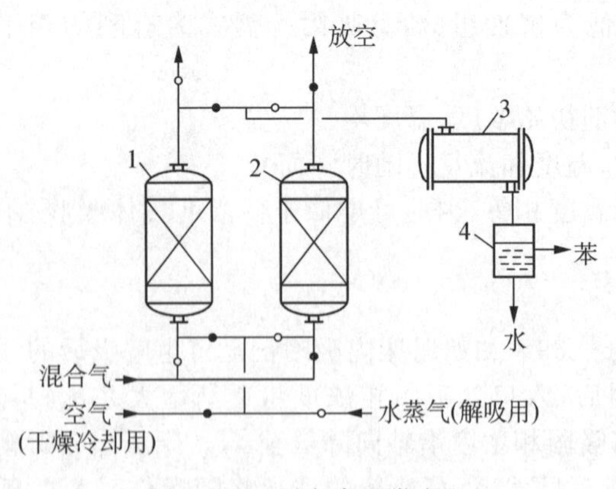

图 6-41 固定床吸附流程

1，2—装有活性炭的吸附器；3—冷凝器；4—分层器

（图中 ◦ 表示开着的阀门；• 表示关着的阀门）

6.3.5 吸附分离工艺及设备

工业吸附器有固定床吸附器、釜式（混合过滤式）吸附器及流化床吸附器等多种，操作方式因设备不同而异。

固定床吸附器 图 6-41 举例说明用固定床吸附器以回收工业废气中的苯蒸气。此时，可用活性炭为吸附剂。先使混合气进入吸附器 1，苯被吸附截留，废气则放空。操作一段时间后，活性炭上所吸附的苯逐渐增多，在放空废气中出现了苯蒸气且其浓度达到限定数值后，即切换使用吸附器 2。同时在吸附器 1 中送入水蒸气使苯解吸，苯随水蒸气一起在冷凝器中冷凝，经分层后回收苯。然后在吸附器 1 中通入空气将活性炭干燥并冷却以备再用。

固定床吸附器广泛用于气体或液体的深度去湿脱水、天然气脱水脱硫、从废气中除去有害物或回收有机蒸气、污水处理等场合。

釜式吸附器 图 6－42 是以植物油脱色为例的吸附设备。将植物油在釜内加热以降低黏度，在搅拌状态下加入酸性漂白土作吸附剂以吸附除去油脂中的色素。经一定接触时间后，将混合物用泵打入压滤机进行过滤，除去漂白土的精制油收集于储槽中。作为滤渣的吸附剂原则上可解吸再次使用，但由于漂白土价廉易得，一般不再解吸，可另行处理或作他用。

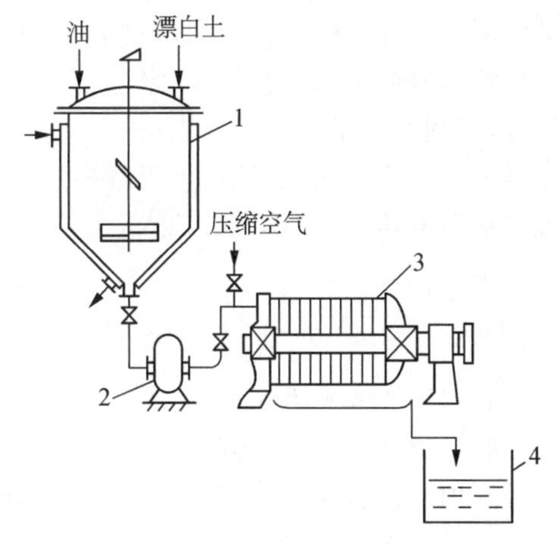

图 6－42 植物油脱色吸附装置

1—釜式吸附器；2—齿轮泵；3—压滤机；4—油槽

流化床吸附器 被处理的混合气连续通过流化床吸附器进行吸附，吸附剂颗粒在床内停留一段时间后流入另一个流化床中进行解吸，恢复吸附能力的吸附剂颗粒借气力送返流化床吸附器中。

连续式吸附设备 图 6－43 所示为一连续操作吸附塔，用于回收混合气体中的有机溶剂。该塔由三部分组成，上部为吸附段；中部为二次吸附段；下部为解吸段。含溶剂废气经过冷却、滤去雾滴后，从吸附段的下部进入塔内。塔的吸附段是由筛板和活性炭颗粒组成的多层流

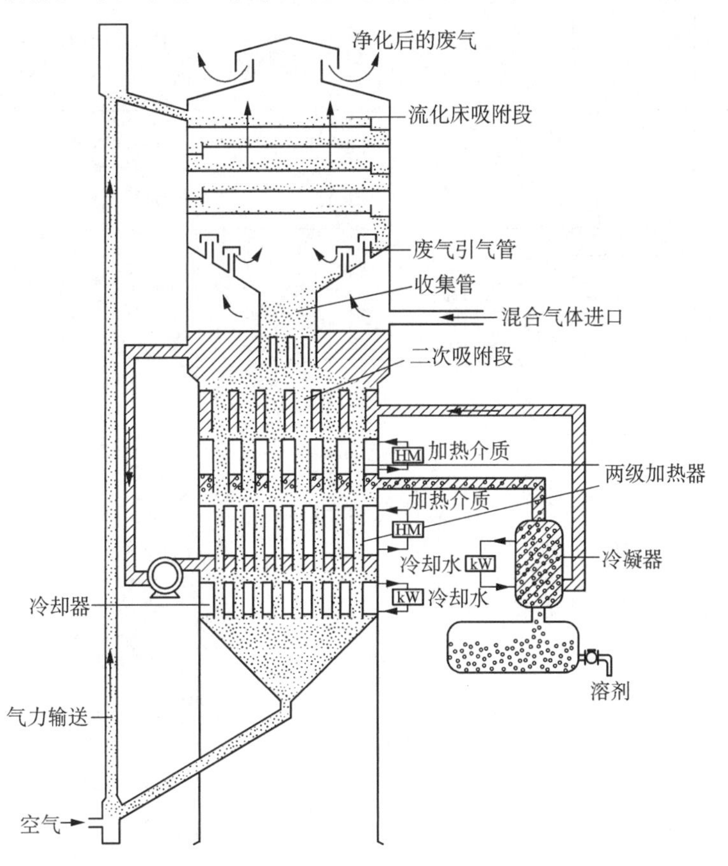

图 6－43 连续再生吸附塔示意图

化床。混合气体通过吸附段时，气体中的溶剂被活性炭吸附，净化了的气体从塔顶排出。在吸附段底部有一底板将吸附段与二次吸附段分开，吸附了溶剂的活性炭颗粒在底板中被收集管收集并送入二次吸附段。在二次吸附段，自解吸段上来的带溶剂惰性气体与活性炭相遇，惰性气体被吸附去溶剂后循环使用，活性炭颗粒则被送入解吸段。惰性气体解吸段是由三层串联排列的管束换热器组成的，在上两层管束换热器的壳程中用蒸气或热油加热，管程中颗粒缓慢向下移动并被加热。逆向流动的惰性气体将颗粒在加热过程中解吸出来的溶剂带走，溶剂在外部的冷凝器内析出，而惰性气体则被风机送回塔内。再生后的活性炭继续移动至下部的冷却段换热器，该壳程中通冷却水冷却。管程中的活性炭被冷却后，经收集用气力输送至塔顶，从塔顶再次加入。

6.4 膜分离

6.4.1 膜分离概述

膜分离的种类和特点

利用固体膜对流体混合物中各组分的选择性渗透从而分离各个组分的方法统称为膜分离。膜分离过程的推动力是膜两侧的压差或电位差，表 6-6 列举了几种膜分离过程的要点。

表 6-6 几种主要的膜分离过程

过程	示意图	膜及膜内孔径	推动力	传递机理	透过物	截留物
微孔过滤	进料；滤液	多孔膜（0.02～10 μm）	压差约 0.1 MPa	颗粒尺度的筛分	水、溶剂溶解物	悬浮物颗粒
超滤	进料；浓缩液；滤液	非对称性膜（1～20 nm）	压差 0.1～1 MPa	微粒及大分子尺度形状的筛分	水、溶剂、小分子溶解物	胶体大分子、细菌等
反渗透	进料；溶质；溶剂	非对称性膜或复合膜（0.1～1 nm）	压差 1～10 MPa	溶剂和溶质的选择性扩散	水、溶剂	溶质、盐（悬浮物、大分子、离子）
电渗析	浓电解质；溶剂；+极；-极；阴膜；进料；阳膜	离子交换膜（1～10 nm）	电位差	电解质离子在电场下的选择传递	电解质离子	非电解质溶剂
混合气体的分离	进气；渗余气；渗透气	均质膜（孔径<50 nm）、多孔膜、非对称性膜	压差 1～10 MPa 浓度差	气体的选择性扩散渗透	易渗透的气体	难渗透的气体
渗透汽化	进料；溶质或溶剂；（蒸气）溶剂或溶质	均质膜（孔径<1 nm）、复合膜、非对称性膜（孔径 0.3～0.5 μm）	分压差	气体的选择性扩散渗透	溶液中的易透过组分（蒸气）	溶液中的难透过组分（液体）

膜分离过程的特点是：

① 多数膜分离过程中组分不发生相变化，所以能耗较低；

② 膜分离过程在常温下进行，对食品及生物药品的加工特别适合；

③ 膜分离过程不仅可除去病毒、细菌等微粒，而且也可除去溶液中大分子和无机盐，还可分离共沸物或沸点相近的组分；

④ 由于以压差及电位差为推动力，因此装置简单，操作方便。

本节简要说明使用固体膜的分离过程。

分离用膜

膜分离的效果主要取决于膜本身的性能，膜材料及膜的制备是膜分离技术发展的制约因素。

分离用固体膜按材质分为无机膜及聚合物膜两大类，而以聚合物膜使用最多。无机膜由陶瓷、玻璃、金属等材料制成，孔径为 1 nm～60 μm。膜的耐热性、化学稳定性好，孔径较均匀。聚合物膜通常用醋酸纤维素、芳香族化合物、聚酰胺、聚砜、聚四氟乙烯、聚丙烯等材料制成，膜的结构有均质致密膜、多孔膜、非对称膜及复合膜等多种。膜的厚度一般很薄，如对微孔过滤所用的多孔膜而言，为 50～250 μm。因此，一般衬以膜的支撑体使之具有一定的机械强度。

对膜的基本要求

首先要求膜的分离透过特性好，通常用膜的截留率、透过通量、截留相对分子质量等参数表示。不同的膜分离过程习惯上使用不同的参数以表示膜的分离透过特性。

截留率 R　其定义为

$$R=\frac{c_1-c_2}{c_1}\times 100\% \tag{6-57}$$

式中，c_1、c_2 分别表示料液主体和透过液中被分离物质(盐、微粒或大分子等)的浓度。

透过速率 J　指单位时间、单位膜面积的透过物量，常用的单位为 kmol/(m^2·s)。由于操作过程中膜的压密、堵塞等多种原因，膜的透过速率将随时间而衰减。透过速率与时间的关系一般服从下式。

$$J=J_0\tau^m \tag{6-58}$$

式中，J_0 为操作初始时的透过速率；τ 为操作时间；m 称为衰减指数。

截留相对分子质量　当分离溶液中的大分子物时，截留物的相对分子质量在一定程度上反映膜孔的大小。但是通常多孔膜的孔径大小不一，被截留物的相对分子质量将分布在某一范围内。所以，一般取截留率为 90%的物质的相对分子质量称为膜的截留相对分子质量。

截留率大、截留相对分子质量小的膜往往透过通量低。因此，在选择膜时需在两者之间做出权衡。

此外，还要求分离用膜有足够的机械强度和化学稳定性。

6.4.2　反渗透

原理　用一张固体膜将水和盐水隔开，若初始时水和盐水的液面高度相同，则纯水将透过膜向盐水侧移动，盐水侧的液面将不断升高，这一现象称为渗透，参见图 6-44(a)。待水的渗透过程达到定态后，盐水侧的液位升高 h 不再变动，如图 6-44(b)所示 ρgh 即表示盐水的渗透压 Π。若在膜两侧施加压差 Δp，且 $\Delta p>\Pi$，则水将从盐水侧向纯水侧做反向移

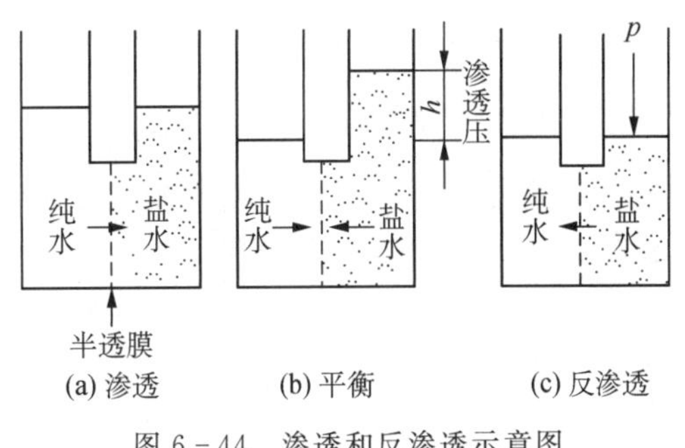

图 6-44　渗透和反渗透示意图

动，此称为反渗透，如图 6-44(c)所示。这样，可利用反渗透现象截留盐(溶质)而获取纯水(溶剂)，从而达到混合物分离的目的。

渗透压 Π 的大小是溶液的物性，且与溶质的浓度有关，表 6-7 列举不同浓度下氯化钠水溶液的渗透压。

表 6-7 氯化钠水溶液在 25℃ 下的渗透压

盐水质量分数/%	0	1.155 5	2.284 6	3.388 2	6.554 3	12.302 2	25.317 9
渗透压/MPa	0	0.923	1.82	2.74	5.61	12.0	36.5

若反渗透膜的两侧是浓度不同的溶液，则反渗透所需的外压 Δp 应大于膜两侧溶液渗透压之差 $\Delta\Pi$。实际反渗透过程所用的压差 Δp 比渗透压高许多倍。

反渗透膜常用醋酸纤维、聚酰胺等材料制成。图 6-45 是醋酸纤维膜的结构示意图。它是由表面活性层、过渡层和多孔支撑层组成的非对称结构膜，总厚度约 100 μm。表面层的结构致密，其中孔隙直径最小，为 0.8～2 nm，厚度只占膜总厚度的 1%以下。多孔层呈海绵状，其中孔隙为 0.1～0.4 μm。过渡层则介于两者之间。

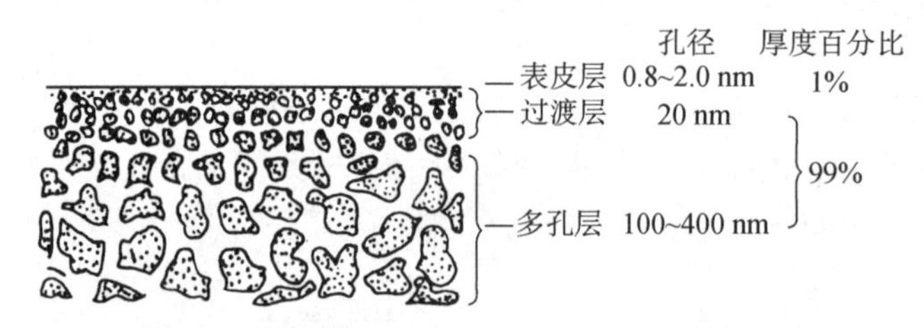

图 6-45 典型的非对称膜结构示意图

反渗透膜对溶质的截留机理并非按尺度大小来筛分，膜对溶剂(水)和溶质(盐)的选择性是有区别的，由于水和膜之间存在各种亲和力使水分子优先吸附，结合或溶解于膜表面，且水比溶质具有更高的扩散速率，因而易于在膜中扩散透过。因此，对水溶液的分离而言，膜表面活性层是亲水的。

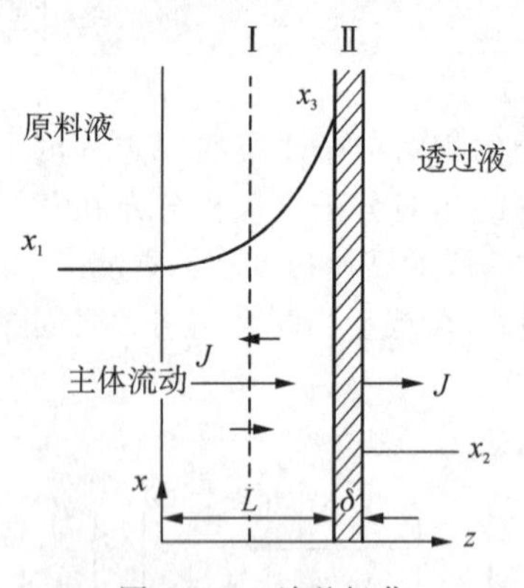

图 6-46 浓差极化

浓差极化 反渗透过程中，大部分溶质在膜表面截留，从而在膜的一侧形成溶质的高浓度区。当过程达到定态时，料液侧膜表面溶液的浓度 x_3 显著高于主体溶液浓度 x_1，参见图 6-46。这一现象称为浓差极化。近膜处溶质的浓度边界层中，溶质将反向扩散进入料液主体。

为建立浓度边界层中溶质浓度 x 的分布规律，取浓度边界层内平面Ⅰ与膜的低浓度侧表面Ⅱ之间的容积为控制体作物料衡算得

$$Jx - Dc\frac{\mathrm{d}x}{\mathrm{d}z} - Jx_2 = 0 \tag{6-59}$$

式中，J 为膜的透过速率，kmol/(m^2 · s)；x_1 为料液主体中溶质的摩尔分数；x_3，x_2 分别为膜面上两侧溶液中的溶质摩尔分数；c 为料液的总浓度，kmol/m^3；D 为溶质的扩散系数，m^2/s。

将式(6-59)从 $z=0$，$x=x_1$ 到 $z=L$(浓度边界层厚度)，$x=x_3$ 积分，可得边界层内的浓度分布为

$$\ln\frac{x_3 - x_2}{x_1 - x_2} = \frac{JL}{cD} \tag{6-60}$$

通常反渗透过程有较高的截留率，透过物中的溶质浓度 x_2 很低，故有

$$\frac{x_3}{x_1}=\exp\left(\frac{J}{ck}\right) \tag{6-61}$$

式中，$k=D/L$ 为浓度边界层内溶质的传质系数；x_3/x_1 称为浓差极化比。

显然，对一定的透过速率 J，传质系数 k 越小，浓差极化比越大。

透过速率 当膜两侧溶液的渗透压之差为 $\Delta\Pi$ 时，反渗透的推动力为($\Delta p-\Delta\Pi$)。故可将溶剂(水)的透过速率 J_V 表示为

$$J_V=A(\Delta p-\Delta\Pi) \tag{6-62}$$

式中，A 为纯溶剂(水)的透过系数，其值表示单位时间、单位膜表面在单位压差下的水透过量，是表征膜性能的重要参数。

与此同时，少量溶质也将由于膜两侧溶液有浓度差而扩散透过薄膜。溶质的透过速率 J_s 与膜两侧溶液的浓度差有关，通常写成如下形式。

$$J_s=B(c_3-c_2) \tag{6-63}$$

式中，B 为溶质的透过系数；c_3、c_2 的意义与 x_3、x_2 相同，但单位为 $kmol/m^3$。

透过系数 A、B 主要取决于膜的结构，同时也受温度、压力等操作条件的影响。

总透过速率 J 为

$$J=J_V+J_s \tag{6-64}$$

由以上分析可知，影响反渗透速率的主要因素如下所述。

① 膜的性能 具体表现为透过系数 A、B 值的大小。显然，对膜分离过程希望 A 值大而 B 值小。因此，膜的材料及制膜工艺是影响膜分离速率的主要因素。

② 混合液的浓缩程度 浓缩程度高，膜两侧浓度差大，渗透压差 $\Delta\Pi$ 大。由式(6-60)可见，由于有效推动力的降低而使溶剂的透过通量减少。而且料液浓度高易于引起膜的污染。

③ 浓差极化 由于存在浓差极化使膜面浓度 x_3 增高。加大了渗透压 $\Delta\Pi$，在一定压差 Δp 下使溶剂的透过速率下降。同时 x_3 的增高使溶质的透过速率提高，即截留率下降。由此可知，在一定的截留率下由于浓差极化的存在使透过速率受到限制。此外，膜面浓度 x_3 升高，可能导致溶质的沉淀，额外增加了膜的透过阻力。因此，浓差极化是反渗透过程中的一个不利操作因素。

由式(6-59)可知，减轻浓差极化的根本途径是提高传质系数。通常采用的方法是提高料液的流速和在流道中加入内插件以增加湍流程度。也可以在料液的定态流动基础上人为加上一个脉冲流动。此外，可以在管状组件内放入玻璃珠，它在流动时呈流化状态，玻璃珠不断撞击膜壁从而使传质系数大为增加。

反渗透的工业应用 海水脱盐是反渗透技术使用得最广泛的领域之一。使用的膜分离器件多数为螺旋卷式和中空纤维式。典型的装置可将含盐3.5%(质量分数)的海水淡化至含盐0.05%以下供饮用或锅炉给水，日产量达2万吨，操作初期的脱盐率(盐截留率)达98%以上，初期的透过速率可大于 4.17×10^{-6} m/s。

此外，反渗透也用于浓缩蔗糖、牛奶和果汁，除去工业废水中的有害物等。

6.4.3 超滤

原理 超滤是以压差为推动力、用固体多孔膜截留混合物中的微粒和大分子溶质而使溶剂透过膜孔的分离操作。图6-47表示超滤的操作原理。

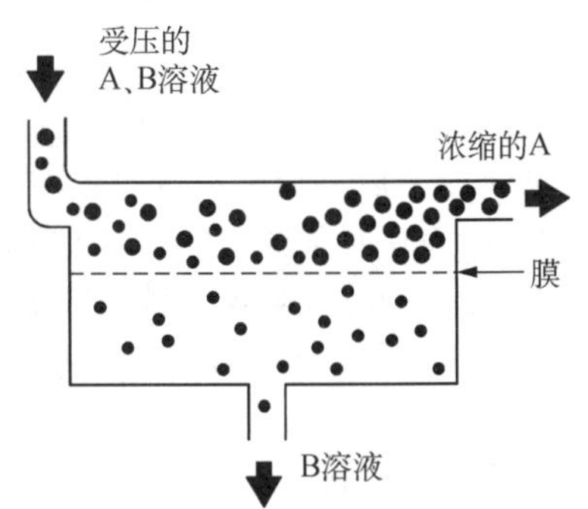

图6-47 超滤操作原理示意图

超滤的分离机理主要是多孔膜表面的筛分作用;大分子溶质在膜表面及孔内的吸附和滞留虽然也起截留作用,但易造成膜污染。在操作中必须采用适当的流速、压力、温度等条件,并定期清洗以减少膜污染。

常用超滤膜为非对称膜,表面活性层的微孔孔径为 1～20 nm,截留相对分子质量为 $500 \sim 5\times10^5$。

前已说明,反渗透主要用于除去溶液中的小分子盐类,由于溶质相对分子质量小,渗透压高,反渗透使用的操作压差也高。反之,超滤则截留溶液中的大分子溶质,即使溶液的浓度较高,但渗透压较低,操作使用的压强相对较低,通常为0.07～0.7 MPa。

透过速率和浓差极化 超滤的透过速率仍可用式(6－62)表示。当大分子溶液浓度低、渗透压可以忽略时,超滤的透过速率与操作压差成正比

$$J_V = A\Delta p \tag{6-65}$$

有时用 $R_m = 1/A$ 表示透过阻力,称为膜阻。透过系数 A 和膜阻 R_m 是表示膜性能优劣的重要参数。

与反渗透过程相似,超滤也会发生浓差极化现象。由于实际超滤的透过速率为$(7\sim35)\times10^{-6}\,\mathrm{m\cdot s^{-1}}$,比反渗透速率大得多,而大分子物质的扩散系数小,浓差极化现象尤为严重。当膜表面大分子物质浓度达到凝胶化浓度 c_g 时,膜表面形成一不流动的凝胶层,参见图 6－48。凝胶层的存在大大增加膜的阻力,同一操作压差下的透过速率显著降低。

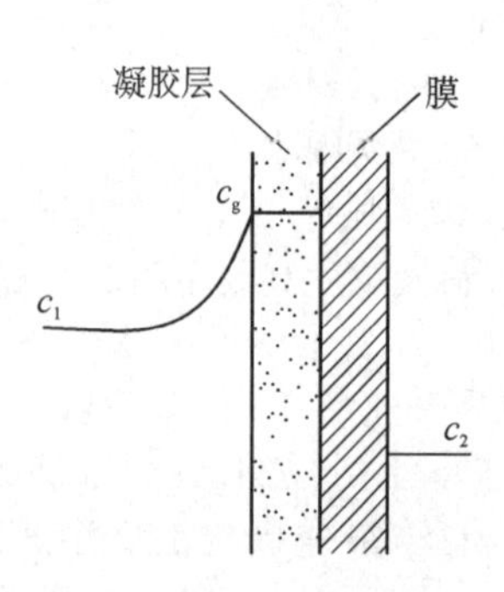

图 6－48 形成凝胶层时的浓差极化

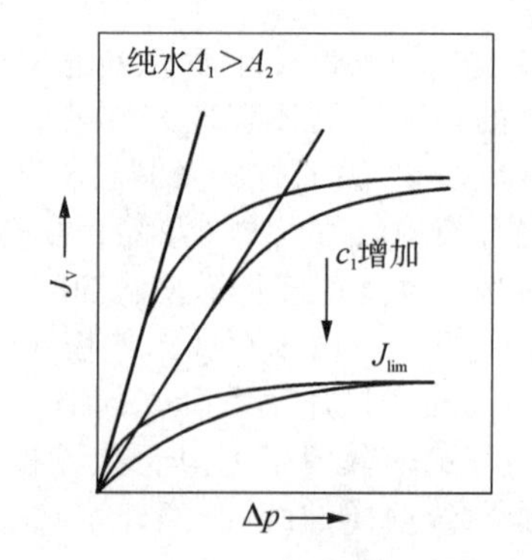

图 6－49 超滤的透过速率与压差的关系

图 6－49 表示操作压差 Δp 与超滤通量 J 之间的关系。对纯水的超滤,J_V 与 Δp 成正比,图中两条直线的斜率分别是两种不同膜的透过系数 A_1 与 A_2。但对高分子溶液超滤时,由于膜污染和浓差极化等原因,透过速率随压差的增加为一曲线。当压差足够大时,由于凝胶层的形成,透过速率到达某一极限值,称为极限通量 J_{lim}。

当过程到达定态时,超滤的极限通量可由式(6－61)求出,即

$$J_{lim} = kc\ln\frac{x_g}{x_1} \tag{6-66}$$

式中,k 是凝胶层以外浓度边界层中大分子溶质的传质系数。显然,极限通量 J_{lim} 与膜本身的阻力无关,但与料液浓度 x_1(或 c_1)有关。料液浓度 c_1 越大,凝胶层较厚,对应的极限通量越小。由此可知,超滤中料液浓度 c_1 对操作特性有很大影响。对一定浓度的料液,操作压强过高并不能有效地提高透过速率。实际可使用的最大压差应根据溶液浓度和膜的性质由实验决定。

超滤的工业应用 超滤主要适用于热敏物、生物活性物质等含大分子物质的溶液分离和浓缩。

① 在食品工业中用于果汁、牛奶的浓缩和其他乳制品加工。超滤可截留牛奶中几乎全部的脂肪及 90%以上的蛋白质。从而可使浓缩牛奶中的脂肪和蛋白质含量提高三倍左右，且操作费和设备投资都比双效蒸发明显降低。

② 在纯水制备过程中使用超滤可以除去水中的大分子有机物(相对分子质量大于 6 000)及微粒、细菌、热源等有害物，因此可用于注射液的净化。

此外，超滤可用于生物酶的浓缩精制，从血液中除去尿毒素以及工业废水中除去蛋白质及高分子物质等。

例 6-6 超滤器膜面积的计算

用内径为 1.25 cm、长为 3 m 的超滤管以浓缩相对分子质量为 7 万的葡聚糖水溶液。料液处理量为 $0.3\ m^3/h$，含葡聚糖浓度为 $5\ kg/m^3$，出口浓缩液的浓度为 $50\ kg/m^3$。膜对葡聚糖全部截留，纯水的透过系数 $A=1.8\times10^{-4}\ m^3/(m^2\cdot kPa\cdot h)$。操作的平均压差为 200 kPa，温度为 25℃，试求所需的膜面积及超滤管数。

解 设透过液流量为 q_V，对整个超滤器作葡聚糖的物料衡算

$$0.3\times5=(0.3-q_V)\times50$$

解出

$$q_V=0.27\ m^3/h$$

所需膜面积 A_m 为

$$A_m=\frac{q_V}{J_V}=\frac{q_V}{A\cdot\Delta p}=\frac{0.27}{1.8\times10^{-4}\times200}=7.5\ (m)^2$$

管数

$$n=\frac{A_m}{\pi dL}=\frac{7.5}{\pi\times0.0125\times3}=64(根)$$

6.4.4 电渗析

原理 电渗析是以电位差为推动力、利用离子交换膜的选择透过特性使溶液中的离子做定向移动以达到脱除或富集电解质的膜分离操作。

离子交换膜有两种类型：基本上只允许阳离子透过的阳膜和只允许阴离子透过的阴膜。它们交替排列组成若干平行通道，参见图6-50。通道宽度为 1～2 mm，其中放有隔网以免阳膜和阴膜接触。在外加直流电场的作用下，料液流过通道时，Na^+ 之类的阳离子向阴极移动，穿过阳膜，进入浓缩室；而浓缩室中的 Na^+ 则受阻于阴膜而被截留。同理，Cl^- 之类的阴离子将穿过阴膜向阳极方向移动，进入浓缩室；而浓缩室中的 Cl^- 则受阻于阳膜而被截留。于是，浓缩液与淡化液得以分别收集。

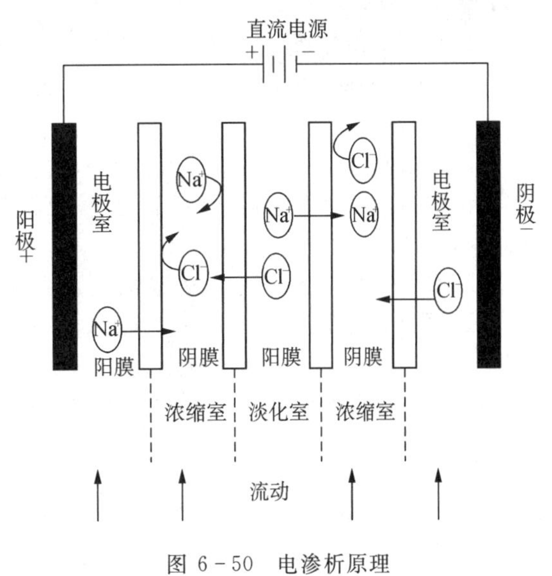

图 6-50 电渗析原理

离子交换膜以高分子材料为基体，在其分子链上接了一些可电离的活性基团。阳膜的活性基团常为磺酸基，在水溶液中电离后的固定性基团带负电；阴膜中的活性基团常为季胺，电离后的固定性基团带正电

阳膜

$$R—SO_3^-—H^+$$

阴膜

$$R—CH_2N^+(CH_3)_3—OH^-$$

产生的反离子(H^+、OH^-)进入水溶液。阳膜中带负电的固定基团吸引溶液中的阳离子(如Na^+)并允许它透过,而排斥溶液中带负电荷的离子。类似地,阴膜中带正电的固定基团则吸引阴离子(如Cl^-)而截留带正电的离子。由此形成离子交换膜的选择性。

电渗析中非理想传递现象　上述这种与膜所带电荷相反的离子穿过膜的现象称为反离子透过。它是电渗析过程中起分离作用的原因。与此同时电渗析过程中还存在一些不利于分离的传递现象。

① 实际上与固定基团相同电荷的离子不可能完全被截留,同性离子也将在电场作用下少量地透过,称为同性离子透过。

② 由于膜两侧存在电解质(盐)的浓度差,一方面产生电解质由浓缩室向淡化室的扩散;另一方面,淡化室中的水在渗透压作用下向浓缩室渗透。两者都不利于电解质的分离。

此外,水电离产生H^+和OH^-造成电渗析,以及淡化室与浓缩室之间的压差造成泄漏,都是电渗析中的非理想流动现象,加大了过程能耗,也降低了截留率。

电渗析的应用　在反渗透和超滤过程中,透过膜的物质是小分子溶剂;而在电渗析中,透过膜的是可电离的电解质(盐)。所以,从溶液中除去各种盐是电渗析的重要应用方面。

电渗析的耗电量与除去的盐量成正比。当电渗析用于盐水淡化以制取饮用水或工业用水时,盐的浓度过高则耗电量过大,浓度低则淡化室中水的电阻太大,过程也不经济。因此,最经济的盐浓度(mg/L)为几百至几千,对苦咸水的淡化较为适宜。

电渗析在废水处理中的典型应用是从电镀废水中回收铜、镍、铬等重金属离子,而净化的水则可返回工艺系统重新使用。

化工生产中使用电渗析将离子性物质与非离子性物质分离。例如在甲醛与丙酮反应生成季戊四醇过程中,同时制成副产物甲酸。因此可用电渗析分离甲酸、精制季戊四醇。

在临床治疗中电渗析作为人工肾使用。将人血经动脉引出,通过电渗析器以除去血中盐类和尿素,净化后的血由静脉返回人体。

6.4.5 气体混合物的分离

基本原理　在压差作用下,不同种类气体的分子在通过膜时有不同的传递速率,从而使气体混合物中的各组分得以分离或富集。用于分离气体的膜有多孔膜、非多孔(均质)膜以及非对称膜三类。

多孔膜一般由无机陶瓷、金属或高分子材料制成,其中的孔径必须小于气体的分子平均自由程,一般孔径在50 nm以下。气体分子在微孔中以努森流(见本章6.3节)的方式扩散透过。

均质膜由高分子材料制成。气体组分首先溶解于膜的高压侧表面,通过固体内部的分子扩散移到膜的低压侧表面,然后解吸进入气相,因此,这种膜的分离机理是各组分在膜中溶解度和扩散系数的差异。

非对称膜则是以多孔底层为支撑体,表面复以均质膜构成的。

透过率和分离系数　对非多孔膜而言,组分在膜表面的溶解度和扩散系数是两个直接影响膜的分离能力的物理量。设下标1、2分别表示膜的高压侧和低压侧,透过组分A溶解于膜两面,摩尔浓度分别为c_{A1}、c_{A2},则膜中的A组分扩散速率为

$$J_A = \frac{D_A}{\delta}(c_{A1} - c_{A2}) \tag{6-67}$$

式中,D_A为A组分在膜中的扩散系数;δ为膜厚。

溶解于膜中的A组分浓度c_A与气相分压p_A的关系可写成类似于亨利定律的形式,即

$p_A = Hc_A$，则式(6-67)成为

$$J_A = \frac{Q_A}{\delta}(p_{A1} - p_{A2}) \tag{6-68}$$

式中

$$Q_A = \frac{D_A}{H_A} \tag{6-69}$$

称为组分 A 的渗透速率。对其他组分也可写出类似的表达式。

渗透速率 Q 的大小是膜-气的系统特性，其值的量级一般为 $10^{-13} \sim 10^{-19}$ m^3(STP)m/(m^2 · s · Pa)。表 6-8 选列若干气体的渗透速率值。由于膜的材料、制膜工艺千差万别，不同研究者测得的 Q 值有较大的差别，表列数据仅为一例。

表 6-8　某些气体在 25℃ 下的渗透速率

膜材料	渗透速率 $Q \times 10^{15}$/[m^3(STP) · m/(m^2 · s · Pa)]				分离系数	
	He	CO_2	O_2	N_2	$Q(O_2)/Q(N_2)$	$Q(CO_2)/Q(N_2)$
天然橡胶	—	115	17.5	7.1	2.46	16.2
乙基纤维素	40.0	84.7	11.0	3.32	3.31	25.6
丁基橡胶	6.31	3.88	0.97	0.244	4.0	15.9
聚碳酸酯	5.17	1.59	1.46	0.087	16.8	18.3

气体膜分离中常用分离系数 α 表示膜对组分透过的选择性，其定义为

$$\alpha_{AB} = \frac{(y_A/y_B)_2}{(y_A/y_B)_1} \tag{6-70}$$

式中，y_A、y_B 为 A、B 两组分在气相中的摩尔分数，下标 2、1 分别为原料侧与透过侧。对理想气体式(6-70)可写为

$$\alpha_{AB} = \frac{p_{2A}/p_{2B}}{p_{1A}/p_{1B}} \tag{6-71}$$

p 为分压，联立式(6-71)、式(6-68)，在低压侧压强远小于高压侧压强的条件下得

$$\alpha_{AB} = Q_A/Q_B \tag{6-72}$$

典型的分离系数值参见表 6-8。

气体膜分离的应用　工业上用膜分离气体混合物的典型过程如下。

从合成氨尾气中回收氢，氢气浓度可从尾气中的 60%提高到透过气中的 90%，氢的回收率达 95%以上。

从油田气中回收 CO_2，油田气中含 CO_2 约 70%，经膜分离后，渗透气中含 CO_2 达 93%以上。

空气经膜分离以制取含氧约 60%的富氧气，用于医疗和燃烧。

此外还用膜分离除去空气中的水汽(去湿)，从天然气中提取氦等。

6.4.6　膜分离设备

膜分离器的基本组件有板式、管式、螺旋卷式和中空纤维式四类。

平板式膜分离器　其结构原理参见图 6-51。分离器内放有许多多孔支撑板，板两侧覆以固体膜。待分离液进入容器后沿膜表面逐层横向流过，穿过膜的透过液在多孔板中流动并在板端部流出。浓缩液流经许多平板膜表面后流出容器。

平板式膜分离器的原料流动截面大，不易堵塞，压降较小，单位设备内的膜面积可达 160～500 m^2/m^3，膜易于更换；缺点是安装、密封要求高。

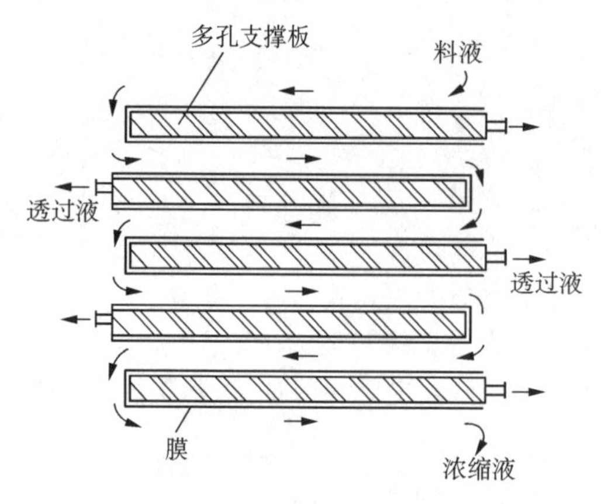

图 6-51　平板式膜分离器示意图

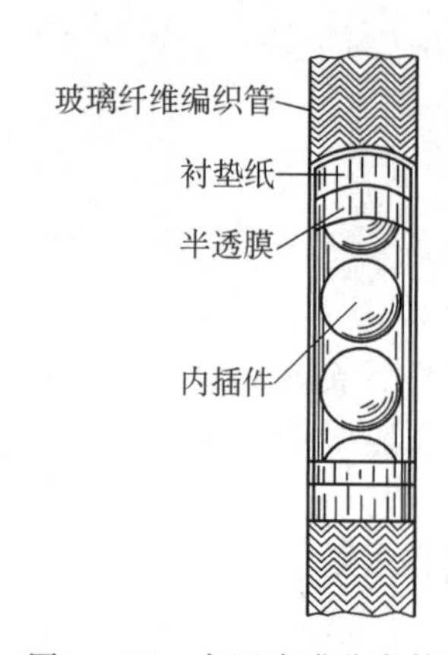

图 6-52　内压式膜分离管

管式膜分离器　用多孔材料制成管状支撑体，管径一般为 1.27 cm。若管内通原料液，则膜覆盖于支撑管的内表面，构成内压型，参见图 6-52。图中管内放有内插件以人为扰动原料液的流动，提高传质系数。反之，若管外通原料液，则在多孔支撑管外侧覆膜，透过液由管内流出。

为提高膜面积，可将多根管式组件组合成类似于列管式换热器那样的管束式膜分离器。

管式膜分离器的组件结构简单，安装、操作方便，但单位设备体积的膜面积较少，为 33～330 m^2/m^3。

螺旋卷式膜分离器　其构造原理与螺旋板换热器类似，见图 6-53。

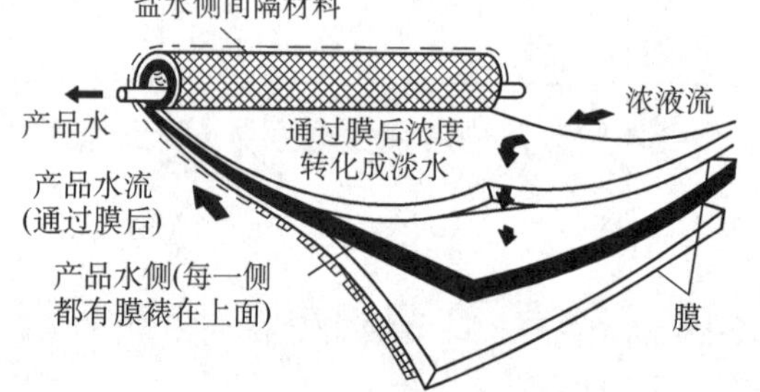

图 6-53　螺旋卷式膜分离器示意图

在多孔支撑板的两面覆以平板膜，然后铺一层隔网材料，一并卷成柱状放入压力容器内。原料液由侧边沿隔网流动，穿过膜的透过液则在多孔支撑板中流动，并在中心管汇集流出。

螺旋卷式膜分离器结构紧凑，膜面积可达 650～1 600 m^2/m^3；缺点是制造成本高，膜清洗困难。

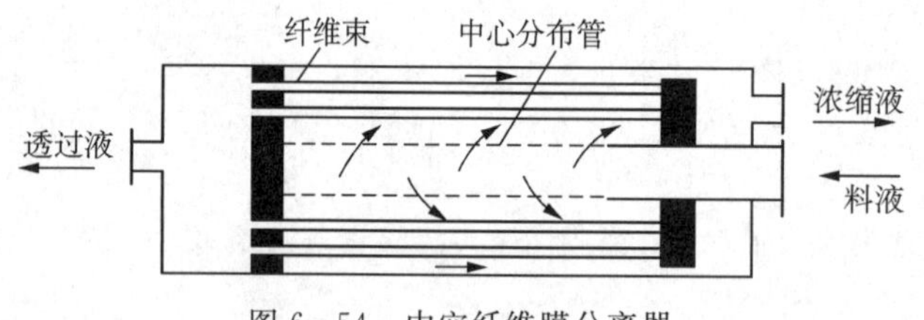

图 6-54　中空纤维膜分离器

中空纤维式膜分离器　将膜材料直接制成极细的中空纤维，外径为 40～250 μm，外径与内径之比为 2～4。由于中空纤维极细，可以耐压而无须支撑材料。将数量为几十万根的一束中空纤维一端封死，另一端固定在管板上，构成外压式膜分离器，参见图 6-54。原料液在中空纤维外空间流动，穿过纤维膜的透过液在纤维中空腔内流出。

中空纤维膜分离器结构紧凑，膜面积可达 $(1.6\sim3)\times10^4$ m^2/m^3；缺点是透过液侧的流动阻力大，清洗困难，更换组件困难。

6.5　分离方法的选择

欲分离系统的性质及各分离方法的特点和适应性，是合理选择分离方法的基础，表 6-9

列出了本书涉及的分离方法。

表 6-9　常见分离方法

分离方法		分离物系	分离原理
机械分离	沉　降	气固、液固和液液非均相混合物	密度差异
	过　滤	液固、气固非均相混合物	微孔截留
	离　心	气固、液固等非均相混合物	密度差
传质分离	蒸　馏	均相液体混合物	挥发度差异
	吸　收	气体混合物	溶解度差异
	萃　取	均相液体混合物	溶解度差异
	结　晶	溶液	溶解度差异
	吸　附	气、液混合物	吸附能力差异
	反渗透	液体混合物	透过性差异
	超　滤	液体混合物	透过性差异
	电渗析	液体混合物	透过性差异
	干　燥	含湿固体	湿分挥发

非均相混合物或均相混合物的“分离”是学科性的称谓，在工业应用时，通常需要从多组分混合物中分离出目的产物。从低含量混合物中提取目的产物时，分离要求是产物的纯度和产物的得率(回收率)，从高含量混合物中除去杂质时，分离要求是产物的纯度和产物的损失率。

根据被分离物系特定性质差异，在多年研究和生产实践中已成功开发出多种分离方法及实施这些分离方法的设备，形成所谓“单元操作”；在解决工业分离问题时，首先需要根据物系的性质和分离要求，选择合适的分离方法。

分离方法选择的目标是以最低的分离成本代价达到既定的分离要求。分离成本由两部分构成，即运转费用(操作费用)和设备费用。操作费用又由分离剂的损耗和能耗构成。一般情况下，分离成本中操作费用高于设备费用，而操作费用中分离剂的损耗费用高于能耗费用。

沉降、过滤和离心分离属于力学分离(即机械分离)过程，化工生产中，常涉及的有气固分离、液固分离，有时涉及液液非均相分离。遇到这类问题时，都需要进行分离方法和分离设备的选择。根据所遇到的分离任务的难易程度，采用常规分离方法和设备可以解决的问题，应属于不困难的分离问题；凡是需要特殊方法和设备才能解决的分离问题，应属于较难的分离问题。若特殊方法和设备也难以解决的问题，就应另辟蹊径。

对于液固分离，最常规的方法是过滤。如果固体颗粒很小，过滤的阻力就比较大，过滤速率就很低，设备会庞大。尤其是过滤介质内的微孔被堵塞而形成极大的过滤阻力。对于颗粒直径大于 50 μm 的液固系统，可采用最简单的重力沉降方法分离，稍小些，可采用旋流分离器。目前，覆膜滤布和微孔陶瓷膜的孔径为 1～2 μm，如果颗粒直径小于 1～2 μm，采用过滤方法分离会因过滤介质堵塞而难以进行。因此，可以认为颗粒直径小于 1～2 μm 的液固分离问题属于难分离物系。

对难分离的液固物系，应采用特殊方法，如絮凝的方法，选择合适的絮凝剂，使颗粒团聚成较大的颗粒后再采用过滤等方法。或放弃过滤，采用离心沉降的方法，如蝶式分离机。对于更小的颗粒，需要采用管式高速离心机。但是，这些方法处理量都不是很大。

对于气固系统分离，最常规的分离方法是采用旋风分离器。旋风分离器的分离能力很大程度上取决于其设计，它一般可以分离 5～10 μm 的颗粒，设计良好的旋风分离器可以分离 2 μm 的颗粒。表 6 - 10 列出了常见气固系统颗粒大小。

表 6 - 10　常见气固系统颗粒大小

种　类	水　泥	石　灰	滑石粉	面　粉	颜　料	大气灰尘	烟	烟　灰	头发直径
颗粒大小/μm	40	1～50	10	15	2	0.5	0.2	5～10	50～200

习惯上将气固系统中固体颗粒直径大于 1 μm 的颗粒称为尘，小于 1 μm 的固体颗粒称为烟；气液系统液滴直径大于 10 μm 的称为沫，小于 10 μm 的称为雾。

对更小的颗粒属于难分离物系，需要用到袋滤器。袋滤器能够捕集 0.1～1 μm 的颗粒，但袋滤器的滤速不大，一般在 0.06～0.1 m/s 以下。因此，若处理量很大，设备就会很庞大。

更细的颗粒分离系统可采用静电除尘。静电除尘效果好，但设备造价高。

若生产上允许采用湿法除尘，气固物系的分离可变得容易。因为气固分离的困难在于已分离的固体颗粒会被气流重新卷起，颗粒越细，这个问题越严重。采用湿法除尘，可以从根本上消除这个问题。

一般地，颗粒直径的大小是选择分离方法的关键因素，1～2 μm 大小的颗粒是难易的分界线。如果颗粒是产品本身的特性，只能面对；如果不是，应当设法控制这些颗粒的生成条件，避免生成细颗粒。

上述分离方法选择除了考虑颗粒大小外，还考虑：

① 分离目的　是回收固相还是回收液相，或两者都要回收。

② 物性　液固密度差、液体黏度、待分离系统中固体颗粒含量。

③ 处理量的大小。

在常规液体混合物分离方法中，只有精馏方法不需要分离剂，因此，对液体混合物做分离方法选择时，首先考虑精馏。

精馏方法依据的是组分挥发性的差异。原则上只要组分挥发性有差异，采用多级逆流的方法总能达到高纯度分离。采用板式塔的塔板数足够多，采用填料塔时，填料层高度足够高，总能达到分离要求，必要时还可以采用多塔串联。例如重水的分离就是典型的工业实例。

精馏分离难易程度的标志是被分离物的相对挥发度。工业上，通常认为相对挥发度大于 1.05（沸点差高于 3℃）时为不难分离物系，相对挥发度小于 1.05（沸点差低于 3℃）时为难分离物系。

对于难分离物系，还可以加入分离剂，增大相对挥发度，即进行萃取精馏或恒沸精馏。

精馏方法有其局限性，在不宜采用精馏时只能寻求其他分离方法。表面上看精馏是适用于分离液体混合物的方法，但是，物质相态其实不是主要局限，因为相态是可以改变的。例如空气分离成氧气和氮气的过程是典型的工业实例，尽管常温常压下空气是气态的，但目前工业上最经济的空气分离方法还是采用低温、高压下的精馏分离方法。

精馏分离方法的基本局限是必须在气液两相共存条件即沸点下实施。对于在沸点下发生变质的热敏性物系，精馏方法无能为力。真空能够降低沸点，因此，真空精馏拓展了精馏分离方法的适用范围，但仍有限度。原因是精馏塔内流体流动阻力使塔釜难以达到高真空度要求，因此热敏性物系的高纯度分离是精馏分离方法力所不及的，需要寻求其他的分离方法。

吸收、萃取和吸附都是工业上经常采用的常规分离方法，其共同点在于使用分离剂，对应的称为吸收剂、萃取剂和吸附剂，因此，采用它们分离物系时，都面临分离剂的选择问题。

分离剂的分离能力可以用吸收平衡、萃取平衡和吸附平衡度量。但其经济性还取决于另外两个重要因素，即分离剂的损失和分离剂的再生费用。吸收剂有挥发损失，萃取剂有溶解损失，吸附剂有失活损失。在分离剂较昂贵的情况下，分离剂的损耗将是决定因素。分离剂通常都需要再生循环使用，分离剂的再生能耗往往是这些分离过程主要能耗所在。分离能力愈强的分离剂，通常其再生能耗愈大，因此，选择分离剂时不能只顾分离能力，应兼顾分离能力和再生的难易。

总体说来，吸收、萃取、吸附等分离方法适用于低含量混合物的分离，即采用分离剂分离出少量物质，这样分离剂的用量和再生费用可以较少。萃取和萃取精馏原理相仿，其适用范围的不同也源于此，即萃取精馏适用于较高含量混合物的分离。

结晶方法也使用分离剂，其分离剂是结晶溶剂，结晶方法有一个显著的特点就是适用于产品的提纯。在溶剂中，少量杂质处于不饱和状态，理论上不会析出，只有高浓度的目的产物处于过饱和状态而析出，因而只要控制结晶过程避免形成晶簇夹带，且适当洗涤，应容易得到高纯度产品。但结晶母液中总不可避免地含有相当数量的目的产物，故结晶方法难以高得率地得到目的产物。所以，工业上经常采用组合方法，如用其他方法进行粗分离，不求高纯度，只求高得率，而采用结晶的方法保证高纯度。

在多组分分离时，针对不同组分选择不同的分离方法，形成组合分离流程，也是工业上常用的方法。

习　题

萃取计算

6-1　现有含醋酸15%（质量分数）的水溶液30 kg，用60 kg纯乙醚在25℃下做单级萃取，试求：(1) 萃取相、萃余相的量及组成；(2) 平衡两相中醋酸的分配系数，溶剂的选择性系数。

物系的平衡数据见下表。

习题6-1附表　25℃下，水(B)-醋酸(A)-乙醚(S)系统的平衡数据（均以质量分数表示(%)）

水层			乙醚层		
水	醋酸	乙醚	水	醋酸	乙醚
93.3	0	6.7	2.3	0	97.7
88.0	5.1	6.9	3.6	3.8	92.6
84.0	8.8	7.2	5.0	7.3	87.7
78.2	13.8	8.0	7.2	12.5	80.3
72.1	18.4	9.5	10.4	18.1	71.5
65.0	23.1	11.9	15.1	23.6	61.3
55.7	27.9	16.4	23.6	28.7	47.7

[答案：(1) $E=64.1$ kg，$R=25.9$ kg，$x_A=0.06$，$y_A=0.046$；(2) $k_A=0.767$，$\beta=14.6$]

6-2　图示为溶质(A)，稀释剂(B)、溶剂(S)的液液相平衡关系，今有组成为 x_F 的混合液100 kg，用80 kg纯溶剂做单级萃取，试求：(1) 萃取相、萃余相的量及组成；(2) 完全脱除溶剂之后的萃取液 E°、萃余液 R° 的量及组成。[答案：(1) $E=92.2$ kg，$R=87.8$ kg，$x_A=0.15$，$y_A=0.18$；(2) $E^\circ=21.31$ kg，$R^\circ=78.69$ kg，$y_A^\circ=0.77$，$x_A^\circ=0.16$]

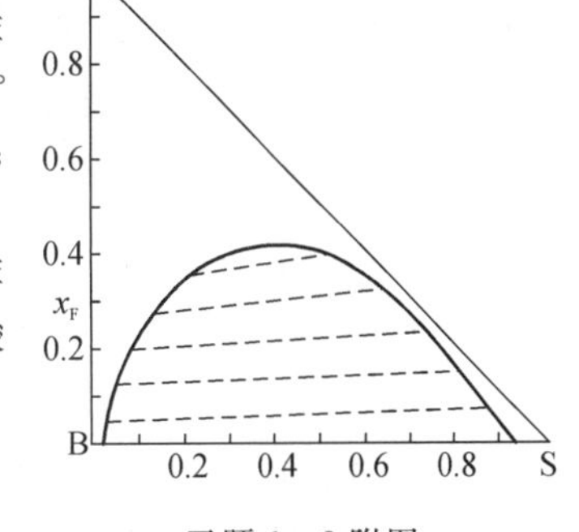

习题6-2附图

6-3　醋酸水溶液100 kg，在25℃下用纯乙醚为溶剂做单级萃取。原料液含醋酸 $x_F=0.20$（均为质量分数），欲使萃余相中含醋酸 $x_A=0.1$。试求：(1) 萃余相、萃取相的量及组成；(2) 溶剂用量 S。

已知25℃下物系的平衡关系为

$$y_A=1.356x_A^{1.201}$$

$$y_S = 1.618 - 0.6399\exp(1.96y_A)$$

$$x_S = 0.067 + 1.43x_A^{2.273}$$

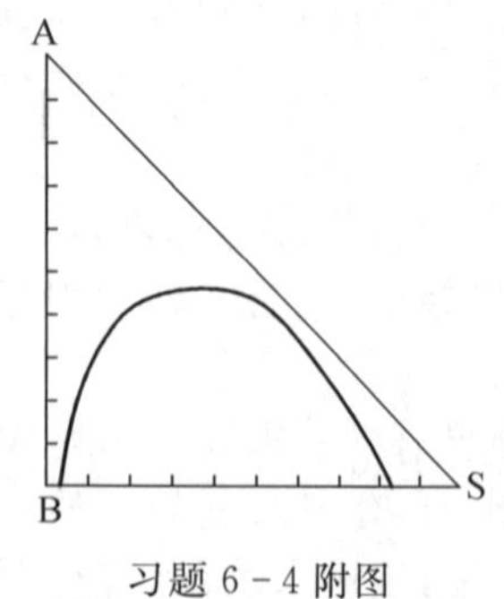

习题 6 - 4 附图

式中，y_A 为与萃余相醋酸浓度 x_A 成平衡的萃取相醋酸浓度；y_S 为萃取相中溶剂的浓度；x_S 为萃余相中溶剂的浓度；y_A、y_S、x_S 均为质量分数。[答案：(1) R=88.6 kg，E=130.5 kg，y_A=0.085 4，y_s=0.862，y_B=0.052 6，x_s=0.074 6，x_B=0.825；(2) S=119.1 kg]

6 - 4 由溶质 A、原溶剂 B、萃取剂 S 构成的三元系统的溶解度曲线如附图所示。原溶液含 A 35%、B 65%，采用单级萃取。所用萃取剂为含 A 5%、S 95%的回收溶剂。求：(1) 当萃取相中 A 的浓度为 30%时，每处理 100 kg 原料液需用多少千克回收溶剂？(2) 在此原料条件下，单级萃取能达到的萃余相中 A 的最低浓度为多少？以上浓度均为质量分数。[答案：(1) 59 kg；(2) 0.06]

结晶计算

6 - 5 100 kg 含 29.9%(质量分数)Na_2SO_4 的水溶液在结晶器中冷却到 20℃，结晶盐含 10 个结晶水，即 $Na_2SO_4 \cdot 10H_2O$。已知 20℃下 Na_2SO_4 的溶解度为 17.6%(质量分数)。溶液在结晶器中自蒸发 2 kg 溶剂，试求结晶产量为多少千克。[答案：44.7 kg]

6 - 6 100 kg 含 37.7%(质量分数)KNO_3 的水溶液在真空结晶器中绝热自蒸发 3.5 kg 水蒸气，溶液温度降低到 20℃，析出结晶，结晶盐不含结晶水。已知 20℃下 KNO_3 的溶解度为 23.3%(质量分数)。试求，加料的温度应为多少。

已知该物系的溶液结晶热为 68 kJ/kg，溶液的平均比热容为 2.9 kJ/(kg · K)，水的汽化潜热为 2 446 kJ/kg。[答案：44.9℃]

吸附计算

6 - 7 用 BET 法测量某种硅胶的比表面积。在−195℃、不同 N_2 分压下，硅胶的 N_2 平衡吸附量如下：

p/kPa	9.13	11.59	17.07	23.89	26.71
x/(mg/g)	40.14	43.60	47.20	51.96	52.76

已知−195℃时 N_2 的饱和蒸气压为 111.0 kPa，每个氮分子的截面积 A_0 为 0.154 nm^2，试求这种硅胶的比表面积。[答案：138.3 m^2/g]

6 - 8 将含有微量丙酮蒸气的气体恒温下通入纯净活性炭固定床，床层直径为 0.2 m，床层高度为 0.6 m。吸附温度为 20℃。吸附等温线为 $q=104c/(1+417c)$，式中，q 单位为 kg 丙酮/kg 活性炭，c 单位为 kg 丙酮/m^3 气体。气体密度为 1.2 kg/m^3，进塔气体浓度为 0.01 kg 丙酮/m^3。活性炭装填密度为 600 kg/m^3。容积总传质系数 $K_f a_B = 10\ s^{-1}$，气体处理量为 30 m^3/h。试求透过时间为多少小时？[答案：6.83 h]

膜分离计算

6 - 9 用醋酸纤维膜连续地对盐水做反渗透脱盐处理，见附图。操作在温度 25℃、压差 10 MPa 下进行，处理量为 10 m^3/h。盐水密度为 1 022 kg/m^3，含氯化钠质量分数为 3.5%。经处理后，淡水含盐为 0.05%，水的回收率为 60%(以质量计)。膜的纯水透过系数 $A = 9.7\times10^{-5}$ kmol/(m^2 · s · MPa)。试求淡水量、浓盐水的浓度及纯水在进、出膜分离器两端的透过速率。[答案：5 920.3 kg/h，8.25%，0.012 5 kg/(m^2 · s)，0.004 36 kg/(m^2 · s)]

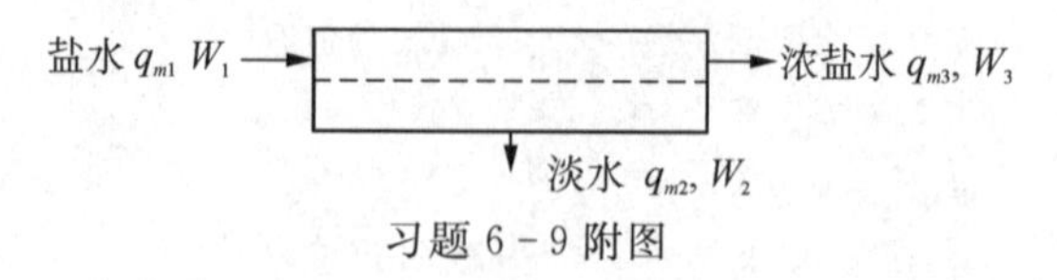

习题 6 - 9 附图

思 考 题

6 - 1 萃取的目的是什么？原理是什么？

6 - 2 溶剂的必要条件是什么？

6-3 萃取过程与吸收过程的主要差别有哪些？

6-4 什么情况下选择萃取分离而不选择精馏分离？

6-5 什么是临界混溶点？是否在溶解度曲线的最高点？

6-6 分配系数等于 1 能否进行萃取分离操作？萃取液、萃余液各指什么？

6-7 何谓选择性系数？$\beta = 1$ 意味着什么？$\beta = \infty$ 意味着什么？

6-8 萃取操作温度选高些好还是低些好？

6-9 液液传质设备的主要技术性能有哪些？它们与设备尺寸有何关系？

6-10 分散相的选择应考虑哪些因素？

6-11 结晶有哪几种基本方法？溶液结晶操作的基本原理是什么？

6-12 溶液结晶操作有哪几种方法造成过饱和度？

6-13 与精馏操作相比，结晶操作有哪些特点？

6-14 什么是晶格、晶系、晶习？

6-15 超溶解度曲线与溶解度曲线有什么关系？溶液有哪几种状态？什么是稳定区、介稳区、不稳区？

6-16 溶液结晶要经历哪两个阶段？

6-17 晶核的生成有哪几种方式？

6-18 什么是再结晶现象？

6-19 过饱和度对晶核生成速率与晶体成长速率各自有何影响？

6-20 选择结晶设备时要考虑哪些因素？

6-21 什么是吸附现象？吸附分离的基本原理是什么？

6-22 有哪几种常用的吸附解吸循环操作？

6-23 有哪几种常用的吸附剂？各有什么特点？什么是分子筛？

6-24 工业吸附对吸附剂有哪些基本要求？

6-25 有利的吸附等温线有什么特点？

6-26 如何用实验确定朗格缪尔模型参数？

6-27 吸附床中的传质扩散可分为哪几种方式？

6-28 吸附过程有哪几个传质步骤？

6-29 何谓负荷曲线、透过曲线？什么是透过点、饱和点？

6-30 固定床吸附塔中吸附剂利用率与哪些因素有关？

6-31 常用的吸附分离设备有哪几种类型？

6-32 什么是膜分离？有哪几种常用的膜分离过程？

6-33 膜分离有哪些特点？分离过程对膜有哪些基本要求？

6-34 常用的膜分离器有哪些类型？

6-35 反渗透的基本原理是什么？

6-36 什么是浓差极化？

6-37 超滤的分离机理是什么？

6-38 电渗析的分离机理是什么？阴膜、阳膜各有什么特点？

6-39 气体混合物膜分离的机理是什么？

本章主要符号说明

符　号	意　义	计量单位
$1/A$	萃取因数	
a	设备内单位体积液体混合物所具有的相际传质表面积	m^2/m^3
B	稀释剂的质量或质量流量	kg 或 kg/s
D	塔径	m
D_R	转盘直径	m
D_S	固定环内径	m

符　号	意　　义	计量单位
d_{p}	液滴平均直径	m
E	萃取相的质量或质量流量	kg 或 kg/s
F	原料液的质量或质量流量	kg 或 kg/s
H_{T}	转盘间距	m
k	分配系数	
K	分配系数	
M	混合液的质量或质量流量	kg 或 kg/s
N	总理论级数	
n	转速	r/s
R	萃余相的质量或质量流量	kg 或 kg/s
R^{o}	萃余液的质量或质量流量	kg 或 kg/s
S	萃取剂的质量或质量流量	kg 或 kg/s
u	空塔速度	m/s
x	萃余相中溶质 A 的质量分数	
x°	萃余液中溶质 A 的质量分数	
X	萃余相中溶质 A 的质量分数比	kgA/kgB
y	萃取相中溶质 A 的质量分数	
y°	萃取液中溶质 A 的质量分数	
Y	萃取相中溶质 A 的质量分数比	kgA/kgS
Z	萃取溶剂中溶质 A 的质量分数比	kgA/kgS
A	纯溶剂透过系数	kmol/(m^2 · s · Pa)
A	吸附床截面积,膜面积	m^2
a	比表面积	m^2/m^3
B	溶质透过系数	m/s
c	浓度	kmol/m^3
c	吸附流体相对质量浓度	kg/m^3
c_p	定压比热容	kJ/(kg · K)
F	进料质量流量	kg/s
H	比例常数	m^3/kg
H_{of}	传质单元高度	m
i	单位质量溶液或晶体的焓	kJ/kg
I	单位质量蒸气的焓	kJ/kg
J	透过速率(超滤通量)	kmol/(m^2 · s)
k	传质系数	m/s
k_{H}	亨利常数	m^3/kg
k_{L}	朗格缪尔常数	m^2/N
k_{f}	外扩散传质系数	m/s
k_{s}	内扩散传质系数	kg/(m^2 · s)
K_{f}	流体相总传质系数	m/s
K_{s}	吸附相总传质系数	kg/(m^2 · s)
$K_{\text{核}}$	晶核生成速率常数	
$K_{\text{长}}$	晶体成长速率常数	
L	吸附床层高度	m
L_0	吸附传质区床层高度	m
L	晶体平均粒度	m

符　号	意　义	计量单位
m	吸附剂用量、晶体产品量	kg
m	晶核生成级数，膜衰减指数	
n	晶体成长级数	
N	单位体积内的晶核数目	
N_{of}	吸附传质单元数	
p	压强，吸附质分压	Pa
x	吸附容量	kg/kg
q_V	流体体积流量	m^3/s
Q	加热量	kJ
r	溶剂汽化潜热	kJ/kg
$r_{结晶}$	溶液中溶质结晶热	kJ/kg
$r_{核}$	晶核生成速率	1/s
$r_{长}$	晶体成长速率	m/s
R	截留率	
S	过饱和度比	
t	温度	K
u	空塔流速	m/s
u_c	浓度波移动速度	m/s
W	蒸发的水分量	kg
w	溶液质量分数	
x	溶质的摩尔分数	
z	床层高度坐标、距离	m
β	选择性系数	
σ	界面张力	
φ	萃余百分数	
φ_D	分散相滞液量	
α	分离系数	
δ	相对过饱和度	
δ	膜厚度	m
Δc	过饱和度	
ε_B	床层空隙率	
θ	吸附表面覆盖率	
ρ	流体密度	kg/m^3
ρ_B	吸附剂颗粒装填密度	kg/m^3
τ	操作时间	s
下标		
A	溶质	
B	稀释剂	
C	连续相	
D	分散相	
F	原料液	
m	混合液	
max	最大	
min	最小	
S	萃取剂	

参 考 文 献

[1] Francis A W. Liquid-Liquid Equilibriums. John Wiley and Sons. Inc. , 1963.

[2] Surenson J M, Arlt W. Liquid-Liquid Equilibrium Data Collection: Tables, Diagrams & Model Parameters. DECHEMA, Frankfurt, Germany, 1980.

[3] Treybal R E. Mass Transfer Operations. 2nd ed. McGraw-Hill, 1968.

[4] Treybal R B. Liquid Extraction. 2nd ed. McGraw-Hill, 1963.

[5] 柴田节夫,中山乔.化学装置.日.1974,16(10):22.

[6] Perry, Green. Preey's Chemical Engineers' Handbook. 6th ed. McGraw-Hill, 1984.

[7] 陈维扭.超临界流体萃取的原理和应用.北京:化学工业出版社,1998.

[8] 吴俊生,邓修,陈同芸.分离工程.上海:华东化工学院出版社,1992.

[9] 时钧,汪家鼎,余国琮,陈敏恒.化学工程手册.2版.北京:化学工业出版社,1996.

[10] 柯尔森,李嘉森.化学工程(卷Ⅱ单元操作).丁绪淮,等,译.北京:化学工业出版社,1987.

[11] J金克普利斯.传递过程与单元操作.清华大学化工传递组,译.北京:清华大学出版社,1985.

[12] 哈姆斯基.化学工业中的结晶.古涛,叶铁林,译.北京:化学工业出版社,1984.

[13] 丁绪淮,谈遒.工业结晶.北京:化学工业出版社,1985.

[14] Diran Basmadjian. Little Adsorption Book. CRC Press Inc. , 1997.

[15] 叶振华.化工吸附分离过程.北京:中国石化出版社,1992.

[16] 北川浩,铃木谦一郎.吸附的基础和设计.鹿政理,译.北京:化学工业出版社,1983.

[17] 杨 RT.吸附法气体分离.王树森,曾美云,胡竞民,译.北京:化学工业出版社,1991.

[18] Klaus Sattler. Thermische Trenn Verfahren. VCH Verlagsgesellschaft, 1995.

[19] 蒋维钧.新型传质分离技术.北京:化学工业出版社,1992.

[20] 王学松.膜分离技术与应用.北京:科学出版社,1994.

[21] 高以炫,叶凌碧.膜分离技术基础.北京:科学出版社,1989.

[22] 日本膜学会.膜分离过程设计法.王志魁,译.北京:科学技术文献出版社,1988.

[23] Rautenbach R, Albrecht R.膜分离方法.北京:化学工业出版社,1991.

[24] 王学松.反渗透膜技术及其在化工和环保中的应用.北京:化学工业出版社,1989.

第7章 固 体 干 燥

7.1 固体干燥过程概述

化工生产中的固体产品(或半成品)为便于储藏、使用或进一步加工的需要,须除去其中的湿分(水或有机溶剂)。例如,药物或食品中若含水过多,久藏必将变质;塑料颗粒若含水超过规定,则在以后的成型加工中产生气泡,影响了产品的品质。因此,干燥作业的良好与否直接影响产品的使用质量和外观。

物料的去湿方法 去除固体物料中湿分的方法有多种。

(1) 机械去湿:当物料带水较多,可先用离心过滤等机械分离方法除去大量的水。

(2) 吸附去湿:用某种平衡水汽分压很低的干燥剂(如 $CaCl_2$、硅胶等)与湿物料并存,使物料中的水分相继经气相而转入干燥剂内。

(3) 供热干燥:向物料供热以汽化其中的水分。供热方式又有多种,工业干燥操作多是用热空气或其他高温气体为介质,使之掠过物料表面,介质向物料供热并带走汽化的湿分。此种干燥常称为对流干燥,这是本章讨论的主要内容。

此外,含有固体溶质的溶液可借蒸发、结晶的方法脱除溶剂以获得固体产物。也可以将此溶液分散成滴,并与热气流接触,湿分汽化,从而获得粉粒状固体产物。前者是蒸发过程,溶剂或水的汽化在沸腾条件下进行;后者则属于干燥过程,湿分是在低于沸点条件下汽化的,工业上称为喷雾干燥。

本章主要讨论以空气为干燥介质、湿分为水的对流干燥过程。

对流干燥过程的特点 当温度较高的气流与湿物料直接接触时,气固两相间所发生的是热、质同时传递的过程(图 7-1)。

物料表面温度 θ_i 低于气流温度 t,气体传热给固体。气流中的水汽分压 p 低于固体表面水的分压 p_i,水将汽化并进入气相,湿物料内部的水分以液态或水汽的形式扩散至表面。因此,对流干燥是一热、质反向传递过程。

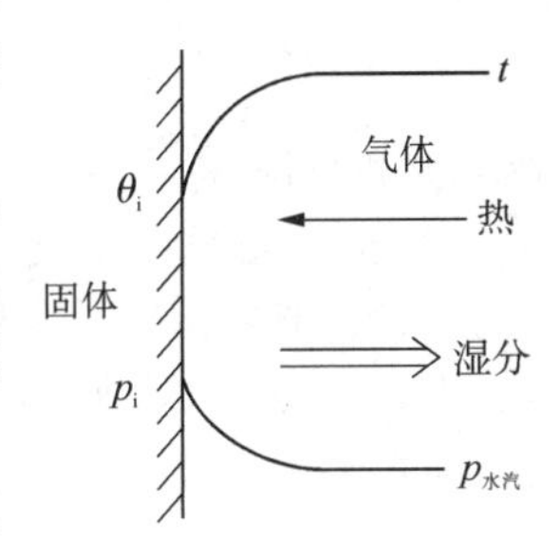

图 7-1 对流干燥过程的热、质传递

对流干燥流程及经济性 对流干燥可以是连续过程也可以是间歇过程,图 7-2 是典型的对流干燥流程示意图。空气经预热器加热至适当温度后,进入干燥器。在干燥器内,气流与湿物料直接接触。沿其行程气体温度降低,湿含量增加,废气自干燥器另一端排出。若为间歇过程,湿物料成批放入干燥器内,待干燥至指定的含湿要求后一次取出。若为连续过程,物料被连续地加入与排出,物料与气流可呈并流、逆流或其他形式的接触。

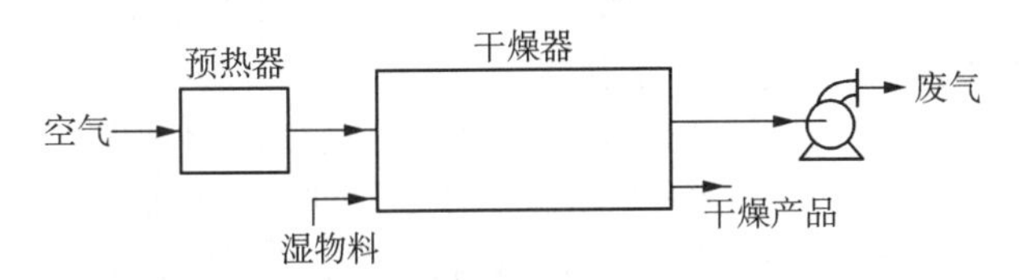

图 7-2 对流干燥流程示意简图

干燥操作的经济性主要取决于能耗和热的利用率。为减轻汽化水分的热负荷，湿物料中的水分应当尽可能采用机械分离方法先除去，因为机械分离方法比较经济。在干燥操作中，加热空气所消耗的热量只有一部分用于汽化水分，相当可观的一部分热能随含水分较高的废气流失。此外，设备的热损失、固体物料的温升也造成了不可避免的能耗。为提高干燥过程的经济性，应采取适当措施降低这些能耗，提高过程的热利用率。

7.2 湿空气的性质及湿度图

对流干燥中，热空气将热量传递给湿物料，并带走汽化的湿分，因此空气既是载热体，也是载湿体。因此，空气的性质对对流干燥过程十分重要，了解湿空气的基本性质对干燥过程的分析和设计计算有较重要的实际意义。

7.2.1 湿空气的状态参数

空气中水分含量的表示方法 湿空气的状态参数除总压 p、温度 t 之外，与干燥过程有关的是水分在空气中的含量。根据不同的测量原理，同时考虑计算的方便，水蒸气在空气中的含量有不同的定义或不同的表示方法。

(1) 水蒸气分压 $p_{水汽}$ 与露点温度 t_d 空气中的水汽分压直接影响干燥过程的平衡与传质推动力。测定水汽分压的实验方法是测量露点，即在总压不变的条件下将空气与不断降温的冷壁相接触，直至空气在光滑的冷壁面上析出水雾，此时的冷壁温度称为露点温度 t_d。壁面上析出水雾表明，水汽分压为 $p_{水汽}$ 的湿空气在露点温度下达到饱和状态。因此，测出露点温度 t_d，便可从手册中查得此温度下的饱和蒸气压，此即为空气中的水汽分压 $p_{水汽}$。显然，在总压 p 一定时，露点温度与水汽分压之间有单一函数关系。

(2) 空气的湿度 为便于进行物料衡算，常将水汽分压 $p_{水汽}$ 换算成湿度。空气的湿度 H 定义为每千克干空气所带有的水汽量，单位是 kg/kg 干气，即

$$H=\frac{M_{水}}{M_{气}}\cdot\frac{p_{水汽}}{p-p_{水汽}}=0.622\times\frac{p_{水汽}}{p-p_{水汽}} \tag{7-1}$$

式中，p 为总压。

(3) 相对湿度 空气中的水汽分压 $p_{水汽}$ 与一定总压及一定温度下空气中水汽分压可能达到的最大值之比定义为相对湿度，以 φ 表示。

当总压为 101.3 kPa，空气温度低于 100℃时，空气中水汽分压的最大值应为同温度下的饱和水蒸气压 p_s，故有

$$\varphi=\frac{p_{水汽}}{p_s} \tag{7-2}$$

从相对湿度的定义可知，相对湿度 φ 表示了空气中水分含量的相对大小，因此可用相对湿度来衡量空气的不饱和程度。$\varphi=1$（$p_{水汽}=p_s$，即湿空气中的水汽分压等于同温度下水的饱和蒸气压，此时湿空气已被水汽饱和），表示空气已达饱和状态，不能再接纳任何水分；$p_{水汽}<p_s$ 时，$0\leqslant\varphi<1$；$\varphi=0$，则空气中的水汽分压为零，表明空气中水蒸气的含量为零，此时空气为绝对干燥空气，具有最强的吸水能力。可见，只有不饱和空气才能作为干燥介质，φ 值愈小，表明空气尚可接纳的水分愈多。

(4) 湿球温度 测量水汽含量的简易方法是测量空气的湿球温度 t_w，如图 7-3 所示。图 7-3 中，左侧是干球温度计，右侧是湿球温度计。湿球温度计的感温球用湿纱布包裹，湿纱布的下端浸于水中，感温球不直接接触水，保持湿纱布始终湿润，将其直接同时置于空气中时，干球温度计测得的温度即为该状态下空气的干球温度，湿球温度计测得的温度即为该

状态下空气的湿球温度，用 t_w 表示。

简言之，湿球温度是大量空气与少量水长期接触后水面的温度，它是湿空气与湿纱布中的水之间传热和传质达到平衡时湿纱布中水的温度。空气的湿球温度取决于湿空气的干球温度和湿度，是湿空气重要的性质之一。饱和湿空气的湿球温度等于其干球温度，不饱和湿空气的湿球温度总是小于其干球温度，并且湿空气的相对湿度越低，其干、湿球温度之间的差异值越大。

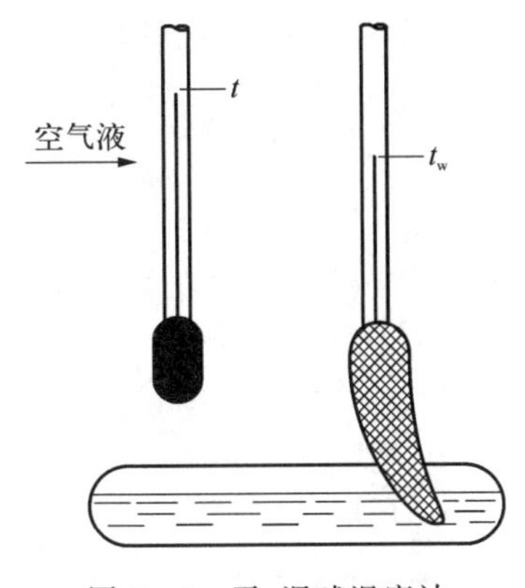

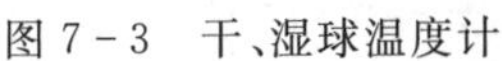
图 7-3　干、湿球温度计

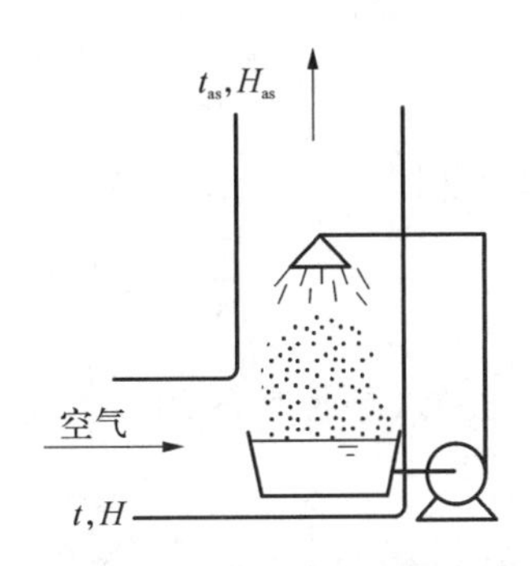

图 7-4　空气的绝热饱和温度

(5) 干球温度　用普通温度计测得的湿空气的温度即为湿空气的干球温度，是湿空气的真实温度。

(6) 绝热饱和温度　绝热条件下，湿空气绝热增湿达到饱和时的温度称为绝热饱和温度，用 t_{as} 表示。如图 7-4 所示，当温度为 t、湿度为 H 的不饱和空气流经一绝热喷水器时，若喷水量足够，两相接触充分，出口气体的湿度可达饱和值 H_{as}。此时，气相和液相为相同的温度。在绝热增湿至饱和温度的过程中，水汽化需要的热量来自空气，气相减少的热量正好用于水汽化所需的热量，两相接触足够时间后，达到平衡，湿空气在饱和过程中焓保持不变，此绝热增湿过程是等焓过程。

绝热饱和温度是大量水和少量空气接触的结果，其值取决于湿空气的状态，也是湿空气的性质。对于水-空气系统，湿空气的绝热饱和温度与其湿球温度基本相同。

对于不饱和湿空气，其干球温度 t、湿球温度 t_w 和露点温度 t_d 三者之间的关系为 $t > t_w(=t_{as}) > t_d$；对于饱和湿空气，它们的关系为 $t = t_w(=t_{as}) = t_d$。

(7) 湿空气的焓　为便于进行过程的热量衡算，定义湿空气的焓 I 为每千克干空气及其所带 H 千克水汽所具有的焓，kJ/kg 干气。焓的基准状态可视计算方便而定，本章取干气体的焓以 0℃的气体为基准，水汽的焓以 0℃的液态水为基准，故有

$$I = (c_{pg} + c_{pv}H)t + r_0 H \tag{7-3}$$

式中，c_{pg} 为干气比热容，空气为 1.01 kJ/(kg·℃)；c_{pv} 为蒸汽比热容，水汽为 1.88 kJ/(kg·℃)；r_0 为 0℃时水的汽化热，取 2 500 kJ/(kg·℃)；$(c_{pg} + c_{pv}H)$ 为湿空气的比热容，又称为湿比热容 c_{pH}。

$$c_{pH} = c_{pg} + c_{pv}H$$

对空气-水系统有

$$c_{pH} = 1.01 + 1.88H \tag{7-4}$$

因此有

$$I = (1.01 + 1.88H)t + 2\,500H \tag{7-5}$$

(8) 湿空气的比体积　当需知气体的体积流量(如选择风机、计算流速)时,常使用气体的比体积。湿空气的比体积 v_H 是指 1 kg 干气及其所带的 H kg 水汽所占的总体积,m^3/kg 干气。

通常条件下,气体比体积可按理想气体定律计算。在常压下 1 kg 干空气的体积为

$$\frac{22.4}{M_{气}} \cdot \frac{t+273}{273} = 2.83 \times 10^{-3}(t+273)$$

H kg 水汽的体积为

$$H \cdot \frac{22.4}{M_{水}} \cdot \frac{t+273}{273} = 4.56 \times 10^{-3}H(t+273)$$

常压下温度为 t℃、湿度为 H 的湿空气比体积为

$$v_H = (2.83 \times 10^{-3} + 4.56 \times 10^{-3}H)(t+273) \tag{7-6}$$

干燥过程中空气的湿度一般并不太大,式(7-6)中湿度 H 值较小。除有特殊需要时外,用绝干空气的比体积代替湿空气的比体积所造成的误差并不大。

7.2.2 湿度图

由前述内容可知,表示湿空气性质的各个参数可以用相应关系式进行计算,但计算过程比较烦琐,工程上为避免此类烦琐计算,将湿空气的各参数及其间的关系标绘于坐标图上,只要已知湿空气任意两个独立参数,便可从图上查找出湿空气其他参数。

在总压 p 一定时,上述湿空气的各个参数(t、$p_{水汽}$、φ、H、I、t_w、t_d 等)中,只有两个参数是独立的,即规定两个互相独立的参数,湿空气的状态即被唯一地确定(t_d-H、t_d-$p_{水汽}$、$p_{水汽}$-H、t_w-I 不是相互独立的)。工程上为方便起见,将诸参数之间的关系在平面坐标上绘制成湿度图。根据目的和使用上的方便可选择不同的独立参数作为坐标,由此所得湿度图的形式也就不同。

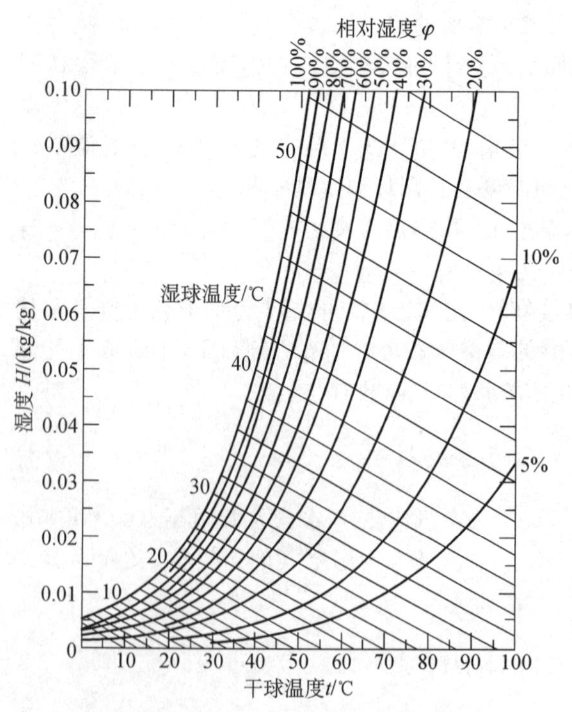

图 7-5　空气-水系统的湿度-温度图

图 7-5 是以气体的温度 t 与湿度 H 为坐标的,称为湿度-温度图($H-t$ 图)。某些书籍或手册中载有包含参数更多、更详细的 $H-t$ 图,可供需要时查阅。

图 7-6 为湿空气的焓-湿度图($I-H$ 图),在进行过程的物料(水分)衡算与热量衡算时使用此图颇为方便。该图的横坐标为空气湿度 H,纵坐标为焓 I。图中横坐标实为与纵轴互成 135°的斜线,使图中有用部分的图线不致过于密集。因此,图中等焓线为一组与水平夹 45°角的斜线。

注意,图 7-6 是以常压 $p=100$ kPa

为前提的。当空气温度大于 99.7℃时，水的饱和蒸气压超过 100 kPa，但空气中可能达到的水汽分压的最大值为总压(100 kPa)。按相对湿度 φ 的定义[式(7-2)]，在温度大于 99.7℃后，等相对湿度线为一垂直向上的直线。

其他物系的焓-湿度图可参阅有关手册。

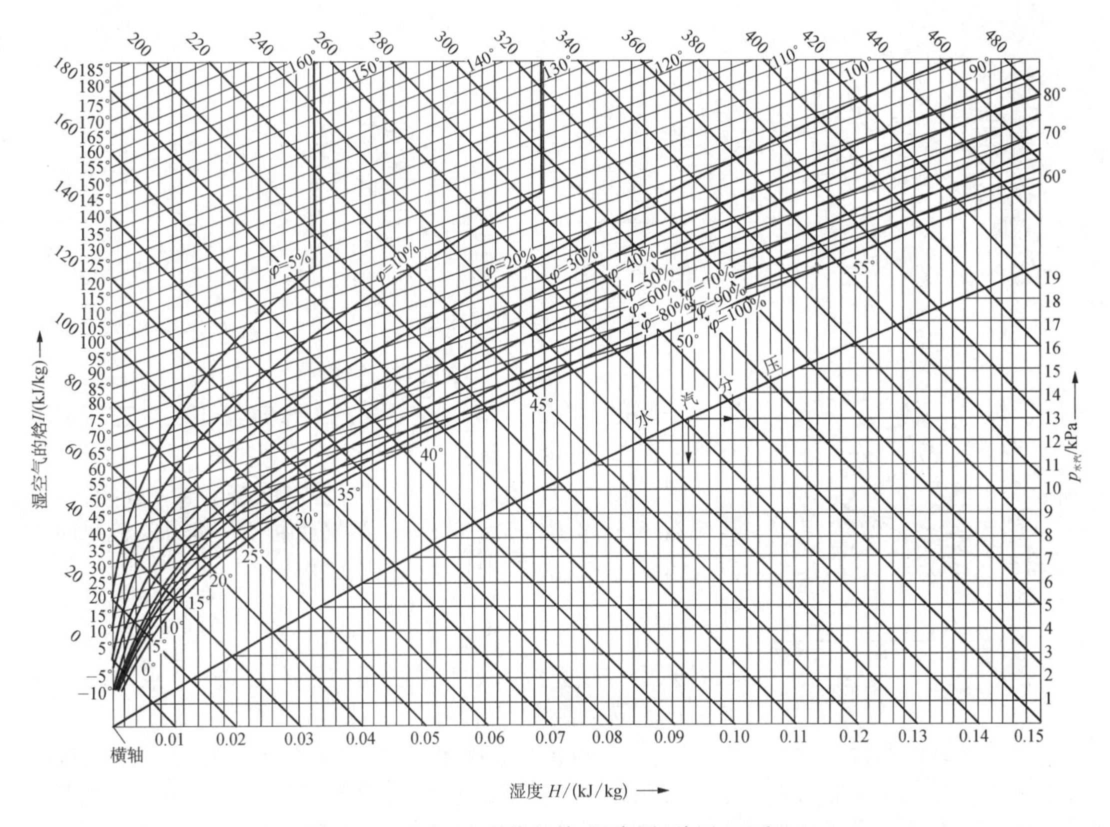

图 7-6　空气-水系统的焓-湿度图(总压 100 kPa)

湿度图包括等湿度线(平行于纵坐标)、等焓线(与横坐标成 135°夹角的直线)、等干球温度线、等相对湿度线(图中有 11 条等相对湿度线)、水汽分压线。根据 $H-I$ 图上空气的状态点，可查出空气的其他性质参数，实例如图 7-7 所示。图 7-7 中空气的状态点 A，通过等温线读出干球温度 t，通过等湿度线读出湿度 H，通过等焓线读出空气的焓，通过等湿度线与相对湿度 100%的饱和空气线的交点所对应的等温线读出露点温度 t_d，通过等湿度线与水汽分压线的交点向右纵坐标读出水汽分压 $p_{水汽}$，通过等焓线与相对湿度 100%的饱和空气线交点对应的等温线读出湿球温度 t_w(也是绝热饱和温度 t_{as})。

(扫描二维码观看干燥 $I-H$ 图及其应用视频)

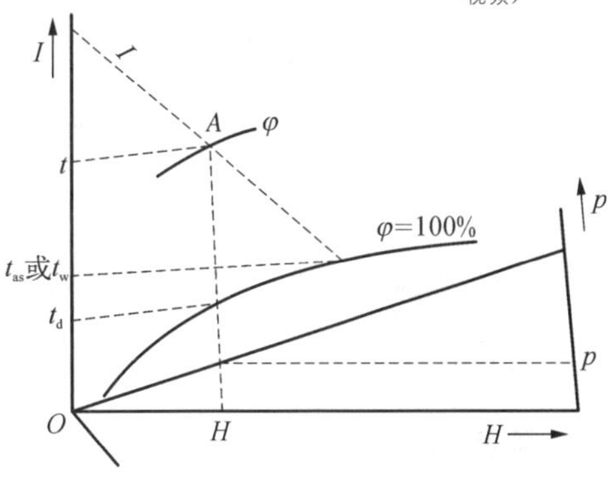

图 7-7　$H-I$ 图上空气状态性质参数的确定

7.2.3　湿度图的应用

加热与冷却过程　若不计换热器的流动阻力，湿空气的加热或冷却视为等压过程。

湿空气被加热时的状态变化可用 $I-H$ 图上的线段 AB 表示[图 7-8(a)]。由于总压与水汽分压没有变化，空气的湿度不变，AB 为一垂直线。温度升高，空气的相对湿度减小，表示它接纳水汽的能力增大。

图 7-8(b)表示温度为 t_1 的空气的冷却过程。当冷却终温 t_2 高于空气的露点温度 t_d 时，此冷却过程为等湿度冷却过程，如图 7-8(b)中 AC 线段所示。若冷却终温 t_3 低于露点温度 t_d，则必有部分水汽凝结为水，空气的湿度降低，如图 7-8(b)中 CDE 所示。

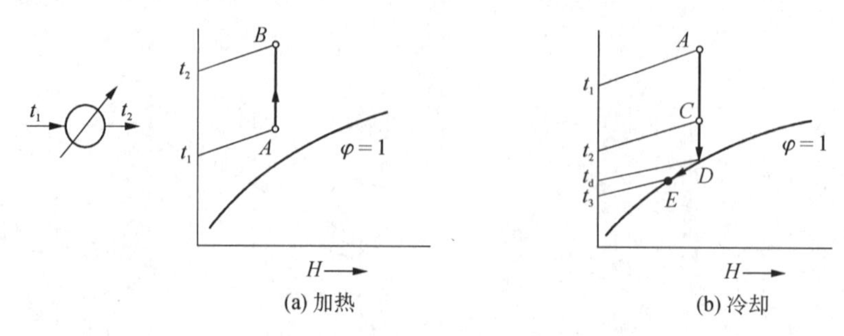

图 7-8　加热、冷却过程的图示

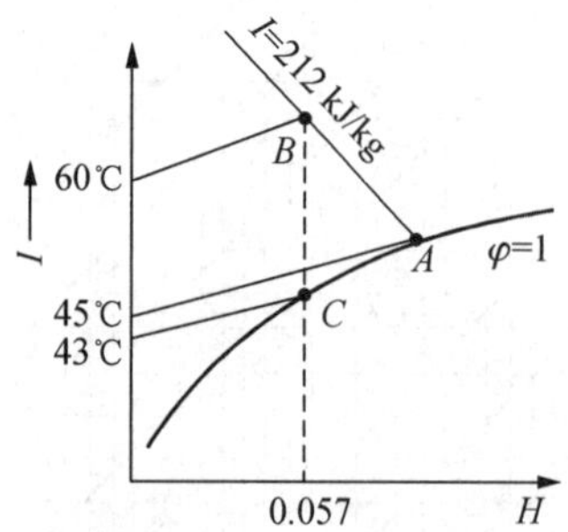

例 7-1　利用 $I-H$ 图确定空气的状态

今测得空气的干球温度为 60℃，湿球温度为 45℃，求湿空气的湿度 H、相对湿度 φ、焓 I 及露点温度 t_d。

解　在 $I-H$ 图上作 $t=45$℃ 等温线与 $\varphi=1$ 线相交，再从交点 A 作等 I 线与 $t=60$℃ 等温线相交于点 B，点 B 即为空气的状态点(图 7-9)。由此点读得

$$I=212\ \text{kJ/kg},\qquad \varphi=43\%,\qquad H=0.057\ \text{kg/kg 干气}$$

从 B 点引一垂直线与 $\varphi=1$ 线相交于 C 点，此 C 点的温度就是所求的露点温度，读得 $t_d=43$℃。

图 7-9　$I-H$ 图的用法

两股气流的混合　设有流量为 V_1、V_2(kg 干气/s)的两股气流相混，其中第一股气流的湿度为 H_1，焓为 I_1，第二股气流的湿度为 H_2，焓为 I_2，分别用图 7-10 中的 A、B 两点表示。此两股气流混合后的空气状态不难由物料衡算、热量衡算获得。设混合后空气的焓为 I_3，湿度为 H_3，则

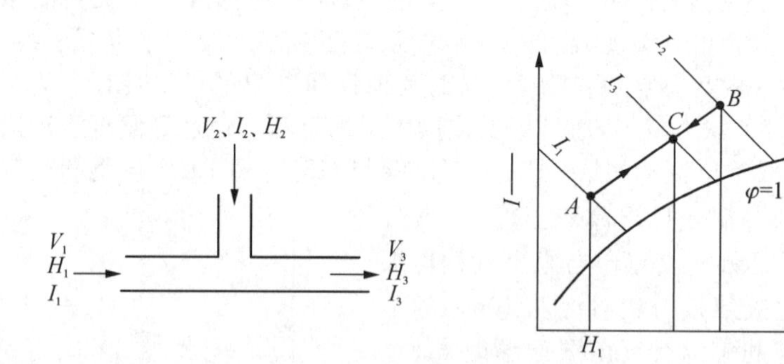

图 7-10　两股气流的混合

总物料衡算　$$V_1+V_2=V_3 \tag{7-7}$$

水分衡算　$$V_1H_1+V_2H_2=V_3H_3 \tag{7-8}$$

焓衡算　$$V_1I_1+V_2I_2=V_3I_3 \tag{7-9}$$

显然，混合气体的状态点 C 必在 AB 连线上，其位置也可由杠杆规则定出，即

$$\frac{V_1}{V_2} = \frac{\overline{BC}}{\overline{AC}} \tag{7-10}$$

例 7-2 空气状态变化过程的计算

在总压 100 kPa 下将温度为 18℃、湿度为 0.006 kg/kg 干气的新鲜空气与部分废气混合，然后将混合气加热，送入干燥器作为干燥介质使用(图 7-11)。控制废气与新鲜空气的混合比例以使进干燥器时气体的湿度维持在 0.065 kg/kg 干气。废气的排出温度为 58℃、相对湿度为 70%。试求废气与新鲜空气的混合比及混合气进预热器的温度。

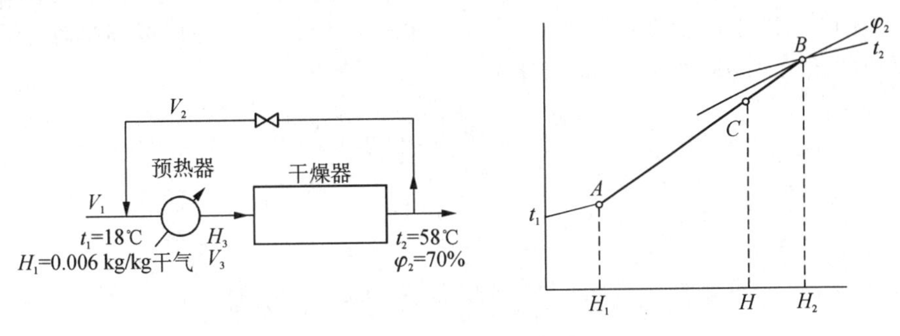

图 7-11 例 7-2 附图

解 (1) 从湿空气的性质查出 $t_2 = 58℃$ 时的饱和水蒸气压 $p_s = 18.2\,\text{kPa}$，废气中的水汽分压为

$$p_{水汽} = \varphi p_s = 0.70 \times 18.2 = 12.74(\text{kPa})$$

废气湿度 $$H_2 = 0.622 \times \frac{p_{水汽}}{p - p_{水汽}} = 0.622 \times \frac{12.74}{100 - 12.74} = 0.0908(\text{kg/kg 干气})$$

废气的焓 $$\begin{aligned} I_2 &= (1.01 + 1.88H_2)\,t_2 + 2500H_2 \\ &= (1.01 + 1.88 \times 0.0908) \times 58 + 2500 \times 0.0908 \\ &= 295(\text{kJ/kg 干气}) \end{aligned}$$

由混合过程的物料衡算可知

$$V_1 H_1 + V_2 H_2 = (V_1 + V_2) H$$

混合比

$$V_2/V_1 = \frac{H - H_1}{H_2 - H} = \frac{0.065 - 0.006}{0.0908 - 0.065} = 2.29$$

因空气加热是等湿度过程，故以上计算中 H 即取进干燥器的气体湿度 H_3。

(2) 为求取混合气的温度，必须对混合过程作热量衡算。新鲜空气的焓为

$$\begin{aligned} I_1 &= (1.01 + 1.88H_1)t_1 + 2500H_1 \\ &= (1.01 + 1.88 \times 0.006) \times 18 + 2500 \times 0.006 \\ &= 33.4(\text{kJ/kg 干气}) \end{aligned}$$

混合前、后的热量衡算式为

$$V_1 I_1 + V_2 I_2 = (V_1 + V_2) I$$

混合后气体的焓为

$$I=\frac{I_1+(V_2/V_1)I_2}{1+V_2/V_1}=\frac{33.4+2.29\times 295}{1+2.29}=215(\text{kJ/kg 干气})$$

进预热器的混合气温度为

$$t=\frac{I-2\,500H}{1.01+1.88H}=\frac{215-2\,500\times 0.065}{1.01+1.88\times 0.065}=46.5(℃)$$

本题也可近似地用图解法完成(图 7－11)。由 $t_1=18℃$、$H_1=0.006$ kg/kg 干气在$I-H$ 图上定下A 点。以 $t_2=58℃$、$\varphi_2=70\%$ 定下废气的状态B 点。混合后的气体状态必在连线AB 上的C 点,且C 点的湿度 $H=H_3=0.065$ kg/kg 干气,由此可方便地定下C 点的位置。量取线段$\overline{AC}$、$\overline{BC}$ 的长度,混合比为

$$\frac{V_2}{V_1}=\frac{\overline{AC}}{\overline{BC}}=2.29$$

混合后C 点的温度可直接由图上读出,约为 47℃。

7.3 湿物料中水分的性质

干燥过程除去的水分除湿物料的表面水分外,还有由湿物料内部迁移到表面的水分,这部分水分再由表面汽化后进入气流。因此,水分在气流和物料之间的平衡关系、干燥过程速率等,既和气流的性质与操作条件有关,也和物料中所含水分的性质密切相关。

湿物料含水量的表示方法

湿物料中含水量有两种表示方法,即湿基含水量和干基含水量。

单位质量湿物料所含水分的质量,即湿物料中水分的质量分数,称为湿物料的湿基含水量,用x 表示。湿物料干燥过程中湿分被汽化移走,湿物料的总质量在不断变化,用湿基含水量有时并不方便。考虑到干燥过程中绝干物料量不变化,因此引入干基含水量。单位质量绝干物料所含水分的质量,即干基含水量,用X 表示。x、X 两者的关系为

$$X=\frac{x}{1-x}\text{或}x=\frac{X}{1+X}$$

式中,x 为 kg 水/kg 湿物料;X 为 kg 水/kg 干物料。

结合水与非结合水 水在固体物料中可以不同的形态存在,以不同的方式与固体相结合。

当固体物料具有晶体结构时,其中可能含有一定量的结晶水,这部分水以化学力与固体相结合,如硫酸铜中的结晶水等。

当固体为可溶物时,其所含的水分可以溶液的形态存在于固体中。

当固体的物料系多孔性,或固体物料系由颗粒堆积而成时,其所含水分可存在于细孔中并受到孔壁毛细管力的作用。

当固体表面具有吸附性时,其所含的水分则因受到吸附力而结合于固体的内、外表面上。

以上这些借化学力或物理化学力与固体相结合的水统称为结合水。

当物料中含水较多时,除一部分水与固体结合外,其余的水只是机械地附着于固体表面或颗粒堆积层中的大空隙中(不存在毛细管力),这些水称为非结合水。

结合水与非结合水的基本区别是其表现的平衡蒸气压不同。非结合水的性质与纯水相同,其表现的平衡蒸气压即为同温度下纯水的饱和蒸气压。结合水则不同,因化学力和物理

化学力的存在，所表现的蒸气压低于同温度下的纯水的饱和蒸气压。

平衡蒸气压曲线 一定温度下湿物料的平衡蒸气压 p_e 与含水量的关系大致如图 7-12(a)所示(物料的含水量以绝干物料为基准，即每千克绝干物料所带有的水量以 X_t 表示)。

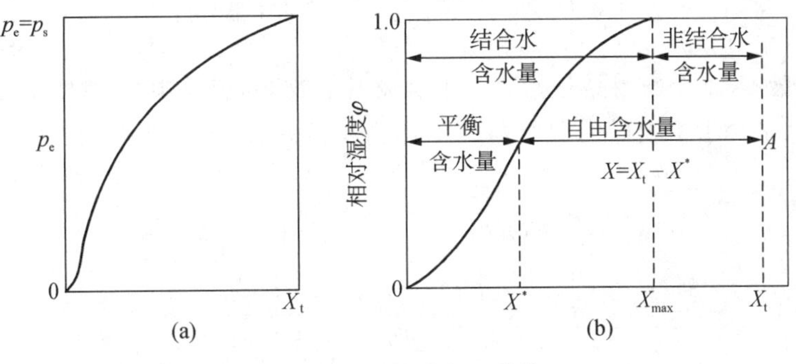

图 7-12 平衡蒸气压曲线

物料中只要有非结合水存在，而不论其数量多少，其平衡蒸气压不会变化，总是纯水的饱和蒸气压。当含水量减少时，非结合水不复存在，此后首先除去的是结合较弱的水，余下的是结合较强的水，因而平衡蒸气压逐渐下降。显然，测定平衡蒸气压曲线就可得知固体中有多少水分属结合水，多少属非结合水。

上述平衡曲线也可用另一种形式表示，即以气体的相对湿度 φ(即 p_e/p_s)代替平衡蒸气压 p_e 作为纵坐标。此时，固体中只要存在非结合水，则 $\varphi=1$。除去非结合水后，φ 即逐渐下降，如图 7-12(b)所示。

以相对湿度 φ 代替 p_e 有其优点，此时平衡曲线随温度变化较小。因为温度升高时，p_e 与 p_s 都相应地升高，温度对此比值的影响就相对减少了。

图 7-13 为几种物料的平衡曲线。

平衡水分与自由水分 若固体物料中的水分都属非结合水，则只要空气未达饱和，且有足够的接触时间，原则上所有的水都将被空气带走，就像雨后马路上的水被风吹干那样。

但是，当有结合水存在时，情况就不同了。设想以相对湿度 φ 的空气掠过同温度的湿固体，长时间后，固体物料的含水量将由原来的含水量 X_t[图 7-12(b)中的 A 点]降为 X^*，但不可能绝对干燥。X^* 是物料在指定空气条件下的被干燥的极限，称为该空气状态下的平衡含水量。

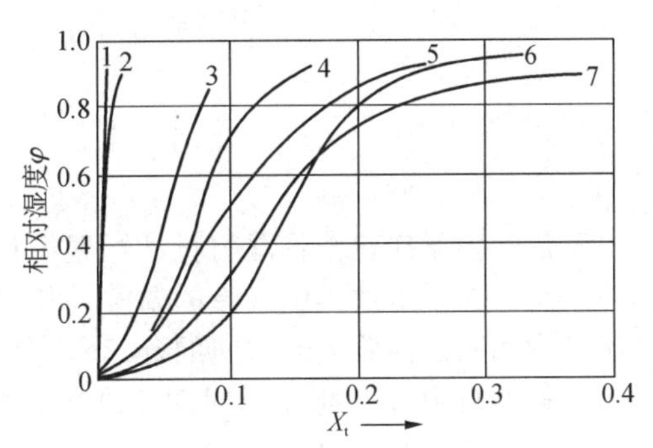

图 7-13 室温下几种物料的平衡曲线

1—石棉纤维板；2—聚氯乙烯粉(50℃)；3—木炭；4—牛皮纸；5—黄麻；6—小麦；7—土豆

不难看出，此种情况下被去除的水分(相当于 X_t-X^*)包括两部分，一部分是非结合水(相当于 X_t-X_{max})，另一部分是结合水(相当于 $X_{max}-X^*$)。所有能被指定状态的空气带走的水分称为自由水分，相应地称(X_t-X^*)为自由含水量，即

$$\text{自由含水量} \quad X=X_t-X^* \tag{7-11}$$

自由含水量是干燥过程的推动力。结合水与非结合水、平衡水分与自由水分是两种不同的区分。水之结合与否是固体物料的性质，与空气状态无关；而平衡水分与自由水分的区别则与空气状态有关。

还需注意，当固体含水量较低(都属结合水)而空气相对湿度 φ 较大时，两者接触非但不能达到物料干燥的目的，水分还可以从气相转入固相，此为吸湿现象。饼干的返潮即为一例。

7.4 干燥过程物料衡算

干燥产品量 G_2 干燥产品是指离开干燥设备的物料，产品中含有物料、少量水分，换句话说，干燥产品是含水量较低的湿物料。不计物料损失时，干燥前后，物料中的绝干物料量不变，因此有

$$G_c = G_1(1-x_1) = G_2(1-x_2) \tag{7-12}$$

$$G_2 = \frac{G_1(1-x_1)}{1-x_2} = \frac{G_c}{1-x_2} \tag{7-13}$$

式中，G_1、G_2分别为进干燥器的湿物料量和出干燥器的干燥产品量，kg/s；x_1、x_2分别为进、出干燥器物料的含水量，kg/kg 湿物料。

干燥除去的水分量 W 湿物料在干燥过程前后，含水量减小(从 x_1 干燥至 x_2)，除去的水量 W 为

$$W = G_1 - G_2 = G_1\frac{x_1-x_2}{1-x_2} = G_2\frac{x_1-x_2}{1-x_1} \tag{7-14}$$

干燥过程气流中的湿度也发生变化，也可以从气流湿度变化计算除去的水量，同时干燥过程因绝干物料量不变，按照干基含水量也能计算除去的水量，假设空气用量为V(kg 干气/s)，因此有

$$W = G_c(X_1 - X_2) = V(H_2 - H_1) \tag{7-15}$$

7.5 干燥速率

干燥动力学实验 将湿物料试样置于恒定空气流中进行干燥，例如大量空气流过小块固体物料。在干燥过程中气流的温度t、相对湿度φ及流速保持不变，物料表面各处的空气状况基本相同。随着干燥时间的延续，水分被不断汽化，湿物料的质量减少，因而可以记取物料试样的自由含水量X与时间τ的关系如图 7-14(a)所示。此曲线称为干燥曲线。随干燥时间的延长，物料的自由含水量趋近于零。

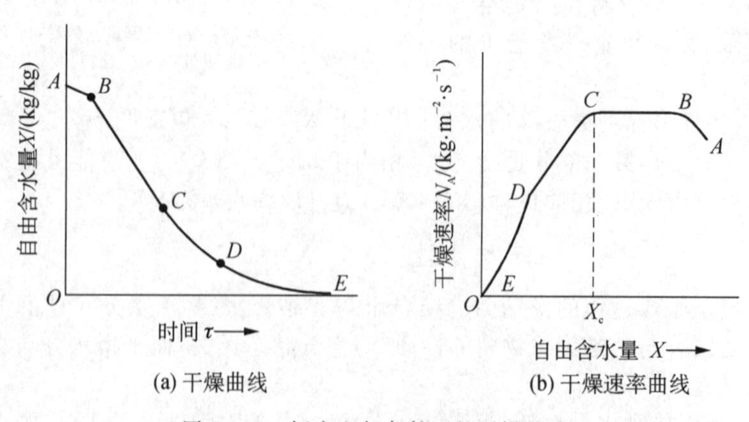

图 7-14 恒定空气条件下的干燥试验

物料的干燥速率即水分汽化速率 N_A 可用单位时间、单位面积(气固接触界面)被汽化的水量表示，即

$$N_A = -\frac{G_c \mathrm{d}X}{A \mathrm{d}\tau} \tag{7-16}$$

式中，G_c 为试样中绝对干燥物料的质量，kg；A 为试样暴露于气流中的表面积，m^2；X 为物料的自由含水量，$X = X_t - X^*$，kg 水/kg 干料。

由干燥曲线求出各点斜率 $\frac{\mathrm{d}X}{\mathrm{d}\tau}$，按式(7-16)计算物料在不同自由含水量时的干燥速率，由此可得干燥速率曲线 $N_A = f(X)$，如图 7-14(b)所示。

干燥曲线或干燥速率曲线是恒定的空气条件(指一定的流速、温度、湿度)下获得的。对指定的物料，空气的温度、湿度不同，速率曲线的位置也不同，如图 7-15 所示。

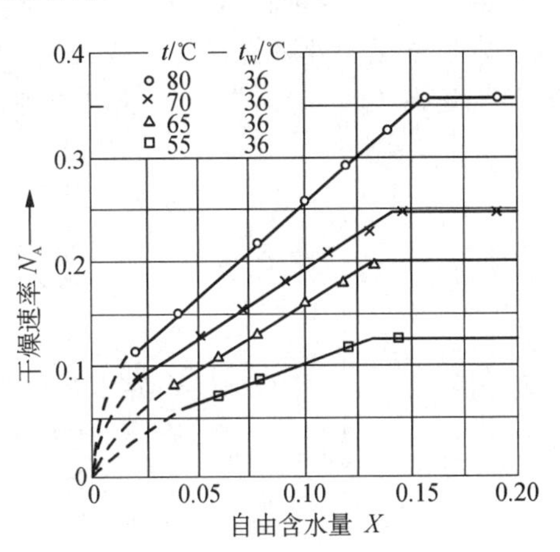

图 7-15　石棉纸浆的干燥速率曲线

考察实验所得的干燥速率曲线可知，整个干燥过程可分为恒速干燥与降速干燥两个阶段，每个干燥阶段的传热、传质有各自的特点。

恒速干燥阶段　此阶段的干燥速率如图 7-14(b)中的 BC 段所示。由上节关于物料所带水分的性质可知，恒速阶段的出现应在预料之中。物料中的非结合水无论其数量多少，所表现的性质均与液态纯水相同。此时的气-固接触犹如湿球温度测定时大量空气与少量水接触一样，经较短的接触时间后，物料表面即达空气的湿球温度 t_w，且维持不变，即只要物料表面全部被非结合水所覆盖，干燥速率必为定值。按传质速率式

$$N_A = k_H(H_w - H) \tag{7-17}$$

式中，H_w 为物料表面温度 t_w 下空气的饱和湿度。

由于试样刚移入干燥介质时的初温不会恰好等于空气的湿球温度，干燥初期有一为时不长的预热阶段，如图 7-14 中的 AB 线所示。

降速干燥阶段　在降速阶段，干燥速率的变化规律与物料性质及其内部结构有关。降速的原因大致有如下四个。

① 实际汽化表面减小：随着干燥的进行，由于多孔物质外表面水分的不均匀分布，局部表面的非结合水已先除去而成为"干区"。此时尽管物料表面的平衡蒸气压未变，式(7-17)中的推动力$(H_w - H)$未变，k_H 也未变，但实际汽化面积减小，以物料全部外表面计算的干燥速率将下降。多孔性物料表面，孔径大小不等，在干燥过程中水分会发生迁移。小孔借毛细管力自大孔中"吸取"水分，因而首先在大孔处出现干区。由局部干区而引起的干燥速率下降如图 7-14(b)中的 CD 段所示，成为第一降速阶段。

② 汽化面的内移：当多孔物料全部表面都成为干区后，水分的汽化面逐渐向物料内部移动。此时固体内部的热、质传递途径加长，造成干燥速率下降。此为干燥曲线中的 DE 段，也称为第二降速阶段。

③ 平衡蒸气压下降：当物料中非结合水已被除尽，所汽化的已是各种形式的结合水时，平衡蒸气压将逐渐下降，使传质推动力减小，干燥速率也随之降低。

多孔性物料在干燥过程中水分残留的情况如图 7-16 所示。

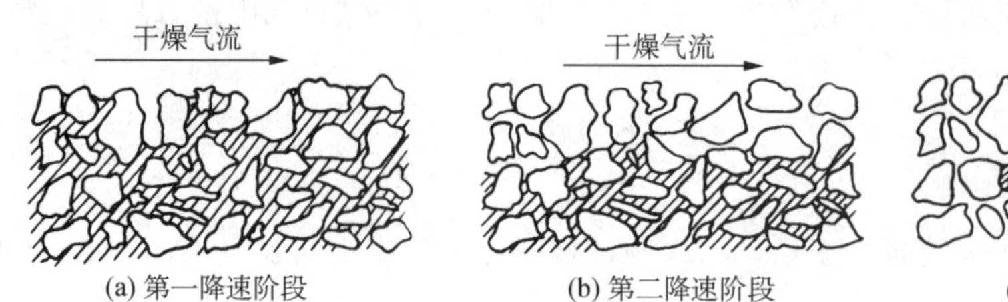

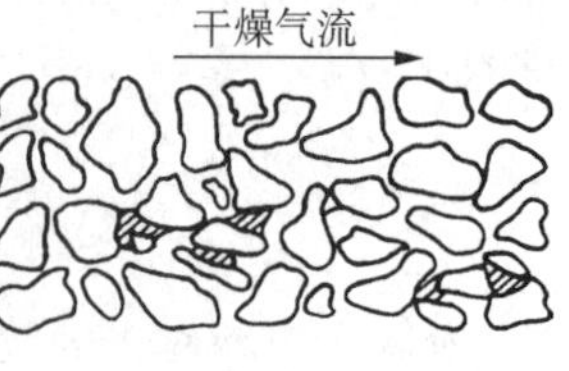

图 7-16　水分在多孔物料中的分布

④ 固体内部水分的扩散极慢：对非多孔性物料，如肥皂、木材、皮革等，汽化表面只能是物料的外表面，汽化面不可能内移。当表面水分去除后，干燥速率取决于固体内部水分的扩散。内扩散是个速率极慢的过程，且扩散速率随含水量的减少而不断下降。此时干燥速率将与气速无关，与表面气-固两相的传质系数 k_H 无关。

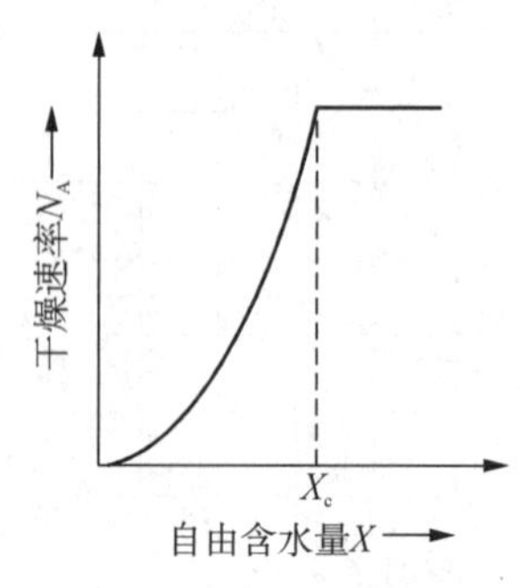

图 7-17　非多孔性物料的干燥速率曲线

固体内水分扩散的理论推导表明，扩散速率与物料厚度的平方成反比。因此，减薄物料厚度将有效地提高干燥速率。

非多孔性固体的干燥速率曲线如图 7-17 所示。

临界含水量　固体物料在恒速干燥终了时的含水量称为临界含水量，而从中扣除平衡含水量后则称为临界自由含水量 X_c。临界含水量不但与物料本身的结构、分散程度有关，也受干燥介质条件（流速、温度、湿度）的影响。物料分散越细，临界含水量越低。等速阶段的干燥速率越大，临界含水量越高，即降速阶段较早地开始。表 7-1 给出某些物料的临界含水量范围。

必须注意，物料干燥至临界含水量时，物料仍含少量非结合水。临界含水量只是等速阶段和降速阶段的分界点。

表 7-1　某些物料的临界含水量(大约值)

物　料		空气条件			临界含水量/(kg/kg 干料)
品　种	厚度/mm	速度/(m/s)	温度/℃	相对温度 φ	
黏土	6.4	1.0	37	0.10	0.11
黏土	15.9	1.0	32	0.15	0.13
黏土	25.4	10.6	25	0.40	0.17
高岭土	30	2.1	40	0.40	0.181
铬革	10	1.5	49	—	1.25
砂<0.044 mm	25	2.0	54	0.17	0.21
0.044～0.074 mm	25	3.4	53	0.14	0.10
0.149～0.177 mm	25	3.5	53	0.15	0.053
0.208～0.295 mm	25	3.5	55	0.17	0.053
新闻纸	—	0	19	0.35	1.00
铁彬木	25	4.0	22	0.34	1.28
羊毛织物	—	—	25	—	0.31
白垩粉	31.8	1.0	39	0.20	0.084
白垩粉	6.4	1.0	37	—	0.04
白垩粉	16	9～11	26	0.40	0.13

干燥操作对物料性状的影响　在恒速阶段，物料表面温度维持在湿球温度。因此，即使在高温下易于变质、破坏的物料（塑料、药物、食品等）仍然允许在恒速阶段采用较高的气流

温度，以提高干燥速率和热的利用率。在降速阶段，物料温度逐渐升高，故在干燥后期须注意不使物料温度过高。

物料性质可因脱水而产生种种物理的、化学的以致生物的变化。木材脱水收缩，内部产生应力，严重时可使木材沿薄弱面开裂。某些物料因降速初期干燥过快，在表面结成一坚硬的外壳，内部水分几乎无法通过此层硬壳，干燥难以继续进行。为避免产生表面硬化、干裂、起皱等不良现象，常需对降速阶段的干燥条件严格加以控制，通常减缓干燥速率，使物料内部水分分布比较均匀，可以防止上述现象发生。

7.5.1 间歇干燥过程的计算

干燥时间 一批物料在恒定空气条件下干燥所需的时间原则上应由同一物料的干燥试验确定，且试验物料的分散程度(或堆积厚度)必须与生产时相同。当生产条件与试验差别不大时，可根据下述方法对物料干燥时间进行估算。

(1) 恒速阶段的干燥时间 τ_1：如物料在干燥之前的自由含水量 X_1 大于临界自由含水量 X_c，则干燥必先有一恒速阶段。忽略物料的预热阶段，恒速阶段的干燥时间 τ_1 可由式(7-16)积分求出。

$$\int_0^{\tau_1} d\tau = -\frac{G_c}{A}\int_{X_1}^{X_c}\frac{dX}{N_A}$$

因干燥速率 N_A 为一常数，则

$$\tau_1 = \frac{G_c}{A}\cdot\frac{(X_1 - X_c)}{N_A} \tag{7-18}$$

速率 N_A 由实验决定，也可按传质或传热速率式估算，即

$$N_A = k_H(H_w - H) = \frac{a}{r_w}(t - t_w) \tag{7-19}$$

式中，H_w 为湿球温度 t_w 下气体的饱和湿度。

传质系数 k_H 的测量技术不及给热系数测量那样成熟与准确，在干燥计算中常用经验的给热系数进行计算。

例 7-3 恒速干燥速率的计算

在总压 100 kPa 下将温度为 20℃、相对湿度 φ 为 70%的空气预热至 70℃后送入间歇干燥器，空气以 6 m/s 的流速平行流过物料表面，假设气流给热系数和空气的质量流速关系为 $a = 0.0143G^{0.8}$，干燥速率可用下式计算：$N_A = \dfrac{a(t - t_w)}{r_w}$。试估计恒速阶段的干燥速率。若空气的预热温度改为 80℃，恒速干燥速率有何变化？

解 ① 在 $I-H$ 图上查得空气预热前的状态如图 7-18 中 A 点所示，加热至 $t = 70$℃移至 B 点，此时空气的湿度 $H = 0.0103$ kg/kg 干气，湿球温度 $t_w = 30.3$℃。查表得 $r_w = 2430$ kJ/kg。

进干燥器空气的湿比容为

$$\begin{aligned} v_H &= (2.83\times10^{-3} + 4.56\times10^{-3}H)(t + 273) \\ &= (2.83\times10^{-3} + 4.56\times10^{-3}\times0.0103)(70 + 273) \\ &= 0.987(\text{m}^3/\text{kg 干气}) \end{aligned}$$

密度 $\rho = \dfrac{1.0 + H}{v_H} = \dfrac{1 + 0.0103}{0.987} = 1.02(\text{kg/m}^3)$

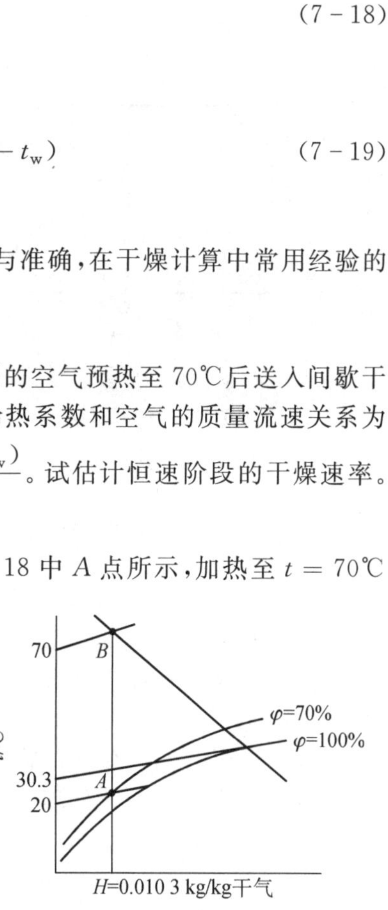

图 7-18 例 7-3 附图

质量流速 $G = \rho u = 1.02 \times 6 = 6.12(\text{kg}/(\text{s} \cdot \text{m}^2))$

给热系数

$$a = 0.0143G^{0.8} = 0.0143 \times 6.12^{0.8} = 0.0609(\text{kJ}/(\text{m}^2 \cdot \text{s} \cdot ℃))$$

干燥速率 $N_A = \dfrac{a(t - t_w)}{r_w} = \dfrac{0.0609 \times (70 - 30.3)}{2430} = 0.995 \times 10^{-3}(\text{kg}/(\text{s} \cdot \text{m}^2))$

② 预热温度为 80℃时，查得空气进入干燥器的湿球温度 $t_w = 32.3℃$，则干燥速率为

$$N_A = \frac{a(t - t_w)}{r_w} = \frac{0.0609 \times (80 - 32.3)}{2420} = 1.20 \times 10^{-3}(\text{kg}/(\text{s} \cdot \text{m}^2))$$

(2) 降速阶段的干燥时间 τ_2：当物料的自由含水量减至临界值时，降速阶段开始。物料从临界自由含水量 X_c减至 X_2所需时间 τ_2为

$$\int_0^{\tau_2} d\tau = -\frac{G_c}{A}\int_{X_c}^{X_2} \frac{dX}{N_A}$$

此时因干燥速率 N_A与自由含水量有关，若写成 $N_A = f(X)$，则

$$\tau_2 = \frac{G_c}{A}\int_{X_2}^{X_c} \frac{dX}{f(X)} \tag{7-20}$$

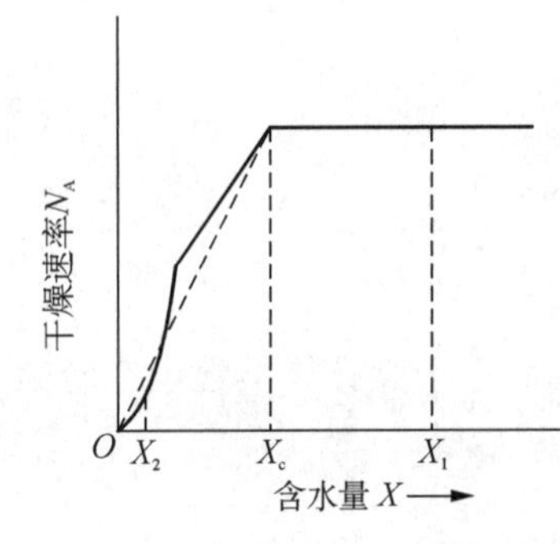

图 7-19 将降速干燥速率曲线处理为直线

如果物料在降速阶段的干燥曲线可近似作为通过临界点与坐标原点的直线处理(图 7-19)，则降速阶段的干燥速率可写成

$$N_A = K_X \cdot X \tag{7-21}$$

式(7-21)中比例系数 K_X可由物料的临界自由含水量与物料的恒速干燥速率$(N_A)_{恒}$求取，即

$$K_X = \frac{(N_A)_{恒}}{X_c} \tag{7-22}$$

于是

$$\tau_2 = \frac{G_c}{AK_X} \cdot \ln\frac{X_c}{X_2} \tag{7-23}$$

物料经恒速及降速阶段的总干燥时间为

$$\tau = \tau_1 + \tau_2 \tag{7-24}$$

例 7-4 降速阶段的干燥时间

已知某物料在恒定空气条件下从自由含水量 0.10 kg/kg 干料干燥至 0.04 kg/kg 干料共需 5 h，问将此物料继续干燥至自由含水量为 0.01 kg/kg 干料还需多少时间？

已知此干燥条件下物料的临界自由含水量 $X_c = 0.08$ kg/kg 干料，降速阶段的速率曲线可作为通过原点的直线处理。

解 ① X 由 0.10 kg/kg 干料降至 0.04 kg/kg 干料经历两个干燥阶段：

$$\tau_1 = \frac{G_c}{A(N_A)_{恒}}(X_1 - X_c)$$

$$\tau_2 = \frac{G_c X_c}{A(N_A)_{恒}} \ln \frac{X_c}{X_2}$$

$$\frac{\tau_1}{\tau_2} = \frac{(X_1 - X_2)}{X_c \ln \frac{X_c}{X_2}} = \frac{0.10 - 0.08}{0.08 \times \ln \frac{0.08}{0.04}} = 0.361$$

已知 $$\tau_1 + \tau_2 = 5(\text{hr})$$

解得 $$\tau_1 = 1.33(\text{hr}); \qquad \tau_2 = 3.67(\text{hr})$$

② 继续干燥所需的时间

设从临界自由含水量 X_c 干燥至 $X_3 = 0.01$ kg/kg 干料所需时间为 τ_3，则

$$\frac{\tau_3}{\tau_2} = \frac{\ln \frac{X_c}{X_3}}{\ln \frac{X_c}{X_2}} = \frac{\ln \frac{0.08}{0.01}}{\ln \frac{0.08}{0.04}} = 3$$

$$\tau_3 = 3\tau_2$$

继续干燥尚需时间 $$\tau_3 - \tau_2 = 2 \times 3.67 = 7.34(\text{hr})$$

7.5.2 连续干燥过程一般特性

在连续干燥器中，气流与物料的接触方式可为并流、逆流、错流或其他更为复杂的形式（图 7-20）。

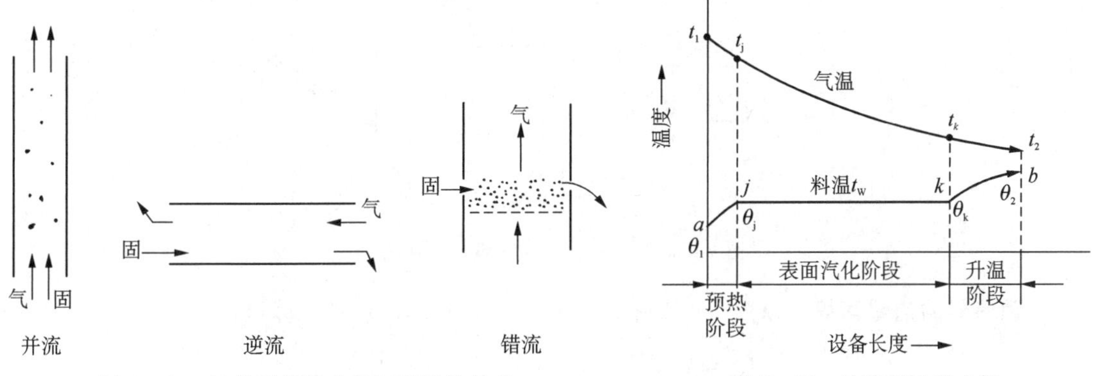

图 7-20 连续干燥器中的气固接触方式

图 7-21 并流干燥器内气、固两相温度的变化

连续干燥过程的特点 现以并流连续干燥为例加以说明，图 7-21 为此种干燥器内气、固两相温度沿流动途径（设备长度）的变化情况。

当物料的含水量大于临界含水量时，物料的温度在进入干燥器一小段距离后即可由初温 θ_1 升到气流的湿球温度，此为物料预热阶段，如图 7-21 中 aj 所示。由于水分汽化，空气的湿度沿途增加，温度降低。在连续干燥器内，因物料在设备的不同部位与之接触的空气状态不同，即使物料含水量大于临界值，也不存在恒速干燥阶段，而只有一个表面水分的汽化阶段，如图 7-21 中 jk 段所示。如忽略设备的热损失，在此表面汽化阶段中气体绝热增湿，物料温度维持不变。k 点以后，表面水分汽化完毕，干燥速率进一步下降，物料温度逐渐升高至出口温度 θ_2。但须注意，连续干燥器中的这一升温阶段与定态空气条件下的降速阶段不同，此时与同一物料接触的空气状态不断变化，其干燥速率不能假设与物料的自由含水量成正比。

连续干燥过程的数学描述　连续干燥为一定态过程，设备中的湿空气与物料状态沿流动途径不断变化，但流经干燥器任一确定部位的空气和物料状态不随时间而变。因此，在对连续干燥过程进行数学描述时，应该采用欧拉方法，在垂直于气流运动方向上取一设备微元 $\mathrm{d}\bar{V}$ 作为考察对象。

干燥过程是气、固两相间的热、质同时反向传递过程。在进行过程数学描述时，可以对所取设备微元写出物料衡算式、质量衡算式及相际传热与传质速率方程式。在相际传热与传质速率方程式中，分别包含界面温度与界面上气体的饱和湿度。对于气、液系统，这两个界面参数不难确定，但对于气、固系统，这两个界面参数与物料内部的导热和扩散情况有关，其确定将变得十分复杂。

因此，为对干燥过程进行全面的数学描述，除上述四个方程式之外，还必须同时列出物料内部的传热、传质速率方程式。不难想象，物料内部的传热与传质，必与物料的内部结构、水分与固体的结合方式、物料层的厚度等许多因素有关，要定量地写出这两个特征方程式是非常困难的。干燥问题之所以至今得不到较圆满的解决，原因之一就在于物料内部的传递过程难以弄清。

7.5.3　干燥过程的热量衡算

图 7-22 为一典型的对流干燥器。空气经预热后进入干燥器与湿物料相遇，将固体物料的含水量由 X_1 降为 X_2，物料温度则由 θ_1 升高为 θ_2。根据需要，干燥器内可对空气补充加热。干燥过程的热量衡算是干燥过程的热效率的基础。如图 7-22 所列参数。

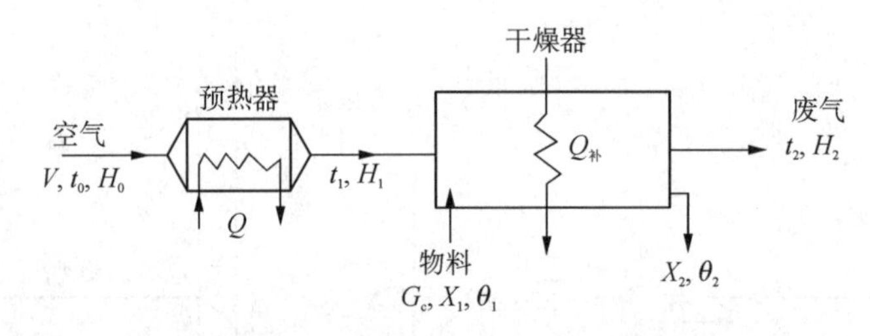

图 7-22　干燥过程的物料与热量衡算

预热器的热量衡算　以图 7-22 中的预热器为控制体作热量衡算可得

$$Q = V(I_1 - I_0) = Vc_{pH1}(t_1 - t_0) \tag{7-25}$$

式中，Q 为空气在预热器中获得的热量，kJ/s；I_0、I_1 为分别为空气进、出预热器的焓，kJ/kg 干气；c_{pH1} 为湿空气的比热容，即 $(c_{pg} + c_{pv}H_1)$，kg/(kg·℃)。

干燥器的热量衡算　取图 7-22 所示的干燥器为控制体作热量衡算可得

$$VI_1 + G_c c_{pm1}\theta_1 + Q_{补} = VI_2 + G_c c_{pm2}\theta_2 + Q_{损} \tag{7-26}$$

式中，$Q_{补}$ 为干燥器中的补充加热量，kJ/s；$Q_{损}$ 为干燥器中的热损失，kJ/s；c_{pm} 为湿物料的比热容，kJ/(kg 干料·℃)；由绝干物料比热容 c_{ps} 及液体比热容 c_{pL} 按加和原则计算，即

$$c_{pm} = c_{ps} + c_{pL}X_t \tag{7-27}$$

理想干燥过程的热量衡算　若在干燥过程中物料汽化的水分都是在表面汽化阶段除去的，设备的热损失及物料温度的变化可以忽略，也未向干燥器补充加热，此时干燥器内气体传给固体的热量全部用于汽化水分所需的潜热进入气相。由热量衡算式(7-26)可知，气体在干燥过程中的状态变化为等焓过程，这种简化的干燥过程称为理想干燥过程。

图 7-23 表示气体状态的变化过程。由室外空气的状态 t_0、H_0决定 A 点。在预热器中空气沿等湿度线升温至 t_1，即 B 点。进入干燥器后气体沿等焓线降温、增湿至出口状态 t_2，即图中 C 点。这样，气体出口的状态参数便可方便地确定，然后可由物料衡算式计算空气用量 V。

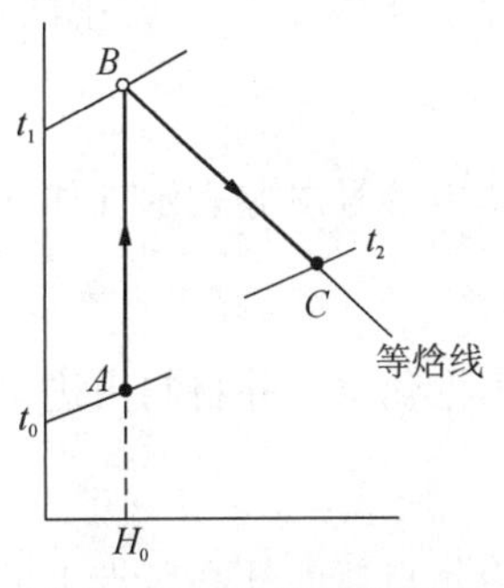

图 7-23　理想干燥过程

例 7-5　理想干燥过程的物料衡算与热量衡算

在常压下将含水量为 5%的湿物料以 1.58 kg/s 的速率送入干燥器，干燥产物的含水量为 0.5%。所用空气的温度为 20℃、湿度为 0.007 kg/kg 干气，预热温度为 127℃，废气出口温度为 82℃，设为理想干燥过程，试求：

(1) 空气用量 V；

(2) 预热器的热负荷。

解　(1) 绝对干物料的处理量为

$$G_c = G_1(1-x_1) = 1.58 \times (1-0.05) = 1.5(\text{kg 干料 /s})$$

进、出干燥器的含水量为

$$X_1 = \frac{x_1}{1-x_1} = \frac{0.05}{1-0.05} = 0.0526(\text{kg/kg 干料})$$

$$X_2 = \frac{x_2}{1-x_2} = \frac{0.005}{1-0.005} = 0.00503(\text{kg/kg 干料})$$

水分汽化量为

$$\begin{aligned} W &= G_c(X_1 - X_2) \\ &= 1.5 \times (0.0526 - 0.00503) = 0.0714(\text{kg/s}) \end{aligned}$$

气体进干燥器的状态为

$$H_1 = H_0 = 0.007(\text{kg/kg 干气})$$

$$\begin{aligned} I_1 &= (1.01 + 1.88H_1)t_1 + 2500H_1 \\ &= (1.01 + 1.88 \times 0.007) \times 127 + 2500 \times 0.007 \\ &= 147(\text{kJ/kg 干气}) \end{aligned}$$

气体出干燥器的状态为 $t_2 = 82℃$，$I_2 = I_1 = 147\ \text{kJ/kg}$ 干气。

出口气体的湿度为

$$\begin{aligned} H_2 &= \frac{I_2 - 1.01t_2}{1.88t_2 + 2500} \\ &= \frac{147 - 1.01 \times 82}{1.88 \times 82 + 2500} = 0.0242(\text{kg/kg 干气}) \end{aligned}$$

空气用量为

$$V = \frac{W}{H_2 - H_1} = \frac{0.0714}{0.0242 - 0.007} = 4.15(\text{kg 干气 /s})$$

(2) 预热器的热负荷为

$$Q = V(I_1 - I_0)$$

式中

$$\begin{aligned} I_0 &= (1.01 + 1.88t_0)H_0 + 2500H_0 \\ &= (1.01 + 1.88 \times 20) \times 0.007 + 2500 \times 0.007 \\ &= 17.8(\text{kJ/kg 干气}) \end{aligned}$$

$$Q = 4.15 \times (147 - 17.8) = 536(\text{kJ/s})$$

空气在干燥器中放出热量的分析　为分析空气在干燥器中放出热量的有效利用程度，可将

热量衡算式(7-26)中的焓 I_1、I_2 及湿物料比热容 c_{pm1} 用各自的定义代入，经整理可得

$$Vc_{pH1}(t_1 - t_2) = Q_1 + Q_2 + Q_{损} - Q_{补} \tag{7-28}$$

式中等号左方表示气体在干燥器中放出的热量，它由等式右方的四部分决定，其中

$$Q_1 = W(r_0 + c_{pv}t_2 - c_{pL}\theta_1) \tag{7-29}$$

为汽化水分并将它由进口态的水变成出口态的蒸汽所消耗的热；

$$Q_2 = G_c c_{pm2}(\theta_2 - \theta_1) \tag{7-30}$$

为物料温度升高所带走的热。

由式(7-25)可知，空气在预热器中获得的热量可分解成两部分，即

$$Q = Vc_{pH1}(t_1 - t_2) + Vc_{pH1}(t_2 - t_0) \tag{7-31}$$

或

$$Q = Vc_{pH1}(t_1 - t_2) + Q_3 \tag{7-32}$$

式中

$$Q_3 = Vc_{pH1}(t_2 - t_0) \tag{7-33}$$

可理解为废气离开干燥器时带走的热量。

式(7-32)中等号右方第一项，即为气体在干燥器中放出的热量，将式(7-28)代入式(7-32)得

$$Q + Q_{补} = Q_1 + Q_2 + Q_3 + Q_{损} \tag{7-34}$$

干燥过程中空气受热和放热的分配表示于图 7-24 中。

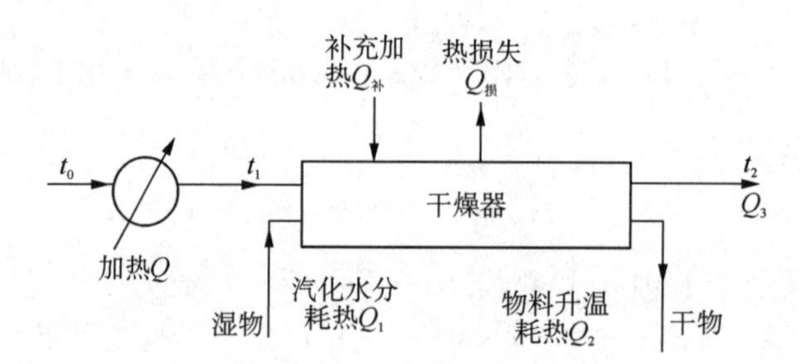

图 7-24　干燥过程的热量分配

7.6　干燥设备(干燥器)

7.6.1　干燥器的基本要求

对被干燥物料的适应性　湿物料的外表形态很不相同，从大块整体物件到粉粒体，从黏稠溶液或糊状团块到薄膜涂层。物料的化学、物理性质也有很大差别。煤粉、无机盐等物料能经受高温处理，药物、食品、合成树脂等有机物则易于氧化、受热变质。有的物料在干燥过程中还会发生硬化、开裂、收缩等影响产品的外观和使用价值的物理化学变化。

与气、液系统对加工设备的要求不同，能够适应被干燥物料的外观性状是对干燥器的基本要求，也是选用干燥器的首要条件。但是，除非是干燥小批量、多品种的产品，一般并不要求一个干燥器能处理多种物料，通用的设备不一定符合经济、优化的原则。

设备的生产能力要高　设备的生产能力取决于物料达到指定干燥程度所需的时间。由上节可知，物料在降速阶段的干燥速率缓慢，费时较多。缩短降速阶段的干燥时间不外从两方面着手：① 降低物料的临界含水量，使更多的水分在速率较高的恒速阶段除去；② 提高降

速阶段本身的速率。将物料尽可能地分散,可以兼达上述两个目的。许多干燥器(如气流式、流化床、喷雾式等)的设计思想就在于此。

能耗的经济性 干燥是一种耗能较多的单元操作,设法提高干燥过程的热效率是至关重要的。在对流干燥中,提高热效率的主要途径是减少废气带热。干燥器结构应能提供有利的气固接触,在物料耐热允许的条件下应使用尽可能高的入口气温,或在干燥器内设置加热面进行中间加热。这两者均可降低干燥介质的用量,减少废气的带热损失。

在恒速干燥阶段,干燥速率与介质流速有关,减少介质用量会使设备容积增大;而在降速阶段,干燥速率几乎与介质流速无关。这样,物料的恒速与降速干燥在同一设备、相同流速下进行在经济上并不合理。为提高热效率,物料在不同的干燥阶段可采用不同类型的干燥器加以组合。

此外,在相同的进、出口温度下,逆流操作可以获得较大的传热(或传质)推动力,设备容积较小。换言之,在设备容积和产品含水量相同的条件下,逆流操作介质用量较少,热效率较高。但对于热敏性物料,并流操作可采用较高的预热温度,并流操作将优于逆流。

7.6.2 常用对流式干燥器

厢式干燥器 厢式干燥器亦称烘房,其结构如图 7-25 所示。干燥器外壁由砖墙并敷以适当的绝热材料构成。厢内支架上放有许多矩形浅盘,湿物料置于盘中,物料在盘中的堆放厚度为 10～100 mm。厢内设有翅片式空气加热器,并用风机造成循环流动。调节风门,可在恒速阶段排出较多的废气,而在降速阶段使更多的废气循环。

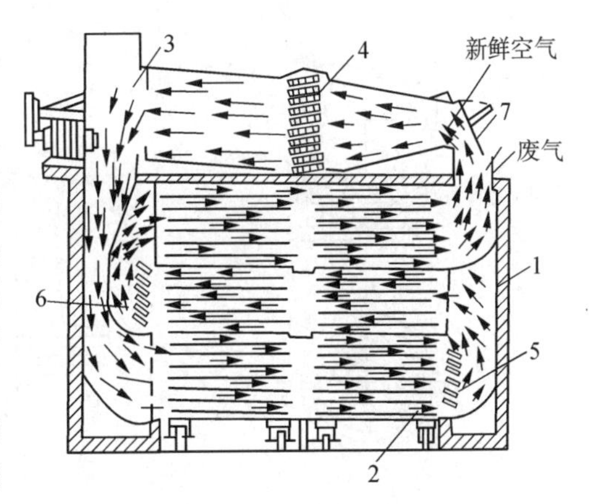

图 7-25 厢式干燥器

1—干燥室;2—小板车;3—送风机;4,5,6—空气预热器;7—调节阀

厢式干燥器一般为间歇式,但也有连续式的。此时堆物盘架搁置在可移动的小车上,或将物料直接铺在缓缓移动的传送网上。

厢式干燥器的最大特点是对各种物料的适应性强,干燥产物易于进一步粉碎。但湿物料得不到分散,干燥时间长,完成一定干燥任务所需的设备容积及占地面积大,热损失多。因此,主要用于产量不大、品种需要更换的物料的干燥。

喷雾干燥器 黏性溶液、悬浮液以至糊状物等可用泵输送的物料,以分散成粒、滴进行干燥最为有利。所用设备为喷雾干燥器,如图 7-26、图 7-27 所示。

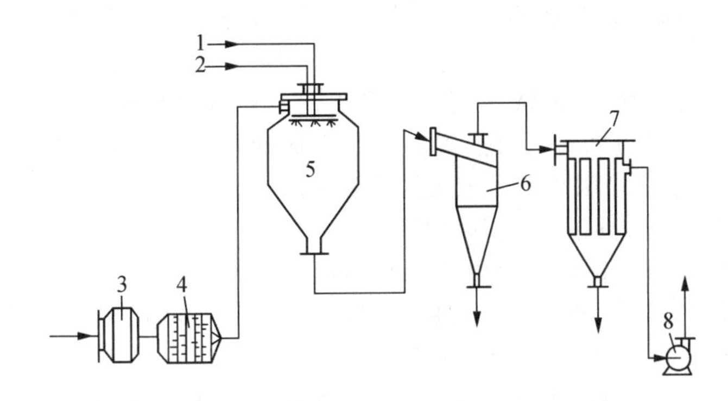

图 7-26 喷雾干燥流程示意简图

1—料液;2—压缩空气;3—空气过滤器;4—翅片加热器;5—喷雾干燥器;6—旋风分离器;7—袋滤器;8—风机

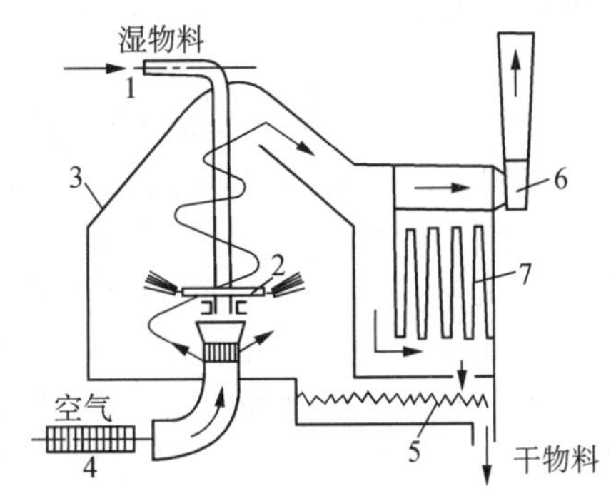

图 7-27 离心式喷雾干燥器

1—加料管;2—喷雾盘;3—干燥室;4—空气预热器;5—运输器;6—送风机;7—袋滤器

喷雾干燥器由雾化器、干燥室、产品回收系统、供料及热风系统等部分组成。雾化器的作用是将物料喷洒成直径为 10～60 μm 的细滴，从而获得很大的汽化表面(约 100～600 m^2/L溶液)。常用的雾化器有三种。

(1) 压力喷嘴[图 7-28(a)]：用高压泵使液体在 3～20 MPa 的压强下通过孔径为 0.25～0.5 mm 的喷嘴，离开喷嘴的液体首先形成一圆锥形的薄膜，继而撕成细丝，分散成滴。由于料液通过喷嘴时的速度很高，孔口常易磨损，故喷嘴应使用碳化钨等耐磨材料制造。此种喷嘴不能处理含固体颗粒的液体，否则孔口容易堵塞。

(2) 离心转盘[图 7-28(b)]：将物料注于 5 000～20 000 r/min 的旋转圆盘上，借离心力使料液向四周抛出、分散成滴。这种雾化器对各种物料包括悬浮液或黏稠液体均能适用，但传动装置的制造、维修要求较高。

(3) 气流式喷嘴[图 7-28(c)]：使 0.1～0.5 MPa 的压缩空气与料液同时通过喷嘴，在喷嘴出口处压缩空气将料液分散成雾滴。此种方法常用于溶液和乳浊液的喷洒，也可用于含固体颗粒的浆料。其缺点是要消耗压缩空气，动力费用较大。

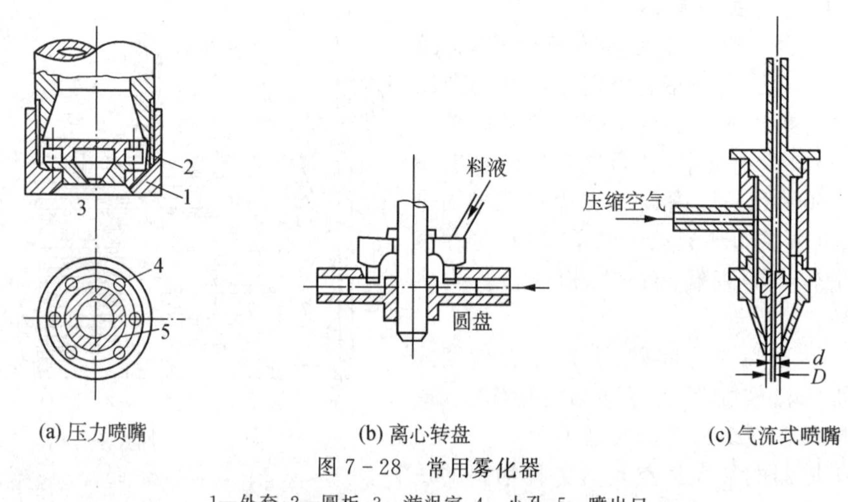

图 7-28　常用雾化器

1—外套；2—圆板；3—漩涡室；4—小孔；5—喷出口

液体雾化的优劣直接影响产品的色泽、密度、含水量等品质。但是，无论何种雾化器所产生的液滴直径都分布在一定的范围之内。这就有可能使一部分大液滴在其外表尚未干涸时就碰上干燥器壁，并粘附于壁上。同时，另一部分过细的液滴则因干燥较快，延长了高温阶段的停留时间。因此，理想的雾化器应能产生细小而均匀的雾滴。一般来说，向雾化器输入的能量越多(如压力喷嘴使用的压强越高)，所得液滴群的平均直径越小，分布范围也狭，即液滴较为均匀。

干燥室的基本要求是提供有利的气液接触，使液滴在到达器壁之前已获得相当程度的干燥，同时使物料与高温气流的接触时间不致过长。因此，离心转盘造成的雾矩范围大，干燥室的高径比则应较小。反之，压力喷嘴则须采用高径比很大的柱形干燥室。

气流与液滴的流向可作多种安排(图 7-29)，应按物料性质妥善选择。

总的来说，喷雾干燥的设备尺寸大，能量消耗多。但由于物料停留时间很短(一般只需 3～10 s)，适用于热敏物料的干燥，且可省去溶液的蒸发、结晶等工序，由液态直接加工为固体成品。喷雾干燥在合成树脂、食品、制药等工业部门中得到广泛的应用。

气流干燥器　当湿物料为粉粒体，经离心脱水后可在气流干燥器中以悬浮的状态进行干燥。气流干燥器的主要部件如图 7-30 所示。

空气由风机吸入，经翅片加热器预热至指定温度，然后进入干燥管底部。物料由加热器

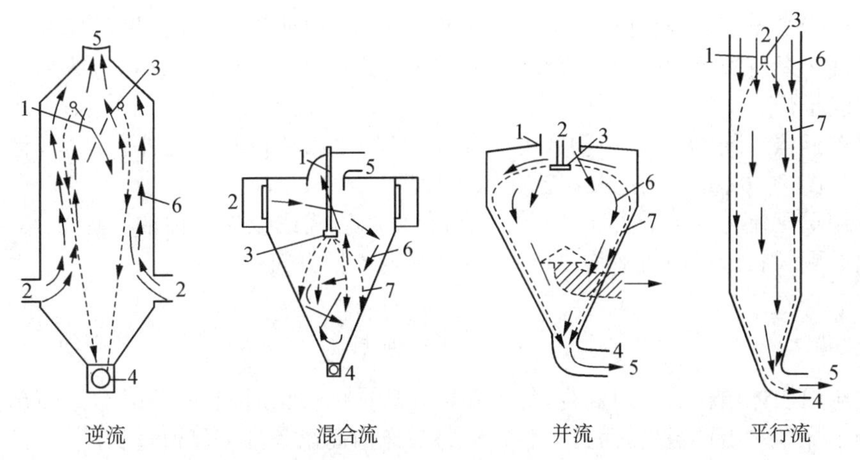

图 7-29 喷雾干燥器中热气流与液滴的流向

1—物料；2—热空气；3—喷嘴；4—产品；5—废气；6—气流；7—雾滴

连续送入，在干燥管中被高速气流分散。在干燥管内气固并流流动，水分汽化。干物料随气流进入旋风分离器，与湿空气分离后被收集。

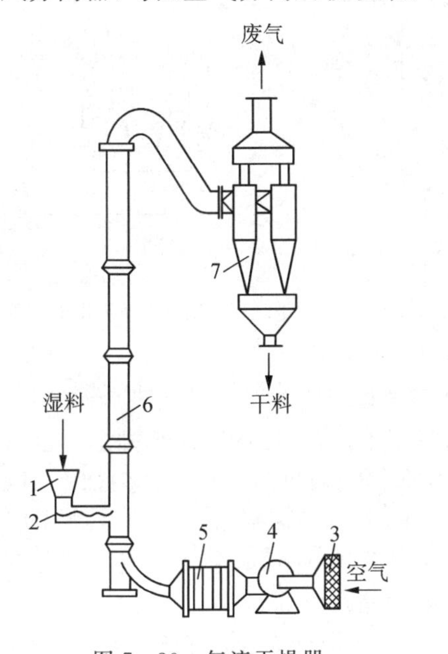

图 7-30 气流干燥器

1—料斗；2—螺旋加料器；3—空气过滤器；4—风机；5—预热器；6—干燥管；7—旋风分离器

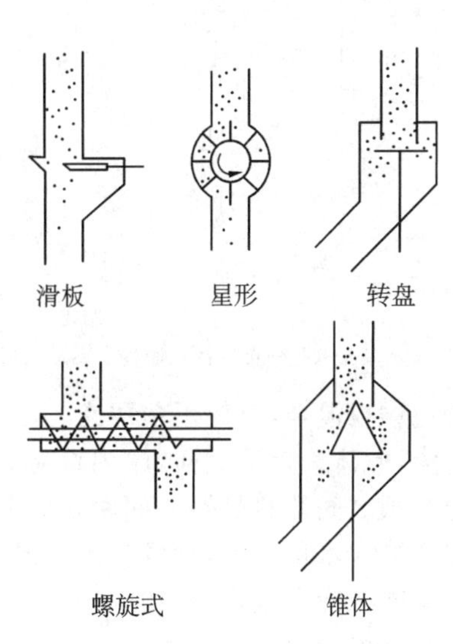

图 7-31 常用的几种固体加料器

气流干燥器操作的关键是连续而均匀地加料，并将物料分散于气流中。连续加料可使用各种型式的加料器，图 7-31 为几种常见的加料器。但是，黏成团的潮湿粉粒往往难于分散。为使湿物料在入口部借气流获得必要的分散，管内的气速应大大超过单个颗粒的沉降速度常用的气速，约在 10～20 m/s 以上。由于干燥管的高度有限，颗粒在管内的停留时间很短，一般仅 2 s 左右。因颗粒尺寸很小，在此短暂时间内可将颗粒中的大部分水汽化，使含水量降至临界值以下。

须指出，在整个干燥管的高度范围内，并不是每一段都同样有效。在加料口以上 1 m 左右，物料被加速，气固相对速度最大，给热系数和干燥速率亦最大，是整个干燥管中最有效的部分。在干燥管上部，物料已接近或低于临界含水量，即使管子很高，仍不足以提供物料升温阶段缓慢干燥所需要的时间。因此，当要求干燥产物的含水量很低时，应改用其他低气速干燥器继续干燥。

流化干燥器 降低气速，使物料处于流化阶段，可以获得足够的停留时间，将含水量降至规定值。图 7-32 是常用的几种流化床干燥器。

工业用单层流化床多数为连续操作。物料自圆筒式或矩形筒体的一侧加入，自另一侧连续排出。颗粒在床层内的平均停留时间(即平均干燥时间)τ 为

$$\tau = \frac{\text{床内固体量}}{\text{加料速率}}$$

由于流化床内固体颗粒的均匀混合，每个颗粒在床内的停留时间并不相同，这使部分湿物料未经充分干燥即从出口溢出，而另一些颗粒将在床内高温条件下停留过长。

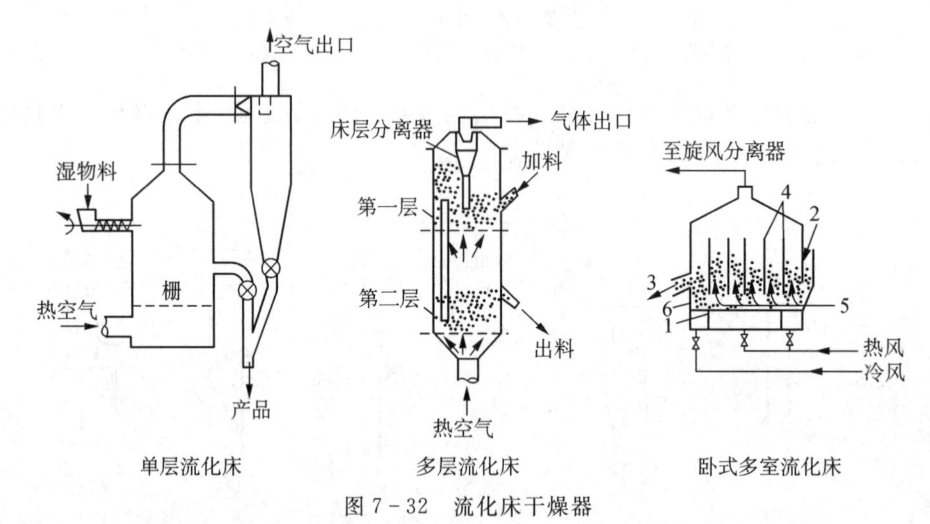

图 7-32 流化床干燥器

1—多孔分布板；2—加料口；3—出料口；4—挡板；5—物料通道(间隙)；6—出口堰板

为避免颗粒混合，可使用多层床。湿物料逐层下落，自最下层连续排出。也可采用卧式多室流化床，此床为矩形截面，床内设有若干纵向挡板，将床层分成许多区间。挡板与床底部水平分布板之间留有足够的间距供物料逐室通过，但又不致完全混合。将床层分成多室不但可使产物含水量均匀，且各室的气温和流量可分别调节，有利于热量的充分利用。一般在最后一室吹入冷空气，使产物冷却而便于包装和储藏。

流化床干燥器对气体分布板的要求不如反应器那样苛刻。在操作气速下，通常具有 1 kPa压降(或为床层压降的 20%～100%)的多孔板已可满足要求。床底应便于清理，去除从分布板小孔中落下的少量物料。对易于黏结的粉体，在床层进口处可附设 3～30 r/min 的搅拌器，以帮助物料分散。

流化床内常设置加热面，可以减少废气带热损失。

转筒干燥器 经真空过滤所得的滤渣、团块物料以及颗粒较大而难以流化的物料，可在转筒干燥器内获得一定程度的分散，使干燥产品的含水量能够降至较低的数值。

干燥器的主体是一个与水平略成倾斜的圆筒(图 7-33)，圆筒的倾斜度约为 $\frac{1}{50} \sim \frac{1}{15}$，物料自高端送入，低端排出，转筒以 0.5～4 r/min 缓缓地旋转。转筒内设置各种抄板，在旋转过程中将物料不断举起、撒下，使物料分散并与气流密切接触，同时也使物料向低处移动。常见的抄板如图 7-34 所示。

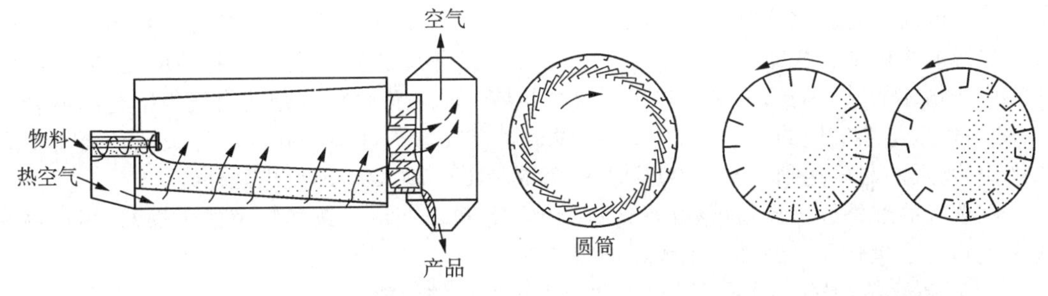

图 7-33　转筒干燥器　　　　　　图 7-34　各种抄板

热空气或燃烧气可在器内与物料做总体上的同向或逆向流动。为便于气固分离，通常转筒内的气速并不高。对粒径小于 1 mm 的颗粒，气速为 0.3～1 m/s；对于 5 mm 左右的颗粒，气速约在 3 m/s 以下。

物料在干燥器内的停留时间可借转速加以调节，通常停留时间为 5 min 乃至数小时，因而使产品的含水量降至很低。此外，转筒干燥器的处理量大，对各种物料的适应性强，长期以来一直广为使用。

7.6.3　非对流式干燥器

耙式真空干燥器　这是一种以传导供给热量、间歇操作的干燥器，结构如图 7-35 所示。

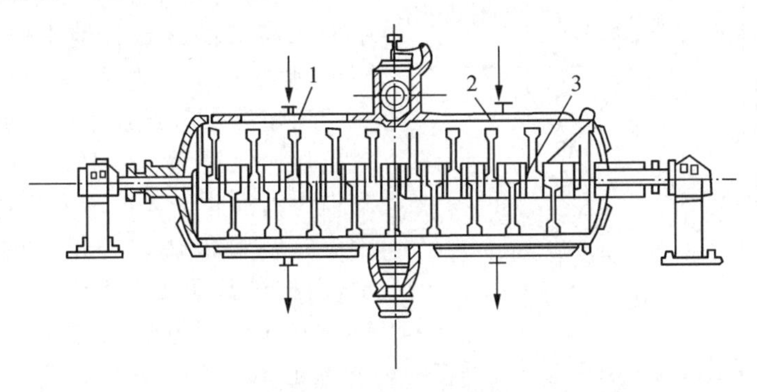

图 7-35　耙式真空干燥器

1—外壳；2—蒸汽夹套；3—水平搅拌器

在一个带有蒸汽夹套的圆筒中装有一水平搅拌轴，轴上有许多叶片可以不断地翻动物料。汽化的水分和不凝性气体由真空系统排除，干燥完毕时切断真空并停止加热，使干燥器与大气相通，然后将物料由底部卸料口卸出。

耙式真空干燥器是通过间壁传导供热，操作密闭，无须空气作为干燥介质，故适用于在空气中易氧化的有机物的干燥。此种干燥器对糊状物料适应性强，物料的初始含水量允许在很宽的范围内变动，但生产能力很低。

红外线干燥器　利用红外线辐射源发出波长为 0.72～1 000 μm 的红外线投射于被干燥物体上，可使物体温度升高，水分或溶剂汽化。通常把波长为 5.6～1 000 μm 范围的红外线称为远红外线。

不同物质的分子吸收红外线的能力不同。像氢、氮、氧等双原子的分子不吸收红外线，而水、溶剂、树脂等有机物则能很好地吸收红外线。此外，当物体表面被干燥之后，红外线要穿透干固体层深入物料内部比较困难。因此红外线干燥器主要用于薄层物料的干燥，如油漆、油墨的干燥等。

目前常用的红外线辐射源有两种。一种是红外线灯，用高穿透性玻璃和钨丝制成。钨丝通电后在 2 200℃下工作，可辐射 0.6～3 μm 的红外线，灯泡呈抛物面以使辐射线束较为集中。红外线灯也可制成管状或板状，常用的单灯功率有 190 W、200 W 等。灯与物体的距离直接影响物体的干燥温度和干燥时间。单个灯或干燥装置中还带有各种反光罩，使红外线集中于物体的某一局部或平行投射于整个物体。另一种辐射源是使煤气与空气的混合气（一般空气量是煤气量的 3.5～3.7 倍）在薄金属板或钻了许多小孔的陶瓷板的背面发生无烟燃烧，当板的温度达到 340～800℃时（一般是 400～500℃），即放出红外线。

间歇式的红外线干燥器可随时启闭辐射源；也可以制成连续的隧道式干燥器，用运输带连续地移动干燥物件。红外线干燥器的特点如下。

① 设备简单，操作方便灵活，可以适应干燥物品的变化。

② 能保持干燥系统的密闭性，免除干燥过程中溶剂或其他毒物挥发对人体的危害，或避免空气中的尘粒污染物料。

③ 耗能大，但在某些情况下这一缺点可为干燥速率快所补偿。

④ 因固体的热辐射是一表面过程，故限于薄层物料的干燥。

冷冻干燥器　冷冻干燥是使物料在低温下将其中水分由固态直接升华进入气相而达到干燥目的。

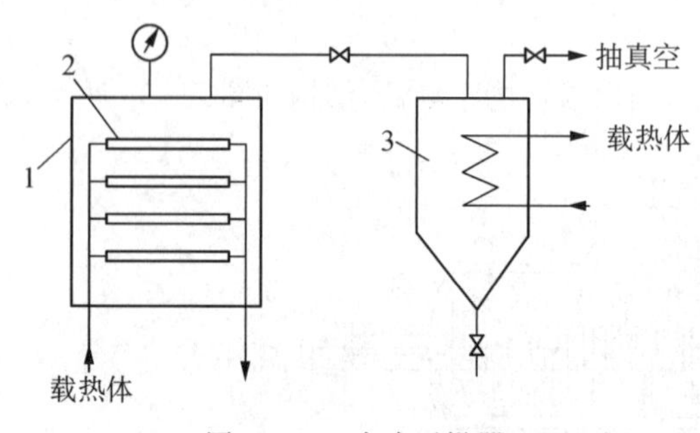

图 7-36　冷冻干燥器
1—干燥器；2—搁板；3—冷凝器

图 7-36 为冷冻干燥器示意图。湿物料置于干燥箱内的若干层搁板上。首先用冷冻剂预冷，将物料中的水冻结成冰。由于物料中的水溶液的冰点较纯水低，预冷温度应比溶液冰点低 5℃左右，一般约为 −30℃～−5℃。随后对系统抽真空，使干燥器内的绝对压强约保持为 130 Pa，物料中的水分由冰升华为水汽并进入冷凝器中冻结成霜。此阶段应向物料供热以补偿冰的升华所需的热量，而物料温度几乎不变，是一恒速阶段。供热的方式可用电热元件辐射加热，也可通入热煤加热。干燥后期，为一升温阶段，可将物料升温至 30～40℃并保持 2～3 h，使物料中剩余水分去除干净。

冷冻干燥器主要用于生物制品、药物、食品等热敏物料的脱水，以保持酶、天然香料等有效成分不受高温或氧化破坏。在冷冻干燥过程中物料的物理结构未遭破坏，产品加水后易于恢复原有的组织状态。但冷冻干燥费用很高，只用于少量贵重物品的干燥。

习　　题

湿空气的性质

7-1　将干球温度为 27℃、露点温度为 22℃的空气加热至 80℃，试求加热前后空气相对湿度的变化。[答案：92.4%]

7-2　在常压下将干球温度为 65℃、湿球温度为 40℃的空气冷却至 25℃，计算每千克干空气中凝结出多少水分？每千克干空气放出多少热量？[答案：(1) 0.017 4 kg 水/kg 干气，87.6 kJ/kg 干气]

7-3　总压为 100 kPa 的湿空气，试用焓-湿度图填充下表。[答案：略]

干球温度/℃	湿球温度/℃	湿度/(kg 水/kg 干空气)	相对湿度/%	热焓/(kJ/kg 干气)	水汽分压/kPa	露点温度/℃
80	40					
60						29

续表

干球温度/℃	湿球温度/℃	湿度/(kg 水/kg 干空气)	相对湿度/%	热焓/(kJ/kg 干气)	水汽分压/kPa	露点温度/℃
40			43			
		0.024		120		
50					3.0	

7-4 在温度为 80℃、湿度为 0.01 kg 水/kg 干气的空气流中喷入 0.1 kg 水/s 的水滴。水滴温度为 30℃，全部汽化被气流带走。气体的流量为 10 kg 干气/s，不计热损失。试求：(1) 喷水后气体的热焓增加了多少？(2) 喷水后气体的温度降低到多少度？(3) 如果忽略水滴带入的热焓，即把气体的增湿过程当作等焓变化过程，则增湿后气体的温度降到几度？[答案：(1) 1.25 kJ/kg 干气；(2) 55.9℃；(3) 54.7℃]

间歇干燥过程的计算

7-5 已知在常压、25℃下水分在氧化锌与空气之间的平衡关系为：相对湿度 $\varphi=100\%$ 时，平衡含水量 $X^*=0.02$ kg 水/kg 干料；相对湿度 $\varphi=40\%$ 时，平衡含水量 $X^*=0.007$ kg 水/kg 干料。现氧化锌的含水量为 0.25 kg 水/kg 干料，令其与 25℃、$\varphi=40\%$ 的空气接触。试问物料的自由含水量、结合水及非结合水的含量各为多少？[答案：0.243 kg 水/kg 干料，0.02 kg 水/kg 干料，0.23 kg 水/kg 干料]

7-6 某物料在定态空气条件下做间歇干燥。已知恒速干燥阶段的干燥速率为 1.1 kg 水/($m^2\cdot h$)，每批物料的处理量为 1 000 kg 干料，干燥面积为 55 m^2。试估计将物料从 0.15 kg 水/kg 干料干燥到 0.005 kg 水/kg干料所需的时间。

物料的平衡含水量为零，临界含水量为 0.125 kg 水/kg 干料。作为粗略估计，可设降速阶段的干燥速率与自由含水量成正比。[答案：7.06 h]

7-7 某厢式干燥器内有盛物浅盘 50 只，盘的底面积为 70 cm×70 cm，每盘内堆放厚 20 mm 的湿物料。湿物料的堆积密度为 1 600 kg/m^3，含水量由 0.5 kg 水/kg 干料干燥到 0.005 kg 水/kg 干料。器内空气平行流过物料表面，空气的平均温度为 77℃，相对湿度为 10%，气速为 2 m/s。物料的临界自由含水量为 0.3 kg 水/kg 干料，平衡含水量为零。设降速阶段的干燥速率与物料的含水量成正比。求每批物料的干燥时间。[答案：21.09 h]

连续干燥过程的计算

7-8 某常压操作的干燥器的参数如附图所示，其中：空气状况 $t_0=20$℃，$H_0=0.01$ kg/kg 干气，$t_1=120$℃，$t_2=70$℃，$H_2=0.05$ kg/kg 干气；物料状况 $\theta_1=30$℃，含水量 $x_1=20\%$，$\theta_2=50$℃，$x_2=5\%$，绝对干物料比热容 $c_{ps}=1.5$ kg/(kg·℃)；干燥器的生产能力为 53.5 kg/h(以出干燥器的产物计)，干燥器的热损失忽略不计，试求：(1) 空气用量；(2) 预热器的热负荷；(3) 应向干燥器补充的热量。[答案：(1) 250.75 kg 干气/h；(2) 25 797.2 kJ/h；(3) 13 983.3 kJ/h]

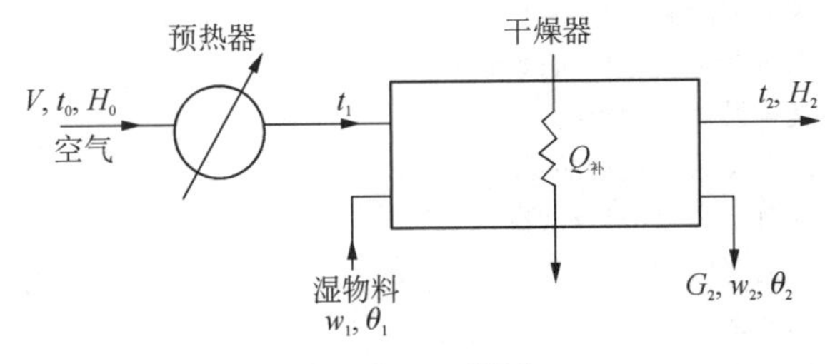

习题 7-8 附图

7-9 一理想干燥器在总压 100 kPa 下将物料由含水 50% 干燥至含水 1%，湿物料的处理量为 20 kg/s。室外空气温度为 25℃，湿度为 0.005 kg 水/kg 干气，经预热后送入干燥器。废气排出温度为 50℃，相对湿度为 60%。试求：(1) 空气用量 V；(2) 预热温度；(3) 干燥器的热效率。[答案：(1) 223 kg/s；(2) 163℃；(3) 0.819]

***7-10** 一理想干燥器在总压为 100 kPa 下，将湿物料由含水 20% 干燥至 1%，湿物料的处理量为 1.75 kg/s。室外大气温度为 20℃，湿球温度为 16℃，经预热后送入干燥器。干燥器出口废气的相对湿度为

70％。现采用两种方案：(1) 将空气一次预热至120℃送入干燥器。(2) 预热至120℃进入干燥器后，空气增湿至$\varphi=70\%$。再将此空气在干燥器内加热至100℃(中间加热)，继续与物料接触，空气再次增湿至$\varphi=70\%$排出器外。试求上述两种方案的空气用量和热效率。[答案：(1) 10.9 kg/s，0.78；(2) 6.59 kg/s，0.805]

思 考 题

7-1 通常物料去湿的方法有哪些？

7-2 对流干燥过程的特点是什么？

7-3 对流干燥的操作费用主要在哪里？

7-4 通常露点温度、湿球温度、干球温度的大小关系如何？什么时候三者相等？

7-5 结合水与非结合水有什么区别？

7-6 何谓平衡含水量、自由含水量？

7-7 何谓临界含水量？它受哪些因素影响？

7-8 干燥速率对产品物料的性质会有什么影响？

7-9 连续干燥过程的热效率是如何定义的？

7-10 理想干燥过程有哪些假定条件？

7-11 为提高干燥热效率可采取哪些措施？

7-12 评价干燥器技术性能的主要指标有哪些？

本章主要符号说明

符　号	意　义	计量单位
a	单位设备容积中的气固传热表面	m^2/m^3
A	气固接触表面，即干燥面积	m^2
c_p	比热容	kJ/(kg·℃)
下标		
g	干气体	
v	湿蒸汽	
H	湿混合气	
L	液体	
m	湿物料	
s	干固体	
d_p	颗粒或液滴直径	m
G	干燥器中气体的质量流速	$kg/(m^2 \cdot s)$
G_1	进干燥器湿物料量	kg/s
G_2	出干燥器干燥产品量	kg/s
G_c	绝对干物料的量(间歇过程)	kg
	或流率(连续过程)	kg/s
H	气体湿度	kg/kg干气
H_e	气体在水温下的饱和湿度	kg/kg干气
I	热焓	kJ/kg干气
k_H	以湿度差为推动力的气相传质系数	$kg/(s \cdot m^2)$
N_A	传质速率，即汽化速率或干燥速率	$kg/(s \cdot m^2)$
p	总压	kPa
p_s	水的饱和蒸气压	kPa
Q	预热器耗热量	kW

符号	意义	计量单位
Q_1	汽化水分耗热	kW
Q_2	物料升温耗热	kW
γ	汽化热	kJ/kg
t	气体温度	℃
下标		
d	露点	
W	湿球温度	
as	绝热饱和温度	
V	干燥用气量	kg 干气/s
$\bar{V}$	干燥设备容积	m^3
W	水分汽化量	kg/s
x	湿物料含水量	kg/kg 湿料或%
X_t	干物料含水量	kg 水/kg 干料
X	物料的自由含水量,即 $X-X^*$	kg 水/kg 干料
X^*	平衡含水量	kg 水/kg 干料
希腊字母		
α	给热系数	kJ/(m^2·s·℃)
θ	物料温度	℃
φ	气体的相对湿度	

参考文献

[1] Perry R H, Green D W. Chemical Engineers' Handbook. 6th ed. McGraw-Hill, 1984.

[2] 时钧,汪家鼎,余国琮,陈敏恒. 化学工程手册. 2版. 上卷. 北京:化学工业出版社,1996.

[3] Keey R B. Introduction to Industrial Drying Operations. Pergamon Press, 1978.

[4] Keey R B. Drying — Principles and Practice. Pergamon Press, 1972.

[5] Foust A S, et al. Principles of Unit Operation. 2nd ed. Wiley and Sons, 1980.

[6] Geankoplis C J. Transport Processes and Unit operation. Allyn and Bacon, 1978.

[7] 化学工业协会. 化学工学便览. 改订四版. 丸善株式会社,1978.

附　　录

一、部分物理量的单位、量纲及单位换算系数

1. 部分物理量的单位、量纲

物理量的名称	SI 单 位		
	单位名称	单位符号	量　纲
长　度	米	m	[L]
时　间	秒	s	[T]
质　量	千克(公斤)	kg	[M]
力,重量	牛[顿]	N(kg·m·s^{-2})	[MLT^{-2}]
速　度	米每秒	m/s	[LT^{-1}]
加速度	米每二次方秒	m/s^2	[LT^{-2}]
密　度	千克每立方米	kg/m^3	[ML^{-3}]
压力,压强	帕[斯卡]	Pa(N/m^2)	[$ML^{-1}T^{-2}$]
能[量],功,热量	焦[耳]	J(kg·m^2·s^{-2})	[ML^2T^{-2}]
功　率	瓦[特]	W(J/s)	[ML^2T^{-3}]
[动力]黏度	帕[斯卡]·秒	Pa·s(kg·m^{-1}·s^{-1})	[$ML^{-1}T^{-1}$]
运动黏度	二次方米每秒	m^2/s	[L^2T^{-1}]
表面张力	牛[顿]每米	N/m(kg·s^{-2})	[MT^{-2}]
扩散系数	二次方米每秒	m^2/s	[L^2T^{-1}]

2. 单位换算系数

单位名称与符号	换算系数	单位名称与符号	换算系数
(1) 长度		(4) 力	
英寸　in	2.54×10^{-2} m	达因　dyn(g·cm/s^2)	10^{-5} N
英尺　ft(=12 in)	0.304 8 m	千克力　kgf	9.806 65 N
英里　mile	1.609 344 km	磅力　lbf	4.448 22 N
埃　Å	10^{-10} m	(5) 压力(压强)	
码　yd(=3 ft)	0.914 4 m	巴　bar(10^6 dyn/cm^2)	10^5 Pa
(2) 体积		千克力每平方厘米 kgf/cm^2	980 665 Pa
英加仑　UKgal	4.546 09 dm^3	(又称工程大气压 at)	
美加仑　USgal	3.785 41 dm^3	磅力每平方英寸 lbf/in^2(psi)	6.894 76 kPa
(3) 质量		标准大气压 atm	101.325 kPa
磅　lb	0.453 592 37 kg	(760 mmHg)	
短吨　(=2 000 lb)	907.185 kg	毫米汞柱 mmHg	133.322 Pa
长吨　(=2 240 lb)	1 016.05 kg	毫米水柱 mmH_2O	9.806 65 Pa

续表

单位名称与符号	换算系数	单位名称与符号	换算系数
托　　Torr	133.322 Pa	尔格 erg(=1 dyn·cm)	10^{-7} J
(6) 表面张力		千克力米 kgf·m	9.806 65 J
达因每厘米 dyn/cm	10^{-3} N/m	(10) 功率	
(7) 动力黏度(通称黏度)		尔格每秒 erg/s	10^{-7} W
泊　P[=1 g/(cm·s)]	10^{-1} Pa·s	千克力米每秒 kgf·m/s	9.806 65 W
厘泊　cP	10^{-3} Pa·s(mPa·s)	英马力 hp	745.7 W
(8) 运动黏度		千卡每小时 kcal/h	1.163 W
斯托克斯 St(=1 cm^2/s)	10^{-4} m^2/s	(11) 温度	
厘斯　cSt	10^{-6} m^2/s	华氏度 ℉	$\frac{5}{9}(t_F-32)$℃
(9) 功、能、热			

二、水与蒸汽的物理性质

1. 水的物理性质

温度 /℃	压力 p /kPa	密度 ρ /(kg/m^3)	焓 i /(J/kg)	比热容 c_p /(kJ·kg^{-1}·K^{-1})	热导率 λ/(W·m^{-1}·K^{-1})	导温系数 $a\times10^6$ /(m^2/s)	动力黏度 μ /μPa·s	运动黏度 $\nu\times10^6$ /(m^2/s)	体积膨胀系数 $\beta\times10^3$ /K^{-1}	表面张力 σ /(mN/m)	普朗特数 Pr
0	101	999.9	0	4.212	0.550 8	0.131	1 788	1.789	−0.063	75.61	13.67
10	101	999.7	42.04	4.191	0.574 1	0.137	1 305	1.306	+0.070	74.14	9.52
20	101	998.2	83.90	4.183	0.598 5	0.143	1 004	1.006	0.182	72.67	7.02
30	101	995.7	125.69	4.174	0.617 1	0.149	801.2	0.805	0.321	71.20	5.42
40	101	992.2	165.71	4.174	0.633 3	0.153	653.2	0.659	0.387	69.63	4.31
50	101	988.1	209.30	4.174	0.647 3	0.157	549.2	0.556	0.449	67.67	3.54
60	101	983.2	211.12	4.178	0.658 9	0.161	469.8	0.478	0.511	66.20	2.98
70	101	977.8	292.99	4.167	0.667 0	0.163	406.0	0.415	0.570	64.33	2.55
80	101	971.8	334.94	4.195	0.674 0	0.166	355	0.365	0.632	62.57	2.21
90	101	965.3	376.98	4.208	0.679 8	0.168	314.8	0.326	0.695	60.71	1.95
100	101	958.4	419.19	4.220	0.682 1	0.169	282.4	0.295	0.752	58.84	1.75
110	143	951.0	461.34	4.233	0.684 4	0.170	258.9	0.272	0.808	56.88	1.60
120	199	943.1	503.67	4.250	0.685 6	0.171	237.3	0.252	0.864	54.82	1.47
130	270	934.8	546.38	4.266	0.685 6	0.172	217.7	0.233	0.917	52.86	1.36
140	362	926.1	589.08	4.287	0.684 4	0.173	201.0	0.217	0.972	50.70	1.26
150	476	917.0	632.20	4.312	0.683 3	0.173	186.3	0.203	1.03	48.64	1.17
160	618	907.4	675.33	4.346	0.682 1	0.173	173.6	0.191	1.07	46.58	1.10
170	792	897.3	719.29	4.379	0.678 6	0.173	162.8	0.181	1.13	44.33	1.05
180	1 003	886.9	763.25	4.417	0.674 0	0.172	153.0	0.173	1.19	42.27	1.00
190	1 255	876.0	807.63	4.460	0.669 3	0.171	144.2	0.165	1.26	40.01	0.96
200	1 555	863.0	852.43	4.505	0.662 4	0.170	136.3	0.158	1.33	37.66	0.93
210	1 908	852.8	897.65	4.555	0.654 8	0.169	130.4	0.153	1.41	35.40	0.91
220	2 320	840.3	943.71	4.614	0.664 9	0.166	124.6	0.148	1.48	33.15	0.89
230	2 798	827.3	990.18	4.681	0.636 8	0.164	119.7	0.145	1.59	30.99	0.88
240	3 348	813.6	1 037.49	4.756	0.627 5	0.162	114.7	0.141	1.68	28.54	0.87

续表

温度/℃	压力 p/kPa	密度 ρ/(kg/m^3)	焓 i/(J/kg)	比热容 c_p/(kJ·kg^{-1}·K^{-1})	热导率 λ/(W·m^{-1}·K^{-1})	导温系数 $a\times10^6$/(m^2/s)	动力黏度 μ/μPa·s	运动黏度 $\nu\times10^6$/(m^2/s)	体积膨胀系数 $\beta\times10^3$/K^{-1}	表面张力 σ/(mN/m)	普朗特数 Pr
250	3 978	799.0	1 085.64	4.844	0.627 1	0.159	109.8	0.137	1.81	26.19	0.86
260	4 695	784.0	1 135.04	4.949	0.604 3	0.156	105.9	0.135	1.97	23.73	0.87
270	5 506	767.9	1 185.28	5.070	0.589 2	0.151	102.0	0.133	2.16	21.48	0.88
280	6 420	750.7	1 236.28	5.229	0.574 1	0.146	98.1	0.131	2.37	19.12	0.90
290	7 446	732.3	1 289.95	5.485	0.557 8	0.139	94.2	0.129	2.62	16.87	0.93
300	8 592	712.5	1 344.80	5.736	0.539 2	0.132	91.2	0.128	2.92	14.42	0.97
310	9 870	691.1	1 402.16	6.071	0.522 9	0.125	88.3	0.128	3.29	12.06	1.03
320	11 290	667.1	1 462.03	6.573	0.505 5	0.115	85.3	0.128	3.82	9.81	1.11
330	12 865	640.2	1 526.19	7.243	0.483 4	0.104	81.4	0.127	4.33	7.67	1.22
340	14 609	610.1	1 594.75	8.164	0.456 7	0.092	77.5	0.127	5.34	5.67	1.39
350	16 538	574.4	1 671.37	9.504	0.430 0	0.079	72.6	0.126	6.68	3.82	1.60
360	18 675	528.0	1 761.39	13.984	0.395 1	0.054	66.7	0.126	10.9	2.02	2.35
370	21 054	450.5	1 892.43	40.319	0.337 0	0.019	56.9	0.126	26.4	0.47	6.79

2. 水在不同温度下的黏度

温度/℃	黏度/(mPa·s)	温度/℃	黏度/(mPa·s)	温度/℃	黏度/(mPa·s)
0	1.792 1	24	0.914 2	49	0.558 8
1	1.731 3	25	0.893 7	50	0.549 4
2	1.672 8	26	0.873 7	51	0.540 4
3	1.619 1	27	0.854 5	52	0.531 5
4	1.567 4	28	0.836 0	53	0.522 9
5	1.518 8	29	0.818 0	54	0.514 6
6	1.472 8	30	0.800 7	55	0.506 4
7	1.428 4	31	0.784 0	56	0.498 5
8	1.386 0	32	0.767 9	57	0.490 7
9	1.346 2	33	0.752 3	58	0.483 2
10	1.307 7	34	0.737 1	59	0.475 9
11	1.271 3	35	0.722 5	60	0.468 8
12	1.236 3	36	0.708 5	61	0.461 8
13	1.202 8	37	0.694 7	62	0.455 0
14	1.170 9	38	0.681 4	63	0.448 3
15	1.140 4	39	0.668 5	64	0.441 8
16	1.111 1	40	0.656 0	65	0.435 5
17	1.082 8	41	0.643 9	66	0.429 3
18	1.055 9	42	0.632 1	67	0.423 3
19	1.029 9	43	0.620 7	68	0.417 4
20	1.005 0	44	0.609 7	69	0.411 7
20.2	1.000 0	45	0.598 8	70	0.406 1
21	0.981 0	46	0.588 3	71	0.400 6
22	0.957 9	47	0.578 2	72	0.395 2
23	0.935 8	48	0.568 3	73	0.390 0

续表

温度/℃	黏度/(mPa·s)	温度/℃	黏度/(mPa·s)	温度/℃	黏度/(mPa·s)
74	0.384 9	84	0.339 5	94	0.302 7
75	0.379 9	85	0.335 5	95	0.299 4
76	0.375 0	86	0.331 5	96	0.296 2
77	0.370 2	87	0.327 6	97	0.293 0
78	0.365 5	88	0.323 9	98	0.289 9
79	0.361 0	89	0.320 2	99	0.286 8
80	0.356 5	90	0.316 5	100	0.283 8
81	0.352 1	91	0.313 0		
82	0.347 8	92	0.309 5		
83	0.343 6	93	0.306 0		

3. 水的饱和蒸气压(−20～100℃)

t/℃	p/Pa	t/℃	p/Pa	t/℃	p/Pa
−20	102.92	10	1 227.88	40	7 375.26
10	113.32	11	1 311.87	41	7 777.89
18	124.65	12	1 402.53	42	8 199.18
17	136.92	13	1 497.18	43	8 639.14
16	150.39	14	1 598.51	44	9 100.42
15	165.05	15	1 705.16	45	9 583.04
14	180.92	16	1 817.15	46	10 085.66
13	198.11	17	1 937.14	47	10 612.27
12	216.91	18	2 063.79	48	11 160.22
11	237.31	19	2 197.11	49	11 734.83
−10	259.44	20	2 338.43	50	12 333.43
9	283.31	21	2 486.42	51	12 958.70
8	309.44	22	2 646.40	52	13 611.97
7	337.57	23	2 809.05	53	14 291.90
6	368.10	24	2 983.70	54	14 998.50
5	401.03	25	3 167.68	55	15 731.76
4	436.76	26	3 361.00	56	16 505.02
3	475.42	27	3 564.98	57	17 304.94
2	516.75	28	3 779.62	58	18 144.85
−1	562.08	29	4 004.93	59	19 011.43
0	610.47	30	4 242.24	60	19 910.00
+1	657.27	31	4 492.88	61	20 851.25
2	705.26	32	4 754.19	62	21 837.82
3	758.59	33	5 030.16	63	22 851.05
4	813.25	34	5 319.47	64	23 904.28
5	871.91	35	5 623.44	65	24 997.50
6	934.57	36	5 940.74	66	26 144.05
7	1 001.23	37	6 275.37	67	27 330.60
8	1 073.23	38	6 619.34	68	28 557.14
9	1 147.89	39	6 691.30	69	29 823.68

续表

t/℃	p/Pa	t/℃	p/Pa	t/℃	p/Pa
70	31 156.88	80	47 341.93	90	70 099.66
71	32 516.75	81	49 288.40	91	72 806.05
72	33 943.27	82	51 314.87	92	75 592.44
73	35 423.12	83	53 407.99	93	78 472.15
74	36 956.30	84	55 567.78	94	81 445.19
75	38 542.81	85	57 807.55	95	84 511.55
76	40 182.65	86	60 113.99	96	87 671.23
77	41 875.81	87	62 220.44	97	90 937.57
78	43 635.64	88	64 940.17	98	94 297.24
79	45 462.12	89	67 473.25	99	97 750.22
				100	101 325.00

4. 饱和水蒸气(以温度为准)

t/℃	绝对压强 /kPa	蒸汽的比体积 /(m^3/kg)	蒸汽的密度 /(kg/m^3)	焓(液体) /(kJ/kg)	焓(蒸汽) /(kJ/kg)	汽化热 /(kJ/kg)
0	0.608 2	206.5	0.004 84	0	2 491.3	2 491.3
5	0.873 0	147.1	0.006 80	20.94	2 500.9	2 480.0
10	1.226 2	106.4	0.009 40	41.87	2 510.5	2 468.6
15	1.706 8	77.9	0.012 83	62.81	2 520.6	2 457.8
20	2.334 6	57.8	0.017 19	83.74	2 530.1	2 446.3
25	3.168 4	43.40	0.023 04	104.68	2 538.6	2 433.9
30	4.247 4	32.93	0.030 36	125.60	2 549.5	2 423.7
35	5.620 7	25.25	0.039 60	146.55	2 559.1	2 412.6
40	7.376 6	19.55	0.051 14	167.47	2 568.7	2 401.1
45	9.583 7	15.28	0.065 43	188.42	2 577.9	2 389.5
50	12.340	12.054	0.083 0	209.34	2 587.6	2 378.1
55	15.744	9.589	0.104 3	230.29	2 596.8	2 366.5
60	19.923	7.687	0.130 1	251.21	2 606.3	2 355.1
65	25.014	6.209	0.161 1	272.16	2 615.6	2 343.4
70	31.164	5.052	0.197 9	293.08	2 624.4	2 331.2
75	38.551	4.139	0.241 6	314.03	2 629.7	2 315.7
80	47.379	3.414	0.292 9	334.94	2 642.4	2 307.3
85	57.875	2.832	0.353 1	355.90	2 651.2	2 295.3
90	70.136	2.365	0.422 9	376.81	2 660.0	2 283.1
95	84.556	1.985	0.503 9	397.77	2 668.8	2 271.0
100	101.33	1.675	0.597 0	418.68	2 677.2	2 258.4
105	120.85	1.421	0.703 6	439.64	2 685.1	2 245.5
110	143.31	1.212	0.825 4	460.97	2 693.5	2 232.4
115	169.11	1.038	0.963 5	481.51	2 702.5	2 221.0
120	198.64	0.893	1.119 9	503.67	2 708.9	2 205.2
125	232.19	0.771 5	1.296	523.38	2 716.5	2 193.1
130	270.25	0.669 3	1.494	546.38	2 723.9	2 177.6
135	313.11	0.583 1	1.715	565.25	2 731.2	2 166.0
140	361.47	0.509 6	1.962	589.08	2 737.8	2 148.7

续表

t/℃	绝对压强/kPa	蒸汽的比体积/(m³/kg)	蒸汽的密度/(kg/m³)	焓(液体)/(kJ/kg)	焓(蒸汽)/(kJ/kg)	汽化热/(kJ/kg)
145	415.72	0.446 9	2.238	607.12	2 744.6	2 137.5
150	476.24	0.393 3	2.543	632.21	2 750.7	2 118.5
160	618.28	0.307 5	3.252	675.75	2 762.9	2 087.1
170	792.59	0.243 1	4.113	719.29	2 773.3	2 054.0
180	1 003.5	0.194 4	5.145	763.25	2 782.6	2 019.3
190	1 255.6	0.156 8	6.378	807.63	2 790.1	1 982.5
200	1 554.8	0.127 6	7.840	852.01	2 795.5	1 943.5
210	1 917.7	0.104 5	9.567	897.23	2 799.3	1 902.1
220	2 320.9	0.086 2	11.600	942.45	2 801.0	1 858.5
230	2 798.6	0.071 55	13.98	988.50	2 800.1	1 811.6
240	3 347.9	0.059 67	16.76	1 034.56	2 796.8	1 762.2
250	3 977.7	0.049 98	20.01	1 081.45	2 790.1	1 708.6
260	4 693.7	0.041 99	23.82	1 128.76	2 780.9	1 652.1
270	5 504.0	0.035 38	28.27	1 176.91	2 760.3	1 591.4
280	6 417.2	0.029 88	33.47	1 225.48	2 752.0	1 526.5
290	7 443.3	0.025 25	39.60	1 274.46	2 732.3	1 457.8
300	8 592.9	0.021 31	46.93	1 325.54	2 708.0	1 382.5
310	9 878.0	0.017 99	55.59	1 378.71	2 680.0	1 301.3
320	11 300	0.015 16	65.95	1 436.07	2 648.2	1 212.1
330	12 880	0.012 73	78.53	1 446.78	2 610.5	1 113.7
340	14 616	0.010 64	93.98	1 562.93	2 568.6	1 005.7
350	16 538	0.008 84	113.2	1 632.20	2 516.7	880.5
360	18 667	0.007 16	139.6	1 729.15	2 442.6	713.4
370	21 041	0.005 85	171.0	1 888.25	2 301.9	411.1
374	22 071	0.003 10	322.6	2 098.0	2 098.0	0

5. 饱和水蒸气(以压强为准)

绝对压强/kPa	温度/℃	蒸汽的比体积/(m³/kg)	蒸汽的密度/(kg/m³)	焓(液体)/(kJ/kg)	焓(蒸汽)/(kJ/kg)	汽化热/(kJ/kg)
1.0	6.3	129.37	0.007 73	26.48	2 503.1	2 476.8
1.5	12.5	88.26	0.011 33	52.26	2 515.3	2 463.0
2.0	17.0	67.29	0.014 86	71.21	2 524.2	2 452.9
2.5	20.9	54.47	0.018 36	87.45	2 531.8	2 444.3
3.0	23.5	45.52	0.021 79	98.38	2 536.8	2 438.4
3.5	26.1	39.45	0.025 23	109.30	2 541.8	2 432.5
4.0	28.7	34.88	0.028 67	120.23	2 546.8	2 426.6
4.5	30.8	33.06	0.032 05	129.00	2 550.9	2 421.9
5.0	32.4	28.27	0.035 37	135.69	2 554.0	2 418.3
6.0	35.6	23.81	0.042 00	149.06	2 560.1	2 411.0
7.0	38.8	20.56	0.048 64	162.44	2 566.3	2 403.8
8.0	41.3	18.13	0.055 14	172.73	2 571.0	2 398.2
9.0	43.3	16.24	0.061 56	181.16	2 574.8	2 393.6
10	45.3	14.71	0.067 98	189.59	2 578.5	2 388.9
15	53.5	10.04	0.099 56	224.03	2 594.0	2 370.0

续表

绝对压强/kPa	温度/℃	蒸汽的比体积/(m^3/kg)	蒸汽的密度/(kg/m^3)	焓(液体)/(kJ/kg)	焓(蒸汽)/(kJ/kg)	汽化热/(kJ/kg)
20	60.1	7.65	0.130 68	251.51	2 606.4	2 354.9
30	66.5	5.24	0.190 93	288.77	2 622.4	2 333.7
40	75.0	4.00	0.249 75	315.93	2 634.1	2 312.2
50	81.2	3.25	0.307 99	339.80	2 644.3	2 304.5
60	85.6	2.74	0.365 14	358.21	2 652.1	2 293.9
70	89.9	2.37	0.422 29	376.61	2 659.8	2 283.2
80	93.2	2.09	0.478 07	390.08	2 665.3	2 275.3
90	96.4	1.87	0.533 84	403.49	2 670.8	2 267.4
100	99.6	1.70	0.589 61	416.90	2 676.3	2 259.5
120	104.5	1.43	0.698 68	437.51	2 684.3	2 246.8
140	109.2	1.24	0.807 58	457.67	2 692.1	2 234.4
160	113.0	1.21	0.829 81	473.88	2 698.1	2 224.2
180	116.6	0.988	1.020 9	489.32	2 703.7	2 214.3
200	120.2	0.887	1.127 3	493.71	2 709.2	2 204.6
250	127.2	0.719	1.390 4	534.39	2 719.7	2 185.4
300	133.3	0.606	1.650 1	560.38	2 728.5	2 168.1
350	138.8	0.524	1.907 4	583.76	2 736.1	2 152.3
400	143.4	0.463	2.161 8	603.61	2 742.1	2 138.5
450	147.7	0.414	2.415 2	622.42	2 747.8	2 125.4
500	151.7	0.375	2.667 3	639.59	2 752.8	2 113.2
600	158.7	0.316	3.168 6	670.22	2 761.4	2 091.1
700	164.7	0.273	3.665 7	696.27	2 767.8	2 071.5
800	170.4	0.240	4.161 4	720.96	2 773.7	2 052.7
900	175.1	0.215	4.652 5	741.82	2 778.1	2 036.2
1×10^3	179.9	0.194	5.143 2	762.68	2 782.5	2 019.7
1.1×10^3	180.2	0.177	5.633 9	780.34	2 785.5	2 005.1
1.2×10^3	187.8	0.166	6.124 1	797.92	2 788.5	1 990.6
1.3×10^3	191.5	0.155	6.614 1	814.25	2 790.9	1 976.7
1.4×10^3	194.8	0.141	7.103 8	829.06	2 792.4	1 963.7
1.5×10^3	198.2	0.132	7.593 5	843.86	2 794.5	1 950.7
1.6×10^3	201.3	0.124	8.081 4	857.77	2 796.0	1 938.2
1.7×10^3	204.1	0.117	8.567 4	870.58	2 797.1	1 926.5
1.8×10^3	206.9	0.110	9.053 3	883.39	2 798.1	1 914.8
1.9×10^3	209.8	0.105	9.539 2	896.21	2 799.2	1 903.0
2×10^3	212.2	0.099 7	10.033 8	907.32	2 799.7	1 892.4
3×10^3	233.7	0.066 6	15.007 5	1 005.4	2 798.9	1 793.5
4×10^3	250.3	0.049 8	20.096 9	1 082.9	2 789.8	1 706.8
5×10^3	263.8	0.039 4	25.366 3	1 146.9	2 776.2	1 629.2
6×10^3	275.4	0.032 4	30.849 4	1 203.2	2 759.5	1 556.3
7×10^3	285.7	0.027 3	36.574 4	1 253.2	2 740.8	1 487.6
8×10^3	294.8	0.023 5	42.576 8	1 299.2	2 720.5	1 403.7
9×10^3	303.2	0.020 5	48.894 5	1 343.4	2 699.1	1 356.6
1×10^4	310.9	0.018 0	55.540 7	1 384.0	2 677.1	1 293.1
1.2×10^4	324.5	0.014 2	70.307 5	1 463.4	2 631.2	1 167.7
1.4×10^4	336.5	0.011 5	87.302 0	1 567.9	2 583.2	1 043.4

续表

绝对压强/kPa	温度/℃	蒸汽的比体积/(m^3/kg)	蒸汽的密度/(kg/m^3)	焓(液体)/(kJ/kg)	焓(蒸汽)/(kJ/kg)	汽化热/(kJ/kg)
1.6×10^4	347.2	0.009 27	107.801 0	1 615.8	2 531.1	915.4
1.8×10^4	356.9	0.007 44	134.481 3	1 699.8	2 466.0	766.1
2×10^4	365.6	0.005 66	176.596 1	1 817.8	2 364.2	544.9
2.207×10^4	374.0	0.003 10	362.6	2 098.0	2 098.0	0

三、干空气的物理性质(p=101.33 kPa)

温度 t/℃	密度 ρ/(kg/m^3)	比热容 c_p/(kJ·kg^{-1}·K^{-1})	热导率 λ/(mW·m^{-1}·K^{-1})	导温系数 $a\times10^6$/(m^2/s)	动力黏度 μ/(μPa·s)	运动黏度 $\nu\times10^6$/(m^2/s)	普朗特数 Pr
−50	1.584	1.013	20.34	12.7	14.6	9.23	0.728
−40	1.515	1.013	21.15	13.8	15.2	10.04	0.728
−30	1.453	1.013	21.96	14.9	15.7	10.80	0.723
−20	1.395	1.009	22.78	16.2	16.2	11.60	0.716
−10	1.342	1.009	23.59	17.4	16.7	12.43	0.712
0	1.293	1.005	24.40	18.8	17.2	13.28	0.707
10	1.247	1.005	25.10	20.1	17.7	14.16	0.705
20	1.205	1.005	25.91	21.4	18.1	15.06	0.703
30	1.165	1.005	26.73	22.9	18.6	16.00	0.701
40	1.128	1.005	27.54	24.3	19.1	16.96	0.699
50	1.093	1.005	28.24	25.7	19.6	17.95	0.698
60	1.060	1.005	28.93	27.2	20.1	18.97	0.696
70	1.029	1.009	29.63	28.6	20.6	20.02	0.694
80	1.000	1.009	30.44	30.2	21.1	21.09	0.692
90	0.972	1.009	31.26	31.9	21.5	22.10	0.690
100	0.946	1.009	32.07	33.6	21.9	23.13	0.688
120	0.898	1.009	33.35	36.8	22.9	25.45	0.686
140	0.854	1.013	31.86	40.3	23.7	27.80	0.684
160	0.815	1.017	36.37	43.9	24.5	30.09	0.682
180	0.779	1.022	37.77	47.5	25.3	32.49	0.681
200	0.746	1.026	39.28	51.4	26.0	34.85	0.680
250	0.674	1.038	46.25	61.0	27.4	40.61	0.677
300	0.615	1.047	46.02	71.6	29.7	48.33	0.674
350	0.566	1.059	49.04	81.9	31.4	55.46	0.676
400	0.524	1.068	52.06	93.1	33.1	63.09	0.678
500	0.456	1.093	57.40	115.3	36.2	79.38	0.687
600	0.404	1.114	62.17	138.3	39.1	96.89	0.699
700	0.362	1.135	67.0	163.4	41.8	115.4	0.706
800	0.329	1.156	71.70	188.8	44.3	134.8	0.713
900	0.301	1.172	76.23	216.2	46.7	155.1	0.717
1 000	0.277	1.185	80.64	245.9	49.0	177.1	0.719
1 100	0.257	1.197	84.94	276.3	51.2	199.3	0.722
1 200	0.239	1.210	91.45	316.5	53.5	233.7	0.724

四、液体及水溶液的物理性质

1. 某些液体的重要物理性质

序号	名　　称	分子式	相对分子质量	密度(20℃)/(kg/m³)	沸点(101.3 kPa)/℃	汽化潜热(101.3 kPa)/(kJ/kg)	比热容(20℃)/(kJ·kg⁻¹·K⁻¹)	黏度(20℃)/(mPa·s)	热导率(20℃)/(W·m⁻¹·K⁻¹)	体积膨胀系数×10³(20℃)/℃⁻¹	表面张力(20℃)/(mN/m)
1	水	H_2O	18.02	998	100	2 258	4.183	1.005	0.599	0.182	72.8
2	盐水(25%NaCl)	—	—	1 186 (25℃)	107	—	3.39	2.3	0.57 (30℃)	0.44	
3	盐水(25%$CaCl_2$)	—	—	1 228	107	—	2.89	2.5	0.57	0.34	
4	硫　酸	H_2SO_4	98.08	1 831	340(分解)	—	1.47(98%)	23	0.38	0.57	
5	硝　酸	HNO_3	63.02	1 513	86	481.1		1.17 (10℃)			
6	盐酸(30%)	HCl	36.47	1 149			2.55	2(31.5%)	0.42	1.21	
7	二硫化碳	CS_2	76.13	1 262	46.3	352	1.00	0.38	0.16	1.59	32
8	戊　烷	C_6H_{12}	72.15	626	36.07	357.5	2.25 (15.6℃)	0.229	0.113		16.2
9	己　烷	C_6H_{14}	86.17	659	68.74	335.1	2.31 (15.6℃)	0.313	0.119		18.2
10	庚　烷	C_7H_{16}	100.20	684	98.43	316.5	2.21 (15.6℃)	0.411	0.123		20.1
11	辛　烷	C_8H_{18}	114.22	703	125.67	306.4	2.19 (15.6℃)	0.540	0.131		21.8
12	三氯甲烷	$CHCl_3$	119.38	1 489	61.2	254	0.992	0.58	0.138 (30℃)	1.26	28.5 (10℃)
13	四氯化碳	CCl_4	153.82	1 594	76.8	195	0.850	1.0	0.12		26.8
14	二氯乙烷-1,2	$C_2H_4Cl_2$	98.96	1 253	83.6	324	1.26	0.83	0.14 (50℃)		30.8
15	苯	C_6H_6	78.11	879	80.10	394	1.70	0.737	0.148	1.24	28.6
16	甲苯	C_7H_8	92.13	867	110.63	363	1.70	0.675	0.138	1.09	27.9
17	邻二甲苯	C_8H_{10}	106.16	880	144.42	347	1.74	0.811	0.142		30.2
18	间二甲苯	C_8H_{10}	106.16	864	139.10	343	1.70	0.611	0.167	1.01	29.0
19	对二甲苯	C_8H_{10}	106.16	861	138.35	340	1.70	0.643	0.129		28.0

续表

序号	名称	分子式	相对分子质量	密度(20℃)/(kg/m³)	沸点(101.3 kPa)/℃	汽化潜热(101.3 kPa)/(kJ/kg)	比热容(20℃)/(kJ·kg⁻¹·K⁻¹)	黏度(20℃)/(mPa·s)	热导率(20℃)/(W·m⁻¹·K⁻¹)	体积膨胀系数×10³(20℃)/℃⁻¹	表面张力(20℃)/(mN/m)
20	苯乙烯	C_8H_8	104.1	911 (15.6℃)	145.2	(352)	1.733	0.72			
21	氯苯	C_6H_5Cl	112.56	1 106	131.8	325	3.391	0.85	0.14 (30℃)		32
22	硝基苯	$C_6H_5NO_2$	123.17	1 203	210.9	396	1.465	2.1	0.15		41
23	苯胺	$C_6H_5NH_2$	93.13	1 022	184.4	448	2.068	4.3	0.174	0.85	42.9
24	酚	C_6H_5OH	94.1	1 050 (50℃)	181.8 (熔点 40.9℃)	511		3.4 (50℃)			
25	萘	$C_{10}H_8$	128.17	1 145(固体)	217.9 (熔点 80.2℃)	314	1.805 (100℃)	0.59 (100℃)			
26	甲醇	CH_3OH	32.04	791	64.7	1 101	2.495	0.6	0.212	1.22	22.6
27	乙醇	C_2H_5OH	46.07	789	78.3	846	2.395	1.15	0.172	1.16	22.8
28	乙醇(95%)	—	—	804	78.2			1.4			
29	乙二醇	$C_2H_4(OH)_2$	62.05	1 113	197.6	800	2.349	23			47.7
30	甘油	$C_3H_5(OH)_3$	92.09	1 261	290(分解)	—		1 499	0.59	0.53	63
31	乙醚	$(C_2H_5)_2O$	74.12	714	84.6	360	2.336	0.24	0.14	1.63	18
32	乙醛	CH_3CHO	44.05	783 (18℃)	20.2	574	1.88	1.3 (18℃)			21.2
33	糠醛	$C_5H_4O_2$	96.09	1 160	161.7	452	1.59	1.15 (50℃)			48.5
34	丙酮	CH_3COCH_3	58.08	792	56.2	523	2.349	0.32	0.174		23.7
35	甲酸	$HCOOH$	46.03	1 220	100.7	494	2.169	1.9	0.256		27.8
36	醋酸	CH_3COOH	60.03	1 049	118.1	406	1.997	1.3	0.174	1.07	23.9
37	醋酸乙酯	$CH_3COOC_2H_5$	88.11	901	77.1	368	1.992	0.48	0.14 (10℃)		
38	煤油			780～820				3	0.15	1.00	
39	汽油			680～800				0.7～0.8	0.13 (30℃)	1.25	

2. 氢氧化钠水溶液相对密度(液体密度与4℃水的密度之比)图

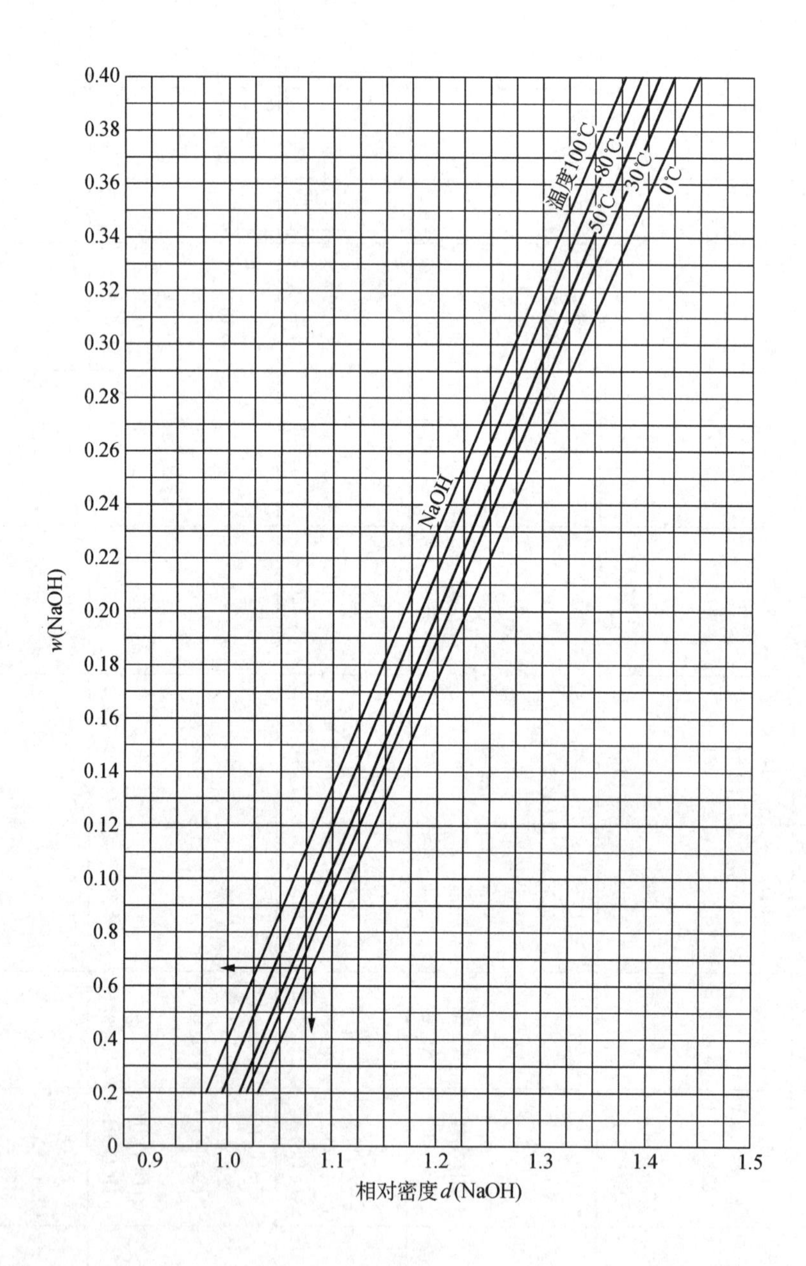

3. 有机液体相对密度(液体密度与4℃水的密度之比)共线图

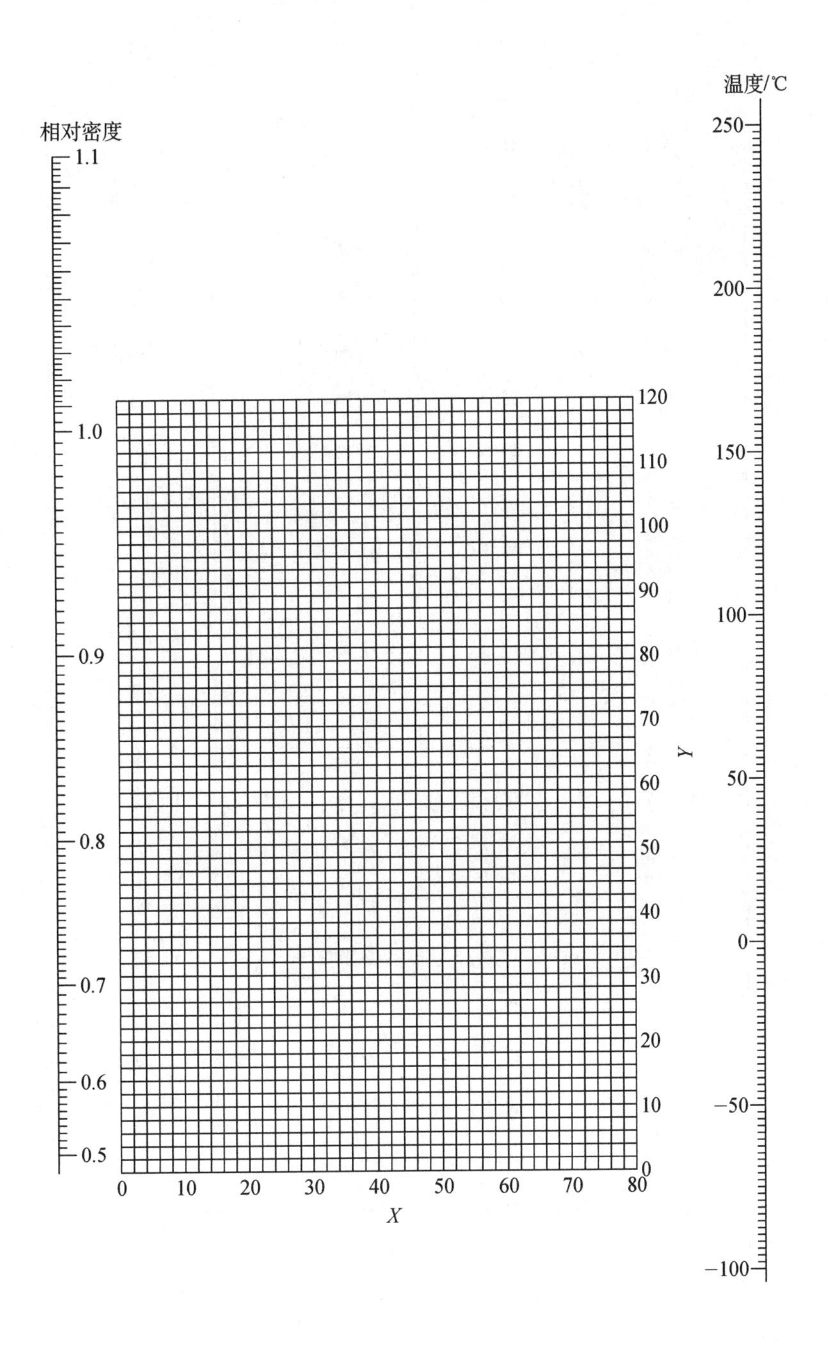

各种液体在图中的 X,Y 值

名　称	X	Y	名　称	X	Y
乙炔	20.8	10.1	甲酸乙酯	37.6	68.4
乙烷	10.3	4.4	甲酸丙酯	33.8	66.7
乙烯	17.0	3.5	丙烷	14.2	12.2
乙醇	24.2	48.6	丙酮	26.1	47.8
乙醚	22.6	35.8	丙醇	23.8	50.8
乙丙醚	20.0	37.0	丙酸	35.0	83.5
乙硫醇	32.0	55.5	丙酸甲酯	36.5	68.3
乙硫醚	25.7	55.3	丙酯乙酯	32.1	63.9
二乙胺	17.8	33.5	戊烷	12.6	22.6
二硫化碳	18.6	45.4	异戊烷	13.5	22.5
异丁烷	13.7	16.5	辛烷	12.7	32.5
丁酸	31.3	78.7	庚烷	12.6	29.8
丁酸甲酯	31.5	65.5	苯	32.7	63.0
异丁酸	31.5	75.9	苯酚	35.7	103.8
丁酸(异)甲酯	33.0	64.1	苯胺	33.5	92.5
十一烷	14.4	39.2	氟苯	41.9	86.7
十二烷	14.3	41.4	癸烷	16.0	38.2
十三烷	15.3	42.4	氨	22.4	24.6
十四烷	15.8	43.3	氯乙烷	42.7	62.4
三乙胺	17.9	37.0	氯甲烷	52.3	62.9
三氢化磷	28.0	22.1	氯苯	41.7	105.0
己烷	13.5	27.0	氰丙烷	20.1	44.6
壬烷	16.2	36.5	氰甲烷	21.8	44.9
六氢吡啶	27.5	60.0	环己烷	19.6	44.0
甲乙醚	25.0	34.4	醋酸	40.6	93.5
甲醇	25.8	49.1	醋酸甲酯	40.1	70.3
甲硫醇	37.3	59.6	醋酸乙酯	35.0	65.0
甲硫醚	31.9	57.4	醋酸丙酯	33.0	65.5
甲醚	27.2	30.1	甲苯	27.0	61.0
甲酸甲酯	46.4	74.6	异戊醇	20.5	52.0

4. 有机液体的表面张力共线图

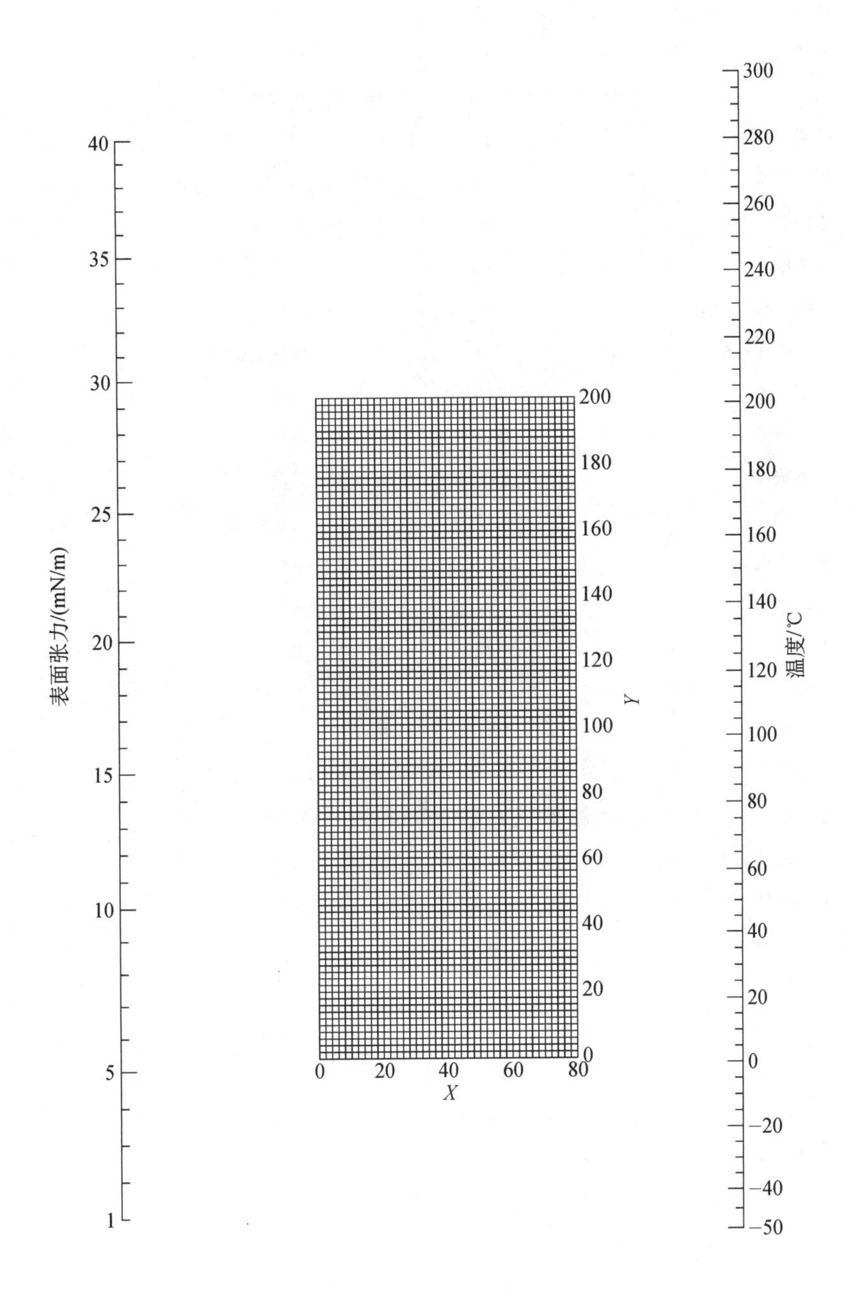

各种液体在图中的 X、Y 值

序号	名　称	X	Y	序号	名　称	X	Y
1	环氧乙烷	42	83	36	邻甲酚	20	161
2	乙苯	22	118	37	甲醇	17	93
3	乙胺	11.2	83	38	甲酸甲酯	38.5	88
4	乙硫醇	35	81	39	甲酸乙酯	30.5	88.8
5	乙醇	10	97	40	甲酸丙酯	24	97
6	乙醚	27.5	64	41	丙胺	25.5	87.2
7	乙醛	33	78	42	对-丙(异)基甲苯	12.8	121.2
8	乙醛肟	23.5	127	43	丙酮	28	91
9	乙酰胺	17	192.5	44	丙醇	8.2	105.2
10	乙酰乙酸乙酯	21	132	45	丙酸	17	112
11	二乙醇缩乙醛	19	88	46	丙酸乙酯	22.6	97
12	间二甲苯	20.5	118	47	丙酸甲酯	29	95
13	对二甲苯	19	117	48	戊酮-3	20	101
14	二甲胺	16	66	49	异戊醇	6	106.8
15	二甲醚	44	37	50	四氯化碳	26	104.5
16	二氯乙烷	32	120	51	辛烷	17.7	90
17	二硫化碳	35.8	117.2	52	苯	30	110
18	丁酮	23.6	97	53	苯乙酮	18	163
19	丁醇	9.6	107.5	54	苯乙醚	20	134.2
20	异丁醇	5	103	55	苯二乙胺	17	142.6
21	丁酸	14.5	115	56	苯二甲胺	20	149
22	异丁酸	14.8	107.4	57	苯甲醚	24.4	138.9
23	丁酸乙酯	17.5	102	58	苯胺	22.9	171.8
24	丁(异)酸乙酯	20.9	93.7	59	苯(基)甲胺	25	156
25	丁酸甲酯	25	88	60	苯酚	20	168
26	三乙胺	20.1	83.9	61	氨	56.2	63.5
27	三甲苯-1,3,5	17	119.8	62	氧化亚氮	62.5	0.5
28	三苯甲烷	12.5	182.7	63	氯	45.5	59.2
29	三氯乙醛	30	113	64	氯仿	32	101.3
30	三聚乙醛	22.3	103.8	65	对氯甲苯	18.7	134
31	己烷	22.7	72.2	66	氯甲烷	45.8	53.2
32	甲苯	24	113	67	氯苯	23.5	132.5
33	甲胺	42	58	68	吡啶	34	138.2
34	间甲酚	13	161.2	69	丙腈	23	108.6
35	对甲酚	11.5	160.5	70	丁腈	20.3	113

续表

序号	名　　称	X	Y	序号	名　　称	X	Y
71	乙腈	73.5	111	83	醋酸	17.1	116.5
72	苯腈	19.5	159	84	醋酸甲酯	34	90
73	氰化氢	30.6	66	85	醋酸乙酯	27.5	92.4
74	硫酸二乙酯	19.5	139.5	86	醋酸丙酯	23	97
75	硫酸二甲酯	23.5	158	87	醋酸异丁酯	16	97.2
76	硝基乙烷	25.4	126.1	88	醋酸异戊酯	16.4	103.1
77	硝基甲烷	30	139	89	醋酸酐	25	129
78	萘	22.5	165	90	噻吩	35	121
79	溴乙烷	31.6	90.2	91	环已烷	42	86.7
80	溴苯	23.5	145.5	92	硝基苯	23	173
81	碘乙烷	28	113.2	93	水(查出的值乘 2)	12	162
82	对甲氧基苯丙烯	13	158.1				

5. 某些无机物水溶液的表面张力(mN/m)

溶　　质	温度/℃	质　量　分　数			
		5%	10%	20%	50%
H_2SO_4	18		74.1	75.2	77.3
HNO_3	20		72.7	71.1	65.4
NaOH	20	74.6	77.3	85.8	
NaCl	18	74.0	75.5		
Na_2SO_4	18	73.8	75.2		
$NaNO_3$	30	72.1	72.8	74.4	79.8
KCl	18	73.6	74.8	77.3	
KNO_3	18	73.0	73.6	75.0	
K_2CO_3	10	75.8	77.0	79.2	106.4
NH_4OH	18	66.5	63.5	59.3	
NH_4Cl	18	73.3	74.5		
NH_4NO_3	100	59.2	60.1	61.6	67.5
$MgCl_2$	18	73.8			
$CaCl_2$	18	73.7			

6. 液体黏度共线图

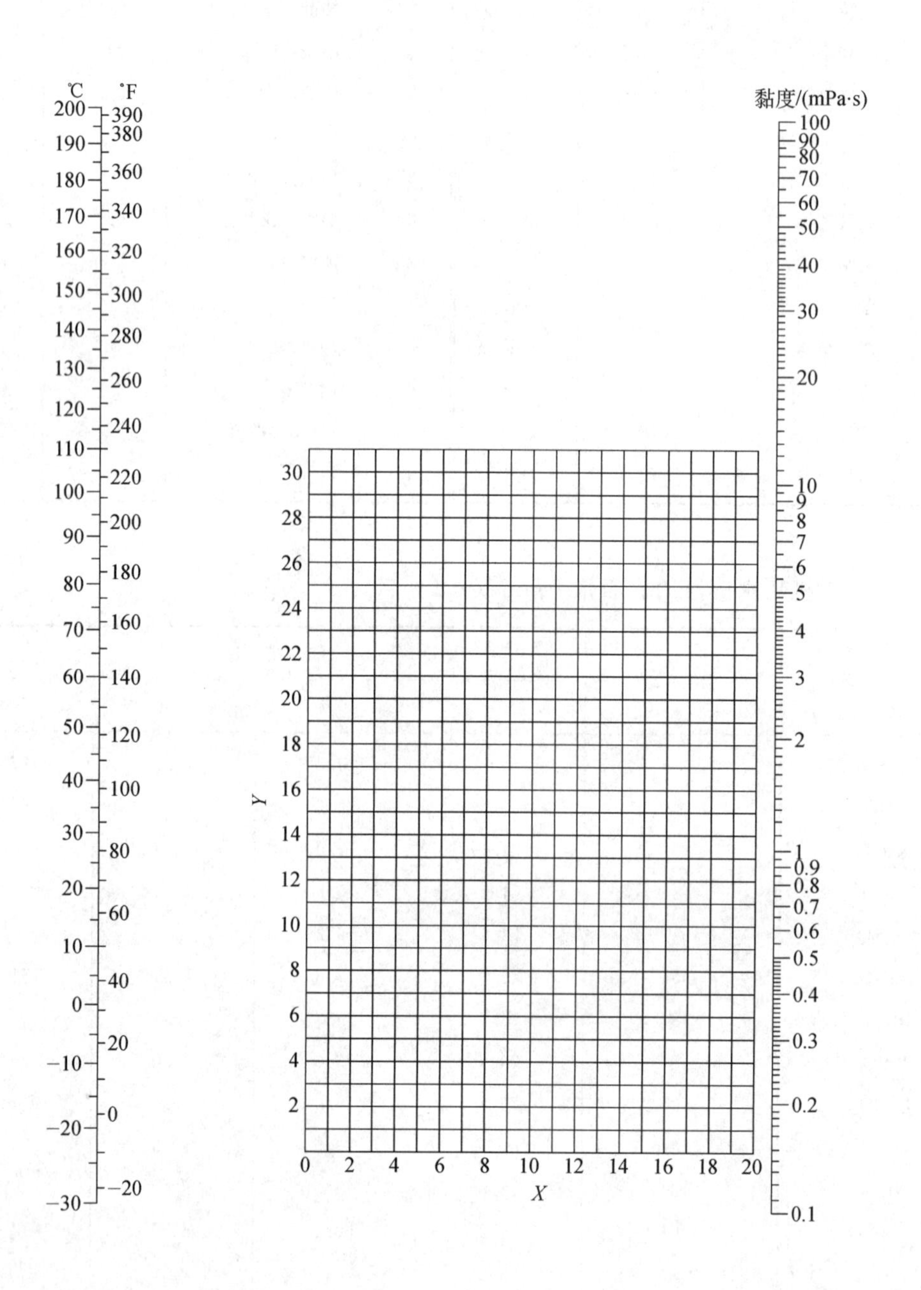

℃
°F
200
190
180
170
160
150
140
130
120
110
100
90
80
70
60
50
40
30
20
10
0
−10
−20
−30
390
380
360
340
320
300
280
260
240
220
200
180
160
140
120
100
80
60
40
20
0
−20
Y
X
黏度/(mPa·s)
100
90
80
70
60
50
40
30
20
10
9
8
7
6
5
4
3
2
1
0.9
0.8
0.7
0.6
0.5
0.4
0.3
0.2
0.1

液体黏度共线图坐标值

用法举例：求苯在50℃时的黏度，从本表序号26查得苯的 $X=12.5$，$Y=10.9$。把这两个数值标在前页共线图的 $X-Y$ 坐标上得一点，把这点与图中左方温度标尺上50℃的点连成一直线，延长，与右方黏度标尺相交，由此交点定出50℃苯的黏度为0.44 mPa·s。

序号	名　称	X	Y	序号	名　称	X	Y
1	水	10.2	13.0	31	乙苯	13.2	11.5
2	盐水(25%NaCl)	10.2	16.6	32	氯苯	12.3	12.4
3	盐水(25%$CaCl_2$)	6.6	15.9	33	硝基苯	10.6	16.2
4	氨	12.6	2.2	34	苯胺	8.1	18.7
5	氨水(26%)	10.1	13.9	35	酚	6.9	20.8
6	二氧化碳	11.6	0.3	36	联苯	12.0	18.3
7	二氧化硫	15.2	7.1	37	萘	7.9	18.1
8	二硫化碳	16.1	7.5	38	甲醇(100%)	12.4	10.5
9	溴	14.2	18.2	39	甲醇(90%)	12.3	11.8
10	汞	18.4	16.4	40	甲醇(40%)	7.8	15.5
11	硫酸(110%)	7.2	27.4	41	乙醇(100%)	10.5	13.8
12	硫酸(100%)	8.0	25.1	42	乙醇(95%)	9.8	14.3
13	硫酸(98%)	7.0	24.8	43	乙醇(40%)	6.5	16.6
14	硫酸(60%)	10.2	21.3	44	乙二醇	6.0	23.6
15	硝酸(95%)	12.8	13.8	45	甘油(100%)	2.0	30.0
16	硝酸(60%)	10.8	17.0	46	甘油(50%)	6.9	19.6
17	盐酸(31.5%)	13.0	16.6	47	乙醚	14.5	5.3
18	氢氧化钠(50%)	3.2	25.8	48	乙醛	15.2	14.8
19	戊烷	14.9	5.2	49	丙酮	14.5	7.2
20	己烷	14.7	7.0	50	甲酸	10.7	15.8
21	庚烷	14.1	8.4	51	醋酸(100%)	12.1	14.2
22	辛烷	13.7	10.0	52	醋酸(70%)	9.5	17.0
23	三氯甲烷	14.4	10.2	53	醋酸酐	12.7	12.8
24	四氯化碳	12.7	13.1	54	醋酸乙酯	13.7	9.1
25	二氯乙烷	13.2	12.2	55	醋酸戊酯	11.8	12.5
26	苯	12.5	10.9	56	氟利昂-11	14.4	9.0
27	甲苯	13.7	10.4	57	氟利昂-12	16.8	5.6
28	邻二甲苯	13.5	12.1	58	氟利昂-21	15.7	7.5
29	间二甲苯	13.9	10.6	59	氟利昂-22	17.2	4.7
30	对二甲苯	13.9	10.9	60	煤油	10.2	16.9

7. 液体比热容共线图

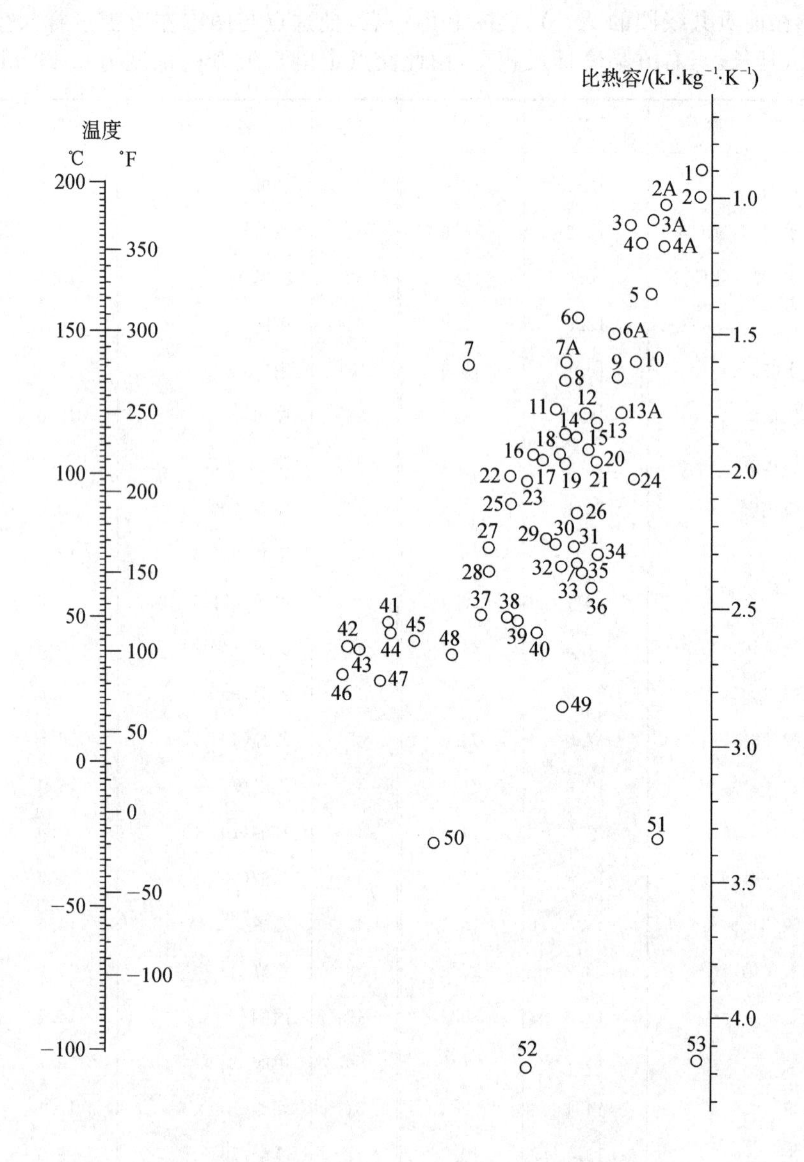

根据相似三角形原理，当共线图的两边标尺均为等距刻度时，可用 $c_p = At + B$ 的关系式来表示因变量与自变量的关系，式中的 A、B 值列于下表中，式中 c_p 单位为kJ·kg^{-1}·K^{-1}；t 单位为℃。

液体比热容共线图中的编号

编号	名　　称	温度范围/℃	拟合参数		编号	名　　称	温度范围/℃	拟合参数	
			A	*B*				*A*	*B*
1	溴乙烷	5～25	1.333×10^{-3}	0.843	23	甲苯	0～60	4.667×10^{-3}	1.60
2	二氧化碳	－100～25	1.667×10^{-3}	0.967	24	醋酸乙酯	－50～25	1.57×10^{-3}	1.879
2A	氟利昂-11	－20～70	8.889×10^{-4}	0.858	25	乙苯	0～100	5.099×10^{-3}	1.67
3	四氯化碳	10～60	2.0×10^{-3}	0.78	26	醋酸戊酯	0～100	2.9×10^{-3}	1.9
3	过氯乙烯	－30～140	1.647×10^{-3}	0.789	27	苯甲基醇	－20～30	5.8×10^{-3}	1.836
3A	氟利昂-113	－20～70	3.333×10^{-3}	0.867	28	庚烷	0～60	5.834×10^{-3}	1.98
4A	氟利昂-21	－20～70	8.889×10^{-4}	1.028	29	醋酸	0～80	3.75×10^{-3}	1.94
4	三氯甲烷	0～50	1.2×10^{-3}	0.94	30	苯胺	0～130	4.693×10^{-3}	1.99
5	二氯甲烷	－40～50	1.0×10^{-3}	1.17	31	异丙醚	－80～200	3.0×10^{-3}	2.04
6A	二氯乙烷	－30～60	1.778×10^{-3}	1.203	32	丙酮	20～50	3.0×10^{-3}	2.13
6	氟利昂-12	－40～15	3.0×10^{-3}	0.99	33	辛烷	－50～25	3.143×10^{-3}	2.127
7A	氟利昂-22	－20～60	3.0×10^{-3}	1.16	34	壬烷	－50～25	2.286×10^{-3}	2.134
7	碘乙烷	0～100	6.6×10^{-3}	0.67	35	己烷	－80～20	2.7×10^{-3}	2.176
8	氯苯	0～100	3.3×10^{-3}	1.22	36	乙醚	－100～25	2.5×10^{-3}	2.27
9	硫酸(98%)	10～45	1.429×10^{-3}	1.405	37	戊醇	－50～25	5.858×10^{-3}	2.203
10	苯甲基氯	－30～30	1.667×10^{-3}	1.39	38	甘油	－40～20	5.168×10^{-3}	2.267
11	二氧化硫	－20～100	3.75×10^{-3}	1.325	39	乙二醇	－40～200	4.789×10^{-3}	2.312
12	硝基苯	0～100	2.7×10^{-3}	1.46	40	甲醇	－40～20	4.0×10^{-3}	2.40
13A	氯甲烷	－80～20	1.7×10^{-3}	1.566	41	异戊醇	10～100	1.144×10^{-2}	1.986
13	氯乙烷	－30～40	2.286×10^{-3}	1.539	42	乙醇(100%)	30～80	1.56×10^{-2}	2.012
14	萘	90～200	3.182×10^{-3}	1.514	43	异丁醇	0～100	1.41×10^{-2}	2.13
15	联苯	80～120	5.75×10^{-3}	2.19	44	丁醇	0～100	1.14×10^{-2}	2.09
16	联苯醚	0～200	4.25×10^{-3}	1.49	45	丙醇	－20～100	9.497×10^{-3}	0.19
16	联苯-联苯醚	0～200	4.25×10^{-3}	1.49	46	乙醇(95%)	20～80	1.58×10^{-2}	2.264
17	对二甲苯	0～100	4.0×10^{-3}	1.55	47	异丙醇	20～50	1.167×10^{-2}	2.447
18	间二甲苯	0～100	3.4×10^{-3}	1.58	48	盐酸(30%)	20～100	7.375×10^{-3}	2.393
19	邻二甲苯	0～100	3.4×10^{-3}	1.62	49	盐水(25% $CaCl_2$)	－40～20	3.5×10^{-3}	2.79
20	吡啶	－50～25	2.428×10^{-3}	1.621	50	乙醇(50%)	20～80	8.333×10^{-3}	3.633
21	癸烷	－80～25	2.6×10^{-3}	1.728	51	盐水(25%NaCl)	－40～20	1.167×10^{-3}	3.367
22	二苯基甲烷	30～100	5.285×10^{-3}	1.501	52	氨	－70～50	4.715×10^{-3}	4.68
23	苯	10～80	4.429×10^{-3}	1.606	53	水	10～200	2.143×10^{-4}	4.198

8. 某些液体的热导率 $\lambda/(W\cdot m^{-1}\cdot K^{-1})$

液体名称	温　　度/℃						
	0	25	50	75	100	125	150
丁醇	0.156	0.152	0.148 3	0.144			
异丙醇	0.154	0.150	0.146 0	0.142			
甲醇	0.214	0.210 7	0.207 0	0.205			
乙醇	0.189	0.183 2	0.177 4	0.171 5			
醋酸	0.177	0.171 5	0.166 3	0.162			
蚁酸	0.260 5	0.256	0.251 8	0.247 1			
丙酮	0.174 5	0.169	0.163	0.157 6	0.151		
硝基苯	0.154 1	0.150	0.147	0.143	0.140	0.136	
二甲苯	0.136 7	0.131	0.127	0.121 5	0.117	0.111	
甲苯	0.141 3	0.136	0.129	0.123	0.119	0.112	
苯	0.151	0.144 8	0.138	0.132	0.126	0.120 4	
苯胺	0.186	0.181	0.177	0.172	0.168 1	0.163 4	0.159
甘油	0.277	0.279 7	0.283 2	0.286	0.289	0.292	0.295
凡士林	0.125	0.120 4	0.122	0.121	0.119	0.117	0.115 7
蓖麻油	0.184	0.180 8	0.177 4	0.174	0.171	0.168 0	0.165

9. 液体汽化潜热共线图

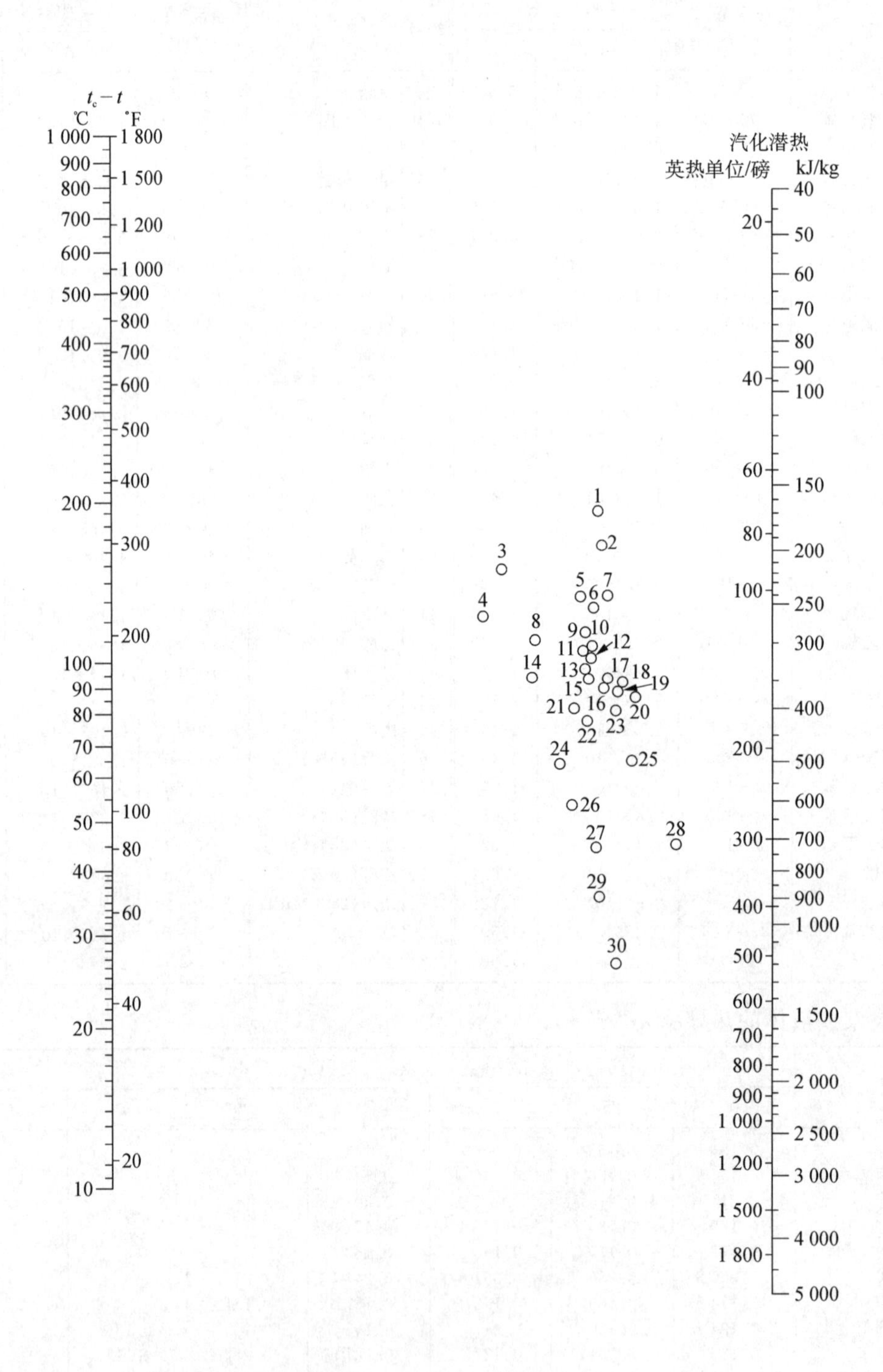

根据相似三角形原理，当共线图的两边标尺均为对数刻度时，可用 $r = A(t_c - t)^B$ 的关系式来表示变量间的关系，式中的 A、B 值列于下表中。式中 r 单位为 $kJ \cdot kg^{-1}$；t 单位为℃。

液体汽化潜热共线图的编号

用法举例：求水在 $t = 100$℃ 时的汽化潜热，从下表查得水的编号为 30，又查得水的 $t_c = 374$℃，故得 $t_c - t = 374 - 100 = 274$℃，在前页共线图的 $t_c - t$ 标尺定出 274℃ 的点，与图中编号为 30 的圆圈中心点连一直线，延长到汽化潜热的标尺上，读出交点读数为 2 300 kJ/kg。

编号	名　　称	t_c/℃	(t_c-t)/℃	拟合参数		编号	名　　称	t_c/℃	(t_c-t)/℃	拟合参数	
				A	B					A	B
1	氟利昂-113	214	90～250	28.18	0.336	14	二氧化硫	157	90～160	26.92	0.563 7
2	四氯化碳	283	30～250	34.59	0.337	15	异丁烷	134	80～200	64.27	0.373 6
2	氟利昂-11	198	70～250	34.51	0.337 7	16	丁烷	153	90～200	77.27	0.341 9
2	氟利昂-12	111	40～200	32.43	0.35	17	氯乙烷	187	100～250	79.07	0.325 8
3	联苯	527	175～400	6.855	0.688 2	18	醋酸	321	100～225	95.72	0.287 7
4	二硫化碳	273	140～275	6.252	0.776 4	19	一氧化碳	36	25～150	101.6	0.292 1
5	氟利昂-21	178	70～250	34.59	0.401 1	20	一氯甲烷	143	70～250	115.9	0.263 3
6	氟利昂-22	96	50～170	43.45	0.363	21	二氧化碳	31	10～100	64.0	0.413 6
7	三氯甲烷	263	140～275	50.00	0.323 9	22	丙酮	235	120～210	75.34	0.391 2
8	二氯甲烷	216	150～250	21.43	0.554 6	23	丙烷	96	40～200	106.4	0.302 7
9	辛烷	296	30～300	23.88	0.581 1	24	丙醇	264	20～200	74.13	0.461
10	庚烷	267	20～300	56.10	0.36	25	乙烷	32	25～150	169.4	0.259 3
11	己烷	235	50～225	47.64	0.402 7	26	乙醇	243	20～140	113	0.421 8
12	戊烷	197	20～200	59.16	0.367 4	27	甲醇	240	40～250	188.4	0.355 7
13	苯	289	10～400	57.54	0.382 8	29	氨	133	50～200	235.1	0.367 6
13	乙醚	194	10～400	57.54	0.382 7	30	水	374	100～500	445.6	0.300 3

10. 无机溶液在 101.3 kPa 下的沸点

温度/℃ 溶液	101	102	103	104	105	107	110	115	120	125	140	160	180	200	220	240	260	280	300	340
	质量分数/%																			
$CaCl_2$	5.66	10.31	14.16	17.36	20.00	24.24	29.33	35.68	40.83	54.80	57.89	68.94	75.85	64.91	68.73	72.64	75.76	78.95	81.63	86.18
KOH	4.49	8.51	11.96	14.82	17.01	20.88	25.65	31.97	36.51	40.23	48.05	54.89	60.41							
KCl	8.42	14.31	18.96	23.02	26.57	32.62	36.47		（近于 108.5）											
K_2CO_3	10.31	18.37	24.20	28.57	32.24	37.69	43.67	50.86	56.04	60.40	66.94		（近于 133.5）							
KNO_3	13.19	23.66	32.23	39.20	45.10	54.65	65.34	79.53												
$MgCl_2$	4.67	8.42	11.66	14.31	16.59	20.23	24.41	29.48	33.07	36.02	38.61									
$MgSO_4$	14.31	22.78	28.31	32.23	35.32	42.86			（近于 108）											
NaOH	4.12	7.40	10.15	12.51	14.53	18.32	23.08	26.21	33.77	37.58	48.32	60.13	69.97	77.53	84.03	88.89	93.02	95.92	98.47	（近于 314）
NaCl	6.19	11.03	14.67	17.69	20.32	25.09	28.92													
$NaNO_3$	8.26	15.61	21.87	17.53	32.45	40.47	49.87	60.94	68.94											
Na_2SO_4	15.26	24.81	30.73	31.83		（近于 103.2）														
Na_2CO_3	9.42	17.22	23.72	29.18	33.66															
$CuSO_4$	26.95	39.98	40.83	44.47	45.12			（近于 104.2）												
$ZnSO_4$	20.00	31.22	37.89	42.92	46.15															
NH_4NO_3	9.09	16.66	23.08	29.08	34.21	42.52	51.92	63.24	71.26	77.11	87.09	93.20	69.00	97.61	98.94	10.0				
NH_4Cl	6.10	11.35	15.96	19.80	22.89	28.37	35.98	46.94												
$(NH_4)_2SO_4$	13.34	23.41	30.65	36.71	41.79	49.73	49.77	53.55				（近于 108.2）								

注：括号内的数值为饱和溶液的沸点。

五、气体的重要物理性质

1. 某些气体的重要物理性质

名 称	化学符号	密度（0℃，101.3 kPa）/(kg/m³)	相对分子质量	比热容(20℃、101.3 kPa)/(kJ·kg⁻¹·K⁻¹)		$k=\frac{c_p}{c_V}$	黏度(0℃，101.3 kPa)/(μPa·s)	沸点（101.3 kPa）/℃	蒸发热（101.3 kPa）/(kJ/kg)	临界点		热导率（0℃、101.3 kPa）/(W·m⁻¹·K⁻¹)
				c_p	c_V					温度/℃	压强/MPa	
氮	N_2	1.250 7	28.02	1.047	0.745	1.40	17.0	−195.78	199.2	−147.13	3.39	0.022 8
氨	NH_3	0.771	17.03	2.22	1.67	1.29	9.18	−33.4	1 373	+132.4	11.29	0.021 5
氩	Ar	1.782 0	39.94	0.532	0.322	1.66	20.9	−185.87	162.9	−122.44	4.86	0.017 3
乙炔	C_2H_2	1.171	26.04	1.683	1.352	1.24	9.35	−83.66(升华)	829	+35.7	6.24	0.018 4
苯	C_6H_6	—	78.11	1.252	1.139	1.1	7.2	+80.2	394	+288.5	4.83	0.008 8
丁烷(正)	C_4H_{10}	2.673	58.12	1.918	1.733	1.108	8.10	−0.5	386	+152	3.80	0.013 5
空气	—	1.293	(28.95)	1.009	0.720	1.40	17.3	−195	197	−140.7	3.77	0.024
氢	H_2	0.089 85	2.016	14.27	10.13	1.407	8.42	−252.754	454	−239.9	1.30	0.163
氦	He	0.178 5	4.00	5.275	3.182	1.66	18.8	−268.85	19.5	−267.96	0.229	0.144
二氧化氮	NO_2	—	46.01	0.804	0.615	1.31	—	+21.2	711.8	+158.2	10.13	0.040 0
二氧化硫	SO_2	2.867	64.07	0.632	0.502	1.25	11.7	−10.8	394	+157.5	7.88	0.007 7
二氧化碳	CO_2	1.96	44.01	0.837	0.653	1.30	13.7	−782(升华)	574	+31.1	7.38	0.013 7
氧	O_2	1.428 95	32	0.913	0.653	1.40	20.3	−182.98	213.2	−118.82	5.04	0.024 0
甲烷	CH_4	0.717	16.04	2.223	1.700	1.31	10.3	−161.58	511	−82.15	4.62	0.030 0
一氧化碳	CO	1.250	28.01	1.047	0.754	1.40	16.6	−101.48	211	−140.2	3.50	0.022 6
戊烷(正)	C_5H_{12}	—	72.15	1.72	1.574	1.09	8.74	+36.08	360	+917.1	3.34	0.012 8
丙烷	C_3H_8	2.020	44.1	1.863	1.650	1.13	7.95(18℃)	−42.1	427	+95.6	4.36	0.014 8
丙烯	C_3H_6	1.914	42.08	1.633	1.436	1.17	8.35(20℃)	−47.7	440	+91.4	4.60	—
硫化氢	H_2S	1.589	34.08	1.059	0.804	1.30	11.66	−60.2	548	+100.4	19.14	0.013 1
氯	Cl_2	3.217	70.91	0.481	0.355	1.36	12.9(16℃)	−33.8	305.4	+144.0	7.71	0.007 2
氯甲烷	CH_3Cl	2.308	50.49	0.741	0.582	1.28	9.89	−24.1	405.7	+148	6.69	0.008 5
乙烷	C_2H_6	1.357	30.07	1.729	1.444	1.20	8.50	−88.50	486	+32.1	4.95	0.018 0
乙烯	C_2H_4	1.261	28.05	1.528	1.222	1.25	9.85	−103.7	481	+9.7	5.14	0.016 4

2. 气体黏度共线图(常压下用)

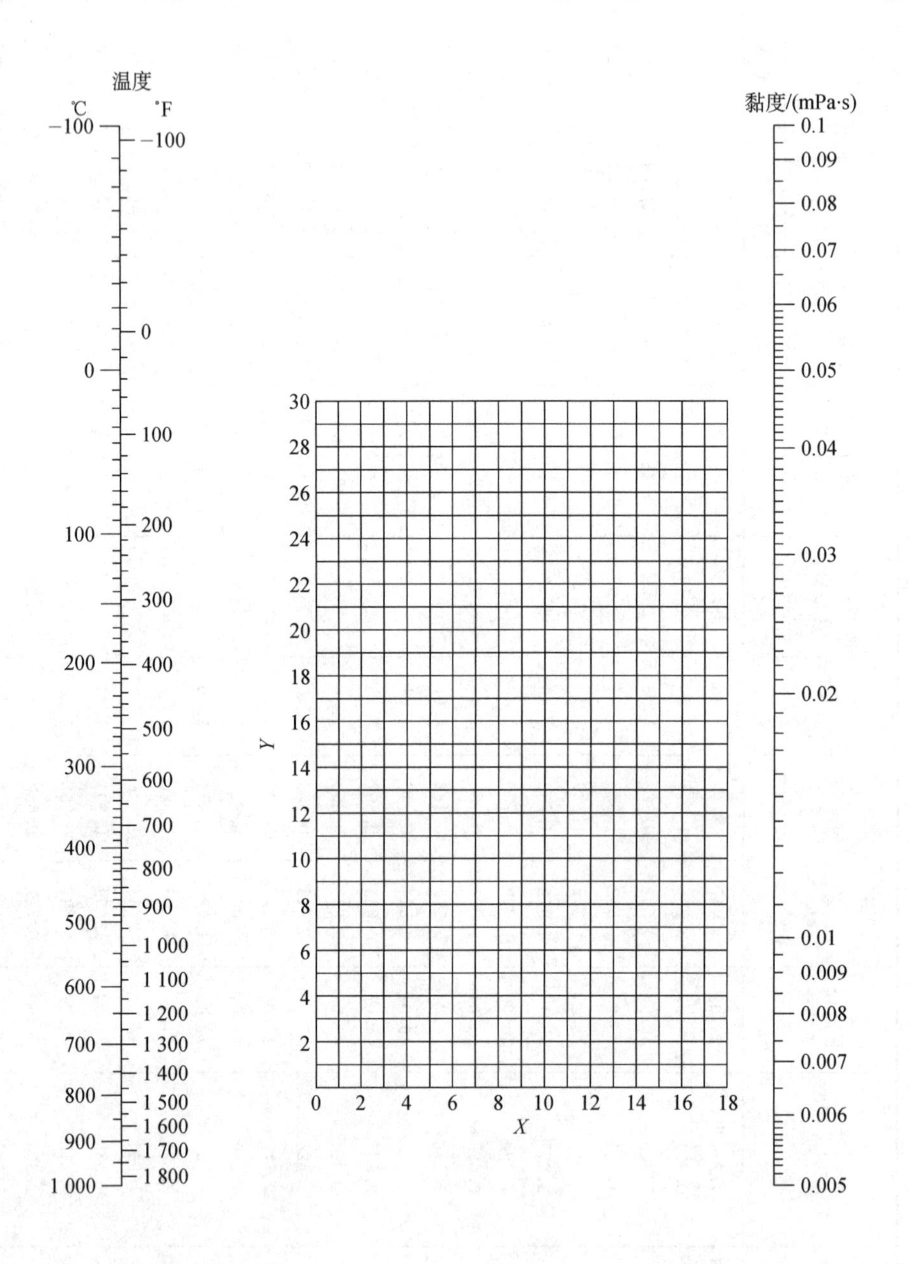

气体黏度共线图坐标值

序号	名　称	X	Y	序号	名　称	X	Y
1	空气	11.0	20.0	21	乙炔	9.8	14.9
2	氧	11.0	21.3	22	丙烷	9.7	12.9
3	氮	10.6	20.0	23	丙烯	9.0	13.8
4	氢	11.2	12.4	24	丁烯	9.2	13.7
5	$3H_2+1N_2$	11.2	17.2	25	戊烷	7.0	12.8
6	水蒸气	8.0	16.0	26	己烷	8.6	11.8
7	二氧化碳	9.5	18.7	27	三氯甲烷	8.9	15.7
8	一氧化碳	11.0	20.0	28	苯	8.5	13.2
9	氨	8.4	16.0	29	甲苯	8.6	12.4
10	硫化氢	8.6	18.0	30	甲醇	8.5	15.6
11	二氧化硫	9.6	17.0	31	乙醇	9.2	14.2
12	二硫化碳	8.0	16.0	32	丙醇	8.4	13.4
13	一氧化二氮	8.8	19.0	33	醋酸	7.7	14.3
14	一氧化氮	10.9	20.5	34	丙酮	8.9	13.0
15	氟	7.3	23.8	35	乙醚	8.9	13.0
16	氯	9.0	18.4	36	醋酸乙酯	8.5	13.2
17	氯化氢	8.8	18.7	37	氟利昂-11	10.6	15.1
18	甲烷	9.9	15.5	38	氟利昂-12	11.1	16.0
19	乙烷	9.1	14.5	39	氟利昂-21	10.8	15.3
20	乙烯	9.5	15.1	40	氟利昂-22	10.1	17.0

3. 定压下气体比热容共线图(常压下用)

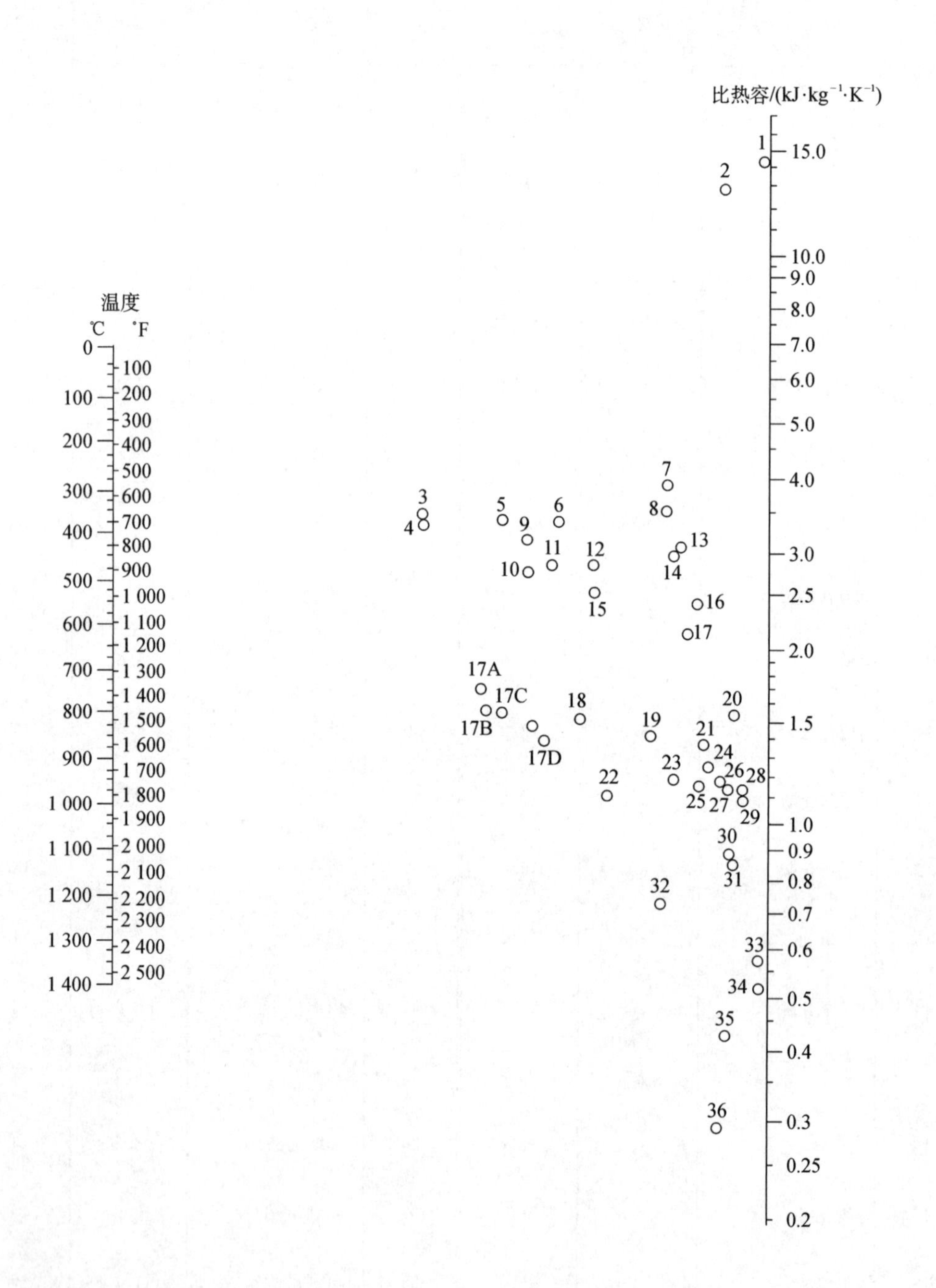

根据相似三角形原理,当共线图的因变量标尺为对数刻度、自变量标尺为等距刻度时,可用 $c_p = Ae^{Bt}$ 的关系式来表示,式中的 A、B 值列于下表中。式中 c_p 单位为kJ·kg^{-1}·K^{-1};t 单位为℃。

气体比热容共线图中的编号

编　号	名　　称	温度范围/℃	编　号	名　　称	温度范围/℃
27	空气	0～1 400	20	氟化氢	0～1 400
23	氧	0～500	30	氯化氢	0～1 400
29	氧	500～1 400	35	溴化氢	0～1 400
26	氮	0～1 400	36	碘化氢	0～1 400
1	氢	0～600	5	甲烷	0～300
2	氢	600～1 400	6	甲烷	300～700
32	氯	0～200	7	甲烷	700～1 400
34	氯	200～1 400	3	乙烷	0～200
33	硫	300～1 400	9	乙烷	200～600
12	氨	0～600	8	乙烷	600～1 400
14	氨	600～1 400	4	乙烯	0～200
25	一氧化氮	0～700	11	乙烯	200～600
28	一氧化氮	700～1 400	13	乙烯	600～1 400
18	二氧化碳	0～400	10	乙炔	0～200
24	二氧化碳	400～1 400	15	乙炔	200～400
22	二氧化硫	0～400	16	乙炔	400～1 400
31	二氧化硫	400～1 400	17*B*	氟利昂-11	0～150
17	水蒸气	0～1 400	17*C*	氟利昂-21	0～150
19	硫化氢	0～700	17*A*	氟利昂-22	0～150
21	硫化氢	700～1 400	17*D*	氟利昂-113	0～150

4. 常用气体的热导率图

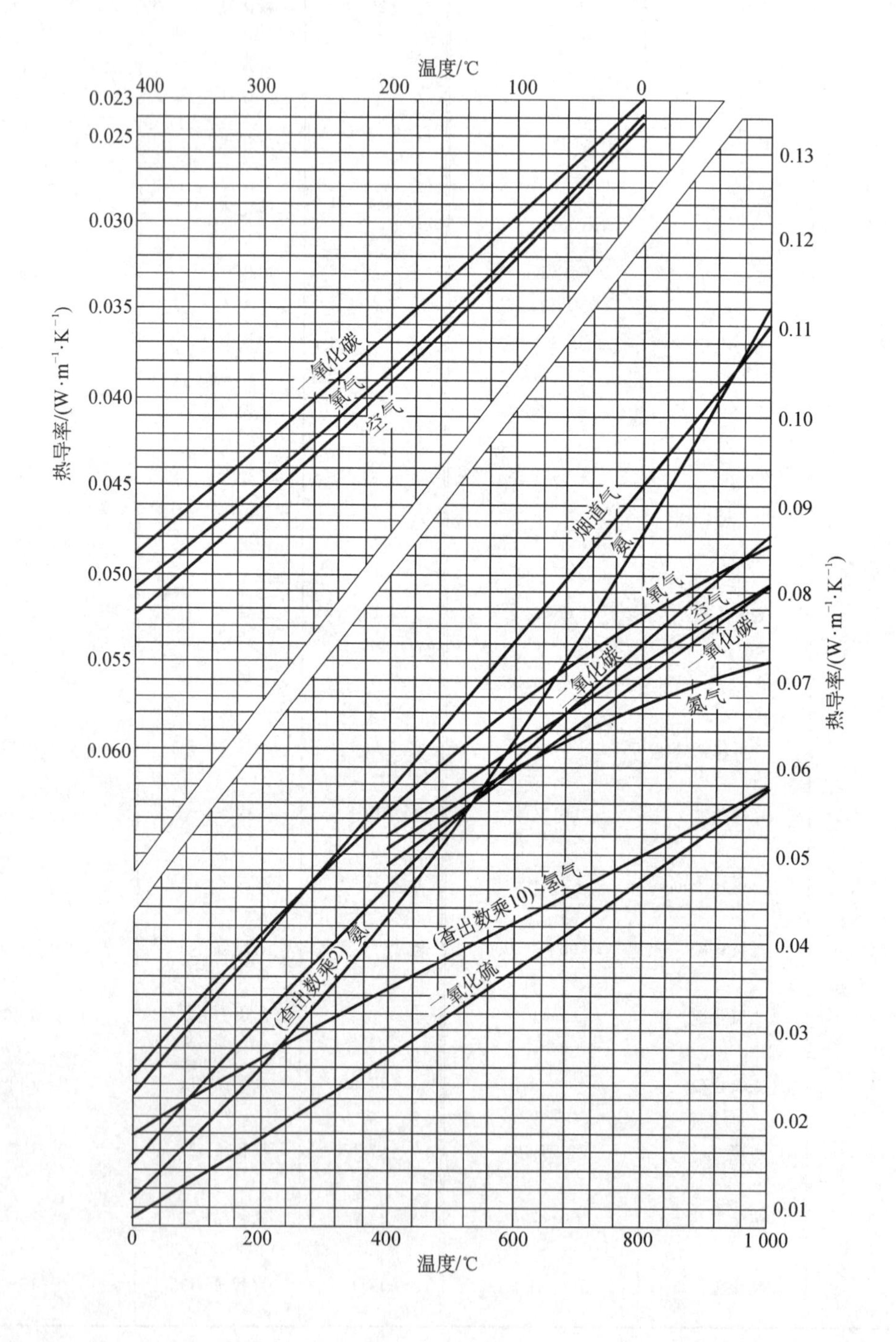

温度/℃
400
300
200
100
0
0.023
0.025
0.030
0.035
0.040
0.045
0.050
0.055
0.060
热导率/(W·m⁻¹·K⁻¹)
一氧化碳
氧气
空气
0.13
0.12
0.11
0.10
0.09
0.08
0.07
0.06
0.05
0.04
0.03
0.02
0.01
热导率/(W·m⁻¹·K⁻¹)
烟道气
氨
氧气
空气
一氧化碳
二氧化碳
氮气
(查出数乘10) 氢气
(查出数乘2) 氨
二氧化硫
0
200
400
600
800
1 000
温度/℃

六、常用固体材料的重要物理性质

名　称	ρ/(kg/m^3)	λ/(W·m^{-1}·K^{-1})	c_p/(kJ·kg^{-1}·K^{-1})
(1) 金属			
钢	7 850	45.4	0.46
不锈钢	7 900	17.4	0.50
铸铁	7 220	62.8	0.50
铜	8 800	383.8	0.406
青铜	8 000	64.0	0.381
黄铜	8 600	85.5	0.38
铝	2 670	203.5	0.92
镍	9 000	58.2	0.46
铅	11 400	34.9	0.130
(2) 塑料			
酚醛	1 250～1 300	0.13～0.26	1.3～1.7
脲醛	1 400～1 500	0.30	1.3～1.7
聚氯乙烯	1 380～1 400	0.16	1.84
聚苯乙烯	1 050～1 070	0.08	1.34
低压聚乙烯	940	0.29	2.55
高压聚乙烯	920	0.26	2.22
有机玻璃	1 180～1 190	0.14～0.20	
(3) 建筑材料、绝热材料、耐酸材料及其他			
干砂	1 500～1 700	0.45～0.58	0.75(−20～20℃)
黏土	1 600～1 800	0.47～0.53	
锅炉炉渣	700～1 100	0.19～0.30	
黏土砖	1 600～1 900	0.47～0.67	0.92
耐火砖	1 840	1.0(800～1 100℃)	0.96～1.00
绝热砖(多孔)	600～1 400	0.16～0.37	
混凝土	2 000～2 400	1.3～1.55	0.84
松木	500～600	0.07～0.10	2.72(0～100℃)
软木	100～300	0.041～0.064	0.96
石棉板	700	0.12	0.816
石棉水泥板	1 600～1 900	0.35	
玻璃	2 500	0.74	0.67
耐酸陶瓷制品	2 200～2 300	0.9～1.0	0.75～0.80
耐酸砖和板	2 100～2 400		
耐酸搪瓷	2 300～2 700	0.99～1.05	0.84～1.26
橡胶	1 200	0.16	1.38
冰	900	2.3	2.11

七、管子规格

1. 水煤气输送钢管(摘自 GB 3091—82，GB 3092—82)

公称直径 *DN*/mm	外径/mm	普通管壁厚/mm	加厚管壁厚/mm
$8\left(\frac{1}{4}\right)$	13.50	2.25	2.75
$10\left(\frac{3}{8}\right)$	17.00	2.25	2.75
$15\left(\frac{1}{2}\right)$	21.25	2.75	3.25
$20\left(\frac{3}{4}\right)$	26.75	2.75	3.50
25(1)	33.50	3.25	4.00
$32\left(1\frac{1}{4}\right)$	42.25	3.25	4.00
$40\left(1\frac{1}{2}\right)$	48.00	3.50	4.25
50(2)	60.00	3.50	4.50
$65\left(2\frac{1}{2}\right)$	75.50	3.75	4.50
80(3)	88.50	4.00	4.75
100(4)	114.00	4.00	5.00
125(5)	140.00	4.50	5.50
150(6)	165.00	4.50	5.50

2. 无缝钢管规格

冷拔无缝钢管(摘自 GB 8163—88)

外径/mm	壁厚/mm		外径/mm	壁厚/mm		外径/mm	壁厚/mm	
	从	到		从	到		从	到
6	0.25	2.0	20	0.25	6.0	40	0.40	9.0
7	0.25	2.5	22	0.40	6.0	42	1.0	9.0
8	0.25	2.5	25	0.40	7.0	44.5	1.0	9.0
9	0.25	2.8	27	0.40	7.0	45	1.0	10.0
10	0.25	3.5	28	0.40	7.0	48	1.0	10.0
11	0.25	3.5	29	0.40	7.5	50	1.0	12
12	0.25	4.0	30	0.40	8.0	51	1.0	12
14	0.25	4.0	32	0.40	8.0	53	1.0	12
16	0.25	5.0	34	0.40	8.0	54	1.0	12
18	0.25	5.0	36	0.40	8.0	56	1.0	12
19	0.25	6.0	38	0.40	9.0			

注：壁厚/mm：0.25，0.30，0.40，0.50，0.60，0.80，1.0，1.2，1.4，1.5，1.6，1.8，2.0，2.2，2.5，2.8，3.0，3.2，3.5，4.0，4.5，5.0，5.5，6.0，6.5，7.0，7.5，8.0，8.5，9，9.5，10，11，12。

热轧无缝钢管(摘自 GB 8163—87)

外径/mm	壁厚/mm		外径/mm	壁厚/mm		外径/mm	壁厚/mm	
	从	到		从	到		从	到
32	2.5	8.0	63.5	3.0	14	102	3.5	22
38	2.5	8.0	68	3.0	16	108	4.0	28
42	2.5	10	70	3.0	16	114	4.0	28
45	2.5	10	73	3.0	19	121	4.0	28
50	2.5	10	76	3.0	19	127	4.0	30
54	3.0	11	83	3.5	19	133	4.0	32
57	3.0	13	89	3.5	22	140	4.5	36
60	3.0	14	95	3.5	22	146	4.5	36

注:壁厚/mm:2.5,3,3.5,4,4.5,5,5.5,6,6.5,7,7.5,8,8.5,9,9.5,10,11,12,13,14,15,16,17,18,19,20,22,25,28,30,32,36。

3. 热交换器用拉制黄铜管(摘自 GB 1529—79)

外 径/mm	壁 厚/mm														
	0.5	0.75	1.0	1.5	2.0	2.5	3.0	3.5	4.0	4.5	5.0	6.0	7.0	8.0	10.0
3,4,5,6,7	○	○	○												
8,9,10,11,12,14,15,16	○	○	○	○	○	○	○	○							
17,18,19	○	○	○	○	○	○	○	○	○	○					
20,21,22,23			○	○	○	○	○	○	○	○	○	○			
24,25,26,27,28,29,30			○	○	○	○	○	○	○	○	○	○	○		
31,32,33,34,35,36,37,38,39,40			○	○	○	○	○		○	○	○	○	○		○
42,44,46,48,50			○		○	○	○	○	○		○	○	○		
52,54,56,58,60			○		○	○	○	○	○	○	○	○			
62,64					○		○	○	○				○		
(65)								○	○	○	○	○	○	○	○
66,68,70					○		○	○	○				○		
72,74,76,78,80,82,84,86,88,90					○	○	○		○				○		○
92,94,96					○		○	○	○					○	
(97)					○										
98,100					○		○	○	○					○	
102,104,106,108,110,112,114,116,118,120,122,124,126,128,130					○	○	○	○	○		○	○	○		○
132,134,136,138,140,142,144,146,148,150					○	○	○	○			○	○	○		○
152,154,156,158,160							○	○	○	○	○				
165,170,175,180							○	○	○		○				○
185,190,195,200							○	○	○		○		○		○

注:表中"○"表示有产品。

4. 承插式铸铁管规格

内径/mm	壁厚/mm	有效长度/mm	内径/mm	壁厚/mm	有效长度/mm
75	9	3 000	450	13.4	6 000
100	9	3 000	500	14	6 000
150	9.5	4 000	600	15.4	6 000
200	10	4 000	700	16.5	6 000
250	10.8	4 000	800	18	6 000
300	11.4	4 000	900	19.5	4 000
350	12	6 000	1 000	20.5	4 000
400	12.8	6 000			

八、泵与风机

1. IS型单级单吸离心泵性能表(摘录)

型号	转速 n /(r/min)	流量		扬程 H /m	效率 η/%	功率/kW		必需汽蚀余量 $(NPSH)_r$/m	质量(泵/底座)/kg
		m^3/h	L/s			轴功率	电机功率		
IS50—32—125	2 900	7.5	2.08	22	47	0.96	2.2	2.0	32/46
		12.5	3.47	20	60	1.13		2.0	
		15	4.17	18.5	60	1.26		2.5	
	1 450	3.75	1.04	5.4	43	0.13	0.55	2.0	32/38
		6.3	1.74	5	54	0.16		2.0	
		7.5	2.08	4.6	55	0.17		2.5	
IS50—32—160	2 900	7.5	2.08	34.3	44	1.59	3	2.0	50/46
		12.5	3.47	32	54	2.02		2.0	
		15	4.17	29.6	56	2.16		2.5	
	1 450	3.75	1.04	8.5	35	0.25	0.55	2.0	50/38
		6.3	1.74	8	4.8	0.29		2.0	
		7.5	2.08	7.5	49	0.31		2.5	
IS50—32—200	2 900	7.5	2.08	52.5	38	2.82	5.5	2.0	52/66
		12.5	3.47	50	48	3.54		2.0	
		15	4.17	48	51	3.95		2.5	
	1 450	3.75	1.04	13.1	33	0.41	0.75	2.0	52/38
		6.3	1.74	12.5	42	0.51		2.0	
		7.5	2.08	12	44	0.56		2.5	
IS50—32—250	2 900	7.5	2.08	82	23.5	5.87	11	2.0	88/110
		12.5	3.47	80	38	7.16		2.0	
		15	4.17	78.5	41	7.83		2.5	
	1 450	3.75	1.04	20.5	23	0.91	1.5	2.0	88/64
		6.3	1.74	20	32	1.07		2.0	
		7.5	2.08	19.5	35	1.14		3.0	
IS65—50—125	2 900	15	4.17	21.8	58	1.54	3	2.0	50/41
		25	6.94	20	69	1.97		2.5	
		30	8.33	18.5	68	2.22		3.0	
	1 450	7.5	2.08	5.35	53	0.21	0.55	2.0	50/38
		12.5	3.47	5	64	0.27		2.0	
		15	4.17	4.7	65	0.30		2.5	

续表

型号	转速 n /(r/min)	流量		扬程 H /m	效率 η/%	功率/kW		必需汽蚀余量 $(NPSH)_r$/m	质量(泵/底座)/kg
		m^3/h	L/s			轴功率	电机功率		
IS65—50—160	2 900	15	4.17	35	54	2.65	5.5	2.0	51/66
		25	6.94	32	65	3.35		2.0	
		30	8.33	30	66	3.71		2.5	
	1 450	7.5	2.08	8.8	50	0.36	0.75	2.0	51/38
		12.5	3.47	8.0	60	0.45		2.0	
		15	4.17	7.2	60	0.49		2.5	
IS65—40—200	2 900	15	4.17	53	49	4.42	7.5	2.0	62/66
		25	6.94	50	60	5.67		2.0	
		30	8.33	47	61	6.29		2.5	
	1 450	7.5	2.08	13.2	43	0.63	1.1	2.0	62/46
		12.5	3.47	12.5	55	0.77		2.0	
		15	4.17	11.8	57	0.85		2.5	
IS65—40—250	2 900	15	4.17	82	37	9.05	15	2.0	82/110
		25	6.94	80	50	10.89		2.0	
		30	8.33	78	53	12.02		2.5	
	1 450	7.5	2.08	21	35	1.23	2.2	2.0	82/67
		12.5	3.47	20	46	1.48		2.0	
		15	4.17	19.4	48	1.65		2.5	
IS65—40—315	2 900	15	4.17	127	28	18.5	30	2.5	152/110
		25	6.94	125	40	21.3		2.5	
		30	8.33	123	44	22.8		3.0	
	1 450	7.5	2.08	32.2	25	6.63	4	2.5	152/67
		12.5	3.47	32.0	37	2.94		2.5	
		15	4.17	31.7	41	3.16		3.0	
IS80—65—125	2 900	30	8.33	22.5	64	2.87	5.5	3.0	44/46
		50	13.9	20	75	3.63		3.0	
		60	16.7	18	74	3.98		3.5	
	1 450	15	4.17	5.6	55	0.42	0.75	2.5	44/38
		25	6.94	5	71	0.48		2.5	
		30	8.33	4.5	72	0.51		3.0	
IS80—65—160	2 900	30	8.33	36	61	4.82	7.5	2.5	48/66
		50	13.9	32	73	5.97		2.5	
		60	16.7	29	72	6.59		3.0	
	1 450	15	4.17	9	55	0.67	1.5	2.5	48/46
		25	6.94	8	69	0.79		2.5	
		30	8.33	7.2	68	0.86		3.0	
IS80—50—200	2 900	30	8.33	53	55	7.87	15	2.5	64/124
		50	13.9	50	69	9.87		2.5	
		60	16.7	47	71	10.8		3.0	
	1 450	15	4.17	13.2	51	1.06	2.2	2.5	64/46
		25	6.94	12.5	65	1.31		2.5	
		30	8.33	11.8	67	1.44		3.0	

续表

型号	转速 n /(r/min)	流量		扬程 H /m	效率 η/%	功率/kW		必需汽蚀余量 $(NPSH)_r$/m	质量(泵/底座)/kg
		m^3/h	L/s			轴功率	电机功率		
IS80—50—250	2 900	30	8.33	84	52	13.2	22	2.5	90/110
		50	13.9	80	63	17.3		2.5	
		60	16.7	75	64	19.2		3.0	
	1 450	15	4.17	21	49	1.75	3	2.5	90/64
		25	6.94	20	60	2.27		2.5	
		30	8.33	18.8	61	2.52		3.0	
IS80—50—315	2 900	30	8.33	128	41	25.5	37	2.5	125/160
		50	13.9	125	54	31.5		2.5	
		60	16.7	123	57	35.3		3.0	
	1 450	15	4.17	32.5	39	3.4	5.5	2.5	125/66
		25	6.94	32	52	4.19		2.5	
		30	8.33	31.5	56	4.6		3.0	
IS100—80—125	2 900	60	16.7	24	67	5.86	11	4.0	49/64
		100	27.8	20	78	7.00		4.5	
		120	33.3	16.5	74	7.28		5.0	
	1 450	30	8.33	6	64	0.77	1	2.5	49/46
		50	13.9	5	75	0.91		2.5	
		60	16.7	4	71	0.92		3.0	
IS100—80—160	2 900	60	16.7	36	70	8.42	15	3.5	69/110
		100	27.8	32	78	11.2		4.0	
		120	33.3	28	75	12.2		5.0	
	1 450	30	8.33	9.2	67	1.12	2.2	2.0	69/64
		50	13.9	8.0	75	1.45		2.5	
		60	16.7	6.8	71	1.57		3.5	
IS100—65—200	2 900	60	16.7	54	65	13.6	22	3.0	81/110
		100	27.8	50	76	17.9		3.6	
		120	33.3	47	77	19.9		4.8	
	1 450	30	8.33	13.5	60	1.84	4	2.0	81/64
		50	13.9	12.5	73	2.33		2.0	
		60	16.7	11.8	74	2.61		2.5	
IS100—65—250	2 900	60	16.7	87	61	23.4	37	3.5	90/160
		100	27.8	80	72	30.0		3.8	
		120	33.3	74.5	73	33.3		4.8	
	1 450	30	8.33	21.3	55	3.16	5.5	2.0	90/66
		50	13.9	20	68	4.00		2.0	
		60	16.7	19	70	4.44		2.5	
IS100—65—315	2 900	60	16.7	133	55	39.6	75	3.0	180/295
		100	27.8	125	66	51.6		3.6	
		120	33.3	118	67	57.5		4.2	
	1 450	30	8.33	34	51	5.44	11	2.0	180/112
		50	13.9	32	63	6.92		2.0	
		60	16.7	30	64	7.67		2.5	

续表

型号	转速 n /(r/min)	流量 m³/h	流量 L/s	扬程 H /m	效率 η/%	功率/kW 轴功率	功率/kW 电机功率	必需汽蚀余量 $(NPSH)_r$/m	质量(泵/底座)/kg
IS125—100—200	2 900	120	33.3	57.5	67	28.0	45	4.5	108/160
		200	55.6	50	81	33.6		4.5	
		240	66.7	44.5	80	36.4		5.0	
	1 450	60	16.7	14.5	62	3.83	7.5	2.5	108/66
		100	27.8	12.5	76	4.48		2.5	
		120	33.3	11.0	75	4.79		3.0	
IS125—100—250	2 900	120	33.3	87	66	43.0	75	3.8	166/295
		200	55.6	80	78	55.9		4.2	
		240	66.7	72	75	62.8		5.0	
	1 450	60	16.7	21.5	63	5.59	11	2.5	166/112
		100	27.8	20	76	7.17		2.5	
		120	33.3	18.5	77	7.84		3.0	
IS125—100—315	2 900	120	33.3	132.5	60	72.1	110	4.0	189/330
		200	55.6	125	75	90.8		4.5	
		240	66.7	120	77	101.9		5.0	
	1 450	60	16.7	33.5	58	9.4	15	2.5	189/160
		100	27.8	32	73	11.9		2.5	
		120	33.3	30.5	74	13.5		3.0	
IS125—100—400	1 450	60	16.7	52	53	16.1	30	2.5	205/233
		100	27.8	50	65	21.0		2.5	
		120	33.3	48.5	67	23.6		3.0	
IS150—125—250	1 450	120	33.3	22.5	71	10.4	18.5	3.0	758/158
		200	55.6	20	81	13.5		3.0	
		240	66.7	17.5	78	14.7		3.5	
IS150—125—315	1 450	120	33.3	34	70	15.9	30	2.5	192/233
		200	55.6	32	79	22.1		2.5	
		240	66.7	29	80	23.7		3.0	
IS150—125—400	1 450	120	33.3	53	62	27.9	45	2.0	223/233
		200	55.6	50	75	36.3		2.8	
		240	66.7	46	74	40.6		3.5	
IS200—150—250	1 450	240	66.7	20	82	26.6	37		203/233
		400	111.1						
		460	127.8						
IS200—150—315	1 450	240	66.7	37	70	34.6	55	3.0	262/295
		400	111.1	32	82	42.5		3.5	
		460	127.8	28.5	80	44.6		4.0	
IS200—150—400	1 450	240	66.7	55	74	48.6	90	3.0	295/298
		400	111.1	50	81	67.2		3.8	
		460	127.8	48	76	74.2		4.5	

2. IS 型离心泵系列特性曲线

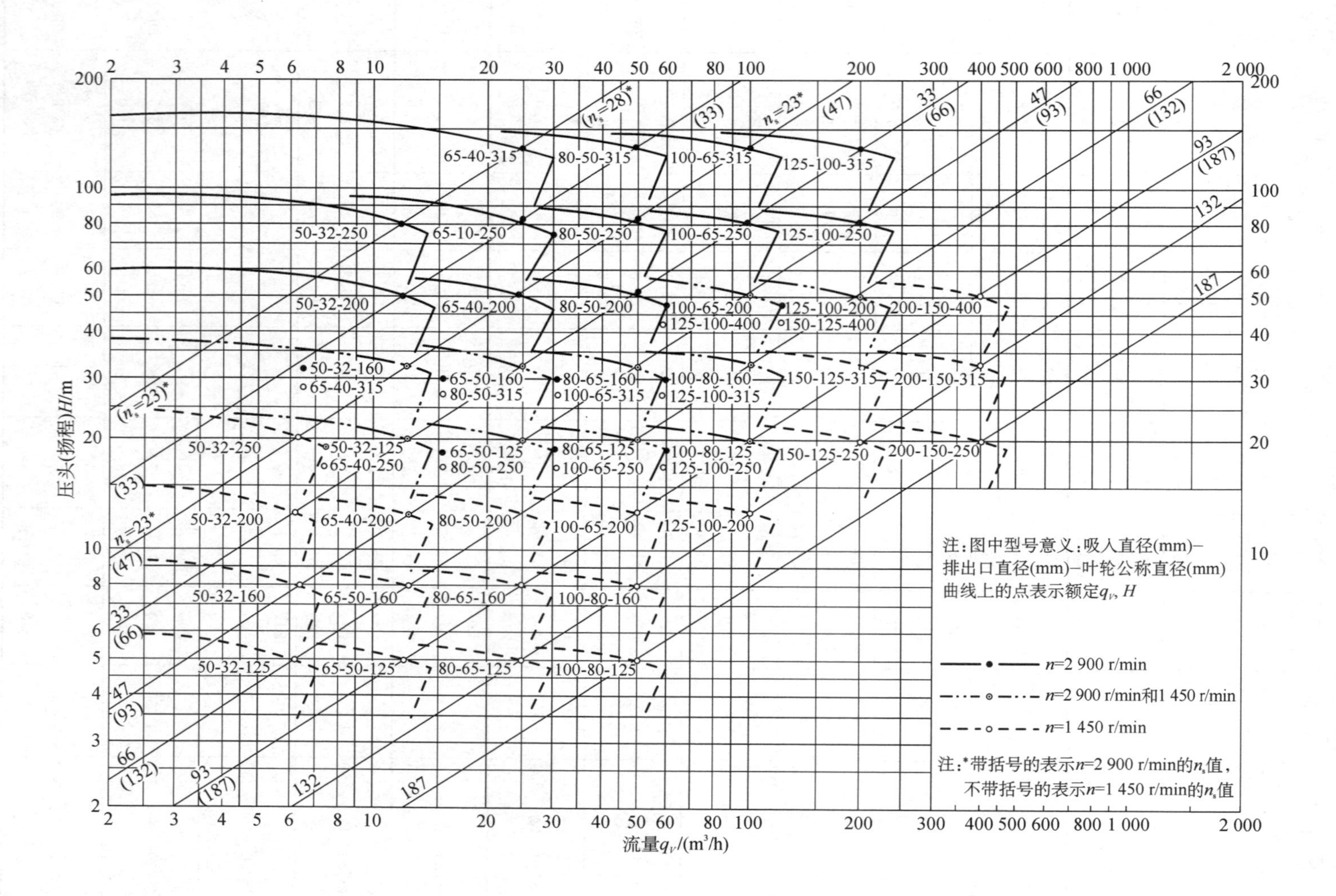

3. 8－18　9－27 离心通风机综合特性曲线图

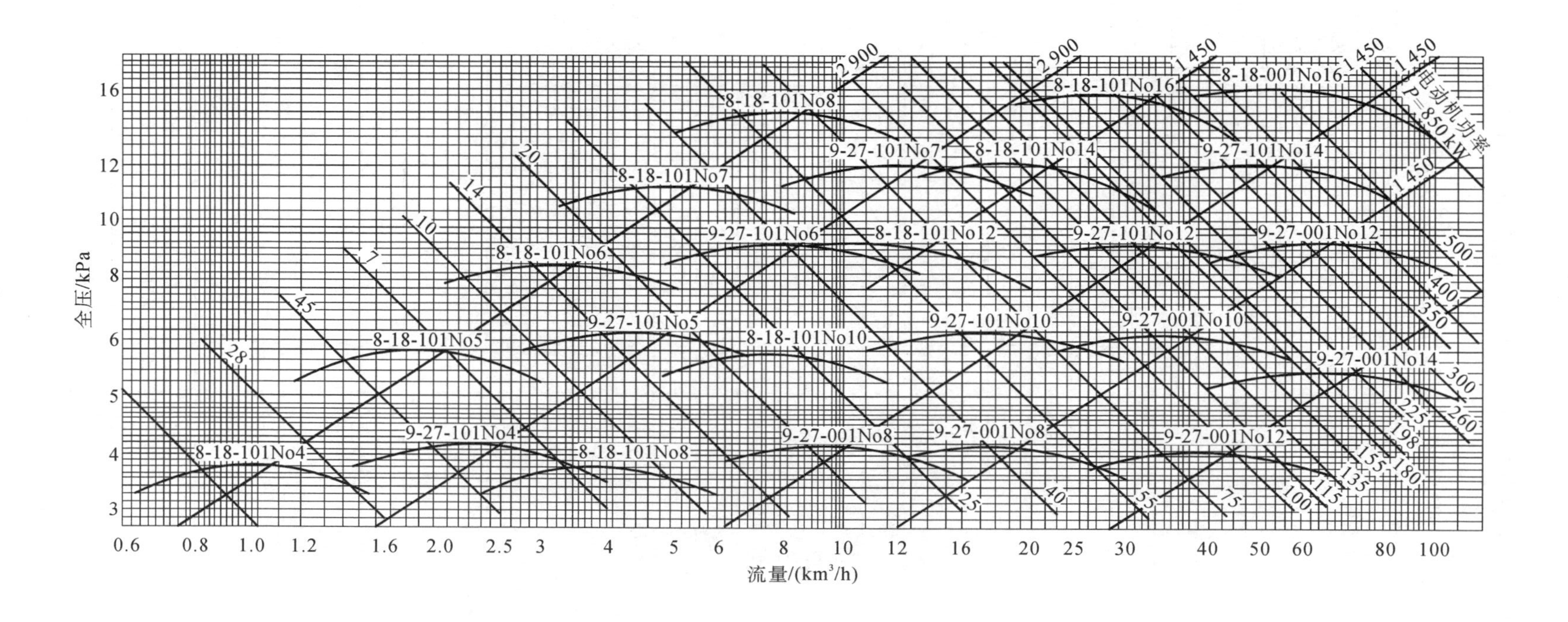

九、换热器

1. 管壳式热交换器系列标准(摘自 JB/T 4714—92, JB/T 4715—92)

(1) 固定管板式

换热管为 ϕ19 mm 的换热器基本参数(管心距 25 mm)

公称直径 DN/mm	公称压力 PN/MPa	管程数 N	管子根数 n	中心排管数	管程流通面积/m²	计算换热面积/m²					
						换热管长度 L/mm					
						1 500	2 000	3 000	4 500	6 000	9 000
159	1.60 2.50 4.00 6.40	1	15	5	0.002 7	1.3	1.7	2.6	—	—	—
219			33	7	0.005 8	2.8	3.7	5.7	—	—	—
273		1	65	9	0.011 5	5.4	7.4	11.3	17.1	22.9	—
		2	56	8	0.004 9	4.7	6.4	9.7	14.7	19.7	—
325		1	99	11	0.017 5	8.3	11.2	17.1	26.0	34.9	—
		2	88	10	0.007 8	7.4	10.0	15.2	23.1	31.0	—
		4	68	11	0.003 0	5.7	7.7	11.8	17.9	23.9	—
400	0.60 1.00 1.60 2.50 4.00	1	174	14	0.030 7	14.5	19.7	30.1	45.7	61.3	—
		2	164	15	0.014 5	13.7	18.6	28.4	43.1	57.8	—
		4	146	14	0.006 5	12.2	16.6	25.3	38.3	51.4	—
450		1	237	17	0.041 9	19.8	26.9	41.0	62.2	83.5	—
		2	220	16	0.019 4	18.4	25.0	38.1	57.8	77.5	—
		4	200	16	0.008 8	16.7	22.7	34.6	52.5	70.4	—
500		1	275	19	0.048 6	—	31.2	47.6	72.2	96.8	—
		2	256	18	0.022 6	—	29.0	44.3	67.2	90.2	—
		4	222	18	0.009 8	—	25.2	38.4	58.3	78.2	—
600		1	430	22	0.076 0	—	48.8	74.4	112.9	151.4	—
		2	416	23	0.036 8	—	47.2	72.0	109.3	146.5	—
		4	370	22	0.016 3	—	42.0	64.0	97.2	130.3	—
		6	360	20	0.010 6	—	40.8	62.3	94.5	126.8	—
700		1	607	27	0.107 3	—	—	105.1	159.4	213.8	—
		2	574	27	0.050 7	—	—	99.4	150.8	202.1	—
		4	542	27	0.023 9	—	—	93.8	142.3	190.9	—
		6	518	24	0.015 3	—	—	89.7	136.0	182.4	—
800	0.60 1.00 1.60 2.50 4.00	1	797	31	0.140 8	—	—	138.0	209.3	280.7	—
		2	776	31	0.068 6	—	—	134.3	203.8	273.3	—
		4	722	31	0.031 9	—	—	125.0	189.8	254.3	—
		6	710	30	0.020 9	—	—	122.9	186.5	250.0	—

公称直径 DN/mm	公称压力 PN/MPa	管程数 N	管子根数 n	中心排管数	管程流通面积/m²	计算换热面积/m²					
						换热管长度 L/mm					
						1 500	2 000	3 000	4 500	6 000	9 000
900	0.60 1.00 1.60 2.50 4.00	1	1 009	35	0.178 3	—	—	174.7	265.0	355.3	536.0
		2	988	35	0.087 3	—	—	171.0	259.5	347.9	524.9
		4	938	35	0.041 4	—	—	162.4	246.4	330.3	498.3
		6	914	34	0.026 9	—	—	158.2	240.0	321.9	485.6
1 000		1	1 267	39	0.223 9	—	—	219.3	332.8	446.2	673.1
		2	1 234	39	0.109 0	—	—	213.6	324.1	434.6	655.6
		4	1 186	39	0.052 4	—	—	205.3	311.5	417.7	630.1
		6	1 148	38	0.033 8	—	—	198.7	301.5	404.3	609.9
(1 100)		1	1 501	43	0.265 2	—	—	—	394.2	528.6	797.4
		2	1 470	43	0.129 9	—	—	—	386.1	517.7	780.9
		4	1 450	43	0.064 1	—	—	—	380.8	510.6	770.3
		6	1 380	42	0.040 6	—	—	—	362.4	486.0	733.1

注：表中的管程流通面积为各程平均值。括号内公称直径不推荐使用。管子为正三角形排列。

换热管为 ϕ25 mm 的换热器基本参数(管心距 32 mm)

公称直径 DN/mm	公称压力 PN/MPa	管程数 N	管子根数 n	中心排管数	管程流通面积/m²		计算换热面积/m²					
							换热管长度 L/mm					
					ϕ25×2	ϕ25×2.5	1 500	2 000	3 000	4 500	6 000	9 000
159	1.60 2.50 4.00 6.40	1	11	3	0.003 8	0.003 5	1.2	1.6	2.5	—	—	—
219			25	5	0.008 7	0.007 9	2.7	3.7	5.7	—	—	—
273		1	38	6	0.013 2	0.011 9	4.2	5.7	8.7	13.1	17.6	—
		2	32	7	0.005 5	0.005 0	3.5	4.8	7.3	11.1	14.8	—
325		1	57	9	0.019 7	0.017 9	6.3	8.5	13.0	19.7	26.4	—
		2	56	9	0.009 7	0.008 8	6.2	8.4	12.7	19.3	25.9	—
		4	40	9	0.003 5	0.003 1	4.4	6.0	9.1	13.8	18.5	—
400	0.60 1.00 1.60 2.50 4.00	1	98	12	0.033 9	0.030 8	10.8	14.6	22.3	33.8	45.4	—
		2	94	11	0.016 3	0.014 8	10.3	14.0	21.4	32.5	43.5	—
		4	76	11	0.006 6	0.006 0	8.4	11.3	17.3	26.3	35.2	—
450		1	135	13	0.046 8	0.042 4	14.8	20.1	30.7	46.6	62.5	—
		2	126	12	0.021 8	0.019 8	13.9	18.8	28.7	43.5	58.4	—
		4	106	13	0.009 2	0.008 3	11.7	15.8	24.1	36.6	49.1	—

续表

公称直径 DN/mm	公称压力 PN/MPa	管程数 N	管子根数 n	中心排管数	管程流通面积/m²		计算换热面积/m²					
							换热管长度 L/mm					
					ϕ25×2	ϕ25×2.5	1 500	2 000	3 000	4 500	6 000	9 000
500	0.60	1	174	14	0.060 3	0.054 6	—	26.0	39.6	60.1	80.6	—
		2	164	15	0.028 4	0.025 7	—	24.5	37.3	56.6	76.0	—
		4	144	15	0.012 5	0.011 3	—	21.4	32.8	49.7	66.7	—
600	1.00	1	245	17	0.084 9	0.076 9	—	36.5	55.8	84.6	113.5	—
		2	232	16	0.040 2	0.036 4	—	34.6	52.8	80.1	107.5	—
	1.60	4	222	17	0.019 2	0.017 4	—	33.1	50.5	76.7	102.8	—
		6	216	16	0.012 5	0.011 3	—	32.2	49.2	74.6	100.0	—
700	2.50	1	355	21	0.123 0	0.111 5	—	—	80.0	122.6	164.4	—
		2	342	21	0.059 2	0.053 7	—	—	77.9	118.1	158.4	—
	4.00	4	322	21	0.027 9	0.025 3	—	—	73.3	111.2	149.1	—
		6	304	20	0.017 5	0.015 9	—	—	69.2	105.0	140.8	—
800		1	467	23	0.161 8	0.146 6	—	—	106.3	161.3	216.3	—
		2	450	23	0.077 9	0.070 7	—	—	102.4	155.4	208.5	—
		4	442	23	0.038 3	0.034 7	—	—	100.6	152.7	204.7	—
		6	430	24	0.024 8	0.022 5	—	—	97.9	148.5	119.2	—
900		1	605	27	0.209 5	0.190 0	—	—	137.8	209.0	280.2	422.7
		2	588	27	0.101 8	0.092 3	—	—	133.9	203.1	272.3	410.8
	0.60	4	554	27	0.048 0	0.043 5	—	—	126.1	191.4	256.6	387.1
		6	538	26	0.031 1	0.028 2	—	—	122.5	185.8	249.2	375.9
1 000	1.60	1	749	30	0.259 4	0.235 2	—	—	170.5	258.7	346.9	523.3
		2	742	29	0.128 5	0.116 5	—	—	168.9	256.3	343.7	518.4
		4	710	29	0.061 5	0.055 7	—	—	161.6	245.2	328.8	496.0
	2.50	6	698	30	0.040 3	0.036 5	—	—	158.9	241.1	323.3	487.7
(1 100)		1	931	33	0.322 5	0.292 3	—	—	—	321.6	431.2	650.4
		2	894	33	0.154 8	0.140 4	—	—	—	308.8	414.1	624.6
	4.00	4	848	33	0.073 4	0.066 6	—	—	—	292.9	392.8	592.5
		6	830	32	0.047 9	0.043 4	—	—	—	286.7	384.4	579.9

注：表中的管程流通面积为各程平均值。括号内公称直径不推荐使用。管子为正三角形排列。

(2) 浮头式(内导流)换热器的主要参数

DN/mm	N	n[①]		中心排管数		管程流通面积/m^2			A[②]/m^2							
		d				$d\times\delta_r$			$L=3$ m		$L=4.5$ m		$L=6$ m		$L=9$ m	
		19	25	19	25	19×2	25×2	25×2.5	19	25	19	25	19	25	19	25
325	2	60	32	7	5	0.005 3	0.005 5	0.005 0	10.5	7.4	15.8	11.1	—	—	—	—
	4	52	28	6	4	0.002 3	0.002 4	0.002 2	9.1	6.4	13.7	9.7	—	—	—	—
426	2	120	74	8	7	0.010 6	0.012 6	0.011 6	20.9	16.9	31.6	25.6	42.3	34.4	—	—
400	4	108	68	9	6	0.004 8	0.005 9	0.005 3	18.8	15.6	28.4	23.6	38.1	31.6	—	—
500	2	206	124	11	8	0.018 2	0.021 5	0.019 4	35.7	28.3	54.1	42.8	72.5	57.4	—	—
	4	192	116	10	9	0.008 5	0.010 0	0.009 1	33.2	26.4	50.4	40.1	67.6	53.7	—	—
600	2	324	198	14	11	0.028 6	0.034 3	0.031 1	55.8	44.9	84.8	68.2	113.9	91.5	—	—
	4	308	188	14	10	0.013 6	0.016 3	0.014 8	53.1	42.6	80.7	64.8	108.2	86.9	—	—
	6	284	158	14	10	0.008 3	0.009 1	0.008 3	48.9	35.8	74.4	54.4	99.8	73.1	—	—
700	2	468	268	16	13	0.041 4	0.046 4	0.042 1	80.4	60.6	122.2	92.1	164.1	123.7	—	—
	4	448	256	17	12	0.019 8	0.022 2	0.020 1	76.9	57.8	117.0	87.9	157.1	118.1	—	—
	6	382	224	15	10	0.011 2	0.012 9	0.011 6	65.6	50.6	99.8	76.9	133.9	103.4	—	—
800	2	610	366	19	15	0.053 9	0.063 4	0.057 5	—	—	158.9	125.4	213.5	168.5	—	—
	4	588	352	18	14	0.026 0	0.030 5	0.027 6	—	—	153.2	120.6	205.8	162.1	—	—
	6	518	316	16	14	0.015 2	0.018 2	0.016 5	—	—	134.9	108.3	181.3	145.5	—	—

续表

DN/mm	N	n[①]		中心排管数		管程流通面积/m^2			A[②]/m^2							
		d				$d\times\delta_r$			$L=3$ m		$L=4.5$ m		$L=6$ m		$L=9$ m	
		19	25	19	25	19×2	25×2	25×2.5	19	25	19	25	19	25	19	25
900	2	800	472	22	17	0.070 7	0.081 7	0.074 1	—	—	207.6	161.2	279.2	216.8	—	—
	4	776	456	21	16	0.034 3	0.039 5	0.035 3	—	—	201.4	155.7	270.8	209.4	—	—
	6	720	426	21	16	0.021 2	0.024 6	0.022 3	—	—	186.9	145.5	251.3	195.6	—	—
1 000	2	1 006	606	24	19	0.089 0	0.105	0.095 2	—	—	260.6	206.6	350.6	277.9	—	—
	4	980	588	23	18	0.043 3	0.050 9	0.046 2	—	—	253.9	200.4	341.6	269.7	—	—
	6	892	564	21	18	0.026 2	0.032 6	0.029 5	—	—	231.1	192.2	311.0	258.7	—	—
1 100	2	1 240	736	27	21	0.110 0	0.127 0	0.116 0	—	—	320.3	250.2	431.3	336.8	—	—
	4	1 212	716	26	20	0.053 6	0.062 0	0.056 2	—	—	313.1	243.4	421.6	327.7	—	—
	6	1 120	692	24	20	0.032 9	0.039 9	0.036 2	—	—	289.3	235.2	389.6	316.7	—	—
1 200	2	1 452	880	28	22	0.129 0	0.152 0	0.138 0	—	—	374.4	298.6	504.3	402.2	764.2	609.4
	4	1 424	860	28	22	0.062 9	0.074 5	0.067 5	—	—	367.2	291.8	494.6	393.1	749.5	595.6
	6	1 348	828	27	21	0.039 6	0.047 8	0.043 4	—	—	347.6	280.9	468.2	378.4	709.5	573.4
1 300	4	1 700	1 024	31	24	0.075 1	0.088 7	0.080 4	—	—	—	—	589.3	467.1	—	—
	6	1 616	972	29	24	0.047 6	0.056 0	0.050 9	—	—	—	—	560.2	443.3	—	—

① 排管数按正方形旋转45°排列计算。

② 计算换热面积按光管及公称压力2.5 MPa的管板厚度确定。

2. 管壳式换热器型号的表示方法

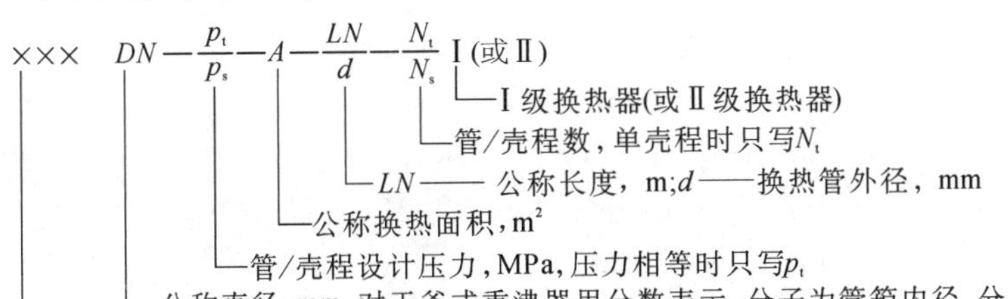

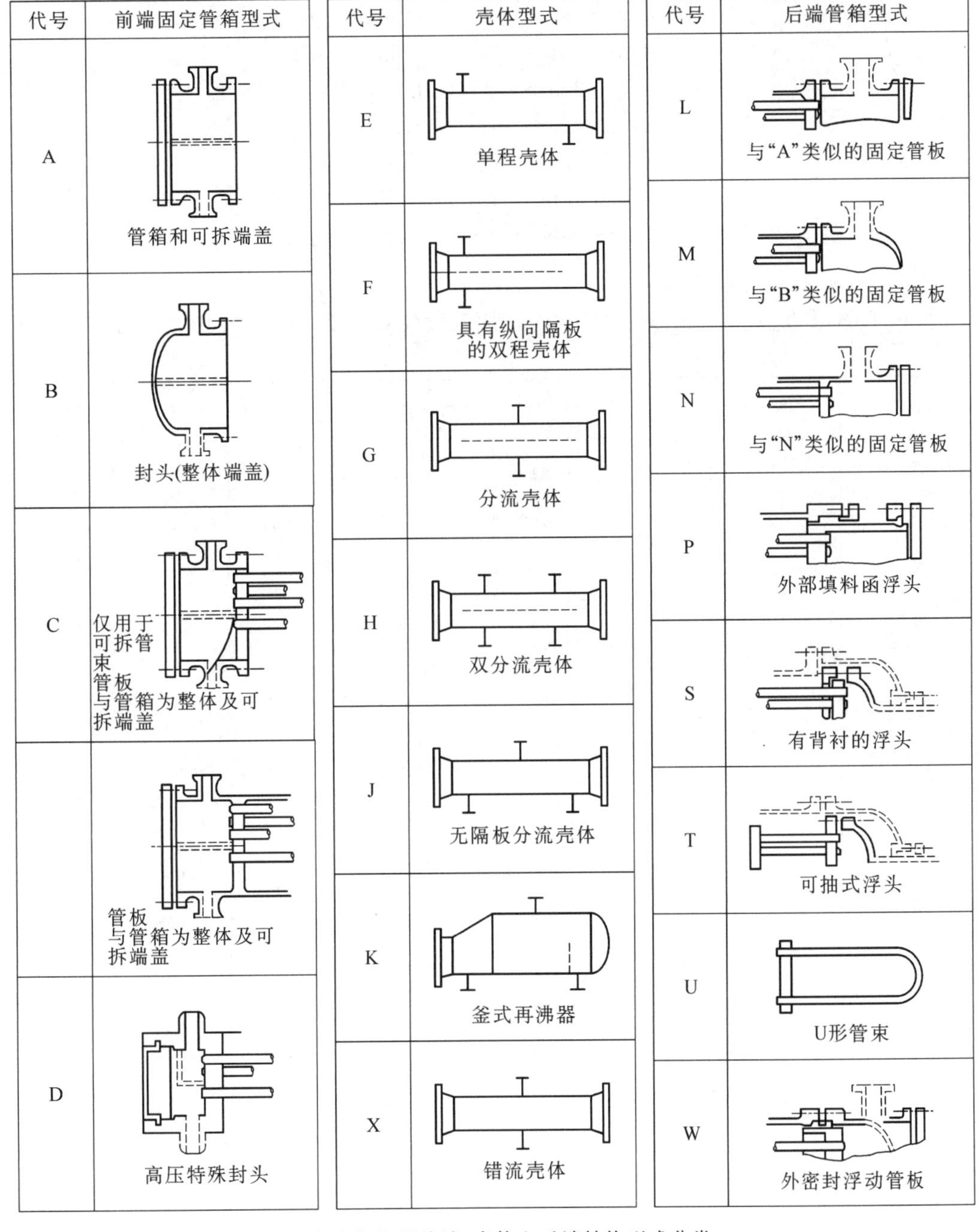

管壳式换热器前端、壳体和后端结构型式分类

十、气体常数 R

$$
\begin{aligned}
R &= 8.314\ \text{kJ/(kmol·K)} \\
&= 848\ \text{kg·m/(kgmol·K)} \\
&= 82.06\ \text{atm·cm}^3\text{/(gmol·K)} \\
&= 0.082\,06\ \text{atm·m}^3\text{/(kgmol·K)} \\
&= 1.987\ \text{kcal/(kgmol·K)} \\
&= 62.36\ \text{mmHg·L/(gmol·K)} \\
&= 1.987\ \text{Btu/(lbmol·°R)} \\
&= 0.000\,780\,5\ \text{马力时/(lbmol·°R)} \\
&= 0.000\,581\,9\ \text{kW·h/(lbmol·°R)} \\
&= 0.730\,2\ \text{atm·ft}^3\text{/(lbmol·°R)} \\
&= 21.85\ \text{inHg·in}^3\text{/(lbmol·°R)} \\
&= 555.0\ \text{mmHg·ft}^3\text{/(lbmol·°R)} \\
&= 1\,545.0\ \text{ft·lb/(lbmol·°R)} \\
&= 10.73[\text{(lb/in}^2\text{)ft}^3\text{/(lbmol·°R)}]
\end{aligned}
$$

十一、气体的扩散系数

1. 一些物质在氢、二氧化碳、空气中的扩散系数(0℃，101.3 kPa)/10^{-4}·m^2·s^{-1}

物质名称	H_2	CO_2	空　气	物质名称	H_2	CO_2	空　气
H_2		0.550	0.611	NH_3			0.198
O_2	0.697	0.139	0.178	Br_2	0.563	0.036 3	0.086
N_2	0.674		0.202	I_2			0.097
CO	0.651	0.137	0.202	HCN			0.133
CO_2	0.550		0.138	H_2S			0.151
SO_2	0.479		0.103	CH_4	0.625	0.153	0.223
CS_2	0.368 9	0.063	0.089 2	C_2H_4	0.505	0.096	0.152
H_2O	0.751 6	0.138 7	0.220	C_6H_6	0.294	0.052 7	0.075 1
空气	0.611	0.138		甲醇	0.500 1	0.088 0	0.132 5
HCl			0.156	乙醇	0.378	0.068 5	0.101 6
SO_3			0.102	乙醚	0.296	0.055 2	0.077 5
Cl_2			0.108				

2. 一些物质在水溶液中的扩散系数

溶质	浓度 /(mol/L)	温度/℃	扩散系数 $D\times10^9$/(m^2/s)	溶质	浓度 /(mol/L)	温度/℃	扩散系数 $D\times10^9$/(m^2/s)
HCl	9	0	2.7	NH_3	0.7	5	1.24
	7	0	2.4		1.0	8	1.36
	4	0	2.1		饱和	8	1.08
	3	0	2.0		饱和	10	1.14
	2	0	1.8		1.0	15	1.77
	0.4	0	1.6		饱和	15	1.26
	0.6	5	2.4			20	2.04
	1.3	5	1.9	C_2H_2	0	20	1.80
	0.4	5	1.8	Br_2	0	20	1.29
	9	10	3.3	CO	0	20	1.90
	6.5	10	3.0	C_2H_4	0	20	1.59
	2.5	10	2.5	H_2	0	20	5.94
	0.8	10	2.2	HCN	0	20	1.66
	0.5	10	2.1	H_2S	0	20	1.63
	2.5	15	2.9	CH_4	0	20	2.06
	3.2	19	4.5	N_2	0	20	1.90
	1.0	19	3.0	O_2	0	20	2.08
	0.3	19	2.7	SO_2	0	20	1.47
	0.1	19	2.5	Cl_2	0.138	10	0.91
	0	20	2.8		0.128	13	0.98
CO_2	0	10	1.46		0.11	18.3	1.21
	0	15	1.60		0.104	20	1.22
	0	18	1.71±0.03		0.099	22.4	1.32
	0	20	1.77		0.092	25	1.42
NH_3	0.686	4	1.22		0.083	30	1.62
	3.5	5	1.24		0.07	35	1.8

十二、几种气体溶于水时的亨利系数

气体	温度/℃															
	0	5	10	15	20	25	30	35	40	45	50	60	70	80	90	100
	$E\times10^{-3}$/MPa															
H_2	5.87	6.16	6.44	6.70	6.92	7.16	7.38	7.52	7.61	7.70	7.75	7.75	7.71	7.65	7.61	7.55
N_2	5.36	6.05	6.77	7.48	8.14	8.76	9.36	9.98	10.5	11.0	11.4	12.2	12.7	12.8	12.8	12.8
空气	4.38	4.94	5.56	6.15	6.73	7.29	7.81	8.34	8.81	9.23	9.58	10.2	10.6	10.8	10.9	10.8
CO	3.57	4.01	4.48	4.95	5.43	5.87	6.28	6.68	7.05	7.38	7.71	8.32	8.56	8.56	8.57	8.57
O_2	2.58	2.95	3.31	3.69	4.06	4.44	4.81	5.14	5.42	5.70	5.96	6.37	6.72	6.96	7.08	7.10
CH_4	2.27	2.62	3.01	3.41	3.81	4.18	4.55	4.92	5.27	5.58	5.85	6.34	6.75	6.91	7.01	7.10
NO	1.71	1.96	1.96	2.45	2.67	2.91	3.14	3.35	3.57	3.77	3.95	4.23	4.34	4.54	4.58	4.60
C_2H_6	1.27	1.91	1.57	2.90	2.66	3.06	3.47	3.88	4.28	4.69	5.07	5.72	6.31	6.70	6.96	7.01

续表

气体	温度/℃															
	0	5	10	15	20	25	30	35	40	45	50	60	70	80	90	100
	$E\times10^{-2}$/MPa															
C_2H_4	5.59	6.61	7.78	9.07	10.3	11.5	12.9	—	—	—	—	—	—	—	—	—
N_2O	—	1.19	1.43	1.68	2.01	2.28	2.62	3.06	—	—	—	—	—	—	—	—
CO_2	0.737	0.887	1.05	1.24	1.44	1.66	1.88	2.12	2.36	2.60	2.87	3.45	—	—	—	—
C_2H_2	0.729	0.85	0.97	1.09	1.23	1.35	1.48	—	—	—	—	—	—	—	—	—
Cl_2	0.271	0.334	0.399	0.461	0.537	0.604	0.67	0.739	0.80	0.86	0.90	0.97	0.99	0.97	0.96	—
H_2S	0.271	0.319	0.372	0.418	0.489	0.552	0.617	0.685	0.755	0.825	0.895	1.04	1.21	1.37	1.46	1.062
	E/MPa															
Br_2	2.16	2.79	3.71	4.72	6.01	7.47	9.17	11.04	13.47	16.0	19.4	25.4	32.5	40.9	—	—
SO_2	1.67	2.02	2.45	2.94	3.55	4.13	4.85	5.67	6.60	7.63	8.71	11.1	13.9	17.0	20.1	—

十三、某些二元物系的气、液平衡组成

1. 乙醇-水(101.3 kPa)

乙醇摩尔分数		温度/℃	乙醇摩尔分数		温度/℃
液　相	气　相		液　相	气　相	
0.00	0.00	100	0.327 3	0.582 6	81.5
0.019 0	0.170 0	95.5	0.396 5	0.612 2	80.7
0.072 1	0.389 1	89.0	0.507 9	0.656 4	79.8
0.096 6	0.437 5	86.7	0.519 8	0.659 9	79.7
0.123 8	0.470 4	85.3	0.573 2	0.684 1	79.3
0.166 1	0.508 9	84.1	0.676 3	0.738 5	78.74
0.233 7	0.544 5	82.7	0.747 2	0.781 5	78.41
0.260 8	0.558 0	82.3	0.894 3	0.894 3	78.15

2. 苯-甲苯(101.3 kPa)

苯摩尔分数		温度/℃	苯摩尔分数		温度/℃
液　相	气　相		液　相	气　相	
0.0	0.0	110.6	0.592	0.789	89.4
0.088	0.212	106.1	0.700	0.853	86.8
0.200	0.370	102.2	0.803	0.914	84.4
0.300	0.500	98.6	0.903	0.957	82.3
0.397	0.618	95.2	0.950	0.979	81.2
0.489	0.710	92.1	1.00	1.00	80.2

3. 氯仿-苯(101.3 kPa)

氯仿质量分数		温度/℃	氯仿质量分数		温度/℃
液　相	气　相		液　相	气　相	
0.10	0.136	79.9	0.60	0.750	74.6
0.20	0.272	79.0	0.70	0.830	72.8
0.30	0.406	78.1	0.80	0.900	70.5
0.40	0.530	77.2	0.90	0.961	67.0
0.50	0.650	76.0			

4. 水-醋酸(101.3 kPa)

水摩尔分数		温度/℃	水摩尔分数		温度/℃
液　相	气　相		液　相	气　相	
0.0	0.0	118.2	0.833	0.886	101.3
0.270	0.394	108.2	0.886	0.919	100.9
0.455	0.565	105.3	0.930	0.950	100.5
0.588	0.707	103.8	0.968	0.977	100.2
0.690	0.790	102.8	1.00	1.00	100.0
0.769	0.845	101.9			

5. 甲醇-水(101.3 kPa)

甲醇摩尔分数		温度/℃	甲醇摩尔分数		温度/℃
液　相	气　相		液　相	气　相	
0.053 1	0.283 4	92.9	0.290 9	0.680 1	77.8
0.076 7	0.400 1	90.3	0.333 3	0.691 8	76.7
0.092 6	0.435 3	88.9	0.351 3	0.734 7	76.2
0.125 7	0.483 1	86.6	0.462 0	0.775 6	73.8
0.131 5	0.545 5	85.0	0.529 2	0.797 1	72.7
0.167 4	0.558 5	83.2	0.593 7	0.818 3	71.3
0.181 8	0.577 5	82.3	0.684 9	0.849 2	70.0
0.208 3	0.627 3	81.6	0.770 1	0.896 2	68.0
0.231 9	0.648 5	80.2	0.874 1	0.919 4	66.9
0.281 8	0.677 5	78.0			

十四、某些三元物系的液液平衡数据

1. 丙酮(A)-氯仿(B)-水(S)(25℃,均为质量分数)

氯　仿　相			水　相		
A	B	S	A	B	S
0.090	0.900	0.010	0.030	0.010	0.960
0.237	0.750	0.013	0.083	0.012	0.905
0.320	0.664	0.016	0.135	0.015	0.850
0.380	0.600	0.020	0.174	0.016	0.810
0.425	0.550	0.025	0.221	0.018	0.761
0.505	0.450	0.045	0.319	0.021	0.660
0.570	0.350	0.080	0.445	0.045	0.510

2. 丙酮(A)-苯(B)-水(S)(30℃,均为质量分数)

苯相			水相		
A	B	S	A	B	S
0.058	0.940	0.002	0.050	0.001	0.949
0.131	0.867	0.002	0.100	0.002	0.898
0.304	0.687	0.009	0.200	0.004	0.796
0.472	0.498	0.030	0.300	0.009	0.691
0.589	0.345	0.066	0.400	0.018	0.582
0.641	0.239	0.120	0.500	0.041	0.459

十五、填料的特性

(尺寸以 mm 计)

填料的种类及尺寸	比表面积/(m^2/m^3)	空隙率/(m^2/m^3)	堆积密度/(kg/m^3)
整砌的填料			
拉西环(瓷环)			
50×50×5.0	110	0.735	650
80×80×8	80	0.72	670
100×100×1	60	0.72	670
螺旋环			
75×75	140	0.59	930
100×75	100	0.6	900
150×150	65	0.67	750
有隔板的瓷环			
75×75	135	0.44	1 250
100×75	110	0.53	940
100×100	105	0.58	940
150×100	72	0.5	1 120
150×150	65	0.52	1 070
陶瓷波纹填料	500～600	0.6～0.7	600～700
金属波纹填料	1 000～1 100	约 0.9	
木栅填料 10×100			
节距 10	100	0.55	210
节距 20	65	0.68	145
节距 30	48	0.77	110
金属丝网填料	160	0.95	390
乱堆的填料			
瓷环			
6.5×6.5×1	584	0.66	860
8.5×8.5×1	482	0.67	750
10×10×1.5	440	0.7	700
15×15×2	330	0.7	690
25×25×3	200	0.74	530
35×35×4	140	0.78	530
50×50×5	90	0.785	530

续表

填料的种类及尺寸	比表面积/(m^2/m^3)	空隙率/(m^2/m^3)	堆积密度/(kg/m^3)
乱堆的填料			
钢质填圈			
8×8×0.3	630	0.9	750
10×10×0.5	500	0.88	960
15×15×0.5	350	0.92	660
25×25×0.3	220	0.92	640
50×50×1	110	0.95	430
整砌的填料			
鞍形填料			
12.5	460	0.68	720
25	260	0.69	670
38	165	0.70	670
焦块			
块子大小 25	120	0.53	600
块子大小 40	85	0.55	590
块子大小 75	42	0.58	650
石英			
块子大小 25	120	0.37	1 600
块子大小 40	85	0.43	1 450
块子大小 75	42	0.46	1 380